钢铁企业氧气站设计与设备操作

主　编　王远继　韩东翔

副主编　郎　勇　李雪兆　李林虎

　　　　孙晓东　赵云春

主　审　李林虎

北　京

冶　金　工　业　出　版　社

2012

内 容 提 要

本书共分 15 章，第 1 ~2 章介绍了钢铁企业氧气站的工艺设计基础及空分设备，第 3 ~8 章详细介绍了不同类别的中型、大型、超大型空分装置，第 9 ~12 章介绍了空分装置的测量控制系统，氧气站工艺管道、管件与阀门，以及氧气站辅助设备，第 13 ~15 章结合工程和生产实践分别介绍了空分装置的安装施工、制氧厂生产管理与操作以及氧气站设计等。

本书由多年从事氧气站设计和空分设备制造与使用单位的工程技术人员编写，为氧气站相关设计及建设单位的工程技术人员在工作中提供参考，也可作为相关院校师生的参考读物和建设单位有关人员的培训教材。

图书在版编目(CIP)数据

钢铁企业氧气站设计与设备操作 / 王远继，韩东翔主编 . —北京：冶金工业出版社，2012. 9
ISBN 978-7-5024-5738-9

Ⅰ. ①钢… Ⅱ. ①王… ②韩… Ⅲ. ①钢铁企业—氧气—化工生产—建筑设计 ②钢铁企业—氧气—化工生产—化工设备 Ⅳ. ①TU273 ②TQ116. 1

中国版本图书馆 CIP 数据核字(2012)第 163458 号

出 版 人 谭学余
地　　址 北京北河沿大街嵩祝院北巷 39 号，邮编 100009
电　　话 (010)64027926 电子信箱 yjcbs@ cnmip. com. cn
责任编辑 刘小峰等 美术编辑 李 新 版式设计 孙跃红
责任校对 王贺兰 责任印制 张祺鑫
ISBN 978-7-5024-5738-9
冶金工业出版社出版发行；各地新华书店经销；三河市双峰印刷装订有限公司印刷
2012 年 9 月第 1 版，2012 年 9 月第 1 次印刷
787mm × 1092mm 1/16；38. 25 印张；4 彩页；930 千字；592 页
158. 00 元
冶金工业出版社投稿电话：(010)64027932 投稿信箱：tougao@ cnmip. com. cn
冶金工业出版社发行部 电话：(010)64044283 传真：(010)64027893
冶金书店 地址：北京东四西大街 46 号(100010) 电话：(010)65289081(兼传真)

本书编委会

主　编　王远继　韩东翔

副主编　郎　勇　李雪兆　李林虎　孙晓东　赵云春

主　审　李林虎

委　员　（按姓氏笔画为序）

王远继　王国兴　王鸿志　田大川　白东云　朱曙光

刘小峰　刘景武　池雪林　农云春　孙志宝　孙晓东

李林虎　李松涛　李美玲　李雪兆　杨传福　宋迎宾

张　冰　张守坤　张远永　陈少卿　郎　勇　赵云春

胡明辉　崔　刚　康亦娜　韩东翔　廖秀和　薛世晓

参编单位

中钢集团工程设计研究院有限公司石家庄设计院

杭州杭氧股份有限公司设计院

杭州杭氧透平机械有限公司

开封空分集团有限公司

开封东京空分集团有限公司

开封黄河空分集团有限公司

河南开元空分集团有限公司

河南开利空分集团有限公司

红河钢铁股份有限公司动力能源厂

安钢集团新普有限公司

浙江迎日阀门制造有限公司

冶金工业出版社

前　　言

改革开放以来，特别是进入21世纪后，我国的钢铁工业无论是生产规模、产量，还是品种、质量；无论是装备、技术，还是设计、建设，都取得了空前的进步和辉煌的成就。作为钢铁生产重要的功能性辅助装备，钢铁企业的氧气制备装置，也随着钢铁生产规模和技术的发展而发展，取得了令人瞩目的进步。例如，从20世纪50年代30m^3/h的深冷法制氧，到20世纪末采用常温分子筛吸附、增压透平膨胀机、填料上塔、全精馏无氢制氩工艺；从氧气纯度75%到99%以上；从小型制氧机到中型、大型及超大型空分设备，可以说规格齐全，能满足不同工艺生产的需要，与钢铁冶炼、产品直接相关的氧气站设计、建设及生产操作、管理也达到了新水平。

随着生产技术的进步和企业经营水平要求的不断提高，我们在实际工作中深感这方面的资料、图表、数据不全，可资借鉴、参考的图书不多，因此萌生了编写一本这方面的资料性参考图书的想法。初稿完成后，我们又不断收集、筛选资料，征求意见，为了保证编写质量，在中钢集团工程设计研究院有限公司石家庄设计院及其冶金分院和冶金工业出版社的大力支持下，我们又先后组织有关生产企业以及设计、制造单位的专家召开书稿修改、定稿讨论会，会上大家坦诚交换意见，提出了很多很好的有建设性的意见，我们集思广益，组织各位专家作者几经修改，才算完成编写工作。

参加书稿修改、定稿讨论会的有：冶金工业出版社杨传福、刘小峰；中钢集团工程设计研究院有限公司石家庄设计院支全、王远继、李林虎；中钢集团石家庄设计院冶金分院郎勇、李雪兆、孙晓东、韩东翔、陈少卿、康亦娜、王国兴、白东云、孙志宝、王鸿志；杭州杭氧股份有限公司胡明辉、詹学华；开封空分集团有限公司张远永；开封东京空分集团有限公司张守坤、田大川；开封黄河空分集团有限公司宋迎宾；河南开元空分集团有限公司张冰；河南开利空分集团有限公司李松涛；浙江迎日阀门制造有限公司王良松。红河钢铁股份有限公司动力能源厂派人参加了讨论会。

本书共分15章，在简要介绍了钢铁企业氧气站工艺基础及设备之后，分别详细介绍了不同类别的中型、大型、超大型空分装置，空分装置的测量控制系统，氧气站工艺管道，管子、管件与阀门，氧气站辅助设备，最后介绍了空分装置的安装施工、氧气站的生产管理与操作，以及不同产能氧气站设计实例。在编写工作中，我们力求全面深入、简明扼要，能够为钢铁企业氧气站设计、建设、改造提供设备选型、设计参考；为生产操作、组织管理提供借鉴。因此，书中所介绍的内容多是生产、设计单位提供的第一手资料，并辅之图表，读者在阅读和参考使用时请留意随着技术的进步有关参数和条件的变化。

本书由王远继、韩东翔担任主编，书稿由李林虎主审。参加书稿编写的有：中钢集团工程设计研究院有限公司石家庄设计院王远继、韩东翔、郎勇、李雪兆、李林虎、孙晓东、陈少卿、康亦娜、王国兴、朱曙光、白东云、孙志宝、王鸿志；杭州杭氧股份有限公司设计院胡明辉；杭州杭氧透平机械有限公司池雪林；开封空分集团有限公司刘景武、张远永；开封空分集团有限公司设计院李美玲；开封东京空分集团有限公司张守坤、田大川；开封东京空分集团公司设计院崔刚；开封黄河空分集团有限公司宋迎宾；河南开元空分集团有限公司张冰；河南开利空分集团有限公司李松涛；红河钢铁股份有限公司动力能源厂赵云春、农云春；安钢集团新普有限公司薛世晓；浙江迎日阀门制造有限公司廖秀和。书稿的编写工作得到了张书彩、李凯菊、杨柳、杨金凤等同志的配合与协作。借本书付梓之机，感谢上述单位和个人对本书编写、出版工作给予的支持和帮助。

由于书中内容涉及面较广，限于知识面和水平，虽几经努力，仍难达初衷，不当之处请读者批评指正。

王远继

2012年8月

目 录

1 钢铁企业氧气站工艺设计基础

1.1 钢铁企业用氧与氧气制备

1.1.1 钢铁企业用氧

众所周知，中国已成为世界产钢大国。2011 年中国钢产量 68390 万吨，其中转炉钢约占 92%，电炉钢约占 8%。在钢铁企业中，炼钢是用氧大户，由于炼钢方法的不同，炼钢又分为氧气顶吹（顶底复吹）转炉炼钢和电炉炼钢，其中氧气顶吹（顶底复吹）转炉又是钢铁企业的主要氧气用户。

氧气的可靠供应是保证转炉炼钢正常生产的关键因素之一。从现实的生产情况来看，转炉炼钢不但离不开氧气，而且没有氧气根本就不能炼钢，氧气供应的波动直接影响着转炉炼钢生产能力的发挥。因此，氧气站应保证向转炉炼钢车间供应充足的氧气。转炉炼钢耗氧量主要与铁水成分、钢铁原料的质量和炉容有关，通常 50t 以上的转炉，吨钢耗氧量（标态）按 55 ~ 60m^3 计算。综合转炉炼钢车间其他辅助用氧如烧出钢口、清理炉口钢渣、连铸坯切割及清理中间包粘钢等因素，转炉炼钢吨钢耗氧量（标态）一般按 65m^3 考虑。

为了提高电炉炼钢的生产率、降低成本，电炉炼钢用氧技术越来越普遍。早期的电炉用氧是熔化期吹氧助熔，20 世纪 90 年代，随着氧气助燃技术的逐渐成熟和广泛应用，电炉炼钢也离不开氧气的供应。氧气助燃烧嘴可以使用重油、天然气或煤粉，为了促进其燃烧，同时需供给必要的氧气，以得到高温火焰，促进废钢的熔化，达到缩短冶炼周期、提高生产率和降低成本的目的。电炉炼钢用氧因冶炼钢种的不同而有所区别，一般吨钢耗氧量（标态）在 25 ~ 35m^3 之间。加上电炉炼钢车间辅助用氧，吨钢用氧量（标态）可按 40m^3 考虑。据统计，电炉吹 1m^3 氧（标态），可节电 5 ~ 10kW · h，具有显著的节能效果。

另外，钢铁企业主要氧气用户还包括高炉富氧喷煤用氧。富氧喷煤是高炉高效喷吹技术的发展方向，是提高喷煤量、改善喷吹效果的重要技术措施，它广泛地应用于国内外高炉生产，是大幅度增产节焦的重要技术。富氧喷煤技术的效果主要表现在两个方面：一是增铁节焦。富氧鼓风不仅相当于增加风量、提高冶炼强度，更主要的是能够提高风口前的燃烧温度，有利于加大喷煤量。据统计，富氧浓度提高 1%，其生铁产量可以提高 3.3% ~4.2%，在喷吹煤粉条件下入炉焦比可以降低 1% ~2%。二是节约能耗。在炼铁工序中，随着富氧率的提高燃料消耗在下降，富氧量达 4%（即鼓风中的氧浓度达 25%）时，吨铁可比能耗可降低 20kg 标准煤。随着高炉喷煤量的增加，需要供应的氧气量也在增加。当 1t 铁水喷煤量达到 200kg 时，相应的氧气需要量（标态）为 35 ~ 40m^3（氧气纯度为 99%）。从当前高炉富氧实际情况来看，各企业不但普遍采用而且更加重视此技术，千方百计提高富氧量，多数钢铁企业富氧喷煤的富氧量控制在 3% 左右。

除炼钢与炼铁车间使用管道氧气之外，其他车间的切焊与检修大量使用瓶氧，由于氧气充瓶间充瓶能力的差异，需要的氧气量也不同。

随着钢铁工业的发展与进步，氧气站也在向大型化方向发展，大于 10000m³/h 的氧气站已成为钢铁企业的主力。据统计，目前我国钢铁企业每年需要的氧气量高达 210 亿 m³，而且还有进一步增加的趋势。

空分设备的另一种主要气体产品氮气也广泛应用于钢铁联合企业，如转炉溅渣护炉、料仓密封、高炉炉顶密封等。特别是干熄焦技术的应用与推广，氮气作为惰性气体已成为干熄焦循环气体的主要组成部分，一座 140t/h 的干熄焦装置，循环气体的需用量在 151200～161200m³/h，其中氮气用量占有相当比例。干熄焦循环气体吸收焦炭显热后作为二次能源，能产生压力为 4.0MPa 的蒸汽 76.3t/h。

综上所述，氧气站在钢铁联合企业占有举足轻重的地位。

1.1.2 氧气制备

目前，钢铁企业使用的氧气有两种制备方法，一是变压吸附法；二是深度冷冻法（深冷法）。

变压吸附法制取氧气，是利用空气中的氧气和氮气通过沸石分子筛时，氮气被吸附而氧气能穿过的原理进行分离的。这种方法制取的氧气浓度在 90%～95%，单机小时产量较低。此装置较适合于高炉喷煤富氧工程用氧。

深度冷冻法生产的氧气是通过空气分离设备实现的。由 1953 年哈尔滨制氧机厂仿制两台 30m³/h 制氧机开始，经过 50 多年的发展，我国已经具备了制造小、中、大、超大型成套空分设备的能力，用 50 年的时间走完了国外 100 年的发展历程。当前，深入贯彻落实科学发展观的钢铁企业，在向“高效”、“环保”找出路、求发展，其中设备大型化是重要保证，高炉、电炉、转炉用氧量的增加，迫使空分设备的生产能力也在不断提高，就中型空分设备（氧气产量在 1000～10000m³/h）来说，氧气产量起步在 7500m³/h 的空分装置居多；采用大型空分设备（氧气产量在 10000～60000m³/h）的趋势越来越明显，氧气产量在 10000m³/h 以上的空分装置已成为主力；超大型空分装置（氧气产量大于 60000m³/h）也在不断建成投产。

1.2 钢铁企业用氧量的确定

进行氧气站工艺设计之前，应首先依据炼钢与炼铁等用户的用氧条件确定空分能力，以满足其生产工艺需要。氧气用量确定之后，用户还要对氮气、氩气的用量、纯度、压力及其工作制度提出要求。满足上述条件之后，氧气站便可开展工艺设计。

1.2.1 转炉炼钢车间用氧量的确定

1.2.1.1 转炉炼钢车间小时平均用氧量的确定

小时平均用氧量（标态，m³/h）V_1 为：

$$V_1 = \frac{60G_1U}{t_1} \tag{1-1}$$

式中 G_1——转炉平均产钢量，t；

U——吨钢氧气耗量（标态），m^3；

t_1——冶炼周期，min。

1.2.1.2 转炉炼钢车间小时最大用氧量的确定

小时最大用氧量（标态，m^3/h）V_2 为：

$$V_2 = \frac{60G_2U}{t_2} \tag{1-2}$$

式中 G_2——转炉最大产钢量，t；

U——吨钢氧气耗量（标态），m^3；

t_2——吹氧时间，min。

在收到炼钢专业提交的设计委托之后，燃气专业依据设计委托条件按照式（1－1）和式（1－2）计算小时平均用氧量 V_1 和小时最大用氧量 V_2。根据计算的结果进行氧气平衡，为选择制氧设备产能提供基础数据。

例如，设某钢铁公司（见表1－1）建设1座120t炼钢转炉，平均出钢量120t，最大出钢量132t，每吨钢耗氧量（标态）$60m^3$，冶炼周期取40min，每炉吹氧时间16min。以上参数分别代入式（1－1）和式（1－2）计算的小时平均用氧量（标态）为 $10800m^3$，小时最大用氧量（标态）为 $29700m^3$。

除采用上述公式计算小时平均用氧量之外，有的企业在选择制氧机产能时，习惯按照年产钢总量进行计算，折合成小时平均用氧量 V_3。具体为：

$$V_3 = \frac{G_3U}{t} \tag{1-3}$$

式中 V_3——按照年产钢量计算的小时平均用氧量（标态），m^3/h；

G_3——年产钢量，t；

U——吨钢氧气耗量（标态），m^3；

t——转炉年工作时间，h。

1.2.1.3 转炉作业制度和用氧条件

通常条件下转炉作业制度和用氧条件见表1－1。

表1－1 转炉作业制度和用氧条件

项 目	单 位	参 考 数 据			
转炉容量	t	300	200	120	50
平均冶炼周期	min/炉	32~40	32~40	32~40	30~33
吹氧时间	min/炉	16~18	16~18	15~16	15~16
平均出钢量	t/炉	300	200	120	50
年有效作业时间	d	310~330	310~330	310~330	310~330
一座转炉年产钢量	万吨	约335	约220	约130	约65
氧气耗量（标态）	m^3/t 钢	55~60	55~60	55~60	55~60
用户点工作压力	MPa	1.0~1.6	1.0~1.6	1.0~1.6	1.0~1.2
氧气纯度	%	99.6	99.6	99.6	99.6

注：除上表条件之外，还要与炼钢专业协商转炉最大产钢量。120t转炉最大出钢量可按132t考虑。

1.2.2 电炉炼钢车间用氧量的确定

1.2.2.1 电炉炼钢车间小时平均用氧量的确定

小时平均用氧量（标态，m^3/h）V_1 为：

$$V_1 = \frac{N_1 G U}{t_1} \tag{1-4}$$

式中 N_1——工作的电炉座数；

G——每炉实际产钢量，t；

U——吨钢氧气耗量（标态），m^3；

t_1——冶炼周期，h。

如果车间有两座或两座以上电炉并且各炉实际产钢量不同时，小时平均用量应为各炉分别计算值之和。

1.2.2.2 电炉炼钢车间小时最大用氧量的确定

小时最大用氧量（标态，m^3/h）V_2 为：

$$V_2 = \frac{N_2 G U}{t_2} \tag{1-5}$$

式中 N_2——根据工艺设计条件当车间有两座或两座以上电炉时同时吹氧（吹氧时间全部或局部重合）的炉子数；

G——每炉实际产钢量，t；

U——吨钢氧气耗量（标态），m^3；

t_2——吹氧时间，h。

如果车间有两座或两座以上电炉并且各炉实际产钢量不同时，小时最大用氧量按各炉分别计算并取其中有可能同时吹氧的、产钢量最大的计算值之和。

1.2.2.3 电炉作业制度和用氧条件

通常条件下电炉作业制度和用氧条件见表1－2。

表1－2 电炉作业制度和用氧条件

项目	单位	参考数据			
电炉容量	t	150	100	70	50
实际炉产量	t	150	100	70	50
平均冶炼时间	min/炉	38～60	38～60	38～60	38～60
吹氧时间	min/炉	约40	约40	约40	约40
氧气单位耗量（标态）	m^3/t钢	25～40	25～40	25～40	25～40
用户点工作压力	MPa	0.5～1.0	0.5～1.0	0.5～1.0	0.5～1.0

注：除上表条件之外，还要与炼钢专业协商电炉最大产钢量。

1.2.3 炼铁车间高炉富氧喷煤用氧量的确定

以宝钢为例，2000 年至 2006 年实际生产中，在富氧率 2% ~3% 时，每吨生铁的平均喷煤量达到 200 ~260kg。全国重点钢铁企业炼铁高炉喷煤量 2009 年为 145kg/t，2010 年为 149kg/t，2011 年为 148kg/t。《高炉炼铁工艺设计规范》（GB 50427—2008）中规定了不同的富氧率条件下吨铁喷煤量，详见表 1 -3。

表 1 -3　不同的富氧率条件下的吨铁喷煤量

富氧率/%	0 ~1.0	1.0 ~2.0	2.0 ~3.0	≥3.0
吨铁喷煤量/kg	100 ~130	130 ~170	170 ~200	≥200

1.2.3.1 高炉富氧鼓风条件

A 富氧量

高炉富氧能够提高产量和降低入炉焦比。一般富氧量控制在 2% ~3% 之间，即鼓风中的氧气浓度达 23% ~24% （体积比）。

B 供氧压力

目前多采用在高炉鼓风机后的鼓风管道上并入富氧管道的形式，即鼓风机后加氧。因此，并入的氧气压力要高于鼓风压力。设供氧阀组提供氧气。有条件的单位，可设低压氧气压缩机直接供氧。

C 氧气纯度

富氧喷煤用氧纯度无特殊要求，可以采用变压吸附的方法制取氧气供高炉进行富氧。对钢铁联合企业，高炉富氧喷煤采用氧气站提供给炼钢车间相同纯度的氧气。

1.2.3.2 高炉富氧鼓风用氧量的确定

高炉富氧鼓风用氧量（标态，m^3/h）V 按照下式计算：

$$V=\frac{Q(C_1-21)}{C-21} \tag{1-6}$$

式中 Q——鼓风量，m^3/h，由炼铁专业要求确定；
C_1——设定的富氧浓度,%；
C——氧气纯度,%；
21——空气中含氧量,%。

利用上述计算结果作为小时平均用氧列入氧气平衡表。

1.2.4 连铸机切割用氧量的确定

连铸机的用氧包括连铸生产零星用氧，连铸机吨钢用氧量（标态）一般为 1 ~4m^3。

1.2.4.1 连铸机小时平均用氧量的确定

小时平均用氧量（标态，m^3/h）V_1 为：

$$V_1 = (1 \sim 4) G_1 \tag{1-7}$$

式中 G_1——平均连铸坯产量，t/h。

1.2.4.2 连铸机小时最大用氧量的确定

小时最大用氧量（标态，m^3/h）V_2 为：

$$V_2 = (1 \sim 4) G_2 \tag{1-8}$$

式中 G_2——最大连铸坯产量，t/h。

1.2.5 炼钢车间辅助用氧量的确定

氧气平衡时，按企业钢产量粗略地估算这部分切割用氧的综合消耗指标（标态）约在2% ~4% m^3/t 钢。

小时平均用氧量（标态，m^3/h）V_1 为：

$$V_1 = \frac{(2 \sim 4) G}{7440} \tag{1-9}$$

式中 G——企业年产钢量，t；

7440——年平均工作时间，h。

对于各车间的切焊用氧，应分别进行计算。

1.2.6 炼铁车间辅助用氧量的确定

炼铁车间切焊用氧条件见表1-4。

表1-4 炼铁车间切焊用氧条件

项 目	高炉容积/m^3			
	1000	2000	3000	4000
烧出铁口用氧量(标态)/$m^3 \cdot h^{-1}$	0.5	1.0	2.0	2.5
检修用氧量(标态)/$m^3 \cdot h^{-1}$	1.5	2.5	3.0	3.5
合计用氧量(标态)/$m^3 \cdot h^{-1}$	2.0	3.5	5.0	6.0

小时平均用氧量（标态，m^3/h）V_1 为：

$$V_1 = \frac{Q_1 + Q_2 + \cdots + Q_N}{8400} \tag{1-10}$$

式中 Q_1，Q_2，…，Q_N——在有 N 座高炉情况下，各座高炉的合计年用氧量（标态），m^3；

8400——年平均工作时间，h。

1.2.7 废钢处理用氧量的确定

废钢处理车间用火焰切割方法处理废钢时的吨钢氧气耗量（标态）为4 ~6m^3。当采用落锤破碎方法处理废钢时，吨钢氧气耗量（标态）为1m^3。

小时平均用氧量（标态，m^3/h）V_1 及小时最大用氧量（标态，m^3/h）V_2 分别为：

$$V_1 = \frac{G_1 U}{t} \tag{1-11}$$

$$V_2 = \frac{G_2 U}{t} \tag{1-12}$$

式中　G_1——车间年平均处理废钢量，t，计算时折合成小时处理废钢量；

G_2——车间年最大处理废钢量，t，计算时折合成小时处理废钢量；

U——切割或落锤破碎时的吨钢氧气耗量（标态），m^3；

t——车间年工作小时，h。

1.2.8　机修系统切焊用氧量的确定

机修系统切焊用氧，包括金属结构件的切焊、铸件的清理及一般零星切焊用氧。氧气用量按照加工件的单位氧气耗量计算，可参考的单耗指标（标态）如下：

异形铸钢件	$6 \sim 10m^3/t$
一般铸钢件	$5 \sim 7m^3/t$
锻件	$5 \sim 7m^3/t$
金属结构件	$6 \sim 7m^3/t$
一般机修	约 $2m^3/t$
烧转炉出钢口及清理炉口钢渣	$10 \sim 20m^3/h$
烧盛钢桶水口及清理桶底粘钢	$10 \sim 20m^3/h$

小时用氧量可参照式（1-9）计算，式中的 G 在此计算中应取为年加工件量。

1.2.9　其他用户用氧量的确定

其他用户用氧要求视项目内容和设计范围确定。除此之外还要考虑邻近企业的用氧。上述氧气用量均列入氧气平衡表（见表1-5）。

1.3　空分能力选择

1.3.1　氧气平衡

按照第1.2节各用户对氧气的用量要求，进行氧气平衡计算，用氧气平衡表计算某项工程的氧气用量，根据此用量选择空分装置的生产能力。

氧气平衡表的格式见表1-5。

表1-5　氧气平衡表

序号	用户名称及用途	平均出入量/$m^3 \cdot h^{-1}$	最大出入量/$m^3 \cdot h^{-1}$	用户对氧气纯度及压力要求
收　入　项				
1	空分装置生产能力			
2	液氧（折合气态）			
	合　计			

续表 1－5

序号	用户名称及用途	平均出入量/$m^3 \cdot h^{-1}$	最大出入量/$m^3 \cdot h^{-1}$	用户对氧气纯度及压力要求
支　出　项				
1	炼钢车间			
2	炼铁车间			
3	轧钢车间			
4	辅助用户			
5	其他			
6	充瓶			
7	液氧（折合气态）			
8	损失			
	合计			
	平衡结果			

氧气平衡表中氧气的漏损，只考虑氧气在输送过程中由于阀门及管道连接不严密处的泄漏损失。泄漏量的参考数据如下：

项　目	泄漏量（占小时平均产量的比例）/%
工艺用氧	1～1.5
切焊用氧	3～5

氮气平衡和氩气平衡按照氧气平衡的格式进行计算。

1.3.2　空分设备能力选择

1.3.2.1　空分装置技术参数

空分装置技术参数见表 1－6。根据不同工况，相关技术参数可以调整。

表 1－6　空分装置技术参数

产品型号	氧气①/$m^3 \cdot h^{-1}$	氮气②/$m^3 \cdot h^{-1}$	液氧③/$m^3 \cdot h^{-1}$	液氮④/$m^3 \cdot h^{-1}$	液氩⑤/$m^3 \cdot h^{-1}$
KDON1500/1500	1500	1500			30
KDON3200/3200	3200	3200			50
KDON3600/3600	3600	3600			70
KDON4500/4500	4500	4500	80		120
KDON6000/6000	6000	6000	200	100	180
KDON6500/6500	6500	6500	200	100	200
KDON7500/7500	7500	7500	200	100	210
KDON8000/8000	8000	8000	200	100	240
KDON10000/10000	10000	10000	200	100	320
KDON12000/12000	12000	12000	200	200	350
KDON15000/15000	15000	15000	300	100	550

续表 1－6

产品型号	氧气①/$m^3 \cdot h^{-1}$	氮气②/$m^3 \cdot h^{-1}$	液氧③/$m^3 \cdot h^{-1}$	液氮④/$m^3 \cdot h^{-1}$	液氩⑤/$m^3 \cdot h^{-1}$
KDON20000/20000	20000	20000	500	300	700
KDON30000/30000	30000	30000	600	200	1050
KDON40000/40000	40000	40000	950	⑥	1500
KDON50000/50000	50000	50000	1000	500	1580
KDON60000/60000	60000	60000	1000	800	1970

① 氧气纯度为99.6%；

② 氮气纯度不大于$10 \times 10^{-6} O_2$；

③ 液氧量为折合气态时的产量，纯度为99.6%；

④ 液氮量为折合气态时的产量，纯度不大于$10 \times 10^{-6} O_2$；

⑤ 液氩量为折合气态时的产量，纯度不大于$3 \times 10^{-6} N_2$，不大于$2 \times 10^{-6} O_2$；

⑥ 生产2.5MPa的氮气22000m^3/h，1.0MPa的氮气20000m^3/h，0.42MPa的氮1000m^3/h。

表1－6中空分装置的氧气与氮气产量是按照1∶1的产能配比的，依据氧气和氮气平衡表，氧氮配比可在1∶2的范围之内选择，不受表1－6中数据的限制。

1.3.2.2 离心式空气压缩机技术参数

离心式空气压缩机型号及主要技术参数见表1－7。

表1－7 离心式空气压缩机型号及主要技术参数

型　号	结构形式	排气量/$m^3 \cdot min^{-1}$	吸气压力/MPa（A）	出口压力/MPa（A）	轴功率/kW	电机功率/kW
H100－9/0.97	双轴	100	0.097	0.9	648	745
H130－6.4/0.95	双轴	130	0.095	0.64	657	755
H150－6.5/0.79	双轴	150	0.079	0.65	660	760
H110－1.0/1.05	双轴	110	0.105	1.0	756	870
H375－6.8/0.97	双轴	375	0.097	0.68	1755	2020
H430－6.5/0.98	双轴	430	0.098	0.65	1978	2275
H450－6.8/0.79	双轴	450	0.079	0.68	1946	2240
H510－6.2/0.97	双轴	510	0.098	0.62	2108	2425
H590－6.5/0.97	双轴	590	0.085	0.67	2564	2950
H650－6.0/0.8	双轴	650	0.08	0.61	2490	2865
H700－6.8/0.97	双轴	700	0.096	0.60	2900	3335
H760－6.4/0.95	双轴	760	0.095	0.62	3350	3850
H820－6.1/0.94	双轴	820	0.094	0.61	3280	3770
H890－6.4/0.94	双轴	890	0.090	0.64	3750	4312
DA200－62	单轴	200	0.098	0.62	958	1100
DA240－66	单轴	240	0.095	0.65	995	1145
DA380－61	单轴	380	0.097	0.60	1812	2085

续表 1-7

型 号	结构形式	排气量 /m³·min⁻¹	吸气压力 /Pa (A)	出口压力 /MPa (A)	轴功率/kW	电机功率/kW
DA400-62	单轴	400	0.095	0.62	1967	2260
DA480-61	单轴	480	0.097	0.65	2127	2450
DA1200-41	单轴	1200	0.097	0.60	4453	5120
DA1280-41	单轴	1280	0.097	0.62	5560	6400
DA1540-41	单轴	1540	0.097	0.62	6000	6900
DA1800-41	单轴	1800	0.097	0.60	7100	8165

注：1. 此表摘自有关企业的产品样本；
2. 电机功率按轴功率的 1.15 倍计算并圆整。

1.3.2.3 立式活塞氧气压缩机技术参数

立式活塞氧气压缩机型号及主要技术参数见表 1-8。

表 1-8 立式活塞氧气压缩机型号及主要技术参数

型 号	结构形式	排气量（标态） /m³·h⁻¹	排气压力 /MPa (A)	冷却水耗量 /t·h⁻¹	电机功率/kW	机组总重/t
ZW-5.3/30	三列三级	350	3.0	25	75	10
ZW-9.2/30	三列三级	550	3.0	30	110	11.5
ZW-13/30	三列三级	800	3.0	35	160	12
ZW-16/30	三列三级	1000	3.0	40	185	12
ZW-33/30	三列三级	1800	3.0	60	350	16
ZW-34/30	三列三级	2000	3.0	50	400	19
ZW-38/30	三列三级	2300	3.0	65	400	16.5
ZW-49/30	四列三级	3200	3.0	80	560	28.0
ZW-60/30	四列三级	3600	3.0	100	630	32.0
ZW-64/30	四列三级	4000	3.0	100	710	32.0
ZW-69/30	四列三级	4500	3.0	120	800	32.0
ZW-88/30	四列三级	5500	3.0	135	1000	40.0
ZW-104/30	四列三级	6500	3.0	150	1250	40.0

注：此表摘自有关企业的产品样本。

1.3.2.4 立式活塞氮气压缩机技术参数

立式活塞氮气压缩机型号及主要技术参数见表 1-9。

表 1-9 立式活塞氮气压缩机型号及主要技术参数

型 号	结构形式	排气量（标态） /m³·h⁻¹	排气压力 /MPa (A)	冷却水耗量 /t·h⁻¹	电机功率/kW	机组总重/t
ZW-6/3	三列三级	350	3.0	25	75	10
ZW-9.7/30	三列三级	550	3.0	30	110	11.5

续表1-9

型　号	结构形式	排气量（标态）/m³·h⁻¹	排气压力/MPa（A）	冷却水耗量/t·h⁻¹	电机功率/kW	机组总重/t
ZW-14/30	三列三级	800	3.0	35	160	12
ZW-18/30	三列三级	1000	3.0	40	185	12
ZW-33/30	三列三级	1800	3.0	60	350	16
ZW-35/30	三列三级	2000	3.0	50	400	19
ZW-37/30	三列三级	2100	3.0	65	400	16.5
ZW-56/30	四列三级	3200	3.0	80	630	28.0
ZW-63/30	四列三级	3600	3.0	100	710	32.0
ZW-67/30	四列三级	3800	3.0	100	710	32.0
ZW-97/30	四列三级	5500	3.0	135	1000	40.0
ZW-105/30	四列三级	6000	3.0	160	1120	40.0

注：此表摘自有关企业的产品样本。

1.3.2.5 全液体空分装置技术参数

全液体空分装置型号及技术参数见表1-10。

表1-10 全液体空分装置型号及技术参数

型　号	液氧产量（折合气态）/m³·h⁻¹	液氮产量（折合气态）/m³·h⁻¹	液氩产量（折合气态）/m³·h⁻¹
KDON(Ar)-1500/1500/50	1500	1500	50
KDON(Ar)-2200/300/95	2200	300	95
KDON(Ar)-2690/3000/125	2690	3000	125
KDON(Ar)-2700/4000/75	2700	4000	75
KDON(Ar)-3000/2000/90	3000	2000	90
KDON(Ar)-3000/3000/100	3000	3000	100
KDON(Ar)-3000/2550/106	3000	2550	106
KDON(Ar)-3000/6000/120	3000	6000	120

注：此表摘自有关企业的产品样本。

1.4 专业之间设计条件

1.4.1 有关规范、规定及相关文件

工程设计要严格遵守国家的有关规范、规定及相关文件，常用的有：

（1）《氧气站设计规范》GB 50030—91；

（2）《深度冷冻法生产氧气及相关气体安全规程》GB 16912—2008；

（3）《建筑设计防火规范》GB 50016—2006；

（4）《钢铁企业设计防火规范》GB 50414—2007；

(5)《建筑物防雷设计规范》GB 50057—2010；
(6)《建筑抗震设计规范》GB 50011—2010；
(7)《构筑物抗震设计规范》GB 50191—2012；
(8)《爆炸和火灾危险环境电力装置设计规范》GB 50058—92；
(9)《建筑灭火器配置设计规范》GB 50140—2005；
(10)《火灾自动报警系统设计规范》GB 50116—1998；
(11)《钢铁工业环境保护设计规定》GB 50406—2007；
(12)《工厂企业厂界噪声标准》GB 12348—2008；
(13)《采暖通风与空气调节设计规范》GB 50019—2003；
(14)《危险场所电气防爆安全规程》AQ 3009—2007；
(15)《建筑照明设计标准》GB 50034—2004；
(16)《工业管道的识别色、识别符号和安全标志》GB 7231—2003；
(17) 其他有关法规与规定；
(18) 建设单位提供的氧气站厂区的地质勘察报告书；
(19) 建设区域的不同，要结合工程特性严格执行地方的有关法规和规定。

1.4.2 工艺专业委托设计条件

工艺专业向其他专业委托设计条件时，主要介绍空分装置的技术参数，室内外工艺设备布置情况，主厂房与副跨的跨度、长度及高度。配电跨（包括高低压配电室、值班室）、控制跨（包括主控室、分析室、变送器室、化验室、值班室、男女更衣室、卫生间等）是在主厂房的一侧还是两侧。主厂房是一层建筑结构还是两层建筑结构。除此之外，根据不同专业的设计内容提出不同的要求。

1.4.2.1 向土建专业委托设计条件

初步设计应向土建专业委托起重机的技术参数、轨面标高及吊装吨位，主要工艺设备组成、基础外形尺寸与荷载，副跨（配电跨、控制跨）的布置情况（要与电气和仪控专业联合协商确定）。

施工图的设计，除初步设计委托的条件之外，还要提出以下要求：

(1) 氧气站主厂房与副跨之间门窗的设置。当副跨在主厂房的一侧布置，通常一层为高低压配电室及值班室，二层为主控室、分析室、变送器室、化验室等。由于一层是配电设施，与主厂房之间不设门窗，由防火墙隔开。副跨的二层与主厂房之间的门窗要求为隔音门与隔音窗。主厂房另一侧的门窗可灵活掌握，但须考虑压缩机运转产生的噪声对周围环境的影响。当配电室与控制室分别布置在主厂房两侧，配电室与主厂房之间仍不设门窗，另一侧的门窗由电气专业确定。

(2) 主厂房内管沟的设置。主厂房内管沟的设置需考虑管沟与主厂房的关系，管沟的宽度、深度及坡度，坡度坡向室外，不应小于3/1000。在管沟内设置水泥支墩或在管沟两壁预埋埋设件，用于安装给排水管道，设置水泥支墩时，需提出支墩的间距、外形尺寸及高度，水泥支墩顶面要预埋埋设件。在管沟两壁预埋埋设件时，需提出埋设件的位置及埋设件的大小。管沟顶面设置盖板。

(3) 地坪与墙面的要求。主厂房地坪采用水泥抹光地坪，确定吊装设备处地坪的承受荷载。主控室采用防静电地板，分析室、化验室、变送器室、值班室采用地板砖，更衣室、卫生间、楼梯间采用水泥抹光地坪。室外设备处的地坪采用水泥地坪，严禁采用石油沥青地坪。主厂房的墙面一般应抹灰刷白，控制室要求进行装修，化验室、卫生间的墙面应贴瓷砖，控制跨的其他房间应抹灰刷白。氧气站各建筑物外墙的墙面有条件的企业建议进行装饰。

充瓶间、空瓶间、实瓶间的地坪根据运瓶方式、气瓶周转数量结合当地的气温条件而定，符合平整、防滑和耐磨防火花的要求。充瓶间的装卸平台要考虑防滑，装卸平台的一端要考虑手拉车上下方便。

氧气调压间为钢筋混凝土防爆墙结构，室外墙面找平抹光并刷天蓝色涂料。氮气调压间多为砖混结构，室外墙面涂黄色涂料即可。

氧气站配电室、循环水泵房的具体要求分别由电气与给排水专业提出。

(4) 预留设备和管道的孔洞。设备和管道需要穿越屋顶、平台及墙面时考虑预留孔洞。在北方地区，空气冷却塔、水冷却塔要布置在室内，要考虑设备穿越屋顶时留洞的大小，且须注意设备就位后方可施工屋顶，以防造成不必要的麻烦。管道穿越平台、墙面时应预留孔洞及套管。

(5) 管道埋设件的位置及大小。管道埋设件分管廊用埋设件和单管用埋设件。管廊用埋设件多为两层（或多层），每层埋设件的位置、高度要提出具体要求，埋设件的宽度不宜小于200mm。平台上的埋设件应与土建专业协商，预埋在平台梁的顶面或底面。平台梁底面的埋设件用于焊接吊架的吊根。

(6) 设备基础与支架。提交设备制造厂的设备基础图，应按照工艺设备的布置情况确定定位螺栓的方位。有的设备需要提出地脚螺栓的位置、预埋深度。由于空气压缩机、氧气压缩机、氮气压缩机是大型设备，振动较大，设计土建基础时要考虑土建结构的自振频率，且不能接近设备的自振频率，以免引起共振现象。设备运行平台的梁板及其基础宜与设备基础脱开，当不能脱开时，在两者连接处宜采取隔震措施，保证平台正常使用。各放散消声器需要土建专业设计支架将其支撑在一定高度，应向土建专业提出放散消声器的外径、支耳的数量以及需要支撑的高度和荷载情况。

(7) 管道支架及支墩。应提供管道的走向，支架及支墩的数量、间距及顶面标高，固定支架的位置。管道支架多采用钢支架，支墩多为水泥支墩，支墩顶面要预埋埋设件。在特殊地形地貌敷设管道支架时，要与土建及有关专业一起协商确定。

(8) 同时应转交建设单位提供的氧气站所处位置的地质勘察报告书。

1.4.2.2 向电气专业委托设计条件

初步设计应向电气专业委托，氧气站供电设备属于Ⅱ类负荷，要求有两路独立的供电电源。并与电气专业协商确定配电室的平面位置，委托用电设备名称、数量及容量。

施工图设计，除初步设计委托的条件之外，还要委托以下内容：

(1) 各生产车间的防雷等级。氧气站各建筑物和构筑物的防雷保护，应符合国家标准《建筑物防雷设计规范》的有关要求。对防雷有特殊要求的地区要按照当地的防雷要求进行防雷设计。

（2）电气设备的防爆和火灾等级。氧气站电气设备的防爆、火灾等级应符合国家标准《电力设计技术规范》的有关要求。

（3）工作照明和局部照明。氧气站室内、外应有来自两路独立电源的工作照明和局部照明。走廊及楼梯等主要通行部位还要设应急照明。空气压缩机、氧气压缩机、氮气压缩机、增压透平膨胀机等主要设备处应设事故照明和检修照明。分馏塔各层平台设工作照明。

（4）接地装置设置。分馏塔冷箱内设备设有接地装置的，应与分馏塔冷箱本体防直接雷击的接地装置分别设置，以防反击雷电。制氧车间建（构）筑物需设防雷接地。液体储罐及输送管道应设防静电接地装置。

（5）还应提供设备制造厂提供的电控设计资料与用电设备接线点的坐标。

1.4.2.3 向仪控专业委托设计条件

初步设计应向仪控专业委托主控室、变送器室、分析室的位置，DCS 的配置。

施工图设计，除初步设计委托的设计条件之外，还要委托氧气站循环水的流量、压力、温度的检测及计量要求；输出各气体的流量、压力检测，输出气体流量要求累计和记录；调压间各气体管道的超压自动放散；设备制造厂提供的仪控设计图纸资料等。主控室设 DCS 控制系统，并考虑防静电设施。

1.4.2.4 向给排水专业委托设计条件

初步设计应向给排水专业委托设备用水总量、供水压力及水质要求，生活用水量、用水压力及水质要求。除此之外还要考虑消防用水及消防设施。

施工图设计，除初步设计委托的设计条件之外，还要委托氧气站各循环水的接点位置，车间与站区消防水系统的设计，化验室用水要求，生活用水点及排水点等。

压缩机的冷却水质，见第 1.5.12.2 节公用工程条件的有关要求。

1.4.2.5 向热力专业委托设计条件

初步设计和施工图设计委托制氧车间液体汽化设备用蒸汽量以及对蒸汽的压力要求。采用蒸汽汽轮机拖动时提出蒸汽汽轮机的技术参数。

1.4.2.6 向采暖通风专业委托设计条件

初步设计和施工图设计委托采暖设计条件时，要求采用蒸汽或热水作为采暖介质，采暖地区要求采暖的部位有主厂房、辅助间（如分析室、变送器室等）、卫生间。采暖地区和非采暖地区的主控室设空调。有条件的企业值班室、办公室也可设空调。

采暖地区各生产车间的采暖温度如下：

（1）充瓶间的空瓶间、实瓶间为 10℃，水压试验间为 16～20℃。

（2）电气、仪表的备件储存间为 10℃。

（3）除上述各间外的其他生产间均为 15℃。

初步设计和施工图设计委托通风设计条件时，主车间要求通风换气，换气次数结合不同地区的实际情况确定。空压机操作平台通常设机械通风。设有氧气透平压缩机的一层冷却器防护墙内要求设通风换气，换气次数控制在不小于 12 次/h。

1.4.2.7 向通讯专业委托设计条件

初步设计和施工图设计委托电讯设计条件的内容有：制氧车间（厂）办公室与总厂调度室设直通电话；制氧车间（厂）主控室与总厂调度室设直通电话；主控室与循环水泵房值班室、化验室设直通电话；制氧车间（厂）办公室与充瓶间设直通电话；充瓶间与主控室设直通电话。

主控室内设有火灾报警设施。重要部位设置电视监控系统。

1.4.2.8 向机修及检化验专业委托设计条件

初步设计和施工图设计委托机修专业设计条件的内容有：氧气站(厂)主要设备型号、机组台数和设备重量、主要检修内容;氧气站(厂)内机修设施的检修任务(中修、小修和日常维护等)。氧气站(厂)内机修设施的规模及其设备的选定,由机修专业确定。

初步设计和施工图设计委托检化验专业的设计条件为：

(1) 产品质量检化验。氧气、氮气、污氮气、下塔液空、主冷凝器液氧的纯度等。氧气、氮气的纯度一般每小时化验一次；污氮气、下塔液空、主冷凝器液氧的纯度一般每班化验一次。氧气及液氧的纯度化验一般采用铜氨液吸收法，产品氮气的化验用铜氨液比色法，污氮的化验则用焦性没食子酸溶液吸收法。

(2) 存在爆炸危险杂质的检化验。空气中乙炔和碳氢化合物的含量，平时根据需要做不定期的化验；下塔液空和主冷凝器液氧中乙炔含量化验，一般每天化验一次。液空与液氧中乙炔化验方法为乙炔铜比色法。碳氢化合物总碳含量的化验方法为燃烧法。单个碳氢化合物的定性和定量分析，一般都采用气相色谱法。

(3) 润滑油的检化验。润滑油的闪点、黏度、水分及机械杂质，一般每批油化验一次。冷却水的化验主要有暂时硬度、悬浮物含量及 pH 值，一般每月化验一次。

1.4.2.9 向总图运输专业委托设计条件

初步设计和施工图设计委托总图运输专业设计条件的内容，按照《深度冷冻法生产氧气及相关气体安全技术规程》的要求，氧气生产场所应选择在环境清洁地区，并布置在有害气体及尘埃散发源的全年最小频率风向的下风侧，应考虑周边企业扩建时对本厂安全带来的影响，同时满足《氧气站设计规范》规定的空分设备的吸风口应位于空气洁净处，并应位于乙炔站（厂）及电石渣堆或其他烃类等杂质及固体尘埃散发源的全年最小频率风向的下风侧的要求。

按照《氧气站设计规范》的要求，还要向总图运输专业提出氧气站内道路的布置情况，道路宽度要求，厂区排水及照明。

除上述要求之外，还要考虑氧气站的位置对附近居民区的影响，氧气站的发展预留用地。

施工图设计还要提出站区内的管道布置情况。

1.4.2.10 向环境保护专业委托设计条件

初步设计向环境保护专业委托环境保护设计，氧气站的主要污染源是设备运转产生的噪声，环境保护专业针对污染源进行环境保护设计。在施工图设计时对环境保护专业提出的环保措施要逐一落实。

1.4.2.11 向安全卫生专业委托设计条件

初步设计向安全卫生专业委托安全卫生设计，安全卫生专业结合制氧工艺特点进行安全卫生设计，安全卫生专业提出安全卫生措施。在施工图设计时对安全卫生专业提出的安全卫生措施要逐一落实。

1.4.2.12 向概算专业委托设计条件

初步设计向概算专业委托成套空分设备及配套设备的造价（包括运输费），此价格为设备制造厂的咨询价。成套空分设备造价中应包括该套设备的电控设备及仪控设备。除此之外还有氧气球罐、氮气球罐、氩气球罐、氧气调节装置、氮气调节装置、氩气调节装置的价格，以及站区工艺管道造价，成套设备厂未包括的其他设备的费用。

1.4.2.13 向技术经济专业委托设计条件

初步设计向技术经济专业委托空分装置的各种产品产量、劳动定员、制氧工艺用电量、循环水用量等。

1.5 设备制造厂提供设计资料

为满足建设单位的要求，在各专业开展施工图设计之前，工艺专业依据设备制造厂提供的空分设备图纸资料，先期进行氧气站工艺设备布置方案设计，工艺设计方案与建设单位共同完善、修改，确认之后委托各专业开展施工图设计。因此，要求设备制造厂提供空分装置各系统的设备资料。设备资料内容：一是设备的总体布置图和各系统设备总图；二是各设备的基础条件图。除此之外，还要提供空分装置相关技术文件。

1.5.1 指导性设计文件

指导性设计文件包括：

（1）设备制造厂与建设单位签订的成套空分设备的“技术附件”；

（2）设备制造厂与其他配套设备厂签订配套设备的“技术附件”及有关图纸资料；

（3）成套空分设备的工艺流程图；

（4）成套空分设备的电气控制图纸资料；

（5）成套空分设备的仪表控制图纸资料。

1.5.2 空气压缩机系统资料

空气压缩机系统资料包括：

（1）自洁式空气过滤器；

（2）空气压缩机总体设备布置图；

（3）空气压缩机供油装置；

（4）空气压缩机高位油箱；

(5) 空气压缩机一级、二级、三级冷却器；
(6) 空气压缩机电机图纸资料（包括电机总图和电机底座框架总图）；
(7) 空气压缩机系统的工艺流程图；
(8) 空气压缩机机旁油管路图；
(9) 采用内压缩流程时，还要提供空气增压机的图纸资料；
(10) 采用汽轮机拖动时，要提供汽轮机的图纸资料；
(11) 交货技术条件。

1.5.3 空气预冷系统资料

空气预冷系统资料包括：
(1) 空气冷却塔；
(2) 水冷却塔；
(3) 冷却水泵（产品样本）；
(4) 冷冻水泵（产品样本）；
(5) 冷水机组（产品样本）；
(6) 水过滤器；
(7) 有的设备制造厂在此系统设有水分离器；
(8) 采用氨冷却器时，提出设备总图及其相关资料。

1.5.4 空气纯化系统资料

空气纯化系统资料包括：
(1) 分子筛吸附器；
(2) 电加热器；
(3) 纯化系统放散消声器；
(4) 采用蒸汽加热器时，提出设备总图及其相关资料；
(5) 切换蝶阀的样本。

1.5.5 增压透平膨胀机及分馏系统资料

增压透平膨胀机及分馏系统资料包括：
(1) 增压透平膨胀机及其油站；
(2) 增压透平膨胀机系统工艺流程图及其逻辑图；
(3) 增压机气体入口过滤器；
(4) 增压机后冷却器；
(5) 分馏塔设备外形及分馏塔楼梯平台图；
(6) 分馏塔基础图及分馏塔安装技术条件；
(7) 空气喷射蒸发器；
(8) 液氧喷射蒸发器；
(9) 氧气放散消声器；
(10) 氮气放散消声器；

(11) 氧气缓冲罐;

(12) 氮气缓冲罐;

(13) 有的设备制造厂在此系统设有空气过滤器，还要提供空气过滤器的相关资料;

(14) 配套设备明细表;

(15) 配套设备阀门一览表;

(16) 配套设备水、电、汽消耗一览表;

(17) 采用全提取、全液体工艺流程时，结合第 6 章稀有气体全提取型空分装置、第 7 章全液体型空分装置的设备配置提供相关资料。

1.5.6 氧（氮）气压缩机系统资料

氧（氮）气压缩机系统资料包括:

(1) 压缩机设备总体布置图;

(2) 压缩机系统的工艺流程图;

(3) 压缩机的电机图纸资料;

(4) 吸入滤清器或过滤器;

(5) 压缩机基础图;

(6) 采用透平式压缩机时，还要提供压缩机油站及其高位油箱相关资料；各级冷却器；压缩机工艺流程图；气路、水路、油路管道布置图;

(7) 交货技术条件。

1.5.7 液体储存及汽化系统资料

液体储存及汽化系统包括液氧、液氮、液氩三种液体，均应提供下述设计条件:

(1) 液体储槽设备总图、基础图，工艺流程图及使用说明书;

(2) 液体汽化器设备图、基础图，采用水浴汽化器时提供冷却水与蒸汽参数;

(3) 液体泵外形图及技术参数。

1.5.8 充瓶系统资料

充瓶系统是采用充瓶氧压机还是采用汽化后充瓶要根据建设单位的要求确定，采用充瓶氧压机时，要设备制造厂提供充瓶氧压机图纸资料。采用汽化后充瓶时，按照第 1.5.8 节的有关要求提供相关图纸资料。

1.5.9 仪表空气压缩机

仪表空气压缩机一般为配套设备，由配套设备单位提供所选的设备机型及工艺流程图。除此之外还要提供仪表空气压缩机储气罐的图纸。

1.5.10 动力条件

动力条件主要指整套空分设备所需用电量，即用电设备负荷；用水量和用汽量，用汽量提供所用蒸汽的压力参数。

1.5.11 对建设单位的要求

1.5.11.1 设计基础条件

建设单位要向空分设备制造单位提供本地区的水文气象条件，具体为：大气压力、大气温度、相对湿度、大气含氧量、最热月平均气温、极端最高气温、最冷月平均气温、极端最低气温、月平均最高相对湿度、月平均最低相对湿度、主导风向、风荷载（离地面10m处）、雪荷载等，作为空分装置设计的基础条件。

1.5.11.2 公用工程条件

公用工程条件主要是对循环冷却水和电源的要求见表1－11。

表1－11 公用工程条件

循环冷却水	数据	循环冷却水			数据
入口温度	≤32℃	悬浮物			<10mg/L
出口温度	≤40℃	氯离子			≤0.23×10^{-6}
入口压力	≥0.4MPa（G）	电源	频率		50Hz
出口压力	>0.18MPa（G）		电压	高压	10kV
pH值	7～8				
总硬度	15（德国度）			低压	380V/220V

2 深冷法空气分离设备

空气分离设备由以下系统组成，即空气压缩系统、氮水预冷系统、分子筛纯化系统、分馏塔与膨胀机系统、氧气压缩系统、氮气压缩系统、液体储存与汽化系统以及配套的仪控及电控系统等。本章介绍空气分离装置内、外压缩两种工艺流程以及全液体生产装置的主要设备组成，这些设备是施工图与高阶段设计过程必须表述的内容。

2.1 空气分离设备图形符号和文字代号

空气分离设备图形符号和文字代号摘自 JB/T 7672—2010。

2.1.1 空气分离设备图形符号

空气分离设备图形符号见表 2－1。

表 2－1 空气分离设备图形符号

编号	名 称	图 形 符 号	说 明
1	筛板塔	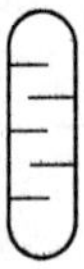	包括对流型、环流型等传热和传质用的筛板精馏塔
2	填料塔	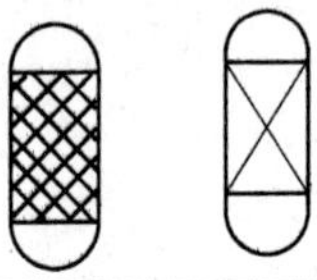	包括各类填料的精馏塔
3	管式冷凝蒸发器	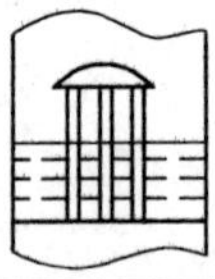	管间沸腾与管内冷凝的管式冷凝蒸发器
4	板翅式冷凝蒸发器	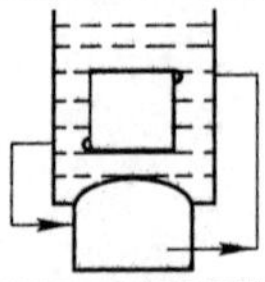	在板翅式换热器内进行换热的冷凝蒸发器
5	双层冷凝蒸发器	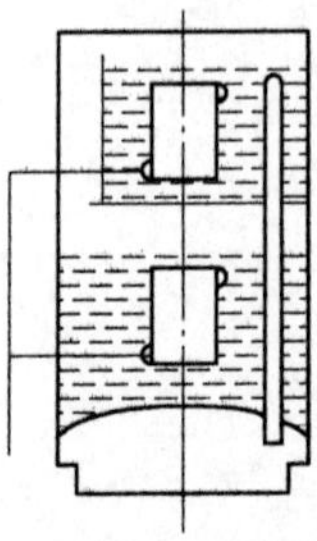	双层冷凝蒸发器，每层由多个板式单元组成

续表 2－1

编号	名 称	图 形 符 号	说 明
6	卧式冷凝蒸发器	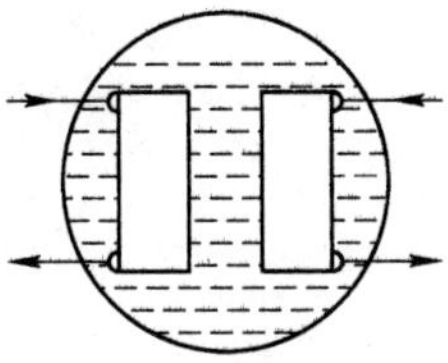	把冷凝蒸发器内多个板式单元排列在卧式的圆筒内
7	二股流换热器	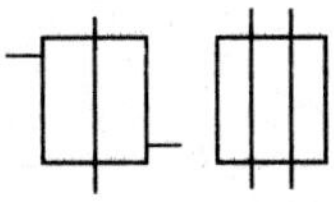	包括逆流、并流、错流型二股流体的换热器
8	三股流换热器	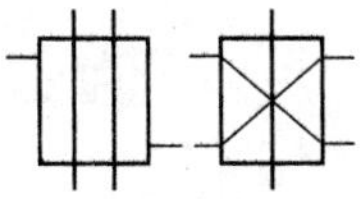	包括逆流、并流、错流型三股流体的换热器
9	多股流换热器		多股流体进行换热的换热器
10	液化器	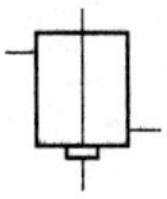	包括逆流、并流、错流型将气体液化的换热器
11	列管式换热器	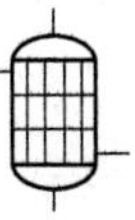	冷热流体进行换热的换热器，管子焊在管板上
12	绕管式换热器	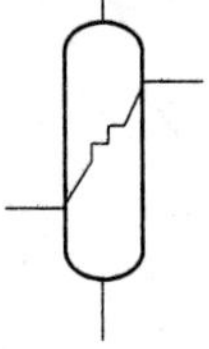	冷热流体进行换热的换热器，多根管子由中心筒绕至多层，管子有光管和翅片管之分
13	空浴式汽化器（空温式汽化器）	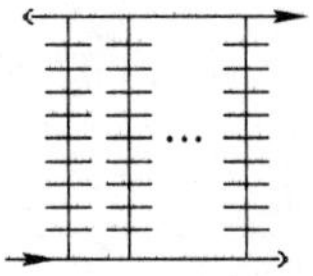	管内液体与管外空气换热，使之汽化的换热器
14	水浴式汽化器	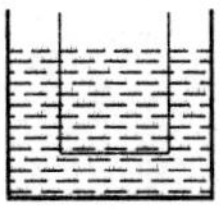	管内低温液体被水加热汽化的换热器

续表 2-1

编号	名　称	图 形 符 号	说　明
15	水冷却器	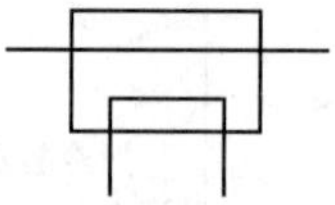	用水冷却气体的换热器
16	蒸汽加热器	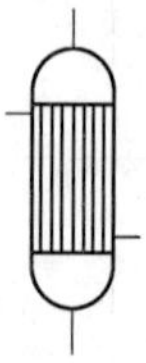	用蒸汽加热气体的换热器
17	电加热器		用电加热气体的换热器
18	喷淋式空气冷却塔	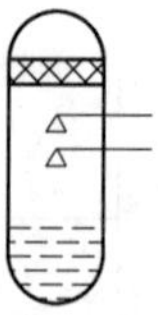	喷淋的水直接与空气接触的空气冷却塔
19	塔板式空气冷却塔	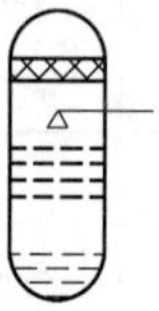	空气穿过塔板的空气冷却塔
20	填料式空气冷却塔	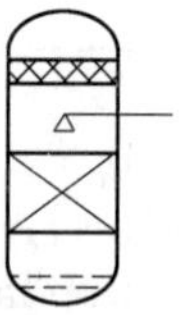	空气穿过填料的空气冷却塔
21	混合式空气冷却塔	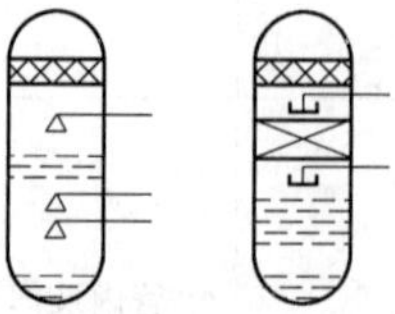 (a)　(b)	低温水和常温水同时冷却空气的空气冷却塔 (a) 喷淋 + 穿流板 (b) 穿流板 + 填料
22	塔板式水冷却塔	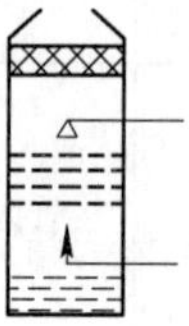	污氮穿过塔板型的水冷却塔

续表 2－1

编号	名 称	图 形 符 号	说 明
23	填料式水冷却塔	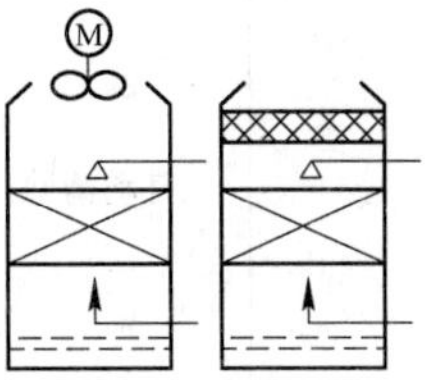 (a) (b)	(a) 带抽风机的填料式水冷却塔； (b) 不带抽风机的填料式水冷却塔
24	立式干燥器、吸附器、纯化器	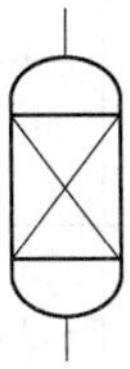	器内填充干燥剂、吸附剂，用以清除空气中水分、二氧化碳和碳氢化合物及其他气体杂质，结构为立式
25	卧式干燥器、吸附器、纯化器	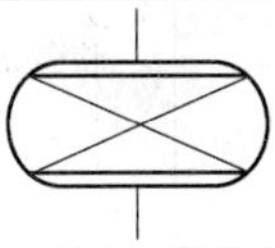	器内填充干燥剂、吸附剂，用以清除空气中水分、二氧化碳和碳氢化合物及其他气体杂质，结构为卧式
26	立式径流吸附器	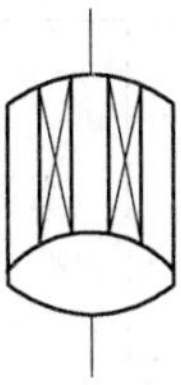	空气从底部进入，先导向周边，后径向穿过吸附层至圆心，由中心筒向上部引出。再生时污氮与空气流向呈逆向排出
27	过滤器（或称锥形过滤器）	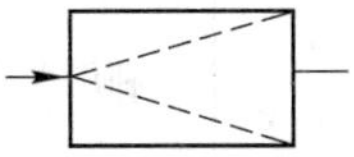	过滤元件为金属织网
28	空气过滤器	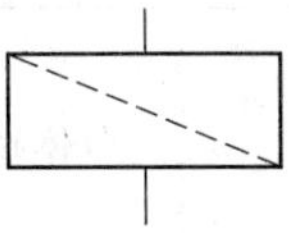	过滤元件为带状的织物
29	干带式空气过滤器	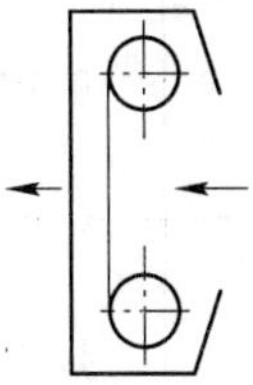	过滤元件为带状的织物
30	袋式空气过滤器	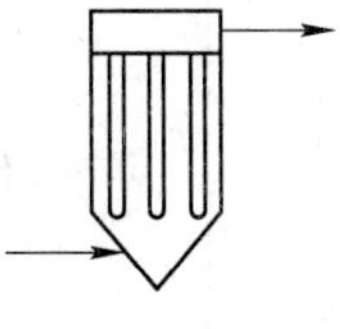	过滤元件为袋状的织物

续表 2－1

编号	名　称	图 形 符 号	说　　明
31	自洁式空气过滤器	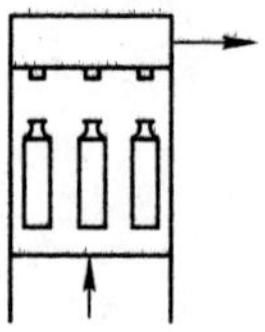	自动清除过滤元件上的灰尘
32	蓄热器	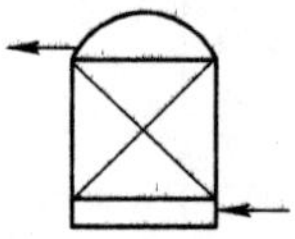	用以储蓄热量
33	气液分离器	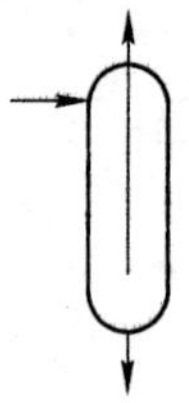	将气流中的液滴分离出来
34	灌充器	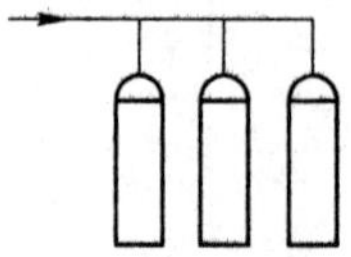	各种气体产品充瓶用的灌充器
35	水封器		利用水柱压力将气体封住
36	消声器	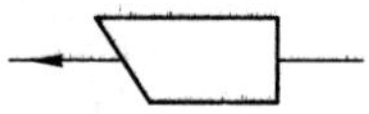	气体放空用消声器
37	管道消声器		用于气体管道消声
38	消声坑	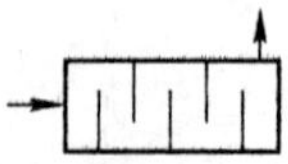	利用地下坑道而设置的消声器
39	消声塔	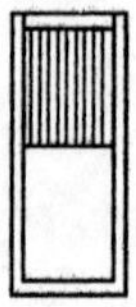	消声元件为钢壳体，基础为钢筋混凝土结构

续表 2-1

编号	名 称	图 形 符 号	说 明
40	液氧喷射蒸发器	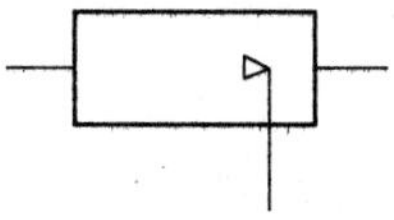	使少量液氧通过喷射器与氧气流相混合而蒸发
41	喷射器 (排液蒸发器)	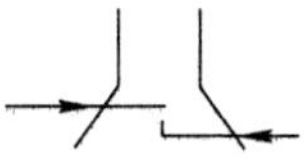	利用蒸汽或空气使排放的低温液体汽化
42	阻火器	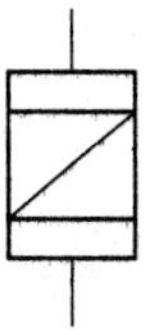	用于阻挡火焰的设备
43	触媒炉	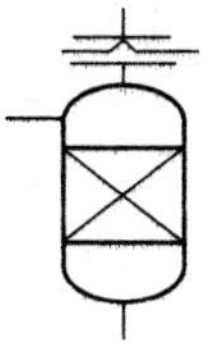	内装催化剂，以催化反应法脱除混合气体中的某种气体或杂质

2.1.2 储槽及储罐

液体储槽及储罐见表 2-2。

表 2-2 液体储槽及储罐

编号	名 称	图 形 符 号	说 明
1	气体储罐及缓冲器	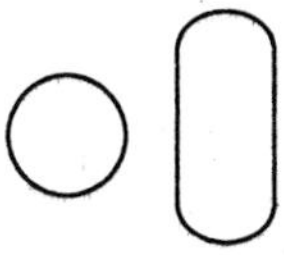	储存及缓冲气体的容器
2	低温液体储槽	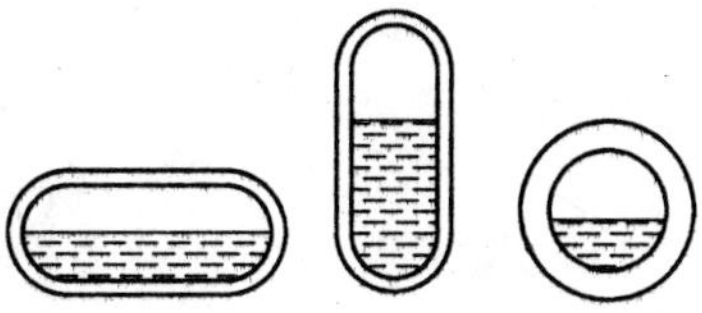 卧式 立式 球形	储存低温液体的固定式真空绝热容器
3	低温液体槽车	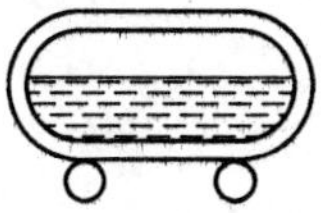	储存低温液体的移动式真空绝热容器

续表 2-2

编号	名 称	图 形 符 号	说 明
4	大型低温液体储槽		采用粉末绝热的大型低温液体容器
5	湿式储气柜	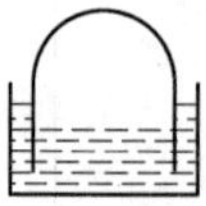	储存气体的容器

2.1.3 机器

空分制氧装置中转动的设备通常称为机器，如膨胀机、压缩机和各种泵类，其图形符号见表 2-3。

表 2-3 各种机器图形符号

编号	名 称	图 形 符 号	说 明
1	电动机	 M	包括同步或异步及微型交直流电动机
2	发电机	 G	制动透平膨胀机用
3	离心式低温液体泵	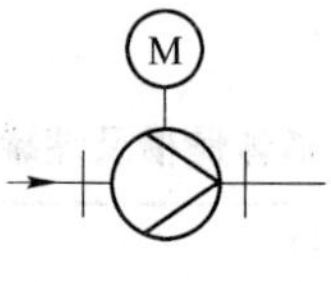 M	液体由开口端进，闭口端出
4	往复式低温液体泵	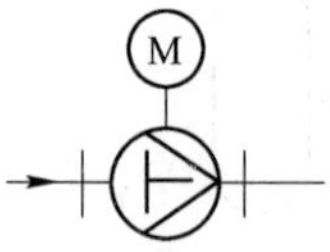 M	液体由开口端进，闭口端出
5	水泵	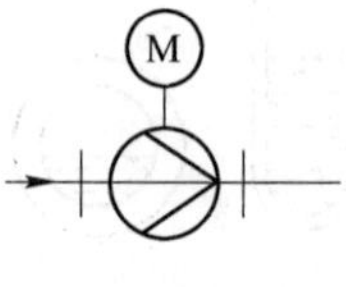 M	水由开口端进，闭口端出
6	真空泵	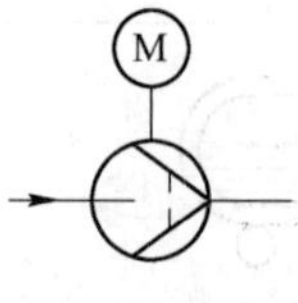 M	气体由开口端进，闭口端出

续表 2－3

编号	名 称	图 形 符 号	说 明
7	透平压缩机	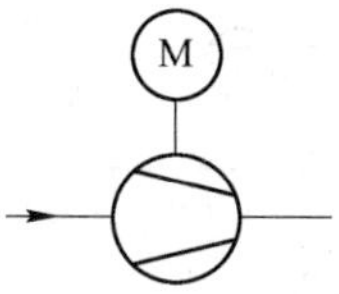 M	小端表示压缩气体出
8	活塞式压缩机	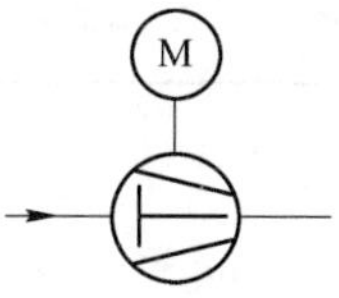 M	小端表示压缩气体出
9	膜式压缩机	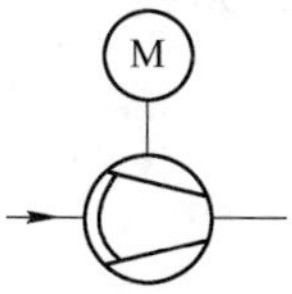 M	小端表示压缩气体出
10	螺杆压缩机	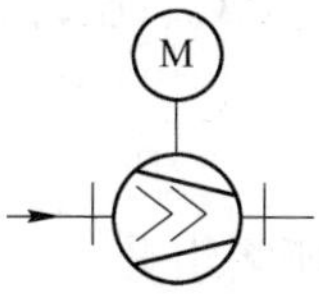 M	小端表示压缩气体出
11	带电机风机	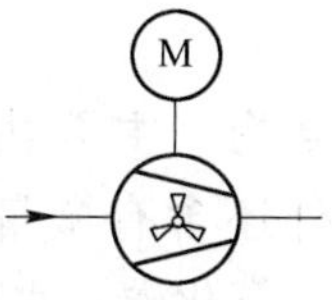 M	小端表示鼓风气体出
12	蒸汽轮机		小端表示蒸汽进口，大端表示蒸汽出口
13	透平膨胀机	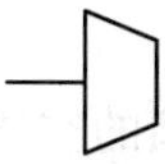	大端表示膨胀后低压气体出
14	往复式膨胀机	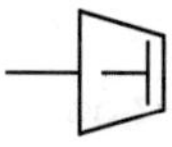	大端表示膨胀后低压气体出
15	增压或风机制动透平膨胀机	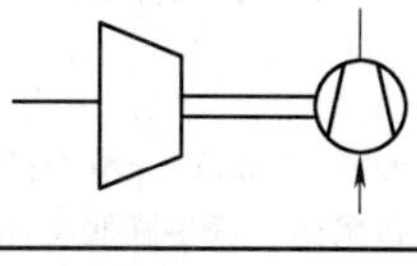	小端表示高压端，大端表示低压端

续表 2-3

编号	名 称	图 形 符 号	说 明
16	电机制动透平膨胀机		小端表示高压端，大端表示低压端
17	冷冻机组		一种流体和冷冻机制冷工质的换热

2.2 空气分离设备术语

空气分离设备术语摘自 GB/T 10606—2008❶。

2.2.1 空气分离设备基本术语

2.2.1.1 标准状态 normal state

标准状态（简称“标态”）是指温度为0℃、压力为101.325kPa时的状态。

2.2.1.2 空气分离 air separation

空气分离是指用深冷法把空气分离成所需组分。

2.2.1.3 空气 air

空气是存在于地球表面的气体混合物。主要由氧（约占20.95%）、氮（约占78.09%）、氩（约占0.932%）组成，另外还含有微量的氢及氖、氦、氪、氙等稀有气体。根据地区条件不同，还含有不定量的二氧化碳、水蒸气及乙炔等碳氢化合物。标准状态下空气的密度为1.293kg/m^3。

2.2.1.4 原料空气 feed air

原料空气是指用于空气分离而被吸入空压机的空气。

2.2.1.5 加工空气 process air

加工空气是指进入空分冷箱内且参加精馏的空气。

2.2.1.6 氧气 oxygen

氧气的分子式为O_2，相对分子质量为31.999（按1991年国际相对原子质量），是无色、无味的气体。在标准状态下的密度为1.429kg/m^3。在101.325kPa压力下的沸点为

❶ 本节引用了《空气分离设备术语》（GB/T 10606—2008）标准中的基本术语，除此之外该标准还包括：单元设备术语、稀有气体提取设备术语、低温液体储运设备术语、透平膨胀机和低温液体泵术语。

90.17K。化学性质极活泼，是强氧化剂。不能燃烧，能助燃。

2.2.1.7 工业用工艺氧 industrial process oxygen

用空气分离设备制取的工业用工艺氧，其含氧量（体积比）一般小于98%。

2.2.1.8 工业用氧 industrial oxygen

用空气分离设备制取的工业用氧，其含氧量（体积比）不小于99.2%。

2.2.1.9 高纯氧 high purity oxygen

高纯氧是指用空气分离设备制取的氧气和液氧，其含氧量（体积比）不小于99.995%。

2.2.1.10 医用氧 oxygen supplies for medicine

医用氧是指用深冷法分离空气而制取的氧气或液氧，其含氧量（体积比）不小于99.5%，并且规定了所含杂质（CO、CO_2、气态酸性物质和气态碱性物质、臭氧及其他气态氧化物），水分含量按露点为不超过 -43℃（液态氧不规定水分指标），且无异味的，专供呼吸及医疗用的氧气。

2.2.1.11 航空呼吸用氧 breathing oxygen supplies for aircraft

航空呼吸用氧是指用深冷法分离空气而制取的气态氧或液态氧，其含氧量（体积比）不小于99.5%，在15℃、101.325kPa条件下，含水量按露点为不超过 -63.4℃的氧气，主要用于航空人员呼吸用。总的污染对使用者不得产生毒性。

2.2.1.12 氮气 nitrogen

氮气的分子式为N_2，相对分子质量为28.0134（按1991年国际相对原子质量），是无色、无味的惰性气体。在标准状态下的密度为1.251kg/m^3。在101.325kPa压力下的沸点为77.35K。化学性质不活泼，不能燃烧，是一种窒息性气体。

2.2.1.13 工业用氮 industrial nitrogen

用空气分离设备制取的工业用氮，其含氮量（体积比）不小于98.5%。

2.2.1.14 纯氮 pure nitrogen

纯氮是指用空气分离设备制取的氮气，其含氮量（体积比）不小于99.95%。

2.2.1.15 高纯氮 high purity nitrogen

高纯氮是指用空气分离设备制取的氮气，其含氮量（体积比）不小于99.999%。

2.2.1.16 超高纯氮 ultra high purity nitrogen

超高纯氮是指用空气分离设备制取的气态氮和液氮，其含氮量（体积比）大于99.9996%。

2.2.1.17 液氧（液态氧）liquid oxygen（liquefied oxygen）❶

液氧是指液体状态的氧，是天蓝色、透明、易流动的液体。在101.325kPa压力下的沸点为90.17K，密度为1140kg/m^3。可用空气分离设备制取液态氧或用气态氧加以液化。

2.2.1.18 液氮（液态氮）liquid nitrogen（liquefied nitrogen）❷

液氮是指液体状态的氮，是透明、易流动的液体。在101.325kPa压力下的沸点为77.35K，密度为810kg/m^3。可用空气分离设备制取液态氮或用气态氮加以液化。

2.2.1.19 液空（釜液）liquid air（kettle liquid）

液空是指经下塔（或单塔）精馏后底部的液体，该液体为浅蓝色、易流动的液体。

2.2.1.20 富氧液空 oxygen-enriched liquid air

富氧液空是指氧含量（体积比）超过20.95%的液态空气。

2.2.1.21 污液氮（馏分液氮）waste liquid nitrogen（liquid nitrogen fraction）

污液氮是指在下塔合适位置抽出的、氮含量（体积比）一般为94%的低于产品液氮纯度的液体。

2.2.1.22 污氮 waste nitrogen

污氮是指由上塔上部抽出的、氮含量（体积比）一般为低于产品氮气纯度的氮气。

2.2.1.23 废气（废液）waste gas（waste liquid）

在高氮塔顶部冷凝蒸发器内的液体为废液，而蒸发后的气体为废气。

2.2.1.24 节流 throttling

节流是指流体通过锐孔膨胀不做功，同时降低压力的过程。

2.2.1.25 等温节流效应（焦耳—汤姆逊效应）throttling effect（Joule - Thomson effect）

气体膨胀不做功所产生温度变化的现象，称之为等温节流效应。

2.2.1.26 膨胀 expansion

气体压力降低，同时体积增加的过程，称之为膨胀。

---

❶ 液氧，粗略计算，1m^3 液氧蒸发为标准状态氧气的体积为798m^3。

❷ 液氮，粗略计算，1m^3 液氮蒸发为标准状态氮气的体积为643m^3。

2.2.1.27 等熵膨胀效应 isentropic expansion effect

介质在等熵膨胀时，由于压力变化所产生的温度变化同时对外做功的现象，称之为等熵膨胀效应。按介质名称不同，又有空气膨胀、氮气膨胀、废气膨胀和液体膨胀。

2.2.1.28 温差 temperature difference

温差指冷热流体两表面或两环境之间有热量传递的温度差别。

2.2.1.29 热端温差 warm end temperature difference

热端温差指冷热流体间在换热器热端的温差。

2.2.1.30 中部温差 middle portion temperature difference

中部温差指冷热流体间在换热器中部的温差。

2.2.1.31 冷端温差 cold end temperature difference

冷端温差指冷热流体间在换热器冷端的温差。

2.2.1.32 升华 sublimation

升华是指从固相直接转变为气相的相变过程。

2.2.1.33 自清除 self-cleaning

自清除是指被冻结在切换式换热器（蓄冷器）通道表面上的二氧化碳和水分，下一周期里由返流气体把它们反吹带出设备的过程。它包括冷冻和清除两个阶段的过程。这两个过程的现象称之为自清除。

2.2.1.34 不冻结性 non-freezability

在切换式换热器（或蓄冷器）的切换通道内，返流气体在单位时间内从每一截断面带出的二氧化碳和水分的数量大于或等于正流空气通过该截断面带入二氧化碳和水分的数值，使切换式换热器（或蓄冷器）的空气通道不被二氧化碳、水分所冻结而堵塞。冻结和清除两个过程的属性，称之为不冻结性。

2.2.1.35 环流 circulation

环流是指在切换式换热器（或蓄冷器）冷端进入一股返流低温气体，以缩小冷端温差来保证切换式换热器的不冻结性。

2.2.1.36 精馏 rectification

精馏是指在一塔器中，上升的蒸汽和下流液体多次间断（或连续）接触，同时进行部分冷凝和蒸发，进行热质交换的过程。

2.2.1.37　单级精馏 single rectification

单级精馏是用深冷法把压缩空气通过一压力塔（压力约为0.45～0.70MPa（G））进行一级精馏后得到产品纯氧或者纯氮的方法。

2.2.1.38　双级精馏 double rectification

双级精馏是用深冷法把压缩空气通过一压力塔（俗称下塔，压力约为0.30～0.50MPa（G））进行一级精馏后得到液氮和液空，再把液氮和液空送至低压塔（俗称上塔，压力约为0.040～0.060MPa（G））进行二次精馏，同时得到产品纯氮和纯液氧的方法。

2.2.1.39　低温吸附 cryogenic absorption

低温吸附是在低温条件下，流体以一定的速度通过吸附器，被其内的固体吸附剂除去流体中杂质的过程。

2.2.1.40　液汽比（回流比）liquid-vapour ratio (reflex ratio)

液汽比是指在精馏塔中下流液体量与上升蒸汽量之比。

2.2.1.41　漏液 weeping

漏液是指当喷淋密度和气流速度减小至足够小时，在筛板塔中，液体从塔板上的小孔直接向下一块塔板掉下来；而在填料塔中，液体从填料表面上直接向填料空隙漏下来，这时两者塔中阻力足够小，精馏遭到破坏的现象。

2.2.1.42　液泛 flooding

液泛是指当喷淋密度和气流速度增加至足够大时，在筛板塔中，塔板下的气流穿过小孔，并夹带液体向上一塔板冲去；而在填料塔中，气流冲向填料表面上的液体，并夹带液体向上填料空隙冲去，这时两者塔中阻力足够大，精馏遭到破坏的现象。

2.2.1.43　“氮塞”现象“nitrogenblocking” phenomena

“氮塞”现象是当氩馏分中含氮组分偏高进入粗氩塔进行精馏，经过一段时间后，氮组分在粗氩冷凝器的粗氩侧聚集而不冷凝，粗氩冷凝器的另一侧液空并不蒸发，液面不断上升，冷凝器工况遭到破坏，粗氩塔的阻力不断下降直至为零，而粗氩塔压力也逐渐升高，塔的精馏工况也遭到破坏的现象。

2.2.1.44　液氧循环量 liquid oxygen circulation

由冷凝蒸发器底部抽出一定数量的液氧再回入冷凝蒸发器，称该液氧的数量为液氧循环量。

2.2.1.45　入上塔膨胀空气（拉赫曼空气）expanded air to upper column (Lachman air)

入上塔膨胀空气是指进入透平膨胀机绝热膨胀后直接送入上塔参加精馏的空气。

2.2.1.46 跑冷损失 cold loss caused by heat inleak

跑冷损失是指在低于环境温度下工作的设备与周围介质存在的温差所产生的冷量损失。

2.2.1.47 复热不足损失 cold loss caused by insufficient warm-up

复热不足损失是指在换热器热端冷热流体间存在的温差而导致冷量回收不完全的损失。

2.2.1.48 冷量损失 loss of refrigeration capacity

冷量损失是指空气分离设备中由于跑冷损失、复热不足损失、吹除损失以及引出液体的冷量损失等的总称。

2.2.1.49 提取率 recovery rate

提取率是指产品组分的总含量与加工空气中该组分的总含量之比。

2.2.1.50 单位能耗 specific energy consumption

单位能耗是指空气分离设备生产单位产品所消耗的能量。

2.2.1.51 一次节流液化循环（林德循环）liquefaction cycle with single throttling (Linde cycle)

一次节流液化循环是以高压节流膨胀为基础的气体液化循环，其特点是循环气体既被液化又起冷冻剂作用。

2.2.1.52 带膨胀机的高压液化循环（海兰德循环）high pressure liquefaction cycle with expander (Heyland cycle)

带膨胀机的高压液化循环是对外做功的绝热膨胀与节流膨胀配合使用的气体液化循环，其特点是膨胀机进口的气体状态为高压常温。

2.2.1.53 带膨胀机的中压液化循环（克劳特循环）medium pressure liquefaction cycle with expander (Claude cycle)

带膨胀机的中压液化循环是对外做功的绝热膨胀与节流膨胀配合使用的气体液化循环，其特点是膨胀机进口的气体状态为中压低温。

2.2.1.54 带膨胀机的低压液化循环（卡皮查循环）low pressure liquefaction cycle with expander (Kapitza cycle)

带膨胀机的低压液化循环是对外做功的绝热膨胀与节流膨胀配合使用的气体液化循环，其特点是膨胀机进口的气体状态为低压低温。

2.2.1.55 斯特林循环 stirling cycle

斯特林循环是由两个等温过程和两个等容过程组成的理论热力循环。整个循环通过等温压缩、等容冷却、等温膨胀、等容加热等四个过程来完成。

2.2.1.56 单高流程 one-product process

单高流程是指用深冷法制取单一产品氧气或氮气的流程。

2.2.1.57 双高流程 two-product process

双高流程是指用深冷法同时制取产品氧气或氮气的流程。

2.2.1.58 高压流程 high pressure process

高压流程是指正常操作压力大于5MPa的工艺流程。

2.2.1.59 高低压流程 high-low pressure process

高低压流程是指低压流程与高压流程相结合的工艺流程。

2.2.1.60 中压流程 medium pressure process

中压流程是指正常操作压力大于1.0MPa至小于或等于5.0MPa的工艺流程。

2.2.1.61 低压流程 low pressure process

低压流程是指正常操作压力小于或等于1.0MPa的工艺流程。

2.2.1.62 低纯度流程 low purity process

低纯度流程是指用深冷法制取氧气的含氧量（体积比）小于或等于95%的工艺流程。

2.2.1.63 高氮流程 high nitrogen process

高氮流程是指用深冷法制取高纯氮气和液氮的工艺流程。

2.2.1.64 带切换式换热器的低压流程 low pressure process with reversing heat exchangers

带切换式换热器的低压流程是指采用切换式换热器来清除压缩空气中水分和二氧化碳及碳氢化合物的低压流程。

2.2.1.65 带分子筛吸附器的低压流程 low pressure process with molecular sieve adsorbers

带分子筛吸附器的低压流程是指采用分子筛吸附器来清除压缩空气中水分和二氧化碳及碳氢化合物的低压流程。

2.2.1.66 全精馏提氩流程 argon separation process with whole rectification

全精馏提氩流程是指在用深冷法制取氧氮的空分设备流程中，在其上塔某富氩区域抽出氩馏分，经过粗氩塔，得到含氩98.5%左右、含氧量(体积比)小于或等于2×10^{-6}的粗氩，该粗氩以液态或气态进入纯氩塔进行精馏，得到含氩量(体积比)99.999%的高纯度液氩的流程。

2.2.1.67 液化流程 liquefied process

液化流程是指用深冷法把气态产品液化成液态产品的流程。

2.2.1.68 液氧自增压流程 self-boosting process of liquid oxygen

液氧自增压流程是指从主冷凝蒸发器的液氧引出流经液氧增压器，由于液位差提高了液氧压力，液氧再等压蒸发经复热出冷箱的流程。

2.2.1.69 外压缩流程 external compression process

外压缩流程是指用深冷法制取的低压氧气和氮气出冷箱后用氧压机或氮压机加压至所需压力的流程。

2.2.1.70 内压缩流程 internal compression process

内压缩流程是指用深冷法制取的低压液态产品经液体泵加压至所需压力后，又经与正流带压气体进行热交换，复热至常温气态的流程。

2.2.1.71 液体流程 liquid process

液体流程是指用深冷法制取液体产品（液氧、液氮、液氩）的流程。

2.2.1.72 空气分离设备（制氧机）air separation plant (oxygen plant)

空气分离设备是指用深冷法把空气分离成氧、氮、氩及其他稀有气体的成套设备。

2.2.1.73 纯氮设备 pure nitrogen plant

纯氮设备是指只生产氮气和液氮的成套空气分离设备。

2.2.1.74 小型空气分离设备 small scale air separation plant

小型空气分离设备是指产氧量（标态）小于1000m³/h的成套空气分离设备。

2.2.1.75 中型空气分离设备 medium scale air separation plant

中型空气分离设备是指产氧量（标态）大于或等于1000m³/h至小于10000m³/h的成套空气分离设备。

2.2.1.76 大型空气分离设备 large scale air separation plant

大型空气分离设备是指产氧量（标态）大于或等于10000m³/h至小于60000m³/h的

成套空气分离设备。

2.2.1.77　特大型空气分离设备 super-large scale air separation plant

特大型空气分离设备是指产氧量（标态）大于或等于 60000m^3/h 的成套空气分离设备。

2.2.2　氩气、纯氩与液氩

氩气、纯氩与液氩的定义摘自 GB/T 10606—2008。

2.2.2.1　氩气 argon

分子式为 Ar，相对分子质量为 39.948（按 1991 年国际相对原子质量），是一种无色、无味的气体。空气中的体积含量为 0.932%。在标准状态下的密度为 1.78kg/m^3，沸点为 87.291K。化学性质不活泼，不能燃烧，也不助燃。主要用于金属焊接、冶炼等。

2.2.2.2　纯氩 pure argon

纯氩是指氩含量（体积比）大于或等于 99.99% 的气体。

2.2.2.3　液氩 liquid argon❶

液氩是指液体状态的氩，是一种无色、无味、呈透明的液体。

2.3　单轴离心式空气压缩机

以 DA520－64 型机组为例对单轴离心式空气压缩机进行介绍，机组的流程图如图 2－1 所示。DA520－64 型离心压缩机为单缸，单吸入双支承结构，共有六级叶轮，分为三段。在段与段之间空气经管式冷却器冷却。该压缩机是利用齿轮联轴器通过增速器与电机连接的。压缩机进口为矩形，出口为圆形，位于机壳两侧，方向均垂直向下。空气自进气管吸入经压缩后终压为 0.64MPa（A），进口容积流量为 520m^3/min，为氧气站配套空气压缩机之一。

2.3.1　离心式空气压缩机结构及辅助设备

2.3.1.1　机壳

压缩机机壳为铸铁铸成，从水平与垂直两个方向将机壳分为六份，用螺栓紧固地连接起来。各结合面均经精加工，以保证机壳内部高压气体不致外泄。垂直部分面经制造厂装配连接后，用户不需要再拆开。在水平法兰的四角装有四根导杆，以保证机壳上盖拆卸和安装吊装时，不致碰坏机壳内部的密封及转子。机壳出气侧与止推轴承箱铸成一体，位于机壳进气侧的支撑轴承箱则单独铸出，利用螺栓与左机壳相连接，用户不可拆开。在机壳

---

❶ 液氩，在 101.325kPa 压力下的沸点为（－185.71℃）87.291K。密度为 1416kg/m^3。粗略计算，1m^3 液氩蒸发为标准状态氩气的体积为 780m^3。

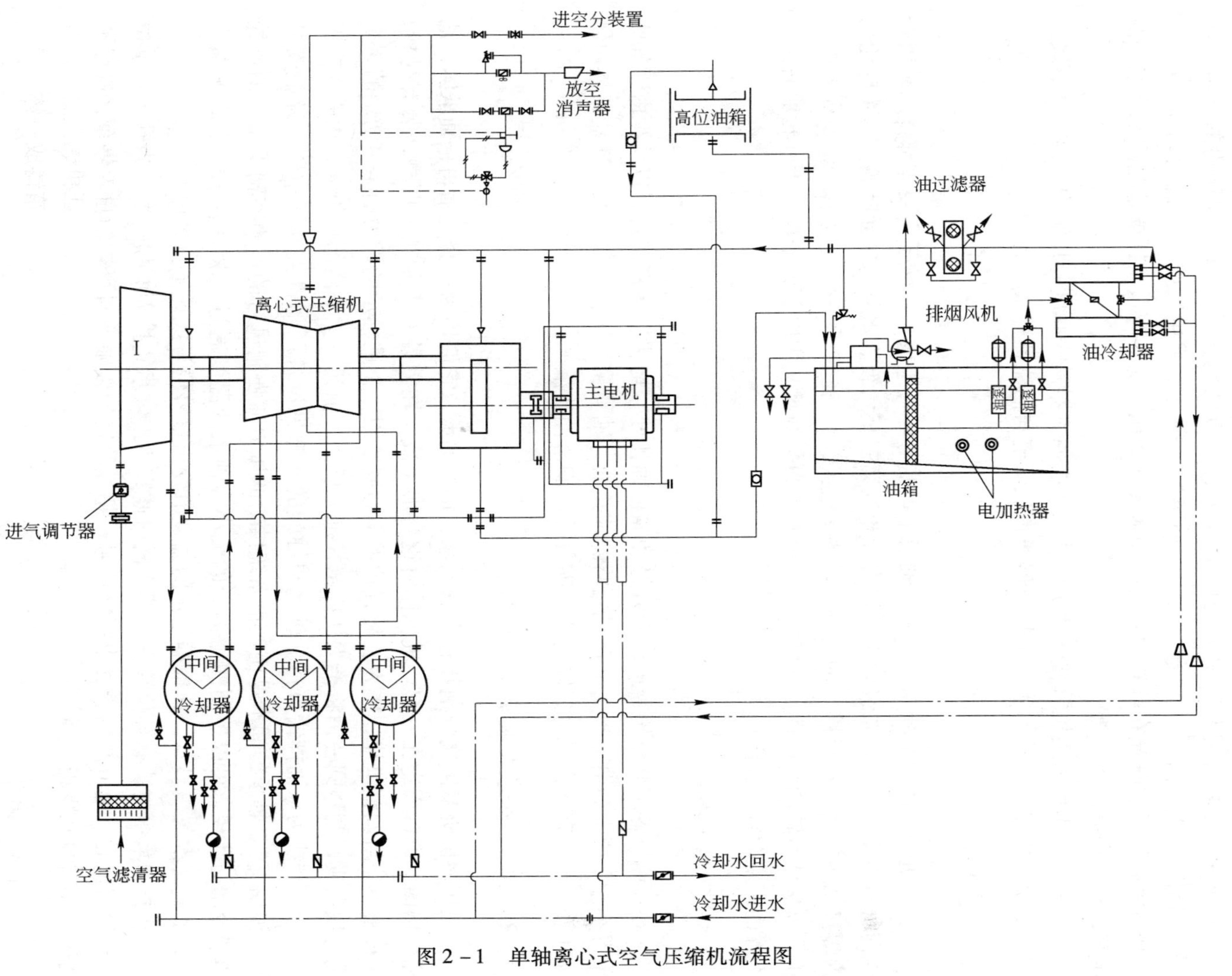

图 2－1 单轴离心式空气压缩机流程图

出气侧下部铸有一孔，将推力平衡盘密封处泄漏的气体排放至大气。

2.3.1.2　隔板

在机壳内部装有隔板，机壳与隔板或相邻隔板之间构成了起不同作用的气流通道（静止元件）：进气室、扩压器、弯道、回流器。进气室是用来引导气流均匀流入叶轮，扩压器的作用是将气流在叶轮中获得的动能转变为压力能，弯道、回流器是用来将前一级出来的气体引导到下一级。

第一、二级均采用机翼型叶片扩压器、一级回流器是等厚度叶片结构。第三、五级采用了直壁扩压器，组装的隔板把扩压器通道、弯道与回流器连成一体。

2.3.1.3　转子

压缩机转子由六个叶轮、一根主轴及平衡盘等零件组成。该转子主要零部件均采用合金钢材质制成。第一、二级采用后弯型叶轮，第三至六级为水泵型二元叶轮。六个叶轮均为焊接结构并逐一进行静、动平衡校正和超速试验。在转子装配过程中，经多次平衡校正，以保证运转的平稳性。在转子右端装有推力平衡盘，用以部分平衡由于叶轮前后压力不等而产生的转子轴向推力。

2.3.1.4　密封

在压缩机每级叶轮轮盖进口圈外缘和隔板轴孔处，均装有迷宫密封，以减少由于气体压力不等而产生的泄漏损失。在机壳两侧轴孔处，轴承箱两侧轴孔处以及增速器箱体两侧轴孔处，也装有迷宫密封，以防止压缩气体和润滑油泄漏。

2.3.1.5　轴承与轴位移安全器

在压缩机机身两端分别装有支撑轴承、止推轴承。它们均为活套瓦结构，轴承体、轴瓦由挡圈、螺钉固定在一起。轴承体由钢材加工成，在其外圆上加工有凹槽，装有衬板，衬板下有一组调整垫片，作为装配时轴承中心调整用。止推轴承的推力面由可活动的 8 个推力块组成，利用圆柱销将推力块固定在推力环上。轴瓦由上下两部分组成，内表面为巴氏合金，型线为双油楔错口瓦。轴瓦与轴颈的间隙见设备厂随机文件（空气压缩机安装使用说明书）。轴承的润滑是由润滑系统供给的压力油强制进行的。调整轴承箱进油口处的节流圈的孔径，可以控制润滑油量的大小，轴承的温度通过安装在轴承箱上的测温元件，通过二次仪表显示，并根据给定的温度值发出报警信号或连锁自动停车。

止推轴承箱内装有轴位移安全器，随时监察止推轴承止推面磨损情况，当转子发生位移至给定值时，通过此装置发出报警信号，超过给定的极限值时可连锁自动停车，以保证转子不与密封和隔板相撞。

2.3.1.6　底座

底座由铸铁制成，压缩机的支撑及止推轴承箱分别支在底座上，底座用专用地脚螺栓及固定板与基础紧固连接。底座下共有 14 对楔形垫铁，作为安装调整用。压缩机的支撑轴承箱与底座用销钉定位用螺栓螺帽固定。止推轴承箱与底座用位于轴线位置的轴向水平键定位，使机壳热胀时可以沿导向键轴向自由滑动，消除热应力。而为达到这一目的在止推轴承箱与底座的连接螺栓上设有一台阶，台阶上下各有一个垫圈，螺帽拧紧后，两垫圈间保持有一定间隙，使机壳膨胀不受限制。

2.3.1.7 联轴器

压缩机与增速器、增速器与电动机之间均由齿轮式联轴器联结。当联轴器工作时，由进油管通入压力油，保证齿间正常润滑。在联轴器外部装有防护罩，防护罩上装有通气罩。防护罩下部有两个油孔，分别与进、出油管连接。

2.3.1.8 增速器

增速器为单级变速，箱体为铸铁件，从水平中分面分为上下两半，上半部有检视孔，以查看齿轮工作时的润滑与啮合情况。轴承体为钢件，体内有轴承合金。压力油强制进入轴承与齿轮，然后汇集于箱体内，经检视接头回油管返回油箱。与基础连接处有一组楔形垫块，以便安装调整。

主动齿轴的外伸端与主轴泵相连直接传动，油泵壳体与增速器箱体用螺栓连接。

大小齿轮采用单斜齿、圆弧齿形，在精密机床上加工，达到 JB 10095—88 标准 6 级精度，保证运转平稳可靠。

2.3.1.9 润滑系统

压缩机、增速器与电动机的润滑系统为强制循环系统，它由油箱、主油泵、辅助油泵、油冷却器、油过滤器、止回阀、过压阀及连接管路所组成，油由油箱经过滤器进入到主油泵，由主油泵出来的压力油经油冷却器送至各个轴承，由轴承回流的油经检视孔返回油箱，在主油泵和辅助油泵遇有特殊事故时（例如突然停电，主电机连锁停机后），由高位油箱向各轴承处供油。

主辅油泵为齿轮泵，它与电机通过弹性联轴器直接传动，与电机同安装于一个支架上。该油泵与主电机有连锁装置，即启动油泵启动前压缩机的主电机不能启动。

油箱由钢板焊接而成，为矩形截面。在油箱内装有过滤网，以清除油中杂质，油箱盖上装有通气罩，以排除箱内油雾。在油箱上装有油位指示器及液位继电器，以指示箱内油位的高低及液位报警，箱内装有两只电加热器，以控制油温。

油冷却器为列管式，由冷却器芯子、壳体等部件组成，芯子是由紫铜管束组成的。利用铺锡与管板固定，油在管间流动，水走管内，进出油口位于壳体侧面，而进出水口则在冷却器上部。

过压阀用来保持润滑系统中油压的稳定。当系统中的油压升高时，过压阀自动打开，将多余的油流回油箱，调整过压阀的压紧螺栓，来调节润滑系统中的油压，在正常情况下，油压应稳定在 0.12 ~0.16MPa 之间。

2.3.1.10 中间冷却器

中间冷却器安装在压缩机一段及二段空气出口处，它的作用是降低压缩空气的温度，减少压缩机功率的消耗。它是由壳体与冷却器芯子等零部件组成的。

壳体由钢板焊接而成。冷却器芯子由钢制管板、导热性能好的紫铜轧翅片（轧出圆形翅片）管等组成，具有较高的传热效率、充裕的传热面积，管板铺锡与冷却管焊接。

为了安装与拆卸方便，在芯子下部装有四个滚轮，支撑在导轨上，冷却器芯子可以方便地从外壳侧面法兰处拉出，这样，在清洗芯子时就不需要拆卸空气管道。芯子上部装有防止气体短路的密封装置。

2.3.1.11 水分离器

为分离空气冷却后析出的冷凝水，在第三段冷却器后设有水分离器。水分离器为钢板焊制的方形容器，利用其内部的钩状折板使空气通过时曲折回旋，冷凝水因重力作用而析出。

2.3.1.12 疏水阀

在水分离器的下侧设有倒置桶型空气疏水阀。其原理是当冷凝水不断流入阀体桶内时，浮桶下降，此时放出阀体内空气；而通入压力空气与水混合物后，桶内水被排出至桶外，再由被打开的阀嘴排出，浮桶上升，阀嘴关闭，如此疏水阀继续周期工作。

2.3.1.13 止回阀

压缩机末端的排气管道上设有止回阀，以避免当系统中压力高于压缩机出口压力时气体倒流，保证压缩机的运行安全。

2.3.2 气动恒压防喘振调节系统

2.3.2.1 设计目的

根据压缩机出口流量和压力的关系，为了避免在小流量高压比区间运行，防止压缩机的喘振，故设置此气动恒压防喘振调节系统。

2.3.2.2 调节系统

气动恒压防喘振调节系统示意图如图 2－2 所示。

2.3.2.3 调节原理

压缩机在出口压力正常工作下运行时，三通电磁阀带电，b～d 通，保证调节阀关闭。

若工况变化，出口压力大于 0.55MPa(G)，抗积分饱和调节器立刻控制电气阀门定位器使其输出气信号，调节调节阀开度，空气开始放空，以维持进入空分装置压力稳定不变。

若工况压力继续升高至 0.57MPa(G)，电接点压力表输出电信号，直接控制三通电磁阀失电，调节阀通过膜头快速全开，空气放空，防止压缩机喘振。

压力恢复正常以后，调节阀关闭，抗积分饱和调节器按正常调节。电接点压力表和抗积分饱和调节器控制的上限和下限参数，当使用压力与设计压力不一致时，也可现场给定。

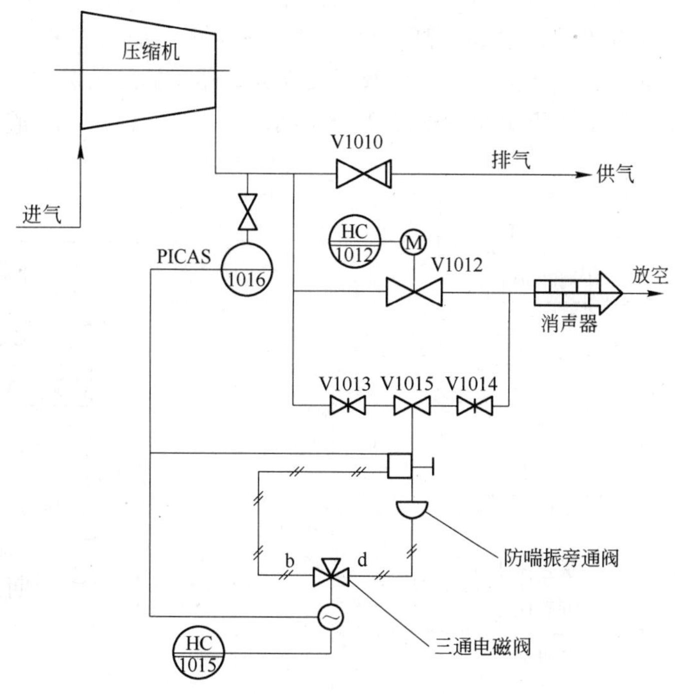

图 2 - 2 防喘振控制系统

2.4 双轴离心式空气压缩机

2.4.1 用途

双轴离心式空气压缩机又称 H 型离心式压缩机，主要用作空分设备的原料气体压缩机及空气动力压缩机，也可用于氮气等其他无腐蚀性气体的压送。

2.4.2 结构特征

H 型离心式压缩机是单进气、双轴四级或三级、齿轮增速等温型压缩机。主电机通过齿轮联轴器（或膜片联轴器）驱动大齿轮轴，两只小齿轮转子轴分置在大齿轮轴两侧，由大齿轮驱动；各级叶轮分别安装在两个转速不同的小齿轮轴两端，构成高、低速转子组，与扩压器、蜗壳构成气体通道。各段之间配有中间冷却器，气体压缩过程接近等温压缩。大齿轮轴承采用圆瓦轴承，两只小齿轮转子组轴承采用可倾瓦轴承（也有采用椭圆瓦和错口瓦轴承），轴承采用强制供油润滑。

压缩机组由包括齿轮增速装置的压缩机本体、空气冷却系统和油润滑系统三部分组成。

压缩机本体包括机身（齿轮箱）、蜗壳、增速齿轮对、叶轮、轴承、进气调节器及齿轮联轴器（或膜片联轴器）等。

空气冷却系统主要由中间冷却器，末端冷却器组成。中间冷却器内置水分离器（有的Ⅰ级不带）、外配疏水器。座在压缩机下面，通过管道、膨胀节与压缩机连接。按工艺流程要求，有些在压缩机出口管道上增配末端冷却器。

润滑系统主要由油站、油管路、高位油箱等部分组成。油站主要包括油箱、电动油泵、油冷却器、双联可切换滤油器、过压阀、油气分离器及抽烟风机等。

H 型离心式空气压缩机组流程图如图 2－3 所示。

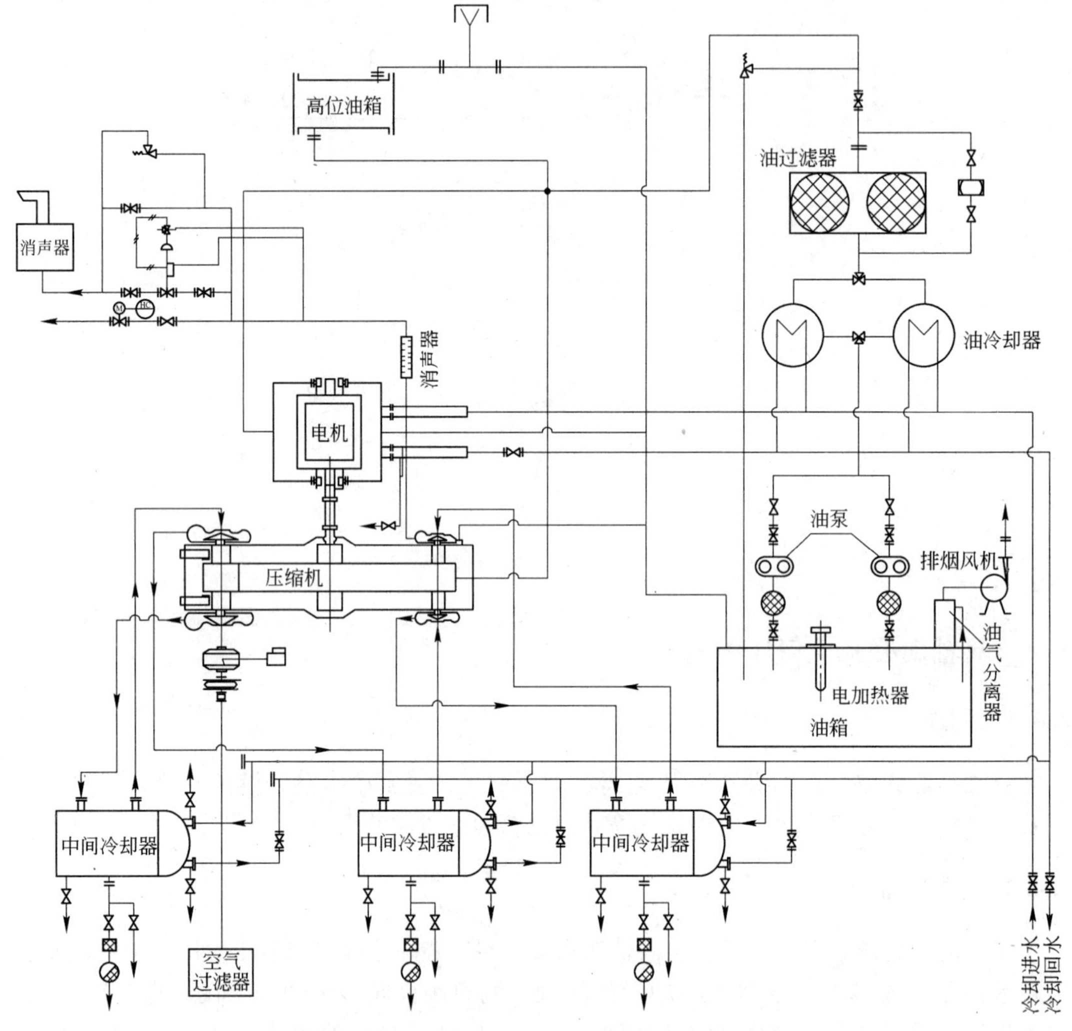

图 2－3　H 型离心式空气压缩机组流程图

2.4.3　压缩机本体

2.4.3.1　机身

机身（齿轮箱）是水平剖分结构。由下机身和箱盖组成。下机身和箱盖均为铸铁铸造而成，各部结合面都经过精密加工，以保证机身内的高压气体不致外泄，在水平结合面及蜗壳结合面上分别装有两只导杆，以保证拆卸吊装时，不致碰坏机身内部的齿轮、转子及密封。为了不造成损坏，吊装前必须先取掉插在箱盖上的温度计。

机身安装在机座上，再将机座安装在基础上或将机身直接安装在基础上。用装在机座上的调整螺栓或可调垫铁找正，用埋设在基础上的地脚螺栓固定。压缩机组安装调整好之后，不要再随便松动机身与机座及机座与基础的联结螺栓，以免破坏对中引起振动。

机身上装有六组轴承，分别支撑大齿轮轴、高速和低速小齿轮轴。通过机身上加工的孔，由各供油口按比例地向各轴承和增速齿轮供油。由各轴承和齿轮排出的油，汇集到机体底部，由排油孔排出机外。

2.4.3.2 蜗壳及扩压器

从叶轮出来的气体，先流进扩压器，将气体的一部分动能转变为压力能，然后导入蜗壳。扩压器有叶片扩压器和无叶片扩压器两种。

蜗壳分别用螺栓固定在机身的两侧面上，它们的作用是把扩压器后的气体汇集起来，引到机外的冷却器或输气管。蜗壳均为用高级铸铁铸造的整体结构，机身和盖板与蜗壳间采用销钉定位。

为吸收由于温度引起的热膨胀，蜗壳的出气管与中间管道间留有间隙，且在接头部位设置了既可将气体密封又可吸收伸缩和弯曲变形的膨胀节。另外，在蜗壳和进气管接合面处采用垫片防止压缩气体泄漏。安装、拆卸蜗壳及扩压器时，必须十分小心，以免碰坏叶轮和密封。

2.4.3.3 叶轮及转子

压缩机共有3~4个叶轮、每级为一段，叶轮采用高级优质合金钢或不锈钢焊接而成，每个叶轮均进行静、动平衡试验和超速试验，然后分别安装在两个小齿轮的轴端，与推力盘、甩油盘等零件构成高、低速转子，叶轮是热装于小齿轮轴上的，所以不可能简单地拆下来。整个转子套装完成后经动平衡校正，以保证运转的平稳性。

叶轮和转子的损伤，是导致性能下降和引起振动的原因，因此，运输、存放、拆卸、组装和使用时都必须十分小心。

2.4.3.4 增速齿轮组

增速齿轮组由电动机拖动的大齿轮和两个小齿轮组成，齿轮为渐开线齿型，单斜齿结构。大齿轮采用优质合金结构钢，热装于齿轮轴上，齿轮轴为优质碳素钢制成；小齿轮及轴采用整体结构，选用渗碳钢，齿面经渗碳处理以提高硬度，磨齿以提高精度。

大、小齿轮组装后，经过跑合，提高其接触精度。大、小齿轮轴的轴颈部位加工精密，组装时应特别注意。在各轴上安装的旋转体（叶轮、齿轮和甩油盘等）均为热装于轴上，不能简单地拆卸，所以在拆卸和组装时这些旋转体都不要从轴上拆下，对此应特别注意。另外，固定这些旋转体的螺帽采用与旋转方向相反的螺纹，在旋转时不会松动。各齿轮轴均做静、动平衡校正，所以运行安全可靠。

2.4.3.5 轴承

压缩机共用六套轴套，各轴承均为水平剖分结构。轴承体为低碳钢，里面浇注巴氏合金，大齿轮轴采用圆瓦轴承，小齿轮轴采用可倾瓦轴承（也有采用椭圆瓦和错口瓦轴承），一种是除近主电机的大轴轴承为支撑轴承外，其余各轴承均带有止推面，另一种是可倾瓦轴承不带止推面，轴向推力通过推力盘传给大齿轮轴，与大齿轮轴轴向力一起由大齿轮轴采用的止推轴承承受，以上两种结构形式均可限制转子轴向移动，防止叶轮与机壳或密封相撞。由机身上的供油孔向各轴承供油润滑。

压缩机各轴承是用相应的轴承压盖固定于机身体上。轴承压盖是用销钉定位的。

润滑油经供油管和节流圈进入各轴承，改变节流圈孔径大小可以控制进入轴承的油量来调节轴承温度，轴承温度通过铂电阻温度计指示，当轴承温度升至75℃时，可通过报警装置发出报警信号，升至80℃时可发出停车信号。

2.4.3.6 进气调节器

压缩机进口装有调节风量的叶片调节装置，内有导向叶片，呈放射性地装在调节器壳上。

进气调节器的叶片使用齿轮传动机构，一根叶片被驱动时，通过齿环其他叶片随动，采用电动或气动执行器驱动。输出轴有效转角为0°~90°。调节器是由安装在控制盘上的操作器来控制，根据流量变化的情况需要，操作人员可手动就地操作或通过中控室微机来改变调节器叶片的角度，从而达到调节进口流量的目的。进气调节器就地有开度指示，0°为叶片全闭，90°为叶片全开。

2.4.3.7 齿轮联轴器和膜片式联轴器

压缩机通过齿轮联轴器或膜片式联轴器与主电机连接。齿轮联轴器由两端的两组相互啮合的内齿套和外齿圈经中间接套连接构成。内齿套端面和外圆是轴中心找正时的测量点，故不能损坏。联轴器内装有320号蜗轮蜗杆油，各间隙均用“O”形环密封。当拆卸后再组装时，必须按照内、外齿套的装配标记进行（内、外齿套按标记位置进行啮合）。内齿套和外齿套与联结螺栓按各自的配合标记进行组装。膜片式联轴器由套装在电动机和大齿轮轴上的主、从动法兰、中间节和法兰与中间节之间的两组膜片组成。具有耐热、耐腐蚀、无需润滑、使用寿命长、吸收轴偏心大、降低联轴器安装要求、缓冲、减振等优点。

2.4.4 主要设备

2.4.4.1 空气冷却器

压缩机共设有中间冷却器和末端冷却器，用以降低各级压缩后空气的温度，减少功率消耗。

一种冷却器壳体呈圆筒形，由钢板卷制焊接而成，具有较高的刚性，压缩机上机座就焊在冷却器壳体上，另一种是中间冷却器芯子并排装在一个箱形冷却器壳体中，壳体作为压缩机底座，压缩机固定在中冷器箱体上，形成一个整体，使中间管道缩短，结构紧凑。

各级冷却器的管束是由数组带散热翅片的冷却管组成，冷却管为大套片或紫铜管轧翅片，冷却水走管内，空气流过冷却管外进行冷却。

中间冷却器和末端冷却器中在管束的气体出口侧装有除去水分的水气分离器，将冷凝水分离出来。冷却器下部设有疏水器，用以自动排放冷凝水。

2.4.4.2 润滑油站

油站用于压缩机、电动机、齿轮、轴承等部件强制润滑供油之用。油站包括：油箱、电动油泵、油冷却器、油过滤器、止回阀、过压阀、截止阀、油气分离器、抽烟风机及连接管路等设备，全部组件与油箱一起构成一集中供油系统。

油经过油箱粗滤油网，由油泵吸取加压，再经油冷却器、油过滤器、过压阀（调至工作所需油压），提供清洁的润滑油供油系统使用。

为避免机器漏油、漏气，本油站设置有抽烟风机和油气分离器，由抽烟风机将烟气通过分离器排出室外，使油箱和齿轮箱内保持轻微负压。

油站各机件的维修、使用及结构特征，分别叙述如下。

A 油箱

油箱是用钢板焊成的矩形截面的箱体，其上装有液位计，以及低液位报警开关和就地温度计等调节和安全系统，当油位降至最低液位时发出报警信号，下部装有电加热器，以备气温过低时加热润滑油，保证油泵正常启动。

油箱上设有充油、排油的连接设施。注意油箱各连接处，要保证密封完好，以免漏气、漏油。

B 电动油泵

油站中装有两台电动油泵，一主一辅，带轴头泵的压缩机油站上装一台电动辅助油泵，在每台压缩机启动、停车过程中及主油泵因故障不能正常工作时，辅助油泵启动向压缩机各润滑部位供油。辅助油泵靠压力报警开关，可自动启动对系统油压进行调节和补充油量。辅助油泵可以连续工作。

电动油泵的吸入管线前装有过滤装置，在它的排出管线上装有止回阀及截止阀，主油泵和辅助油泵的排出管线合接一根油管进入油冷却器。

C 油冷却器

在润滑系统中装有管壳式列管油冷却器，其壳体上装有放气、排油及排水口，便于开车及检修时使用，芯子是由冷却管与管板采用涨接而成，油在管间流动，水走管内。

当安装检修清洗油冷却器时，应把芯子采用打循环的方法，将水管内水垢、管外、管间污垢及管体内污垢彻底清洗后方能使用。

D 油过滤器

油过滤器包括一套特殊结构的三通旋塞和两组并列的可以切换的滤油芯。每组滤油芯分内外两层，套装在一起，每层都有一个黄铜笼壳和不锈钢网构成的过滤元件，不锈钢网紧缠在笼壳上并用压壳压紧。

E 过压阀

过压阀用来控制供油总管的油压，以保持润滑系统中的油压稳定，在正常情况下，阀板在弹簧压力下，使阀门处于关闭状态，当管路中油压过高时，在油压作用下将阀板顶开，使一部分油放回油箱。过压阀的开放压力可通过调节螺丝进行调节。

F 油气分离器

油气分离器装在油箱盖上，其排出口连接抽烟风机，是排除齿轮箱、轴承箱、回油管路中烟雾的过滤装置。由于抽烟风机的抽吸作用，油箱上方的油雾被抽入油气分离器，采用旋风方法把油雾中的油气分离，分离出的油返回油箱，烟气经抽烟风机排出室外。

G 抽烟风机

为了防止在箱体内产生所不希望的压力升高，避免机器漏油漏气，在油气分离器后设置了抽烟风机，将烟气经油气分离器排出室外。

2.4.4.3 主油泵

若采用轴头泵，在大齿轮的非联轴器侧装一齿轮油泵（主油泵），大齿轮轴通过一增速齿轮对其驱动。压缩机正常工作时，由主油泵向压缩机各润滑部位供油。在主油泵的吸入管线上装有止回阀。排出管与电动辅助油泵的排出管会合后进入油冷却器。在主油泵进、出管之间装一旁通阀，在压缩机启动前，辅助油泵启动后打开旁通阀，以向主油泵的吸油管注油，主油泵正常运转后，旁通阀应关闭。若采用电动油泵，现场将其中一台定为主油泵，另一台定为辅助油泵。

2.4.4.4 油管路

滤油器下游所有供油管线的管子材质均为不锈钢，供油压力由油站的过压阀控制调节。排油管路设有检视孔来监视回油情况。

给排油管路上设有压力计、温度计等仪表，以监视油路中的压力和温度值，必要时发出报警，启动电动辅助油泵增压或停机。润滑油为国产 L－TSA 和 L－TSE 汽轮机油，按 GB 11120—2011 规定的优级品或一级品，它的主要物理特性见表 2－4。

表 2－4 L－TSA 和 L－TSE 汽轮机油主要技术参数

项 目	质量指标							试验方法
	A 级			B 级				
黏度等级（GB/T 3141）	32	46	68	32	46	68	100	
运动黏度（40℃）/$mm^2 \cdot s^{-1}$	28.8～35.2	41.4～50.6	61.2～74.8	28.8～35.2	41.4～50.6	61.2～74.8	90.0～110.0	GB/T 265
黏度指数	≥90			≥85				GB/T 1995
倾点/℃	≤－6①			≤－6①				GB/T 3535
闪点（开口）/℃	≥186		≥195	≥186		≥195		GB/T 3536
酸值（以 KOH 计）/$mg \cdot g^{-1}$	0.2			0.2				GB/T 4945
水分（质量分数）/%	≤0.02			≤0.02				GB/T 11133

注：1. 其他技术参数见《涡轮机油》（GB 11120—2011）。
① 可与供应商协商较低的温度。

按照表 2－4 的指标要求，首先作 1000h 运转，而后每三个月（约 2000h）分析一次油成分，取试样分析试验，要求它的物理性能不变。

如果油变质时，应当停止使用，另换新油。油变质的标志如下：

（1）闪点低于 160℃（在开口容器试验）；

（2）杂质超过 0.1%（在油箱的最低点取样）；

（3）黏度变化大于 15%～20%；

(4) 最大酸值高于0.4mgKOH/g。

一般情况下应在两年后第一次换油。

2.4.5 辅助设备

2.4.5.1 膨胀节

压缩机的蜗壳和气管路在运行中产生热变形，为了吸收这些变形量特采用了膨胀节。

2.4.5.2 止回阀

为防止压缩机排气管中的气体倒流而引起压缩机反转事故，在排气管路上装有止回(逆止)阀，在压缩机停车或管网事故中，该阀能够自动关闭。

2.4.6 安全保护系统

为保护压缩机组操作及运行的安全，防止任何意外事故的发生，设有各种安全、保护装置。

2.4.6.1 启动连锁条件

下列条件全都具备时，启动指示灯亮，主电机才能启动：

(1) 油路畅通，供油压力不小于0.15MPa(G)；

(2) 油冷却器出口油温不小于25℃；

(3) 进口导叶开度为5°；

(4) 出口气动薄膜调节切断阀全开；

(5) 冷却水路畅通，水压不小于0.20MPa(G)(对有压回水，供、回水压差不小于0.15MPa (G))；

(6) 排烟风机运转。

2.4.6.2 运行安全保护

运行中当有下列情况发生时，自动发出声光报警信号，提醒运行人员及时采取措施，进行处理，避免事故扩大造成损失：

(1) 各轴承温度不小于75℃；

(2) 供油总管压力不大于0.12MPa(G)；

(3) 油冷却器出口油温不小于50℃；

(4) 冷却水压力不大于0.15MPa(G)(对有压回水,供、回水压差不大于0.1MPa(G))；

(5) 油箱液位降至规定的最低油位线以下；

(6) 排烟风机停车；

(7) 压缩机出口压力不小于设计压力+0.03MPa(G)；

(8) 油过滤器压差不小于0.15MPa(G)。

2.4.6.3 自动停车保护

当下列意外事故突然发生时，通过连锁作用，使主电机紧急停车，保护机组安全：

（1）润滑油压降至0.07MPa（G）；

（2）压缩机轴承温度升至80℃；

（3）原动机轴承温度或定子温度过高（具体数值按原动机厂规定）。

2.4.6.4　连锁控制

连锁控制具体包括：

（1）供油总管压力不大于0.12MPa时，辅助油泵自动启动，当油压上升到不小于0.21MPa（G）后，自动停辅助油泵；

（2）压缩机出口压力不小于设计压力+0.05MPa(G）时，防喘振调节阀自动全开放空，若防喘振系统带有安全阀，压缩机出口压力不小于设计压力+0.03 MPa(G）时，防喘振调节阀自动全开放空，压缩机出口压力不小于设计压力+0.05MPa(G）时，安全阀自动全开放空，防止喘振发生；

（3）主电机停机时，排出管防喘振调节阀应在5~7s内自动全开；

（4）设有主电机事故保护设施。

2.5　氧气透平压缩机

2.5.1　概述

氧气压缩机的工作介质是高纯氧气，氧气是强烈的助燃气体，因此氧气压缩机的设计、制造、安装、控制、运行都是以人身和设备安全为目标的。一般来讲，转子动力学特性优越的单轴型是氧气透平压缩机的首选。

氧气压缩机系统在设计时必须考虑：

（1）良好而健全的设计规划；

（2）优良的转子动力学性能和稳定的转子系统；

（3）关键位置选用强度足够和安全性能好的材料；

（4）优良的控制保安系统和可靠的仪器仪表；

（5）安全完备的启动、停车系统。

2.5.2　高纯度氧气的特征

空气中氧气约占总体积的21%。经空分设备提纯的各种纯度氧气有许多用处。氧气不会自燃，但能帮助其他物质燃烧，为强烈助燃物质。物质与氧气的燃烧过程是氧化反应，能放出大量的热量。物质在纯氧中比在空气中更容易燃烧，氧气含量越纯则着火点越低。因此，只要在物质着火产生的热量能够维持高于这种物质燃点的环境温度下，燃烧就能持续。如纸能在空气中燃烧是因为：

（1）当纸在空气中被点燃，纸本身的温度变得高于它的着火点；

（2）纸燃烧产生的热量消耗于两方面，一部分热量用于升高纸的温度使之超过燃点，另一部分用于维持周围温度使得燃烧能够持续。

氧气浓度越高，物质燃点越低。例如，钢铁在空气中不能被点燃，而在纯氧中被加热而开始燃烧后，就能继续烧下去，是由于：

（1）当钢板的一部分被加热超过燃点，钢板即开始燃烧；

（2）钢燃烧时用去大量的氧气，使钢板周围空气中的氧含量急剧减少，其结果造成氧气量少于维持继续燃烧所需的量；

（3）在纯氧中燃烧的过程中能得到充足的氧气，同时由燃烧产生的热量足以使钢板周围的温度超过燃点而继续烧下去。

物质的体积对燃点也有影响，单体越小，则着火的温度越低。不同体积的钢在常压氧气（纯度99.5%）中的着火点见表2－5。

表2－5 不同体积的钢在常压氧气（纯度99.5%）中的着火点

材料的形状	发生燃烧的温度/℃
钢块（大约10g）	约930
钢粉（直径为0.15～0.6mm）	约390
钢粉（直径约为0.07mm）	约315

氧气压力越高，物质着火温度越低。在氧气压力为3.0MPa下，着火温度大约比常压下降100℃。

2.5.3 高纯氧气压缩机着火的原因

在氧气压缩机的机壳及管路中，与高纯度氧气接触的任何区域被加热到800～900℃的着火点时，将发生自燃。

异常升温可能是由于：

（1）当氧气高速流动时，夹杂的灰尘或外来异物与钢表面摩擦，积聚热量将钢加热；

（2）机壳或管道的局部被与氧气接触而燃烧的微粒所加热；

（3）由于管道内表面与附着在表面上的微粒之间的摩擦而积聚热量将钢加热；

（4）绝热压缩、气动冲击、由于高压管线上使用的阀门突然打开或关闭，使压力急剧变化而发热；

（5）静电产生电弧、闪电。

产生异常升温深层次的原因有：

（1）压缩机机壳或管道内因水蒸气冷凝而生锈；

（2）铁屑或其他外来异物进入机壳或管道内；

（3）加工、装配和安装时，有油或油脂进入机内或管道内；

（4）润滑油从装置外面，通过进、出口端密封进入机内；

（5）有残留铁锈或焊接时的飞溅物及铁豆；

（6）机壳内表面有残留的型砂；

（7）机加工的毛刺。

2.5.4 高纯氧气压缩机的设计思路

氧气在压缩和输送过程中的流速、温度有严格的控制，所以氧气压缩机每段的压比都不是很高。根据氧气不同的压力要求，将氧气压缩机设计成单缸、双缸等形式。

设计高纯度氧气压缩机时，必须采取各项防火措施。一般采取如下措施：

（1）脱脂处理。

（2）所有与氧气接触部分采用镀铜钢板、镀铜铸铁、铜合金和不锈钢。

（3）完全防止漏油、漏气。为了防止氧气外漏空气和润滑油漏入机内，采用密封氮气和差压控制的迷宫密封。

（4）防止生锈。为了排除产生铁锈的根源，轴和叶轮采用不锈钢，气体迷宫密封采用铜制造，压缩机机壳和隔板进行表面防锈处理（镀铜）。

（5）防止固体杂质、铁锈和铁屑进入机内。机器和阀门进气前设置氧气过滤器，现场试车时采用洁净、干燥的空气或氮气。长期停机中，充氮保护。

（6）防止水进入机内。

（7）防止转子与静止元件相摩擦。

（8）特殊部位采用阻燃性能良好的材料。

（9）禁止采用有机化合物。凡有可能与氧气接触部分，均不得用有机化合物；管道上高压垫片采用缠绕垫片，低压采用聚四氟乙烯包裹的垫片，哈夫面液体密封采用中性水玻璃或专用密封条（仅对中分面刻槽的机型）。

（10）作为防止不正常的温升、着火及燃烧的补救措施，在发生温度异常升高时，应进行报警、自动停车系统动作，关闭氧气出口阀及进口阀，并向压缩机内吹入氮气。

（11）防止压缩机进入喘振的控制系统。

（12）在线的振动、轴位移检测。

（13）在主机周围禁止采用容易产生火花的部件及器件，如常规的同步电动机等。

（14）设置防火墙，并加排气设备，防止机器周围氧气和氮气的积聚。

2.5.5 氧气压缩机介绍

现以杭州杭氧透平机械有限公司生产的3TYS130＋2TYS80型透平式氧气压缩机为例对氧气压缩机进行介绍。3TYS130＋2TYS80型透平式氧气压缩机的典型性能参数见表2－6。

表2－6 3TYS130＋2TYS80型氧气压缩机的典型性能参数

项 目	单 位	参 数	项 目	单 位	参 数
压送氧气量（标态）	m^3/h	30000	进气温度	℃	20
进气压力	kPa（G）	15	排气温度	℃	45
排气压力	kPa（G）	3000			

2.5.5.1 透平式氧气压缩机结构及辅助设备

氧气压缩机是使空分装置产生的低压氧气增压的机器。因此，对氧气作为工质而引起的各种现象要给予特殊的注意。

3TYS130＋2TYS80型氧气压缩机的系统布置图如图2－4所示。本压缩机系统是由低压透平式氧压机（又称低压缸）和高压透平式氧压机（又称高压缸）组成的。这两台压

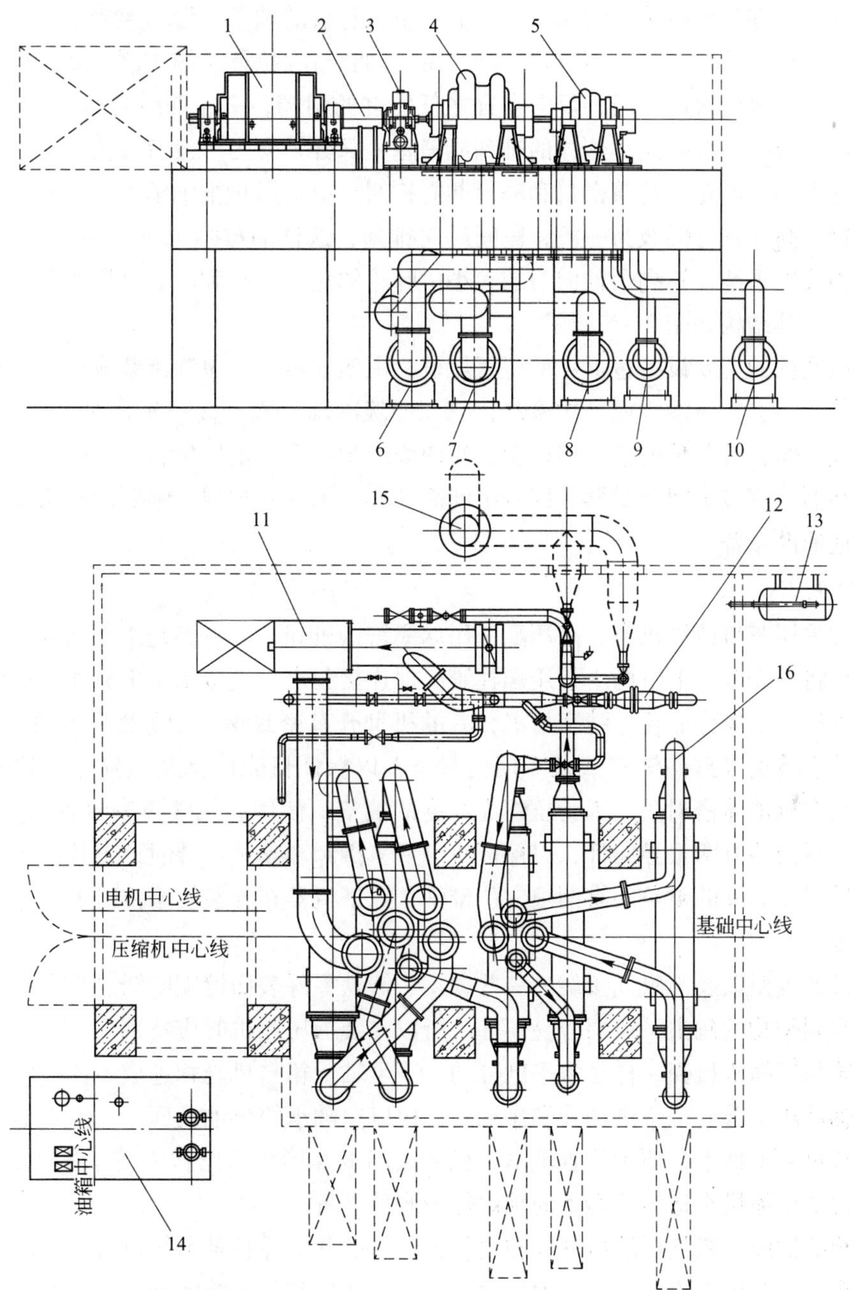

图2-4 透平式氧气压缩机系统布置图

1—电机；2—叠片式挠性联轴器；3—增速机；4—低压氧气透平压缩机；5—高压氧气透平压缩机；6——级冷却器；7—二级冷却器；8—三级冷却器；9—末端冷却器；10—四级冷却器；11—氧气进口过滤器；12—氧气过滤器；13—高位油箱；14—供油装置；15—放空消声器；16—气路系统

缩机通过增速机由异步电动机拖动。压缩机、增速机、异步电动机布置成一列。

主机为双缸机型，异步电机驱动，通过增速机增速后达到透平式氧气压缩机所需要的转速。也可以由汽轮机直接驱动。系统配置有稀油站，供给氧气压缩机主机、增速机、电机的轴承润滑，在汽轮机拖动的场合，还需提供汽轮机的轴承润滑和控制用油。该机型低压缸的第一级进口设置了轴向型进口导叶，由气动长行程执行机构控制。低压缸设计成三段四级，一、二段为每段一级，反向布置在低压缸的两端，三、四级合起来作为第三段，布置在中间，与第一级同向，这样的排列能消除一部分轴向力。没有单独设置平衡盘，剩余轴向力的大小由叶轮的轮盖密封和轴封共同控制，由均压止推轴承承担，低压缸与高压缸直接连接，高压缸每两级为一段，段间反向排列，这样的排列也可消除一部分轴向力，也没有单独设置平衡盘，剩余轴向力的大小由叶轮的轮盖密封和轴封共同控制，由均压止推轴承承担。其结构如图 2－5 所示。

压缩机系统的主要设备包括：低压氧压机，由四级组成，单独组装成一体，有单独的进、出口管。一、二级逐级或一次冷却，三、四级冷却一次；高压氧压机，由四级组成，单独组装成一体，有单独的进、出口管，每两级冷却一次；增速机；一号中间冷却器、二号中间冷却器、三号中间冷却器、四号中间冷却器、末端冷却器；强制润滑系统；气体过滤器与其他辅助设备。

A　机壳

低压缸采用灰口铸铁机壳，高压缸采用球墨铸铁机壳。二者都是水平剖分结构，通过水平剖分面将机壳分为上下两半，用螺柱紧固地连接起来。连接水平剖分面的螺柱在任何情况下不得松动。中分面经过精密加工，有的机型开有密封槽。中分面不允许装入垫片，只需涂中性水玻璃（硅酸钠）或装专用密封条，以保证机壳内部高压气体不致外泄；禁止使用其他有机液体密封胶，因为压缩高纯度的氧气，使用有机液体密封胶是很危险的。剖分面法兰对角装有两根导向杆，以保证机壳上盖拆卸和安装吊装时，不致碰坏机壳内部的密封及转子。另外的对角装有两根定位锥销，保证机器在安装及维修时上下两半能保持相同的位置。

氧压机的内壁以及与氧气接触的一些碳钢、铸铁零件表面镀铜防锈、防火花。镀铜的表面如果受到硬物的碰击，镀层容易损坏，所以在装拆压缩机时应特别小心。

轴承箱与压缩机机壳一样是水平剖分的。下半轴承箱与机壳相连成一体，可以获得好的刚性。轴承箱下部有一个进油孔和排油孔，用以向轴承箱供油及回油。上半轴承箱为铸件，可以从机壳上拆下，便于检查轴承。机壳采用蝴蝶形猫爪结构安装于框架式钢座上，并充分考虑了压缩机在运转状态下的轴向热膨胀伸缩量。

轴承箱的油腔与氧气压缩机的气腔之间由大气隔开，并且轴承箱设有氮气密封，以隔绝油气外泄，氧气压缩机的气腔与大气之间也有复杂的密封系统隔绝，充分保证氧气与大气的隔绝。

B　隔板

用隔板制作成压缩机内氧气流动的通道。可以把隔板分为三类，即进气隔板、中间隔板及排气隔板。

机壳与隔板或相邻隔板之间构成了起不同作用的气流通道（静止元件）——进气室、扩压器、弯道、回流器。进气室是用来引导气流均匀流入叶轮，扩压器的作用是将气流在叶轮中获得的动能转变为压力能，弯道、回流器是用来将前一级出来的气体引导到下一

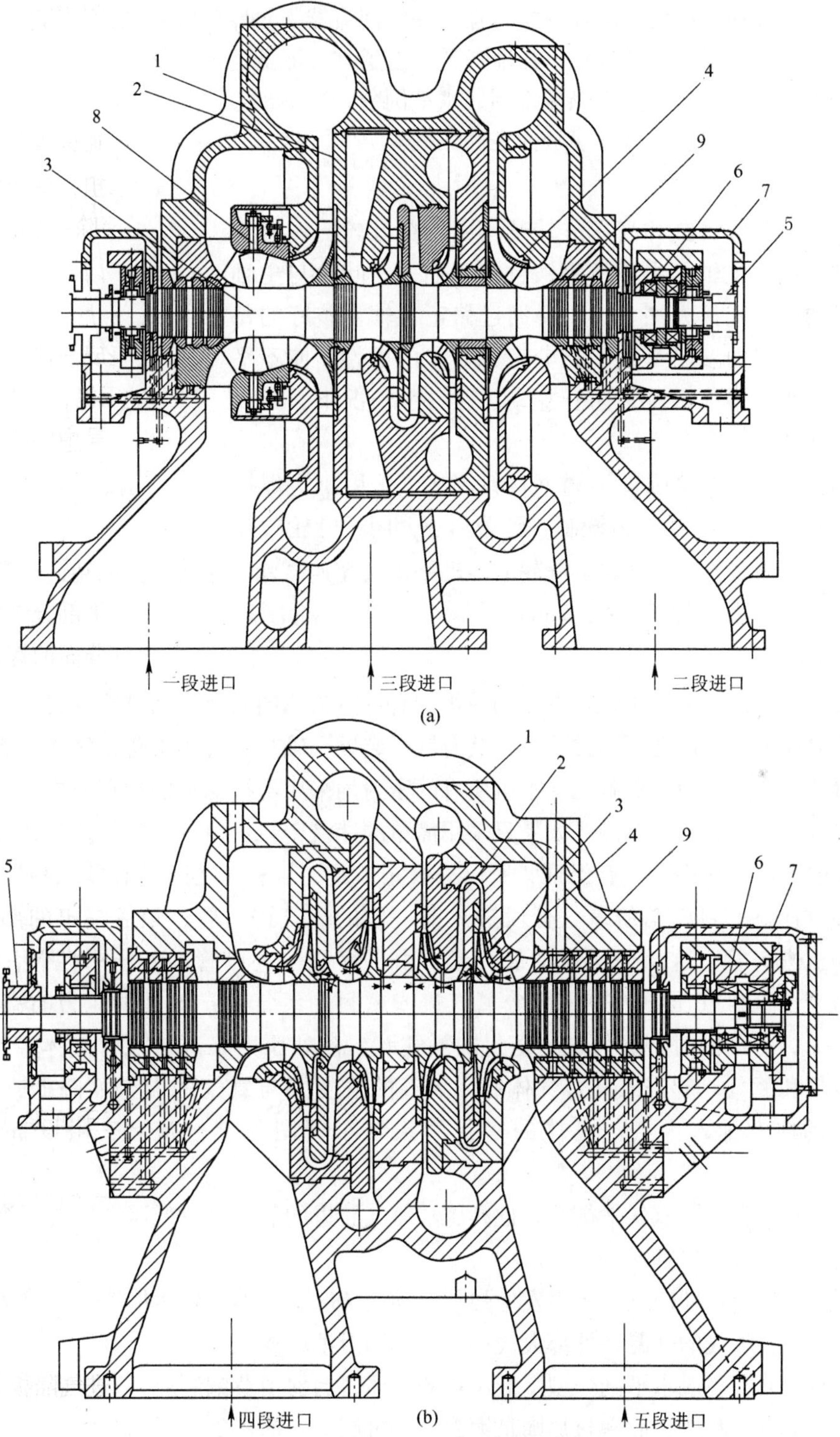

图2-5 透平式氧气压缩机结构图

（a）低压透平式氧气压缩机；（b）高压透平式氧气压缩机

1—机壳；2—隔板；3—转子（叶轮）；4—轮盖密封；5—联轴器；6—均压止推轴承；7—轴承箱；8—进口导叶；9—轴封

级。第一、二级均采用机翼型叶片扩压器、一级回流器是等厚度叶片结构。第三、五级采用了直壁扩压器，组装的隔板把扩压器通道、弯道与回流器连成一体。

为了方便装配转子，所有隔板都制成水平剖分。

隔板与机壳一样，与氧气接触的表面镀铜。

C 转子

氧气压缩机低压缸和高压缸转子均由四个叶轮、一根主轴等零件组成。主轴是由不锈钢锻件加工而成。叶轮与主轴采用无键的过盈连接方法。转子是通过修正在轴上装好的每两个叶轮进行的分步动平衡，充分考虑转子的柔性，使不平衡量减至最小，最大限度地防止振动。在一般情况下，不允许把叶轮从轴上拆下。

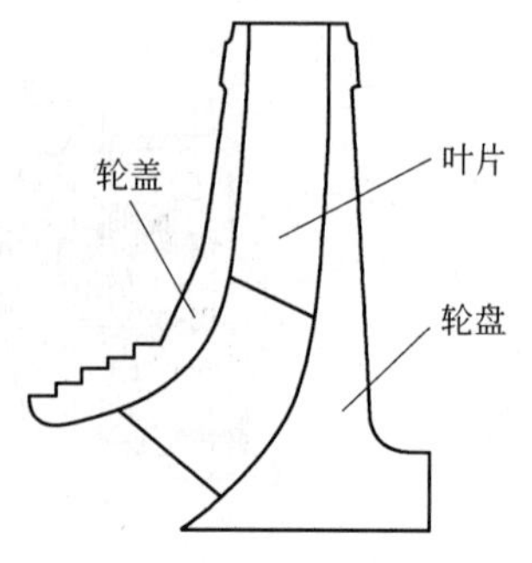

图2-6 叶轮

叶轮是由锻造的高强度不锈钢材料制成。采用闭式焊接结构如图2-6所示，叶片为铣制、轮盖为三元闭式叶轮或叶片铣制、轮盘为二元闭式叶轮。叶轮需经动平衡及超速试验。超速试验的转速通常为工作转速的115%，超速时间不少于2min。

D 密封

在氧气压缩机每级叶轮轮盖进口圈外缘装有密封；不同的叶轮间也装有密封，以减少级间的泄漏损失；在机壳两侧轴孔处，装有轴封装置。轴封装置用来防止氧气外漏以及空气和润滑油通过间隙漏入机壳内。本机所有的密封均采用不接触型的迷宫密封，以免密封与转子接触，引起着火和燃烧。如果只采用简单的迷宫密封，少量的氧气外漏会增加机器周围氧气浓度，安全仍然没有保证，所以采取充入氮气与氧气之间具有差压控制的迷宫密封。经过迷宫密封漏出的氧气分段进入前一段的氧气进口管，最后漏出的部分氧气流回压缩机进口管。这部分回流的氧气量，由平衡腔与进口管的差压来控制，平衡腔的压力略高于进口管压力。另一部分氧气进入密封的氧气腔，该处的压力略高于混合气腔的压力，与此同时，氮气进入密封的氮气腔，该处压力略高于混合气体腔的压力。漏出的氧气和氮气一起进入混合气体腔，氧气的浓度因与氮气的混合而降低，混合气体在安全的地方排入大气。具体的密封气系统布置图与工艺流程，由设备制造厂提供。

此外，机组设置了氧气平衡管，把高压缸氧气腔里的氧气吸入低压缸的氧气腔，以防止氮气进入压缩机进口管。

差压这样设定，即使氧气压力发生强烈波动的情况下也不会发生倒流。采用这样的迷宫密封，防止了氧气的外漏和外部大气、氮气及润滑油的渗入。

迷宫密封器都制成水平剖分型。低压缸的气体密封器由黄铜制成，高压缸的气体密封器的本体是由黄铜制造，而密封片则是铜镍合金带制造。油密封器由铝制成。

由于泄漏的氧气在通过密封片与转子上的密封槽之间的间隙时反复节流，减少了氧气的泄漏量。密封片与转子间必须有适当的间隙，以免发生擦碰，间隙的数值详见机组相关技术参数。密封片材料比转子相应部分软，以免在发生擦碰时损坏转子。

E 径向轴承

径向轴承是可倾瓦块式，可倾瓦轴承有五个瓦块，周向均布，轴衬的配列位置与主轴颈同心，如图2-7所示。

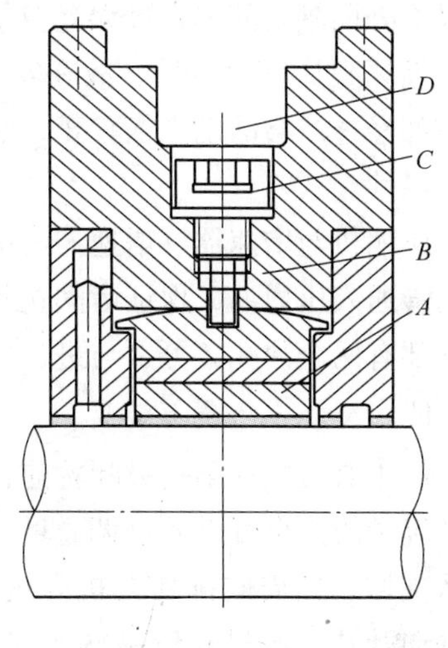

图2-7 径向轴承

带调整垫片的瓦块“A”基体为钢制，内孔浇铸一层巴氏合金。装在轴承壳“B”的内腔中，每个瓦块背面由螺栓“C”周向限位，限位处有较大间隙，仅使它在工作时不会随轴颈一起周向转动，瓦块可以绕着背面的支点自由摆动。润滑油从轴承壳的外侧环形空间“D”通过进油孔供入轴瓦间的空隙，再吸入瓦块形成油膜。运转中，每块瓦块随着轴颈旋转而产生的流体自动调整自己的位置，从而使每个瓦块具有最佳油楔。由于瓦块之间的间隙大，油膜不连续，与油膜旋转有关的不稳定性也就不存在了。所以这种轴承对于减振是十分有效的。

止推轴承带有油量控制环，以减少油耗量，在推力盘的每侧装有若干块止推块，足以承受双向的设计负荷。

F 底座

本机组的底座采用框架式，增速机及高、低压缸均安装在此底座上，该底座采用焊接结构，底座上配有导向键，使压缩机热膨胀时能够伸缩，并保证机组对中。

机壳与底座的配合面必须作防锈处理。

底座与机壳的相互连接如图2-8所示。

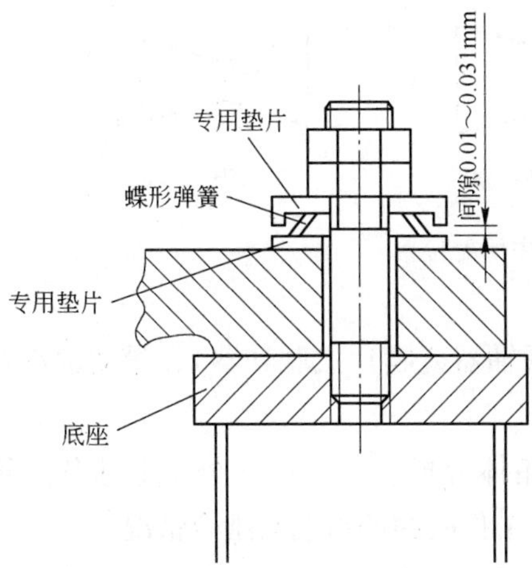

底座由铸铁制成，压缩机的支撑及止推轴承箱分别支在底座上，底座用专用地脚螺栓及固定板与基础紧固连接。底座下共有14对楔形垫铁，作为安装调整用。压缩机的支撑轴承箱与底座用销钉定位后再用螺栓固定。止推轴承箱与底座用位于轴线位置的轴向水平键定位，使机壳热胀时可以沿导向键轴向自由滑动，消除热应力。而为达到这一目的，在止推轴承箱与底座的连接螺栓上设有一台阶，台阶上下各有一个垫圈，螺帽拧紧后，两垫圈间保持有一定间隙，使机壳膨胀不受限制。

图2-8 底座与机壳的相互连接图

G 联轴器

联轴器用于传递原动机与被驱动设备之间的扭矩。本机采用叠片式联轴器及膜片式联轴器。它们用过盈热套或用键与轴连接。

联轴器由三个部件组成：两个带法兰的轮毂及一个挠性部件。

轴的不同心度是靠膜片(叠片)的挠性来补偿的。膜片(叠片)的挠性在一定程度上也可以弥补两轴之间的角度误差及不平行度，轴向位移同样可以得到弥补。不恰当的使用方法会损坏膜片(叠片组)，故在安装或操作时不要操作膜片(叠片组)的外露部。联轴器出厂前都经过严格的动平衡校正，装配时必须使所有装配标志与原来一致，以保证转子运转的平稳性。

压缩机与增速器、增速器与电动机之间均由齿轮式联轴器联结。当联轴器工作时，由进油管通入压力油，保证齿间正常润滑。在联轴器外部装有护罩，护罩上装有通气罩。护罩下部有两个油孔，分别与进、出油管连接。

H 入口导叶调节装置

低压氧压机的第一级叶轮前，装有入口导叶装置，用来减少启动阻力矩及控制流量。氧气流量的大小可以通过调整叶片的迎风角来控制，叶片由不锈钢加工而成，它由复合轴承支撑，按周向排列在机壳内，装置中有一片主动叶片和若干片从动叶片。通过操作主动叶片，经过球铰结构来带动其他叶片。导叶开度的大小，在不同工况下对机组稳定运行影响极大，不合适的导叶开度可以使机器进入喘振工况，对机器造成破坏性伤害。

I 增速机

本台压缩机配套有一台增速机，增速机在压缩机组中所处位置如图 2－9 所示。增速机在高速下旋转并传递压缩机需要的动力。

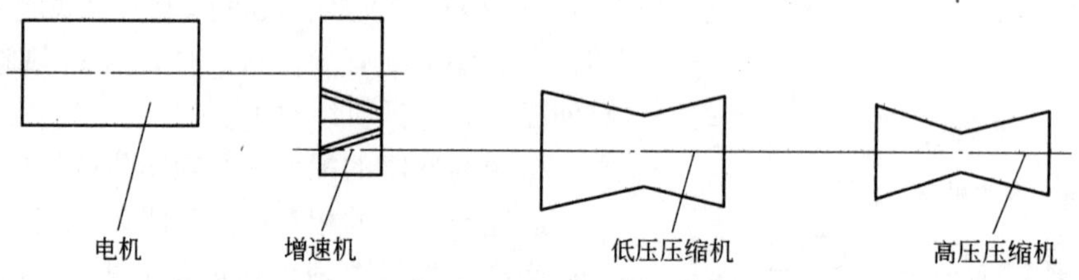

图2－9 增速机在压缩机组中所处位置

增速机为单极变速，由箱体、联轴器（叠片式联轴器或膜片式联轴器）、滑动轴承及传动齿轮副几部分组成。

箱体采用铸铁铸造，沿齿轮轴线的水平面，将箱体分成上、下两部分，上部分为箱盖，下部分为箱座。箱盖上设有检视孔，以查看齿轮工作时的润滑油与啮合情况。

电机与增速机采用叠片式挠性联轴器连接，联轴器为绝缘型，能有效防止压缩机转子从电机端感应轴电流。

增速机与压缩机间采用膜片式联轴器或叠片式联轴器连接，该类联轴器具有补偿轴向和角向位移的能力，因此在两轴线有微小偏差下仍能工作。

高低速齿轮轴均采用滑动轴承支承，低速轴承一般采用剖分式圆柱轴承，高速轴支承一般采用剖分式椭圆轴承，齿轮啮合产生的轴向力由止推轴承或止推盘承担，轴承体采用低碳钢制造，其轴衬为巴氏合金。

高、低速齿轮轴布置在同一水平面上，大、小齿轮均用合金结构钢制造，并经渗碳淬火处理，使齿面具有较高的硬度，小齿轮与轴做成一体（即轴齿轮），大齿轮与齿轮轴采用无键连接，依靠配合处的过盈值，传递额定功率。

低速轴端的油密封，采用迷宫密封结构，因为轴与迷宫不接触，因而不会发生磨损。

润滑油由机组的供油装置输送，通过油管进入增速机（也可根据用户要求在增速机上配置主油泵），经喷油管喷出的润滑油供给轮齿的啮合表面，经箱座上的油孔进入轴承的润滑油润滑轴承的工作表面，各润滑部位排出的润滑油从增速机的侧面经回油管回流到油箱。

喷油管喷油根据增速机不同的技术参数，分为齿轮啮入侧喷油和啮出侧喷油两种。

主动齿轴的外伸端与主轴泵相连直接传动，油泵壳体与增速器箱体用螺栓连接。大小齿轮采用单斜齿、圆弧齿形，在精密机床上加工，达到《圆柱齿轮精度制》GB/T 10095.1 与 GB/T 10095.2 标准 6 级精度的要求，保证运转平稳可靠。

J 气体冷却器

氧气压缩机配有四台中间冷却器及一台末端冷却器。壳程走水，管程通气，每台冷却器的芯子都是由铜质光管制成。每根管子的两端与管板胀管（焊接）连接。管束为水平安装，管束的每一侧都有一条氧气管道。水侧为多程，氧气侧为单程。

K 供油装置

氧气压缩机配备强制润滑系统，用以向压缩机的轴承、电机轴承及增速机供油。供油装置由主油箱、两台油泵、油冷却器、电加热器、双筒过滤器、油雾过滤器、高位油箱及管道阀门、仪表等组成，如图 2-10 所示。

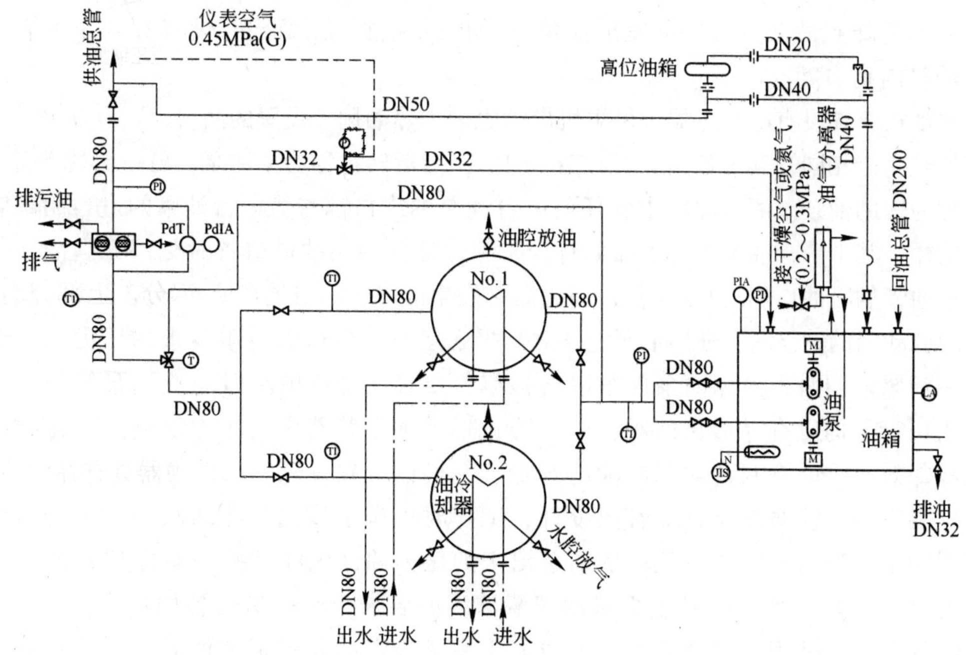

图 2-10 供油装置

润滑油经主机回油口、高位油箱溢油口、主油箱加油口进入主油箱的进油隔腔内，通过回油磁性过滤器（0.125mm）滤除大杂质及铁性物质后流入油箱“热”油区，经箱内隔板隔绝“死区”，消除泡沫后进入主油箱“冷”油区。润滑油在“冷”油区经加热器加热（根据工况需要可不加热），由油泵送到安全阀进油口和冷却器进油口，经与冷却水交换热量（润滑油温度超过主机许用温度时进行）后，进入双联精过滤器（精度20μm）。过滤后干净、适温（适合主机需要的温度）的润滑油经油站供油口供给主机和高位油箱，进入高位油箱的油，以备因供油装置发生故障引起主机紧急停车时继续供油用。高位油箱为一密闭的卧式容器，由底部进油，顶部连接一根回油管路，其上装有节流孔板，以减少油的循环量，回流的油从该油管流入一只与大气相通的漏斗中，漏斗连接一根通向油箱的管路。该管路的上部呈“S”形，使其产生液封，防止油气漏出及破坏油箱真空度。

主油箱是润滑油的存储器，同时也是除高位油箱以外的其余各部机的公共底座。主油箱是一个由钢板焊成的密闭容器。从主机回流的油液经磁性回油过滤器过滤，在主油箱中经过初步沉淀后，由浸没于油中带有底阀的管路进入油泵吸油管；油雾则由油雾过滤器进行过滤后，冷凝油回流入油箱，除雾后的油气被排烟风机抽出排出室外。正常工作时，油面应高于管路进油口，但又不能过高，以致使停车时主油箱无法容纳全部回流的油。为此，主油箱外侧装有液位计和油位指示标牌。用户应按标牌的指示油位，及时从主油箱顶部的加油口补充适量的清洁油。用户第一次加油时，应加到停车时正常液位处，当开车后再停车时主油箱的油位将略低于原来的油位。这是由于与主油箱并列于地面的油冷却器及油过滤器中的油不可能全部回流到主油箱去，这是正常的，不必另外加油。主油箱顶部设有液位控制继电器（由主机提供），当因损耗或泄漏而使油位降到最低点时，它发出报警讯号提醒加油：顶部同时设有真空压力表，指示主油箱内真空度。

主油箱下部设有电加热器，供主机启动之前加热油用。设置的两台并联电动油泵，其规格型号完全相同，互为备用。正常工作时，一台运转，称为主油泵，另一台处于备用状态，称为辅助油泵。两台油泵中的任何一台油泵的出口都与另一台油泵的进口用细管相连，这样，其中一台油泵作为主油泵时，能够保证辅油泵的进口管时刻都充满油（每台油泵进油管的吸油口均装有底阀），当主油泵发生故障，出口油压降至规定压力，仪控系统自动启动辅助油泵时，辅助油泵能够立刻投入运行，泵送出合乎要求的压力油，继而成为主油泵。同时，损坏油泵停车以备检修，要求在主机停车时完成油泵修理。两台油泵出口管上均设有蝶形止回阀，用于防止辅助油泵管路中的压力油倒流。为确保润滑油冷却效果，设有两台相同的油冷却器。它们的油路并联、水路并联。两台冷却器后分别装有一个柱塞阀及总油管温度计，工作时可调节该阀和冷却水回水阀使两台油冷却器的出口油温尽可能一致。从油泵出来的压力油，先经过冷却器冷却，再进入双筒过滤器进一步过滤，达到主机对油液清洁度的要求，然后送至各用油点。应定时检查滤油器的阻力是否过大。若发现阻力大于主机规定的要求阻力值时，应及时更换滤芯。

L　气体过滤器

氧气压缩机设置有三个气体过滤器，分别为氧气吸入过滤器、氧气高压回流过滤器与密封氮气过滤器。各过滤器的过滤密度均小于 110μm。

氧气吸入过滤器装于压缩机进口处，卧式布置，防止氧气压缩机吸入口前面管道中固体杂质进入氧气压缩机。

氧气高压回流过滤器装于高压回流阀 V3308 阀前，卧式布置是为了防止氧气压缩机内部的固体杂质在氧气压缩机内循环流动，在吹扫阶段是重点的检查点。

密封氮气过滤器装于 V3312 阀前，卧式布置。各过滤器安装时要确认气体的流动方向。

M　止回阀

压缩机末端的排气管道上设有止回阀，以避免当系统中压力高于压缩机出口压力时，致使气体倒流，保证压缩机的运行安全。

2.5.5.2　气动恒压防喘振调节系统

气动恒压防喘振调节系统的设计目的与示意图见第 2.3.2 节。

2.6　增压透平膨胀机

2.6.1　增压透平膨胀机的组成

增压透平膨胀机为低温精馏法空分装置提供冷量使空气液化，并在正常运转时补充装置的冷损失。增压透平膨胀机系统由增压透平膨胀机主机、供油系统、增压机后冷却器等组成，如图 2－11 所示。

2.6.2　透平膨胀机

透平膨胀机工作介质由进口管进入蜗壳，经转动喷嘴再进入工作轮做功，然后经扩压室、排气管排出。

膨胀机气量调节是依靠安装在冷箱顶上的气动薄膜执行机构带动喷嘴叶片转动，从而改变其通道截面积来实现，执行机构的阀杆行程反映了喷嘴通道宽度的变化，阀杆下移使喷嘴通道开大，上移则关小。

2.6.2.1　蜗壳

蜗壳为不锈钢铸件结构，固定在机身上，通过机身与底座相连，蜗壳内容纳有喷嘴和膨胀机叶轮。

2.6.2.2　转子

转子两端分别装有膨胀机叶轮和增压机叶轮，为一刚性转子，套装在机身轴承上。

2.6.2.3　轴承

轴承均为径向推力联合式轴承，由进油管供给清洁而充足的润滑油，使转子能长期稳

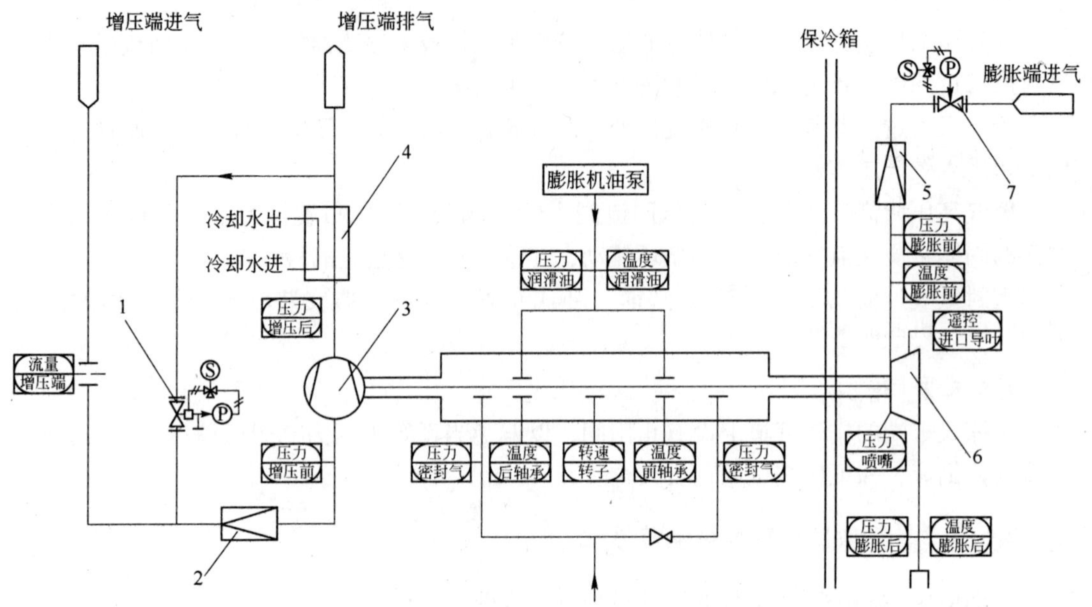

图 2－11 透平膨胀机流程图

1—增压机回流阀；2—增压机前过滤器；3—离心增压机；4—增压机后冷却器；5—膨胀机前过滤器；6—透平膨胀机；7—紧急切换阀

定运转，采用铂电阻温度计测量轴承温度。

2.6.2.4 轴密封

在靠近两叶轮的轴上各置有一迷宫密封套，使得气体外漏量控制在最小的范围内，在靠近膨胀机的密封套内充入常温密封气（干燥空气或氮气），以阻止流经膨胀机的低温气体外泄而跑“冷”。

2.6.3 离心增压机

增压机由进气室、叶轮、无叶扩压器、蜗壳组成，其叶轮与膨胀机叶轮置于同一轴上，二者转速相同，由膨胀机叶轮发出的机械功驱动其旋转，气体进入叶轮后，被加速、增压，进入无叶扩压器之后，又进一步减速增压，最后汇集于蜗壳排出机外，经冷却降温后进入冷箱内主换热器，再进入膨胀机。

2.6.4 供油系统

供油系统由单独的系统组成，主要包括油箱、油泵、油冷却器、油压容器等。润滑油进入油泵升压后进入油冷却器和切换式油过滤器，再分别进入各轴承，最后由机身内腔汇入回油管回到油箱，另外还设置了一油压容器，在油泵启动后自动充油，用于油压降低或油泵停转后，机组连锁停车时能继续供油一段时间（约 1min），确保轴承的安全。

2.6.5 机组辅助设备

2.6.5.1 紧急切断阀

在膨胀机进口处设置了一个紧急切断阀，当机组处于危险状态时，根据各危险点发出的连锁信号，此阀能在很短时间内关闭，从而切断气源，使其快速停车，起到安全保护作用。

在危急情况下，膨胀机仪控系统连锁即切断电磁阀电源，使紧急切断阀快速关闭，与此同时增压机回流阀自动全开。

2.6.5.2 增压机后冷却器

为了将增压机出口高温气体冷却以达到流程的要求，设置了其冷却器，用常温（或低温）水进行冷却，调节进水量可以达到调节出口气体温度的目的，冷却器工况的控制根据其技术参数和流程需要来进行。

2.6.5.3 增压机回流阀

设置增压机回流阀有以下三个用途：

(1) 压力调节。根据流程的要求，一般希望增压机出口压力保持恒定，阀的开大或关小，可使压力降低或升高，该阀在仪控系统自动控制下则可达到压力恒定的目的。

(2) 防喘振。增压机在一定的进口流量和转速下，当进口流量小到一定数值时，机器会发生喘振，此时压力会大幅度波动，并发出强烈的“喘气”声响和振动，将引起机器损坏，为防止这种情况出现，该阀会在进口流量小到一定数值时自动打开。所给定的防喘振流量是根据进口压力，进口温度，转速均为额定值的情况，当这些条件不同时，对防喘振流量值应予修正。

(3) 开大回流阀。开大回流阀可增加增压机的负荷使膨胀机减速。

2.7 活塞式氧气（氮气）压缩机

2.7.1 活塞式氧气（氮气）压缩机组的组成

活塞式氧气（氮气）压缩机组包括压缩机、电机、冷却器、吸入滤清器、缓冲器及其供油装置等。活塞式压缩机组布置图如图 2－12 所示。

2.7.2 活塞式压缩机介绍

活塞式氧气（氮气）压缩机以 ZW-84/30 型氧压机为例进行介绍。该机压缩介质除氧气之外还可以是氮气。机组为立式、三级四列、双作用、水冷却、无润滑、活塞式氧气（氮气）压缩机。可用于大中型空分设备和石油化工等其他工业部门。该压缩机主要由机身、曲轴、连杆、十字头、联轴器、气缸、活塞、填函、刮油器、气阀等组成，其结构图如图 2－13 所示。

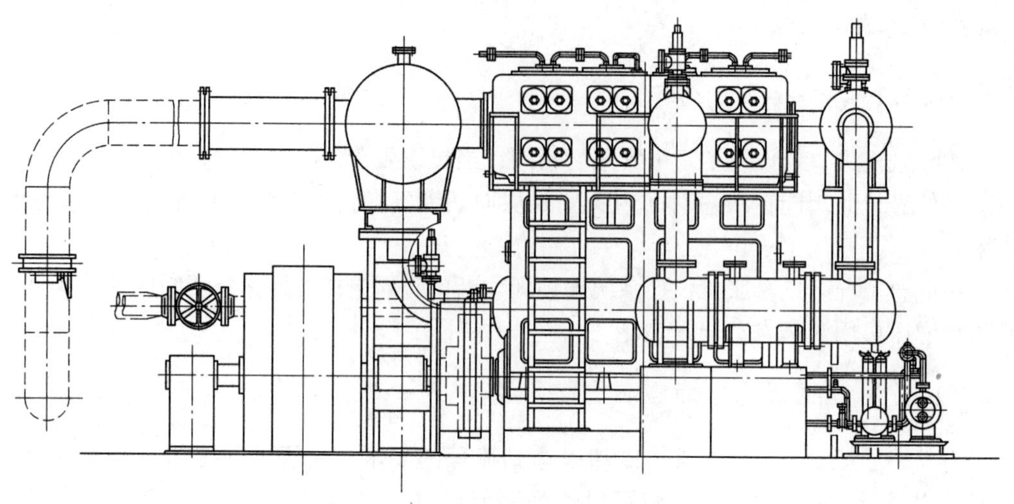

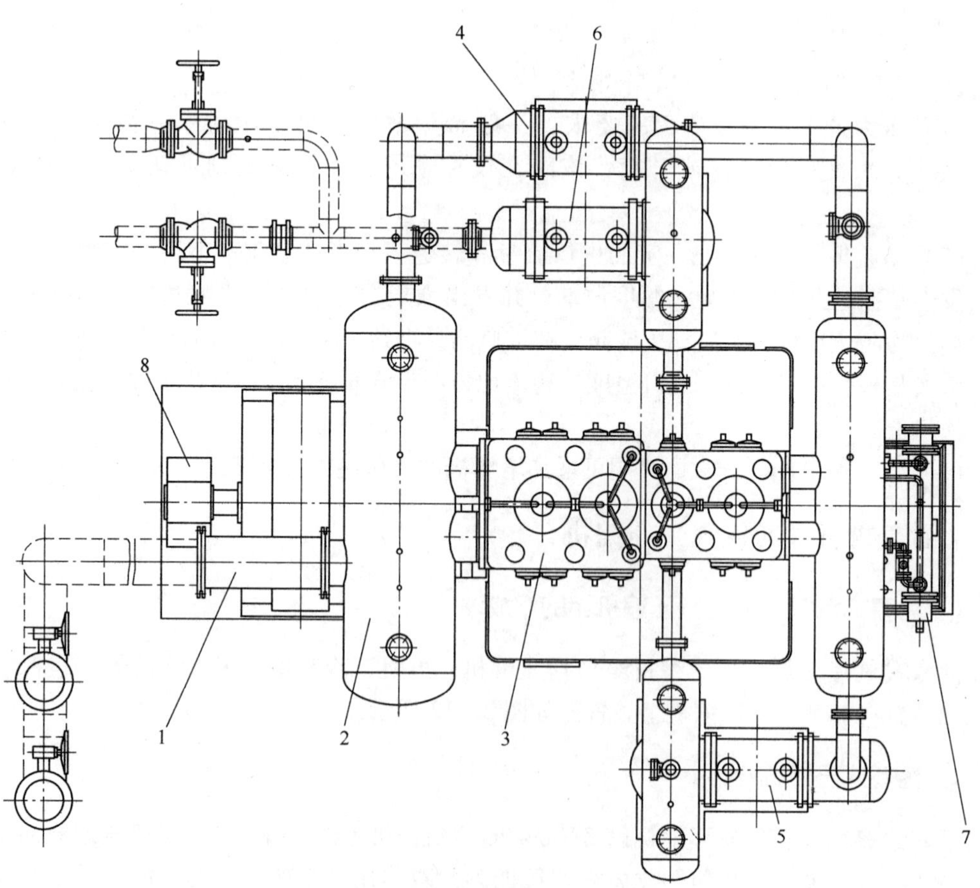

图 2－12 活塞式压缩机组布置图

1—吸入滤清器；2—缓冲器；3—压缩机；4——级冷却器；5—二级冷却器；6—三级冷却器；7—供油装置；8—电机

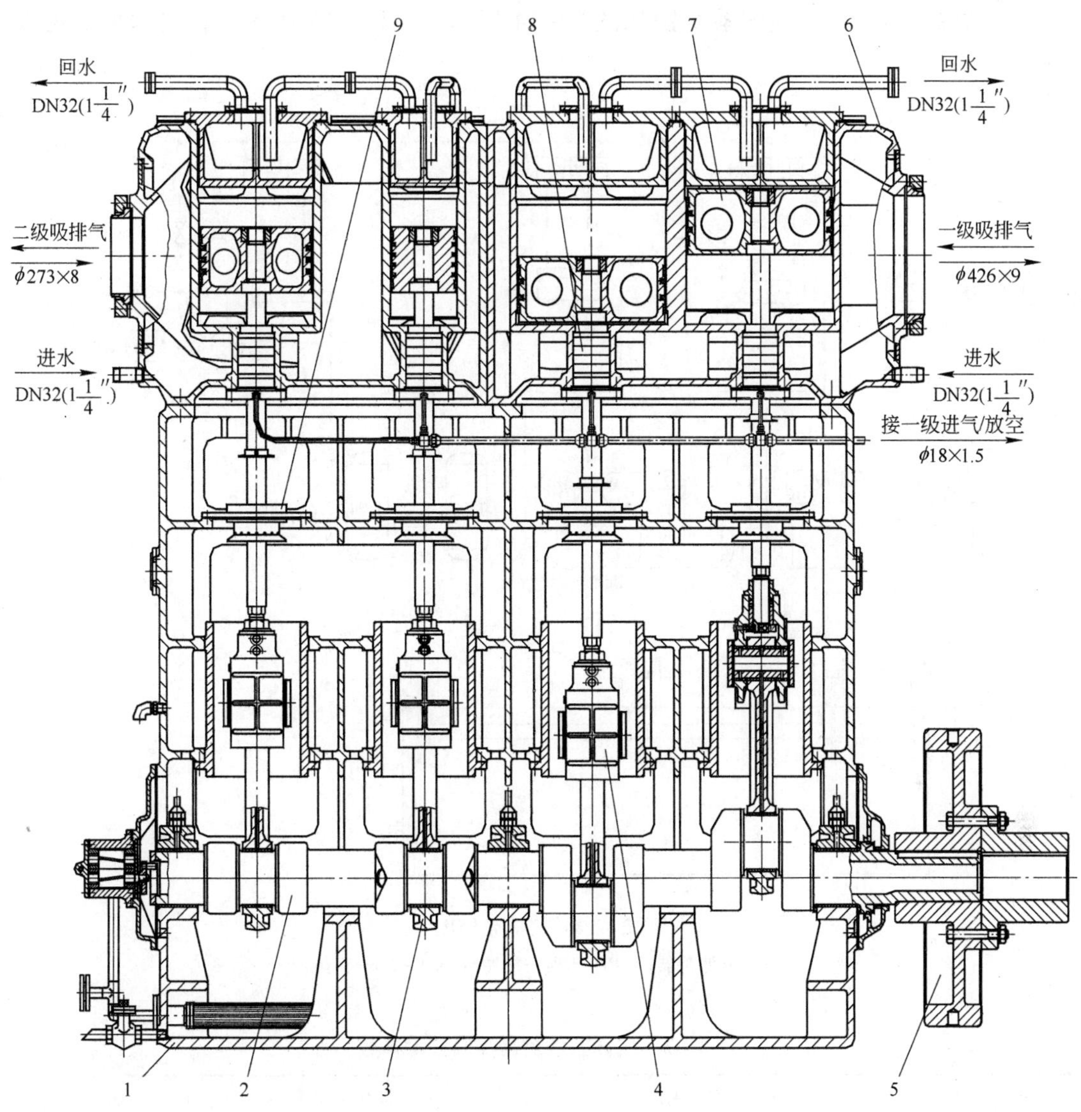

图 2-13 压缩机结构图

1—机身；2—曲轴；3—连杆；4—十字头；5—联轴器；6—气缸；7—活塞；8—填函；9—刮油器

2.7.3 机组系统组成

2.7.3.1 气体系统

气体系统组成部分及流程如下：

吸入滤清器（OF）→一级吸气缓冲器（DP1）→一级气缸压缩→一级排气缓冲器（DP1）→一级换热器（E1）→二级吸气缓冲器（DP2）→二级气缸压缩→二级排气缓冲器（DP2）→二级换热器（E2）→三级吸气缓冲器（DP3）→三级气缸压缩→三级排气缓冲器（DP4）→三级换热器（E3）→后续装置。

三级换热器（E3）后设有排气止回阀、专用截止阀及放空阀。放空阀为气体紧急放空、吹除及试车用。气体系统图如图 2－14 所示。气体系统测量控制技术参数见表 2－7。

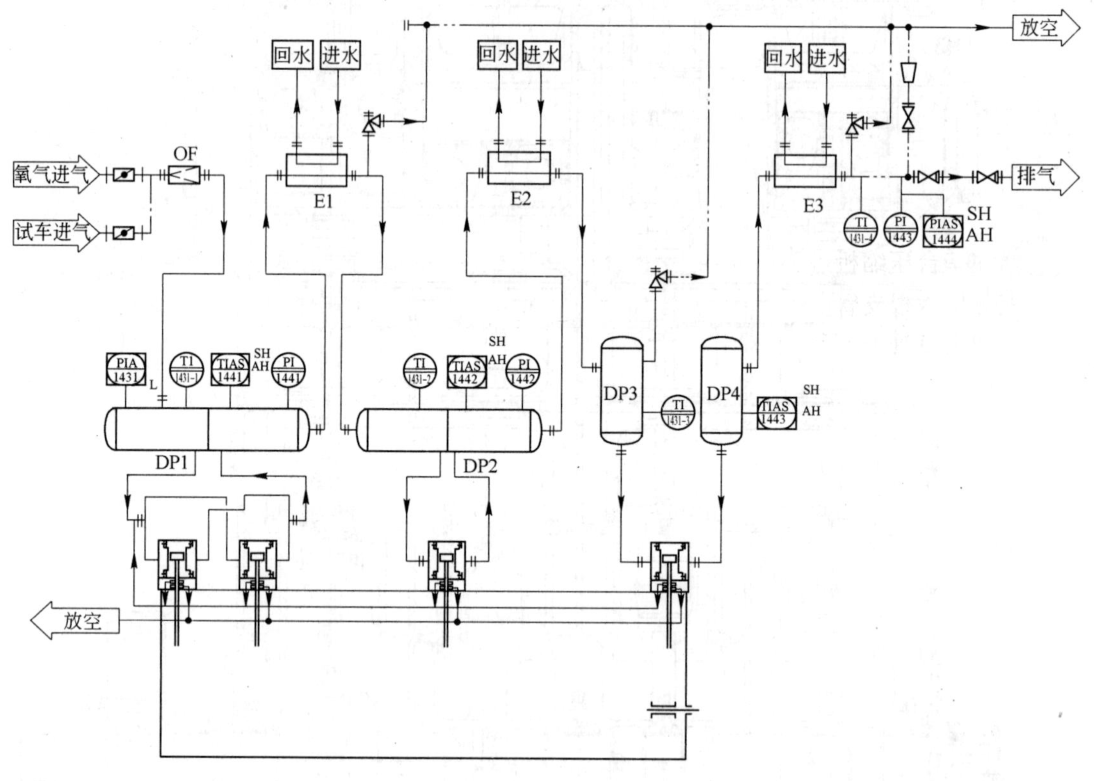

图 2－14 气体系统图

OF—吸入滤清器；DP1～DP4—缓冲器；E1～E3—换热器

表 2－7 气体系统测量控制技术参数

仪表位号	名称与用途	报警与连锁	备 注
PIA－1431	压缩机进气压力指示、报警	压力小于 0.002MPa 报警	中控室
PI－1441	一级排气压力指示		机旁柜
PI－1442	二级排气压力指示		机旁柜
PI－1443	压缩机组排气压力指示		机旁柜
PIAS－1444	压缩机组排气压力指示、报警、连锁	压力大于 3.1MPa 报警	中控室
		压力大于 3.2MPa 连锁停车	中控室
TI－1431－1	一级进气温度指示		机旁柜
TIAS－1441	一级排气温度指示、报警、连锁	温度高于 160℃ 报警	中控室
		温度高于 180℃ 连锁停车	中控室
TI－1431－2	二级进气温度指示		机旁柜
TIAS－1442	二级排气温度指示、报警、连锁	温度高于 160℃ 报警	中控室
		温度高于 180℃ 连锁停车	中控室

续表 2－7

仪表位号	名称与用途	报警与连锁	备 注
TI－1431－3	三级进气温度指示		机旁柜
TIAS－1443	三级排气温度指示、报警、连锁	温度高于 160℃报警	中控室
		温度高于 180℃连锁停车	中控室
TI－1431－4	机组排气温度指示		机旁柜

2.7.3.2 冷却水系统

通往一台压缩机组（主机和各换热器）的冷却水来自一根 DN200 上水总管。在进水总管上分出六根支管分别接各级气缸和各换热器进水口。各级气缸和各换热器的回水管分别接到回水总管上，如图 2－15 所示。

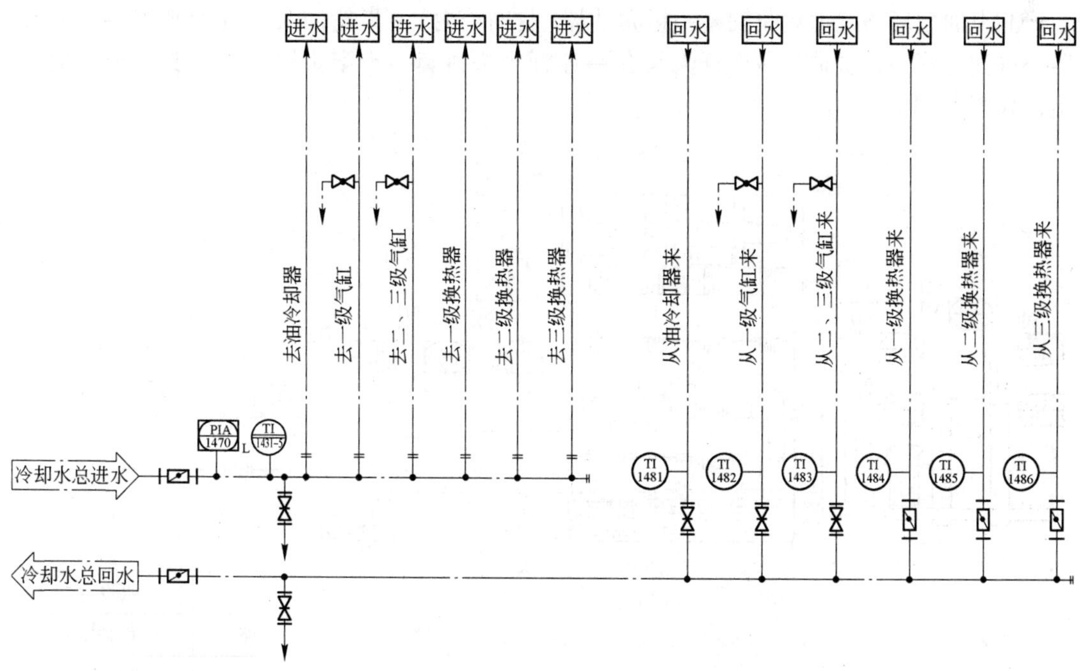

图 2－15 冷却水系统图

一、二、三级换热器进、出水管口的管径均为 DN80 的焊接钢管；油冷却器进、出水管口的管径为 DN40 焊接钢管；一、二、三级气缸进、出水管口的管径均为 DN32 焊接钢管。冷却水进水总管设有给水压力过低报警装置，各回水管路上均设有测温装置，各测量控制技术参数详见表 2－8。

表 2－8 冷却水系统测量控制技术参数

仪表位号	名称与用途	报警与连锁	备 注
PIA－1470	冷却水上水压力指示、报警	压力小于 0.30MPa 报警	中控室
TI－1431－5	冷却水上水温度指示		机旁柜

续表 2-8

仪表位号	名称与用途	报警与连锁	备 注
TI-1481	油冷却器回水温度指示		就地
TI-1482	一级气缸回水温度指示		就地
TI-1483	二、三级气缸回水温度指示		就地
TI-1484	一级换热器回水温度指示		就地
TI-1485	二级换热器回水温度指示		就地
TI-1486	三级换热器回水温度指示		就地

2.7.3.3 润滑油系统

由于导向环、活塞环和填料采用自润滑材料，因此气缸不需注油润滑，只需润滑其他运动部件，该任务由本机组的齿轮油泵来完成。

润滑油循环路线为：曲轴箱→粗滤油器(曲轴箱内)→齿轮油泵→油冷却器→细滤油器→进油总管→各主轴瓦→连杆大头瓦→连杆小头衬套→十字头销→十字头滑道→曲轴箱，如图 2-16 所示。

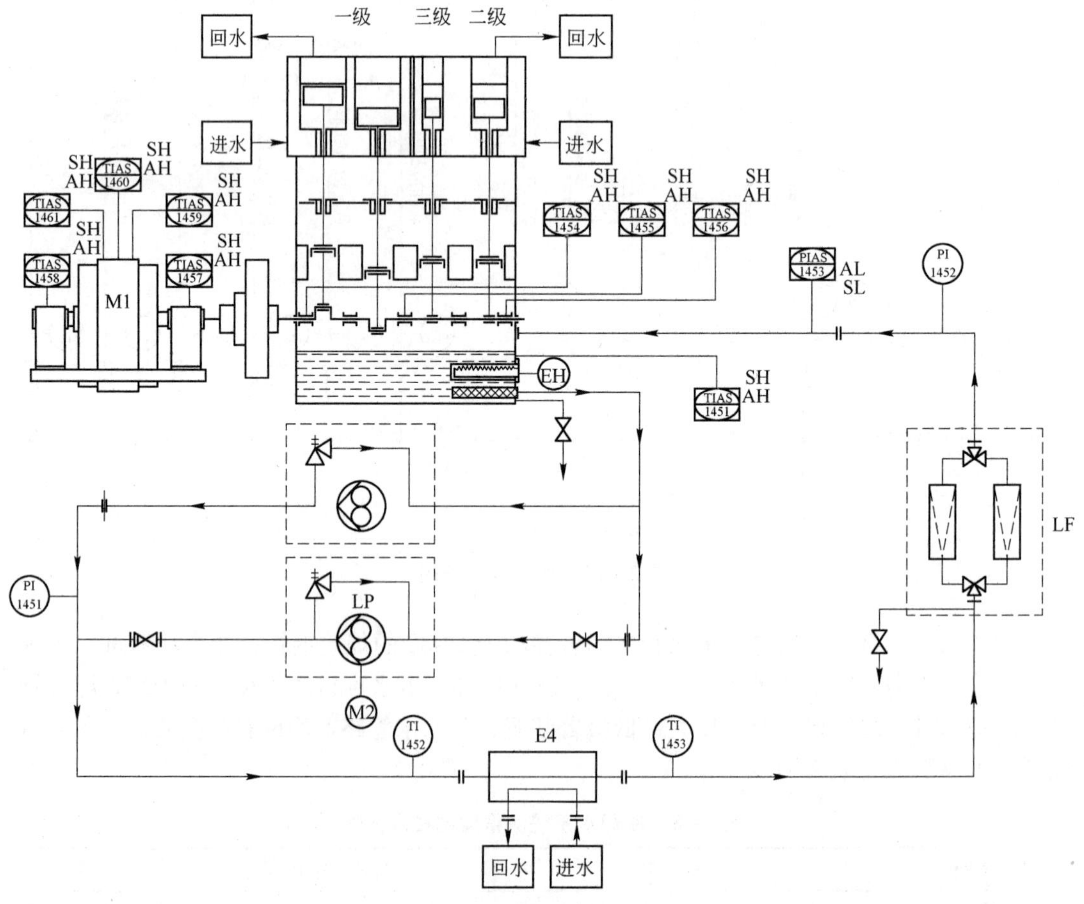

图 2-16 润滑油系统图

M1—电机；LP—齿轮油泵；E4—油冷却器；LF—细滤油器；EH—电加热器

润滑油采用100号汽轮机油或液压油。润滑油系统测量控制技术参数见表2-9。

表2-9 润滑油系统测量控制技术参数

仪表位号	名称与用途	报警与连锁	备 注
PI-1451	油冷却器前润滑油压力指示		就地
PI-1452	滤油器后润滑油压力指示		就地
PIAS-1453	润滑油压力指示、报警、连锁	压力小于0.20MPa报警	中控室
		压力小于0.15MPa连锁停车	中控室
TIAS-1451	曲轴箱内油温指示、报警、连锁	温度高于60℃报警	中控室
		温度高于70℃连锁停车	中控室
TI-1452	油冷却器前油温指示		就地
TI-1453	油冷却器后油温指示		就地
TIAS-1454	压缩机主轴承温度指示、报警、连锁	温度高于70℃报警	中控室
		温度高于80℃连锁停车	中控室
TIAS-1455	压缩机主轴承温度指示、报警、连锁	温度高于70℃报警	中控室
		温度高于80℃连锁停车	中控室
TIAS-1456	压缩机主轴承温度指示、报警、连锁	温度高于70℃报警	中控室
		温度高于80℃连锁停车	中控室
TIAS-1457	电机前轴承温度指示、报警、连锁	温度高于70℃报警	中控室
		温度高于80℃连锁停车	中控室
TIAS-1458	电机后轴承温度指示、报警、连锁	温度高于70℃报警	中控室
		温度高于80℃连锁停车	中控室
TIAS-1459	电机定子温度指示、报警、连锁	温度高于130℃报警	中控室
		温度高于140℃连锁停车	中控室
TIAS-1460	电机定子温度指示、报警、连锁	温度高于130℃报警	中控室
		温度高于140℃连锁停车	中控室
TIAS-1461	电机定子温度指示、报警、连锁	温度高于130℃报警	中控室
		温度高于140℃连锁停车	中控室

2.7.3.4 安全系统

为确保压缩机的正常运转，本机设置有仪表控制系统报警、停车连锁装置，利用机旁仪表柜进行部分参数的显示、报警。同时各主要参数的显示、报警、连锁均集中于DCS控制系统。各级压缩气体管路上还设置了安全阀。

2.7.4 主机主要部件与机组辅助设备

2.7.4.1 机身

机身主要由曲轴箱、机身体及十字头导筒组成。各部分均由优质灰口铸铁铸造加工而成。曲轴箱内有三个轴承座，分别装有可以调换的主轴瓦。十字头导筒装在机体上，其内孔磨损后可以调换或者调转180°继续使用。

2.7.4.2 曲轴

曲轴为四拐整体式，由高强度球墨铸铁铸造加工而成，采用空心结构及合理的曲臂外形，具有强度高、耐磨损、寿命长、重量轻、不平衡惯性力小等优点。

2.7.4.3　连杆

连杆用高强度球墨铸铁铸造加工而成。大头采用剖分结构，大头盖与连杆使用螺栓连接，并设有防松装置。大头带可拆换的巴氏合金大头瓦、小头带锡青铜衬套、连杆体中钻有供油用油孔。

2.7.4.4　十字头

十字头由十字头体、十字头销、活塞杆螺母螺套等组成，十字头体由球墨铸铁制造，外圆摩擦面浇铸巴氏合金。十字头销采用浮动式，活塞杆通过螺母、螺套与十字头连接，气缸内活塞上下止点的死隙就是由该处的螺纹来调节的。该处设有防松装置。

2.7.4.5　联轴器

联轴器由飞轮和半联轴器组成，用来连接压缩机曲轴与电动机轴。

飞轮和半联轴器分别由灰口铸铁和 20 钢制成，两部分由螺栓连接。为了保证压缩机曲轴和电动机轴同心，螺栓孔采用铰制孔。飞轮外侧钻有数孔，用来盘车。

压缩机运转过程中，飞轮有一定的惯性矩，加上电机转子的惯性矩，足以保证压缩机运转均匀。

2.7.4.6　气缸

本机两个气缸均为双作用铸铁气缸，由缸体、缸头、阀罩和阀盖等零件组成。气阀配置在缸体侧面，缸体和缸头上有冷却水套、冷却气缸、气阀和填函。

2.7.4.7　活塞

本机各级活塞体均由铝合金制成。活塞杆材料为不锈钢，表面经高频淬火，具有高耐磨性能，活塞杆与十字头螺纹连接，转动活塞杆即可调整活塞上下死隙。

导向环和活塞环材料均填充聚四氟乙烯，具有良好的自润滑及耐磨性能。导向环整体热套在活塞体上，克服了缺口环承受背压的缺点，并能保证在正常运转中不松动，从而控制了环与气缸间合适的工作间隙，因而大大延长了导向环和活塞环的使用寿命，同时还提高了压缩机的容积效率和绝热效率。活塞环采用斜切口，漏损较小。

2.7.4.8　填函

各级填函结构相同，由七盒组成。每盒均由不锈钢密封盒、装在盒内的托环及三、六瓣密封圈和紧箍在密封圈外缘的弹簧组成。各填料盒、填函座和填料压盖用两个螺钉连接在一起，然后再整体固定到气缸上，便于安装和拆卸。

2.7.4.9　刮油器

刮油器主要由刮油器体、刮油环、弹簧、压盖等零件组成。刮油环用弹簧箍住，从而使之抱紧活塞杆。使用前，刮油环需进行刮研，保证与活塞杆贴合紧密，以刮净活塞杆上黏附的润滑油，防止润滑油进入填函和气缸中。

2.7.4.10 气阀

本机采用不锈钢网状阀。一、二级气缸上下压缩腔各配置有两个进气阀和两个排气阀。三级气缸上下压缩腔各配置有一个进气阀和一个排气阀。

气阀主要由阀座、升程限制器、阀片、缓冲片和弹簧组成。这种气阀有启闭及时迅速、阀片对阀座冲击小、使用寿命长、安全可靠等优点。

2.7.4.11 油站

本机设有单独油站，由齿轮油泵进行压力强制循环润滑。主油泵带在曲轴轴头上，辅助油泵由单独电机拖动。油泵自曲轴箱吸入润滑油，经过粗滤油器、油泵、油冷却器、细滤油器进入压缩机机身内的油分布总管，再通过各支油管到各主轴瓦。一部分润滑油通过曲轴内的油管到连杆轴承，由连杆体内油孔到达连杆小头，润滑十字头销，并经十字头体内油孔润滑十字头与十字头导筒摩擦面，最后流回曲轴箱内，形成一封闭的循环系统。

曲轴箱内设置有电加热器，在油温过低时对润滑油进行加热，从而适当降低润滑油黏度，保证其润滑性能。

2.7.4.12 吸入滤清器

为了保证氧气的清洁度，防止杂质带入压缩机内，在压缩机一级进气口处设有吸入滤清器。它主要由壳体和滤芯组成。其结构如图 2－17 所示。

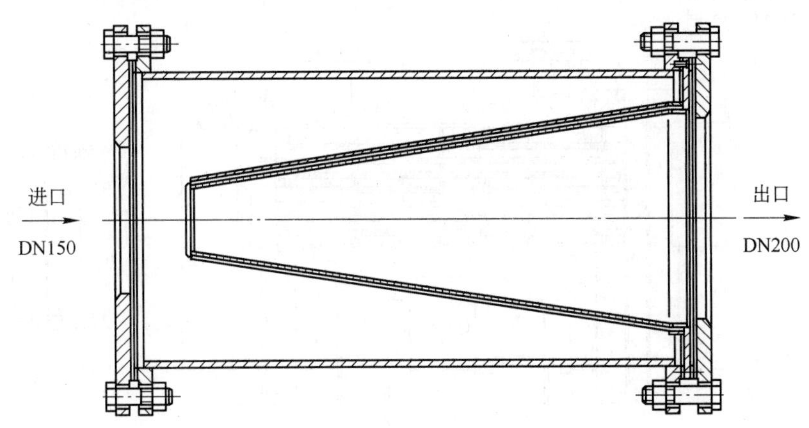

图 2－17 吸入滤清器结构图

滤芯上的金属网应定期清洗或更换，否则，不但会使气流阻力增大，而且会影响氧气的清洁度。

2.7.4.13 缓冲器

压缩机中气流的脉动会造成许多危害，降低压缩机容积效率，引起额外的功率消耗，使气阀工况变坏，控制仪表失灵，引起管道振动等。设置缓冲器是减小气流脉动的有效措施。本机在主机各级进出口处均设有缓冲器，用于减小气流脉动，以利于压缩机的平稳运转。其结构如图 2-18 所示。

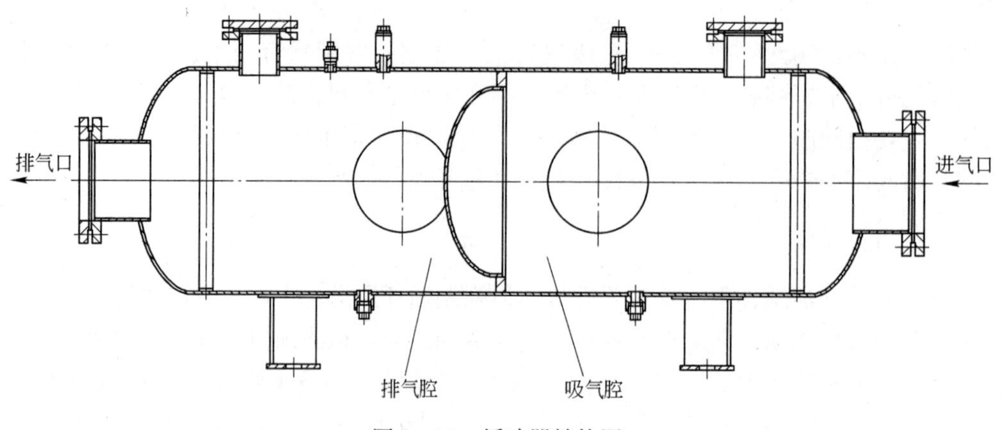

图 2-18 缓冲器结构图

2.7.4.14 换热器

各级换热器结构形式相同，均为卧式管壳式结构，采用内翅片换热管，具有结构简单紧凑、气体流动阻力小、换热效率高等特点。其结构如图 2-19 所示。

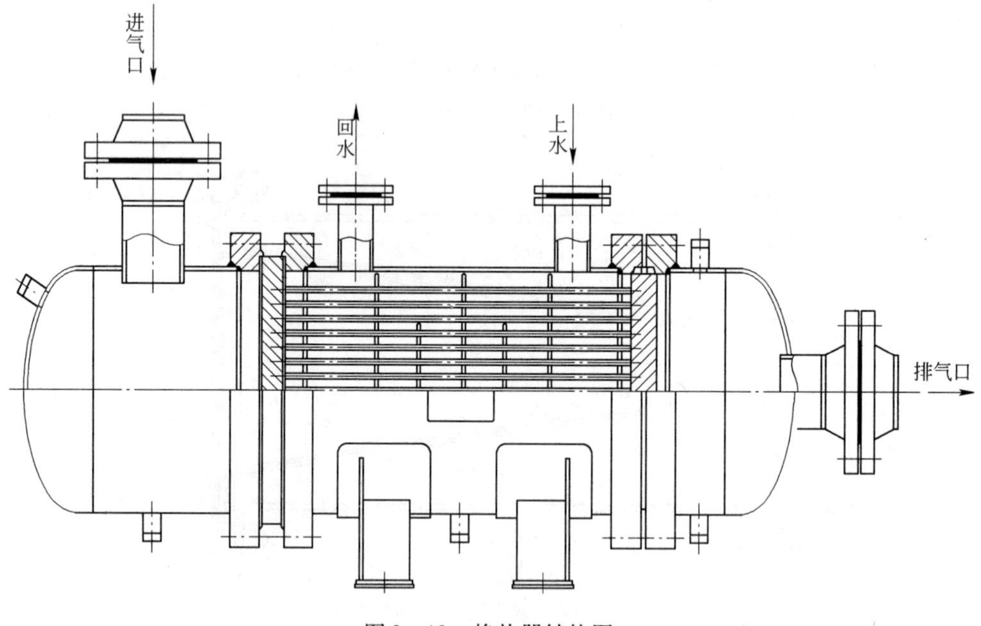

图 2-19 换热器结构图

2.8 空气冷却塔

空气冷却塔由封头、塔体、裙座组成，塔内设有布水器和分配器，出口安装高效除雾器。空气冷却塔分上下两段，为填料式冷却塔，所装填料为聚丙烯鲍尔环，它是预冷系统的主要设备。空气冷却塔的外形结构如图 2-20 所示。

塔体上设有空气进口(A)、冷冻水与冷却水进口(C、D)、出水口(E)、排污口(F)、检修用人孔和玻璃管液位计。上部封头设有空气出口(B)。某空气冷却塔技术参数见表 2-10。

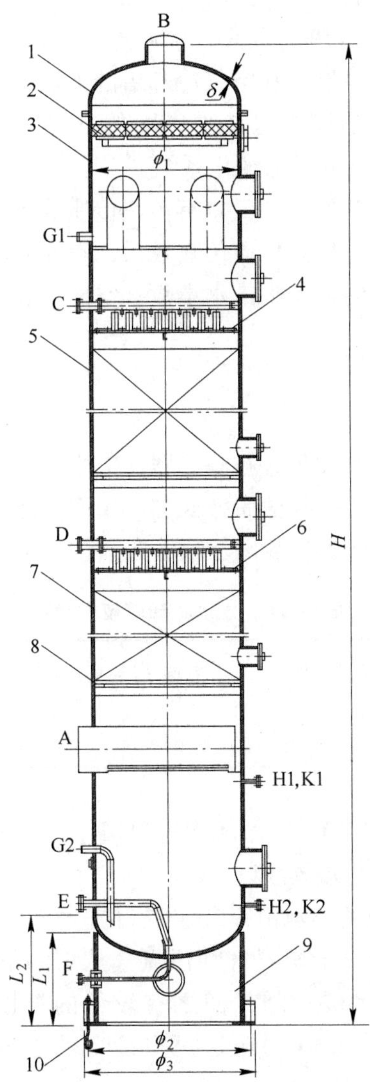

图 2-20 空气冷却塔

1—上封头；2—丝网除雾器；3—筒体；4—上分布器；5—上部填料；6—下分布器；7—下部填料；8—填料支架；9—裙座；10—固定螺栓；A—空气进口；B—空气出口；C—冷冻水进口；D—冷却水进口；E—排水口；F—排污口；G1，G2—排（回）水口；H1，K1—液面显示（上部）；H2，K2—液面显示（下部）

表 2-10 某空气冷却塔技术参数

容器类别	工作介质	设计压力 /MPa	工作压力 /MPa	液压试验压力/MPa	设计温度 /℃	工作温度 /℃	焊接接头系数 Φ	腐蚀裕度 /mm	几何容积 /m^3
I	水、空气	0.60	0.55	0.75	120	10~100	0.85	1.5	95

来自空气压缩机的空气首先进入空气冷却塔冷却，空冷塔内由两路水冷却：一路水为32℃左右冷却水（来自循环水系统经水泵加压）进入空冷塔的下段冷却；另一路为9℃左

右的冷冻水（由循环水进入水冷塔利用污氮含水的不饱和性进行冷却，再经泵加压进入冷水机组冷却后得到）进入空冷塔的上段，水通过布水器均匀地分布到填料上，水从上往下流，空气从下往上穿过填料层，在空气冷却塔的下段与冷却水进行热交换，上段空气与冷冻水进行热交换，把空气压缩机送来约 95℃的空气进行冷却，冷却后的空气在 8 ~ 10℃，经冷却塔顶部逸出，进入分子筛纯化系统。

空冷塔内采用特殊设计的散堆填料，具有传热传质效率高、操作弹性大、阻力小的优点。空气与水直接接触式换热，提高传质传热效果；空冷塔内设置水分离及除雾装置，在一定程度上避免操作不当引起的分子筛带水事故；空冷塔底部设置紧急排放阀在空冷塔液位超出控制高度时紧急排放。

2.9 水冷却塔

水冷却塔由筒体、分布器和收集分布器等器件组成，塔顶为敞开式。塔内设有聚丙烯鲍尔环，为填料式冷却塔，具有传热传质效率高、操作弹性大、阻力小的优点。它也是预冷系统的主要设备，水冷却塔的结构如图 2－21 所示。某水冷却塔技术参数见表 2－11。

表 2－11 某水冷却塔技术参数

工作介质	设计压力/MPa	工作压力/MPa	填料体积/m^3	设计温度/℃	工作温度/℃	焊接接头系数 Φ	腐蚀裕度/mm	几何容积/m^3
水、污氮气	常压	常压	53.2	20	常温	0.85	1.5	82

塔体上设有污氮与氮气进口(C)、循环水进口(E)、出水口(A)、溢水口(D)、检修用人孔等。塔体顶部为锥体敞开式放散口。

来自循环水泵房约 32℃的循环水由循环水进口进入塔内，通过布水器与塔内填料自上而下流动，分馏塔出来的低温干燥氮气和污氮气从塔的下部进入塔内，自下而上流动，与水进行热交换，循环水被冷却，使之有较低的温度，水从塔底出水口被水泵抽走，再经过冷冻机组进一步冷却后输送至空冷塔的上段。上升气体带走热量后从塔顶排往大气。

在冷却塔内保有一定的水位高度，水位过高时水从溢水口排出，夹带的气体从溢水管的上部排出室外。有的水冷塔设置内置式溢水器，平衡管引至室外保证安全性，与前者相比具有不会冻、堵的优势。

2.10 分子筛吸附器

2.10.1 立式与卧式分子筛吸附器

分子筛吸附器分为立式与卧式。立式分子筛吸附器有单层床和双层床之分，卧式分子筛吸附器为双层床，分别如图 2－22 和图 2－23 所示。它由筒体、封头和支腿（座）等组成。筒体的上、下部位设有气体进（出）出（进）口，为检修方便，筒体上设有人孔和手孔。内设支承、床层，以承托分子筛吸附剂。

某立式分子筛吸附器技术参数见表 2－12，某卧式分子筛吸附器技术参数见表 2－13。

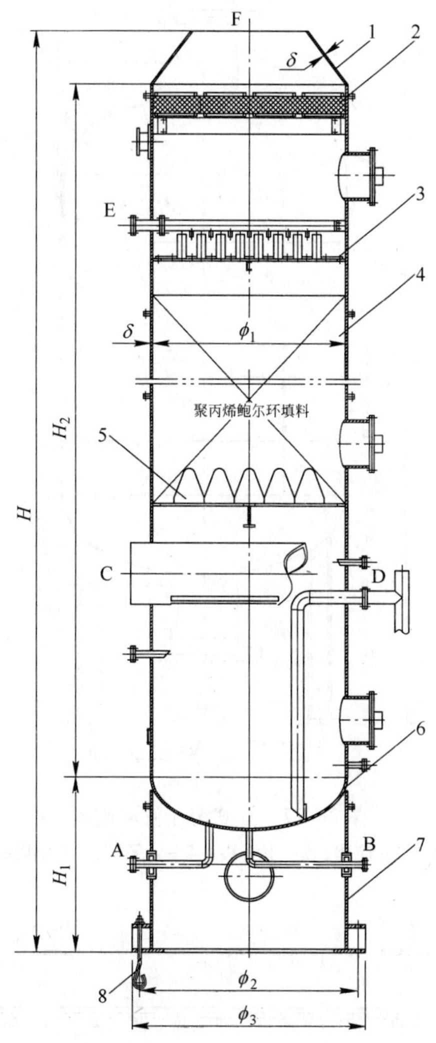

图2-21 水冷却塔

1—锥体；2—丝网除雾器；3—水分布器；4—聚丙烯鲍尔环填料；5—填料支架；6—封头；7—裙座；8—固定螺栓；A—出水口；B—排污口；C—污氮气进口；D—溢流水口；E—上部进水口；F—污氮放散口

表2-12 某立式分子筛吸附器技术参数

容器类别	工作介质	设计压力/MPa	工作压力/MPa	气压试验压力/MPa	设计温度/℃	工作温度/℃	焊接接头系数 Φ	腐蚀裕度/mm	几何容积/m^3
Ⅰ	空气	0.60	0.60	0.69	20	-20~200	1	1.5	67.22

表2-13 某卧式分子筛吸附器技术参数

容器类别	工作介质	设计压力/MPa	工作压力/MPa	气压试验压力/MPa	设计温度/℃	工作温度/℃	焊接接头系数 Φ	腐蚀裕度/mm	几何容积/m^3
Ⅰ	空气	1.3	1.13	1.5	20	-20~200	1	1.5	125.8

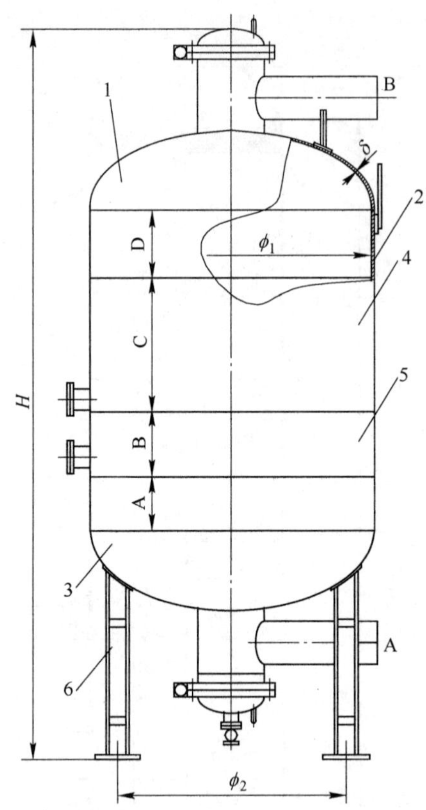

图 2-22 立式分子筛吸附器

1—上封头；2—筒体；3—下封头；4—分子筛；5—铝胶；6—支腿

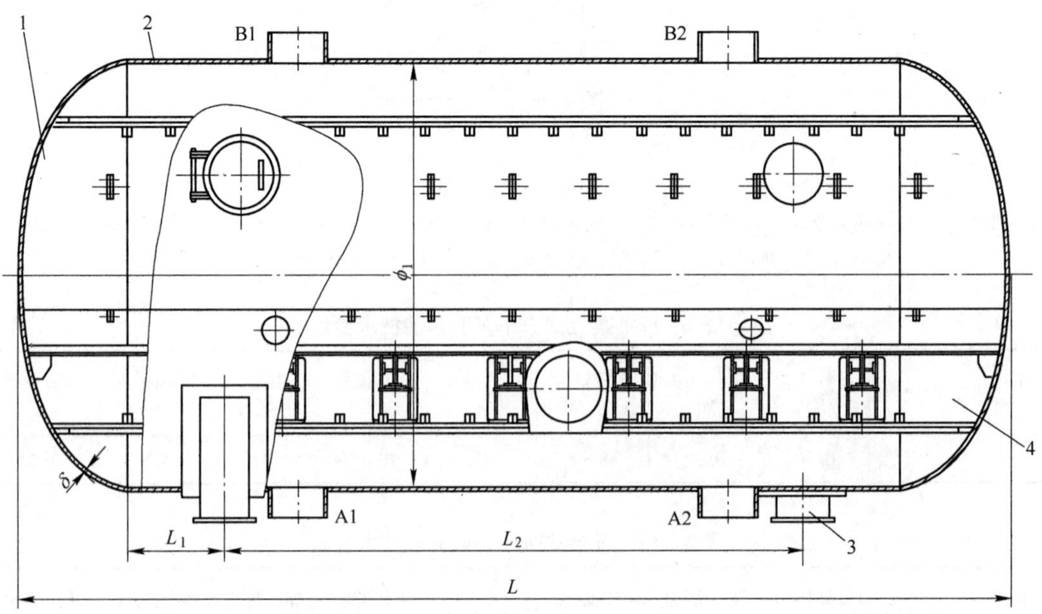

图 2-23 卧式分子筛吸附器

1—封头；2—筒体；3—支座；4—床层

空气由分子筛吸附器底部(A)进入，通过分子筛床层后从分子筛吸附器顶部(B)逸出，由于分子筛的吸附特性将空气中的水分、CO_2 及 C_2H_4 等碳氢化合物吸附，净化后空气中的 CO_2 含量小于 1×10^{-6}，进入分馏系统。

分子筛吸附器通常设两台，一台工作时，另一台进行再生。在再生周期中，分子筛吸附剂先被高温干燥污氮反向再生后，再被常温干燥污氮冷却到常温，再生周期通常为4h。

分子筛吸附器选用双层床主要是因为铝胶容易解吸水分，可降低再生温度且对水分的吸附热比分子筛小，使空气温升小，有利于后部分子筛对二氧化碳的吸收，铝胶还有抗酸性能，对于分子筛起到保护作用。分子筛上部设置防冲挡板，在一定程度上起到防止分子筛受冲击后形成谷底形状所造成的阻力不均，影响工作周期的现象，目前这是最有效的、最简单的结构。污氮放空阀采用预开方式，防止上塔憋压。冷吹加温采用同一路可保证在整个分子筛运行周期中系统操作压力更加稳定，同时节省了投资。整套切换系统采用 DCS 完全自动控制，并设有压力压差自动判断功能，可配合阀位置反馈信号条件充分保证切换系统安全可靠运行。

2.10.2 立式径向流分子筛吸附器

在双层床吸附器中，原料空气首先经活性氧化铝吸附层，再通过分子筛吸附层。由于活性氧化铝和分子筛对空气中所含的水分、二氧化碳、乙炔和其他可吸附的碳氢化合物等气体杂质在吸附量、吸附速度和吸附力等方面的差异，以及吸附剂的吸附容量随温度、压力的变化而变化，在 0.6MPa(A)、18℃ 工艺条件下，可用活性氧化铝实现对空气中水分的吸附净化，分子筛实现对空气中二氧化碳、乙炔和其他可吸附的碳氢化合物的吸附净化；在 0.11MPa (A)、160℃工艺条件下解吸所吸附的杂质组分，实现再生。立式径向流分子筛吸附器结构示意图如图 2-24 所示。

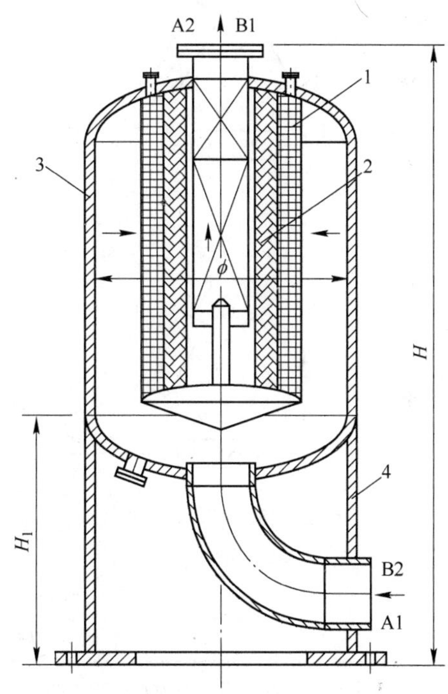

图 2-24 立式径向流分子筛吸附器

1—铝胶层；2—分子筛层；3—筒体；4—裙座；A1—空气进；A2—空气出；B1—污氮进；B2—污氮出

2.11 电加热器

用于纯化系统吸附器内的吸附剂(分子筛及氧化铝)的再生。电加热器是一个内部布置电加热管束的非压容器，电热管接线有星形与三角形接法两种，三角形接法如图 2-25 所示。接线柱通过管板与工作腔隔开，电缆集束出设备，大多数为圆柱形，电加热管束间设隔板，污氮气走壳程。对分子筛及氧化铝吸附剂的再生过程，是利用电加热器加热来自冷箱的污氮气来实现的，污氮气从电加热器上部的进气口(N1)进入，经加热至约 175℃ 的污氮气由电加热器下部的排气口(N2)排出。电加热器外形结构如图 2-26 所示。某电加热器技术特性参数见表 2-14。

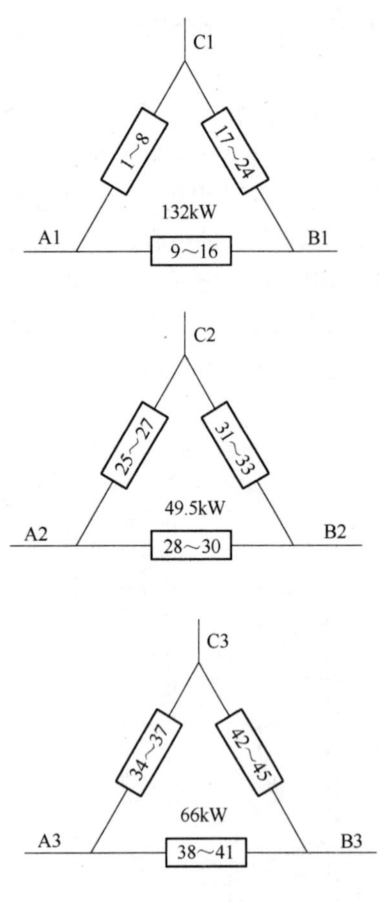

图 2－25　三角形接法

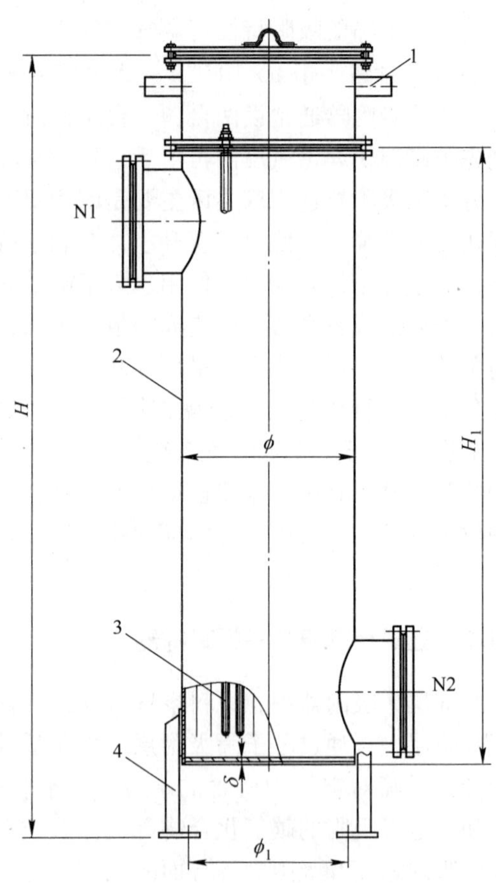

图 2－26　电加热器

1—电热管接线柱；2—筒体；3—电热管；4—支腿；N1—进气口；N2—排气口

表 2－14　某电加热器技术参数

工作介质	设计压力 /MPa	最高工作压力/MPa	气密性试验压力/MPa	设计温度 /℃	焊接接头系数 Φ	腐蚀裕度 /mm	几何容积 /m^3	加热功率 /kW	电压 /V	接法
污氮	0.08	0.08	0.08	200	0.85	1	0.9	247.5	380	三角形

2.12　主换热器

主热交换器从换热介质分为污氮主换热器、氮气主换热器和氧气主换热器，也可以是多物流混合换热器。在换热器中进行多路流体之间的热交换。它们的结构形式为真空钎焊铝制板翅式，各通道中的冷热气流通过翅片和隔板进行良好的换热。

2.12.1　污氮主换热器

某污氮主换热器外形结构如图 2－27 所示，通往各管口的介质见表 2－15，其技术参数见表 2－16。

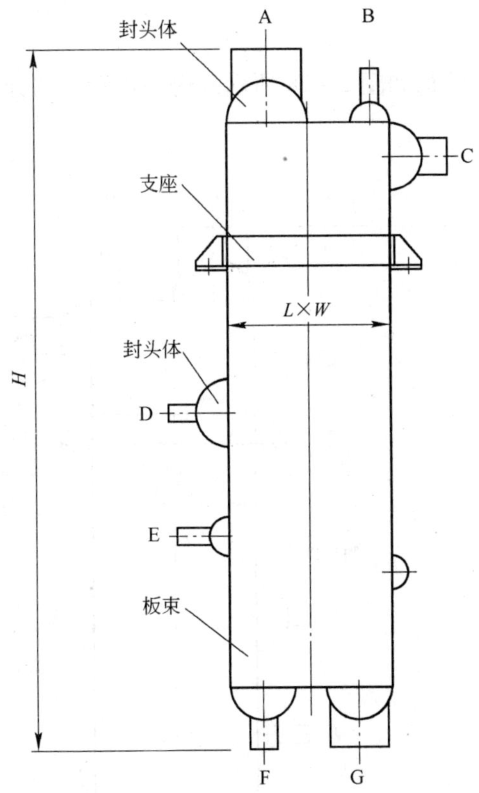

图 2－27 污氮主换热器外形结构图

表 2－15 污氮主换热器管口表

管口代号	A	B	C	D	E	F	G
介质	污氮出口	膨胀空气进口	空气进口	膨胀空气出口		空气出口	污氮进口

表 2－16 某污氮气主换热器技术参数

项 目	单 位	参 数		
容器类别		I		
工作介质		污 氮	膨胀空气	空 气
设计温度	℃	－200～40		
设计压力	MPa	0.05	0.8	0.5
最高工作压力	MPa	0.035	0.743	0.495
水压试验压力	MPa		1.04	0.65
气密性试验压力	MPa	0.058	0.8	0.5
换热面积	m^2	5946	492	2569
几何容积	m^3	0.3	0.159	0.191
焊缝系数 Φ		0.85		
腐蚀裕度	mm	0		

2.12.2 氮气主换热器

某氮气主换热器外形结构如图 2－28 所示，通往各管口的介质见表 2－17，其技术参数见表 2－18。

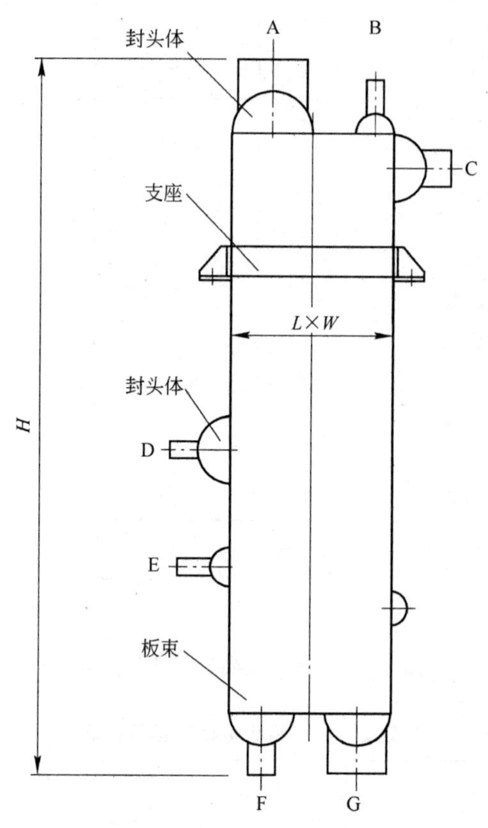

图 2－28 氮气主换热器外形结构图

表 2－17 氮气主换热器管口表

管口代号	A	B	C	D	E	F	G
介质	氮气出口	膨胀空气进口	空气进口	膨胀空气出口		空气出口	氮气进口

表 2－18 某氮气主换热器技术参数

项目	单位	参数		
容器类别		I		
工作介质		氮气	膨胀空气	空气
设计温度	℃	－200～40		
设计压力	MPa	0.05	0.8	0.5
最高工作压力	MPa	0.027	0.743	0.495
水压试验压力	MPa		1.0	0.65

续表 2－18

项　目	单　位	参　数		
气密性试验压力	MPa	0.05	0.8	0.5
换热面积	m^2	5325	492	2569
几何容积	m^3	0.28	0.147	0.177
焊缝系数 Φ		0.85		
腐蚀裕度	mm	0		

2.12.3 氧气主换热器

某氧气主换热器外形结构如图 2－29 所示，通往各管口的介质见表 2－19，其技术参数见表 2－20。

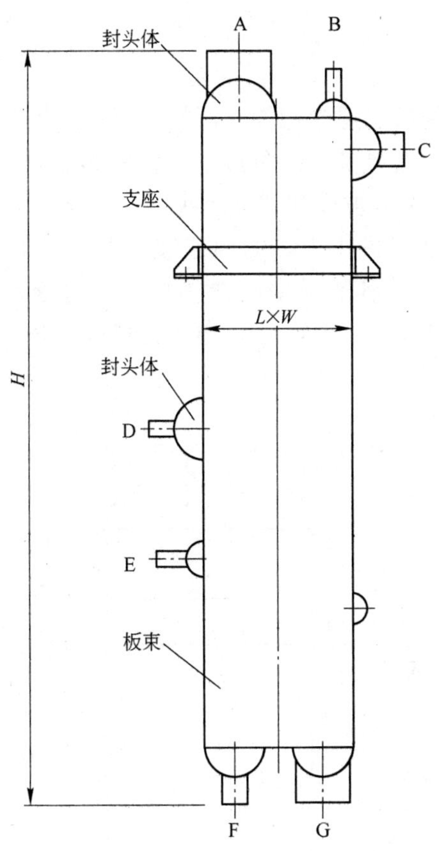

图 2－29　氧气主换热器外形结构图

表 2－19　氧气主换热器管口表

管口代号	A	B	C	D	E	F	G
介质	氧气出口	膨胀空气进口	空气进口	膨胀空气出口		空气出口	氧气进口

表 2－20 某氧气主换热器技术参数

项　目	单 位	参　数		
容器类别		Ⅰ		
工作介质		氧　气	膨胀空气	空　气
设计温度	℃	－200～40		
设计压力	MPa	0.05	0.8	0.5
最高工作压力	MPa	0.035	0.743	0.495
水压试验压力	MPa		1.04	0.65
气密性试验压力	MPa	0.058	0.8	0.5
换热面积	m^2	5946	492	2569
几何容积	m^3	0.3	0.159	0.191

2.13 过冷器

过冷器是利用上塔来的低温返流氮气、污氮气与从下塔来的高温饱和富氧液空、贫液空、污液氮、液氮换热，富氧液空、贫液空（内压缩膨胀空气进下塔流程有）、污液氮（依据流程是否需要）、液氮被冷却到过冷状态，后经节流阀进入上塔，减少上述几种液体的节流汽化率，增加了进入上塔的回流液，更有利于上塔的工作。它们的结构形式为真空钎焊铝制板翅式，各通道中的冷热气流通过翅片和隔板进行良好的换热，过冷气主换热器外形结构如图 2－30 所示，通往各管口的介质见表 2－21，其技术参数见表 2－22。

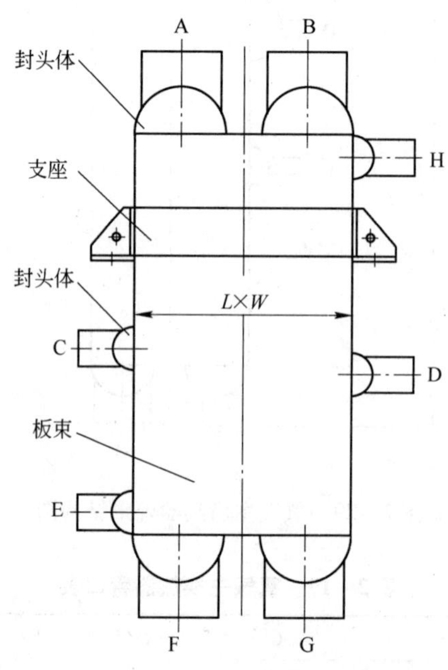

图 2－30 过冷气主换热器外形结构图

表 2-21 过冷气主换热器管口表

管口代号	A	B	C	D	E	F	G	H
介质	污氮进口	氮气进口	液氮进口	液空出口	液空进口	氮气出口	污氮出口	液氮出口

表 2-22 某过冷气主换热器技术参数

项　目	单　位	参　数			
容器类别		I			
工作介质		液　空	液　氮	氮　气	污　氮
设计温度	℃	-200~40			
设计压力	MPa	0.5	0.5	0.05	0.05
最高工作压力	MPa	0.465	0.45	0.027	0.028
水压试验压力	MPa	0.65	0.65		
气密性试验压力	MPa	0.5	0.5	0.1	0.1
换热面积	m^2	118	138	591	503
焊缝系数 Φ		0.85			
腐蚀裕度	mm	0			

2.14 冷凝蒸发器

冷凝蒸发器置于上、下塔之间，下塔上升的氮气在其间被冷凝，而上塔回流的液氧在其间被蒸发。氮气压力高，其液化温度也较高，液氧压力低，其蒸发温度也较低，两者间的温差才能使这个过程得以进行。例如，氮气压力为0.46MPa时，液化温度为95.5K，而液氧在压力为0.039MPa时，蒸发温度93.6K，两者温差1.9K。这样，氮气的冷凝和液氧的蒸发就可进行，通往各管口的介质见表2-23。冷凝蒸发器外形结构如图2-31所示，技术参数见表2-24。

表 2-23 冷凝蒸发器管口表

管口代号	B1，B2	B3，B4	G1，G2	G3，G4	R	K	I
介质	液氮出口	液氮出口	氮气进口	氮气进口	人孔	液氧排放口	液氧出口

表 2-24 某冷凝蒸发器技术参数

容器类别	工作介质		设计压力/MPa	最高工作压力/MPa	气压试验压力/MPa	气密性试验压力/MPa	设计温度/℃	工作温度/℃	焊接接头系数 Φ	腐蚀裕度/mm	换热面积/m^2
I	冷凝侧	氮气	0.60	0.55	0.69	0.60	-180	-180	0.85	0	2020
	蒸发侧	氧气	0.08	0.08	0.1	0.08					2316

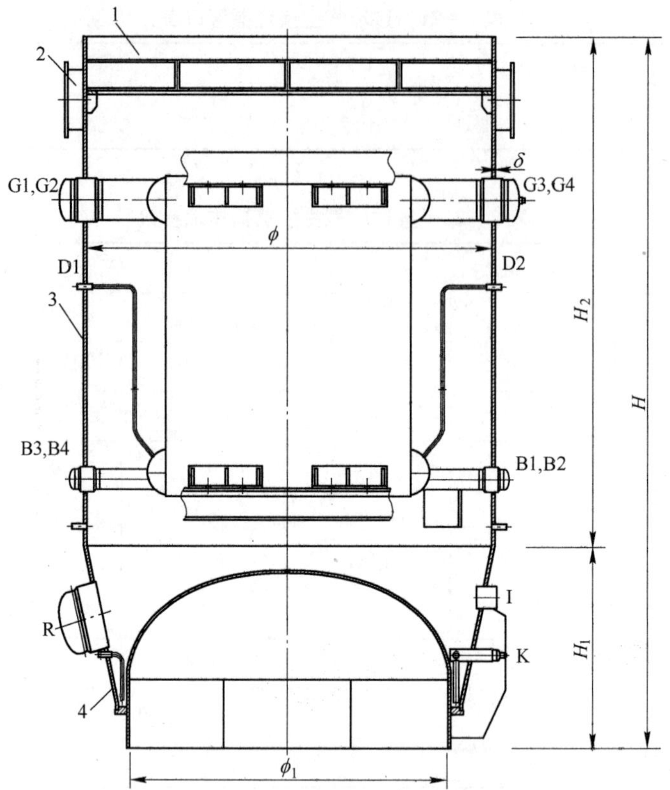

图 2-31 冷凝蒸发器外形结构图

1—封板；2—吊柱；3—筒体；4—锥体

2.15 热虹吸蒸发器

热虹吸蒸发器是利用部分液氧与膨胀空气进行热交换的设备，以降低膨胀空气进上塔的过热度为目的，同时液氧被部分蒸发形成负压，产生虹吸现象，实现了液氧自循环，大大降低了主冷液氧中碳氢化合物聚集的可能性。它的结构形式为真空钎焊铝制板翅式，各通道中的冷热气流通过翅片和隔板进行良好的换热，热虹吸蒸发器外形结构如图 2-32 所示。

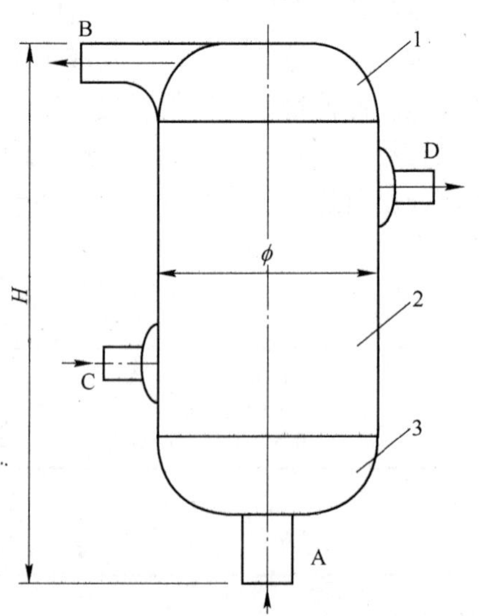

图 2-32 热虹吸蒸发器外形结构图

1，3—封头；2—筒体；

A—液氧进口；B—液氧出口；

C—膨胀空气进口；D—膨胀空气出口

2.16 上塔

上塔是空分装置分馏塔系统内的精馏塔，它是装置几乎所有物料的集散中心。以填料塔为例，从下塔来的液氮、污液氮（依据流程是否需要）、贫液空（内压缩膨胀空气进下塔流程有）、富氧液空、粗氩塔来的液氩馏分从上到下依次进入塔内作为上塔的回流液，从粗氩塔冷凝器被蒸发的液空蒸汽、精氩塔冷凝器被蒸发的贫液空蒸汽、膨胀空气及主冷蒸发的氧气进入塔内作为上塔的上升蒸汽，上塔在精馏过程中，气体穿过分布器沿填料盘上升，液体自上往下通过分布器均匀地分布在填料盘上，在填料表面上气、液充分接触进行高效的热质交换，上升气体中低沸点组分（氮）含量不断提高，高沸点组分（氧）被大量地洗涤下来，形成回流液，低沸点的氮则汇聚在上升气流中，这样从下到上逐级精馏，则在塔底得到氧（99.6% O_2），塔顶得到纯氮气（99.99% N_2）。中上部抽出污氮气，中下部抽出氩馏分。

上塔的结构形式为填料塔或板式塔，或耦合塔，且目前装置以填料塔为主流。

填料塔主要是由圆形筒体、塔内件（收集器、液体分布器、填料支撑、填料压圈、气液进出口装置）及填料构成如图 2－33 所示，通往各管口的介质见表 2－25，技术参数见表 2－26，上塔精馏示意图如图 2－34 所示。

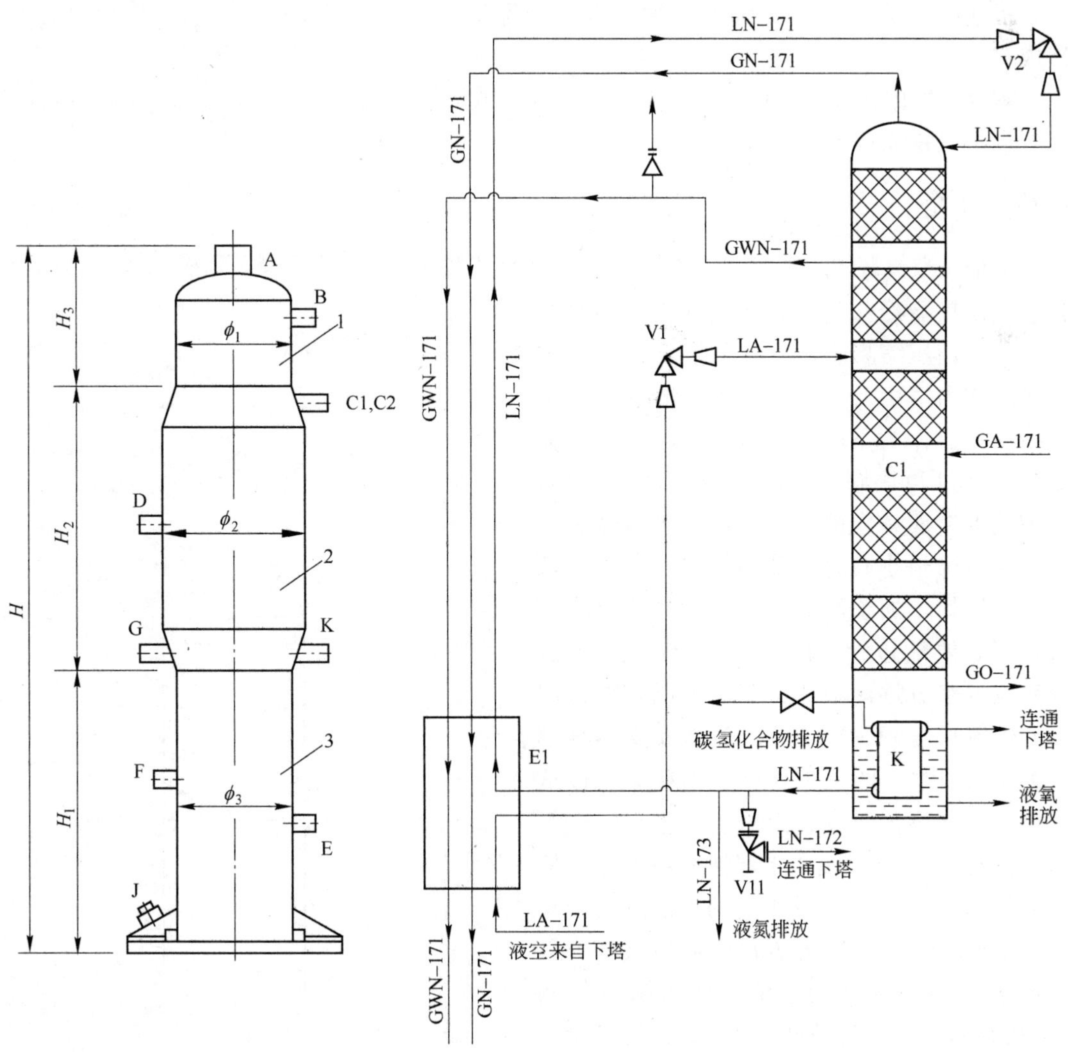

图 2－33 上塔结构示意图

1—上塔上段；2—上塔中段；3—上塔下段

图 2－34 上塔精馏示意图

E1—主换热器；K—主冷凝蒸发器；C1—上塔

表 2-25 上塔管口表

管口代号	A	B	C1，C2	D	E	F	G	K	J
介质	氮气出口	液氮进口	污氮出口	液空进口	氩馏分出口	液体馏分进口	液空蒸汽进口	膨胀空气进口	氧气出口

表 2-26 某上塔技术参数

工作介质	设计压力/MPa	最高工作压力/MPa	气密性试验压力/MPa	设计温度/℃	焊接接头系数 Φ	腐蚀裕度/mm	几何容积/m^3
氧、氮	0.08	0.08	0.08	-195	0.8	0	115

板式塔主要组成为圆形筒体，由塔板（溢流斗、筛孔板、无孔板）、气液进出口装置组成。

耦合塔塔内上段为填料，下面为塔板，其构成有圆形筒体，由塔内件、填料、塔板、气液进出口装置组成。

2.17 下塔

下塔是空分装置分馏塔系统内精馏塔，用于完成空气的一级精馏。以板式塔为例，来自被主换热器冷却到饱和温度的空气与膨胀后空气（内压缩膨胀空气进下塔流程有）进入塔底作为塔上升气，而下塔上升的氮气被主冷冷凝后作为下塔的回流液，液体自上往下逐一流过每块筛板，由于溢流堰的作用，使塔板上造成一定的液层高度。当气体由下而上穿过筛板小孔时与液体接触，产生了鼓泡，这样就增加了汽液接触面积，使热质交换过程高效地进行。低沸点组分逐渐蒸发，高沸点的组分逐渐液化，至塔顶就获得低沸点的纯氮气（99.99% N_2），在塔底获得高沸点的富氧液空（约 36% O_2）组分。也可以从塔中下部抽取贫液空（内压缩膨胀空气进下塔流程有），可以从塔中上部抽取污液氮（依据流程是否需要），优化下塔的工作情况。

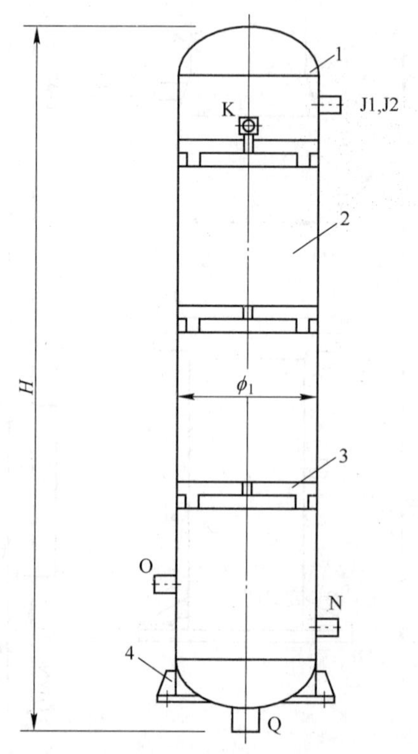

图 2-35 下塔结构示意图
1—封头；2—筒体；3—塔板；4—支座

下塔的结构形式为填料塔或板式塔，且目前装置以板式塔为主流，结构示意如图 2-35 所示，管口代号见表 2-27，技术参数见表 2-28，下塔精馏示意图如图 2-36 所示。

表2-27 下塔管口表

管口代号	O	N	Q	K	J1，J2
介质	空气进口	液空出口	液空排放口	液氮回下塔	氮气出口

表2-28 某下塔技术参数

容器类别	工作介质	设计压力/MPa	最高工作压力/MPa	气压试验压力/MPa	气密性试验压力/MPa	设计温度/℃	焊接接头系数 Φ	腐蚀裕度/mm	几何容积/m^3
I	空气、氮气	0.6	0.55	0.69	0.6	-196	0.9	0	53

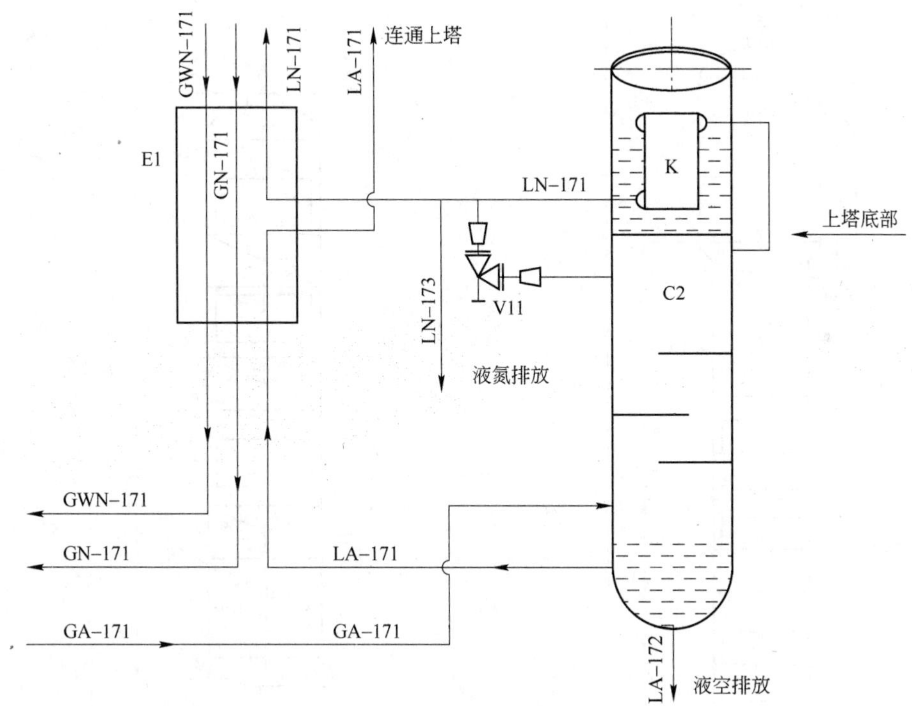

图2-36 下塔精馏示意图

E1—主换热器；K—主冷凝蒸发器；C2—下塔

填料塔主要由圆形筒体、塔内件（收集器、液体分布器、填料支撑、填料压圈、气液进出口装置）及填料构成。

板式塔主要由圆形筒体，塔板（溢流斗、筛孔板、无孔板），气液进出口装置组成。

2.18 粗氩塔

粗氩塔（Ⅰ、Ⅱ）是无氢制氩系统中的主要设备之一，用于氧氩分离，俗称除氧塔。它的原料来源于上塔的氩馏分，粗氩塔冷凝器的冷源来源于下塔的富氧液空，在粗氩塔冷凝器中富氧液空被蒸发，而塔内上升的氩气被冷凝，冷凝成的液氩作为粗氩塔的回流液。

气体穿过分布器沿填料盘上升，液体自上往下通过分布器均匀地分布在填料盘上，气液粗物料在塔内填料上直接接触，高效地进行传质传热，高沸点的氧等被洗涤下来溶于液体中，而低沸点的氩则汇聚在上升气流中，这样从下到上逐级精馏，则在塔底得到富氧馏分（约 95% O_2），塔顶得到工艺氩气（$\leqslant 2\times10^{-6}O_2$，0.015% N_2）。由于氧氩较难分离，粗氩塔高度在 66m 左右，由于下塔液空压力有限，对于 66m 的塔高，液空难以打上去（除非加有引射装置），因此，一般情况下将粗氩塔分为两个塔。

粗氩塔的结构形式为填料塔。填料塔体主要是由圆形筒体、塔内件（收集器、液体分布器、填料支撑、填料压圈、气液进出口装置）及填料构成，粗氩塔Ⅰ外形结构如图 2－37 所示，管口代号见表 2－29，技术参数见表 2－30。粗氩塔Ⅱ外形结构如图 2－38 所示，管口代号见表 2－31，技术参数见表 2－32。

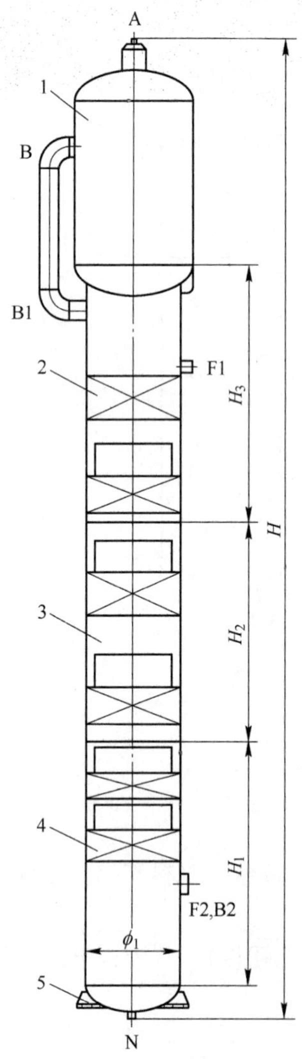

图 2－37 粗氩塔Ⅰ外形结构图

1—冷凝器；2—粗氩塔Ⅰ上段；3—粗氩塔Ⅰ中段；4—粗氩塔Ⅰ下段；5—支座

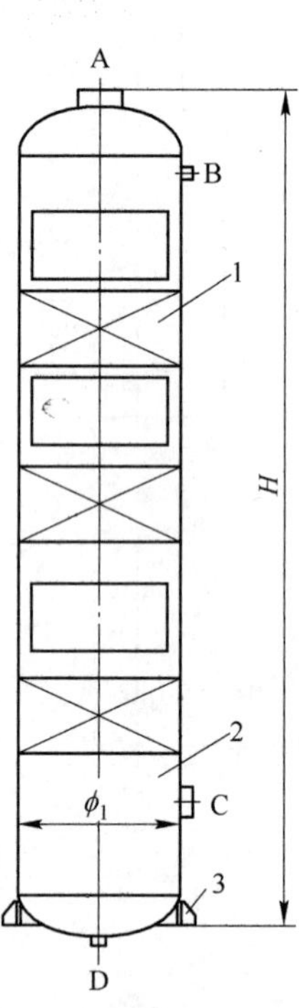

图 2－38 粗氩塔Ⅱ外形结构图

1—粗氩塔Ⅱ上段；2—粗氩塔Ⅱ下段；3—支座

表 2－29 粗氩塔Ⅰ管口表

管口代号	A	B	B1
介质	液空蒸汽出口	气氩进口	气氩出口

管口代号	F1	B2	F2	N
介质	液氩进口	气氩进口	液氩进口	液氩出口

表 2－30 某粗氩塔Ⅰ技术参数

容器类别	工作介质	设计压力/MPa	最高工作压力/MPa	气密性试验压力/MPa	设计温度/℃	焊接接头系数 Φ	腐蚀裕度/mm	几何容积/m^3
Ⅰ室	氩	0.08	0.08	0.08	－196	0.8	0	74
Ⅱ室	液空	0.08	0.08	0.08	－196	0.8	0	8.1

表 2－31 粗氩塔Ⅱ管口表

管口代号	A	B	C	D
介质	氩气出口	液氩进口	氩气进口	液氩出口

表 2－32 某粗氩塔Ⅱ技术参数

工作介质	设计压力/MPa	最高工作压力/MPa	设计温度/℃	焊接接头系数 Φ	腐蚀裕度/mm	几何容积/m^3
富氧，氩	0.08	0.08	－196	0.8	0	43.8

冷凝器为板翅式换热器，它的结构形式为真空钎焊铝制板翅式，各通道中的冷热气流通过翅片和隔板进行良好的换热。

2.19 精氩塔

精氩塔是无氢制氩系统中的主要设备之一，用于氮氩分离，俗称除氮塔。来自粗氩塔的工艺氩气（≤2×10^{-6} O_2，0.015% N_2）以气相或液相形式从精氩塔中上部进入塔内与塔底蒸发的氩气作为精氩塔的上升气，到塔顶被精氩塔冷凝器冷凝逆流回塔作为精氩塔的回流液。精氩塔冷凝器冷源可以是液氮、贫液空、富氧液空任何一种，蒸发器的热源可以是压力氮气或富氧液空。气体穿过分布器沿填料盘上升，液体自上往下通过分布器均匀地分布在填料盘上，气液相物料在塔内填料上直接接触，高效地进行传质传热，高沸点的氩被洗涤下来溶于液体中，而低沸点的氮则汇聚在上升气中，这样，从下到上逐级精馏，则在塔底得到纯氩（≤$2\times10^{-6}O_2$，≤$3\times10^{-6}N_2$），塔顶不能被冷凝的氮气等废气从塔顶放出。

精氩塔的结构形式为填料塔。填料塔体部分主要是由圆形筒体、塔内件（收集器、液体分布器、填料支撑、填料压圈、气液进出口装置）及填料构成，精氩塔外形结构如图 2－39 所示，管口代号见表 2－33，技术参数见表 2－34。

冷凝器及蒸发器均为板翅式换热器，它们的结构形式为真空钎焊铝制板翅式，各通道中的冷热气流通过翅片和隔板进行良好的换热。

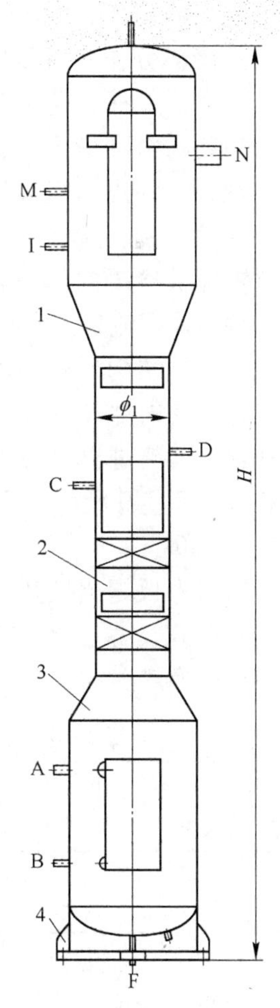

图 2－39 精氩塔外形结构图

1—精氩塔上段；2—精氩塔中段；3—精氩塔下段；4—支座

表 2-33 精氩塔管口表

管口代号	A	B	C	D	F	M	N	I
介质	氮气出口	液氮出口	液氩进口	氩气进口	液氩出口	液氮进口	氮气出口	液氮排放

表 2-34 某精氩塔技术参数

容器部件	工作介质	设计压力/MPa	最高工作压力/MPa	气压试验压力/MPa	气密性试验压力/MPa	设计温度/℃	焊接接头系数 Φ	腐蚀裕度/mm	几何容积/m^3
Ⅰ室	氮	0.20	0.14	0.23	0.20	-196		0	1.18
Ⅱ室	氩	0.08	0.08	0.10	0.08	-196	0.8	0	2.61
Ⅲ室	氮	0.60	0.50	0.69	0.6	-196		0	

2.20 氦氖塔

氦氖塔是大型空分装置提取粗氦氖产品的设备，它的原料是来自主冷氮侧不凝气，作为氦氖塔的上升气，氦氖塔冷凝器的冷源来源于主冷的液氮节流后，上升被冷凝部分作为氦氖塔的回流液，气体沿填料盘上升，液体自上往下通过分布器均匀地分布在填料盘上，气液相物料在塔内填料上直接接触，高效地进行传质传热，高沸点的氮等被洗涤下来溶于液体中，而低沸点的氦氖则汇聚在上升气中，这样从下到上逐级精馏，不能被冷凝的部分就是粗氦氖产品，从塔顶送出，塔底液体回流到主冷液氮侧。

氦氖塔的结构形式为填料塔。填料塔体主要是由圆形筒体、塔内件（收集器、液体分布器、填料支撑、填料压圈、气液进出口装置）及填料构成，氦氖塔外形结构如图 2-40 所示，管口代号见表 2-35，技术参数见表 2-36。

冷凝器为板翅式换热器，它的结构形式为真空钎焊铝制板翅式，各通道中的冷热气流通过翅片和隔板进行良好的换热。

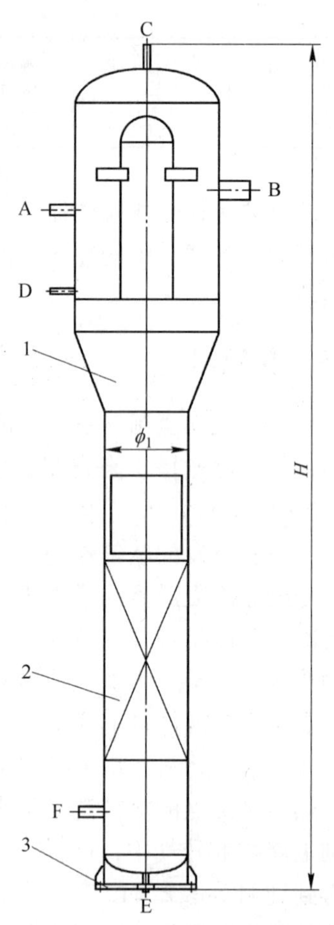

图 2-40 氦氖塔外形结构图
1—冷凝器；2—氦氖塔；3—支座

表 2-35 氦氖塔管口表

管口代号	A	B	C	D	E	F
介质	液氮进口	氮气出口	氦氖出口	液氮排放	液氮出口	氮气进口

表 2-36 氦氖塔技术参数

容器部件	容器类别	工作介质	设计压力/MPa	最高工作压力/MPa	气压试验压力/MPa	气密性试验压力/MPa	设计温度/℃	焊接接头系数 Φ	腐蚀裕度/mm	几何容积/m^3
Ⅰ室	Ⅰ	液氮	0.08	0.08	0.1	0.08	-196	0.85	0	0.85
Ⅱ室	Ⅰ	氮气	0.6	0.5	0.69	0.6	-196	0.85	0	0.75

2.21 氪氙塔

氪氙塔是大型空分装置提取贫氪氙产品的设备，通过它可以得到氪氙的第一级浓缩物，在外压流程、氧自增压流程装置中，它的原料来源于主冷的部分液氧，液氧作为氪氙塔的回流液，塔底蒸发来的氧气作为塔的上升气，氪氙塔蒸发器的热源是来自于主换热器底部的饱和空气，气体沿填料盘上升，液体自上往下通过分布器均匀地分布在填料盘上，气液相物料在塔内填料上直接接触，高效地进行传质传热，高沸点的氪氙被洗涤下来溶于塔釜的液氧中，而低沸点的氧则汇聚在上升气流中，这样从下到上逐级精馏，则在塔底得到贫氪氙的液氧浓缩物（0.23% Ke，0.012% Xe），产品氧气从塔顶抽出。在内压缩流程装置中，它的原料来源于下塔富氧液空，或粗氩塔冷凝器的富氧液空。富氧液空作为氪氙塔的回流液，塔底蒸发来的富氧空气（或粗氩塔冷凝器蒸发来的富氧空气）作为塔的上升气，塔底蒸发器的热源为来自下塔的富氧液空。

氪氙塔的结构形式为填料塔。填料塔体主要是由圆形筒体、塔内件（收集器、液体分布器、填料支撑、填料压圈、气液进出口装置）及填料构成，氪氙塔外形结构如图2-41所示，管口代号见表2-37，技术参数见表2-38。

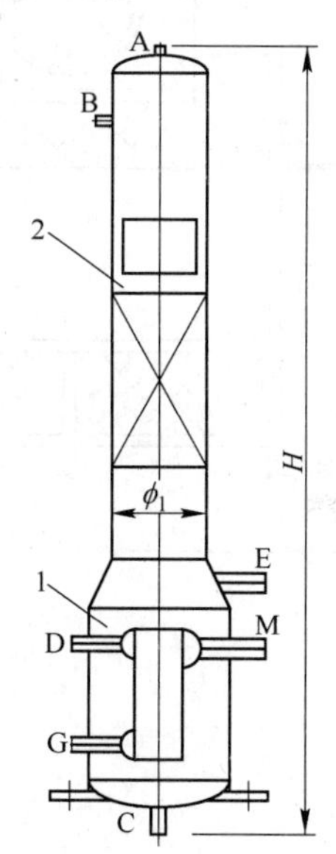

图2-41 氪氙塔外形结构图
1—蒸发器；2—氪氙塔

蒸发器为板翅式换热器，它的结构形式为真空钎焊铝制板翅式，各通道中的冷热气流通过翅片和隔板进行良好的换热。

表2-37 氪氙塔管口表

管口代号	A	B	C	D	E	G	M
介质	氧气出口	液氧进口	贫氪氙出口	不凝气出口	氧气回流口	液空出口	空气进口

表2-38 氪氙塔技术参数

工作介质		设计压力/MPa	最高工作压力/MPa	气密性试验压力/MPa	设计温度/℃	焊接接头系数 Φ	腐蚀裕度/mm	几何容积/m^3
冷凝侧	氪氙	0.09	0.075	0.09	-190	0.85	0	64
蒸发侧	液氧	0.075	0.075	0.09	-190	0.85	0	

2.22 自洁式空气过滤器

自洁式空气过滤器主要由高效过滤筒、文氏管、自洁喷头、反吹系统、控制系统、净气室和出气管、箱体（钢结构框架）及防护网组成，空气过滤器外形结构如图2-42所示。

过滤过程是在空气压缩机吸气状态下进行工作的。过滤器吸入周围清洁的环境空气，当空气穿过高效过滤筒时，空气中的杂质由于重力、静电、滤筒接触被阻留在滤筒外表面，洁净空气进入净气室后由排出口送出进入空气压缩系统。

自洁过程由主控室的操作人员通过DCS发出指令，电磁阀启动并驱动隔膜阀，瞬间释放一股压力为0.4~0.6MPa脉冲气流，经专用喷头整流喷出，文氏管卷吸，密封、膨

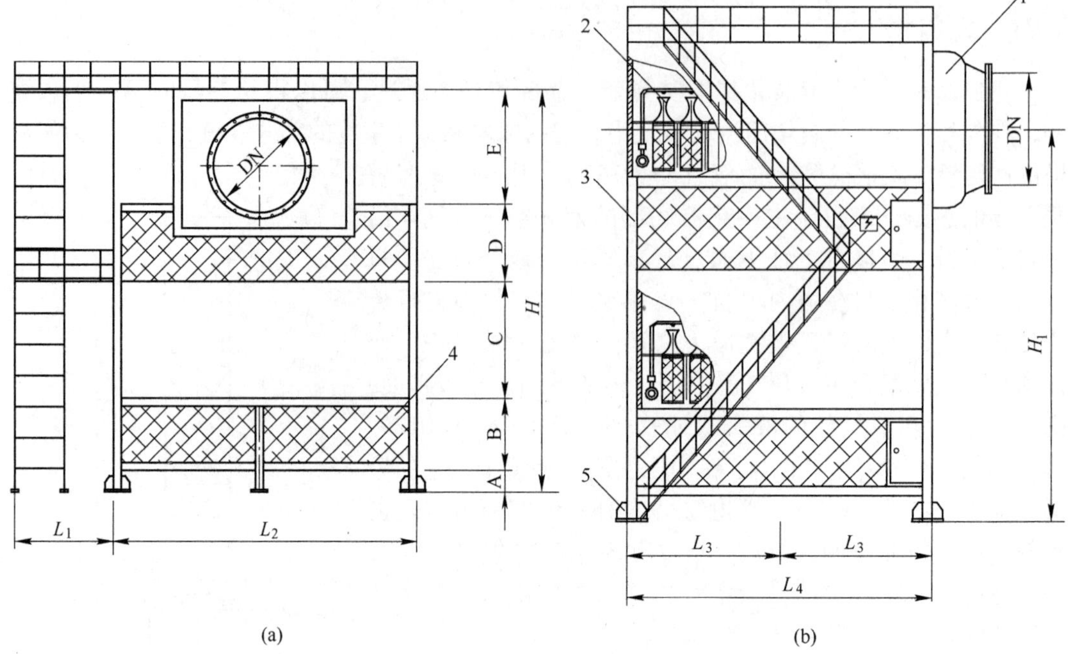

图 2－42 自洁式空气过滤器外形结构图
（a）立面图；（b）侧面图
1—出气管；2—滤筒；3—箱体；4—防护网；5—支腿

胀从滤筒内部均匀地向外冲出将积聚在滤筒外表的粉尘吹落，自洁过程完成。

过滤器可用三种方式来控制：（1）定时定位，通过控制系统可任意设定间隔时间及自洁时间；（2）差压自洁，当压差超指标时，此控制系统进入自动连续自洁；（3）手动自洁，当控制系统不工作或粉尘较多时，可采用手动自洁。

反吹自洁过程是间断的，每次仅 1～2 组处于自洁状态，其余的仍在工作，所以过滤器具有在线自洁功能以保持连续工作。

2.23 气体缓冲罐

气体缓冲罐是空分系统中的储存、缓冲设备，由封头、筒体、支腿等部件组成。它用在配置活塞式压缩机压缩气体的流程中，设置在分馏塔与活塞式压缩机之间，以减少活塞式压缩机脉冲动作影响管路中的压力脉动，其次它可以解决大回流调节阀动作滞后瞬间产生能力的不平衡。气体缓冲罐上部为进气口（A），下部为排气口（B），在筒体下部设有人孔（C），罐体下方设有排污口（D）。气体缓冲罐外形结构如图 2－43 所示，技术特

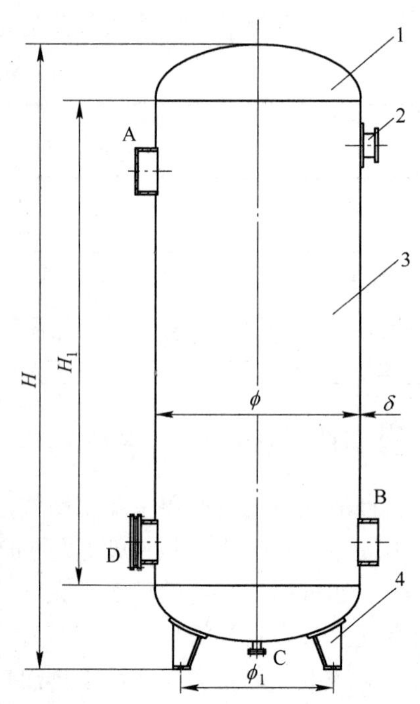

图 2－43 气体缓冲罐外形结构图
1—封头；2—吊耳；3—筒体；4—支腿

性见表2-39。

表2-39 某气体缓冲罐技术参数

工作介质	设计压力/MPa	最高工作压力/MPa	水压试验压力/MPa	设计温度/℃	焊接接头系数 Φ	腐蚀裕度/mm	几何容积/m^3
氮气	0.8	0.7	1.0	20	0.85	1.5	15

2.24 液体量筒

液体量筒是空分系统中的测量设备，比液面计更加精确。主要由封头、筒体、支座组成。液体量筒简图如图2-44所示，管口见表2-40，技术特性见表2-41。

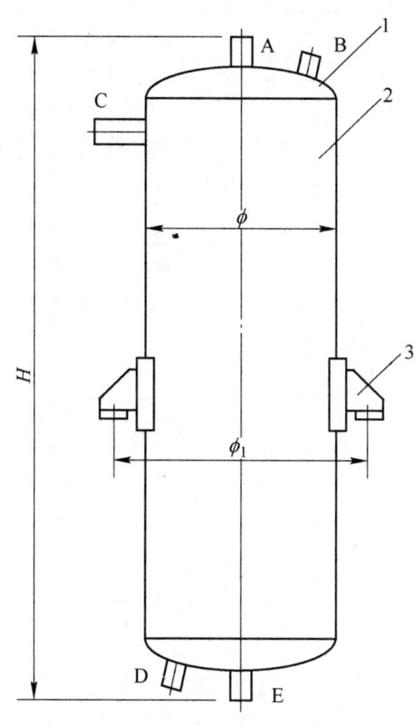

图2-44 液体量筒外形结构图

1—封头；2—筒体；3—支座

表2-40 某液体量筒管口表

管口代号	A	B	C	D	E
介质	气体出口	液面计上接头	液体进口	液面计下接头	液氮出口

表2-41 某液体量筒技术参数

工作介质	容器类别	设计压力/MPa	最高工作压力/MPa	液压试验压力/MPa	气密性试验压力/MPa	设计温度/℃	焊接接头系数 Φ	腐蚀裕度/mm	几何容积/m^3
液氮	I	1.0	1.0	1.25	1.05	20	0.85	·0	0.4

2.25 增压机后冷却器

增压机后冷却器作用是进行两路流体之间的热交换，常用的有立式和卧式两种类型，主要由封头、筒体、管板、换热管和支座等组成。立式增压机后冷却器外形如图2-45所示，卧式增压机后冷却器外形如图2-46所示，增压机后冷却器管口代号见表2-42，增压机后冷却器技术参数见表2-43。

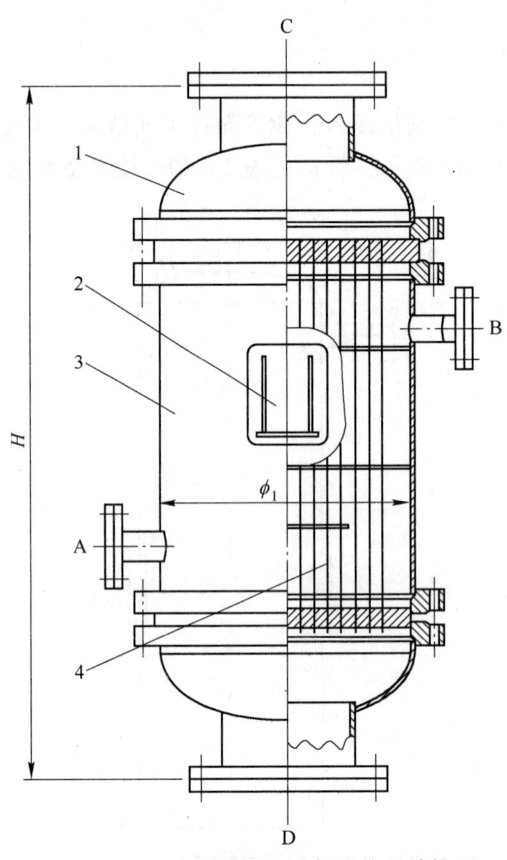

图2-45 立式增压机后冷却器外形结构图

1—封头；2—支座；3—筒体；4—管束

表2-42 某增压机后冷却器管口表

管口代号	A	B	C	D
介质	冷却水进口	冷却水出口	空气出口	空气进口

表2-43 某增压机后冷却器技术参数

程别	程数	工作介质	设计压力/MPa	最高工作压力/MPa	水压试验压力/MPa	气密性试验压力/MPa	设计温度/℃	最高工作温度/℃	焊接接头系数 Φ	腐蚀裕度/mm	换热面积/m^2	耗水量/$m^3\cdot h^{-1}$
管程	1	空气	1.0	0.85	1.25	1.0	100	80	0.85	0	64	11
壳程	1	水	1.0	0.9	1.25	1.0	40	25		1.5		

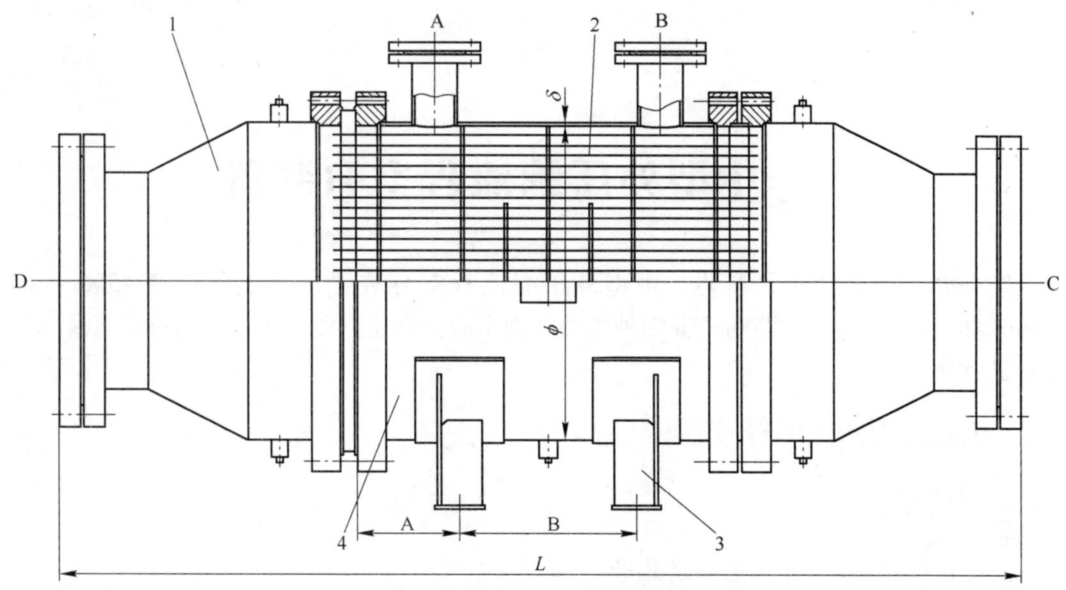

图 2-46 卧式增压机后冷却器外形结构图
1—固定管箱；2—管束；3—支座；4—筒体

3　中型外压缩流程空分装置

结合冶金企业的生产特点，中型外压缩流程空分装置选择氧气产量 4500m³/h、6500m³/h、7500m³/h 、8000m³/h 四种类型。为了后文阐述方便，本章首先对管道及阀门编号进行介绍。

3.1　工艺流程图图形符号

3.1.1　管道编号

3.1.1.1　冷箱内外工艺管道编号

管道编号由流体状态代号、流体名称、管道编号、管道规格、管道压力等级、管道材料代号、管道绝热代号所组成，如图 3－1 所示。

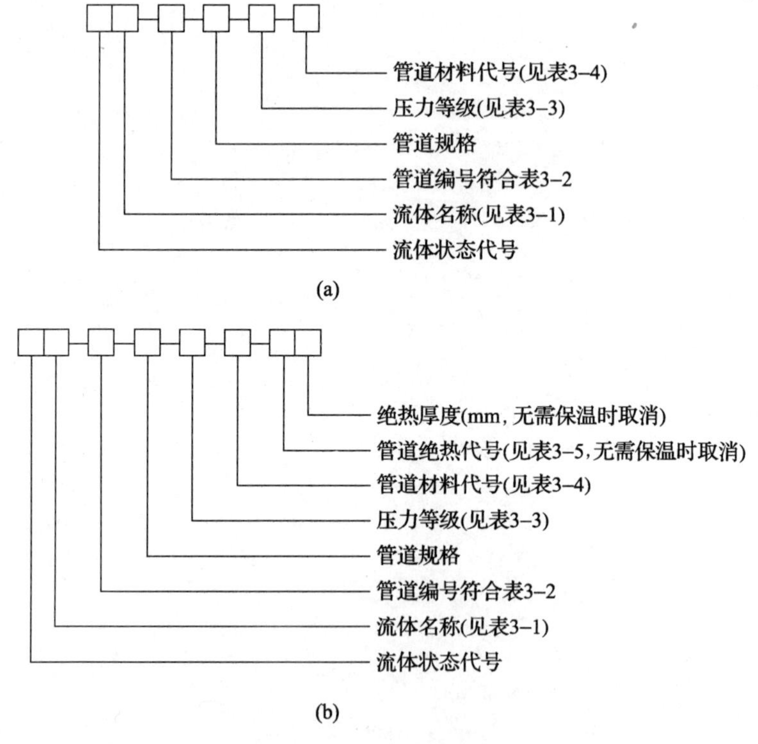

图 3－1　管道编号形式

（a）冷箱内管道编号；（b）冷箱外管道编号

3.1.1.2　流体状态代号

流体状态代号：气态——G；液态——L。

3.1.1.3 流体名称

流体名称代号见表3-1。

表3-1 流体名称代号

流体名称	代　号	流体名称	代　号	流体名称	代　号
空气	A	氦	He	水	W
氮	N	氪	Kr	油	Oi
氧	O	氙	Xe	仪表空气	IA
氩	Ar	污氮	WN	工艺氩	TAr
氢	H	粗氩	CAr	氩馏分	FAr
氖	Ne	蒸汽	S		

3.1.1.4 管道编号

管道按系统顺序编号，编号规则应符合表3-2的规定。

表3-2 管道系统顺序编号

系统名称			编　号
空分冷箱	空分冷箱内	氧、氮系统	1~99
	空分冷箱外氧、氮系统	空气、氧、氮进出冷箱系统	101~149
		加温、启动、气封、安全系统	201~299
		吹除、排放等系统	301~399
膨胀机系统			401~499
循环氩泵系统			501~599
液氧泵系统			601~625
液氮泵系统			626~650
其　他			651~699
氩提取系统		空分冷箱内	701~749
		空分冷箱外	751~799
氖氦提取系统		空分冷箱内	801~849
		空分冷箱外	851~899
氪氙提取系统		空分冷箱内	901~949
		空分冷箱外	951~999
原料空气压缩机（包括空气过滤器）系统			1001~1099
空气预冷系统			1101~1199
空气净化系统			1201~1299
氧气透平压缩机组			1301~1399
氧气活塞式压缩机组			1401~1499

续表 3－2

系　统　名　称	编　号
氮气透平压缩机组	1501～1599
氮气活塞式压缩机组	1601～1699
压氧调节、液氧储存系统	1701～1799
压氮调节、液氮储存系统	1801～1899
加温解冻系统	1901～1999
仪表空气（压缩机）系统	2001～2099
液氩储存（输送）系统	2201～2299
粗氖氦除氢系统	2301～2399
粗氖氦除氮系统	2401～2499
氖氦分离系统	2501～2599
氦净化系统	2601～2699
贫氪清除甲烷系统	2701～2799
粗氪氙净化和氪氙分离系统	2801～2899
粗氙净化—氙精制系统	2901～2999

3.1.1.5　管道规格

管径应以公称直径“DN”标注，如 DN100，或以“外径×壁厚”标注，如 D108×4。

3.1.1.6　管道压力等级

我国原化工部制定的管道压力等级有两种，见表 3－3。

表 3－3　管道压力等级

系列名称	公称压力/MPa（G）									
1	0.25	0.6	1	1.6	2.5	4	6.3	10	16	25
2	2	5	11	15	26	42				

3.1.1.7　管道材料代号

管道材料代号见表 3－4。

表 3－4　管道材料代号

材料名称	铝　管	铜　管	不锈钢管	碳 钢 管
代号	Al	Cu	S_S	C_S

3.1.1.8　管道绝热材料代号

管道绝热材料代号见表 3－5。

表 3-5 管道绝热材料代号

管道绝热	保温	保冷	防冻	隔声	电伴热	蒸汽伴热	热水伴热	人身防护	蒸汽夹套
绝热代号	H	C	W	S	ET	ST	WT	P	JS

管道编号示例：

（1）冷箱内管道示例：

GN-10-DN350-PN1-Al 或 GN-10-D362×6-PN1-Al 表示空分冷箱内的氮气管，管道号为 10，管径为 DN350，耐压为 1MPa，材料为铝合金。

（2）冷箱外管道示例：

GA-1102-DN400-PN0.6-C_S-H30 或 GA-1102-426×5-PN0.6-C_S-H30 表示空气预冷系统的空气管，管道编号为 1102，管径为 DN400，耐压为 0.6MPa，材料为碳钢，需要 30mm 保温厚度的管线。

3.1.2 阀门编号

3.1.2.1 手动阀门编号

手动阀门编号由阀门代号 V、阀位号和阀通径所组成。阀位号按表 3-2 规定的系统顺序号编制；阀门编号在图样上书写受位置限制时允许采用双行表示。

阀门编号示例：

V702-DN50 或 $\frac{\text{V702}}{\text{DN50}}$ 表示氩提取系统，阀位号为 702，阀通径为 DN50 的阀门。

3.1.2.2 调节阀编号

调节阀编号由控制调节阀的功能参数、阀门代号 V、阀位号和阀通径所组成。控制调节阀的功能参数按表 3-6、表 3-7 规定选用；阀位号按被控工位号编制；阀门编号在图样上书写受位置限制时允许采用双行表示。

表 3-6 测量控制参数代号

参数	压力	温度	流量	液位	功率	转速	分析	阻力	温差	湿度	轴位移	多变量	振动	手动	电流	流量比
代号	P	T	F	L	W	S	A	Pd	Td	M	N	u	V	H	I	FF

表 3-7 测量控制功能代号

序号	功能	代号	序号	功能	代号
1	指示	I	5	变送	T
2	记录	R	6	遥控	HC
3	累计	Q	7	带机盘遥控反馈指示	HIC
4	控制调节	C	8	运算	UY

续表 3 – 7

序　号	功　　能	代　号	序　号	功　　能	代　号
9	电流指示	II	14	阀位指示	ZI
10	运转显示	SO	15	报警	A
11	阀位开	ZSH	16	启动	HSH
12	阀位关	ZSL	17	停机	HSL
13	连锁	S	18	电机状态	EI

调节阀编号示例：

PCV3 – DN100 或 $\frac{\text{PCV3}}{\text{DN100}}$ 表示空分冷箱内氧氮系统，由压力控制的阀位号为 3，阀通径为 DN100 的调节阀。

3.1.3　测量控制点代号

测量控制点代号由测量控制参数代号、功能代号、顺序号三部分组成，其形式如下：

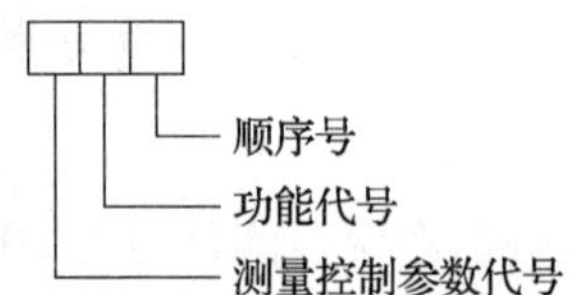

例： PIA1 表示压力指示、报警、顺序号为 1 的测控点。

其中，测量控制参数代号应符合表 3 – 6 的规定。

测量控制功能代号见表 3 – 7。

3.1.4　测量控制元器件代号

测量控制元器件代号见表 3 – 8。

表 3 – 8　测量控制元器件代号

元器件名称	代　号	元器件名称	代　号
5/2 电磁阀	5SV	检测元件	E
3/2 电磁阀	3SV	电子程序控制器	ESC
2/2 电磁阀	2SV	闪光报警器	SG

3.1.5　测量控制系统图形符号

3.1.5.1　测控点

测控点基本符号用圆或长圆表示，圆的直径或长圆宽度一般为 8 ~ 14mm，要求同一图样中符号尺寸基本一致，在基本图形符号内的上方填入参数、功能代号，下方填入顺序号，即构成测控点的图形符号，如图 3－2 所示。

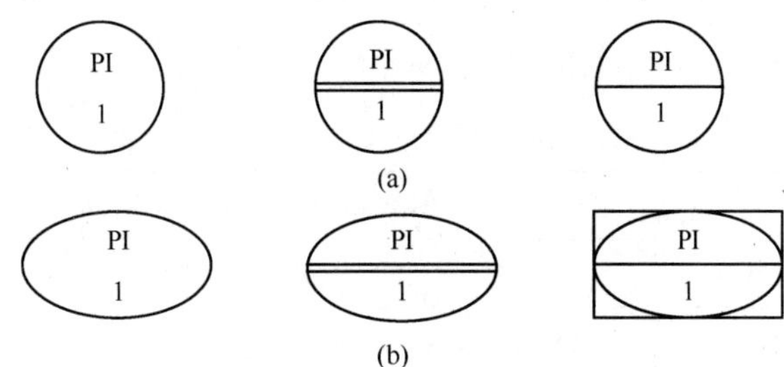

图 3－2　测控点的图形符号
（a）常规仪表；（b）集散型仪表

3.1.5.2　测控点基本图形符号

测控点基本图形符号见表 3－9。

表 3－9　测控点基本图形符号

编　号	名　　称	图　形　符　号
1	就地仪表	
2	中控室仪表	
3	机旁柜仪表	
4	就地安装中控室功能仪表	
5	就地安装机旁柜功能仪表	
6	中控室混合仪表（测量值进 CRT）	
7	中控室集散系统（DCS）	
8	安全连锁系统（ESD） 压缩机综合保护系统（ITCC）	

3.1.6　工艺测量管线和气、电信号管线

工艺测量管线和气、电信号管线见表 3 – 10。

表 3 – 10　工艺测量管线和气、电信号管线

编 号	名　称	图形符号	说　明
1	工艺测量管线		图线宽度约 $b/3$①
2	气动信号管线		
3	电动信号管线		
4	液动连接信号管线或毛细管作用		

① 按照《房屋建筑制图统一标准》（GB 50001—2010）规定，图线宽度 b 值，宜从 1.4mm、1.0mm、0.7mm、0.5mm、0.35mm、0.25mm、0.18mm、0.13mm 线宽系列中选取。

3.1.7　报警及连锁在测量点符号外附加代号

（1）当只有一种报警连锁功能（报警或连锁）时，字母“H”或“L”表示“高”或“低”，附加在测量点符号外。

例：

（2）当报警连锁两种功能兼有时，附加代号“H”、“HH”或“L”、“LL”前必须加功能代号“A”或“S”，并附加在测量点符号外。

例：

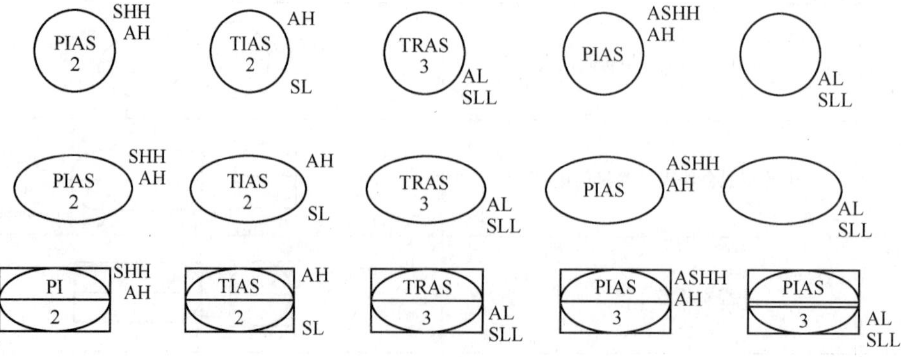

（3）分析测量点的附加代号。将被分析的组分用代号表示，附加在测量点符号外面左下角。

例： 产品氧分析报警。

3.1.8 多台设备测量点符号

（1）需要几台同样的工艺设备装置在图样上只画出一台时，则其他几台的标号必须写在测量点符号的下面或旁边。

例： 中部集合管的温度测量

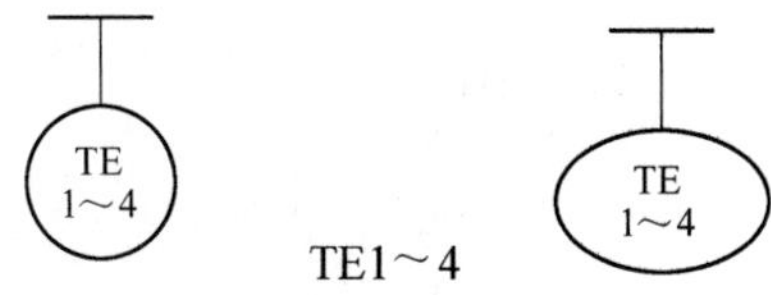

（2）对几台同样设备的部件仅在一张流程图或仪表流程图上画出时，第一台部件的标号编入图内，其他几台部件必须在流程图上注上简短的说明。

3.1.9 附加设备符号

附加运算继动器、选择继动器、乘法继动器、反向继动器等设备时，其作用必须在附加设备符号旁边标明。

例：

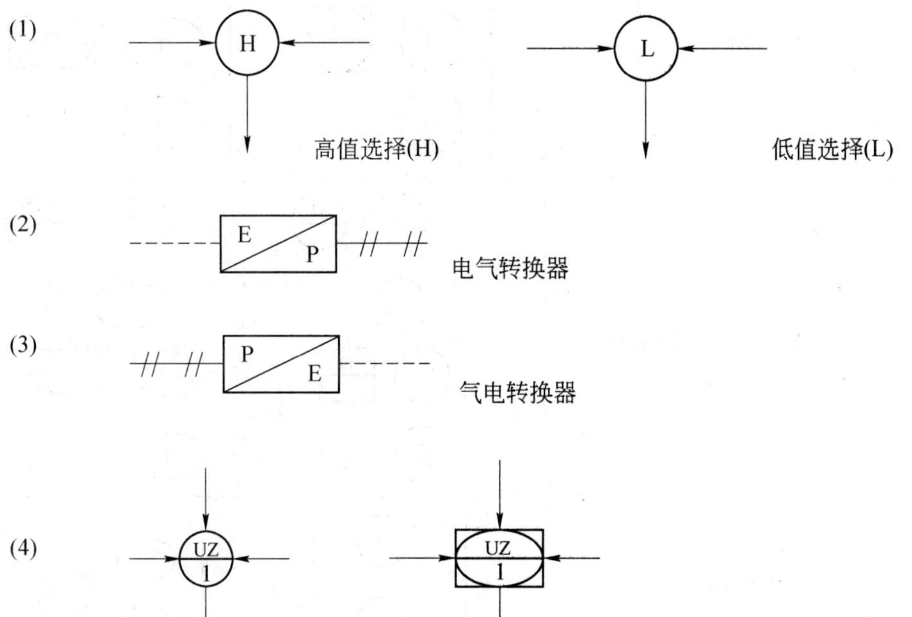

(5)

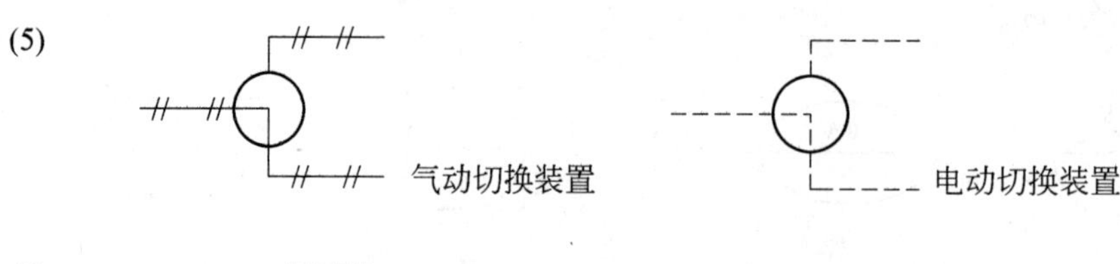

气动切换装置　　电动切换装置

(6)

用灌充装置测量的带毛细管膜片

(7)

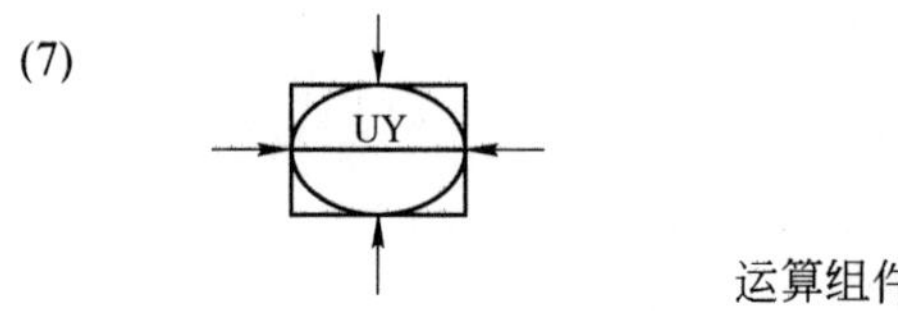

运算组件

3.1.10 取样连接符号

取样连接符号见表 3－11。

表 3－11 取样连接符号

编号	名称	图形符号
1	分析取样	AE　AE
2	温度测量	TE TI　TE TI TE TI　TE TI TI　TI
3	带双元件一用一备的温度测量	TE TI TE　TE TI TE TE TI TE　TE TI TE
4	温差测量	TE TdI TE　TE TdI TE

续表3-11

编号	名称	图形符号
5	压力测量	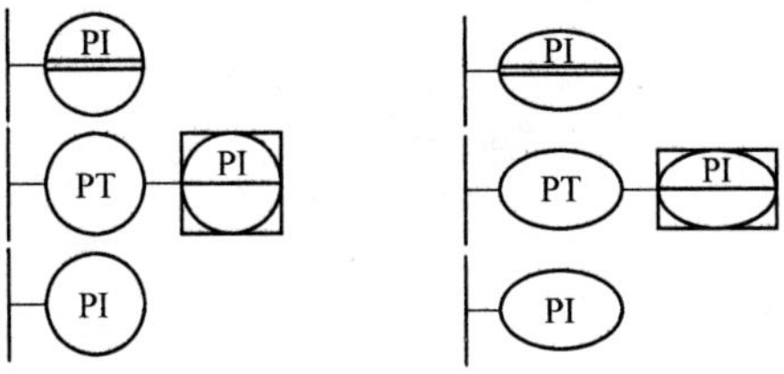 PI PT PI PI PI PT PI PI
6	阻力测量	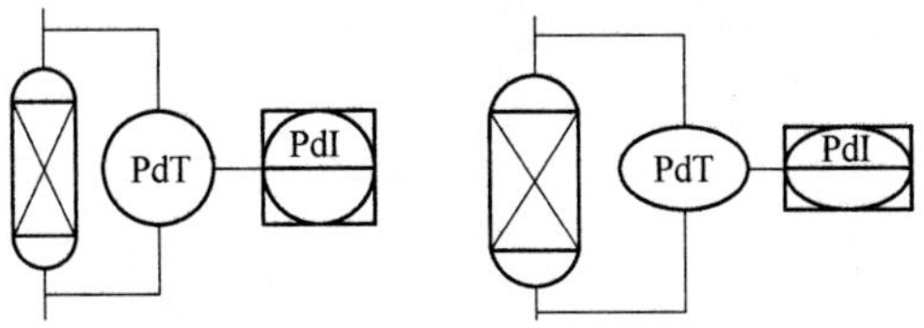 PdT PdI PdT PdI
7	用孔板测量流量	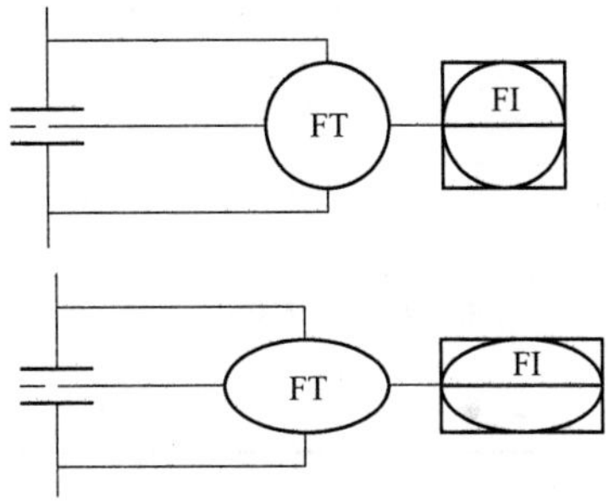 FT FI FT FI
8	用转子流量计测量流量	 FI FI
9	用电磁流量计测量流量	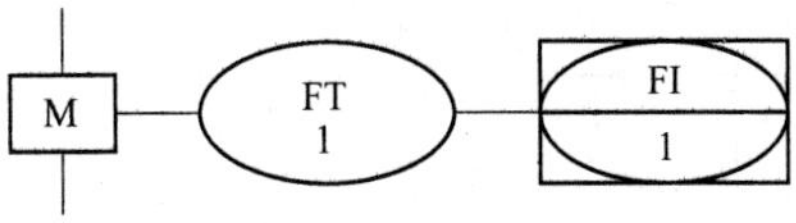 M FT 1 FI 1
10	用均速管流量计测量流量	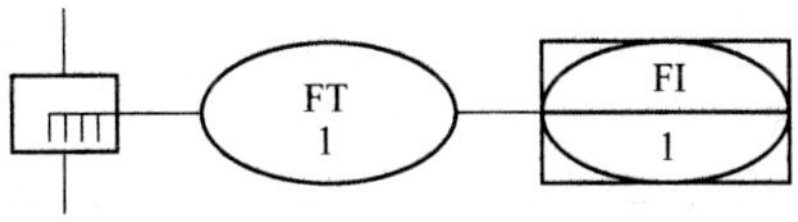 FT 1 FI 1
11	用旋涡流量计测量流量	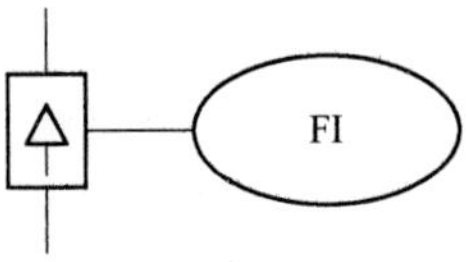 FI
12	其他流量测量	FI FI

续表 3-11

编号	名　称	图形符号
13	差压式液位测量	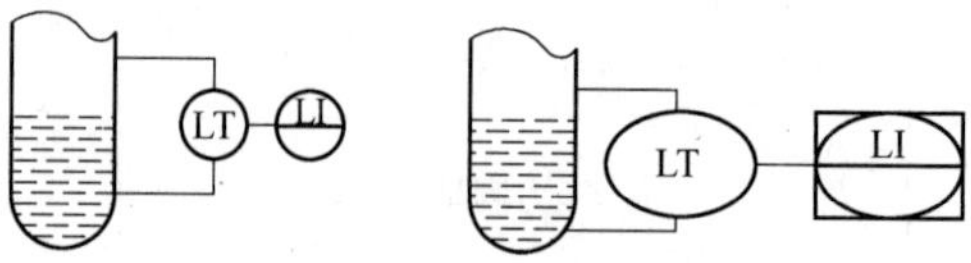 LT LI　LT LI
14	用差压式及特殊取压装置的液位测量	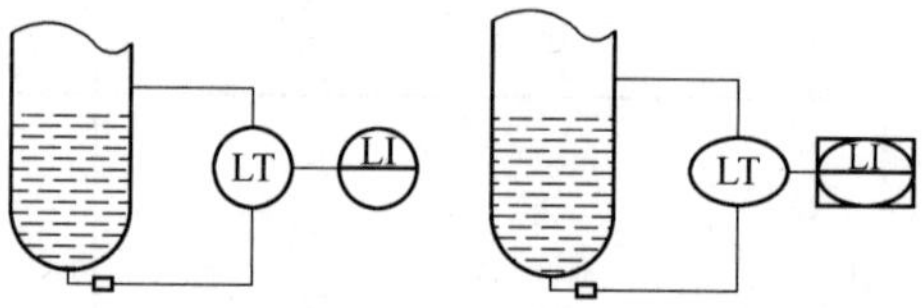 LT LI　LT LI
15	用玻璃管液位指示器测液位	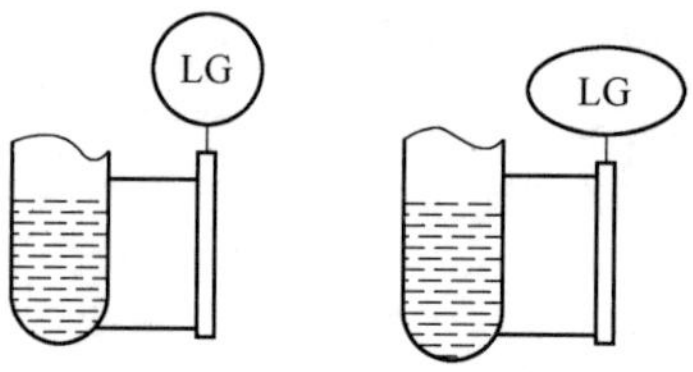 LG　LG
16	液位报警（无指示）	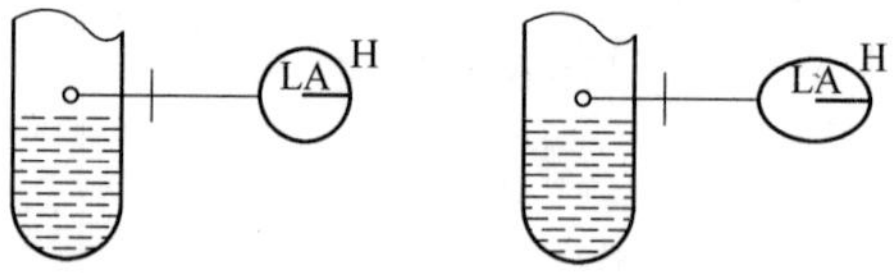 LA H　LA H

3.1.11 各种阀门符号

各种阀门图形符号见表 3-12。

表 3-12　各种阀门图形符号

编　号	名　称	图形符号	说明与参考标准
1	角阀		GB 6567. 4—86
2	冷角阀	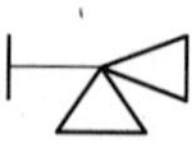	GB 6567. 4—86
3	截止阀		GB 6567. 4—86
4	球阀		GB 6567. 4—86
5	闸阀		GB 6567. 4—86

续表 3-12

编 号	名 称	图形符号	说明与参考标准
6	蝶阀	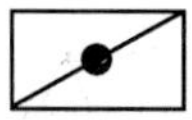	GB 6567.4—86
7	止回阀	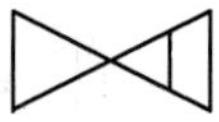	流向由空白三角至非空白三角，GB 6567.4—86
		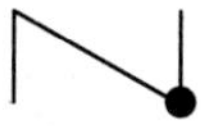	
8	减压阀		小三角形为高压端，GB 6567.4—86
9	蝶形止回阀	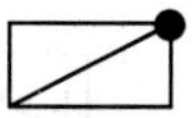	
10	节流阀（针形阀）		GB 6567.4—86

11	三通阀		GB 6567.4—86
12	四通阀	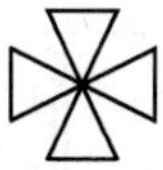	GB 6567.4—86
13	反装截止阀		流体流向从黑到白
14	反装角阀		流体流向从黑到白
15	反装冷角阀	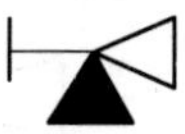	流体流向从黑到白
16	弹簧式安全阀	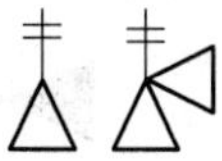	
17	膜式安全阀		

续表 3-12

编号	名称	图形符号	说明与参考标准
18	重锤（或杠杆式）安全阀	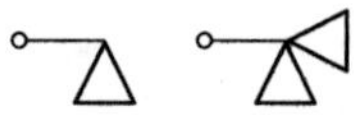	
19	带法兰球阀		
20	带法兰阀门		
21	带法兰闸阀		
22	带法兰蝶阀	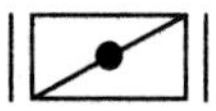	
23	带法兰角阀		
24	带法兰三通阀		
25	带法兰四通阀		
26	带法兰止回阀	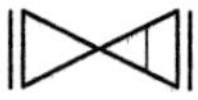 	
27	带法兰蝶形止回阀	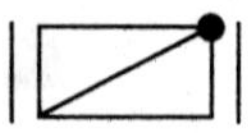	
28	恒流阀	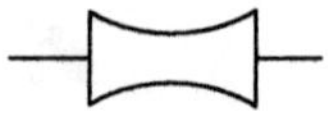	
29	真空阀		
30	疏水阀		白色端水进，黑色端水出

续表 3－12

编 号	名 称	图形符号	说明与参考标准
31	冷箱安全阀	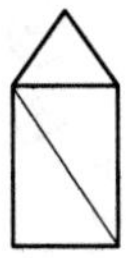	冷箱内气体自动排放用
32	呼气筒		冷箱快速排放阀
33	封气筒		冷箱安全阀
34	薄膜式安全阀（安全爆破膜）	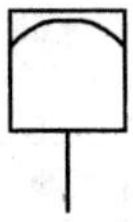	
		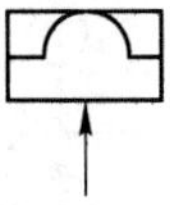	
35	防爆装置	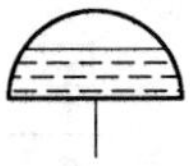	

注：根据设计需要，带法兰的阀门可画成不带法兰的阀门。

3.1.12 自动控制阀门符号

自动控制阀门符号见表 3－13。

表 3－13 自动控制阀门符号

编号	名 称	图形符号	说 明
1	保位作用气动阀		膜头断气时阀保持原开度
2	防止全关气动阀		膜头断气时阀不全关
3	防止全开气动阀		膜头断气时阀不全开
4	气动调节阀		基本形式

续表 3 – 13

编号	名　称	图形符号	说　明
5	气开式气动调节阀		膜头充气阀打开 故障闭（失效）
6	气闭式气动调节阀		膜头充气阀关闭 故障开（失效）
7	气动蝶阀		基本形式
8	气开式气动蝶阀		膜头充气阀打开
9	气闭式气动蝶阀		膜头充气阀关闭
10	活塞式气动调节蝶阀		
11	气动三通调节阀		合流式
12	气动三通调节阀		分流式
13	带手轮气动调节阀		基本形式，其他形式可由阀门图形加上“┤”构成
14	带手轮及定位器气动调节阀		基本形式，其他形式可由阀门图形加上“┤”和“⊠”构成
15	气动三通切断阀	P 1 2 3	膜头充气 1—2 通 膜头断气 2—3 通

续表 3－13

编号	名　称	图形符号	说　明
16	电动调节阀	M	
17	电动闸阀	M	以普通单相或三相电动头驱动
18	电动蝶阀	M	以普通单相或三相电动头驱动
19	二位二通电磁阀	S	
20	二位三通电磁阀	S 1 2 3	有电 1—2 通 无电 2—3 通
21	二位五通电磁阀	B A S P R	P——气源 A，B——连气缸 S，R——排大气

3.1.13 管线及管线附件

管线及管线附件见表 3－14。

表 3－14 管线及管线附件

编号	名　称	图 形 符 号	说　明
1	流程管线		粗实线，图线宽度 b
2	仪控计器管线，加温、吹除管线及润滑油管线		细实线，图线宽度约 $b/3$
3	冷却水管线		点划线，图线宽度约 $b/3$
4	用户自理管线		双点划线，图线宽度约 $b/3$
5	密封气管线		细实线加斜线表示，图线宽度约 $b/3$
6	伴热加保温管道		每条管线局部表示
7	真空绝热管		每条管线局部表示

续表 3－14

编号	名　称	图 形 符 号	说　明
8	加热管		每条管线局部表示
9	电伴热管线		上方图线为粗实线，下方图线为点划线，图线宽度应符合本表编号 1 和本表编号 3 的规定，可全部或局部
10	蒸汽伴热管线		上方图线为粗实线，下方图线为断续线，图线宽度应符合本表编号 1 和本表编号 2 的规定，可全部或局部
11	设备保温		设备外表保温
		A　B	A——全部设备保温 B——局部设备保温
12	保温管线		在被保温管路起隔热作用，可在全部或局部上用该符号表示，也可省去符号，用文字说明
13	介质流向		
14	管路坡度	≥0.002　≥3°　≥1:500 坡度 x%	
15	波形伸缩器		
16	矩形伸缩器		
17	弧形伸缩器		
18	异径管 （大小头管，缩接）	DN*X*/*X*	DN——公称直径，大头外径/小头外径

续表 3-14

编号	名　称	图 形 符 号	说　明
19	接水漏斗（或排漏斗）		
20	排入地沟		
21	管端封盖（封头，管帽）		管端为焊接
22	螺纹管帽		管帽螺纹为内螺纹
23	快换接头		
24	堵头		堵头螺纹为外螺纹
25	法兰盖		
26	盲板		管端盲板为焊接
27	法兰间盲板		
28	流量孔板		
29	窥视镜		
30	蜗轮式低温液体流量计		
31	均速管流量计		
32	电磁流量计	M	
33	柔性管		

续表 3-14

编号	名　称	图 形 符 号	说　明
34	专用接头		
35	户外排放口		
36	屋顶排放口		
37	高点	HP	管路最高点
38	低点	LP	管路最低点
39	交叉管线	5*b*　*b*　或	两管路交叉不连接。当需要表示两管路相对位置时，其中在下方或后方的管路线宽为 *b* 的 3~5 倍
40	相交管线	*b*	两管路相交连接，连接点的直径为所连接管路线宽 *b* 的 3~5 倍
41	分支管线		
42	夹套管线		一种介质走管内，另一种介质走夹层内
43	供货界限	M 或 S　User 或 B S B　M User	M 或 S——供货方（或供货商、卖方） User 或 B——用户（或买方）
44	厂房顶放空消声器		

续表 3-14

编号	名　称	图 形 符 号	说　明
45	螺纹连接		GB 6567.2—86，必要时可用文字说明，省略符号绘制
46	法兰连接		
47	承插连接		
48	焊接连接		GB 6567.2—86，焊点符号的直径约为所连接管路符号线宽 b 的 3～5 倍，必要时可省略
49	用“8”盲板连接		管道切断
			管道沟通

3.1.14 阀门与管路的一般连接形式

阀门与管路的一般连接形式见表 3-15。

表 3-15 阀门与管路的一般连接形式

编号	名　称	图形符号	说明及参考标准
1	螺纹连接		GB 6567.4—86
2	法兰连接		GB 6567.4—86
3	焊接连接		GB 6567.4—86

3.2 四种中型外压缩流程空分装置

3.2.1 流程简述

“中型空分制氧装置”的定义在前面第 2.2.1.75 节已经表明，它是指产氧量（标态）大于或等于 1000m^3/h 至小于 10000m^3/h 的成套空气分离设备。其工艺流程原理可见第 4.1.1 节。钢铁企业配置中型空气分离设备的数量还占有一定比例。

3.2.2 流程特点

从用户选择“中型空分制氧装置”来看，与大型空分制氧流程相比其特点表现为：

（1）用户只要求空分制氧装置生产氧气与氮气；

（2）少数用户除要求空分制氧装置生产氧气与氮气之外，也要求生产氩气；

（3）氧气与氮气的压缩输出设备多选择为活塞式压缩机；

（4）液体产品选择生产液氧一种产品的居多；

（5）少数用户除选择生产液氧产品之外，也要求生产液氩；

（6）除要求生产液氧、液氩之外，同时生产液氮产品的用户较少；

（7）液体储存设备的储存能力普遍较小。

3.2.3 空分装置技术性能参数

中型外压缩流程空分装置选择氧气产量（标态）4500m³/h、6500m³/h、7500m³/h、8000m³/h 四种类型，各空分装置产品产量及纯度见表 3－16。工艺设备技术性能参数列于表 3－17～表 3－25 中。

表 3－16 四种类型空分装置产品产量及纯度

空分装置类型		KDON－4500/4500/120	KDON－6500/6500/180	KDON－7500/10000/220	KDON－8000/8000/240
产品组成	氧气/$m^3 \cdot h^{-1}$	4500	6500	7500	8000
	氮气/$m^3 \cdot h^{-1}$	4500	6500	10000	8000
	压力氮/$m^3 \cdot h^{-1}$	0	450①	0	0
	液氧/$m^3 \cdot h^{-1}$②	80	200	200	100
	液氮/$m^3 \cdot h^{-1}$		100	200	100
	液氩/$m^3 \cdot h^{-1}$	120	210	220	240
产品纯度	氧气：≥99.6%；氮气：≤$10 \times 10^{-4}\%\ O_2$； 液氧：≥99.6%；液氮：≤$10 \times 10^{-4}\%\ O_2$； 液氩：≤$2 \times 10^{-4}\%\ O_2$，≤$3 \times 10^{-4}\%\ N_2$				

① 压力氮用于氧气透平压缩机；

② 液体产品已折合成标准状态下的气体产量。

表 3－17 空气压缩系统设备技术性能参数

空分装置类型		KDON－4500/4500/120	KDON－6500/6500/210	KDON－7500/10000/220	KDON－8000/8000/240
空气过滤器①	形式	自洁式	自洁式	自洁式	自洁式
	流量/$m^3 \cdot h^{-1}$	51000	72000	81000	86000

续表 3 – 17

空分装置类型		KDON –4500/4500/120	KDON –6500/6500/210	KDON –7500/10000/220	KDON –8000/8000/240
空气透平压缩机②	形式	双轴四级离心式	单轴五级离心式③④	双轴四级离心式	透平式
	流量/$m^3 \cdot h^{-1}$	23000	35000	39500	42000
	吸气压力/MPa(A)	0.098	0.098	0.098	0.098
	排气压力/MPa(A)	0.62	0.62	0.62	0.62
	电机功率/kW	2400	3600	4100	4200
	用水量/$m^3 \cdot h^{-1}$	360	475	500	550

① 过滤效率（≥2μm 杂质）大于 99%；

② 空气透平压缩机出口气体温度约 95℃。各供油装置参考③④；

③ 空气透平压缩机供油装置的油泵电机功率 2×15kW，排烟风机电机功率 7.5kW，油箱电加热器功率 3×8kW，电压 220V；

④ 空气透平压缩机电加热器功率 8kW，电压 380V。

表 3 – 18 空气预冷系统设备技术性能参数

空分装置类型		KDON –4500/4500/120	KDON –6500/6500/210	KDON –7500/10000/220	KDON –8000/8000/240
空气冷却塔	外形尺寸（$\phi \times H$）/mm	1400×19100	1800×20152	2000×23220	2200×20152
	形式	填料塔	填料塔	填料塔①	填料塔
	处理空气量/$m^3 \cdot h^{-1}$	23000	35000	39500	42000
	工作压力/MPa（A）	0.62	0.62	0.62	0.62
	空气进塔温度/℃	约 95	约 95	约 95	约 95
	空气出塔温度/℃	8～10	8～10	10	8～10
	主要材质	Q235B+0Cr18Ni9	Q235B+0Cr18Ni9	Q235B+0Cr18Ni9	Q235B+0Cr18Ni9
	设备质量/kg	9906	14208	18032	17230
水冷却塔	外形尺寸（$\phi \times H$）/mm	1400×13450	1800×12590	2000×14500	1900×12590
	形式	填料塔	填料塔	填料塔①	填料塔
	主要材质	Q235A+0Cr18Ni9	Q235A+0Cr18Ni9	Q235A+0Cr18Ni9	Q235A+0Cr18Ni9
	设备质量/kg	5550	10200	9060	9920
冷却泵	流量/$m^3 \cdot h^{-1}$	50	60	100	80
	扬程/m	50	50	55	55
	电机功率/kW	22	22	22	30
冷冻泵	流量/$m^3 \cdot h^{-1}$	30	30	80	80
	扬程/m	83	83	93	85
	电机功率/kW	37	37	37	37
冰机	制冷量/kW	235	465	465	580
	电机功率/kW	60	120	120	150
	水量/$m^3 \cdot h^{-1}$	90	180	180	225

① 填料为 ϕ76mm×76mm 聚丙烯环。

表3-19 分子筛纯化系统设备技术性能参数

空分装置类型		KDON-4500/4500/120	KDON-6500/6500/180	KDON-7500/10000/220	KDON-8000/8000/240
分子筛吸附器	形式	立式单层床①	立式双层床	立式单层床	立式单层床
	外形尺寸 ($\phi \times H$)/mm	2600×6930	3400×7635	3400×8250	3400×8300
	处理空气量/$m^3 \cdot h^{-1}$	23000	35000	40000	42000
	进气温度/℃	8~10	8~10	10	8~10
	排气温度/℃	12~15	12~15	12~15	12~15
	CO_2 含量/%	1×10^{-4}	1×10^{-4}	1×10^{-4}	$\leqslant1\times10^{-4}$
	吸附时间/h	4	4	4	4
	再生气量/ $m^3 \cdot h^{-1}$	约5500	约8000	9200	9700
	再生气温度/℃	170	170	175	175
	分子筛型号	13X-APG	13X-APG	13X-APG	13X-APG
	分子筛一次充填量/kg	6000×2	8600×2	9500×2	11000×2
	设备质量/kg	5460	9320	9320	10020
电加热器	形式	立式	立式	立式	立式
	外形尺寸 ($\phi \times H$)/mm	600×3900	620×4200	620×4200	1020×4000
	功率/kW	320	507	585	630
放空消声器	形式	立式	立式	立式	立式
	外形尺寸 ($\phi \times H$)/mm	1000×2800	1000×2222	1000×2222	1000×2222
	材质	Q235A	Q235A	Q235A	Q235A
	质 量/kg	2140	1011	1011	1011

① 分子筛吸附器后设吸附后过滤器，形式为立式，外形尺寸 ϕ1200mm×2000mm，质量1000kg，主要材质Q235B。

表3-20 透平膨胀与分馏系统设备技术性能参数

空分装置类型		KDON-4500/4500/120	KDON-6500/6500/210	KDON-7500/10000/220	KDON-8000/8000/240
增压透平膨胀机	型号	KLPK-68/7.49-0.39	PLPK-83.3/8.2-0.43	PLPK-110/7.25-0.43	
	形式	增压机制动、反动式、带可调喷嘴	反动式可调喷嘴、增压机制动	增压机制动、反动式、带可调喷嘴	增压机制动、反动式、带可调喷嘴
	膨胀机流量/$m^3 \cdot h^{-1}$	3500	5000	5900	7000
增压机	进口压力/MPa (A)	0.59	0.59	0.57	0.575
	出口压力/MPa (A)	0.867	0.867	0.80	0.785
膨胀机	进口压力/MPa (A)	0.842	0.842	0.78	0.765
	出口压力/MPa (A)	0.143	0.143	0.14	0.14
	进出口温度/℃	169/110	169/110	169/110	169/110

续表 3－20

空分装置类型		KDON－4500/4500/120	KDON－6500/6500/210	KDON－7500/10000/220	KDON－8000/8000/240
主换热器	形式	铝制板翅式	铝制板翅式	铝制板翅式	铝制板翅式
	外形尺寸/mm	1000×1100×5900	1000×1453×5700	1200×1453×5700	1200×1453×5700
	主要材质	3003	3003	3003	3003
	质量/kg	5875＋5292＋3208	7888＋9095＋5700	8200＋8200＋4910	8200＋8200＋4910
上塔	形式	规整填料塔	铝制规整填料塔	规整填料塔	规整填料塔
	外形尺寸（$\phi \times H$)/mm	1400×31000	1650×32000	1700×34800	1700×33000
	主要材质	5052	5052	5052	5052
	质 量/kg	11000	16800	19500	20500
下塔	形式	高效环流筛板塔＋板翅式换热器	高效环流筛板塔＋板翅式换热器①	高效环流筛板塔＋板翅式换热器	高效环流筛板塔＋板翅式换热器
	外形尺寸($\phi \times H$)/mm	2400/1700×14000	2650/2000×14100	3100/2200×14300	3150/2200×14400
	主要材质	5052	5052	5052	5052
	质 量/kg	9300	10700	12800	15900
粗氩塔Ⅰ	形式	规整填料塔②	规整填料塔	规整填料塔	规整填料塔
	外形尺寸（$\phi \times H$)/mm	1500/1000×44000	1300×43238	1300×29000	1300×32000
	主要材质	3003，5052	5052	5052	5052
	质 量/kg	11527		10530	12530
粗氩塔Ⅱ	形式	规整填料塔	规整填料塔	规整填料塔	规整填料塔
	外形尺寸（$\phi \times H$)/mm	1000×21000	1300×25078	1300×39000	1300×33000
	主要材质	3003，5052	5052	5052	5052
	质 量/kg	4805		15850	13700
精氩塔	形式	规整填料塔③	规整填料塔	规整填料塔	规整填料塔
	外形尺寸（$\phi \times H$)/mm	500/280/600×19600	1600/320/500×2050/16107/1390	280/380×22000	280/380×22000
	主要材料	3003，5052	5052	5052	5052
	质 量/kg	760		1200	1200
过冷器	形式	铝制板翅式	铝制板翅式	铝制板翅式	铝制板翅式
	外形尺寸/mm	2000×500×500	1350×1100×1000	1500×1100×1000	1500×1100×1330
	主要材料	3003	3003	3003	3003
	质 量/kg	800	1500	1650	1950
热虹吸蒸发器	形式	铝制板翅式	铝制板翅式	铝制板翅式	铝制板翅式
	外形尺寸（$\phi \times H$)/mm	1910/416×600	1200/400×483	1200/400×483	1200/400×483
	主要材料	3003	3003	3003	3003
	质 量/kg	268	250	250	250

续表 3－20

空分装置类型		KDON－4500/4500/120	KDON－6500/6500/210	KDON－7500/10000/220	KDON－8000/8000/240
液体量筒	形式	铝制立式容器	铝制立式容器	铝制立式容器	铝制立式容器
	外形尺寸（$\phi\times H$）/mm	500×1500	1000×2650	1000×2650	800×3330
	主要材料	5052	5052	5052	5052
	质量/kg	78	340	340	135

① 包括主冷凝器；

② 粗氩塔Ⅰ段含冷凝蒸发器；

③ 精氩塔含冷凝器。

表 3－21　氧气压缩系统设备的技术性能参数

空分装置类型		KDON－4500/4500/120	KDON－6500/6500/210	KDON－7500/10000/220	KDON－8000/8000/240
氧气压缩机	形式	活塞式	离心式	活塞式	活塞式
	型号	ZW－37.5/30	3TYS78＋2TYS56①②	ZW－67/30	ZW－68/30
	排气量/$m^3\cdot h^{-1}$	2300	6500	4000	4000
	数量/台	3（2用1备）	1	3（2用1备）	3（2用1备）
	进气温度/℃	25	25	20	20
	进气压力/MPa（G）	0.02	0.015	0.015	0.015
	排气温度/℃	≤40	≤40	≤40	≤40
	排气压力/MPa（G）	3.0	3.0	3.0	3.0
	电机功率/kW	400	1800	710	800
	单机用水量/$m^3\cdot h^{-1}$	60	240	100	110

① 氧气透平压缩机供油装置的油泵电机功率 2×15kW，排烟风机电机功率 7.5kW，油箱电加热器功率 3×8kW，电压 220V；

② 氧气透平压缩机电加热器功率 8kW，电压 380V。

表 3－22　氮气压缩系统设备的技术性能参数

空分装置类型		KDON－4500/4500/120	KDON－6500/6500/210	KDON－7500/10000/220	KDON－8000/8000/240
氮气压缩机	形式	活塞式	活塞式	活塞式	活塞式
	型号	ZW－33/23	ZW－58/30	ZW－67/30	ZW－68/30
	排气量/$m^3\cdot h^{-1}$	2000	3600	3800	4000
	数量/台	2	2	2	2
	进气温度/℃	20	25	20	20
	进气压力/MPa（G）	0.005	0.005	0.01	0.011
	排气温度/℃	≤40	≤40	≤40	≤40
	排气压力/MPa（G）	3.0	3.0	3.0	3.0
	电机功率/kW	400	710	710	800
	单机用水量/$m^3\cdot h^{-1}$	60	80	100	110

表 3-23 液氧储存与汽化系统设备的技术性能参数

空分装置类型		KDON-4500/4500/120	KDON-6500/6500/210	KDON-7500/10000/220	KDON-8000/8000/240
液氧储槽①	形式	立式真空绝热	常压平底粉末绝热	立式真空绝热	立式真空绝热
	有效容积/m^3	30	300	50	50
	外形尺寸（$\phi \times H$）/mm	①	①	3020×12685	3020×12685
	内筒/外筒材质	0Cr18Ni9/Q345R	0Cr18Ni9/Q345R	0Cr18Ni9/Q345R	0Cr18Ni9/Q345R
	工作压力/MPa（G）			0.2	0.2
汽化器	形式	空温式	水浴式②	空浴式	空浴式
	汽化量/$m^3 \cdot h^{-1}$	200/4500	6500	1000~1500	6500
	汽化压力/MPa（G）	16.5/3.0	3.0	3.0	3.0
液氧泵	形式	活塞式无级调速	活塞式无级调速	活塞式无级调速	活塞式无级调速
	流量(折合气态)/$m^3 \cdot h^{-1}$	200/4500	6500	1000~1500	6500
	排液压力/MPa（G）	16.5/3.0	3.0	3.0	3.0
	电机功率/kW			5.5	
	数量/台	1	1	2	1

① 有关液体储槽的外形尺寸见第12.6节液体储存与汽化设备；

② 水浴式汽化器蒸汽用量1800kg/h，蒸汽压力0.6MPa（G）。

表 3-24 液氮储存与汽化系统设备的技术性能参数

空分装置类型		KDON-6500/6500/210	KDON-7500/10000/220	KDON-8000/8000/240
液氮储槽①	形式	常压平底粉末绝热	立式真空绝热	立式真空绝热
	公称容积/m^3	150	30	50
	外形尺寸（$\phi \times H$）/mm	①	2610×11070	3020×12685
	内筒/外筒材质		0Cr18Ni9/16MnR	0Cr18Ni9/16MnR
	工作压力/MPa（G）		0.2	0.2
汽化器	形式	水浴式②	空浴式	空浴式
	流量（折合气态）/$m^3 \cdot h^{-1}$	6500	1000~1500	6500
	汽化压力/MPa（G）	3.0	3.0	3.0
液氮泵	形式	活塞式无级调速	活塞式无级调速	活塞式无级调速
	流量（折合气态）/$m^3 \cdot h^{-1}$	6500	1000~1500	6500
	排液压力/MPa（G）	3.0	3.0	3.0
	电机功率/kW		5.5	
	数量/台	1	2	1

① 有关液体储槽的外形尺寸见第12.6节液体储存与汽化设备；

② 水浴式汽化器蒸汽用量1800kg/h，蒸汽压力0.6MPa（G）。

表 3－25　液氩储存与汽化系统设备的技术性能参数

空分装置类型		KDON－4500/4500/120	KDON－6500/6500/210	KDON－7500/10000/220	KDON－8000/8000/240
液氩储槽	形式	立式、真空绝热	立式、真空绝热	立式、真空绝热	立式、真空绝热
	公称容积/m^3	20	50	30	30
	外形尺寸（$\phi \times H$）/mm	①	①	2610×11070	①
	内筒/外筒材质			0Cr18Ni9/16MnR	
	工作压力/MPa（G）			0.2	0.2
汽化器	形式	电加热水浴式	空浴式	空浴式	空浴式
	流量(折合气态)/$m^3 \cdot h^{-1}$	160～300	210	600～1500	240
	汽化压力/MPa（G）	15.0	3.0	3.0	3.0
液氩泵	形式	活塞式无级调速	往复、无级调速	活塞式无级调速	活塞式无级调速
	流量/$m^3 \cdot h^{-1}$	160～300	200	600～1500	240
	排液压力/MPa（G）	15.0	3.0	3.0	3.0
	数量/台	2	2	2	2

① 有关液体储槽的外形尺寸见第 12.6 节液体储存与汽化设备。

4 大型外压缩流程空分装置

大型外压缩流程空分装置选择八种设备进行介绍，即氧气产量（标态）分别为 $10000m^3/h$、$12000m^3/h$、$15000m^3/h$、$20000m^3/h$、$25000m^3/h$、$30000m^3/h$、$40000m^3/h$、$50000m^3/h$ 空分装置，总体介绍大型外压缩空分装置的工艺流程、空分装置设计原则、设备和机械设计要求、仪控与电控设计原则等。

4.1 大型外压缩流程空分装置总体介绍

大（中）型空分制氧装置均采用低温精馏原理，全低压、规整填料上塔，全精馏无氢制氩工艺。采用国际上最先进的 ASPEN 设计软件进行总体设计。空气预冷系统采用散堆填料塔，传质、传热效率高，阻力小，可靠性高。分子筛预净化工艺，切换过程完全自动控制，流程简单、启动操作方便、切换损失小、工况稳定、安全可靠。

采用高效增压透平膨胀机，单位制冷量大，从而减少膨胀空气量，改善精馏工况，提高提取率。精馏塔采用规整填料塔，阻力小，从而降低了单位制氧电耗。

4.1.1 工艺流程概述

装置采用常温分子筛净化空气、增压透平膨胀机制冷、规整填料技术及全精馏制氩的外压缩流程。

空气自吸入口吸入，经自洁式过滤器净化后进入空气压缩机压缩至一定压力，送入空气冷却塔进行预冷。空气冷却塔的给水分为两段，下段使用经水处理过的循环水，而上段则使用经水冷却塔或冷水机组冷却的低温水。空气自下而上穿过空气冷却塔，在冷却的同时，又得到清洗。空气冷却塔顶部设置丝网除雾器，可防止水分带出并除去空气中的水滴。其流程图如图 4 - 1 所示。

经空气冷却塔冷却后的空气进入交替使用的分子筛吸附器，空气中的水分、CO_2、C_2H_2 等不纯物质被分子筛吸附。分子筛吸附器为两只切换使用，其中一只工作时，另一只再生，再生介质为通过电加热器的污氮气。切换周期约为 8h（常规），定时自动切换，如图 4 - 2 所示。

净化后的加工空气分为三路：一小路被抽出作为仪表空气；一路空气进入主换热器，被返流气体冷却至饱和温度进入下塔；另一路相当于膨胀量的空气进入增压机增压，冷却后进入主换热器，从中部抽出进入膨胀机，膨胀后的大部分空气送入上塔，如图 4 - 3 和图 4 - 4 所示。空气经下塔初步精馏后，在下塔底部获得液空，在顶部获得纯液氮。下塔抽取的液空和液氮进入液空液氮过冷器过冷后送入上塔相应部位。经上塔进一步精馏后，在上塔底部获得纯度不小于 99.6% 的产品氧气，如图 4 - 5 所示。液氧从冷凝蒸发器底部抽出送入储存系统，或将 1% 的液氧经喷射器后与出冷箱的氧气汇合，由氧气透平压缩机压缩至所需压力后进入氧气管网。

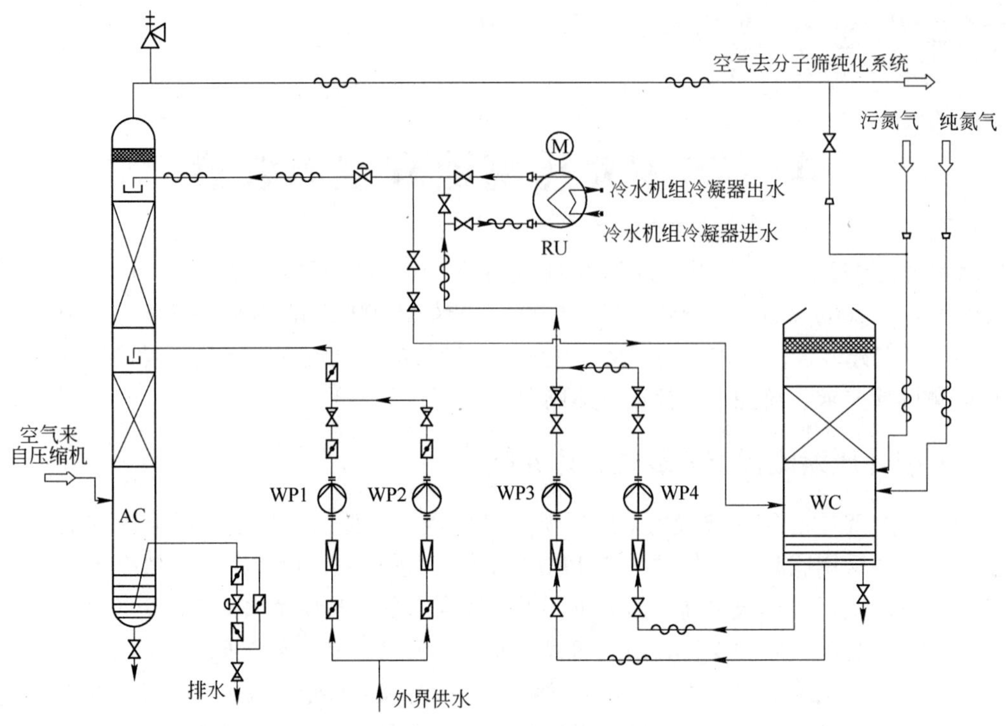

图4－1 预冷系统流程图

AC—空气冷却塔；WC—水冷却塔；WP1，WP2—冷却水泵；WP3，WP4—冷冻水泵；RU—冷水机组

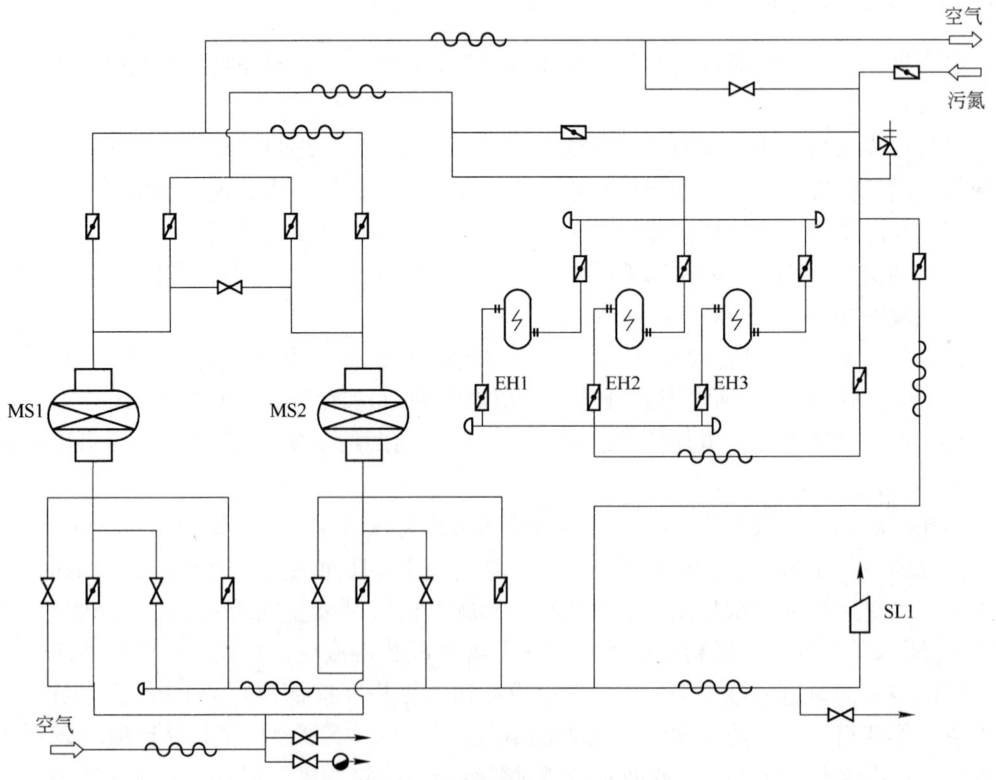

图4－2 分子筛吸附器系统工艺流程图

MS1，MS2—分子筛吸附器；EH1～EH3—电加热器；SL1—放散消声器

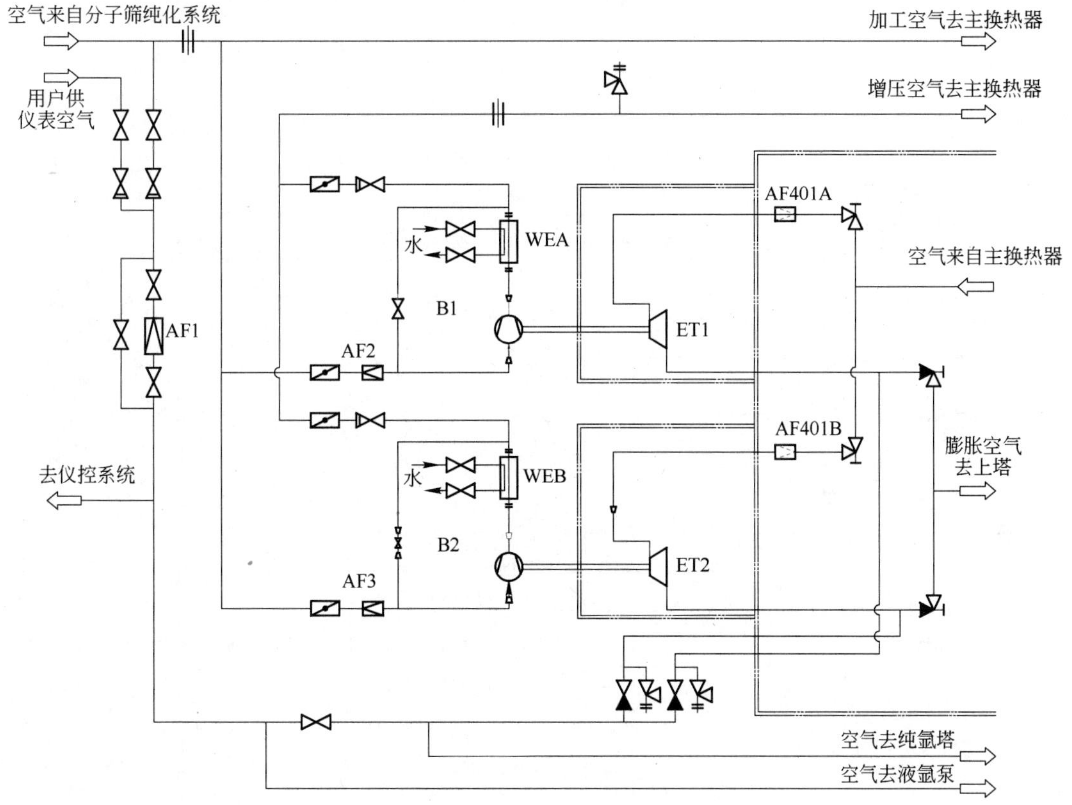

图 4-3 膨胀机系统流程图

ET1，ET2—膨胀机；B1，B2—增压机；WEA，WEB—增压机后冷却器；AF1～AF3—过滤器

从下塔顶部抽出的压力氮气经主换热器复热后可作为氧透的密封气及其他用途。

从上塔顶部引出纯氮气，经过冷器、主换热器复热后出冷箱，一部分送入氮气压缩机，其余部分进入水冷塔。

从上塔上部引出污氮气，经过冷器、主换热器复热后出冷箱，一部分进入分子筛系统的加热器，作为分子筛再生气，其余的污氮气进入水冷塔。

从上塔中部抽取一定量的氩馏分送入粗氩塔，粗氩塔在结构上分为两段，第二段（粗氩塔Ⅱ）氩塔底部的回流液体经液体泵送入第一段（粗压塔Ⅰ）顶部作为回流液；氩馏分经粗氩塔精馏得到粗氩气，并送入精氩塔中部，经精馏后在塔底部得到产品精液氩，如图 4-6 所示。

氧气透平压缩机机组工艺流程图如图 4-7 所示。

空分装置可以提取一部分的液氧及液氮进入液体储存系统作备用供气。液氧、液氮后备系统可以根据用户实际使用情况，配置大型储槽，紧急情况下可以启动该后备系统维持一定的供气时间。供气采用液体泵增压、水浴式汽化器汽化的方式，汽化后带压氧气或氮气直接供入用户管网。

4.1.2 空分装置设计原则

空分装置设计原则包括：

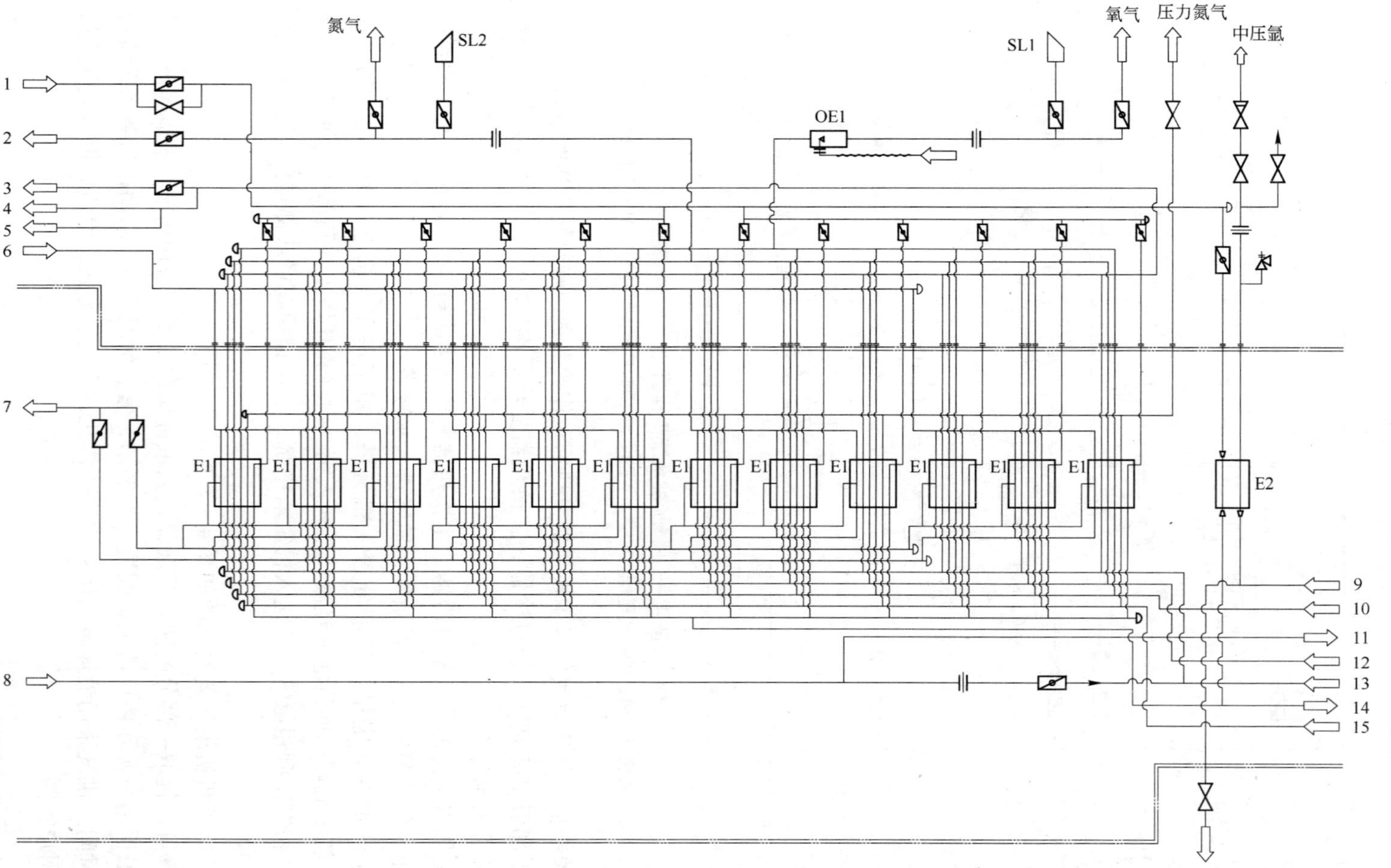

图 4－4 主换热器系统工艺流程图

1—加工空气来自分子筛系统;2—氮气去水冷塔;3—污氮去水冷塔;4—污氮去分子筛系统;5—污氮去密封气系统;6—增压空气来自增压机;7—空气去膨胀机;8—空气来自膨胀机;9—液氩来自中压氩泵;10—氧气来自上塔;11—空气去上塔;12—氮气来自过冷器;13—污氮来自过冷器;14—空气去下塔;15—压力氮来自下塔;E1—主换热器;E2—中压氩换热器;OE1—液氧喷射蒸发器;SL1—氧气放散消声器;SL2—氮气放散消声器

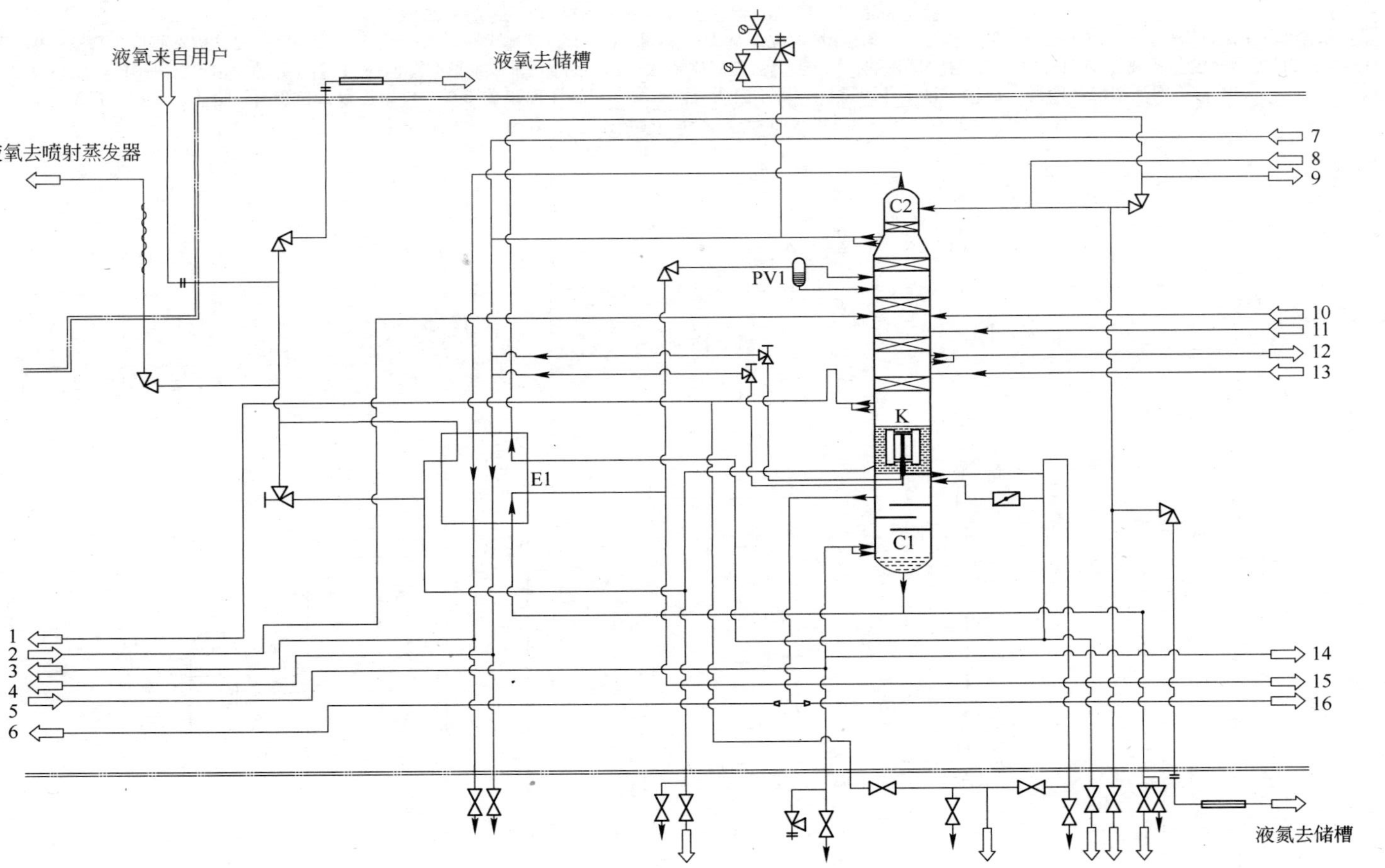

图4-5 氧氮精馏系统工艺流程图

1—氧气去主换热器;2—空气来自膨胀机;3—氮气去主换热器;4—污氮气去主换热器;5—空气来自主换热器;6—压力氮去主换热器;7—氮气来自纯氩冷凝器;8—液氮来自纯氩蒸发器;9—液氮去纯氩冷凝器;10—液空蒸汽来自粗氩冷凝器;11—液空来自粗氩冷凝器;12—氩馏分去粗氩塔;13—氩回流液来自粗氩塔;14—空气去粗氩冷凝器;15—液空去粗氩冷凝器;16—压力氮气去纯氩塔;E1—液空液氮过冷器;C1—下塔;C2—上塔;K—冷凝蒸发器;PV1—气液分离器

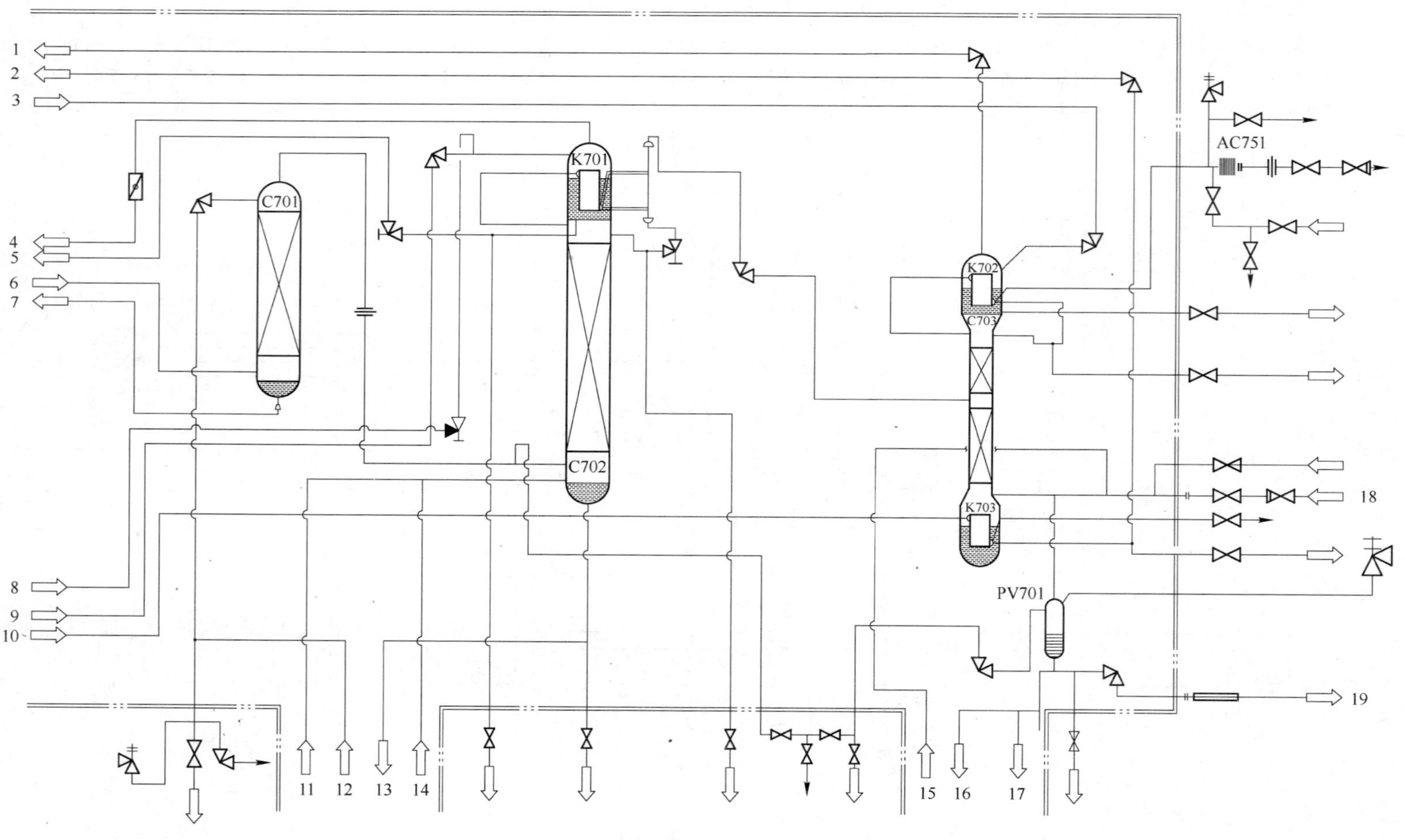

图4－6　氩精馏系统工艺流程图

1—氮气去污氮管线；2—液氮去上塔；3—液氮来自下塔；4—液空蒸汽回上塔；5—液空回流液回上塔；6—氩馏分来自上塔；7—氩馏分回流液回上塔；8—空气来自主换热器；9—液空来自过冷器后；10—压力氮气来自下塔；11—回流液氩来自循环氩泵；12—液氩来自循环氩泵；13—液氩去循环氩泵；14—回流液氩来自循环氩泵；15—氩气回流进纯氩塔；16—液氩来自纯氩塔；17—液氩来自纯氩塔；18—气氩来自储槽；19—液氩去储槽；C701—粗氩塔Ⅰ；C702—粗氩塔Ⅱ；C703—精氩塔；K701—粗氩冷凝器；K702—纯氩冷凝器；K703—纯氩蒸发器；PV701—液氩平衡器

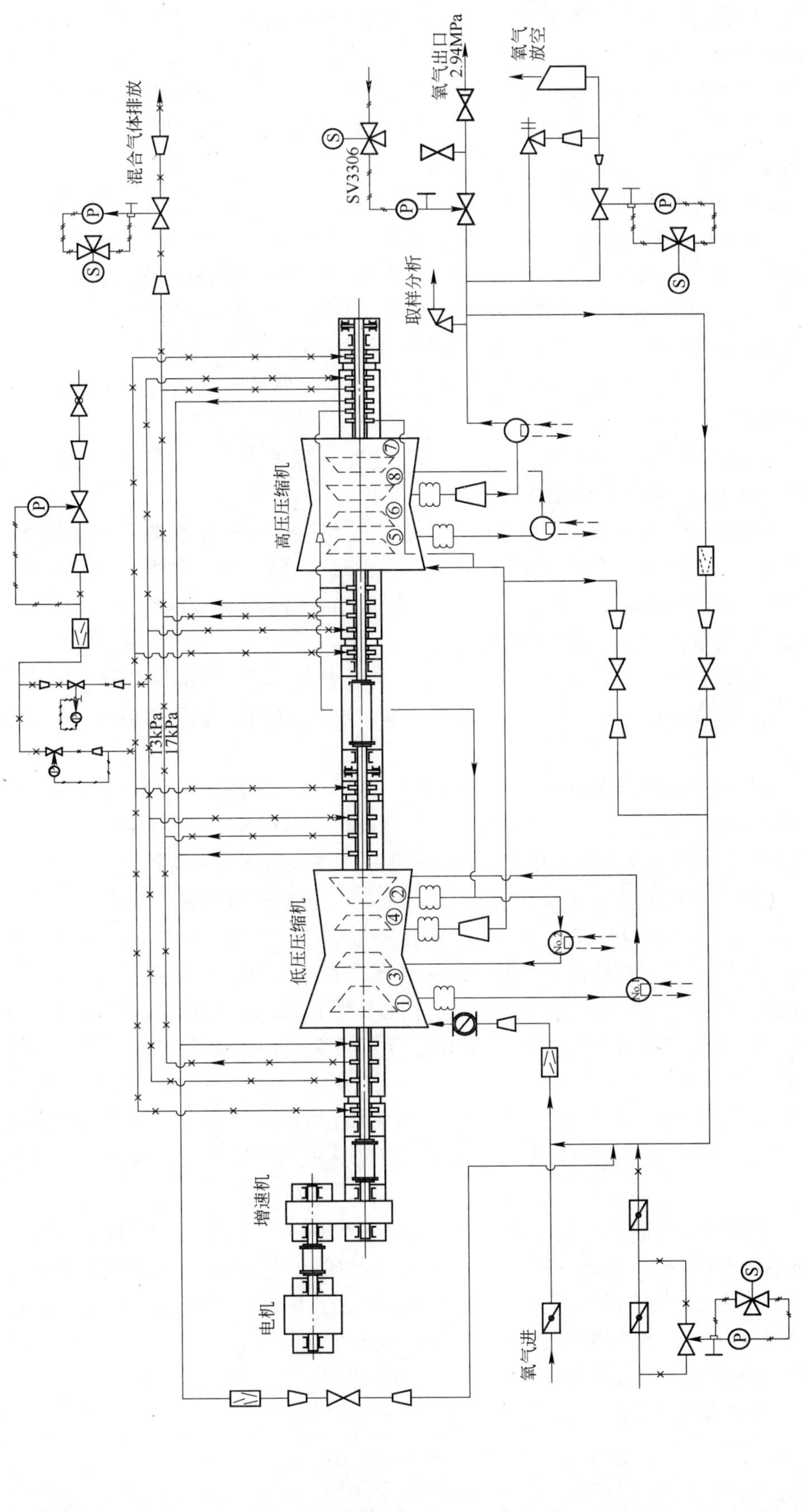

图4-7　氧气透平压缩机机组工艺流程图

（1）空分装置应以设计参数和工艺技术先进、整套装置运行可靠、技术成熟、流程先进、操作方便、能耗低、安全性好、控制容易、连续运转周期不少于两年，设备和转动机械设计寿命不低于20年为设计原则。装置所提供的设备，设计符合中华人民共和国铁路或公路运输条件；装置中所有压力容器、受压管道和受压元件，须按国家有关规程严格设计、制造和检验。

（2）空分装置除生产气氧、气氮及氩产品外，还可生产液氧、液氮，负荷调节范围为75%～105%；如下塔采用填料塔，调节负荷可达到50%～105%。装置可设快速启动及液体回灌管路，以缩短空分设备启动时间，既保证及时快速供氧又可节省能耗。

（3）供氧方式采用上塔底部抽取氧气经过冷器、主换热器复热后出空分装置冷箱，到氧气压缩机压缩至3.0MPa（G）进入氧气管网。

（4）空分装置加温解冻气源和开车前吹扫气源、正常生产所需的仪表空气为装置自身即分子筛吸附器后的干燥、净化空气。

（5）液氩循环泵采用进口泵，一用一备。主冷及粗氩冷凝器实行1%的液体安全排放，可防止碳氢化合物等危险杂质积聚。

（6）冷箱内换热器采用铝制板式换热器，安全可靠、换热效率高、使用寿命不少于20年。装置中需维修部件在设计中均考虑了可维修性，如：拆装方便，低温部件在常温端即可维修；室外安装的设备如冷箱压板的紧固件均采用不锈钢或铜材质等。分馏塔的上塔采用规整填料塔，下塔一般采用筛板塔。

（7）如空分配套的液氩储槽是常压槽时，应考虑设计氩气冷凝回收器，用液氮将储槽汽化的氩气冷凝后作为液氩产品回到液氩储槽，被汽化的氮气返回冷箱污氮气管道，回收冷量。

（8）增压透平膨胀机采用增压风机制动，一用一备。采用先进的设计及加工软件进行性能及流道设计与流道加工，叶轮采用三元流叶轮，运行效率高，具有70%～120%的气量调节范围，并设置多种保护措施，防止膨胀机润滑油进入工艺流程。

（9）原料空压机不设置后部冷却器，出原料空压机空气直接进入氮水预冷系统的空冷塔冷却。空压机吸风口布置在整个厂区的常年上风处，空气吸风口远离氮气、污氮排风口；原料空气自洁式过滤器的滤筒能在不停车条件下更换。空压机采用电动机驱动，入口设置流量调节导叶，以满足空分变负荷操作时平稳运行的要求。空压机配备一套水洗系统，用以冲洗各级叶轮和蜗壳正常运行期间聚积的表面沉积物，提高压缩机的工作效率。

（10）空气预冷系统空冷塔上段低温冷却水采用污氮气预冷的方式。空冷塔采用散堆填料塔，操作弹性大。空冷塔上端设置捕雾器可防止液泛和雾状游离水带入分子筛吸附系统。

（11）分子筛吸附器采用双层床结构（活性氧化铝＋分子筛），吸附剂使用寿命长，使用寿命不低于6年；吸附器切换再生采用恒流量控制方式，提高主塔工况的稳定性；采用密封可靠及使用寿命长的切换阀门，使用寿命不少于10年；吸附系统采用8h切换周期（单台工作时间4h），系统切换损失小；带进口气流分布器。

（12）一般配管。设备制造厂向用户提供配对法兰、垫片及其紧固件。

（13）转动机械的配管。

为了减少机械接管处的应力，以免影响正确的安装找正或机械内部之间的间隙，保证其顺利运行，转动机械的配管要具有足够的柔性和适当的支承。

转动机械的配管能使机械内件和外壳的各部分方便拆卸与维修，而不影响与其连接的接管。

（14）分馏塔冷箱内配管设计原则。

1）冷箱内冷阀与管道连接采用焊接方式，尽量避免使用法兰连接。

2）冷箱内过滤器设置单独检修隔箱，便于滤芯的解冻和维修清理。

3）低温液体泵及附件、管道单独设置冷箱，与主空分冷箱分开布置，便于维护。

4）冷箱内重要的冷阀设置必要的隔仓，隔仓大小以能方便检修为宜，并设置相应的人孔和珠光砂充填口。

5）对冷箱内所有管道的设计进行应力计算（与冷箱外管道相接的部分管线，应力计算至冷箱外第一个固定点），关键或主要管道与设备的应力计算结果提供给买方。

（15）阀门的配置。

所有阀门、阀门连通管、调节阀、仪表等均考虑安装在便于操作和维修处，并采取可靠的加固和防振措施。阀箱内的阀门安装位置能使阀杆手轮中心与地面或平台面的距离为1200～1800mm，必要时阀门应装有伸长杆。阀门填料压盖和紧固件采用不锈钢。

（16）管道材质的选择。

1）冷箱外管道材质选择见表4－1。

表4－1　冷箱外管道材质选择

管道名称	管道材质	管道名称	管道材质
空气管道	碳钢	冷却水管道	碳钢
氮气管道	碳钢	润滑油管道	不锈钢
污氮气管道	碳钢	仪表空气管道	碳钢（镀锌管）、不锈钢
氧气管道	不锈钢	氩气管道	碳钢、不锈钢
低温液体管道	不锈钢真空多层保温管	蒸汽管道	碳钢

2）冷箱内管道材质选择见表4－2。

表4－2　冷箱内管道材质选择

管道名称	管道材质	管道名称	管道材质
空气管道	铝合金、不锈钢	仪表空气管道	铝合金、不锈钢、铜
氮气管道	铝合金	氩气管道	铝合金
污氮气管道	铝合金	氧气管道	铝合金、不锈钢

注：1. 公称直径DN≤50mm的奥氏体不锈钢管道，无论用于何种用途，均选用无缝管。

2. 对于公用工程管线：DN≥400mm的碳钢管、DN>150mm的奥氏体不锈钢管道可以选用焊接管。

（17）配管设计必须符合管道仪表流程图、公用工程流程图的设计要求，做到安全可靠、经济合理，并满足施工、操作、维修等方面的要求；必须遵守安全及环保的法规，对防火、防爆、安全防护、环保要求等条件进行检查，以满足安全生产的要求；管道布置应满足热胀冷缩所需的柔性；对于动设备，应注意控制管道的固有频率，避免产生共振；严格按照管道等级表和特殊管件表选用管道组件。

4.1.3 设备和机械设计要求

4.1.3.1 总则

空分装置配套的所有设备和机械设计要求应符合下列原则和规定：

国内设计制造的设备和机械应符合相应的国家标准和/或行业标准的规定。国外设计制造的设备和机械应符合相应的国际公认的标准规范和/或行业的规定。特殊设备和机械应符合专业制造厂商的标准规范。

4.1.3.2 压力容器及换热器

（1）应符合1999版《压力容器安全技术监察规程》的规定。

（2）设计压力0.1～35MPa，采用GB 150—2011《压力容器》❶ 或ASME规范。

（3）需要进行疲劳分析设计的压力容器采用JB 4732—1995《钢制压力容器——分析设计标准》或ASME规范。

（4）管壳式换热器的设计按GB 151—1999或TEMA标准。

（5）列管式以外的换热器可按制造厂标准进行设计及制造。

（6）卧式容器设计按GB 150.3—2011标准。

（7）塔式容器设计应符合JB 4710—2005《钢制塔式容器》标准和空分设备行业标准规定。

（8）设计压力和温度的确定按GB 150.1—2011或空分设备行业标准规定。

（9）最小壁厚压力容器封头和壳体按照刚度和稳定性设计，其最小壁厚为：碳钢及低合金钢（5Cr或更低）：3mm；高合金钢（9Cr或更高）及非铁金属：2mm。

（10）压力容器部件的腐蚀裕度按国家标准的数据确定，但应不低于下面的规定。

对于数据表中没有指明的应采用下面提供的数据：碳钢和低合金钢（5Cr或更低）介质为蒸汽、空气、氮气和水为2.5mm。其他介质为3mm。高合金钢（9Cr或更高）和非铁金属为0mm。奥氏体不锈钢及非铁材料制的内件无腐蚀裕度。外部附件如平台连接件、管架连接板无腐蚀裕度。地脚螺栓的直径腐蚀裕度为3mm。

（11）材料的选择应符合GB 150.2—2011和空分设备行业标准规定。

（12）人孔、手孔、吊柱、接地板、铭牌等附件及安全附件的设置应符合空分行业标准的规定。

4.1.4 低温液体储槽

低温液体储槽设计应符合API620规范及其附录Q和L的规定。珠光砂绝热低温液体储槽设计可参照JB/T 9072—1999标准的规定，同时应符合设备制造厂商标准。

4.1.5 转动设备

装置中配套的转动设备除按照规定的标准规范设计、选材、检验和试验外，还应满足

❶ 《压力容器》（GB 150—2011）包括《压力容器第一部分：通用要求》（GB 150.1—2011），《压力容器第二部分：材料》（GB 150.2—2011），《压力容器第三部分：设计》（GB 150.3—2011），《压力容器第四部分：制造、检验和验收》（GB 150.4—2011）。

下列基本要求。

（1）调速装置。按 API612 提供的特殊蒸汽透平应选择进口的电液式电子程控调速装置，精度等级按 NEMA SM23“D”级。

（2）主表面冷凝器。蒸汽透平的表面冷凝器应采用双回路冷却系统。在装置以低负荷运行时一个回路用于生产，另一个回路可用于冲洗，并能保证整个空分装置安全稳定运行。冷凝液排放系统应完备可靠。

（3）盘车装置。蒸汽透平应设置盘车装置，在增压机未连接情况下也能自动盘车。具有自动/就地盘车功能。手动盘车的位置要便于操作。当盘车装置未与主机脱开时，机器不得启动，其信号进入 DCS 上显示和连锁。

（4）径向轴承和止推轴承。凡压缩机及蒸汽透平转子，应采用自调心型径向向心轴承（可倾瓦轴承）。压缩机及驱动透平的止推轴承应采用双面 Kingsbury（金斯伯雷）型。

（5）轴振动和轴位移。监测压缩机、蒸汽透平及齿轮箱每个径向轴承处应设置两个系列以上互呈 90°的非接触振动位移探头，每个缸至少要设置一个系列以上非接触探头，以监测轴位移。参与连锁保护的监测点应该使用硬接线。

（6）轴承温度监测。除了要监测轴承回油温度外，径向轴承和止推轴承均要设置轴承瓦温及油温监测装置，采用铠装型耐振热电阻。

（7）轴封。装置中机泵等转动机械的轴封应采用各自合适的标准轴密封，对专利转动机泵的轴封应按专利制造厂商要求。

（8）蒸汽透平转子热稳定性试验。蒸汽透平挠性转子应做热稳定性试验。

（9）转子临界转速的隔离裕度。压缩机和汽轮机转子系统的临界转速尽可能接近。刚性转子的第一临界转速至少应为其最大连续转速的 120%。挠性转子的第一实际临界转速至少应在其工作转数以下 15%，而第二临界转速至少应为其最大连续转速的 120%。整个机组应进行完整的扭振分析，其共振频率至少应低于任一运转速度的 10% 或高于跳闸转速的 10%。

（10）动平衡。转速及精度等级转动元件中的主要部件如轴、叶轮和平衡盘等都应分别单独进行动平衡。压缩机及蒸汽透平转子（包括备用转子）要求做高速动平衡。在装配时，转动部件应进行多翼动平衡。压缩机和透平的动平衡精度等级应按 VDI2056 规范中“1.6”级规定，其他泵类等按“2.5”级的规定。

（11）试验。离心压缩机叶轮除做动平衡试验外，应至少在最高连续转速的 115% 下做超速试验。机器装配好后，应做机械运转试验（如果用户订购备用转子，还应包括备用转子）。

（12）防喘振回路。压缩机应设置有防喘振回路，在保证机组安全的前提下，防喘振裕量应该尽可能地小。要求提供防喘振曲线。控制系统具有防喘功能。机组运行正常后供货商应到现场实测拟合喘振线。

（13）对油系统的要求。

每套机组的压缩机、驱动透平和齿轮箱（如有）应共用一套润滑、密封及控制油系统。油箱应带排油烟风机，油箱应设置电加热器，电加热器要求水平布置。油泵、油冷却器、油过滤器应采用双系列。油泵采用螺杆泵。除主、辅油泵外，应设置事故油泵及对应事故过滤器。调速控制油过滤器可单独设置。事故油泵采用交流泵。

润滑、控制油过滤器过滤精度等级不大于 25μm。供油管道、阀门、高位油槽应采用不锈钢制造。

润滑、调节油除设置高位油槽外，调节油还设置储能器。油系统应设置污油分离排放装置及恒温装置。向用户提供的技术资料及专用工具能满足其施工、安装、维护维修的需要。

蒸汽汽轮机的轴功率至少按压缩机最大功率的 110% 进行设计。

4.1.6　空分装置主要设备

4.1.6.1　空气压缩系统

空气压缩系统包括 1 套原料空气过滤器和 1 套原料空气透平压缩机。

4.1.6.2　空气预冷系统

空气预冷系统见表 4－3。

表 4－3　空气预冷系统

设备名称	数量/台(套)	备　注	设备名称	数量/台(套)	备　注
空气冷却塔	1		常温水过滤器	2	1 用 1 备
水冷塔	1		低温水过滤器	2	1 用 1 备
常温水泵	2	1 用 1 备	冷水机组①	1	
低温水泵	2	1 用 1 备			

① 是否设冷水机组视氮气量而定，特殊条件下可设两台。

4.1.6.3　分子筛净化系统

分子筛净化系统见表 4－4。

表 4－4　分子筛净化系统

设备名称	数量/台(套)	备　注	设备名称	数量/台(套)	备　注
分子筛吸附器	2		电加热器	3	2 用 1 备
分子筛（13X－APG）	定量	条形	放空消声器	1	
活性氧化铝	定量				

4.1.6.4　分馏塔

分馏塔内配置设备见表 4－5。

表 4－5　分馏塔内配置设备

设备名称	数量/台(套)	备　注	设备名称	数量/台(套)	备　注
主换热器	1		液氮液空过冷器	1	
上塔	1	分两段出厂	膨胀空气换热器	1	可选

续表4－5

设备名称	数量/台(套)	备注	设备名称	数量/台(套)	备注
主冷凝蒸发器	1	与下塔复合后出厂	液体排放蒸汽喷射器	1	
下塔	1		液氧喷射蒸发器	1	
粗氩塔Ⅰ	1		氧气放空消声器	1	
粗氩塔Ⅱ	1	①	氮气放空消声器	1	
精氩塔	1	②	仪表空气过滤器	1	
循环液氩泵	2		膨胀空气过滤器	2	

① 含粗氩冷凝器，与粗氩冷凝器组合分两段出厂；
② 与精氩冷凝器和精氩蒸发器组合分两段出厂。

4.1.6.5 增压透平膨胀机

增压透平膨胀机见表4－6。

表4－6 增压透平膨胀机

设备名称	数量/台(套)	备注	设备名称	数量/台(套)	备注
膨胀机本体	2		供油装置	2	
增压机本体	2	与主机组装	不锈钢膨胀节	2	
增压空气冷却器	2				

注：增压透平膨胀机为1用1备。

4.1.6.6 液体储存系统

液体储存系统见表4－7。

表4－7 液体储存系统

系统	液体储槽	中压液体泵	汽化器
液氧储存系统	1	1	1
液氮储存系统	1	1	2
液氩储存系统	1	1	1

4.1.6.7 氧气透平压缩机

氧气透平压缩机见表4－8。

表4－8 氧气透平压缩机

设备名称	数量/台(套)	备注	设备名称	数量/台(套)	备注
主电机（异步电机）	1	含电机冷却器	末端冷却器	1	
低压压缩机	1		供油装置	1	
高压压缩机	1		放空消声器	1	
中间冷却器	1				

4.1.6.8　氮气透平压缩机组

氮气透平压缩机见表4－9。

表4－9　氮气透平压缩机

设备名称	数量/台(套)	备　注	设备名称	数量/台(套)	备　注
主电机(异步电机)	1	含电机冷却器	中间冷却器	1	
低压氮气压缩机	1		末端冷却器	1	
高压氮气压缩机	1		供油装置	1	

4.1.7　仪控系统

4.1.7.1　仪控系统设计原则

采用DCS•集散型控制系统，实现空分装置的生产控制和安全保障操作。采用机旁和中控相结合的原则，保留必要的机旁盘，但机旁盘的功能尽量简化，保证在机组开车阶段，通过机旁盘实现必要的操作和监控。

仪控系统应能有效地监控整套空分设备的生产过程，确保设备长期稳定运行，便于维护。仪表和DCS系统必须先进可靠，在考虑先进性的同时，以可靠性为主。仪控系统采用中央控制室（DCS）、机旁盘仪表和就地仪表控制相结合的原则，空分装置所有的连锁（启动连锁和保护连锁）及控制均在DCS里完成，以确保整个仪控系统可靠、先进、操作维护方便。DCS的控制器采用冗余或容错结构，具有控制器、电源及通信总线的冗余以保证系统的可靠性。控制器具有在线修改的功能，所有的I/O卡件可以带电插拔。

在中控室设置不少于2台21寸、CRT操作站，对空分装置的过程参数实现监控，具有显示、操作、记忆、报表打印及维护等功能，操作站集成有以太网接口卡，它是DCS与工厂管理网的通信接口。中控室设置打印机2台，分别对生产过程的主要参数进行报表打印和生产过程中工艺参数越限、操作员的各种操作动作及系统故障的打印。空分设备正常运转时，在DCS上完成显示和操作，各主要单机设置机旁仪表柜，机旁盘的功能尽量简化，具有显示必要的工艺参数过程值及报警操作处理功能，满足单机设备启动的需要。

所有连锁回路按ISA标准，采用失电安全的原则进行设计，以保证在失电状态下的安全停机。在中控室设置紧急停车按钮台，用于在紧急状态下或计算机故障下的一触式紧急停车。故障停机与紧急停车分别由两路停车信号送至电控的停车回路，以保证停车回路的可靠性。

设置在线分析室，分析仪设置在成套供货的分析仪柜内（包括预处理装置），部分分析仪采用进口设备，在线分析的工艺参数进入DCS系统，进行显示、记录、报警等处理。分析仪均带4～20mA的输出信号，其中参与连锁的分析仪带有“测量”、“校对”开关，此开关带干触点送给中控DCS，以避免校对仪表时人为连锁停车。设置手工分析阀盘。分析取样阀台架和各在线分析仪集中安装在分析室内。

进口压缩机组和机泵随机成套现场仪表（含一次检测仪表和执行器），符合API或厂商标准。信号进入 DCS 系统进行控制和连锁。现场安装的仪表防护等级不低于 IP55。

仪控系统电源：整套空分控制系统的各设备供电由专用供电盘负责供给。供电盘电源由买方提供的不间断 UPS 统一供给，220V/50Hz。仪控设计界区：有现场接线端子箱的以箱内接线端子为界（包括机盘仪表柜），没有现场接线端子箱的以现场仪表的引出端子为界。就地仪表柜及分析仪柜以柜内气源管路截止阀为界，柜外的仪表管路由工程设计考虑。

DCS 系统的 I/O 备用点以 15% ~20% 考虑。其中公用工程需进 DCS 的测点由用户或工程设计单位向设备制造厂提出，点数在 15% ~20% 的备用点中考虑。

空压机、膨胀机设备制造厂随机成套现场一次仪表、测振仪（探头、前置器变送器或前置器和框架表）、调节阀门等，信号均转换成 Pt100、4 ~20mA、干触点等标准信号进入上位控制系统。

4.1.7.2 系统控制方式

A 空气压缩系统

机组采用的是由电机驱动的透平压缩机。为监视机组的运行状态及保护机组，空压机系统需要全部满足以下的条件才允许启动：放空阀、防喘振阀全开，出口阀全关，进口导叶处于启动位置，供油压力不低于 0.35MPa、供油温度不低于 30℃、冷却水流量不小于要求值。在平时的机组运行过程中，DCS 系统自动检测压缩机各级压缩的进、排气温度和压力，机组供油压力及温度，机组各个轴承温度，机组的高低压轴振动及轴向位移。当任何时候空压机的供油压力低于或等于 0.07MPa、排气压力高于或等于 0.61MPa，各个检测温度超过上限值，轴位移大于或等于 0.4mm、低速轴振动大于或等于 84μm、高速轴振动大于或等于 76μm，则 DCS 自动连锁停空压机电机，然后由 DCS 控制的防喘振系统自动全开放空用防喘振阀，关闭出口阀以保证压缩机的安全。

B 氮水预冷系统

为保证空冷塔及水冷塔正常工作，除了维持水泵及冷水机组的运行和控制流量外，空冷塔及水冷塔的液面控制也是重点。当空冷塔液面超过规定值，或者空冷塔出气压力低于或等于 0.35MPa，则 DCS 在自动停预冷系统水泵的同时，自动打开紧急排放阀。保证空冷塔液面不能超高而导致水分进入后续的分子筛纯化系统。

C 分子筛纯化系统

根据两个分子筛切换工作的特点，对分子筛纯化系统采用时序控制；把每个切换周期分为几个步骤，在每个步骤中阀门的开关动作都不一样，DCS 按照时间自动地一步一步地往下进行；为确保切换过程安全和平稳，在步骤的转换过程中，根据步骤的不同，需要提前或者延迟开关个别阀门，目的是保证气路的畅通及工况的平稳，不会因为个别阀门的故障导致空压机憋压，同时判断在“均压”步骤结束时两个分子筛的压力是否相同；在“泄压”步骤结束时，泄压是否完全。采取这些措施都是为了分子筛系统能长期平稳安全地工作，让 DCS 发挥它最大的作用。

D 膨胀机系统

膨胀机采用的是增压透平膨胀机，启动膨胀机需要遵循油温不低于 30℃ 和油压不低于 0. 35MPa 的启动条件。而油泵在运转前需要确保密封气压力不低于 0. 2MPa。所以启动膨胀机前，需要首先保证密封气压力达到规定值，然后才允许启动油泵，当油压和油温合适后才能启动膨胀机。DCS 系统实时检测膨胀机组膨胀端进气和出气压力、增压端进气和出气压力、膨胀机前后轴承温度、膨胀端进口和出口温度、膨胀空气流量、膨胀机转速等参数，当膨胀机油压低于或等于 0. 3MPa、膨胀机前后轴承温度高于或等于 75℃、膨胀机转速大于或等于 24100r/min（对某膨胀机而言），或者油泵故障时，DCS 系统自动切断进口紧急切断阀 V445/446，同时全开回流阀 V457/458，以保障膨胀机设备的安全。

E　分馏塔系统

DCS 自动检测各个冷箱内单体设备的压力、液面、阻力；进出换热器的压力、温度等；产品氧气、氮气、氩气的产量、纯度等，然后在画面上显示测量值。对于需要工作人员控制的参数，可以在 DCS 上直接输入设定值，DCS 会自动比较测量值和设定值的差值，然后做计算，最后输出信号到自动控制阀，最终实现阀门的自动控制，这个过程不需要人为的干涉。

F　氧气压缩系统

采用电机驱动的氧气透平压缩机组的启动必须遵循严格的启动条件是：吸入阀全关、中压旁通和高压旁通阀全开、高压放空和排出阀全关、混合气体压力控制阀全开、保安氮气充入阀全关、氮气入口阀全开、进口导叶处于启动位置、试车及保安氮气压力不低于 0. 45MPa、密封氮气减压后压力不低于 0. 2MPa、油压不低于 0. 38MPa、油温不低于 30℃、冷却水流量不低于 450t/h（对某机型而言）、排烟风机运转。在氧透运转过程中，DCS 监视系统的各个参数，当压缩机进气压力低于或等于 0. 0MPa、排气压力高于或等于 3. 15MPa（设计排气压力 3. 0MPa）、密封氮气减压后压力低于或等于 0. 12MPa、轴承箱密封氮气压力低于或等于 0. 5kPa、轴封氧气与混合压差低于或等于 0. 5kPa、轴封氮气与混合气压差低于或等于 0. 5kPa、压缩机各个轴承温度高于或等于 80℃、高低压缸轴向位移大于或等于 0. 8mm、高低压缸轴振动大于或等于 43. 5μm，上面任何一个条件满足的时候，DCS 即自动启动故障停车程序。在机组运转的任何时候，当机组任何一级的排气温度高于或等于 190℃或高、低压缸氧气密封室温度高于或等于 190℃，则 DCS 自动启动喷氮停车程序。氧透的启动或停车时阀门的动作都须依照时序表，目的是为了在任何情况下最大限度地保护机组安全。

G　氮气压缩系统

采用电机驱动的氮气透平压缩机组的启动必须遵循严格的启动条件是：吸入阀全开、旁通阀全开、放空阀和排出阀全关、进口导叶处于启动位置、油压不低于 0. 25MPa、油温不低于 30℃、冷却水流量不低于 320t/h（对某机型而言）。在氮透运转过程中，DCS 监视系统的各个参数，当压缩机电机轴承温度高于或等于 80℃、大齿轮轴承温度高于或等于 80℃、一至四级轴承温度高于或等于 80℃、压缩机进口压力低于或等于 0. 0MPa、压缩机排气压力高于或等于 2. 65MPa（设计排气压力 2. 5MPa）、压缩机供油压力低于或等于 0. 07MPa、轴向位移大于或等于 0. 4mm 或一、二级轴振动大于或等于 47μm 或三、四级轴振动大于或等于 39. 9μm，上面任何一个条件满足的时候，DCS 即自动启动故障停车程序。氮透的启动或停车时阀门的动作都须依照时序表，目的是为了在任何情况下最大限度地保护机组安全。

H 液体储存及汽化系统

空分装置配置液氧、液氮、液氩储槽及汽化系统。DCS 系统实时检测储槽的液面、压力、液体泵的运行状态以及液体汽化后的压力、流量、温度等参数。液体汽化后的温度值作为连锁条件用于保护系统安全。

4.1.7.3 仪控设备组成

以某厂为例介绍仪控设备选型，具体为：DCS 选用霍尼韦尔的 PKS 系统；在控制室设置两台控制机柜，安装用于信号处理的各种控制卡件及控制回路所需的硬件；在中控室设置 4 个工作站（其中两台兼做服务器），用作 HMI；一台打印机用作定时报表打印及随时工况参数打印和报警打印；DCS 系统控制器冗余、电源冗余、通讯网络冗余，备用点数达到 15%。

压力、差压变送器选用西门子 DS Ⅲ型带 HART 协议的智能变送器，重要的液位变送器采用法兰连接的毛细管传压变送器，安装在就地的变送器设置保护箱。UPS 选用梅兰日兰（20kV · A，2h）产品。

分子筛切换阀选用国内名牌产品，调节阀采用国内产品，所用定位器采用进口费舍尔产品。

二位三通和二位五通电磁阀采用进口的 ASCO 电磁阀，用于纯化系统的电磁阀采用双线圈。

水流量电磁流量计采用进口 E + H 产品。分支气源管线及引压管线采用 $\phi12$ 的铜管。冷却水泵和冷冻水泵及工艺氩泵配置 ABB ACS800 系列变频器便于精确控制和节能降耗。

各机组的轴振动位移检测系统采用美国派利斯产品。转速测量系统采用国内著名某交通电气厂产品。

自动分析系统的测点包括产品氧气纯度分析、产品氮气纯度分析、二氧化碳含量分析、氩馏分分析、精氩中微量氮分析、粗氩含氧分析、主冷凝蒸发器液氧中总碳氢分析，以上分析仪均采用美国 TELEDYNE 产品；污氮中含氧分析、下塔液空分析采用的国产著名分析仪。分析仪安装在自动分析仪柜内，成套供货包括样气预处理系统及标准气。

远传的测温原件采用 Pt100 铂热电阻，冷箱内测点采用双回路，信号引至 DCS 控制柜。主要仪表见表 4 - 10。机旁柜见表 4 - 11。

表 4 - 10 仪控设备主要仪表

设备名称	量程范围	数量/台	设备名称	量程范围	数量/台
压力、压差变送器		约 120	各种调节阀		约 68
分析仪		10	切换蝶阀		11
二氧化碳分析仪		1	UPS 不间断电源	15kV · A 30min 后备	1
产品氧分析仪	98% ~ 100% O_2	1	铂热电阻		180
二氧化碳分析仪	$((0\sim5)/10)\times10^{-4}\%\ CO_2$	1	测振仪		5
微量氧分析	$((0\sim10)/100/1000)\times10^{-4}\%\ O_2$	2	转速表		2

续表 4－10

设备名称	量程范围	数量/台	设备名称	量程范围	数量/台
微量氮分析仪	$((0\sim10)/100/1000)\times10^{-4}\%\ O_2$	1	数字显示(调节)仪		25
富氧液空纯度分析仪		1	弹簧管压力表		70
氩馏分分析仪	0～15% Ar	1	标准孔板		15
粗氩含氩分析仪	80%～100% Ar	1	电磁流量计		6
粗氩含氧分析仪	$0\sim5\%\ O_2/30\%\sim60\%\ O_2/0\sim100\%\ O_2$	1	其他仪表		
微量水分析仪	$((0\sim10)/100)\times10^{-4}\%\ H_2O$	1			

注：1. 分析仪包括机柜及预处理装置、标准气等；

2. 各种调节阀：其中冷箱内的低温薄膜调节阀采用焊接式铝阀体调节阀带夹套，电气阀门定位器、手轮、过滤器、紧固件、配对法兰、电磁阀等成套；

3. 其他仪表包括：双金属温度计、翻板液位计、浮球液位计、闪光报警器、压力控制器三阀组、低温加热器、金属流量计等。

表 4－11　机旁柜组成

设备名称	数量/台	设备名称	数量/台
膨胀机机旁柜	2	分析取样阀柜	1
氧透机旁柜	2	配电柜	1
氮透机旁柜	2	在线分析仪成套盘	约 5
紧急按钮台	1		

注：仪表柜内部配线配管完成。

4.1.8　电控系统

4.1.8.1　电控系统设计原则

电气设备必须确保安全可靠、操作方便、满足生产过程的要求。电动机控制、保护和测量装置的设置应符合国家有关标准或规范的规定。为提高供电的可靠性，高、低压系统均需两路电源进线，构成单母线分段带母线联络，系统正常情况下分段运行。当一路进线发生故障时，合上母联断路器，另一路电源承担全套空分设备的用电负荷，母联断路器具有自投功能。仪控电源、直流屏电源等重要电源分别接于两段低压母线上，可自动切换。

用电设备均设机旁控制屏，其上设置必要的电气测量表计及运行信号和操作元件。低压电动机启动时低压母线电压降小于 15%。对空透、氧透高压电动机根据用户电网情况采用降压启动方式，以减少对电网及机械的冲击，高压电动机降压启动时，10kV 母线电压不低于额定母线电压的 80%。分子筛电加热器温度由调功器（PID）闭环调节。

高压系统的操作、保护、测量信号采用微机综合保护装置配后台通讯管理系统。微机综合保护系统的后台机为两台主机，互为热备用。高压系统的操作、保护和测量信号采用直流 220V 电源，直流电源为自动稳压稳流带铅酸免维护蓄电池的直流屏。高压电机运行状态及参数均进入 DCS 系统。

4.1.8.2 电气控制设备

A 高压电气部分

高压开关柜选用目前比较先进的 KYN28 柜型，这种柜型“五防”功能完全，安全可靠。高压断路器采用国内知名品牌的 VS1－10（短路容量为 31.5kA）系列真空断路器，此真空断路器操作方便，行程小，开断可靠，维修量小，因真空断路器开合速度较快，回路电流在断开瞬间变化率较高，为了防止操作过电压，在真空断路器下侧安装了防止操作过电压的浪涌抑制器。

操作机构采用弹簧储能式，此操作机构由储能电机预先储能，当需要合闸时由合闸线圈驱动机构动作，因此具有合闸电流小，对直流系统冲击小，延长了直流蓄电池的寿命，操作直流电压采用较为通用的 DC220V 型直流屏，直流电屏选用高频开关电源、铅酸免维护电池。

如某高压电气系统由 15 台高压柜、3 套水阻柜（含星点柜）、1 套直流屏、1 套高压电容器以及 1 套后台微机组成，其中高压开关柜包括 2 台高压进线柜、母联及母联过渡柜、2 台用于电压保护测量的 PT 柜、1 台空压机柜、1 台氧透控制柜、1 台氮透控制柜、2 台变压器柜、3 台水泵控制柜、1 台电容控制柜。

高压继电保护采用国内某公司的 TOP9720 系列综合保护装置；包括测控柜及通信管理器、远程及本地通信接口、与第三方设备通信口；主要功能为遥信、遥测、遥控。

高压开关柜尺寸为宽 800mm，深 1500mm，高 2200mm。

高压部分的转动设备部分设现场操作台，通过操作台用户可进行设备的开停，并可观察当前系统电压和设备的当前电流以及设备的运行状态。

高压系统的转动设备设工艺连锁和工艺允许，只有工艺条件具备时方可允许开启设备，在设备运行期间，一旦设备的工艺参数超标，来自 DCS 的信号会立即断开真空断路器使设备断电停止运转。

B 低压电气部分

低压系统采用 GGD 柜型，此种柜型具有操作使用安全，检修方便，可扩展性强等优点。低压元器件选用质量安全可靠的产品，这也为系统的稳定可靠提供了保障。电加热器共分六组，其中两组为调功组，由调功柜控制。大于 15kW 的低压电动机均设电流表指示。工艺上的主要电动机的工作状态，均在 DCS 上显示。

如某低压电气部分共设 12 面低压柜以及 2 套调功柜，其中低压开关柜包括进线柜 2 台、母联 1 台、电加热器控制柜 2 台，其他 7 台为各种工艺设备和公用工程供电和控制。操作台/箱包括空透操作台 2 台、氧透操作台 2 台、氮透操作台 2 台、膨胀机操作台 2 台、循环水泵操作箱 1 个、冷却水泵操作箱 1 个、冷冻水泵操作箱 1 个、粗氩泵操作箱 1 个、液氩泵操作箱 1 个、液氧泵操作箱 1 个、液氮泵操作箱 1 个、防火风机操作箱 1 个。

4.1.8.3　三大机组的启动与运行

A　机组启动

三大机组指空气透平压缩机、氧气透平压缩机和氮气透平压缩机（以下简称空透、氧透、氮透），它们均是整个空分系统中的关键设备，由于电机功率较大，启动过程中启动电流较大，对电网冲击很大，为了减小启动过程对电网和设备的冲击，采用串联电阻的方法进行启动，电流限制在（2.5～3.0）I_e之间。当设备转速达到额定转速的80%左右时，合星点柜或旁路柜的真空断路器，切除水阻使电机在全电压下运行，启动结束。

由于空透、氧透、氮透的重要性和电机容量较大，故对电机采用差动保护作为主保护，当电机发生内部相间短路时，跳开控制电机的真空断路器，使机器的破坏程度降到最低。

该系统电机均采用异步电机，这种电动机的优点是结构简单，转子上无绕组，维修成本低，使用寿命长。由于异步电机是典型的阻感性负载，在实际运行过程中需消耗大量的无功功率，这些无功如果都由输电线路来传送，线路损耗很大，电网质量很差，企业成本也高，为了解决以上问题，对最大负荷段配置了无功补偿装置，大大提高了电网的功率因数，为用户节约运行成本，提高设备的利用率，降低系统能耗，改善了电网质量，减小了变压器容量。

大功率电动机采用液态水阻柜启动，不仅启动电流小且平滑，无冲击，显著降低了电网电压，保证电网正常可靠运行，有效地保护了电动机及传动机械，而且由于采用了PLC实现电流的闭环自动控制功能，在电动机启动过程中自动检测电动机电流，同时根据电流大小自动调节控制装置，使电机启动达到了最优化的目的。

B　机组控制

粗氩泵采用变频器控制，根据不同的运行工况来调节电动机转速，使其在节能状态下可靠运行。以往没用变频器的时候，都是全速运转电动机，大大浪费了能源。若采用常规控制，控制的精度不够，采用变频器控制不仅大大降低了损耗，节省了能源，同时大大减小了对设备的冲击。

电加热器采用调功柜控制，这种控制方式是利用采集到的温度信号，经过PID运算，再由控制器控制晶闸管导通，这使得温度控制较为平稳，安全可靠，同时也避免了其他的移相控制方式给电网带来的谐波危害。

高压电动机的保护均采用智能综合保护装置，并配备通讯系统，电机的运行状态以及电网的运行参数等信号均可传送到后台微机监控系统中，并可自动生成负荷曲线、电压棒图和饼图等。后台微机显示整个电网的运行情况，同时在故障时也可在后台微机上查出故障时的各种参数，为判断故障原因提供有利的判据。同时，后台的监控系统集保护、控制、测量、信号采集等功能于一体，实现了配电系统高低压电气设备的分散监控及集中管理功能，可真正实现配电室的无人值守，全面提高变配电运行的现代化管理水平。

4.2 KDON(Ar)-15000/15000/540型空分装置

4.2.1 基本流路及能耗

基本流路及能耗示意图如图4-8所示。

4.2.2 系统组成

4.2.2.1 自洁式空气过滤器

原料空气首先进入自洁式过滤器，其作用是利用过滤器中的纸质滤芯将空气中的机械杂质过滤掉。自洁式空气过滤器的最大优点是：由PLC控制的自动反吹系统能根据工况选择不同的反吹模式，另外，过滤器的过滤筒能在不停车的条件下在线更换。在选择该设备时主要考虑的是过滤的效率能否满足成套空分的需要，同时其阻力不能高于600Pa。一般情况下，自洁式空气过滤器的处理能力应是原料空气量的1.8～2.1倍，本套空分设备所选空压机气量（标态）为85000m^3/h，所以选用的是标态为180000 m^3/h的过滤器。

4.2.2.2 空气压缩系统

干净的空气进入透平空气压缩机压缩的同时借助中间冷却器进行中间冷却，最终将空气压缩至约0.61MPa（A）。压缩机采用4TYC97型双轴离心式压缩机，配套异步电机，功率为8400kW，型号为YKS900-4。该压缩机循环冷却水量约为900t/h，所需润滑油为L-TSA32型汽轮机油，其一次充装量为4000L。加工空气量调节方式为进口导叶调节，能满足空分设备变负荷操作时平稳运行的要求。

4.2.2.3 空气预冷系统

从空压机出来的100℃左右的空气进入预冷系统，其主要作用是降低空气进分子筛吸附器的温度，本系统采用带水冷塔及冷水机组的新型高效空气预冷系统，其主要设备包括：

1台空冷塔——散堆填料塔，内装聚丙烯鲍尔环，分为两段填装，下段4m为耐高温增强型，上段8m为常温普通型；外形尺寸为ϕ2800mm×12mm-22200mm，重约26080kg，主要材质为Q345R。

1台水冷塔——散堆填料塔，内装聚丙烯鲍尔环，分为两段填装，上下各6m，聚丙烯鲍尔环的上方设有冷却水收集分布器；外形尺寸为ϕ2800mm×10mm-20000mm，重约20155kg，主要材质为Q235。

4台水泵（冷冻水泵、冷却水泵各两台，均为1用1备）——冷却水泵流量为220t/h，扬程为50m。冷冻水泵流量为135t/h，扬程为85m。

1台冷水机组——选用制冷量为740kW的螺杆机。

5台水过滤器——均采用快开式滤筒式结构，其中1台用作冷水机组和水冷塔冷却水的过滤；外形尺寸为ϕ480mm×8mm-800mm，重约155kg，主要材质为Q235。水过滤器为可拆卸的滤筒式结构，方便检修，顶置排气阀门解决因水泵安装位置较低时容易产生气蚀的问题，使水泵真正在线热备，随时启动。

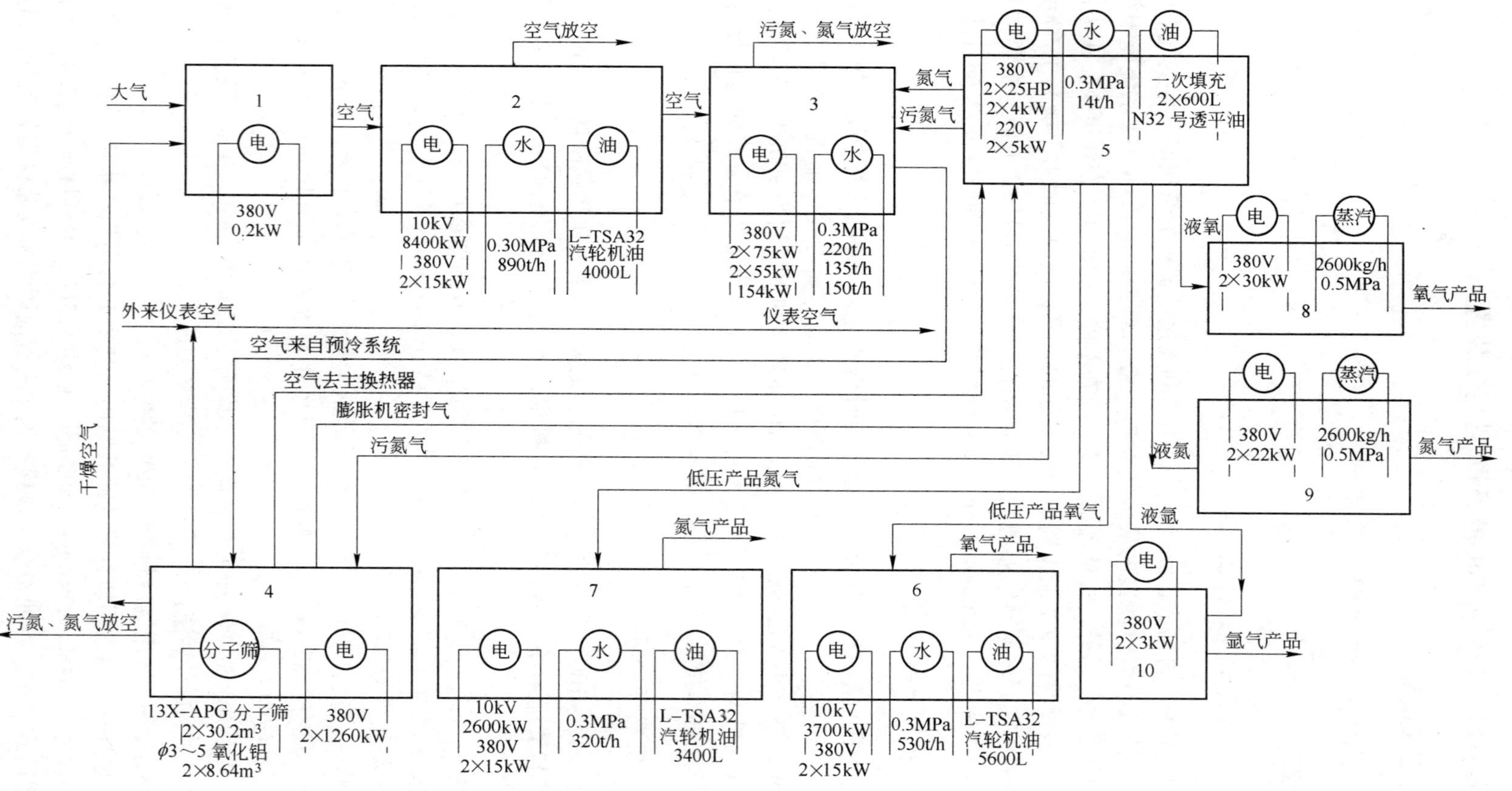

图 4－8 基本流路及能耗示意图

1—自洁式空气过滤器；2—空气压缩系统；3—预冷系统；4—分子筛纯化系统；5—分馏塔系统；6—氧气压缩系统；7—氮气压缩系统；8—液氧储存及汽化系统；9—液氮储存及汽化系统；10—液氩储存及汽化系统

4.2.2.4 分子筛纯化系统

从空气预冷系统出来的空气进入纯化系统，其主要作用为通过分子筛及氧化铝吸附空气中的水分、二氧化碳和部分碳氢化合物，主要由以下部分组成：

2台吸附器（1台吸附，1台再生）——卧式双层床，装填分子筛型号13X-APG球形4×8目，数量为30.2m^3/台，氧化铝型号ϕ3~5mm球形，数量为8.64m^3/台；外形尺寸为ϕ3600mm×14mm-9020mm，重约19850kg，主要材质为Q345R。空气自下进入吸附器，被氧化铝及分子筛吸附掉空气中的水分和CO_2，由于分子筛及氧化铝的吸附能力是一定的，因此，要定时对吸附剂进行再生，再生过程主要是利用电加热器加热来自冷箱的污氮气，利用175℃的污氮气解吸分子筛和氧化铝，所以吸附器是两台交替使用，一台吸附时，另一台再生。

2台电加热器（1用1备）——功率为1260kW/台；外形尺寸为ϕ1320mm×3950mm，重约3036kg，主要材质为Q235。电加热器利用内部电加热管加热污氮气，污氮气上进下出。

1台消声器——污氮放空消声；外形尺寸为ϕ1200mm×10mm-3446mm，重约2048kg，主要材质为Q235。

当一台吸附器运行时，另一台则被由冷箱内来的污氮通过电加热器加热后进行再生，以备切换使用，保证纯化器的连续使用。所需再生污氮量（标态）约为20000m^3/h。

系统特点：本系统采用长周期、双层床净化技术，选用双层床主要是因为铝胶解析水分容易，可降低再生温度且对水分的吸附热比分子筛的小，使空气温升小，有利于后部分子筛对二氧化碳的吸收，铝胶还有抗酸性能，对分子筛起到保护作用。分子筛上部设置防冲挡板，在一定程度上起到防止分子筛受冲击后形成谷底形状所造成的阻力不均，影响工作周期的现象，目前这是最有效、最简单的结构。污氮放空阀采用预开方式，防止上塔憋压。冷吹加温采用同一路，可保证在整个分子筛运行周期中系统操作压力更加稳定，同时节省了投资。整套切换系统采用DCS完全自动控制，并设有压力压差自动判断功能，可配合阀位反馈信号条件充分保证切换系统安全可靠运行。

4.2.2.5 分馏塔系统

出空气纯化系统约15℃，0.58MPa（A）的洁净空气进入分馏塔系统，分馏系统是整套空分装置的核心系统，氧、氮、氩在本系统中依次分离。主要由以下部分组成：

2台膨胀机（1用1备）——透平式，增压机制动。

1台上塔——规整填料塔，外形尺寸为ϕ2300mm×12mm/2500mm×12mm-33490mm，重约34350kg，主要材质为5052。上塔利用下塔来的液空、液氮作为回流液与上升气之间的接触式热交换来完成分离，上塔顶部得到氮气，中上部抽出污氮气，中下部抽出氩馏分，下部得到氧气。

1台下塔——高效环流筛板塔，外形尺寸为ϕ2900mm×18mm-10050mm，重约8620kg，主要材质为5083。空气进入下塔底部产生富氧液空，顶部得到高纯氮气。

1台主冷——防爆型板翅式换热器，外形尺寸为ϕ3500mm×18mm-4737mm，重约13900kg，主要材质为5052。液氧全浸式操作，出下塔的高纯氮气进入主冷板式（冷凝侧）与液氧（蒸发侧）进行换热，最终在主冷顶部与下塔底部得到气氧，液氧也可直接从主冷引出。

2 台粗氩塔（粗氩Ⅰ、粗氩Ⅱ各 1 台）——规整填料塔，外形尺寸为 ϕ1600mm×10mm－65340mm，重约 40925kg，主要材质为 5052。粗氩塔利用下塔来的液空作粗氩塔冷凝器的冷源，分离氩馏分中的氧气。

1 台精氩塔——规整填料塔，外形尺寸为 ϕ800mm×6mm/500mm×6mm/400mm×6mm－20155mm，质量为 1455kg，主要材质为 5052。精氩塔包含冷凝器和蒸发器，主冷出来的液氮作为冷凝器的冷源，下塔顶部氮气作为蒸发器的热源，经过这么一个冷凝蒸发的过程除去氩中氮，最后液氩从精氩塔底部流出。

8 台主换热器（3 台污氮、3 台氮、2 台氧）——多层板翅式换热器，污氮、氮主换外形尺寸为 1000mm×6000mm×1012mm，重约 5208kg/台，氧气主换外形尺寸 1000mm×6000mm×853mm，重约 4411kg/台，主要材质均为铝合金。主换热器完成进塔空气与返流氧气、氮气及污氮气的热交换。

2 台过冷器、1 台热虹吸蒸发器——多层板翅式换热器，过冷器外形尺寸 1200mm×1800mm×1058mm，重约 2156kg/台，热虹吸外形尺寸 600mm×1200mm×653mm，重约 513kg，主要材质均为铝合金。过冷器完成液空、液氮与上塔出来的污氮、氮气的热交换。

2 台液体量筒（液氮、液氩各 1 台）——用于液氮液氩的计量，外形尺寸为 ϕ800mm×6mm－2750mm，重约 115kg，主要材质为 5052。

2 台消声器——氧氮放空消声，氧消声器外形尺寸为 ϕ1200mm×8mm－3446mm，重约 1790kg，主要材质为不锈钢；氮消声器外形尺寸为 ϕ1200mm×10mm－3446mm，重约 2048kg，主要材质为碳钢。

2 台粗氩泵（1 用 1 备）——离心式变频泵，流量（标态）为 23000m^3/h，扬程为 62m。

来自纯化系统的空气分为两路，一路直接进入冷箱内的主换热器，被返流出来的气体冷却，大部分接近露点（－173℃左右）的空气进入下塔进行第一次精馏。另一路进入膨胀机的增压端增压再冷却后进入主换热器被返流气冷却后进入膨胀机的膨胀端膨胀制冷，而后进入上塔参加精馏。增压膨胀机技术参数见表 4－12。

表 4－12 增压膨胀机技术参数

名称		膨胀机	增压机
工作介质		空气	空气
流量（标态）/m^3·h^{-1}		14000	14000
进口参数	压力/MPa	0.86	0.58
	温度/K	165	288.0
出口参数	压力/MPa	0.14	0.89
	温度/K	106.1	336.6

下塔中的上升气体通过与回流液体接触含氮量增加。所需的回流液氮来自下塔顶部的冷凝蒸发器，在这里液氧得到蒸发，而气氮得到冷凝。

在下塔底部获得含氧为38%的富氧液空，顶部获得纯氮气。

液氮经过冷器被返流的污氮、氮气过冷，节流后大部分进入上塔作为其回流液，另一小部分液氮节流后进入精氩塔冷凝器做冷源，需要时部分液氮可作为产品送出冷箱。

下塔顶部一小部分纯氮气被送到精氩塔的蒸发器中做热源，与液氩换热提供再沸气量，冷凝后节流进入上塔参加精馏。

富氧液空经过冷器返流的污氮、氮气过冷节流后一部分进入上塔，作为其回流液，另一部分进入粗氩塔冷凝器（做冷源）汽化后送入上塔。

需要时可从主冷抽出部分液氧作为产品送出冷箱。

纯氮气和污氮气分别从上塔顶部和中上部抽出后经过过冷器和主换热器复热至约12℃左右出冷箱。

从上塔中下部抽出约20000m^3/h氩馏分（标态），送入粗氩塔参加精馏，粗氩塔利用氧氩沸点不同使氩馏分中的氧分离出来，最终在粗氩塔顶部得到含氧量不大于$2\times10^{-6}O_2$的粗氩。

粗氩（标态，约580m^3/h）进入精氩塔中部，在精氩塔中进一步去除所含氮气，产品液氩从精氩塔底部抽出送至液氩储槽。

系统特点：采用设置可调喷嘴、反动式、增压机制动结构，利用膨胀机的膨胀功增压膨胀空气，提高膨胀机的进气压力，增大膨胀制冷量。主换热器、过冷器、主冷凝蒸发器均为多层板翅式，各通道中的冷热气流通过翅片和隔板进行良好的换热。上塔及氩塔都采用规整填料塔，操作弹性大、阻力小、运行可靠且操作维护方便；液空进上塔节流阀采用由下塔液位控制的自动阀，操作方便。下塔采用高效三溢流环流筛板塔，空气进口采用槽式气体分布器，有利用气流分配和减少对塔板的冲击的作用，下部液面计正压管采用防堵塞结构，防止杂物和碳氢化合物进入计器管。碳氢化合物在线分析报警、1%以上的液氧生产或排放防止碳氢化合物浓缩等都是为有效防止主冷爆炸而设。设置有针对性设计的热虹吸蒸发器，在降低进上塔膨胀空气过热度同时，促进了液氧循环，防止了碳氢化合物聚集。粗氩回流采用变频泵，且一台泵运行，另一台泵一直处于冷备状态，保证一台泵故障情况下，备用泵迅速开启。粗氩塔冷凝器采用专有技术进行设计，有效防止泄漏现象发生。精氩塔蒸发器附设氮侧缓冲器，解决了精氩塔操作工况波动的问题，使氩系统工作平稳，从而使氩提取率进一步提高。

4.2.2.6 产品气压缩系统

从分馏塔系统出来的氧氮产品直接送至氧氮压缩系统进行加压，该系统包括1台氧压机和1台氮压机。氧（氮）气压缩机参数见表4-13。

表4-13 氧（氮）气压缩机参数

项　目	氧压机	氮压机	项　目	氧压机	氮压机
进口压力/kPa（G）	15	5	出口压力/MPa（G）	2.9	2.5
流量（标态）/$m^3\cdot h^{-1}$	17000	15000	出口温度/℃	≤42	≤42
进口温度/℃	20	20			

系统中中压氧气压缩机为单轴透平式压缩机，型号为 3TYS85 + 2TYS68，配套异步电机，功率为 3700kW，型号为 YK3700 - 2；该氧气压缩机循环冷却水量约为 530t/h，所需润滑油为 L - TSA32 型汽轮机油，其一次充装量为 5600L。氮气压缩机为双轴透平式，型号为4TYC54，配套异步电机，功率为2600kW，型号为 YK0S2600 - 2。该氮气压缩机循环冷却水量约为 320t/h，所需润滑油为 L - TSA32 型汽轮机油，其一次充装量为 3400L。透平压缩机具有占地面积小、结构简单、维护方便、可连续运转、输出气流稳定等优点。

4.2.2.7 液体储存及汽化系统

液体储存及汽化系统的作用为在空分停车或紧急情况下对液体加压汽化供后续系统用气。该系统由以下三部分组成：

（1）液氧储存及汽化系统，包括：100m^3、0.2MPa 真空绝热储槽 1 台，外形尺寸为 ϕ3500mm × 10mm - 17040mm，重约 38000kg，内筒为不锈钢，外筒为碳钢；8000m^3/h、2.9MPa 的离心液体泵 2 台；15000m^3/h、2.9MPa 的水浴式汽化器 1 台，外形尺寸为 4600mm × 2170mm × 2800mm，重约 4910kg，主要材质为铜 + 碳钢。

（2）液氮储存及汽化系统，包括：300m^3、常压珠光砂绝热储槽 1 台，外形尺寸为 ϕ9800mm × 6mm - 11700mm，重约 60000kg，内筒为不锈钢，外筒为碳钢；8000m^3/h、2.5MPa 的活塞液体泵 2 台，15000m^3/h、2.5MPa 的水浴式汽化器 1 台，外形尺寸为 4600mm × 2170mm × 2800mm，重约 4910kg，主要材质为铜 + 碳钢。

（3）液氩储存及汽化系统，包括：100m^3、0.2MPa 真空绝热储槽 1 台，外形尺寸及质量同液氧储槽；500m^3/h、3.0MPa 的活塞液体泵 2 台；500m^3/h、3.0MPa 的空温式汽化器 1 台，外形尺寸为 1690mm × 1046mm × 5250mm，重约 600kg，主要材质为铝合金。

该系统每台汽化器后均设置温度测点与液体泵电机连锁，当汽化器后温度低于 5℃时报警，温度低于 2℃时连锁停泵，以防止液体不能完全汽化升温而导致温度过低冻裂输气管道。

4.2.2.8 调压系统

调压系统的作用是把经压缩后的产品气通过调压阀组调节至后续系统所需压力，该系统由以下三部分组成：

（1）1000m^3、3.0MPa 氧气球罐一座，外形尺寸为 ϕ12300mm × 52mm，重约 209240kg，主要材质为 Q345R；双回路氧气调压阀组。

（2）1000m^3、3.0MPa 氮气球罐一座，外形尺寸及质量同氧气球罐；单回路氮气调压阀组。

（3）200m^3、3.0MPa 氩气球罐一座，外形尺寸为 ϕ7100mm × 38mm，重约 53289kg，主要材质为 Q345R；单回路氩气调压阀组。

系统根据用户的要求，每个调压系统都可以有多路调压，调节压力与流量也各有不同。

4.3 KDON(Ar) - 30000/30000/1050 型空分装置

4.3.1 主要技术经济指标

主要技术经济指标见表 4 - 14。

表 4-14 主要技术经济指标

产 品	产量(标态)/$m^3 \cdot h^{-1}$	纯 度	出冷箱压力/MPa	备 注
氧气	30000	≥99.6%	0.019	氧透后 3.0MPa
液氧	600	≥99.6%	0.017	
氮气	30000	$\leq 10 \times 10^{-4}\%\ O_2$	0.012	
液氮	200	$\leq 10 \times 10^{-4}\%\ O_2$	0.30	
压力氮	700	$\leq 10 \times 10^{-4}\%\ O_2$	0.43	
精液氩	1050	$\leq 2 \times 10^{-4}\%\ O_2$，$\leq 3 \times 10^{-4}\%\ N_2$	0.22	

4.3.2 主要设备技术参数

4.3.2.1 原料空气过滤器

原料空气过滤器(1套)技术参数见表4-15。

表 4-15 原料空气过滤器技术参数

项目名称	单 位	参 数	项目名称	单 位	参 数
介质		大 气	正常压降	Pa	400~650
设计处理气量(标态)	m^3/h	308000	正常压降	%	≥99.99
实际处理气量(标态,设计工况)	m^3/h	154000	过滤精度	Pa	2

4.3.2.2 空气透平压缩机

空气透平压缩机(1套)技术参数见表4-16。

表 4-16 空气透平压缩机技术参数

项目名称	单 位	参 数	项目名称	单 位	参 数
排气量(标态)	m^3/h	154000	电机功率	kW	15000
进口压力	MPa(A)	0.098	轴功率	kW	12350
出口压力	MPa(A)	0.615	冷却水耗量	t/h	940

4.3.2.3 空气预冷系统

空气预冷系统(1套)技术参数见表4-17。空气冷却塔与水冷却塔技术参数见表4-18。冷却水泵、冷冻水泵的技术参数见表4-19。

表 4-17 空气预冷系统技术参数

项 目 名 称	单 位	参 数	项 目 名 称	单 位	参 数
处理空气量(标态)	m^3/h	154000	冷却水进口温度	℃	≤32
空气进/出口温度	℃	105/17	下部冷却水耗量	m^3/h	340
空气进/出口压力	MPa(A)	0.615/0.607	上部冷却水耗量	m^3/h	80
冷冻机组用水量	m^3/h	150			

表 4－18 空气预冷系统设备技术参数

项目名称	单位	空气冷却塔	水冷却塔
材质		Q345R	Q235
设计压力	MPa(G)	0.7	常压
设计温度	℃	120	50
直径×壁厚	mm	ϕ3632×16	ϕ3524×12
高度	mm	约 24600	约 23500
质量	kg	45800	33600
数量	台	1	1

表 4－19 水泵技术参数

项目名称	单位	冷却水泵	冷冻水泵
流量(标态)	m^3/h	350	90
扬程	m	60	110
电机功率	kW	90	55
工作状态		1 用 1 备	1 用 1 备

4.3.2.4 分子筛净化系统

分子筛净化系统(1 套)技术参数见表 4－20。分子筛净化系统设备技术参数见表 4－21。

表 4－20 分子筛净化系统技术参数

项目名称	单位	参数	项目名称	单位	参数
处理空气量（标态）	m^3/h	154000	排气中 CO_2 含量	%	1×10^{-4}
进/出口温度	℃	17/23	切换周期	h	8
进气中 CO_2 含量	%	≤0.035	阻力	kPa	8

表 4－21 分子筛净化系统设备技术参数

项目名称	单位	分子筛吸附器	电加热器	放空消声器
材质		Q345R	Q345R	Q235
设计压力	MPa（G）	0.7	0.09	
设计温度	℃	200	250	
直径×壁厚	mm	ϕ4236×18	ϕ1520×10	ϕ1310×5
高度	mm	约 13300	约 6700	约 3000
质量	kg	约 44000	约 6100	约 1100
分子筛（13X－APG1/16 条形）	kg	28500		
使用峰值功率/台×2	kW		800	
额定功率/台	kW		880	
电压	V		380/220	
活性氧化铝（ϕ3～5mm）	kg	19500		
数量	台	1	3（2 用 1 备）	1

4.3.2.5　分馏塔

分馏塔（1 套/720t）系统设备技术参数见表 4 -22。

表 4 -22　分馏塔系统设备技术参数

项目名称	单位	主换热器	上塔①	主冷凝蒸发器②	下塔	粗氩塔Ⅰ
外形尺寸（或直径）	mm	5200×1154×1200	φ3836×18	φ4636×18	φ3856×28	φ2481
高度	mm		约 34000	约 6200	φ3856×28	约 21000
质量	kg	6400/台	约 76000	约 27000	约 21000	约 19600
形式		铝制板翅式	规整填料型	铝制板翅浸入式	筛板型	规整填料型
筒体材质			5083 - H112	5083 - H112	5083 - H112	5083 - H112
设计压力	MPa(G)		0.15		0.7	0.15
设计温度	℃		-200	-200	-200	-200
数量	台	12				
项目名称	单位	粗氩塔Ⅱ③	粗氩冷凝器	精氩塔④	精氩冷凝器	精氩蒸发器
外形尺寸（或直径）	mm	φ2481	φ3100	φ612	φ1050	φ650
高度	mm	约 41000	约 5900	约 19200	约 3200	约 2000
质量	kg	约 39000	约 11400	约 3000	约 950	约 230
形式		规整填料型	铝制板翅式浸入式	规整填料型	铝制板翅式浸入式	铝制板翅式浸入式
筒体材质		5083 - H112	5083 - H112	5083 - H112	5083 - H112	5083 - H112
设计压力	MPa(G)	0.15		0.15		
设计温度	℃	-200		-200		
数量	台	1	1	1	1	1

注：分馏塔主冷箱外形尺寸 10000mm×10000mm×58000mm；板式冷箱外形尺寸 7500mm×10000mm×13000mm；冷箱基础尺寸 22000mm×14500mm；质量约 320t。

① 上塔分两段出厂，现场组焊；

② 主冷凝蒸发器与下塔复合后出厂；

③ 粗氩塔Ⅱ与粗氩冷凝器组合分两段出厂；

④ 精氩塔与精氩冷凝器和蒸发器组合分两段出厂。

4.3.2.6　循环液氩泵

设 2 台套循环液氩泵，1 用 1 备。电机额定功率 36.5kW/台；电压 380V。质量约 150kg/台。

4.3.2.7　液氮液空过冷器

设 1 组液氮液空过冷器，其外形尺寸 1300mm×3560mm×3050mm。质量约 6200kg。

4.3.2.8 液体排放蒸汽喷射器

液体排放蒸汽喷射器见表4－23。

表4－23 液体排放蒸汽喷射器

项 目	单 位	参 数	项 目	单 位	参 数
直 径	mm	ϕ508	蒸汽压力	MPa（G）	0.5
高 度	mm	约10000	蒸汽温度		饱和蒸汽
质 量	kg	约220	蒸汽耗量	t/h	约5.2

4.3.2.9 其他设备

其他设备包括液氧喷射蒸发器、氧气放空消声器、氮气放空消声器、仪表空气过滤器、膨胀空气过滤器、增压空气冷却器。各设备参数见表4－24。

表4－24 各设备参数

项 目	单 位	液氧喷射蒸发器	氧气放空消声器	氮气放空消声器	仪表空气过滤器	膨胀空气过滤器①	增压空气冷却器
直 径	mm	ϕ720	ϕ1310	ϕ1310	ϕ273	ϕ516	ϕ740
高 度	mm	约4000	约3200	约3100	约720	约1550	约4200
质 量	kg	约470	约900	约1050	约90	约210	4200
数 量	台	1	1	1	1	2	2
设备用水	m^3/h						45

① 膨胀空气过滤器的材质为5A02。

4.3.2.10 增压透平膨胀机

增压透平膨胀机及其供油装置的技术参数见表4－25。

表4－25 增压透平膨胀机及其供油装置的技术参数

装 置	项 目	单 位	参 数
增压透平膨胀机	形式		向心径流反动式，转动喷嘴调节，带增压机
	流量（标态）	m^3/h	21490
	进/出口压力	MPa（A）	0.92/0.14
	外形尺寸	mm	3500×1900×3300
	进/出口温度	K	172/110
	质 量	kg	8600
	数 量	套	2（1用1备）
透平膨胀机供油装置	输出油量	m^3/h	6.5
	输出油压	MPa（G）	0.33
	油冷却器耗水	t/h	约7.4

续表4-25

装　置	项　目	单　位	参　数
透平膨胀机供油装置	油箱注油量	m^3	0.5
	油泵电机	kW/V	4/380
	电加热器	kW/V	3/220
	数 量	套	2（1用1备）

4.3.2.11 液氧储存系统

液氧储存系统设备参数见表4-26。

表4-26 液氧储存系统设备参数

项　目	单　位	液 氧 储 槽	中压液氧泵	汽 化 器	液氧充车泵
形式		常压，珠光砂绝热	离心式	水浴式	离心式
内/外筒材质		0Cr18Ni9/Q345R			
储存容积	m^3	1000			
流量（标态）	m^3/h		30000	30000	20
工作压力	kPa（MPa(G)）	10	(3.0)	(3.0)	(0.8)
电 机	kW/V		65/380	7.5×2/380	15/380
数 量	台	1	1	1	1

4.3.2.12 液氮储存系统

液氮储存系统设备参数见表4-27。

表4-27 液氮储存系统设备参数

项　目	单　位	液 氮 储 槽	中压液氮泵	汽 化 器	液氮充车泵
形式		常压，珠光砂绝热	离心式	水浴式	离心式
内/外筒材质		0Cr18Ni9/Q345R			
储存容积	m^3	500			
流量（标态）	m^3/h		15000	15000	20
工作压力	kPa（MPa(G)）	10	(2.0)	(2.0)	(0.8)
电 机	kW/V		36/380	5.5×2/380	15/380
数 量	台	1	1	1	1

4.3.2.13 液氩储存系统

液氩储存系统设备参数见表4-28。

表 4－28　液氩储存系统设备参数

项　目	单　位	液氩储槽	中压液氩泵	汽化器	液氩充车泵
形式		常压，珠光砂绝热	柱塞式	空浴式	离心式
内/外筒材质		0Cr18Ni9/Q345R			
储存容积	m^3	500			
流量（标态）	m^3/h		900	900	20
工作压力	kPa（MPa(G)）	10	(3.0)	(3.0)	(0.8)
电机	kW/V		5/380		15/380
数量	台	1	2（1用1备）	1	1

4.3.2.14　氧气透平压缩机

氧气透平压缩机技术参数见表 4－29。

表 4－29　氧气透平压缩机技术参数

装　置	项　目	单　位	参　数
氧气透平压缩机	形式		双缸、单轴
	排气量（标态）	m^3/h	30000
	排气温度	℃	≤40
	排气压力	MPa（G）	3.0
	主电机功率	kW	6000
	主电机电压	kV	10
	冷却水量	m^3/h	约 750
	保安/轴封用氮（标态）	m^3/h	30000/700
	仪表气耗量（标态）	m^3/h	10
	透平机质量	kg	129000
	主电机轴功率	kW	5217
	电机电加热器/电压	kW/V	2.4/220
	数量	套	1
氧气透平压缩机供油装置	润滑油牌号		L－TSA32 汽轮机油
	主油箱容积	m^3	4
	一次性充灌量	m^3	约 4
	排烟风机	kW/V	2.2/380
	高位油箱容积	m^3	1
	辅油泵	kW/V	15/380
	油箱电加热器	kW/V	6/220
	排烟风机	kW/V	2.2/380
	辅油泵数量	台	2（1用1备）

4.3.3 动力参数

4.3.3.1 用水参数

用水参数见表 4－30。

表 4－30 用水参数

序号	使用部机	台数/套	水耗量/$t \cdot h^{-1}$	备注
1	空气透平压缩机	1	940	
2	空冷塔下段	1	340	
3	空冷塔上段（冷冻水）	1	80	循环使用，少量补充
4	冷冻机	1	147	
5	膨胀机油冷却器	1×2	7.4×2	1用1备
6	增压气体冷却器	1×2	18.5×2	
7	氧气透平压缩机组	1	730	

4.3.3.2 用电参数

用电参数见表 4－31。

表 4－31 用电参数

序号	设备项目		数量/台	每台电器电机功率/kW	电压/V	备注
1		空气透平压缩机电机	1	15000	10000	
2	氮水预冷系统	常温水泵电机	2	90	380	1用1备
3		低温水泵电机	2	55	380	1用1备
4		冷冻机	1	158	380	
5	分子筛纯化系统	电加热器	3	888（额定） 800（使用） 330（平均）	380	2用1备
6	增压膨胀机系统	膨胀机油泵电机	2	4	380	1用1备
7		膨胀机油箱加热器	2	3	220	1用1备
8		分馏塔系统液氩泵	2	36.5	380	1用1备
9	氧气透平压缩机组	主电机	1	6000	10000	
10		电机电加热器	1	2.4	220	
11		油泵电机	2	15	380	1用1备
12		油箱电加热器	1	6	220	
13		排烟风机	1	2.2	380	
14	液氧储存系统	液氧泵电机	1	65	380	
15		水泵电机	2	7.5	380	1用1备
16		充车泵	1	15	380	

续表 4－31

序号	设备项目		数量/台	每台电器电机功率/kW	电压/V	备注
17	液氮储存系统	液氮泵电机	1	30	380	
18		水泵电机	2	5.5	380	1用1备
19		充车泵	1	15	380	
20	液氩储存系统	液氩泵电机	2	5	380	1用1备
21		充车泵	1	15	380	

4.3.3.3　蒸汽用量

蒸汽用量见表 4－32。

表 4－32　蒸汽用量

序　号	使用部机	用量/kg·h^{-1}	备　注
1	液氧储存系统汽化器	10000	蒸汽压力约 0.5MPa(G)
2	液氮储存系统汽化器	6000	
3	排液蒸发器	5200	

4.4　其他六种大型外压缩流程空分装置

“大型空分制氧装置”前第 2.2.1.76 已经表明，它是指产氧量（标态）大于或等于 10000m^3/h 至小于 60000m^3/h 的成套空气分离设备。

结合钢铁工业现实情况与结构调整的需要，选择氧气产量 10000m^3/h、12000m^3/h、20000m^3/h、25000m^3/h、40000m^3/h、50000m^3/h 六种类型进行简要介绍，各装置的产品产量及纯度见表 4－33。

表 4－33　六种大型外压缩流程空分装置产品产量及纯度

空分装置类型		KDON－10000/10000/320	KDON－12000/20000/350	KDON－20000/20000/700	KDON－25000/25000/830	KDON－40000/55000/1500	KDON－50000/50000/1480
产品组成	氧气/m^3·h^{-1}①	10000	12000	20000	25000	40000	50000
	氮气/m^3·h^{-1}	10000	20000	20000	25000	(1) 25000② (2) 30000③ (3) 1000④	50000
	液氧(折合气态)/m^3·h^{-1}	200	200	500	600	950	1000
	液氮(折合气态)/m^3·h^{-1}	200	200	200	600	300	500
	液氩(折合气态)/m^3·h^{-1}	320	350	700	830	精液氩 1500	1480

续表4－33

空分装置类型	KDON－10000/10000/320	KDON－12000/20000/350	KDON－20000/20000/700	KDON－25000/25000/830	KDON－40000/55000/1500	KDON－50000/50000/1480
产品纯度	氧气：≥99.6%；氮气：≤10×10^{-4}%O_2； 液氧：≥99.6%；液氮：≤10×10^{-4}%O_2； 液氩：≤2×10^{-4}%O_2，≤3×10^{-4}%N_2					

① 氧气透平压缩机后氧气压力3.0 MPa（G）；

② 中压氮气透平压缩机后氮气压力2.5MPa（G）；

③ 压力氮出冷箱压力0.43MPa（G）；

④ 低压氮气透平压缩机后氮气压力1.0MPa（G）。

氧气产量10000m^3/h、12000m^3/h、20000m^3/h、25000m^3/h、40000m^3/h、50000m^3/h的这六种大型外压缩流程空分装置其产能的主要工艺设备与其技术性能参数列于表4－34～表4－46。

表4－34 六种大型空分装置空压系统主要设备技术性能参数

空分装置类型		KDON－10000/10000/320	KDON－12000/12000/350	KDON－20000/20000/700	KDON－25000/25000/830	KDON－40000/55000/1500	KDON－50000/60000/1480
过滤器②	形式	自洁式	自洁式	自洁式	自洁式	自洁式①	自洁式
	流量/m^3·h^{-1}	110000	144000	240000	300000	416000	603330
空气透平压缩机	形式	离心式	离心式	离心式	离心式	离心式	离心式
	流量/m^3·h^{-1}	55000	63500	110000	137000	208000	287300
	出口压力/MPa(A)	0.62	0.62	0.61	0.62	0.615	0.65
	出口温度/℃	95	约100	约98	约105	约105	约105
	电机功率/kW	5400	6300	10000	13000	20000	
	用水量/m^3·h^{-1}	560	600	1200	1400	1200	约1500

① 装置正常压降在400～650Pa；

② 粒径不小于2μm杂质过滤效率大于99.99%。

表4－35 六种大型空分装置氮水预冷系统主要设备技术性能参数

空分装置类型		KDON－10000/10000/320	KDON－12000/12000/350	KDON－20000/20000/700	KDON－25000/25000/830	KDON－40000/55000/1500	KDON－50000/60000/1480
空气冷却塔	处理空气量/m^3·h^{-1}	55000	63500	110000	137000	208000	287300
	外形尺寸($\phi\times H$)/mm	2300×21000	2400×22800	3000×22900	3400×23500	4032×27000	4850×27220
	空冷塔材质	Q235B	Q345R	Q345R	Q345R	Q345R	Q345R
	设备质量/kg	23000	24450	32000	38000	54500	77740

续表 4－35

空分装置类型		KDON－10000/10000/320	KDON－12000/12000/350	KDON－20000/20000/700	KDON－25000/25000/830	KDON－40000/55000/1500	KDON－50000/60000/1480
水冷塔	外形尺寸($\phi \times H$)/mm	2000×15800	2200×23200	3000×17000	3200×16500	3724×26800	4300×17200
	设备质量/kg	9800	17000	18000	22200	40400	35340
冷却水泵	流量/$m^3 \cdot h^{-1}$	160	160	320	320	490	540
	扬程/m	45	54	55	55	60	53
	电机功率/kW	37	45	75	75	132	160
冷冻水泵	流量/$m^3 \cdot h^{-1}$	80	120	160	240	120	230
	扬程/m	85	90	85	85	115	110
	电机功率/kW	45	55	55	75	75	75
冰机	制冷量/kW	580	820	930	1395	1650	1920
	电机功率/kW	150	165	199	256	304	337
	水量/$m^3 \cdot h^{-1}$	225	315	385	530	620	725

表 4－36 六种大型空分装置分子筛纯化系统主要设备技术性能参数

空分装置类型		KDON－10000/10000/320	KDON－12000/12000/350	KDON－20000/20000/700	KDON－25000/25000/830	KDON－40000/55000/1500	KDON－50000/60000/1480
分子筛吸附器①～④	形式	立式双层床	立式双层床	卧式双层床	卧式双层床	卧式双层床	卧式双层床
	外形尺寸($\phi \times H$)/mm	3800×7000	3800×8980	3600×10000	3600×11500	4236×20300	4236×26220
	进/出口温度/℃	10/15	12/17	10/17	17/25	17/23	15/20
	排气中 CO_2 含量/%	$<1\times10^{-4}$	$\leqslant1\times10^{-4}$	$\leqslant1\times10^{-4}$	$<1\times10^{-4}$	$\leqslant1\times10^{-4}$	$\leqslant0.5\times10^{-4}$
	切换周期/h	8	8	8	8	8	6
	设备质量/kg	12000	17000	26000	32800	约 60000	79290
	壳体材质	Q345R	Q345R	Q345R	Q345R	Q345R	Q345R
电加热器③	外形尺寸($\phi \times H$)/mm	1000×5000	1000×5260	1200×5050	620×4200	1724×6600	ϕ2200⑤
	额定功率/kW	816	984	1260	888	1248(1100 用)	
	质量/kg	3750	2590	2400	3250	约 8300	26720
	壳体材质	Q235－B	Q235－B	Q235－B	Q235－B	Q235－B	Q345R
放空消声器	形式	立式	立式	立式	立式	立式	⑥
	外形尺寸($\phi \times H$)/mm	1000×2100	1200×2200	1200×2176	1200×2220	1500×3200	
	材 质	Q235B	Q235B	Q235B	Q235B	Q235B	
	质量/kg	1011	1100	1088	1500	1360	

① 进气中 CO_2 含量不大于 0.035%；

② 吸附器设计压力：0.7MPa（G）；

③ 吸附器、电加热器设计温度250℃，KDON－25000/25000/830 分子筛纯化系统设 2 台电加热器与 1 台蒸汽加热器；

④ 设备质量不包括吸附剂质量；

⑤ 纯化系统采用蒸汽加热器管板材质 16Mn＋06Cr19Ni10，换热管材质 0Cr18Ni9；

⑥ 排放气体进入放空消声塔，放空消声塔质量为 4000kg。

表 4-37 六种大型空分装置透平膨胀与分馏系统主要设备技术性能参数

空分装置类型		KDON-10000/10000/320	KDON-12000/12000/350	KDON-20000/20000/700	KDON-25000/25000/830	KDON-40000/55000/1500	KDON-50000/60000/1480
增压透平膨胀机	形式	增压机制动、反动式、带可调喷嘴	增压机制动、反动式、带可调喷嘴	反动式可调喷嘴、增压机制动	增压机制动、反动式、带可调喷嘴	向心径向流反动式,转动喷嘴调节,带增压机	反动式可调喷嘴、增压机制动
	膨胀机流量/$m^3 \cdot h^{-1}$	9000	11000	18000	19000	26900	64300
	进口压力/MPa (A)	0.88	0.82	0.85	0.92	0.92	0.922
	出口压力/MPa (A)	0.14	0.14	0.142	0.14	0.14	0.153
主换热器	形式	真空钎焊铝制板翅式	真空钎焊铝制板翅式	真空钎焊铝制板翅式	真空钎焊铝制板翅式	真空钎焊铝制板翅式	真空钎焊铝制板翅式
	外形尺寸/mm	1000×1145×5700	1100×1000×5700		6000×1200×1200	5200×1252×1200	1100×992×4000
	质量/kg	6035×5	7000×5	6875×8	8500×8	6400×12	
上塔	形式	规整填料塔	规整填料塔	规整填料塔	规整填料塔	规整填料塔	规整填料塔
	外形尺寸($\phi \times H$)/mm	2050×38000	2600/2100×33400	2800×33000	3100×32000	3632×40500	4036×42920
	筒体材质	5052	5052	5052	5052	5052	5052
	质量/kg	26000	32200	44000	52000	59200	77200
下塔	形式	铝制高效环流筛板塔	对流筛板塔	铝制高效环流筛板塔	铝制高效筛板塔	筛板塔	填料塔
	外形尺寸($\phi \times H$)/mm	2500×13000	2600×10220	3500/3000×18000	3500/3350×18000	4060×20200	3550×20374
	筒体材质	5052	5052	5052	5052	5052	5052
	质量/kg	10000	6750	35000	42000	约 31000	33690
粗氩塔Ⅰ	形式	规整填料塔	规整填料塔	规整填料塔	规整填料塔	规整填料塔	规整填料塔
	外形尺寸($\phi \times H$)/mm	1500×23000	1500/2000×39648	1900×23000	2100×23000	3028×24500	2628×32110
	筒体材质	5052	5052	5052	5052	5052	5052
	质量/kg	10500	20355	35000	18000	36600	27805
粗氩塔Ⅱ	形式	规整填料塔	规整填料塔	规整填料塔	规整填料塔	规整填料塔	规整填料塔
	外形尺寸($\phi \times H$)/mm	1500/1900×46000	1500×25880	2600/1900×42500	2600/2100×42500	3028×43600	2628×33020
	筒体材质	5052	5052	5052	5052	5052	5052
	质量/kg	26000	12443	35000	37000	63600	40410

续表 4 - 37

空分装置类型		KDON - 10000 /10000/320	KDON - 12000 /12000/350	KDON - 20000 /20000/700	KDON - 25000 /25000/830	KDON - 40000 /55000/1500	KDON - 50000 /60000/1480
精氩塔	形式	规整填料塔	规整填料塔	规整填料塔	规整填料塔	规整填料塔	规整填料塔
	外形尺寸 ($\phi \times H$)/mm	400/700 × 22000	400/700/600 × 19530	550/800 × 22000	600/900 × 22000	716 × 21700	812 × 23100
	筒体材质	5052	5052	5052	5052	5052	5052
	质量/kg	1350	1200	2400	2400	3400①	3900
过冷器	形式	铝制板翅式	铝制板翅式	铝制板翅式	铝制板翅式	铝制板翅式	铝制板翅式
	外形尺寸 /mm	1500 × 1100 × 1000	1800 × 1200 × 950	1800 × 1100 × 120	1800 × 1100 × 120	1200 × 2400 × 3000②	1200 × 1900 × 2700
	质量/kg	1750 × 2	1890 × 2	7500	6500	3500 × 2	5400 × 3
主冷凝蒸发器	形式	铝制板翅式	铝制板翅式	立式、铝制板翅式	立式、铝制板翅式	铝制板翅浸入式（卧式）	双层、铝制板翅式
	外形尺寸 ($\phi \times H$)/mm	3000 × 5500	3200 × 4850	3500 × 8000	3700 × 8000	3940 × 9900	3828 × 7670
	筒体材质	5052	5052	5052	5052	5052	5052
	质量/kg	12000	15000	含于下塔	含于下塔	40000	24530
液氩泵	额定功率/kW	20	11.25	15	20	37	55
	数量/台	2(1用1备)	2(1用1备)	2(1用1备)	2(1用1备)	2(1用1备)	2(1用1备)
其他		③④	④⑥	③④	④	⑤⑥	⑥

① 与精氩冷凝蒸发器和精氩蒸发器组合分段出厂，精氩塔为三台设备的总质量；

② 为液氮液空过冷器，2 组；

③ 其他设备包括蒸汽喷射蒸发器、氧气放空消声器、氮气放空消声器、液体量筒，其设备参数见表 4 - 38；

④ 粗氩塔含粗氩冷凝器，精氩塔含精氩冷凝器与精氩蒸发器；

⑤ 其他设备包括液氧喷射蒸发器、氧气放空消声器、氮气放空消声器、仪表空气过滤器、膨胀空气过滤器、增压空气冷却器，其设备参数见表 4 - 39；

⑥ 粗氩冷凝器、精氩冷凝器与精氩蒸发器技术参数见表 4 - 40。

表 4 - 38　KDON - 10000/10000/320 和 KDON - 20000/20000/700 其他设备参数

项 目	单 位	蒸汽喷射蒸发器	氧气放空消声器	氮气放空消声器	液体量筒
直 径	mm	ϕ600	ϕ1400	ϕ1400	ϕ800
高 度	mm	9000	2000	2000	2750
质 量	kg	450	2000	2000	200
材 质		Q235B	0Cr18Ni9	Q235B	铝合金
数 量		1	1	1	1

表 4－39 KDON－40000/55000/1500 其他设备参数

项目	单位	膨胀空气过滤器	氧气放空消声器	氮气放空消声器	液氧喷射蒸发器	增压空气冷却器	仪表空气过滤器
直径	mm	ϕ630	ϕ1410	ϕ1410	ϕ820	ϕ508	ϕ273
高度	mm	1750	约 3500	约 3500	约 4500	约 1000	约 720
质量	kg	约 260	约 1000	约 1150	约 620	约 220	约 90
材质		5A02	0Cr18Ni9	Q235B	0Cr18Ni9	Q235B	Q235B
数量		1	1	1	1	1	1

表 4－40 粗氩冷凝器、精氩冷凝器与精氩蒸发器技术参数

空分装置类型	设备名称	形 式	外形尺寸 ($\phi \times H$)/mm	筒体材质	质量/kg
KDON－12000/12000/350	粗氩冷凝器	铝制板翅式	2300×5500	5052	
	精氩冷凝器	铝制板翅式		5052	
	精氩蒸发器	铝制板翅式	650×1800	5052	
KDON－40000/55000/1500	粗氩冷凝器	铝制板翅式浸入式/卧式	3750×5300	5052	12500
	精氩冷凝器	铝制板翅式浸入式/卧式	936×2300	5052	400
	精氩蒸发器	铝制板翅式浸入式/卧式	936×2300	5052	
KDON－50000/60000/1480	粗氩冷凝器	铝制板翅式浸入式	3750×5500	5052	14000
	精氩冷凝器	铝制板翅式浸入式	800×2500	5052	580
	精氩蒸发器	铝制板翅式浸入式	650×1850	5052	230

表 4－41 六种大型空分装置氧压系统设备技术性能参数

	空分装置类型	KDON－10000/10000/320	KDON－12000/12000/350	KDON－20000/20000/700	KDON－25000/25000/830	KDON－40000/55000/1500	KDON－50000/60000/1480
氧气压缩机	形式/台数	活塞式/3(4)①	活塞式/4①	离心式/1	双缸单轴/1	双缸单轴/1②	离心式/1②
	排气量/$m^3 \cdot h^{-1}$	5200（3600）	6300	20000	25000	40000	25000×2
	排气温度/℃	40	≤45	≤40	≤40	≤40	≤40
	排气压力/MPa（G）	3.0	3.0	3.0	3.0	3.0	3.5
	电机功率/kW	900（630）	1120	4700	5800	7800	4800×2
	电压/kV	10	10	10	10	10	10
	单机用水量/$m^3 \cdot h^{-1}$	120（100）	150	550	600	约 950	550×2

① 设活塞式压缩机时，须设置低压缓冲罐；

② 压缩机供油装置技术参数见表 4－42。

表 4-42 压缩机供油装置技术参数

项　目	单位	技术参数	项　目	单位	技术参数
润滑油牌号		L-TSA32 汽轮机油	辅油泵电机功率	kW/V	15×2/380
主油箱容积	m^3	4	油箱电加热器功率	kW/V	8×2/220
高位油箱容积	m^3	1	排烟风机功率	kW/V	2.2/380
一次性充灌量	m^3	约 4			0.75/380①

① 配 KDON-50000/60000/1480 机组。

表 4-43 六种大型空分装置氮压系统设备技术性能参数

空分装置类型		KDON-10000/10000/320	KDON-12000/12000/350	KDON-20000/20000/700	KDON-25000/25000/830	KDON-40000/55000/1500	KDON-50000/60000/1480
氮气压缩机	形式/台数	活塞式/2(3)①	活塞式/2	离心式	离心式	离心式②	离心式
	排气量/$m^3 \cdot h^{-1}$	5100（3600）	6000	20000	25000	25000/30000	25000×2
	进气温度/℃	≤20	≤25	≤20	≤20	≤24（24）	≤20
	进气压力/kPa(G)	0.01	5	5	5	5（5）	5
	排气温度/℃	40	≤45	≤40	≤40	42（42）	≤40
	排气压力/MPa(G)	3.0（1.2）	2.5	2.5	2.5	2.5（1.0）	2.5×2
	电机功率/kW	810（500）	1120	3400	4200	4800（4800）	4200×2
	用水量/$m^3 \cdot h^{-1}$	120（100）	150	420	500	约 590(约 350)	500×2

① 设活塞式压缩机时，须设置低压缓冲罐；

② 氮气透平压缩机配置两种规格：中压氮气透平压缩机出口压力为 2.5MPa，氮气透平压缩机主机型号为 5TYC90，低压氮气透平压缩机出口压力为 1.0MPa，氮气透平压缩机主机型号为 3TYC90。

表 4-44 六种大型空分装置液氧储存与汽化系统设备技术性能参数

空分装置类型		KDON-10000/10000/320	KDON-12000/12000/350	KDON-20000/20000/700	KDON-25000/25000/830	KDON-40000/55000/1500	KDON-50000/60000/1480
液氧储槽	形式	立式、真空粉末绝热	平底粉末珠光砂绝热	平底粉末珠光砂绝热	平底粉末珠光砂绝热	平底粉末珠光砂绝热①	平底粉末珠光砂绝热
	有效容积/m^3	150	200	500	500	2000	2000
汽化器	形式	水浴式	水浴式	水浴式	水浴式	水浴式②	水浴式②
	汽化量（折合气态）/$m^3 \cdot h^{-1}$	6000	12000	20000	20000	20000	20000
	工作压力/MPa（G）	3.0	3.0	3.0	3.0	3.0	3.0
液氧泵③	形式	活塞式	活塞式	活塞式	活塞式	离心式	离心式
	流量（折合气态）/$m^3 \cdot h^{-1}$	6000	12000	20000	20000	20000	20000
	工作压力/MPa（G）	3.0	3.0	3.0	3.0	2.5	2.5
	电机功率/kW	18				40	40

① 平底粉末珠光砂绝热储槽内/外筒材质为 0Cr18Ni9/Q345R；

② 水浴式汽化器水泵电机功率 2×5.5kW，用水量 100m^3/h，蒸汽用量 2500kg/h，蒸汽压力 0.6MPa（G），设备质量 6500kg；

③ 液氧充车泵形式为离心式，流量 20m^3/h，工作压力 0.8 MPa（G），电机功率 15kW。

表4-45 六种大型空分装置液氮储存与汽化系统设备技术性能参数

空分装置类型		KDON-10000/10000/320	KDON-12000/12000/350	KDON-20000/20000/700	KDON-25000/25000/830	KDON-40000/55000/1500	KDON-50000/60000/1480
液氮储槽	形式	立式、真空粉末绝热	立式、真空粉末绝热	平底常压粉末珠光砂绝热①	平底常压粉末珠光砂绝热	平底常压粉末珠光砂绝热	立式、真空绝热
	公称容积/m^3	100	100	300	300	500	500
汽化器	形式	水浴式	水浴式	水浴式	水浴式	水浴式②	水浴式②
	流量（折合气态）/$m^3 \cdot h^{-1}$	6000	12000	20000	20000	20000	20000
	工作压力/MPa（G）	3.0	2.5	3.0	3.0	2.5	2.5
液氮泵③	形式	活塞式	活塞式	离心式	离心式	离心式	离心式
	流量（折合气态）/$m^3 \cdot h^{-1}$	6000	12000	20000	20000	20000	20000
	工作压力/MPa（G）	3.0	2.5	2.5	2.5	2.5	2.5
	电机功率/kW	18		40	40	40	40

① 平底粉末珠光砂绝热储槽内/外筒材质为0Cr18Ni9/Q345R；

② 水浴式汽化器水泵电机功率2×3.0kW，用水量65m^3/h，蒸汽用量5200kg/h，蒸汽压力0.7MPa（G），设备质量4500kg；

③ 液氮充车泵形式为离心式，流量20m^3/h，工作压力0.8MPa（G），电机功率15kW。

表4-46 六种大型空分装置液氩储存与汽化系统设备技术性能参数

空分装置类型		KDON-10000/10000/320	KDON-12000/12000/350	KDON-20000/20000/700	KDON-25000/25000/830	KDON-40000/55000/1500	KDON-50000/60000/1480
液氩储槽	形式	立式、真空粉末绝热	立式、真空粉末绝热	平底常压粉末珠光砂绝热①	平底常压粉末珠光砂绝热	平底常压粉末珠光砂绝热	立式、真空粉末绝热
	公称容积/m^3	50	200	300	300	500	100
汽化器	形式	空温式	空温式	水浴式	水浴式	空温式	水浴电加热
	流量（折合气态）/$m^3 \cdot h^{-1}$	300	400	1000	1000	1500	150
	工作压力/MPa（G）	3.0	2.0	3.0	3.0	2.5	3.0
液氩泵②	形式	活塞式	活塞式	柱塞泵	柱塞泵	柱塞泵	柱塞泵
	流量（折合气态）/$m^3 \cdot h^{-1}$	300	400	1000	1000	1500	150
	工作压力/MPa（G）	3.0	2.0	3.0	3.0	2.5	3.0
	电机功率/kW					7.5	5.5

① 平底粉末珠光砂绝热储槽内/外筒材质为0Cr18Ni9/Q345R；

② 液氩充车泵形式为离心式，流量20m^3/h，工作压力0.8 MPa（G），电机功率15kW。

5　大型内压缩流程空分装置

大型内压缩流程空分装置选择氧气产量分别为 15000m^3/h、25000m^3/h、30000m^3/h、35000m^3/h 四种类型进行介绍，其中 30000m^3/h 大型内压缩流程空分装置只介绍装置的主要技术性能参数与能源消耗，见 5.3 节。

5.1　KDON(Ar)－15000/30000/550 型内压缩空分装置

KDON(Ar)－15000/30000/550 型内压缩空分装置是广泛应用于冶金等行业的大型空分装置。它是一套采用填料塔、液氧内压缩和前段预净化流程的空分装置，即采用常温分子筛预净化，空气增压透平膨胀机提供装置所需冷量，空气增压膨胀，双塔精馏，液氧泵内压缩全精馏无氢制氩流程，同时设有液氮、液氧、液氩储存系统。整套装置的控制由 DCS 系统完成。该空分设备性能指标见表 5－1。

表 5－1　空分设备性能指标

产　品	产量（标态）/$m^3 \cdot h^{-1}$①	纯　度	出冷箱压力/MPa（G）
氧气	15000	≥99.6% O_2	3.0（内压缩）
液氧	500	≥99.6% O_2	0.1
氮气	30000	≤10×10^{-4}% O_2	0.005
液氮	500	≤10×10^{-4}% O_2	0.4
液氩	550	O_2≤2×10^{-4}%，N_2≤3×10^{-4}%	0.1

① 液体产品为折合标准状态（0℃，101.325kPa）的体积流量。

5.1.1　工艺流程

内压缩工艺流程原理见第 4.1 节大型外压缩空分装置总体介绍的有关内容，内压缩工艺与外压缩工艺流程相比，其特点是：

净化后的空气分成两路：一路直接进入主换热器，被返流的污氮气、氮气冷却后进入下塔；另一路进入增压机增压：其中一部分由机间抽出，去膨胀机增压端增压冷却后进入主换热器中，冷却到一定温度后再抽出进入透平膨胀机组的膨胀端进行绝热膨胀，产生装置所需大部分冷量，同时输出膨胀功给增压端用于膨胀空气增压，膨胀后进入下塔参加精馏。另一部分空气由增压机末段抽出，经增压机末端冷却器冷却，进入高压氧换热器，与被液氧泵加压的液氧换热，液化后再节流进入下塔中下部参加精馏。

进入下塔的空气经下塔初步分离，在下塔底部获得含氧约 38% 的富氧液空，在下塔中下部获得含氧约 23% 的贫液空，顶部获得纯度为 99.999% 的纯氮气。下塔的富氧液空和贫液空分别抽出，经过冷却器过冷后进入上塔的不同部位参加精馏，其中有一部分过冷后的富氧液空进入粗氩塔冷凝器，被粗氩气加热后变成液空蒸汽进入上塔参加精馏，而下塔顶的氮气则大部分进入冷凝蒸发器中，少部分进入精氩塔蒸发器中作为精氩热源。进入冷凝蒸发器的氮气被液氧冷却成液氮，其中一部分液氮回下塔作为下塔的回流液体，另一部分液氮经过冷器过冷后进入上塔参加精馏。

各种物流进入上塔，经过上塔的进一步分离，可在上塔顶部获得纯度为99.999%的氮气，中上部抽出污氮气，底部获得纯度为99.6%的液氧。氮气、污氮气经过冷器、主换热器复热后出冷箱；复热后的氮气一部分作为产品气（由氮压机加压至所需压力）送出，另一部分则送水冷却塔回收冷量。复热后的污氮气分成两部分：一部分作为分子筛吸附器的再生用气，另一部分也送入水冷却塔回收冷量。上塔底部抽出的部分液氧进入液氧泵加压至3.0MPa之后，进入高压氧换热器被增压空气复热至常温后直接送往用户。同时抽取部分液氧及液氮产品进入液体储槽待用，如图5－1所示。

从上塔中部抽出的氩馏分进粗氩塔底部，经粗氩塔的分离可在其顶部获得工艺氩，工艺氩再进入精氩塔，经精氩塔的精馏，可在精氩塔底获得纯液氩产品。

5.1.2 流程特点

5.1.2.1 采用液氧内压缩流程

空分采用空气循环单泵液氧内压缩流程，即采用增压空压机和液氧泵，并通过换热器系统的合理组织来取代氧压机。针对用户氧气压力高、装置规模大的特点，选择这一流程是安全可靠和经济合理的。本套设备具有多种产品及灵活的变工况能力，变负荷范围为70%~105%。采用这种流程，空分设备具有安全性好、可靠性高，操作维护方便、占地面积小、投资成本低、变负荷能力强以及节能效果明显等优点。

5.1.2.2 全精馏制氩

设备采用全精馏无氢制氩流程，我们知道，氧和氩的沸点比较接近，因此也较难分离，但我们把氩提出后，氧的提取率自然会升高，这种内压缩流程氧的提取率可以达到98%以上，氩的提取率可以达到80%以上，而传统外压流程氩的提取率一般都小于70%。

5.1.2.3 膨胀空气进下塔

设备采用膨胀空气进下塔，消除了拉赫曼气体对上塔的影响，因此产品氧和氩的提取率大大提高，又由于消除了膨胀空气对精馏的不利影响，因此液氧和液氮产品可以根据用户的要求任意调节。

5.1.3 设备机组配置

5.1.3.1 空气过滤系统

采用自洁式空气过滤器，滤纸为进口材料，正常处理气量（标态）为200000m^3/h，过滤精度大于2μm的颗粒为99.99%；大于1μm的颗粒为99%，过滤级别属GB/T 14295—93中高效等级。自洁过程由PLC实现自动化控制。

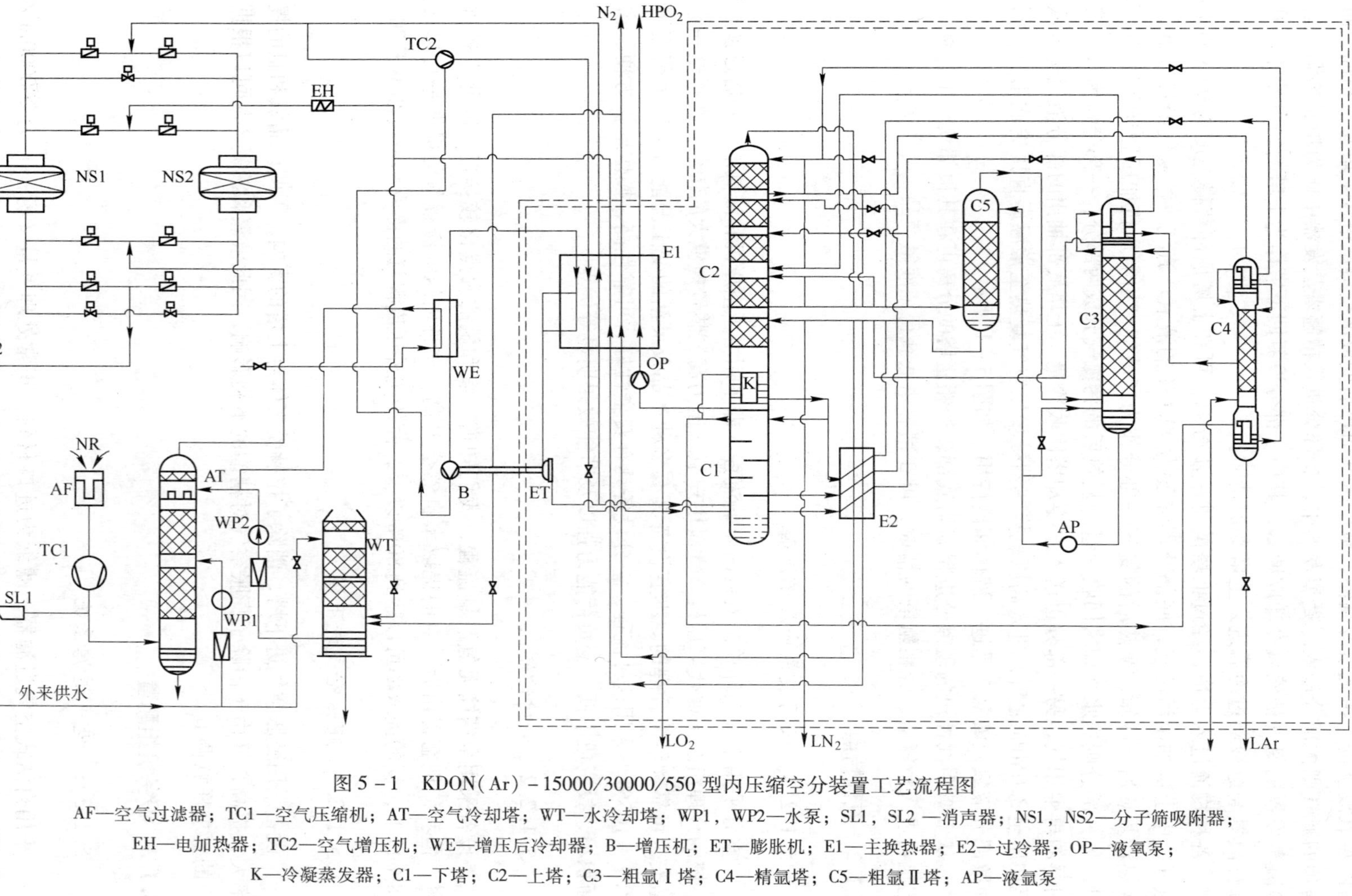

图 5-1 KDON(Ar)-15000/30000/550 型内压缩空分装置工艺流程图

AF—空气过滤器；TC1—空气压缩机；AT—空气冷却塔；WT—水冷却塔；WP1，WP2—水泵；SL1，SL2 —消声器；NS1，NS2—分子筛吸附器；EH—电加热器；TC2—空气增压机；WE—增压后冷却器；B—增压机；ET—膨胀机；E1—主换热器；E2—过冷器；OP—液氧泵；K—冷凝蒸发器；C1—下塔；C2—上塔；C3—粗氩Ⅰ塔；C4—精氩塔；C5—粗氩Ⅱ塔；AP—液氩泵

5.1.3.2 空气压缩系统

空压机、增压机采用多级离心式，用户可以根据自身条件选用电机或汽轮机拖动，如选用汽轮机，一般都是采用一拖二运行，即一台汽轮机一端拖动空压机，另一端拖动增压机。空压机排气压力和外压缩流程一样，一般都在0.52MPa（G）左右，增压机排压根据产品压力和液体产量的不同，一般在5.0~7.0MPa（G）之间。

5.1.3.3 空气预冷系统

空气预冷系统的任务是将空气由约100℃冷却到约10℃，以满足分子筛吸附器工作的要求，同时对压缩空气进行洗涤，除去对分子筛吸附剂有害的酸性气体，并同时设有冷水机组提供冷量。主要设备有空冷塔、水冷塔、冷水机组、水泵等。空冷塔、水冷塔均采用散堆填料，在塔的结构设计上充分考虑到防带水措施，主要采取高通量的槽式汽液分布器，为了防止在系统失压等极端情况下带水，在空冷塔上部增设了旋风分离器，确保空分的安全运行。冷水机组采用的是螺杆式压缩机组，冷量自动调节。

5.1.3.4 纯化系统

纯化系统的作用是除净空气中的水分、二氧化碳及部分碳氢化合物等杂质，主要设备有2台分子筛吸附器、1台蒸汽加热器或电加热器、1台放空消声器及自动切换阀等。

分子筛吸附器设计按长周期（240min）考虑，采用卧式双层床结构，分子筛和活性氧化铝采用球形结构。

蒸汽加热器或电加热器：根据用户蒸汽条件，可以选用蒸汽或电加热；如有蒸汽，一般采用卧式双管板结构，保证了蒸汽不会和再生气串漏；否则采用电加热器，为了防止对电网的冲击，一般都有调功柜调节。

切换阀门采用进口蝶阀或者国内质量非常好的成熟产品。

5.1.3.5 分馏塔系统

主换热器系统：目前换热器系统有采用高低压混合的，也有采用高压和低压分开的。高低压混合的优点是理论计算容易，不用调节，但制造成本高；而高低压分开则正好相反。

分馏塔系统：主要设置下塔、上塔、主冷、粗氩塔、精氩塔等，主要任务是通过低温精馏获得高纯度的氧、氮和氩产品。下塔采用高效筛板塔，上塔、粗氩塔和精氩塔采用规整填料塔，主冷采用单层布置。整个精馏系统做到了液体下流分布均匀，气体上升流速合理，热质交换充分，精馏效果好。

液氧泵和增压透平膨胀机：此设备产品氧压力为3.0MPa，为了保证整套设备运行的可靠性，液氧泵采用进口产品。该泵为多级离心式，配置进口变频器，采用一用一备的方式，备用为在线冷态备用，工作泵满负荷运转，备用泵低负荷运转；如果工作泵出现故障，备用泵会在短时间内达到工作负荷。增压透平膨胀机是空分设备的关键机组之一，为了保证设备运行的可靠性，本套设备配置了两台国产膨胀机，一用一备。本套设备中膨胀机采用中压膨胀，其技术在国内已经日臻成熟，且效率也较高，完全可以替代进口产品，这样的配置方式既经济又安全可靠。

调节阀：内压缩流程空分设备调节阀的选取难点在于高压节流阀，主要有高压空气（液空）节流阀和高压液氧回流阀，这些阀门由于压力等级高，阀门前后的压差非常大，对阀门的设计和制造要求很高，建议该类阀门采用进口产品；其他调节阀和外压流程差别不大，选用国产或合资产品即可。而高压节流阀之所以设计和制造时难度很大，是因为高压液体在节流的过程中可能出现“汽蚀”现象。“汽蚀”是材料在液体的压力和温度达到临界值时产生的一种破坏形式，分为“闪蒸”和“空化”两个阶段。调节阀里的闪蒸是不能预防的，能做到的就是防止闪蒸的破坏。在调节阀设计中影响闪蒸破坏的因素主要有阀门结构、材料性能和系统设计。对于“空化”破坏，可以采用曲折路径、多级减压和多孔节流的阀门结构予以防止。由于液体自重的原因，在冷箱的不同高度，高压节流阀前后的压力会有所不同。一般来说，阀门布置得低一点，液体节流后的压力会高一些，有利于避免“汽蚀”现象的发生，延长阀门的使用寿命。

冷箱内配管设计：冷箱内配管采用三维实体设计，主要管道都作应力分析。冷箱内管道管径选取适当，管道材料选取正确，管道走向布置合理，高压管道选用不锈钢材质，用进口异金属接头连接，部分高压铝管采用高强度的5083材料。

5.1.4　分馏塔外设备技术参数

5.1.4.1　原料空气过滤器

原料空气过滤器（1套）技术参数见表5－2。

表5－2　原料空气过滤器技术参数

项目名称	单　位	参　数	项目名称	单　位	参　数
介质		大气	最大压降	Pa	800
设计处理气量（标态）	m^3/h	200000	过滤精度	%	99.99
正常压降	Pa	650			

5.1.4.2　空气透平压缩机及空气增压机

空气透平压缩机（1套）技术参数见表5－3。空气增压机（1套）技术参数见表5－4。

表5－3　空气透平压缩机技术参数

项目名称	单　位	参　数	项目名称	单　位	参　数
排气量（标态）	m^3/h	80000	电机功率	kW	7800
进口压力	MPa（A）	0.098	轴功率	kW	6800
出口压力	MPa（A）	0.62	冷却水耗量	t/h	650

表5-4 空气增压机技术参数

项目名称	单 位	参 数	项目名称	单 位	参 数
进口气量（标态）	m^3/h	40000	进口压力	MPa（A）	0.59
中抽气量（标态）	m^3/h	19000	中抽压力	MPa（A）	2.30
出口气量（标态）	m^3/h	21000	出口压力	MPa（A）	6.0
相对湿度	%	0	电机功率	kW	3900
进口温度	℃	25	轴功率	kW	3400
出口温度	℃	40	冷却水耗量	m^3/h	450

5.1.4.3 空冷设备

空气预冷系统（1套）技术参数见表5-5。空气冷却塔与水冷却塔技术参数见表5-6。冷却水泵与冷冻水泵技术参数见表5-7。

表5-5 空气预冷系统技术参数

项目名称	单 位	参数	项目名称	单 位	参数
处理空气量（标态）	m^3/h	80000	冷却水进口温度	℃	33
空气进/出口温度	℃	100/10	冷冻水进口温度	℃	8
空气进/出口压力	MPa（A）	0.62/0.61	下部冷却水耗量	m^3/h	260
冷冻机组水耗量	m^3/h	150	上部冷冻水耗量	m^3/h	50

表5-6 空气冷却塔与水冷却塔技术参数

项目名称	单 位	空气冷却塔	水冷却塔
材质		Q345R	Q235
设计压力	MPa（G）	0.6	0.02
设计温度	℃	20	20
直径	mm	2800	2600
高度	mm	20800	16800
数量	台	1	1

表5-7 冷却水泵与冷冻水泵技术参数

项目名称	单 位	冷却水泵	冷冻水泵
流量（标态）	m^3/h	280	60
扬程	m	50	90
电机功率	kW	75	37
工作状态		1用1备	1用1备

5.1.4.4 纯化器

分子筛净化系统技术参数见表5-8。分子筛净化系统设备技术参数见表5-9。

表 5-8 分子筛净化系统技术参数

项目名称	单位	参数	项目名称	单位	参数
处理空气量（标态）	m^3/h	80000	排气中 CO_2 含量	%	$\leqslant 1\times10^{-4}$
进/出口温度	℃	10/15	切换周期	h	4
进气中 CO_2 含量	%	0.04	阻力	kPa	

表 5-9 分子筛净化系统设备技术参数

项目名称	单位	分子筛吸附器	电加热器	放空消声器
材质		Q345R	Q235	Q235
设计压力	MPa（G）	0.6	0.09	0.2
设计温度	℃	20	220	20
直径	mm	3600		
高（长）度	mm	8100		

5.1.4.5 增压透平膨胀机

增压透平膨胀机及其供油装置的技术参数见表 5-10。

表 5-10 增压透平膨胀机及其供油装置的技术参数

项目	单位	参数	项目	单位	参数
形式		增压机制动、反动式	数量	套	2（1用1备）
流量（标态）	m^3/h	19000	进/出口温度	K	158/101
进/出口压力	MPa（A）	3.07/0.58			

5.1.5 动力参数

5.1.5.1 用水参数

用水参数见表 5-11。

表 5-11 用水参数

序号	使用部机	台数/套	用水量/$t\cdot h^{-1}$
1	空气透平压缩机组	1	650
2	空气增压压缩机组	1	450
3	空冷塔下段	1	260
4	空冷塔上段（冷冻水）	1	50
5	冷冻机	1	150
6	膨胀机油冷却器	1	20
7	增压气体冷却器	1	40

5.1.5.2 用电参数

用电参数见表 5－12。

表 5－12 用电参数

序号	设备项目		数量/台	电器电机功率/kW	电压/V
1	空气压缩系统	空气透平压缩机电机	1	7800	10000
		空气增压压缩机	1	3900	10000
2	空气预冷系统	常温水泵电机	2	75	380
3		低温水泵电机	2	37	380
4		冷冻机	1	120	380
5	分子筛纯化系统	电加热器	3	630×2	380
6	增压膨胀机系统	膨胀机油泵电机	2	3	380
7		膨胀机油箱加热器	1	6	380
8	分馏塔系统	液氩泵	2	18	380
9		液氧泵	2	50	380

5.2 KDON(Ar)－25000/25000/960 型内压缩空分装置

5.2.1 主要技术性能参数

主要技术性能参数见表 5－13。

表 5－13 主要技术性能参数

产品	纯度	流量（标态）/$m^3 \cdot h^{-1}$	出冷箱压力/MPa（G）	备注
氧气	≥99.6% O_2	25000	3.0	内压缩
液氧	≥99.6% O_2	1000	0.16	
中压氮气	≤5×10^{-4}% O_2	25000	2.0	外压缩
液氮	≤5×10^{-4}% O_2	500	0.2	
液氩	O_2≤2×10^{-4}%， N_2≤3×10^{-4}%	960	0.2	

5.2.2 设备规格及其技术参数

5.2.2.1 空气压缩系统

空气压缩系统包括空气过滤器、空气压缩机和空气增压压缩机三大机组，其主要技术参数见表 5－14。

表 5 – 14　空气透平压缩系统三大机组技术参数

设　备	项　目	单　位	参　数
空气过滤器	形式		自洁式
	处理气量（标态）	m^3/h	260000
	过滤效率（≥2μm 杂质）	%	>98
	过滤阻力	kPa	约 0.65
	结构形式		立式、双层布置
	数 量	台	1
空气压缩机	形式		离心式
	排 气 量（标态）	m^3/h	129000
	吸气压力	MPa（A）	0.097
	排气压力	MPa（A）	0.62
	吸气温度	℃	28
	排气温度	℃	100
	相对湿度	%	70
	轴 功 率	kW	11300
	电机功率	kW	12500
	用 水 量	m^3/h	950
	数 量	台	1
空气增压压缩机	形式		离心式
	进气流量（标态）	m^3/h	72900
	进气压力	MPa（A）	0.585
	进气温度	℃	25
	中抽流量（标态）	m^3/h	34800
	中抽压力	MPa（A）	2.7
	中抽温度	℃	40
	排气流量（标态）	m^3/h	38100
	排气压力	MPa（A）	6.0
	轴 功 率	kW	5850
	电机功率	kW	6500
	用 水 量	m^3/h	650
	数 量	台	1

5.2.2.2　空气预冷系统

空气预冷系统技术参数见表 5 – 15。空气预冷系统设备技术参数见表 5 – 16。

表 5-15 空气预冷系统技术参数

项目	单位	参数	项目	单位	参数
处理气量（标态）	m^3/h	129000	循环水进口温度	℃	32
工作压力	MPa（G）	0.51	常温水用量	m^3/h	280
空气进塔温度	℃	100	低温水用量	m^3/h	70
空气出塔温度	℃	10			

表 5-16 空气预冷系统设备技术参数

项目名称	单位	空气冷却塔	水冷却塔	冷却水泵	冷冻水泵	冷水机组
形式		填料塔	填料塔	离心式	离心式	活塞式
外形尺寸	mm	ϕ3500×25000	ϕ3500×17000			
材质	℃	碳钢	碳钢			
电机功率	kW			90	55	180
用水量	m^3/h			280	120	270
水泵扬程	m			60	90	
制冷量	kW					700
数量	台	1	1	2	2	1

注：1. 常温水过滤器 3 台（2 用 1 备），外形尺寸 ϕ610mm×870mm；

2. 低温水过滤器 2 台（1 用 1 备），外形尺寸 ϕ467mm×970mm。

5.2.2.3 分子筛纯化系统

分子筛纯化系统技术参数见表 5-17。分子筛纯化系统设备技术参数见表 5-18。

表 5-17 分子筛纯化系统技术参数

项目	单位	参数	项目	单位	参数
处理气量（标态）	m^3/h	129000	排气中 CO_2 含量	%	1×10^{-4}
工作压力	MPa（G）	0.51	切换周期（单筒工作时间）	h	4
进气温度	℃	10	工作压力	MPa（G）	0.51
排气温度	℃	16	再生气量（标态）	m^3/h	26000
再生气温度	℃	175			

表 5-18 分子筛纯化系统设备技术参数

项目名称	单位	纯化器	电加热器	放空消声器
形式		卧式双层床	立式	
外形尺寸	mm		ϕ1200×6753	
吸附剂型号		13X-APG 分子筛+铝胶		
功率	kW		972	
数量	台	2	3（2 用 1 备）	1

5.2.2.4　分馏塔系统

分馏塔系统及设备技术参数见表 5－19 ~ 表 5－21。

表 5－19　分馏塔系统及设备技术参数（一）

项　目	单 位	分馏塔系统技术参数				
加工空气量（标态）	m^3/h	129000				
空气进塔压力	MPa（G）	0.485				
空气进塔温度	℃	16				
分馏塔系统设备技术参数						
设备名称		低压主换热器	高压主换热器	上 塔	下 塔[①]	工艺循环液氧泵
形式		铝制板翅式	铝制板翅式	规整填料塔	筛板塔	离心式（迷宫密封）
外形尺寸	mm	5700×1000×1058	5700×1220×1458	ϕ3700/ϕ3200×34600	ϕ3300×19500	
材料		铝合金	铝合金	铝合金	铝合金	
流量	L/h					160000
数量	台/组	1	1	1	1	2

① 下塔含主冷凝蒸发器。

表 5－20　分馏塔系统设备技术参数（二）

项目名称	单 位	粗氩 I 塔[①]	粗氩 Ⅱ 塔	精 氩 塔[②]	过 冷 器	喷射蒸发器
形式		规整填料塔	规整填料塔	规整填料塔	板翅式	立式
外形尺寸	mm	ϕ3500/ϕ2600×43120	ϕ2600×21840	ϕ700×20206	1800×1000×1100	
材料		铝合金	铝合金	铝合金	铝合金	Q235B
数量	台/组	1	1	1	4/1	1

① 粗氩 I 塔含冷凝蒸发器；
② 精氩塔含冷凝器和蒸发器。

表 5－21　分馏塔系统设备技术参数（三）

项目名称	单 位	氧气放空消声器	氮气放空消声器	循环液氩泵	液 氧 泵
形式		立式	立式	离心式迷宫密封，带变频	离心式迷宫密封，带变频
外形尺寸	mm				
流量	L/h			56000	32000
压力	MPa				3.05
数量	台	1	1	2（1 用 1 备）	2（1 用 1 备）

5.2.2.5　增压透平膨胀机组

增压透平膨胀机组技术参数见表 5－22。

表 5-22 增压透平膨胀机组技术参数

增压透平膨胀机组系统技术参数					
项目名称	单位	参数	项目名称	单位	参数
膨胀机流量（标态）	m^3/h	25000	膨胀机进气温度	℃	-116
流量调节范围	%	±20	膨胀机排气温度	℃	-173
膨胀机进气压力	MPa（A）	3.68	膨胀机绝热效率	%	86
膨胀机排气压力	MPa（A）	0.58	增压机流量（标态）	m^3/h	25000
增压机进气压力	MPa（A）	2.69	增压机流量调节范围	%	±20
增压机排气压力	MPa（A）	3.71			
增压透平膨胀机组技术参数					
设备名称	单位	增压透平膨胀机	供油装置	过滤器	增压后冷却器
数量	套	2	2	4①②	2

① 膨胀机过滤器 2 台；

② 增压机过滤器 2 台。

5.2.2.6 氮气压缩系统

氮气压缩系统技术参数见表 5-23。

表 5-23 氮气压缩系统技术参数

项目名称	单位	参数	项目名称	单位	参数
形式		离心式	排气压力	MPa（G）	2.0
流量（干燥，标态）	m^3/h	25000	排气温度	℃	<43
进口压力	MPa（G）	0.008	冷却水温度	℃	33
进口温度	℃	40	冷却水温升	℃	<8

5.2.3 仪表控制

5.2.3.1 常规仪表

仪表控制系统仅包括空分系统内部的仪表，不包括空气压缩机、增压机、氮压机所需仪表。装置所需仪表见表 5-24。

表 5-24 装置所需仪表

项目名称	单位	数量	项目名称	单位	数量
智能压力、差压变送器	台	约 80	电磁流量计	台	2
手持智能通讯器	台	1	单、双支铂热电阻（Pt100）	组	1
流量孔板	台	5	翻板式浮子液位计	台	2
均速管流量计	台	4	调节阀和自动切换阀	台	约 50
涡街流量计	台	3	电磁阀	台	22

5.2.3.2 分析仪器

在线分析仪组装在机柜内，成套提供，分析柜内配管完毕，包括预处理装置、标准气和第一次投运时所用的载气。其他规格的分析仪器见表5-25。

表5-25 其他规格的分析仪器

项目名称	单位	数量	项目名称	单位	数量
手动分析	台	1	氩中氮分析仪（$0\sim10\times10^{-4}\%N_2$）	台	1
液氧产品分析仪磁氧分析（97%~100%）	台	1	液氮产品分析仪微量氧分析($0\sim10\times10^{-4}\%$)	台	1
氩中氧分析仪（$0\sim10\times10^{-4}\%O_2$）	台	1	氩馏分分析仪（0~15% Ar）	台	1
CO_2分析仪红外分析（$0\sim5\times10^{-4}\%$）	台	1	水分析仪在线分析（-80~20℃）	台	1
污氮分析仪（0~5% O_2）	台	1	单支、双支铂热电阻（Pt100）	套	1

注：机旁柜、分析取样阀柜（含柜内仪表，仪表柜内部配线、配管完成），提供冷箱内用仪表管线、电缆等。

5.2.4 成套电器控制设备

5.2.4.1 高压开关柜

高压开关柜通常选移开式中置柜KYN28A-12型（配真空断路器），规格型号也可根据用户要求确定。微机综合保护装置装在开关柜内。产品标准见《3.6~40.5kV交流金属封闭开关设备和控制设备》（GB 3906—2006）。高压开关柜技术参数见表5-26。

表5-26 高压开关柜技术参数

项目名称	单位	数量	项目名称	单位	数量
技术参数：10kV分断能力31.5kA			空气压缩机控制柜	面	3
防护等级：IP20			增压压缩机控制柜	面	3
进线	面	2	氮压机控制柜	面	2
互感器	面	2	变压器控制柜	面	2
母联	面	1			

5.2.4.2 低压开关柜

低压开关柜技术参数见表5-27。

表5-27 低压开关柜技术参数

项目名称	技术参数	项目名称	技术参数
形式	抽出式开关柜	防护等级	IP20
产品标准	GB 7251.1—2005	数量/面	约16

5.2.4.3 直流屏

直流屏技术参数见表5-28。

表 5-28 直流屏技术参数

项目名称	技术参数	项目名称	技术参数
型号	DC220V，型号根据用户要求确定	铅酸免维护电池	65A·h 或 100A·h
产品标准		防护等级	IP20
数量/套	1		

5.2.4.4 机旁操作台（箱）

空分装置机旁操作台（箱）的产品标准见《低压成套开关设备和控制设备第五部分：对公用电网动力配电成套设备的特殊要求》（GB 7251.1—2008/IEC60439—5：2006）。配置数量见表 5-29。

表 5-29 配置数量

项目名称	单位	数量	项目名称	单位	数量
空压机、氮压机、增压机操作箱	只	3	膨胀机油站机旁箱	只	2
预冷水泵操作箱	只	2	液体泵控制箱	套	1
分子筛电加热器调功柜：SKTW1	台	3			

5.2.4.5 降压启动装置

空压机、增压机、氮压机均采用降压启动。装置类型：液阻降压启动装置或磁控式降压启动装置。

5.2.4.6 上位机系统

上位机系统包括：上位机操作台 1 台；UPS 电源（3kV·A）1 台；CRT 打印机、主机、键盘、鼠标等硬件 1 套。

5.3 KDON(Ar) -30000/30000/960 型内压缩空分装置

5.3.1 主要技术性能参数

主要技术性能参数见表 5-30。

表 5-30 主要技术性能参数

产品	纯度	流量（标态）/$m^3 \cdot h^{-1}$	出冷箱压力/MPa（G）
氧气	≥99.6% O_2	30000	2.5
液氧	≥99.6% O_2	1600	0.15
氮气	≤5×10^{-4}%O_2	30000	0.01
液氮	≤5×10^{-4}%O_2	1400	0.1
液氩	O_2≤2×10^{-4}%，N_2≤3×10^{-4}%	1200	0.15

5.3.2 装置动力参数

装置动力参数见表 5-31。

表 5 - 31　装置动力参数

项　　目	电耗/kW · h	装机功率/kW	循环水量/$m^3 \cdot h^{-1}$	备　注
空气透平压缩机	约 12600	约 14000	约 1400	全凝式汽轮机驱动
空气增压机	约 7950	约 8500	约 800	全凝式汽轮机驱动
冷却水泵	64	75 × 2	380	
冷冻水泵	68	75 × 2	160	
冷水机组	150	240	200	
增压透平膨胀机组	3	3 × 2	75	
电加热器	900（平均）	1250 × 2		
粗氩泵	22	30 × 2		
液氧泵	52	65 × 2		
仪表系统使用功率	10	10		
氮气透平压缩机 20000m^3/h（标态），2.6MPa	约 3040	约 3400	约 350	

5.3.3　空气压缩机与空气增压机技术参数

空气压缩机与空气增压机技术参数见表 5 - 32。

表 5 - 32　空气压缩机与空气增压机技术参数

项　　目	单　位	空气压缩机	空气增压机
形式		离心式	离心式
进口流量（标态）	m^3/h		102000
出口流量（标态）	m^3/h	158000	55000
进口压力	MPa（A）	0.098	0.58
进口温度	℃	30	25
相对湿度	%	80	0
排气压力	MPa（A）	0.61	5.2
排气温度	℃	< 105	≤40
调节范围	%	75 ~ 105	
中抽压力	MPa（A）		1.9
中抽流量（标态）	m^3/h		47000

5.4　KDON(Ar) - 35000/70000 型内压缩空分装置

本装置用于非冶金企业，其特点是输出氧气、氮气压力较高，而且空气压缩机和增压机采用汽轮机驱动，以示例的形式进行介绍，供冶金企业选择空分装置时借鉴。

5.4.1　装置概况

装置为常温分子筛预净化，增压透平膨胀机提供所需冷量，汽轮机驱动空气压缩机和增压机，双塔精馏，液氧、液氮内压缩流程。

机组包括：空气过滤系统、空气压缩系统、空气预冷系统、分子筛纯化系统、分馏塔系统、氮气压缩系统、液氧与液氮储存汽化系统、仪控及电控系统。机组产品性能见表5－33。

表5－33 机组产品性能

产品名称	产品规格（含O_2）	温度/℃	压力/MPa	产量（标态）/$m^3 \cdot h^{-1}$	
				正常量	最大量
氧气	≥99.8%	36	5.0	35000	37500
中压氮气	≤10^{-4}%	100	3.3	23500	25700
高压氮气	≤10^{-4}%	36	8.1	15000	17000
低压氮气Ⅰ	≤10^{-4}%	36	0.7	4600	5000
低压氮气Ⅱ	≤10^{-4}%	36	0.44	8000	9000
低压氮气Ⅲ	≤10^{-4}%	12	0.005	7000	8400
液氧	≥99.8%	饱和	0.15	300	
液氮	≤10^{-4}%	饱和	0.45	300	
仪表空气	露点－40℃	40	0.7	2800	3200

5.4.2 空气净化与分离

5.4.2.1 空气过滤与压缩

用于空气分离的流程空气在由空压机压缩之前必须经过空气过滤器的过滤。通过纯化器净化后的空气，部分进入增压机增压后送入高压换热器。一台汽轮机可同时驱动空压机和增压机。

5.4.2.2 空气预冷和前置净化

空气经空气压缩机组压缩后，在空冷塔中与水直接接触得到冷却和清洗。进空冷塔下段的冷却水系循环水由冷却水泵往上打；进空冷塔上段的水为冷冻水。这部分水是先在水冷塔中被出冷箱的污氮降温，再经冷冻水泵送入氨蒸发器中进一步冷却后得到的。在空冷塔顶部设有旋风分离器和除雾器以除去空气中的水雾。

空气出空冷塔后，通过分子筛吸附器除去水分、二氧化碳及碳氢化合物。此装置由装有活性氧化铝和分子筛的两只吸附器组成。当一只使用时，另一只进行再生。

在加热阶段，来自冷箱的污氮气在蒸汽加热器中被加热后作为再生气体。

净化后的空气分成两部分，其中大部分直接进入冷箱，另一部分经增压机增压、冷却器冷却后送入冷箱。

5.4.3 空气精馏

空气出吸附器后，分为两部分，其中大部分直接进入冷箱，这部分空气先在低压换热器中与从上塔出来的产品气进行对流换热，使其冷却到接近液化温度，然后进入下塔底部进行分离。另外一股通过空气增压机进一步压缩，从第一段抽出 0.7MPa 的仪表空气和工厂空气，从第二段抽出相当于膨胀量的膨胀空气，经膨胀机增压端压缩及增压机后冷却器冷却后，再进入高压主换热器冷却，经膨胀机膨胀后进入下塔；剩余的空气经增压机压缩至规定压力后送至冷箱内高压交换，换热冷却为液体后，节流送至下塔。

下塔的上升气流通过与回流液体进行热、质传递，含氮量逐渐增加。所需的回流液来自下塔顶部的冷凝蒸发器。在此，上塔底部的液氧得到蒸发，下塔顶部的氮气得到冷凝。

在下塔中，从上到下的产物依次是：纯液氮→污液氮→低压氮气Ⅱ→含氧量较低的“贫液空”→含氧量较高的“富氧液空”。

纯液氮从下塔顶部抽出，一部分在液氮泵中被压缩至所需压力，然后送至高压主换热器中通过与高压空气热交换而得到蒸发并被加热至设计温度后送出；部分纯液氮在过冷器中过冷后送入上塔顶部做回流液；少部分作为液体产品抽出。

污液氮在过冷器中过冷后被用作上塔的回流液。

低压氮气Ⅱ从下塔顶部抽出，经低压主换热器复热后送出。0.44MPa 的压力氮气可直接使用，若需更大压力氮气则由氮压机增压。

贫液空经过冷器过冷节流后送至上塔作回流液。

富氧液空经过冷器过冷后节流，部分送入上塔参与精馏，其余进入粗氩塔冷凝器，汽化后送入上塔。

在上塔由上到下的产物及馏分依次有：上部产生污氮→顶部产生高纯氮气→中部抽取氩馏分→底部产生液氧。

液氧从上塔底部抽出。需要时液氧可以作为产品送出冷箱，其余在液氧泵中被压缩至所需压力，送到高压主换热器中与高压空气换热，汽化并被复热至设计温度作为产品氧气输出。

纯氮气从上塔抽出后经过冷器和低压主换热器，作为低压产品氮气Ⅲ输出。

设计要点：为了防止杂质聚积带来危害，采取了双保险安全措施。一是在前置净化装置中的分子筛可除去大部分危险杂质。二是通过从冷凝蒸发器排放液氧来减少杂质的聚积，液氧连续不断地从上塔底部抽出。

5.4.4　产品输出

5.4.4.1　气氧回路

氧气以所要求的 5.0MPa 压力直接从冷箱输出。

5.4.4.2　液氧回路

折合气态(标态)后，300m^3/h 液氧从上塔底部抽出，送至储槽。

5.4.4.3　液氮回路

折合气态(标态)后，300m^3/h 液氮从下塔顶部抽出，送至储槽。

5.4.4.4 气氮回路

上塔低压氮气Ⅲ出冷箱后分为三路：一路直接送用户；另一路送离心式氮压机压缩至设计压力后送用户；其余氮气送至水冷塔。压力氮气以所需压力 0.44MPa 直接从冷箱输出；0.7MPa 与 3.3MPa 的氮气需用氮压机压缩后送出；高压氮气以所需压力 8.1MPa 直接从冷箱输出。

5.4.5 其他技术措施

5.4.5.1 设备的冷量

设备运行中所需的冷量由部分空气通过透平膨胀机膨胀后得到。

这部分空气先经另一端的增压机增压，然后送入冷箱中的低压主换热器，经冷却后送入膨胀机中膨胀，最后送入下塔参与精馏。

5.4.5.2 污氮气回路

一路污氮气用于分子筛吸附器的再生，另一路送至水冷塔用于冷却水，其余小部分送至冷箱充气。

5.4.5.3 仪表空气及设备除霜用的干燥空气

装置正常运行时所需的仪表空气和解冻除霜用的干燥空气从分子筛吸附器的出口抽出后送至仪表空气管网和透平膨胀机，用于透平膨胀机的局部解冻。

5.4.5.4 气体排放

装置的废气送至消声器后排入大气。

5.4.5.5 残液排放

从冷箱排出的所有低温残液汇集后，送至喷射蒸发器并由蒸汽汽化后排入大气。

5.4.5.6 密封气

密封气由增压机中抽气体减压后得以使用。

5.4.6 装置主要特性

(1) 生产能力：氧气产量（标态）35000m^3/h，最大可达 37500m^3/h。

(2) 汽轮机驱动：用一台汽轮机同时驱动空气压缩机与增压机。

(3) 空气在空冷塔预冷：中部冷却水来自循环水系统，顶部冷冻水来自氨冷系统。

(4) 空气用分子筛吸附器净化，除去空气中的水分和 CO_2。

(5) 内压缩流程：高压氧产品通过液氧在高压换热器中与逆流压缩空气换热蒸发获得，高压氮产品通过加压后的液氮在高压换热器中与逆流压缩空气换热蒸发获得。

5.4.7　主要设备规格及技术参数

5.4.7.1　自洁式空气过滤器

自洁式空气过滤器的结构形式为双层滤筒式。正常流量为 8000m^3/min，初始阻损不大于 300Pa，反吹压力 0.6～0.8MPa。

5.4.7.2　空气压缩机

空气压缩机为多级透平式压缩机，汽轮机驱动，带中间冷却器、疏水装置等，其技术参数见表 5－34。

表 5－34　空气压缩机技术参数

项目名称	单位	参数	项目名称	单位	参数
设计流量（标态）	m^3/h	190000	负荷调节范围	%	70～105
进口压力	MPa（A）	0.098	冷却水温度	℃	32
排气压力	MPa（G）	0.52	冷却水温升	℃	<8
进口温度	℃	32	冷却水用量	m^3/h	1300
出口温度	℃	<105	空气压缩机轴功率	kW	15792
相对湿度	%	80			

5.4.7.3　空气增压压缩机

空气增压压缩机为多级透平式压缩机，汽轮机驱动，带中间冷却器，其技术参数见表 5－35。

表 5－35　空气增压压缩机技术参数

项目名称	单位	参数	项目名称	单位	参数
设计流量（标态）	m^3/h	103000	进口温度	℃	25
进口压力	MPa（G）	0.49	相对湿度	%	0
中抽流量 1① （标态）	m^3/h	3700	中抽流量 2② （标态）	m^3/h	30000
中抽压力 1	MPa（G）	0.7	中抽压力 2	MPa（G）	2.7
中抽温度 1	℃	≤40	中抽温度 2	℃	≤40
排气压力	MPa（G）	7.0	排气温度	℃	≤40
冷却水温度	℃	32	冷却水用量	m^3/h	1198
冷却水升温	℃	8	增压压缩机轴功率	kW	10566
负荷调节范围	%	70～105			

① 中抽流量 1。工厂空气及仪表空气量（标态）3700m^3/h，0.7MPa（G），不大于 40℃；

② 中抽流量 2。膨胀空气量（标态）30000m^3/h，2.7MPa（G），不大于 40℃。

5.4.7.4　驱动用蒸汽轮机

驱动用蒸汽轮机技术参数见表 5－36。

表5-36 驱动用蒸汽轮机技术参数

项目名称	单位	参数	项目名称	单位	参数
蒸汽轮机形式		抽汽式汽轮机	蒸汽温度	℃	490~510
蒸汽耗量	t/h	约136.5	蒸汽压力	MPa (G)	8.9~9.3
抽汽压力	MPa (G)	3.82	抽汽温度	℃	420
抽汽量	t/h	38.5①	冷却水用量	m^3/h	9000
额定功率	kW	28995			

① 38.5为平均值。最小抽汽量25t/h；最大抽汽量52t/h。

5.4.7.5 空气预冷系统

空气预冷系统设计参数见表5-37。

表5-37 空气预冷系统设计参数

项目名称	单位	参数	项目名称	单位	参数
冷却水量	m^3/h	550	回水温度	℃	41.1
冷冻水量	m^3/h	120	空气进口温度	℃	100
冷冻水温度	℃	8.1	空气出口温度	℃	8.8

5.4.7.6 空冷塔

空冷塔为立式、直接接触式的换热塔，装有填料、格栅和液体分配器，冷却流体为来自循环水管网的冷却水和来自水冷塔及氨蒸发器的冷冻水。空冷塔技术与设计参数见表5-38。

表5-38 空（水）冷塔技术与设计参数

空冷塔			水冷塔		
项目名称	单位	技术参数	项目名称	单位	设计参数
塔径	mm	4000（3400）	污氮进口温度	℃	19.1
总高	mm	27840（21560）	处理水流量	m^3/h	120
壳体材料		Q345R（Q235A）	进水温度	℃	32.1
填料总容积	m^3	151（约111）	出水温度	℃	20.7
质量（包括填料）	kg	76600（33740）	污氮流量	m^3/h	43000

5.4.7.7 水冷塔

水冷塔为立式、直接接触式的换热塔，装有填料、格栅和分配器。冷却流体为来自循环水管网的冷却水。水冷却塔设计与技术参数见表5-38。

5.4.7.8 氨蒸发器

氨蒸发器技术与设计参数见表5-39。

表 5-39　氨蒸发器技术与设计参数

项目名称	单位	设计参数	项目名称	单位	设计参数
进水温度	℃	21	壳体材料		Q345R + 钢管 20
出水温度	℃	8.1	氨用量	kg/h	5700
外形尺寸	mm	ϕ1518 × 8080	设备质量	kg	10254

5.4.7.9　纯化系统

纯化系统技术与设计参数见表 5-40。

表 5-40　纯化系统技术与设计参数

项目名称	单位	设计参数	项目名称	单位	设计参数
吸附时操作温度	℃	10～15	氧化铝类型		5A
再生温度（正常）	℃	170	外形尺寸	mm	ϕ3932 × 11932
再生气体		污氮	吸附剂（氧化铝）	kg	2 × 10950
切换周期	h	8	吸附剂（分子筛）	kg	2 × 43740
分子筛类型	13X - APG 2.361mm × 1.397mm（8 × 12 目）				

5.4.7.10　蒸汽加热器

再生用蒸汽加热器用于正常再生，蒸汽加热器技术参数见表 5-41。

表 5-41　蒸汽加热器技术参数

项目名称	单位	设计参数	项目名称	单位	设计参数
加热介质		污氮	出口温度	℃	175.1
污氮（标态）	m^3/h	43000	蒸汽进口	MPa	1.2
进口压力	MPa	0.014	蒸汽温度	℃	191.9
蒸汽耗量（标态）	m^3/h	5000			

5.4.7.11　分馏塔内换热设备

分馏塔内换热设备技术参数见表 5-42。

表 5-42　分馏塔内换热设备技术参数

项目名称	单位	低压主换热器	高压主换热器	冷凝蒸发器	过冷器
形式		真空钎焊铝制板翅式	真空钎焊铝制板翅式	铝合金	铝合金
设计温度	℃	-200～40	-196～65	-180	-200～40
外形尺寸	mm		1219 × 1557 × 5791	ϕ3840 × 8130	1200 × 1222 × 2662
主材		5052，5083	5083	5052，5083	5052，5083
数量	组/套	1	1	1	1

5.4.7.12 下塔

下塔为筛板塔，直径 ϕ3600mm，设计压力 0.6MPa，设计温度 -196℃，主要材料 5083。

5.4.7.13 上塔

上塔为规整填料塔，直径 ϕ3550mm，设计压力 0.08MPa，设计温度 -196℃，主要材料 5052。

5.4.7.14 氩塔

粗氩塔为规整填料塔，直径 ϕ2500mm，设计压力 0.08MPa，设计温度 -196℃，主要材料 5052。

5.4.7.15 增压透平膨胀机

两台带增压机的透平膨胀机用空气膨胀来提供装置所需的冷量，其技术参数见表 5-43。

表 5-43 增压透平膨胀机技术参数

项目名称	单 位	膨胀机	增压机
工作介质		空气	空气
流量（标态）	m^3/h	30000	30000
进口压力	MPa	3.8	2.8
进口温度	℃	-116	40
出口压力	MPa	0.59	3.84
数量	台	2	2

5.4.7.16 蒸发器

蒸发器用于蒸发冷箱停车后排出的液体，它放置在冷箱旁边。

5.4.7.17 液氧、液氮泵

液氧、液氮泵技术参数见表 5-44。

表 5-44 液氧、液氮泵技术参数

项目名称	单 位	液氧泵	液氮泵
工作介质		液 氧	液 氮
流量（标态）	m^3/h	40000	20000
进口压力	MPa	0.15	0.45
出口压力	MPa	5.2	8.3
数 量	台	2	2

5.4.7.18 氮气压缩机组

氮气压缩机组技术与设计参数见表5－45。

表5－45 氮气压缩机组技术与设计参数

项目名称	单 位	活塞式氮压机	氮气透平压缩机
工作介质		氮 气	氮 气
流量（标态）	m^3/h	5000	23500
进口压力	MPa（G）	0.43	0.005
排气压力	MPa（G）	0.7	3.3
进口温度	℃		30
排气温度	℃	40	100
单机水用量	t/h	20	460
压缩机轴功率	kW		4008
压缩机功率	kW	132	4900
数量	台	2	1

5.4.8 装置动力参数

装置动力参数汇总表见表5－46。

表5－46 装置动力参数汇总表

装置系统名称		10kV	380V	220V	用水量 $/m^3\cdot h^{-1}$	蒸汽用量 $/t\cdot h^{-1}$	液氨用量 $/kg\cdot h^{-1}$	备 注
		设备功率/kW						
空气过滤器①				0.8				
空气压缩系统	汽轮机②		2×18.5＋0.55		9000	136.5		一拖二
	空气压缩机		2×90	4×17.5	1300			汽轮机拖动
	空气增压机				1195			汽轮机拖动
冷却水泵		132			550			1用1备
冷冻水泵		75			120			1用1备
氨蒸发器							5700	
分子筛吸附器③④								
蒸汽加热器						5000		1.2MPa
膨胀机			3	5	55			1用1备
液氧泵			144					1用1备
液氮泵			175					1用1备
离心式氮压机		4900	2×22	2×17.5	460			

续表 5-46

装置系统名称	10kV	380V	220V	用水量 /$m^3\cdot h^{-1}$	蒸汽用量 /$t\cdot h^{-1}$	液氨用量 /$kg\cdot h^{-1}$	备 注
	设备功率/kW						
活塞式氮压机		132		20			1用1备
液氧充瓶泵		5.5					
液氮充瓶泵		5.5					

① 空气过滤器润滑油一次填充量 340kg;

② 汽轮机输出功率 28995kW;

③ 氧化铝填充量 2×10950kg;

④ 分子筛填充量 2×43740kg。

6　稀有气体全提取 KDON（Ar）-35000/40600/1100 型空分装置

6.1　主要技术性能参数

6.1.1　产品组成

稀有气体全提取空分装置产品组成见表 6-1。

表 6-1　稀有气体全提取空分装置产品组成

产　品	设计工况（7%液体量）	最小气氧工况	最大气氧工况	最大液氧工况（80%/105%）	纯　　度	出装置压力
氧气/$m^3 \cdot h^{-1}$	35000	28000	38200	26400/35000	≥99.7% O_2	50 kPa（G）
液氧/$m^3 \cdot h^{-1}$	350	280	350	1450/2130	≥99.7% O_2	进储槽
高纯液氧/$m^3 \cdot h^{-1}$	160	160	160	160	≤1.0×10^{-4}% Ar ≤0.5×10^{-4}% N_2	进储槽
氮气/$m^3 \cdot h^{-1}$	40000	40000	40000	40000	≤ 1.0×10^{-4}% O_2	
氮气/$m^3 \cdot h^{-1}$	600	600	600	600	≤10×10^{-4}% O_2	下塔顶抽，用于氧透密封
液氮/$m^3 \cdot h^{-1}$	750	400	0	0	≤1.0×10^{-4}% O_2	进储槽
液氩/$m^3 \cdot h^{-1}$	1100	920	1250		≤1.0×10^{-4}% O_2 ≤1.0×10^{-4}% N_2	进储槽
中压气氩/$m^3 \cdot h^{-1}$				920/1250	≤1.0×10^{-4}% O_2 ≤1.0×10^{-4}% N_2	3.0MPa（G）
粗制氖氦/$m^3 \cdot h^{-1}$	4.5	4.5	4.5	4.5	45.966% Ne 14.353% He	
粗制氪氙/$m^3 \cdot h^{-1}$	60	60	60	60	≤0.3% CH_4 0.25% Kr+0.02% Xe	进储槽

注：1. 出空分装置冷箱的液氮、气氮、液氩、气氩均为高纯氮、氩产品。液体产品为折合气态后的数据。m^3/h 指0℃，101.325kPa（A）状况下干燥气体的体积流量。

2. 最小气氧工况设计要求：空气量是按空压机排气量的80%，液氧产量为1%的氧气量，粗制氖氦、氪氙和高纯液氧按设计工况时的产量。

3. 最大气氧工况设计要求：空气量是按空压机排气量的105%，液氧产量为1%的氧气量，粗制氖氦、氪氙和高纯液氧按设计工况时的产量。

4. 最大液氧工况设计要求：空气量分别按空压机排气量的80%、105%，粗制氖氦、氪氙和高纯液氧按设计工况时的产量，氩产品全部按气氩产品设计。

6.1.2　高纯产品质量指标

高纯氧、氮、氩产品质量指标符合表 6-2 的要求。

表 6-2 高纯氧、氮、氩产品质量指标

高纯氧质量指标	高纯氮质量指标	高纯氩质量指标
99.9998% O_2	99.9996% N_2	99.9996% Ar
≤1.0×10⁻⁴% Ar	≤1.0×10⁻⁴% O_2	≤1.0×10⁻⁴% O_2
≤0.5×10⁻⁴% N_2		≤1.0×10⁻⁴% N_2
	≤0.5×10⁻⁴% H_2	≤1.0×10⁻⁴% H_2
≤0.1×10⁻⁴% CO		≤0.5×10⁻⁴% CO
≤0.1×10⁻⁴% CO_2	≤0.5×10⁻⁴% CO_2	≤0.5×10⁻⁴% CO_2
≤0.1×10⁻⁴% THC	≤0.5×10⁻⁴% THC	≤0.5×10⁻⁴% THC
≤0.1×10⁻⁴% H_2O	≤1.0×10⁻⁴% H_2O	≤1.0×10⁻⁴% H_2O
≤0.5×10⁻⁴%（总烃以 CH_4 计）	≤1.0×10⁻⁴%（CO_2+CH_4）	≤1.0×10⁻⁴%（$CO+CO_2+CH_4$）

6.1.3 工艺流程

原料空气经过滤压缩至 0.62MPa（A），再经过空气预冷系统预冷和分子筛纯化系统净化后，分为三路：第一路进入主换热器与返流的氧气、氮气、污氮气换热，被冷却至液化点，出换热器后分两路，一路直接进入下塔 C1 下部，另一路去氪氙塔的蒸发器作液氧蒸发的热源，被冷凝成液体后进入下塔中下部；第二路去增压透平膨胀机的增压端，增压后进入主换热器冷却，被冷却到一定温度后抽出去膨胀机膨胀，膨胀后的空气进入上塔 C2 中部参加精馏；第三路少量空气进入中压氩换热器与液氩换热，被冷却到液化温度后进入下塔下部。空气经下塔 C1 初步精馏后，获得液空、纯液氮和贫液空，并经过冷器 E3 过冷节流后进入上塔 C2。经上塔进一步精馏后，在上塔底部获得液氧，分别从主冷中部及上塔底部抽取液氧送入氪氙塔，液氧在氪氙塔内进一步精馏后塔顶得到低压氧气，底部浓缩得到贫氪氙，低压氧气进入主换热器 E1，复热后出冷箱，进入氧气管网。在下塔顶部获得纯液氮，压力氮气。压力氮气进入主换热器 E1，复热后出冷箱进入压力氮气管网送往氧压机作密封气及安保用气；从过冷器后液氮管抽取过冷液氮进入液氮储存系统。从上塔顶部引出氮气经过冷器 E3 和低压板式换热器 E1 复热出冷箱后送往氮压机，多余部分送往水冷塔。从上塔上部引出污氮气，经过冷器、主换热器复热后出冷箱，首先满足用作分子筛的再生气体的需要，多余部分送往水冷塔。从上塔中下部抽取氩馏分去粗氩塔，塔顶得到合格的工艺氩，工艺氩气送去精氩塔中部进一步精馏，塔底得到合格的高纯液氩。高纯液氩产品进入液氩量筒，出量筒后液氩分为两路：一路直接送出冷箱后进入高纯液氩储槽；另一路通过中压变频液氩泵压缩至 3.0MPa（G）后，进冷箱中压氩换热器换热后送出冷箱，进入中氩氩气管网。2000m³ 平底珠光砂绝热高纯液氩储槽蒸发的气氩和中压氩泵的返回气全部进入精氩塔回收。从粗氩塔Ⅱ下部抽取高纯氧馏分去高纯氧塔参加精馏，高纯氧塔底部得到高纯液氧产品送入储存系统。从主冷气氮和液氮两侧分离筒顶抽取制取粗氦氖原料气进入氦氖塔参加精馏，塔顶得到粗制氦氖产品气，该小股气沿冷箱壁复热后出冷箱后去产品管网。

稀有气体全提取空分装置工艺流程如图 6-1 所示。

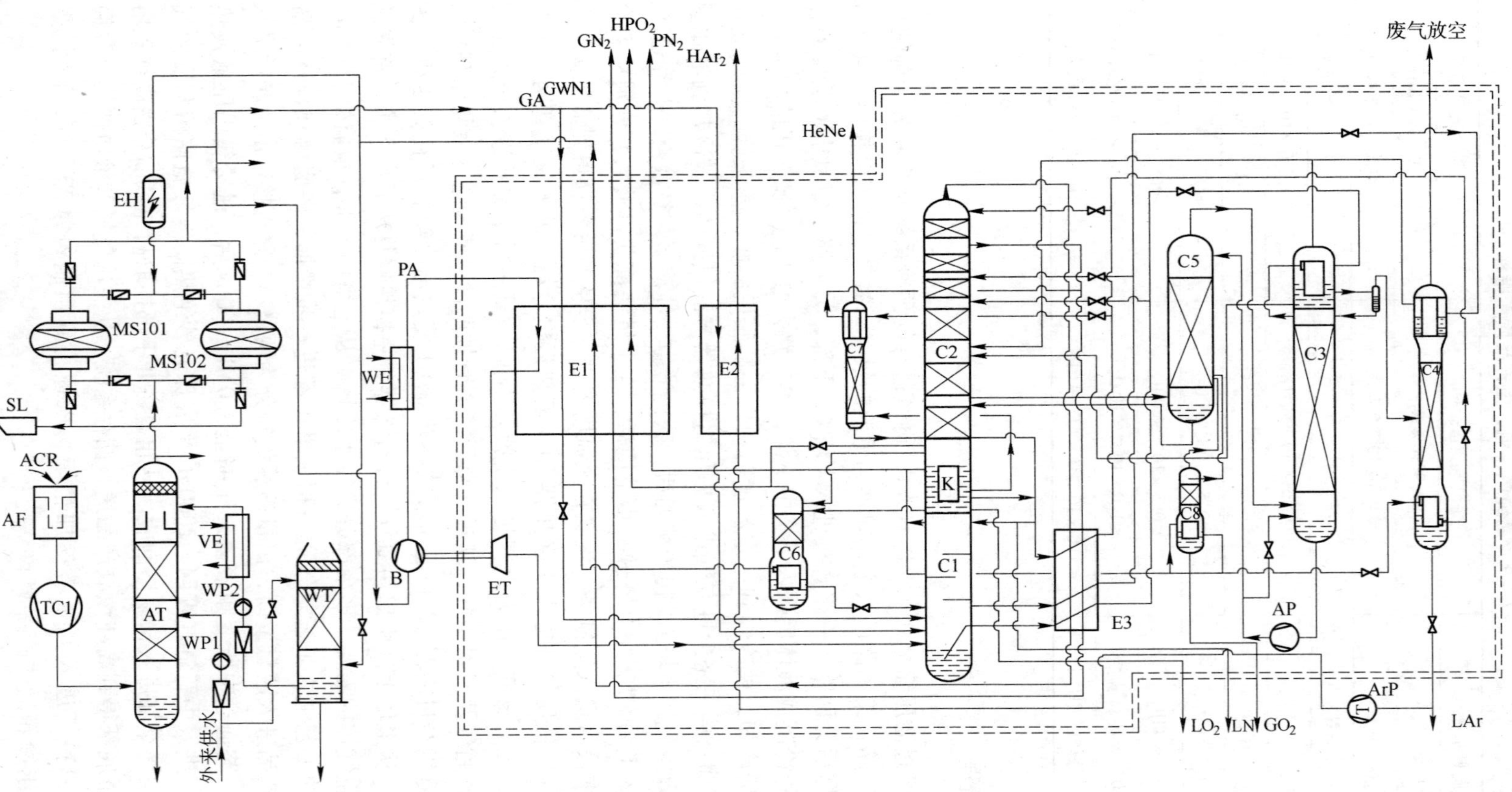

图 6 - 1　稀有气体全提取空分装置工艺流程

AF—空气过滤器；TC1—原料空压机；AT—空气冷却塔；WT—水冷却塔；WP—水泵；MS—吸附器；SL—放空消声器；WE—冷却器；EH—电加热器；B—膨胀机增压端；ET—膨胀机膨胀端；E1—主换热器；E2—氩换热器；E3—过冷器；K—冷凝蒸发器；C1—下塔；C2—上塔；C3，C5—粗氩塔；C4—精氩塔；AP—液氩泵；C6—氪氙塔；C7—氦氖塔；C8—高纯氧塔；ArP—液氩泵；HPO_2—氧气；PN_2—压力氮气；HAr_2—高压氩气

6.1.4 流程特点

6.1.4.1 透平空气压缩系统

空压机采用单轴离心式，叶轮采用高效节能“全可控涡”三元流理论，计算机模拟设计，制造采用五轴坐标数控铣床加工，整机效率高，占地面积小。

6.1.4.2 预冷系统

空冷塔采用填料塔，阻力小于10kPa，换热效率高（空气出口与冷水进口温差小于1℃）。空冷塔上端设置捕雾器可防止液泛和雾状游离水带入分子筛吸附系统。

水冷塔采用填料塔，阻力小，换热效率高。

6.1.4.3 纯化系统

分子筛吸附器采用卧式双层床结构（活性氧化铝+分子筛）。加热器2用1备，采用单支可抽式电加热管，使用简单，检修方便。

6.1.4.4 分馏塔系统

主换热器采用混合式，换热器自平衡能力强，热端温差小于3℃。

下精馏塔采用新型高效大直径对流筛板塔，精馏效率高于传统环流塔约12%。

上塔、氩塔、氪氙塔、氦氖塔和高纯氧塔均采用高效规整填料塔。

氧气出冷箱采用液氧自增压流程，液氧从主冷底部引出送入氪氙塔液氧蒸发器中，被空气加热汽化后进入主换热器，复热后出冷箱进入氧气透平压缩机（吸入压力≥45kPa（G））压缩至所需压力进入氧气管网。同时，氪氙塔底部液氧浓缩得到贫氪氙。

设置冷箱安保系统即设置压力、分析、温度，对冷箱内部实时监控。

6.1.4.5 液体储存及汽化系统

设置2000m^3平底珠光砂绝热高纯液氩储槽，液氩充车时槽车内残留的氩气回收至储存系统。

6.2 设备规格及其技术参数

6.2.1 透平空气压缩机组

6.2.1.1 空气过滤器

空气过滤器技术参数见表6-3。

表6-3 空气过滤器技术参数

项 目	单 位	技术参数	项 目	单 位	技术参数
处理气量	m^3/h	400000	报警阻力	Pa	700
效率（≥2μm）	%	99.99	终阻力	Pa	800
正常运行	Pa	150~650	数 量	台	1

6.2.1.2 空气压缩机

空气压缩机技术参数见表6-4。

表6-4 空气压缩机技术参数

项目	单位	技术参数	项目	单位	技术参数
排气量	m^3/h	190000	出口温度	℃	<105
压缩介质		空气	冷却水进口温度	℃	35
流量调节范围	%	80~105	冷却水温升	℃	8
相对湿度	%	80	冷却水量	m^3/h	1535
进口压力	kPa（A）	97.5	电机功率	kW	18000
进口温度	℃	32	噪声水平	dB	<105
出口压力	MPa（G）	0.62			

注：1. 排气量是指0℃，101.3kPa的干空气；
2. 流量调节范围为连续可调；
3. 进口压力指压缩机进口法兰处的压力；
4. 出口压力指单向阀后的压力。

6.2.2 空气预冷

空气预冷系统技术参数见表6-5。空气预冷系统设备技术参数见表6-6。

表6-5 空气预冷系统技术参数

项目	单位	参数	项目	单位	参数
处理气量（标态）	m^3/h	190000	循环水进口温度	℃	35
工作压力	MPa（A）	0.62	水冷塔出水温度	℃	12
空气进塔温度	℃	≤105	冷冻水进口温度	℃	7
空气出塔温度	℃	约9	低温水用量	m^3/h	105
常温水用量	m^3/h	650			

表6-6 空气预冷系统设备技术参数

项目名称	单位	参数①				
		空气冷却塔	水冷却塔	冷却水泵	冷冻水泵	冷水机组
形式		高效散堆填料塔	高效散堆填料塔	离心式	离心式	4用2备
外形尺寸	mm	φ4100×26240	φ4700×21500			
电机功率	kW			120	132	242
水流量	m^3/h			650	60	280
水泵扬程	m			60	90	
制冷量	m^3/h					1165
数量	台	1	1	2	2	1

① 水过滤器6台（4用2备），外形尺寸φ600mm×970mm。

6.2.3 分子筛纯化器

分子筛纯化系统技术参数见表6-7。分子筛纯化系统设备技术参数见表6-8。

表6-7 分子筛纯化系统技术参数

项目	单位	参数	项目	单位	参数
处理气量（标态）	m^3/h	190000	排气中 CO_2 含量	%	10^{-4}
进气温度	℃	9	循环周期	h	8
出气温度	℃	15	吸附时间	h	4
再生气温度	℃	175	再生气量（标态）	m^3/h	40000
分子筛型号		13X-APG	再生气体		污氮

注：分子筛加温解吸活化后使用。

表6-8 分子筛纯化系统设备技术参数

项目名称	单位	吸附器	电加热器	放空消声器
形式		卧式双层床	立式	立式
外形尺寸	mm	$\phi3964\times12050$	$\phi1400\times5050$	$\phi1200\times2100$
壳体材料/内部零件材料		16MnR/不锈钢		
吸附剂型号		13X-APG分子筛+铝胶		
功率	kW		1440	
流体			污氮	
流量（标态）	m^3/h		40000	40000
进口压力	MPa（G）		0.012	0.012
进口温度	℃		12	12
出口温度	℃		175	30
数量	台	2	3（2用1备）	1

6.2.4 分馏塔

分馏塔系统及设备技术参数见表6-9～表6-11。

表6-9 分馏塔系统及设备技术参数（一）

设备名称	单位	主换热器	上塔	下塔①	冷凝蒸发器
形式		铝制板翅式	规整填料塔	对流筛板塔	立式+铝制板翅式
外形尺寸	mm	5700×1156×1000	$\phi2900/\phi4150/\phi3600\times35000$	$\phi3300\times13100$	$\phi3950\times8500$
数量	台/组	1	1	1	1
设备名称	单位	过冷器	喷射蒸发器（带消声器）	粗氩（两段，含冷凝器）	氧气消声器
形式		铝制板翅式	立式	规整填料塔	立式
外形尺寸	mm	3857×1247×1100	$\phi352\times10620$	$\phi3200/\phi2600\times60500$	$\phi800\times3020$
数量	台/组	1	1	1	1

① 下塔含主冷凝蒸发器。

表 6－10　分馏塔系统及设备技术参数（二）

设备名称	单位	循环液氩泵	中压液氩泵	氩换热器	氮消声器
形式		离心变频调速	活塞式	铝制板翅式	立式
流量（标态）	m^3/h	48000	800～2000		
电机功率	kW/台	24.7	5.5		
工作压力	MPa（G）	1.0	3.0	0.6	0.05
外形尺寸	mm				ϕ800×3020
数量	台	1	1	1	1

表 6－11　分馏塔系统及设备技术参数（三）

设备名称	单位	液体量筒	高纯氧塔（含蒸发器）	氪氙塔（含蒸发器）	氖氦塔（含冷凝器）
形式			规整填料塔	规整填料塔	规整填料塔
几何容积	m^3	1/2	4.0	64	1.5
外形尺寸	mm		ϕ500×19000	ϕ2200×9500	ϕ500×14000
数量	台	2	1	1	1

注：1. 分馏塔冷箱主冷箱外形尺寸 11000mm×10000mm×61000mm；
　　2. 分馏塔冷箱稀有气体冷箱外形尺寸 11000mm×6000mm×13000mm。

6.2.5　增压透平膨胀机组

6.2.5.1　增压透平膨胀机

增压透平膨胀机为反动式、可调喷嘴、增压风机制动型，其技术参数见表 6－12 和表 6－13。

表 6－12　增压透平膨胀机的技术参数

项目名称	单位	参数	项目名称	单位	参数
流量（标态）	m^3/h	28500	数量	台	1
进气压力	MPa（A）	0.94	进气温度	K	161
排气压力	MPa（A）	0.14	膨胀机前过滤器外形尺寸	mm	ϕ750×2238

表 6－13　增压压缩机技术参数

项目名称	单位	参数	项目名称	单位	参数
介　质		干燥空气	进口压力	MPa（A）	0.59
流量（标态）	m^3/h	28500	进口温度	K	288
数　量	台	1	出口压力	MPa（A）	0.94

6.2.5.2　增压机后冷却器

增压机后冷却器分为常温水型与冷冻水型，增压机后冷却器与液化器技术参数见表 6－14。

表6-14 增压机后冷却器与液化器技术参数

项 目	单 位	冷却器（常温水）	冷却器（冷冻水）	液化器
形式		管壳式	管壳式	铝制板翅式
质量	kg	2150		
外形尺寸	mm	$\phi600\times3150$	$\phi600\times3750$	$\phi1000\times2150$
用水量	m^3/h	约40	约70	
工作压力	MPa（G）	1.2	1.2	0.2
设计温度	℃	65	40	-196
数量	台	1	1	1

6.2.6 透平氧气压缩机

透平氧气压缩系统技术参数见表6-15。

表6-15 透平氧气压缩系统技术参数

项目名称	单位	参 数	项目名称	单位	参 数
形式		离心式	排气压力	MPa（G）	2.4
流量（干燥，标态）	m^3/h	35000	排气温度	℃	≤40
进口压力	kPa（G）	45	用水量	m^3/h	730
进口温度	℃	32	电机功率	kW	6000
出口压力	MPa（G）	2.4			

注：1. 进口压力指压缩机进口法兰处的压力；
2. 出口压力指单向阀后的压力。

6.2.7 透平低压氮气压缩机

透平低压氮气压缩系统技术参数见表6-16。

表6-16 透平低压氮气压缩系统技术参数

项目名称	单位	参 数	项目名称	单位	参 数
形式		离心式	排气压力	MPa（G）	0.8
流量（干燥，标态）	m^3/h	22000	排气温度	℃	≤40
进口压力	kPa（G）	4~8	用水量	m^3/h	315
流量调节范围	%	80~110	电机功率	kW	2388
进口温度	℃	32	出口压力	MPa（G）	0.8

注：1. 进口压力指压缩机进口法兰处的压力；
2. 出口压力指单向阀后的压力。

6.2.8 液体储存

液体储存系统包括液氧、高纯液氮、高纯液氩、高纯液氧、液氩、中压液氩、氪氙液体储槽，各储槽技术参数见表 6 – 17。

表 6 – 17　各储槽技术参数

项目名称	单　位	液氧	高纯液氮	高纯液氩	高纯液氧	液氩	中压液氩	氪氙
形式		平底珠光砂绝热	平底珠光砂绝热	平底珠光砂绝热	立式真空绝热①	立式真空绝热①	立式真空绝热①	立式真空绝热①
容积	m^3	2000	2000	2000	50	10	5	50
工作压力	kPa（MPa(G)）	15	15	50	(0.25)	(0.25)	(2.0)	(0.25)
日蒸发率	%	0.17	0.26	0.17	约 0.08	约 0.08	0.47	0.24
数 量	台	2	1	2	2	1	1	1

① 储槽材质内筒由不锈钢制成，外筒用碳钢制成。

6.2.9　液体应急返送

液体应急返送系统的设备包括蒸汽水浴式汽化器、应急返送液体泵，其技术参数见表 6 – 18。

表 6 – 18　液体应急返送系统设备技术参数

项目名称	单　位	蒸汽水浴式汽化器	蒸汽水浴式汽化器	应急返送液氧、液氮泵	应急返送中压液氩泵	液氩充车泵
单台流量	m^3/h	40000	2000	20000	800 ~ 2000	25
工作压力	MPa（G）	2.5	2.5	2.5	3.0	0.8（出）
进口压力	MPa（G）	2.5	2.5	0.02	3.0	0.02
形式		立式		迷宫密封离心式	活塞式	离心式
外形尺寸	mm	ϕ3100 × 7000	ϕ1560 × 3500	1100 × 500 × 500	2000 × 1500 × 1000	1800 × 1500 × 1000
电机功率	kW			37	5.5	11
数 量	台	2	1	6	2	2
备 注		液氧、氮各 1 台		液氧、氮各 3 台		1 用 1 备

6.3　仪表及控制系统

结合选用国际先进的 DCS 系统、调节阀、在线分析仪等测控组件，除了确保空分装置的正常运行外，还可以在装置出现事故停车时提供保护措施：故障状态时，DCS 系统能对整套空分装置实现全自动保护。通过对所有单体设备及阀门的连锁控制，保证设备安全。

6.3.1　成套仪控设备

成套仪控设备包括工艺流程图中所标注的所有的现场仪表、仪表元件、调节阀、执行机构、现场仪表盘、机组控制盘、分析仪表、分析仪表柜、手动分析取样盘等；全部在线分析仪表、分析仪表柜、预处理系统、标准气、气瓶减压阀、整套的分析仪附件。

6.3.2 DCS 系统软硬件

DCS 系统软硬件仅包括空分系统内部的一次仪表（不包括空气压缩机、氮气压缩机、氧气压缩机所需仪表，机组所需仪表由机组成套），具体数量见表 6－19。

表 6－19 DCS 系统软硬件系统仪器仪表

名 称	单位	数量	名 称	单位	数量
智能压力、差压变送器	台	85	单、双支铂热电阻（Pt100）	组	1
手持智能通讯器	台	2	翻板式浮子液位计	台	2
流量孔板	台	6	调节阀（包括切换阀）	台	78
涡街流量计	台	3	分析仪	套	1
电磁流量计	台	2	电磁阀	台	22
威力巴流量计	台	5	低温电缆	套	1
DCS 操作站	台	5	机 柜	台	4
打印机	台	3	各种类的 I/O 卡（含 15% 的备用）	套	1

注：两位三通、两位五通电磁阀随工艺阀成套。

6.3.3 分析系统设备规格参数

分析系统设备规格参数见表 6－20。

表 6－20 分析系统设备规格参数

名 称	规 格	数 量
手动分析阀盘	2100mm × 800mm × 600mm	1 面
在线分析仪表柜	2100mm × 800mm × 600mm	5 面
在线分析仪		18 台
红外线 CO_2 分析仪	$(0 \sim 5/20) \times 10^{-4}\%\ CO_2$，±1%	1 台
电解式微量水分析仪	$(0 \sim 100) \times 10^{-4}\%\ H_2O$，±1%	3 台
常量氧分析仪		5 台
磁力式氧气分析仪（产品氧、管网氧、储槽、液化）	$98\% \sim 100\%\ O_2$，±1%	2 台
磁力式氧气分析仪（下塔 LA）	$20\% \sim 50\%\ O_2$，±1%	1 台
电化学分析仪（污氮气，粗氩）	$0 \sim 5\%\ O_2$，±1%	2 台
微量氧分析仪		5 台
电化学氧气分析仪（产品氮、管网氮、储槽、液化 3 台，工艺氩，液氩）	$(0 \sim 10) \times 10^{-4}\%\ O_2$，±1%	5 台
微量氮分析仪（液氩）	$(0 \sim 10) \times 10^{-4}\%\ N_2$，±1%	1 台
热导气体分析仪（氩馏分）	$0 \sim 20\%\ Ar$，±1%	1 台

续表 6-20

名　称	规　格	数　量
在线色谱分析仪		2 台
总碳氢（C_nH_m）在线色谱分析仪	总碳氢(0～500)×10^{-4}%，±1%	1 台
高纯氧在线气相色谱分析仪	(0～100)×10^{-4}% O_2，±1%	1 台
预处理系统	主要元件如流量计、精细过滤器、减压阀；卡套接头采用进口产品	18 套

6.3.4 DCS 系统 I/O 清单

DCS 系统 I/O 清单见表 6-21。

表 6-21　DCS 系统 I/O 清单

I/O 类型		空气增压系统	空分系统	氧透系统	氮透系统	进口膨胀机	调压系统	空气过滤系统	循环水系统	液体储存	电气系统	15% I/O 备用点	分类 I/O 汇总
AI	4～20mA DC	21	195	35	40	14	21	7	26	31	32	62	485
AO	4～20mA DC	3	70	7	12	2	9		1	9		16	130
RTD	Pt100	24	70	24	32	4	6	1	4	20		28	213
TC	TIS-90			9	12							4	25
DI	干触点	31	53	39	54	6			13		160	54	410
DO	干触点	14	27	25	40	4		2	9		40	25	186
I/O 总数		93	405	139	190	30	36	10	53	60	232	189	1449

注：自洁式过滤器、冷冻机组、仪表压缩机、UPS 与 DCS 进行通讯。

6.4 电控系统

6.4.1 设计原则

高压系统采用单母线分段运行，母线联络（母联采用手动投入），当一路电源故障情况下，另一路电源进线能承担全部负荷。同一单机的高、低压设备应布置在相对应的母线上，但双油泵机组的备用油泵电源应接于另一段母线上。

低压系统采用单母线三段运行方式（三台低压动力变压器，两用一备），两个母线联络（采用手动投入）。每两段进线及母联断路器能承担空分装置的全部负荷。

为了减小启动时对电网和机械的冲击，空压机、氧压机、氮压机采用液态水阻柜降压启动。2000kW 及以上的电动机装设纵联差动保护。

本系统中主要设备的监控均在上位机监控室实现，电机电流及运行状态、高低压系统运行状态、电流、电压等系统参数均可在上位机监控室工作站上监视。同时重要设备的运行状态也可以在DCS系统上指示。

分子筛电加热器固定加热与调功回路分开设置，其中固定加热回路由低压柜供电，调功回路由调功柜供电，调功柜同低压柜并柜。每组回路的断路器、接触器以及可控硅均考虑足够大的余量。

大于15kW的低压电动机均设电流表。90kW及以上低压电动机采用软启动。

高压系统每段采用固定投切电容补偿装置，低压系统不设置补偿装置。

6.4.2 成套电器控制设备

高压开关柜采用KYN28A－12型中置式开关柜，继电保护采用国产名牌产品。低压开关柜（含循环水系统所需低压柜），选用GGD型固定柜或抽出式开关柜。高、低压开关柜柜内主要元器件根据用户要求确定。

开关柜配置见表6－22。

表6－22 开关柜配置

项目名称		单位	数量	项目名称		单位	数量
高压柜	高压进线柜	面	2	高压柜	变压器柜	面	2
	高压母联柜	面	2		电容器控制柜	面	2
	电压互感器柜	面	2		循环水泵柜	面	3
	空压机柜	面	2	低压柜	低压进线柜（5000A）	面	3
	氧压机柜	面	2		低压馈电柜	面	15
	中压氮压机柜	面	2		低压母联柜（5000A）	面	2
	低压氮压机柜	面	2				

除表6－22开关柜之外，还配有4套液阻启动器用于空压机、氧压机、中压氮和低压氮压缩机的主电机启动；3台油浸式变压器为S11－10，10/0.4kV，3150kV·A，Dyn11；3面调功柜。

微机综合保护后台系统包括：上位机、打印机、通讯管理机和UPS各一台、相关软件等。

6.5 分馏塔冷箱内配管设计

（1）冷箱内的低温阀门采用焊接形式，尽量避免使用法兰连接，若采用法兰连接形式则一定注明并设置单独检修隔箱。

（2）出冷箱的管道采用可靠的密封方式，以防漏砂或漏气。液体产品出冷箱设置真空接头。液氧管道上的盲板要考虑安装方便。

（3）冷箱内的管架、阀架、容器架均采用不锈钢，可减少跑冷损失，增加强度。

（4）冷箱内管道进行应力分析，使冷箱内的配管更加安全可靠，确保长期运行的可靠性。要充分考虑管道支架、阀门支架对管道应力的影响。

（5）冷箱内的管道、阀门、容器与支架之间的绝热材料选用强度较高的珠光砂水泥板，减少跑冷损失。

（6）透平膨胀机单独设置冷箱，与主空分冷箱分开布置，便于维护。

（7）低温液体泵及附件、管道单独设置冷箱，与主空分冷箱分开布置，便于维护。

（8）冷箱内所有仪表计器均采用集中出冷箱模式，并出配管图、单线图。

（9）阀门的配置。

所有阀门、阀门连通管、调节阀、仪表等均考虑装在便于操作和维修处，并采取可靠的加固和防振措施。阀箱内的阀门安装位置能使阀杆中心线与地面或平台面的距离为 1200 ~ 1500mm。

冷箱二楼水平平台、凡涉及有阀门操作水平平台和有冷箱门孔的水平平台作大平台，平台宽度大于或等于 2000mm。整个冷箱护栏高度大于或等于 1500mm。

冷箱内所有仪表计器管出冷箱的阀门均采用密封性好的不锈钢阀；所有高纯产品分析管出冷箱的根部阀均采用性能好的高纯气体专用不锈钢阀。

出冷箱的根部阀合理布置便于操作和维修。

（10）管道材质的选择。

充分考虑空分装置冷箱内管道材质的要求：

冷箱内公称直径 DN≥50mm 液体管道和中压管道均采用高强度合金铝 5083；

冷箱内公称直径 DN≤50mm 工艺管道均采用奥氏体无缝不锈钢管；

冷箱内所有液体计器管以及对容易断裂的部分计器管均采用不锈钢；

冷箱内所有高纯产品分析管均采用内抛光的不锈钢；

冷箱内所有钢铝接头均采用进口产品，接头处作防护；

冷箱内所有仪表计器管均采用整根布置。

（11）分馏塔冷箱安保系统设计。

为确保冷箱夹层内保持微正压，空分装置设计时向冷箱内各关键层充入一定量的污氮气。向冷箱内充入的密封气进口阀集中布置，同时充气各关键层设置流量计、压力表。

为防止冷箱夹层超压，在冷箱各侧各主要位置增设安全防爆泄压装置。

为能有效地监测冷箱内局部的温度、压力、纯度情况，在冷箱内各侧各主要位置增设温度、压力、纯度检测点，分别接入 DCS 进行实时监控。

冷箱基础设置地基温度检测点，分别接入 DCS 进行实时监控。

7　全液体型空分装置

7.1　全液体 KDON(Ar) -3000Y/2000Y/90Y 型空分装置

7.1.1　主要技术性能参数

主要技术性能参数见表 7-1。

表 7-1　主要技术性能参数

产品名称	流量（标态，折合气态）/$m^3 \cdot h^{-1}$	纯　　度	出冷箱压/MPa（G）	温度/℃
液　氧	3000	99.6% O_2	0.025	-182
液　氮	2000	$<5 \times 10^{-4}\%\ O_2$	0.025	-193
液　氩	90	$<2 \times 10^{-4}\%\ O_2$，$<3 \times 10^{-4}\%\ N_2$	0.025	-183

7.1.2　工艺流程说明

7.1.2.1　空气压缩

空气在进入空气压缩机前，空气过滤器除去尘埃和微粒杂质，而后进入空气压缩机进行压缩，压缩空气由中间冷却器进行级间冷却，空气离开压缩机后进入预冷系统。

7.1.2.2　空气净化和冷却

空气经预冷系统冷却至约 12℃后进入分子筛吸附器，分子筛吸附器为立式单层床，可用来清除空气中的水分、二氧化碳和一些碳氢化合物，从而获得洁净而又干燥的空气。两台吸附器交替使用，即一台吸附器吸附杂质，另一台吸附器用高温废氮气进行再生。

空气出吸附器后经过滤器清除杂质，然后，已净化的空气进入主换热器被冷却到接近露点的温度进下塔。

7.1.2.3　下塔

已冷却的空气进入下塔进行精馏。进入下塔的空气通过塔板使塔板上的液体蒸发，使更多的氮气从液体中蒸发出来，经过塔板的空气由于潜热的交换，其中的氧气被冷凝下来。

结果，下塔底部液体中氧含量增加，而上部蒸气中氮含量提高了，氮气通过冷凝蒸发器，与上塔底部液氧进行热交换，液氧被蒸发，而氮气被冷凝，冷凝的液氮再回到下塔作回流液。

从下塔顶部抽出压力氮气经循环氮换热器和主换热器复热后进入循环氮压缩机，压缩至规定压力后经水冷却器冷却，然后进入增压机进一步提高压力后返回循环氮换热器，与返流压力氮换热并被冷却，其中一部分进入透平膨胀机，膨胀至下塔压力之后返回循环氮换热器和主换热器做循环，其余高压氮气出循环氮换热器冷端并被冷却为液体，节流后一部分作为液氮产品送出冷箱，其余部分节流至下塔顶部作下塔的回流液。

另一部分液氮，在过冷器（E4）中进行过冷，然后送入上塔作为上塔的回流液。从下塔上部抽出部分氮气，送至精氩塔（C4）蒸发器作为热源，维持精氩塔精馏。

从下塔底部抽出富氧液空，在过冷器（E4）中过冷，其中一部分富氧液空可作为粗氩塔（C3）的冷源，另一部分液空送入上塔。

7.1.2.4 上塔

从上塔塔底抽出液氧，作为液氧产品送出冷箱。

从上塔顶部抽出污氮气，经过冷器、主换热器复热后出冷箱，其中一部分进入加热器加热，作为分子筛吸附器再生气。

7.1.2.5 粗氩塔（C3）及（C5）

氩馏分从上塔中部送入粗氩塔C5，经过C5再送入粗氩塔C3，上升气体在粗氩塔C3上部分为两路，大部分气体在粗氩塔冷凝器中和液空进行换热而冷凝并作为粗氩塔的回流液，返回粗氩塔；另一部分气体作为工艺氩送入精氩塔（C4）。粗氩塔C3的回流液经液氩泵送入粗氩塔C5的上部作为C5的回流液，并最终返回上塔。

7.1.2.6 精氩塔（C4）

气体沿塔上升到精氩塔并在冷凝器中冷凝，不凝气被送出，冷凝液体流向塔底，在精氩塔蒸发器中蒸发，液氩产品从塔底部抽出排出冷箱。

7.1.3 流程特点

7.1.3.1 空气压缩系统

空压机采用单轴离心式，叶轮采用三元流理论，计算机模拟设计，制造采用五轴坐标数控铣床加工，整机效率高，占地面积小。

7.1.3.2 预冷系统

空冷塔采用填料塔，阻力小于10kPa，换热效率高（空气出口与冷水进口温差小于1℃）。

水冷塔采用填料塔，阻力小，换热效率高。

7.1.3.3 纯化系统

分子筛吸附器采用立式结构，吸附效果好，阻力小，占地面积小。

7.1.3.4 膨胀机

膨胀机采用高低温增压透平膨胀机，效率高。

7.1.3.5 分馏塔系统

主换热器采用分置式，各组换热相匹配，热端温差小于3℃。

下精馏塔采用新型高效环流筛板塔，精馏效率高于传统环流塔约12%。

7.1.3.6 无氢制氩系统

制氩采用国际先进的无氢制氩工艺，采用了新工艺，设备简化，安全可靠，操作方便。

7.1.3.7 安全防爆

主冷结构采用新型防爆结构，可完全避免碳氢化合物在主冷单元中的积聚，消除了爆炸的危险。

7.1.3.8 空分设计

整套空分的设计采用了计算机辅助设计，利用计算机对工艺流程计算进行优化，对分馏塔内管道、冷箱等进行优化设计并进行应力分析，设计精确合理。

7.1.3.9 产品提取率

整套空分各系统相互匹配，设计合理，制造精良，配套水平高，从而使产品提取率高，能耗低。

7.1.4 主要设备组成

7.1.4.1 空气压缩系统

(1) 自洁式过滤器。

自洁式过滤器技术参数见表7-2。

表7-2 自洁式过滤器技术参数

项 目	单位	技术参数	项 目	单位	技术参数
处理气量	m^3/h	32000	过滤阻力	kPa	0.6~0.8
效率（>2μm）	%	99.8	数量	套	1

(2) 离心式空气压缩机组。

离心式空气压缩机技术参数见表7-3。

表7-3 离心式空气压缩机技术参数

项 目	单位	技术参数	项 目	单位	技术参数
排气量	m^3/h	16000	出口压力	MPa（A）	0.62
压缩介质		空气	出口温度	℃	约100
流量调节范围	%	80~105	进口温度	℃	30

续表 7－3

项　目	单位	技术参数	项　目	单位	技术参数
相对湿度	%	80	冷却水进口温度	℃	35
进口压力	MPa（A）	0.098	电机轴功率	kW	约1520

注：1. 排气量指0℃，101.3kPa的干空气；
2. 流量调节范围为连续可调；
3. 进口压力指压缩机进口法兰处的压力；
4. 出口压力指单向阀后的压力。

7.1.4.2　UF－17000/5.2型空气预冷系统

空气预冷系统技术参数见表7－4。空气预冷系统设备技术参数见表7－5。

表7－4　空气预冷系统技术参数

项　目	单位	参　数	项　目	单位	参　数
处理气量	m^3/h	17000	空气进塔温度	℃	约100
工作压力	MPa（G）	0.52	空气出塔温度	℃	约12

表7－5　空气预冷系统设备技术参数

项目名称	单位	空气冷却塔	水冷却塔	冷却水泵	冷冻水泵
形式		高效散堆填料塔	填料塔	离心式	离心式
外形尺寸	mm	$\phi1400\times18000$	$\phi1400\times13500$		
电机功率	kW			15	15
水流量	m^3/h			10	40
水泵扬程	m			90	50
数量	台	1	1	2（1用1备）	2（1用1备）

7.1.4.3　空气纯化系统

空气纯化系统技术参数见表7－6。空气纯化系统设备技术参数见表7－7。

表7－6　空气纯化系统技术参数

项　目	单位	参　数	项　目	单位	参　数
处理气量（标态）	m^3/h	17000	再生方式		加温解吸
进气温度	℃	约12	工作压力	MPa（G）	0.51
出气温度	℃	约18	再生气温度	℃	170

表7－7　空气纯化系统设备技术参数

项目名称	单位	吸附器	电加热器	放空消声器
形式		立式	立式	立式

续表 7-7

项目名称	单 位	吸附器	电加热器	放空消声器
外形尺寸	mm	ϕ2400×3925	ϕ600×3680	ϕ800×1000
分子筛		13X-APG		
功 率	kW		240	
数 量	台	2	2	1

7.1.4.4 FON-3000Y/2000Y 型分馏塔系统

FON-3000Y/2000Y 型分馏塔系统设备的技术参数见表 7-8。

表 7-8 FON-3000Y/2000Y 型分馏塔系统设备的技术参数

项目名称	单位	主换热器	循环氮换热器	上 塔	过冷器
形式		真空钎焊铝制板翅式	真空钎焊铝制板翅式	规整填料塔	铝制板翅式换热器
外形尺寸	mm	5900×900×920	5800×1150×1000	ϕ1200×30370	
数量	台	1	1	1	1
项目名称	单位	下 塔	液氮、液空过冷器	粗氩塔（包括冷凝蒸发器）	精氩塔（包括冷凝器、蒸发器）
形式		环流筛板	铝制板翅式	铝制规整填料塔+铝制板翅式换热器	规整填料塔+铝制板翅式换热器
外形尺寸	mm	ϕ2220/ϕ1940×12500（与主冷复合后）	2100×850×800	ϕ1400/ϕ800×(42750+18390)	ϕ500/ϕ260/ϕ600×19050
数量	台	1	1	1/两段	1

注：1. 喷射蒸发器 1 台；

2. 粗氩泵 2 台（1 用 1 备），形式为单级迷宫式密封离心泵，流量（标态）为 3800m^3/h；

3. 液体出冷箱管道为真空管道（冷箱内铝钢接头）。

7.1.4.5 高温增压透平膨胀机组

高温增压透平膨胀机组技术参数见表 7-9。

表 7-9 高温增压透平膨胀机的技术参数

项 目 名 称	单 位	参数	项 目 名 称	单 位	参数
增压机流量（标态）	m^3/h	30000	膨胀机流量（标态）	m^3/h	16000
增压机进口压力	MPa（A）	3.08	膨胀机进口压力	MPa（A）	3.065
增压机出口压力	MPa（A）	4.32	膨胀机出口压力	MPa（A）	0.55
增压机进口温度	K	313	膨胀机进口温度	K	268
等熵效率	%	≥76	等熵效率	%	≥85
数量	台	1	数量	台	1

7.1.4.6 低温增压透平膨胀机组

低温增压透平膨胀机组技术参数见表7-10。

表7-10 低温增压透平膨胀机的技术参数

项目名称	单位	参数	项目名称	单位	参数
增压机流量（标态）	m^3/h	30000	膨胀机流量（标态）	m^3/h	18800
增压机进口压力	MPa（A）	4.30	膨胀机进口压力	MPa（A）	5.53
增压机出口压力	MPa（A）	5.56	膨胀机出口压力	MPa（A）	0.55
增压机进口温度	K	313	膨胀机进口温度	K	175
等熵效率	%	≥78	等熵效率	%	≥83
数量	台	1	数量	台	1

7.1.4.7 循环氮气压缩系统

循环氮气压缩系统设1套循环氮气压缩机，流量（标态）46000m^3/h，吸/排压力为0.545/3.1MPa（A）。

7.1.4.8 液体储存及充填系统

液体储存系统包括液氧、液氮、液氩储槽，各储槽技术参数见表7-11。

表7-11 各储槽技术参数

项目名称	单位	液氧	液氮	液氩
形式		平底圆柱形珠光砂绝热	平底圆柱形珠光砂绝热	立式真空绝热
容积	m^3	1000	1000	50
工作压力	kPa（MPa（G））	25	25	（0.8）
备注				带自增压器
数量	台	1	1	1

注：储槽材质内筒由不锈钢制作，外筒用碳钢制成。

7.1.5 仪表控制

仪表控制系统仅包括空分系统内部的一次仪表，不包括空气压缩机、氮气压缩机、氧气压缩机所需仪表，机组所需仪表由机组成套，具体数量见表7-12。

表7-12 仪表控制系统仪器仪表

名称	单位	数量	名称	单位	数量
智压力、差压变送器	台	64	液氧产品分析仪 磁氧分析（97%~100%）	台	1
二位三通电磁阀	台	4	液氮产品分析仪 微量氧分析（$(0\sim10)\times10^{-6}$）	台	1
二位五通电磁阀	台	15	仪表调节阀	台	36

续表 7－12

名 称	单位	数量	名 称	单位	数量
流量孔板	台	6	单支、双支铂热电阻（Pt100）	套	11
涡街流量计	台	2	在线分析仪及分析仪表盘	面	3
轴位移振动监测仪	套	1	氩中氧分析仪（$(0\sim10)\times10^{-4}\%\ O_2$）	台	1
电磁流量计	台	3	氩中氮分析仪（$(0\sim10)\times10^{-4}\%\ N_2$）	台	1
手动分析	台	1	氩馏分分析仪（0～15% Ar）	台	1
污氮分析仪（0～5% O_2）	台	1	CO_2 分析仪—红外分析（$(0\sim5)\times10^{-4}\%$）	台	1
切换阀	台	11	水分析仪—在线分析（－80～20℃）	台	1

注：1. 调节阀、孔板配带法兰、调节阀气源管线配齐（带过滤减压阀、阀门定位器）；

2. 在线分析仪组装在机柜内，成套提供，分析柜内配管完毕，包括预处理装置、标准气和第一次投运时所用的载气。

DCS 系统设 2 台操作站、1 台 A3 彩色喷墨打印机、2 台操作台及机柜。1 套各种类型的 I/O 卡，其实际配置详见表 7－13。

表 7－13 各种类型的 I/O 卡实际配置

项目	实际数量	15%余量	合计（以实际需要为准）	项目	实际数量	15%余量	合计（以实际需要为准）
AI	96	15	111	DO	60	9	69
AO	43	7	50	RTD	81	12	93
DI	80	12	92				

注：DCS 系统实际 I/O 点数包括空压机、预冷、纯化、分馏塔、膨胀机、储槽、电器设备及工程部分 I/O 点数。

7.1.6 电气控制

电气控制技术参数见表 7－14。

表 7－14 电气控制技术参数

项 目	高压开关柜	低压开关柜	启动电抗器	微机型直流电源装置	纯化加热器调功柜	微机后台监控系统	空压机和氮压机主电机就地补偿柜
形式	KYN28A－12 型（配真空断路器）	GGD 型固定型开关柜（主要元件包括断路器、接触器和热继电器）			TG－3	含上位机、打印机、500V·A UPS 各1台，相关软件 1 套	
产品标准	GB 3906、ICE293	GB 7521 ICE439	GB 6450—86 IEC439—1	JISC4402—86			
技术参数	12kV	380V		DC220V，65A·h 铅酸免维护电池			
防护等级	IP20	IP20	IP23	IP20			
数量	7 面	11 面	2 面	1 套	2 套		2 套

7.2 KDON(Ar)-400(2125Y)/4000(1720Y)/(90Y)型空分装置

7.2.1 产量及纯度

KDON(Ar)-400(2125Y)/4000(1720Y)/(90Y)型空分装置产品产量及纯度见表7-15。

表7-15 产品产量及纯度

介 质	流量（标态）/$m^3 \cdot h^{-1}$	纯度/%	出冷箱压力/MPa（A）
液 氧	≥1700	99.6	≥0.2
氧 气	≥400	99.6	≥0.117
液 氮	≥1100	$1 \times 10^{-4} O_2$	≥0.3
氮 气	≥4000	$1 \times 10^{-4} O_2$	≥0.55
液 氩	≥70	99.999	≥0.3

7.2.2 装置动力参数

装置动力参数见表7-16。

表7-16 装置动力参数

项 目	单机功率/kW	用水量/$m^3 \cdot h^{-1}$	项 目	单机功率/kW	用水量/$m^3 \cdot h^{-1}$
空压机	1200	100	冷水机组	40	40
空压机油泵	1.5		电加热器	180（平均60）	
循环氮压机	2100	240	离心式氮气压缩机	400	165
循环氮压机油泵	3.7		膨胀机油站	4	5
冷却水泵	7.5		液氩泵	4.5	
冷冻水泵	5.5		总用水量		550

8 KDON(Ar) – 60000/60000/1970Nm^3/h 超大型空分装置

8.1 产品产量与纯度

产品产量与纯度见表8-1。

表8-1 产品产量与纯度

介 质	标准工况	纯 度	冷箱出口压力/MPa(G)	备 注
氧气(标态)/$m^3 \cdot h^{-1}$	60000	>99.6% O_2	0.054	产品3.0 MPa(G)
液氧(标态)/$m^3 \cdot h^{-1}$①	1000	>99.6% O_2	约0.2	
氮气(标态)/$m^3 \cdot h^{-1}$②	150000	5×10^{-4}% O_2	0.0135	产品3.0 MPa(G)
液氮(标态)/$m^3 \cdot h^{-1}$①	1000	5×10^{-4}% O_2	约0.4	
压力氮气(标态)/$m^3 \cdot h^{-1}$	1000	5×10^{-4}% O_2	0.18	
精液氩(标态)/$m^3 \cdot h^{-1}$①	1970	$O_2 \leqslant 2 \times 10^{-4}$%,$N_2 \leqslant 3 \times 10^{-4}$%	约0.16	

① 液体产品为折合气态后的数据;

② 氮气压缩系统设两台60000m^3/h(标态)氮气压缩机,剩余30000m^3/h(标态)氮气进水冷却塔。

8.2 主要工艺设备配置

KDON(Ar)-60000/60000/1970Nm^3/h超大型空分装置只介绍制氧工艺设备,仪控与电控系统设计原则参见第4.1.7节与第4.1.8节。

8.2.1 空气压缩机

8.2.1.1 空气过滤器

空气过滤器技术参数见表8-2。

表8-2 空气过滤器技术参数

项 目	单 位	技术参数	项 目	单 位	技术参数
处理气量	m^3/h	516000	过滤精度	μm	2
除尘效率	%	99.9	安装形式		立式
正常压降	Pa	≤450~650	过滤材质	植物纤维	

8.2.1.2 空气压缩机

空气压缩机技术参数见表8-3。

表 8－3　空气压缩机技术参数

项　目	单 位	技术参数	项　目	单 位	技术参数
排气量	m^3/h	310000	出口压力	MPa（A）	0.61
压缩介质		空 气	冷却水进口温度	℃	35
流量调节范围	%	70～105	冷却水温升	℃	8
相对湿度	%	80	冷却水量	m^3/h	2500
进口压力	MPa（A）	0.099	电机功率	kW	28000

注：空气压缩机机型可考虑引进设备。

8.2.2　空气预冷

空气预冷系统技术参数见表 8－4。空气预冷系统设备技术参数见表 8－5。

表 8－4　空气预冷系统技术参数

项　目	单 位	参　数	项　目	单 位	参　数
处理气量（标态）	m^3/h	310000	低温水用量	m^3/h	300
空气进口压力	MPa（A）	0.60	冷水机组水用量	m^3/h	500
空气出口压力	MPa（A）	0.592	循环水进口温度	℃	≤33
空气进塔温度	℃	100	水冷塔出水温度	℃	12
空气出塔温度	℃	18	冷冻水进口温度	℃	7
常温水用量	m^3/h	1200			

表 8－5　空气预冷系统设备技术参数

项目名称	单 位	空气冷却塔	水冷却塔	冷却水泵	冷冻水泵	冷水机组
形式		高效散堆填料塔	高效散堆填料塔	离心式	离心式	活塞/螺杆式
外形尺寸	mm	ϕ4886×27770	ϕ4328×25000			
电机功率	kW			150	90	240/90
用 水 量	m^3/h			630	150	360/135
制 冷 量	kW					930/350
设备材质		Q345R	Q345R			
设备质量	kg	79100	49210			
数 量	台	1	1	2	2	1/1

注：水泵、冷水机组进口设水过滤器。

8.2.3　分子筛纯化器

分子筛纯化系统技术参数见表 8－6。分子筛纯化系统设备技术参数见表 8－7。

表 8-6 分子筛纯化系统技术参数

项　　目	单位	参　　数	项　　目	单位	参　　数
处理气量（标态）	m^3/h	310000	进气中 CO_2 含量	%	≤0.04
进气温度	℃	18	排气中 CO_2 含量	%	1×10^{-4}
出气温度	℃	25	循环周期	h	8
再生气温度	℃	175	阻力	kPa	8
分子筛型号		13X-APGI/16″	活性氧化铝	mm	$\phi3\sim5$
分子筛质量	kg/台	72000	活性氧化铝质量	kg	37000

表 8-7 分子筛纯化系统设备技术参数

项目名称	单位	吸附器	电加热器①	放空消声器
形　　式		卧式双层床	立式	立式
外形尺寸	mm	$\phi4840\times23566$		
壳体材料/内部零件材料		Q345R/不锈钢	Q345R	Q235
功　　率	kW		1700×2/1075×1	
设备质量	kg/台	89720		2290
数　　量	台	2	3（2用1备）	1

① 采用蒸汽加热器时，蒸汽耗量7000kg/h，压力0.6MPa（G）。

8.2.4 分馏塔

分馏塔（1套/1250000kg）系统设备技术参数见表8-8~表8-11。

表 8-8 分馏塔系统设备技术参数（一）

项目名称	单　位	主换热器	上　塔①	主冷凝蒸发器	下　塔	粗氩塔Ⅰ
外形尺寸（或直径）	mm	1295×1250×6350	$\phi4543\times18$	$\phi4856$	$\phi4260$	$\phi3531$
高度	mm		约50265	9978	24360	约33520
质量	kg/台	7832×20	约119550	约52330	约41000	约66200
形式		铝制板翅式	规整填料型	铝制板翅式浸入式	筛板型	规整填料型
筒体材质			5083-H112	5083-H112	5083-H112	304/0Cr18Ni9
设计压力	MPa（G）		0.15		0.7	0.15
设计温度	℃		-196~+65		-196~+65	-196~+65

注：分馏塔主冷箱外形尺寸16800mm×13000mm×56000mm；板式冷箱外形尺寸7800mm×18000mm×16000mm；冷箱基础318800mm×21000mm；冷箱质量约500000kg。

① 上塔分两段出厂，现场组焊。

表 8-9 分馏塔系统设备技术参数（二）

项目名称	单位	粗氩塔Ⅱ①	粗氩冷凝器	精氩塔②③	精氩冷凝器	精氩蒸发器
直径	mm	$\phi3531$	$\phi4136$	$\phi816$	$\phi1170$	$\phi916$

续表 8-9

项目名称	单位	粗氩塔Ⅱ①	粗氩冷凝器	精氩塔②③	精氩冷凝器	精氩蒸发器
高度	mm	约 34410	约 5112	约 15320	约 2960	约 2450
质量	kg	约 67000	约 18850	约 3350	约 1150	约 400
形式		规整填料型	铝制板翅式浸入式	规整填料型	铝制板翅式浸入式	铝制板翅式浸入式
筒体材质		5083-H112	5083-H112	5083-H112	5083-H112	5083-H112
数量	台	1	1	1	1	1

① 粗氩塔Ⅱ与粗氩冷凝器组合分两段出厂；

② 精氩塔与精氩冷凝器和蒸发器组合分两段出厂；

③ 粗氩液化器技术参数见表 8-11。

表 8-10 分馏塔系统设备技术参数（三）

项目名称	单位	循环液氩泵	循环液氧泵	中压液氩泵	膨胀空气过滤器	蒸汽喷射蒸发器	氧气放空消声器	氮气放空消声器	仪表空气过滤器
直径	mm				ϕ360	ϕ650	ϕ1712	ϕ1500	ϕ89
高度	mm				约 1000	约 10135	约 3550	约 3172	约 500
质量	kg				约 128	约 316	约 1770	约 1360	约 40
额定功率	kW	55	110	7.5					
电压	V	380	380	380					
数 量	台	2	2	2	2	1	1	1	1

表 8-11 粗氩液化器技术参数

形 式	直径/mm	高度/mm	数量/台	筒体材质	质量/kg
铝制板翅式浸入式	ϕ1278	约 2940	1	5083-H112	约 875

8.2.5 增压透平膨胀机组

增压透平膨胀机组技术参数见表 8-12。增压透平膨胀机组供油装置技术参数见表 8-13。

表 8-12 增压透平膨胀机组技术参数

项目名称	单 位	参 数	项目名称	单 位	参 数
形 式		反动式可调喷嘴，增压机制动	进口温度	K	162
流量（标态）	m³/h	48000	出口温度	K	102
进口压力	MPa（A）	0.872	设备质量	kg	13230
出口压力	MPa（A）	0.142	数 量	套	2

注：增压透平膨胀机组外形尺寸为 3800mm×2200mm×3050mm。

表 8－13 增压透平膨胀机组供油装置技术参数

名称	油冷却器用水量	油箱注油量	油泵电机功率	电加热器功率	空气冷却器用水量	外形尺寸	设备质量
单位	m^3/h	m^3	kW	kW	m^3/h	mm	kg
参数	13.5	0.5	5.5	3	80	$\phi874\times4840$	4990

8.2.6 液体储存

8.2.6.1 液氧储存系统

液氧储存系统设备参数见表 8－14。

表 8－14 液氧储存系统设备参数

项　目	单　　位	液 氧 储 槽	中压液氧泵	汽 化 器	液氧充车泵
形式		立式，珠光砂绝热	离心式	水浴式	离心式
储存容积	m^3	2000			
流量（标态）	m^3/h		30000	30000	20
工作压力	kPa（MPa（G））	20	(3.0)	(3.0)	(0.8)
电机	kW/V		75/380	7.5×2/380	15/380
数量	台	1	2	2	1

8.2.6.2 液氮储存系统

液氮储存系统设备参数见表 8－15。

表 8－15 液氮储存系统设备参数

项　目	单　　位	液 氮 储 槽	中压液氮泵	汽 化 器	液氮充车泵
形式		立式，珠光砂绝热	离心式	水浴式	离心式
储存容积	m^3	2000			
流量（标态）	m^3/h		30000	30000	20
工作压力	kPa（MPa（G））	20	(3.0)	(3.0)	(0.8)
电 机	kW/V		75/380	7.5×2/380	15/380
数 量	台	1	2	2	1

8.2.6.3 液氩储存系统

液氩储存系统设备参数见表 8－16。

表 8－16 液氩储存系统设备参数

项　目	单　　位	液 氩 储 槽	中压液氩泵	汽 化 器	液氩充车泵
形式		立式，真空绝热	离心式	空浴式	离心式

续表 8-16

项　目	单　位	液氩储槽	中压液氩泵	汽化器	液氩充车泵
储存容积	m^3	150			
流量（标态）	m^3/h		2000	2000	20
设计压力	MPa（G）	0.2	3.0	3.0	0.8
电机	kW/V		10		15/380
数量	台	1	2	2	1

8.2.7 氧气压缩机组

氧气压缩系统技术参数见表 8-17。氧气压缩机供油装置技术参数见表 8-18。

表 8-17 氧气压缩系统技术参数

项目名称	单位	参　数	项目名称	单位	参　数
形式		单轴，五段八级，离心式	保安/轴封用氮（标态）	m^3/h	65000/1000
流量（干燥，标态）	m^3/h	65000	仪表气耗量（标态）	m^3/h	10
排气压力	MPa（G）	3.0	设备质量	kg	183800
排气温度	℃	≤45	主电机电机功率①	kW	11000

① 主电机为异步电机，含电机冷却器，1台；轴功率9500kW；电压10kV；电机电加热器功率/电压8kW/220V。

表 8-18 氧气压缩机供油装置技术参数

项　目	单位	技术参数	项　目	单位	技术参数
润滑油牌号		L-TSA32 汽轮机油	辅油泵电机功率	kW/V	18.5×2/380
主油箱容积	m^3	6.5	油箱电加热器功率	kW/V	8×2/220
高位油箱容积	m^3	1.3	排烟风机功率	kW/V	2.2/380
一次性充灌量	m^3	约4			

8.2.8 氮气压缩机组

氮气压缩机组技术参数见表 8-19。

表 8-19 氮气压缩机组技术参数

项目名称	单位	参　数	项目名称	单位	参　数
形式①		组装齿轮式	进口温度	℃	27
流量（干燥，标态）	m^3/h	60000	气量调节范围	%	70~105
出口压力	MPa（G）	3.0	主电机电机轴功率	kW	8672
出口温度	℃	≤40	主电机电机功率	kW	10000
进口压力	MPa（G）	0.007			

① 氮气压缩机机型可考虑引进设备。

8.3 动力参数

用水量见表8－20。配电设备功率见表8－21。蒸汽用量见表8－22。

表8－20 用水量

使用部机	台数/套	用水量/$m^3 \cdot h^{-1}$	备注
空气透平压缩机组	1	2500	
空冷塔下段	1	630	
空冷塔上段（冷冻水）	1	150	
冷冻机	1/1	360/135	
油冷却器	1	80	1用1备
增压气体冷却器	1	13.5	1用1备
氧气透平压缩机组	1	1320	
氮气透平压缩机组	1	1100	

表8－21 配电设备功率

设备项目	数量/台	电器电机功率/kW	电压/V	备注
空气透平压缩机组	1	28000	10000	机组可引进
冷却水泵电机	2	185	380	1用1备
冷冻水泵电机	2	90	380	1用1备
冷冻机	2	240/90	380	输入功率
电加热器	3	1700×2/1075×1	380	2用1备
膨胀机供油装置油泵电机	2	5.5	380	双油泵
膨胀机供油装置油箱电加热器	2	3	220	
离心式液氩泵	2	55	380	1用1备
往复式中压液氩泵	2	7.5	380	1用1备
离心式液氧泵	2	110	380	1用1备
氧气透平压缩机组主电机	1	11000	10000	
氧透电机电加热器	1	0.5	380	
氧透供油装置油泵电机	2	18.5	380	1用1备
氧透供油装置油箱电加热器	3	8	220	
氧透供油装置排烟风机	1	2.2	380	
氮气透平压缩机组主电机	1	10000	10000	

表8－22 蒸汽用量

使用部机	排液蒸发器	水浴式液氧汽化器	水浴式液氮汽化器	纯化系统
用量/$kg \cdot (h \cdot 台)^{-1}$	14800	12500	12500	7000
数量/台	1	2	2	1

注：蒸汽压力为0.6～0.8MPa（A）。

9 空分装置测量控制系统

9.1 概述

空分设备的控制系统发展经历了常规仪表控制系统、计算机集中控制系统、PLC 控制系统、DCS 集散型控制系统、FCS 现场总线控制系统。由于常规仪表所组成的过程控制系统随着单机容量的不断增大、控制规模的不断提高，其局限性越来越明显。例如，控制仪表越来越多，仪表盘尺寸越来越大，难以实现集中显示和操作，不便于通讯联系；对多变量相关对象和复杂控制的实现比较困难；对系统的组成进行变更比较困难等。目前，常规仪表控制系统除了在一些小空分上还有一点市场外，在大中型空分设备中，已完全被淘汰。而集中式控制系统由于故障危险过度集中，在空分设备中现已难觅踪影。大中型空分设备的控制系统基本上已被 DCS、PLC、FCS 等控制系统垄断。

9.1.1 PLC 控制系统

PLC 的发展起源于 20 世纪 70 年代，首先在汽车工业中大量应用，80 年代走向成熟，奠定了在工业控制中不可动摇的地位。传统的 PLC 是可编程逻辑控制器，由电源模块、CPU 模块、I/O 模块、槽板及扩展插箱组成，使用厂家提供的梯形图逻辑语言进行编程。早在 80 年代中期，PLC 可编程逻辑控制器就开始在空分设备上应用，如板式切换程序的控制、分子筛吸附器切换程序的控制、氩净化系统中干燥系统的控制等。那时的 PLC 因缺少人机接口及信息系统等部分，不能算是一个控制系统。进入 90 年代，随着市场的需要及 DCS 的挑战，PLC 在处理速度、运算和控制功能、网络通讯等技术上又有新的突破，并在以下几方面得到了发展：（1）支持远程 I/O 及现场总线网络（如 Profibus 等），使 PLC 向下连接分布；（2）支持高速网络（如 Ethernet、Control Net、Profibus 等），使 PLC 向工厂级连接分布；（3）支持 OPC 标准，使软、硬件平台之间的数据通信找到了一个实现的标准。这些技术的采用使 PLC 从专有性控制器向开放性发展，在应用范围和应用水平上，为实现 EIC（电气控制、仪表控制、计算机控制）一体化打开了新的局面。在当今的 PLC 控制系统中，除了提供模拟量控制模块外，PID 回路控制已经成为每一种 PLC 系统的标准性能。过去仅限于大型 DCS 系统中使用的其他一些先进的过程控制功能，也开始在 PLC 中出现。目前，PLC 控制系统在中小型空分设备中应用非常普及并占有一定的市场份额，如 GE 和 Siemens 等公司生产的 PLC 控制系统在空分市场有着良好的业绩。

9.1.2 DCS 集散型控制系统

DCS 集散型控制系统（从系统结构上又称为分布式控制系统）是利用计算机技术对生产过程进行集中监视、操作、管理和分散控制的一种技术，主要由集中管理部分、分散控制部分和通信部分组成。分散的控制监测部分用于完成对被控设备的监测和控制；通信部分的功能是连接各级计算机、完成数据等的各种信息的传递；集中的管理部分可根据不同情况设置多级计算机，分别完成特定的管理功能，其特点是：(1) 硬件积木化；(2) 软件模块化；(3) 控制组态化；(4) 通信网络化；(5) 高可靠性。DCS集散型控制系统的通用性强，控制功能完善，数据处理方便，显示操作集中，人机界面友好，安装简单，组态、调试方便，运行安全可靠，能够适应工业控制的各种需要。目前，在国内空分市场上，可以说DCS控制系统居于垄断位置。主要国外DCS厂商有Honeywell、Foxboro、Emerson、Siemens、ABB、Yokogawa等，国内主要有浙大中控、和利时等。

9.1.3 FCS现场总线控制系统

虽然DCS技术已经发展到相当成熟的地步，但在应用中也发现DCS系统的结构存在一些不足之处，如控制不能做到彻底分散，危险仍然相对集中；由于系统的不开放性，不同厂家的产品不能互换、互联，限制了用户的选择范围。FCS现场总线系统的设计目标是针对DCS系统的某些不足，克服了DCS系统通信网络的封闭性，促进了现场设备的数字化和网络化，并且使现场控制的功能更强大，把基于封闭专用的解决方案变成基于公开标准化的解决方案；同时把集中与分散相结合的DCS集散控制结构，变成新型的全分布式结构，把控制功能彻底下放到现场，依靠现场智能设备本身实现基本控制功能。

FCS目前还处在发展阶段，各种FCS层出不穷，其系统结构形态各异，有的是按照现场总线体系结构的概念设计的新型控制系统，有的是在现有的DCS系统上扩充了现场总线的功能。目前，FCS在空分行业的应用还刚刚起步，一般是针对小型系统或替代DCS的局部控制站功能，更多的是应用于DCS系统控制层和现场层，在这类系统中，FF、Profibus、HART等协议的现场仪表可以组成控制回路，使控制站的一部分功能下移分散到现场仪表中，减轻了控制站负担。也可以接入DCS系统控制站，由控制站处理控制回路之间的协调问题。

9.1.4 混合型控制系统

20世纪80年代末，大中型空分设备就开始选用DCS控制系统，例如Honeywell公司的TDC3000、Yokogawa公司的μXL、Foxboro公司的I/A等系统。早期的DCS价格昂贵、开放性不好、技术含量高、应用相对复杂，进入90年代中后期，DCS在空分设备中已经普及应用，特别是近年来，第四代DCS系统融合了PLC、FCS等技术，采用现成的软件技术和硬件（I/O处理）技术，采用灵活的规模配置，明显地降低了系统的成本与价格。事实上，由于PLC、DCS、FCS控制系统之间互相渗透、互相包容，正在模糊PLC、DCS、FCS控制系统的界限，成为混合型控制系统，变成了真正的DCS集散型控制系统，这种混合型控制系统除保留传统DCS所实现的过程控制功能之外，还集成了PLC、FCS等技术。包含了各种形式的现场总线接口，可以支持多种标准的现场总线仪表、执行机构等。此外，DCS系统还改变了原来机柜架式安装I/O模件、相对集中的控制站结构，取而代之的是进一步分散的远程I/O模块或中小型的PLC。其典型的网络结构如图9－1所示。

目前，这种模型的控制系统正在空分设备中大量的应用，例如Honeywell公司的PlantScape、TPS、PKS，Yokogawa公司的CS1000、CS3000，Emerson公司的DeltaV，ABB的Freelance 2000、Industry IT，和利时公司的MACS，浙大中控的JX－300、Webfield等系

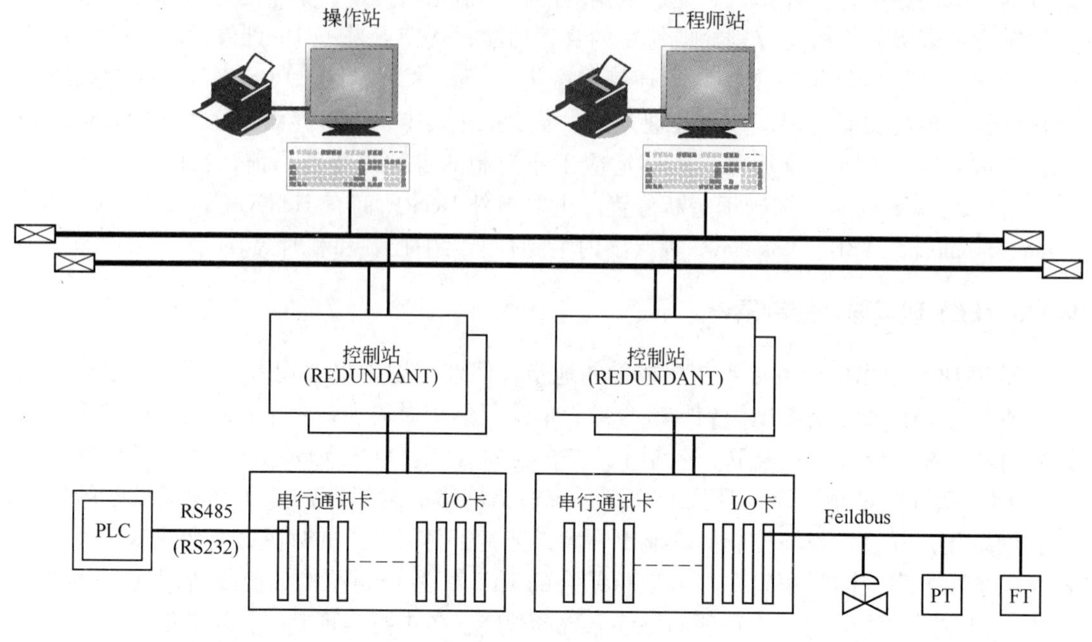

图 9-1 DCS 系统网络结构图

统。为方便介绍，本章中所提及的 DCS 集散型控制系统就是指这种包含了 PLC、DCS、FCS 的混合型控制系统。本章中所提及的 DCS 技术同样适合于 PLC 系统。

9.2 测控系统的组成

空分设备仪控系统的仪表有检测仪表、显示仪表、控制仪表及执行器四大类，其连接示意图如图 9-2 所示。

测控系统通常由现场仪表、机旁柜、分析仪表盘、配电柜、UPS 和 DCS 系统组成。现场实物如图 9-3 所示。

9.2.1 机旁柜

机旁柜是为了方便就地观察机组运行情况而设置的。目前，DCS 应用已非常成熟，在设计过程中，充分发挥 DCS 的功能，适当减弱机旁柜功能已经可以成为设计的指导思想。根据这个指导思想，膨胀机一般不再设机旁柜，空压机机旁柜仅设置一些级间压力表和轴振动、轴位移监视器。

9.2.2 供电系统

仪控系统供电方案应考虑仪控系统供电的相对独立性、安全性和可维护性。电控系统分别从二段母线向仪控系统所配置的 UPS（不间断电源）提供电源。考虑到方便 UPS 的检修，可另配一路备用电源。通过电路切换，将 UPS 脱离，而又能继续维持仪控系统的供电。

UPS 的输出需向整个仪控系统内的各个用电设备（如机旁柜、分析仪表盘、电磁阀、

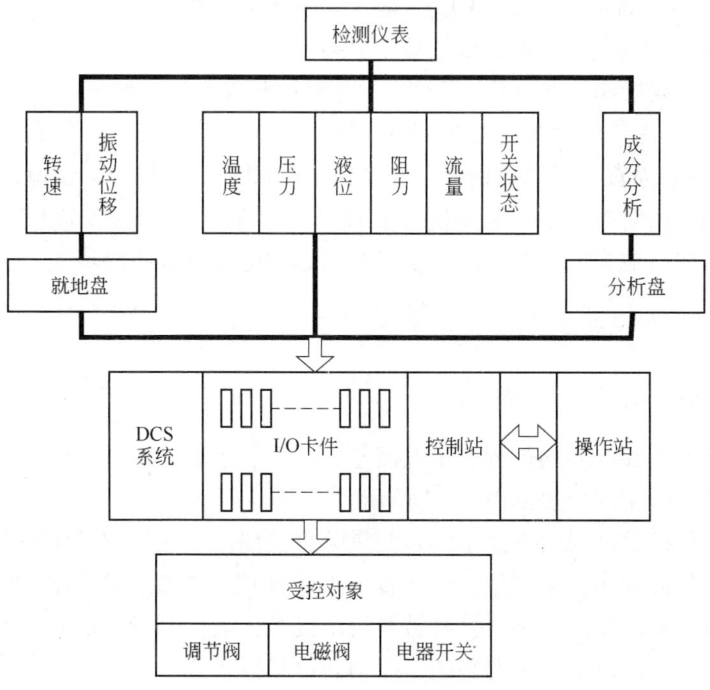

图9-2 仪表连接示意图

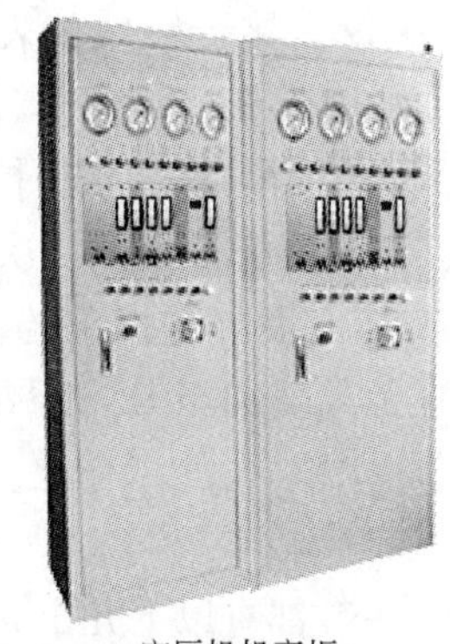

空压机机旁柜

分析盘盘面图 分析盘柜内管线图

中控室操作站

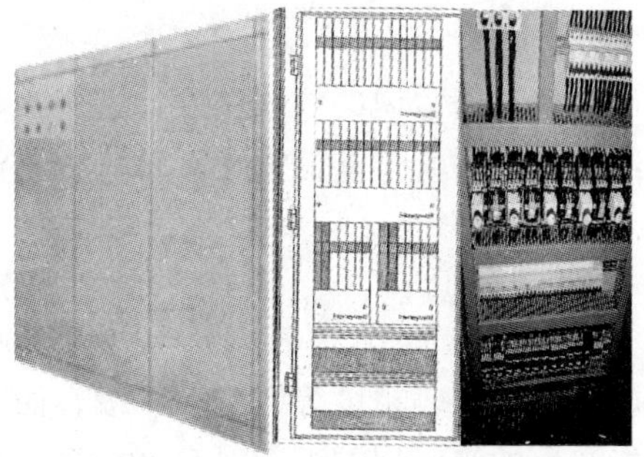

中控室控制柜

图9-3 测控系统实物图

各用电仪表及 DCS 系统）提供 220V 交流电源。鉴于电磁阀在仪控系统中的重要性，每一电磁阀均应单独设置空气断路器，以便独立更换。

UPS 应选用在线工作方式（On - Line），尽管投资成本比离线式（Off - Line）高，但换来的稳压稳频和隔离功能却是必要的和值得的。UPS 的电池容量（全载下的放电时间），以 10 ~ 30min 为宜。考虑依据为在外部供电故障时，UPS 维持供电的时间能保证仪控系统有足够的时间对整个空分装置实施有计划的停车。在 UPS 到货后 3 个月内，最好能上电，目的是向电池充电，避免因长期储存引起的电池性能下降或失效。

9.2.3　常用仪表的分类和质量指标

9.2.3.1　仪表分类

在空分设备上主要检测的过程变量有流量、压力、阻力、液位、温度、转速、振动位移及气体组分等，常用的仪表如图 9 - 4 所示。

按照获得测量参数结果的方法不同，测量分直接测量和间接测量两种方式。直接与被测介质接触的测量方式为直接测量，进行直接测量的仪表有变送器、铂电阻和分析仪等；反之为间接测量，即测量元件不直接与被测物体接触，间接测量一般利用电磁感应的原理进行测量，进行间接测量的仪表有转速、振动和位移探头等。

根据仪表在测量过程中所起的作用不同，仪表又分为一次仪表和二次仪表。传感器又称为一次仪表，一次仪表是在测量过程中直接感受被测参数并将其转换成某一信号的仪表。如变送器、铂电阻等。显示仪表又称为二次仪表，二次仪表接受一次仪表的输出信号，并将其放大或转换成其他信号，最后显示出测量结果。由于 DCS 系统具有显示仪表、控制仪表、逻辑控制和报警等多重功能，能够完成 PID 控制、逻辑运算、顺序控制和一些复杂的控制等功能。目前，二次仪表和控制仪表基本上被 DCS 系统替代，二次仪表只是在机旁柜上应用，如振动位移监视仪、转速显示表等，它们一方面接受探头的输出信号，在就地盘上显示测量结果；另一方面将被测信号转换成标准信号输出至 DCS 系统。

9.2.3.2　仪表的质量指标

不同的测量仪表，虽然衡量它们的指标是不相同的，但一般都有以下几个共同指标来评价其优劣。

A　精确度

精确度就是通常说的仪表精度，它是准确度和精密度的综合反映，习惯上用精度这一概念来综合表示测量误差的大小。每一种测量仪表都标注了自己的精度等级，精度等级的定义为：

$$\text{精度等级} = \pm \frac{\text{最大测量误差}}{\text{仪表满量程刻度值}} \times 100\%$$

例如，某压力表精度等级为 1.5 级，而它的量程为 5MPa，这说明该压力表在测量使用中可能产生的绝对误差不超过 5 × 1.5% = 0.075MPa，若所测得的值是 5MPa，可以认为被测量的真实值为（5 ± 0.075）MPa。如果另一个压力表精度同上，但量程为 10MPa 时，它的绝对误差是 10 × 1.5% = 0.15MPa，当所测得的值也是 5MPa 时，其真实值表示为

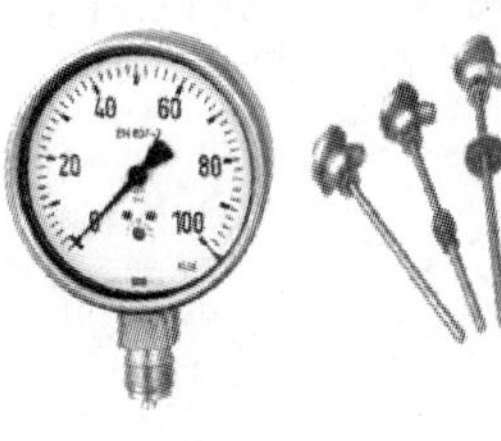

双金属温度计

铂热电阻

弹簧管压力表

压力变送器

智能变送器

翻板液位计

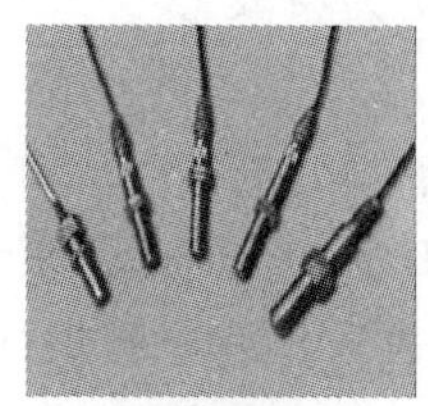

转速传感器

双法兰液位变送器

金属管转子流量计

涡街流量计

电磁流量计

振动位移监视仪

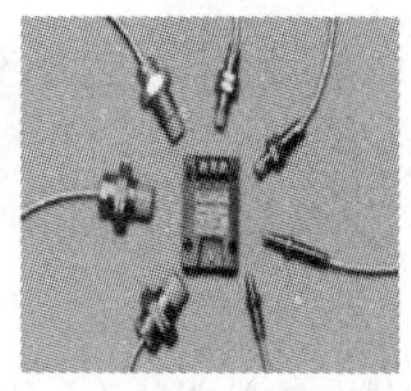

电涡流传感器

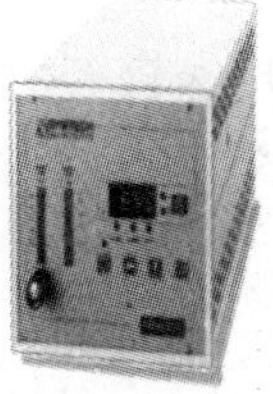

分析仪表

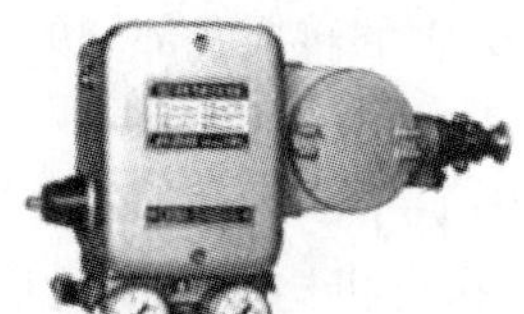

电气阀门定位器

空气过滤减压阀

二位三通电磁阀

二位五通电磁阀

气动薄膜调节阀

气动蝶阀

气动薄膜直通双座调节阀

气动球阀

图9－4 空分设备常用仪表实物图

(5±0.15)MPa，可见误差变大了。因此，我们在选用仪表时，在精度相等的条件下，所选仪表的量程不宜过大，一般使测量值在满刻度的三分之二上较为合适。

B 灵敏度

灵敏度是指单位输入量所引起的输出量的大小。灵敏度的定义为：

$$灵敏度=\frac{仪表输出信号的变化量}{被测参数的变化量}$$

灵敏度越高，可检测出的过程变化量的值就越小。假如我们有两个不同刻度的压力表，当被测压力变化1kPa时，其中一个压力表的指针移动了一小格，而另一个压力表的指针移动了两小格，显然，后一个压力表的指针动的明显，我们说它更为灵敏。

C 时滞

当被测量发生变化时，仪表总是不能马上反映出被测量的变化，而是要迟延一段时间后才能反映出来，我们把这种现象叫做仪表的时滞。时滞是从被测量开始变化时起到仪表指示出这一变化的时候止所经历的时间。产生时滞的主要原因有：仪表原件有机械惯性、热惯性、阻力等。时滞越小，对过程控制和监视就越有利。

9.2.4 DCS的主要功能

目前，在空分设备中配套的DCS厂家较多，每个厂家又有不同系列的DCS产品，其硬件结构及软件组态环境也有很大的区别，一般具有如下共性。

9.2.4.1 主要硬件

DCS系统的主要硬件构成包括I/O卡件、控制站、操作员站/工程师站和通讯网络等，如图9-1所示。

I/O卡件包括AI卡、DI卡、AO卡、DO卡等，有时针对一些特殊信号的仪表还需要配置特殊的输入卡件，I/O卡件直接与现场仪表连接，实现A/D、D/A的转换及部分的输入输出处理。重要控制回路的I/O卡件可采用冗余结构。

控制站对输入信号进行处理，运用各种控制算法，完成连续PID调节、顺序控制、连锁控制等功能，运算结果通过输出卡件转换成模拟信号连接到现场执行机构。在控制站，电源模块、控制器模块及通讯模块一般采用冗余结构。

通讯网络一般包括面向操作站的SNET、面向过程控制站的CNET以及I/O链。目前，第四代DCS系统的SNET和CNET被工业以太网取代，采用开放的通讯协议。I/O链是控制器与I/O卡件之间的通讯链，一般为各DCS厂家自己开发的专用通讯协议。

操作员站完成对过程数据的实时监视、操作命令的输入、声光报警、报表打印及系统信息的监视和维护。

工程师站负责系统组态、数据管理及维护等工作，同时兼具操作员站的功能。

9.2.4.2 软件组态

DCS组态编程工作是由控制工程师在工程师站完成的，不同的DCS其组态界面不同。根据控制工程师的经验不同、喜好不同、控制策略实现方法的不同以及对操作方法的理解不同，往往造成同一流程形式的空分设备会有不同形式的操作监视画面。但是，针对空分设备其操作监视画面一般应涵盖以下功能。

A 流程监视画面

流程监视画面应具备带测点的流程图实时动态显示，包括过程数据的实时显示、电气设备的运行指示、阀门开关状态显示、管道颜色及液位的动态模拟显示等。流程监视画面之间可以快速切换。

B 点的详细画面

在操作界面上，点的详细画面可以快速调出，可以在点的详细画面上进行点的具体参数设定，例如报警值、连锁值等。对于调节点，可以在该画面上设定 P、I、D 参数，手动/自动切换，手动状态下可以手动控制输出等功能；对于开关量点，可以在该画面进行手动操作控制现场阀门的开关及电气设备的启停；对于程序点，可以控制程序的启停。

C 报警画面

报警画面可以显示过程参数越限报警、连锁报警、系统状态报警和事件报警。

D 系统维护画面

系统维护画面可以显示系统的运行状态，使维护人员及时地发现系统存在的软硬件故障，尽快排除。

E 操作记录画面

操作记录画面可以对操作人员所做的操作记录进行查询。

F 历史趋势画面

历史趋势画面可以查询某点或某几个相关点的历史趋势。

G 打印报表画面

打印报表画面可以显示并打印生成的过程参数报表及运行日志。

另外，为了满足不同用户的需要，还可以设置一些分组棒图画面、分组控制画面、总貌画面等，可以起到锦上添花的作用。

9.3 热工监视系统

根据空分设备工艺流程的要求，为保证装置正常运行，及时给操作人员提供必要的可靠数据来判断生产过程并作出正确的操作，测控系统提供了如下热工监视系统。

9.3.1 压力监视系统

空分设备中的压力监视系统包括就地压力显示和 DCS 操作站压力显示两种，就地压力显示一般采用弹簧管压力表直接安装在工艺管道上。DCS 操作站压力显示由一次仪表压力变送器将压力信号转换成 4 ~ 20mA 的标准信号送到 DCS 系统的 AI 卡件。变送器信号为两线制，24V DC 工作电源由 DCS 系统提供，如图 9 - 5 所示。

弹簧管压力表是利用弹性元件受力后产生变形而引起位移，经过连杆和齿轮传动机构放大，传递到仪表的指针上，指示出被测压力的数值。其敏感元件是弹簧管，它一端是封死的自由端，另一端焊接在接头上。被测介质由接头引入弹簧管，介质的压力使弹簧管的自由端向上方扩张，通过拉杆使扇形齿轮作逆时针方向偏转，从而使中心齿轮带动指针作顺时针方向偏转，在面板上指示出被测的压力数值。游丝是用来克服因扇形齿轮和中心齿

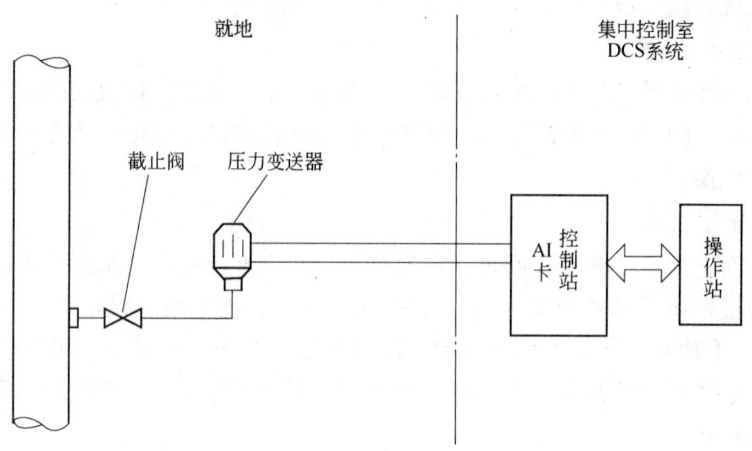

图9－5　压力测量系统图

轮的间隙而产生的仪表偏差。改变调整螺钉的位置，可以调整压力表的量程。弹簧管的材料是根据所测量的范围和测量介质不同而选用不同的金属。普通弹簧管压力表的精度一般在1.5～2.5级，精度等级相对较低。弹簧管压力表一般仅用于现场指示、精度要求不高的场所，有时也作为就地盘的盘装仪表。

压力变送器一般可带有现场表头指示，以方便调校和检查故障。在空压机一级进气压力的测量中，真空度的测量应选用绝对压力变送器。在氧气介质压力压差的测量中，压力变送器中磨合的填充液均为惰性油—氟油，且变送器应经过脱脂禁油处理。

如果采用DCS控制系统，建议选用能与该DCS系统实现智能通讯的智能变送器。这样，在DCS系统上就能实现对变送器的调整、校核和工作状态的监测，充分发挥DCS和智能变送器的功能。如选用美国Honeywell公司的TPS系统，则可选用该公司的ST900型智能变送器，如选用日本Yokogawa公司的CS3000或CS系统，则可选用该公司的EJA型变送器。智能变送器与DCS控制系统之间可以有两种连接方式：常规的4～20mA模拟量方式和数字通讯方式。采用模拟量方式时，智能变送器的精度为1‰；采用数字量方式时，智能变送器的精度为0.7‰。若选择了智能变送器，但选配的DCS系统没有和智能变送器实现数字通讯的功能（没有相应的智能输入卡件），或者选择了智能变送器，但又不采用与DCS数字通讯的方式，都将不能充分发挥智能变送器的高精度和智能功能。

9.3.2　温度监视系统

空分设备中的温度监视系统包括就地温度显示和DCS操作站温度显示。就地温度一般采用双金属温度计直接安装在工艺管道或设备上。DCS操作站温度显示由铂热电阻和DCS系统的AI卡件来完成，如图9－6所示。

铂电阻是一种温度传感器，它是利用铂丝在温度变化时自身电阻也随着变化的特性来测量温度的。铂热电阻一般采用Pt100分度号的铂电阻，即温度T为0℃时的阻值为100Ω。精度等级一般分为A级和B级，A级允许的误差为$\pm(0.15+0.002|T|)$，B级允许的误差为$\pm(0.3+0.005|T|)$。空分设备上通常采用装配式或铠装式铂电阻。装配

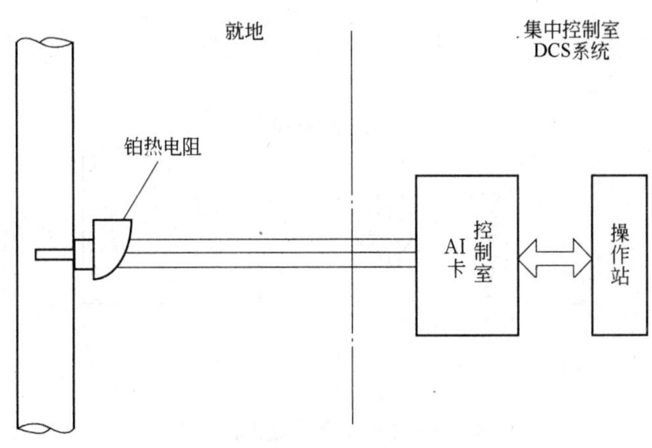

图 9－6　温度测量系统图

式铂电阻是由感温元件、不锈钢外保护管、接线盒各种用途的固定装置组成，有双支和单支元件两种规格，双支铂电阻可以同时输出两组相同电阻信号供使用。装配式铂电阻热响应时间为 30s 左右，一般采用陶瓷骨架以提高防振性能。铠装式铂热电阻是将铂电阻元件（陶瓷元件、薄膜元件或厚膜元件）连接在铠装引线上，再装上保护管把元件保护起来，形成一种不可拆卸的温度传感器，它与装配式铂电阻相比，且有直径小，可弯曲，热惰性小，抗振性好，使用寿命长，稳定性好等优点。铠装铂电阻一般响应时间为 10s 左右。在空分设备中冷箱内的温度测量一次元件均采用双支铂热电阻，其中一支直接接到 DCS 系统的 AI 卡件，另一支引到接线端子处备用。

双金属温度计是一种用作现场指示的温度计，在空分设备中主要用于机组就地温度指示。双金属温度计的工作原理是利用两种热膨胀系数不同的金属焊在一起做成双金属片，一种膨胀系数大，一种膨胀系数小，当温度升高时，由于膨胀系数不同，主动层形变大，被动层形变小，因而向上弯曲，温度越高则弯曲越大，双金属片的自由端偏转角度将带动指针指示出相应的温度。双金属温度计精度等级一般为 1.0 或 1.5，热响应时间小于 40s。

9.3.3　阻力监视系统

在空分设备中，为了观测精馏塔的精馏状况，对上下塔的上部、中部、下部分别设置了阻力监视系统，阻力测量与液位测量基本相同，由三阀组、差压变送器组成，差压变送器将压力信号转换成 4～20mA 的标准信号送到 DCS 系统的 AI 卡件，在操作站集中监视，如图 9－7 所示。

9.3.4　液位监视系统

在空分设备的液位测量中，主要有空气预冷系统的水位测量、精馏塔内低温液体液位的测量。就地液位显示一般采用翻板液位计直接安装在设备上。DCS 操作站液位显示主要采用的测量元件为法兰液位变送器和差压变送器。

过去，预冷系统的水位测量常采用差压变送器，通常将副相管灌充水（加水分离器或平衡器），同时对变送器进行 100% 的负迁移。目前，在预冷系统的水位测量中均选用

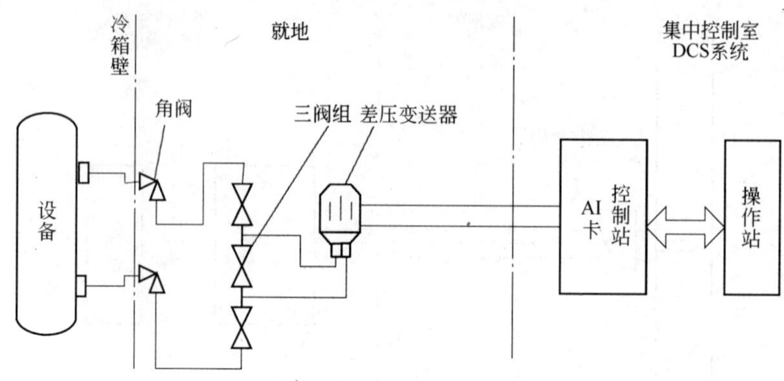

图9-7 阻力液位测量系统图

双法兰液位变送器，如图9-8所示。

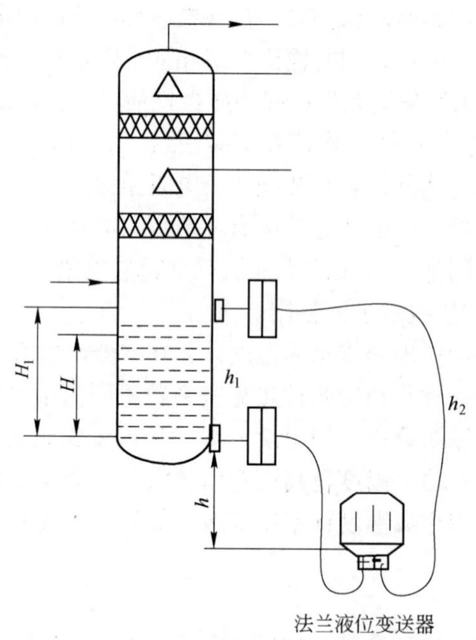

图9-8 采用双法兰液位变送器测量水位

将差压变送器改成双法兰液位变送器有以下几点好处：可省去在负压管上设置平衡器或加水分离器的麻烦；双法兰液位变送器的导压管中填充硅油，避免了冬季引压管易冻结的弊病，从而可省去冬季需用蒸汽管伴热或电热元件伴热的麻烦；防止了由于空冷塔的水温较高或水质较差易在引压管中产生结垢，使导压管内径逐渐变小，甚至有堵塞的可能性。

从图9-8中可以看出，双法兰液位变送器测量液位与变送器的安装位置无关，仅与变送器的两法兰中心距 H_1 有关。变送器正负压管的静压力分别为：

$$p_+ = p + H\rho_1 g + h\rho_2 g \tag{9-1}$$

$$p_- = p + (H_1 + h)\rho_2 g \tag{9-2}$$

式中 ρ_1——水的密度；

ρ_2——硅油的密度；

H_1——变送器的两法兰间的中心距；

H——空冷塔最高水位；

h——假液面高度；

p——空冷塔操作压力。

则

$$p_+ - p_- = H\rho_1 g - H_1\rho_2 g \tag{9-3}$$

式（9-3）中，$H\rho_1 g$ 为差压变送器的量程；$H_1\rho_2 g$ 为变送器的负迁移量，该负迁移量与安装位置无关，仅与 H_1 有关。

对低温液体的测量，要特别注意液相引压管的敷设，液相引压管倾斜度应保持 1：10 左右，水平引至距冷箱壁 200mm 处，然后沿冷箱壁水平引 1～1.5m 再引出冷箱壁。为了防止液位正相侧引压管中存在气液两相的现象，导致液位测量不稳定和误差，可以在正相引压管路向上的拐点处设置一低温液位加热块，用来对引压管路上的低温液体进行加热，使液体完全汽化，如图 9-9 所示。

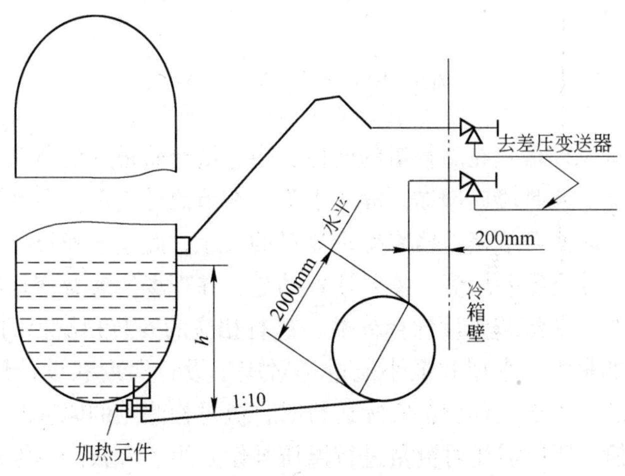

图 9-9 低温液体液面引压管的敷设

每一个低温液位加热块有两个加热元件，加热元件通过放在冷箱壁外的低温液位加热器来供电，供电电压分别为 5V、7V、9V，现场一般采用 7V 供电。引压管路必须用托架或角钢保护，使它不受外力影响，并要采取绑扎或其他有效的办法，防止管系不稳定。

翻板液位计主要用于空冷塔、水冷塔的就地液面指示。翻板液位计是利用磁耦合及阿基米得定律的连通器原理。装有永久磁钢的浮子在液体中产生浮力，随容器内液体的升降而上下移动，经磁耦合吸引指示装置中的翻板转动，现场指示出液面的位置。

9.3.5 流量监视系统

在空分设备的流量测量中，主要采用的测量元件有孔板、电磁流量计、涡街流量计等。

9.3.5.1　孔板

用孔板作为节流件来测量流量是空分设备上最常用的测量方法，如进装置空气量、产品气量、再生气气量、增压气量等，测量系统由孔板、三阀组、差压变送器组成，差压变送器将差压信号转换成4～20mA的标准信号送到DCS系统的AI卡件，由DCS操作站显示，如图9－10所示。

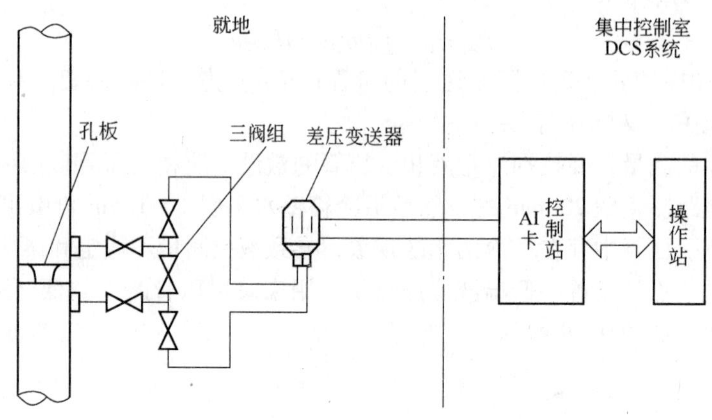

图9－10　流量测量系统图

孔板的主要测量原理是：充满管道的流体，当它流经管道内的节流件时，流速将在节流件处形成局部收缩。此时流速增加，静压下降，在节流件前环室及后环室产生差压。流量愈大，差压愈大。因而可依据差压来衡量流量的大小，此差压通过导压管引出至差压变送器，通过差压变送器测出差压值。需要注意的是，在现场安装及变送器量程调校时，应按照孔板厂家提供的“节流装置设计计算书”进行相应的安装和量程的设定。“节流装置设计计算书”提供的最大、常用和最小流量是对应于设计温度和设计压力下已折算到标准状态下的体积流量。由于空分设备实际运行时，流量检测点的温度和压力有可能偏离设计温度和设计压力值，所以需要对流量进行温压补偿。为了考核产品性能以及用户核算成本等要求，对进装置空气和产品气等流量还要进行流量累积计算，流量温压补偿和流量累积计算由DCS组态完成（DCS软件组态一般都有标准的算法模块）。孔板与管道之间的连接，一般采用法兰连接方式，冷箱内的孔板一般采用一体化环室，与管道直接对焊连接，以减少冷箱内的泄漏点；冷箱外的孔板可以采用法兰连接。孔板制造简单、成本低，且能保持较高的精度。其缺点是压力损失比较大，在压力高、流速大的场合，孔板边缘容易磨损及变形，长期测量的精度会下降。另外，被测介质若含有固体杂质时，容易在环室内积聚，从而加大测量误差。

9.3.5.2　电磁流量计

在空分设备中，空气预冷系统的水流量测量，常选用电磁流量计，这是由于空气预冷系统的水中往往含有一定的固体杂质，若用孔板环室取压，在环室内往往容易积聚脏物而引起测量滞后及误差。

电磁流量计测量流量，前提是被测介质必须能导电。其测量原理是法拉第电磁感应原理，如图9-11所示。

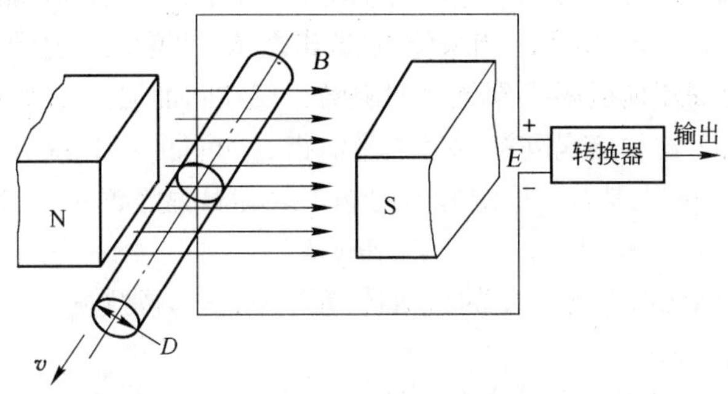

图9-11 电磁流量计测量原理图

当导电液体在磁场中做切割磁力线运动时，导体中产生感应电动势，其感应电动势 E 为：

$$E = KBvD \tag{9-4}$$

式中 K——仪表常数；

B——磁感应强度；

v——测量管道截面内的平均速度；

D——测量管道截面的内径。

测量流量时，导电性的液体以速度 v 流过垂直于流动方向的磁场，导电性液体的流动感应出一个与平均流速成正比的电压，其感应电压信号通过两个或两个以上与液体直接接触的电极检出，并通过电缆送至转换器通过智能处理，转换成标准4~20mA信号或脉冲信号输出，其输出信号进DCS显示。

9.3.5.3 涡街流量计

在空分设备低温液体（液氧、液氮和液氩）流量的测量上，涡街流量计较多地被应用。由于测量低温液体流量时必须在整个测量过程中避免产生气液两相，所以不能采用应用节流原理测量流量的仪表。

涡街流量计的原理即“卡门涡街”原理，如图9-12所示。

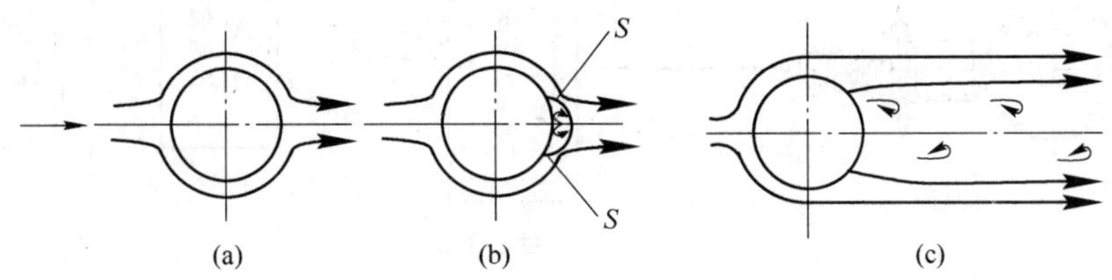

图9-12 卡门涡街原理图

（a）流速较低；（b）流速增大；（c）流速较高

黏性流体绕流圆柱体流动，当流体速度很低时，流体在前驻点速度为零，来流沿圆柱左右两侧流动，在圆柱体前半部分速度逐渐增大，压力下降，后半部分速度下降，压力升高，在后驻点速度又为零。这时的流动与理想流体绕流圆柱体相同，无旋涡产生，如图9－12（a）所示。随着来流速度增加，圆柱体后半部分的压力梯度增大，引起流体附面层的分离，如图9－12（b）所示。当来流的雷诺数 *Re* 再增大，达到40左右时，由于圆柱体后半部附面层中的流体微团受到更大的阻滞，就在附面层的分离点 *S* 处产生一对旋转方面相反的对称旋涡，这种旋涡列被称为卡门涡街，如图9－12（c）所示。

在一定的雷诺数 *Re* 范围内，稳定的卡门涡街的旋涡脱落频率 f 与流体流速 v 成正比：

$$f = Srv/d \tag{9-5}$$

式中 Sr——斯特劳哈尔数，在一定的雷诺数范围内，Sr 为常数；

d——圆柱体直径。

由上式可以看出，在一定的雷诺数范围内，流速与频率呈线性关系，测出频率就可确定流体的流量。涡街流量计就是根据卡门涡街的频率与流量之间的关系来测量流量的仪表。涡街流量传感器的旋涡释放频率是由旋涡交替地作用于检测传感器（探头）上的应力通过在它内部的压电元件来检出的，埋设在探头体内的压电元件受交变应力作用产生的交变电荷分别送给两个电荷转换器，经检测放大器信号处理，转变为脉冲或标准4～20mA信号，其信号进DCS显示。

9.3.6 转速监视系统

在空分设备中，需要对膨胀机的转速进行监控。该系统由磁电传感器、频率电流转换器组成。磁电传感器由铁芯、磁钢、感应线圈等组成，其工作原理是：当铁芯端面近处有转动的导磁材料时，由于磁路中有磁阻变化，引起磁通量变化，在感应线圈内产生感应电动势，输出与转速高低有关的近似正弦波电信号。膨胀机运转时，安装在膨胀机机壳上磁电传感器的感应线圈感应转动轴承产生感应电动势，该电动势的频率与膨胀机的转速成正比。此频率信号经频率电流转换器转换成4～20mA的标准信号送到DCS系统的AI卡件，由DCS进行显示、报警、连锁控制并记录其历史数据，如图9－13所示。

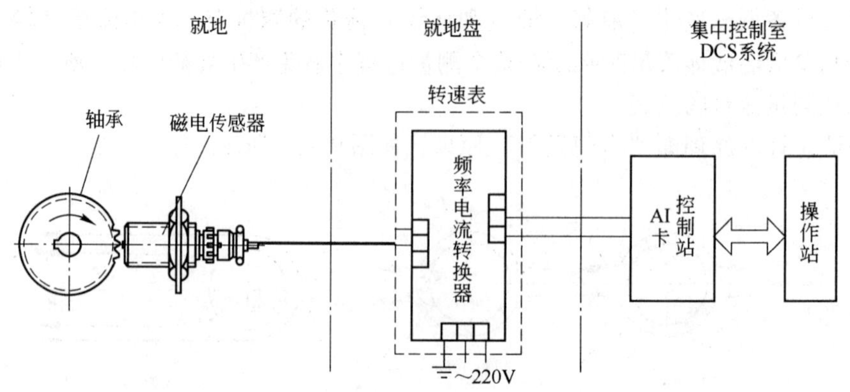

图9－13 转速测量系统图

膨胀机的轴承每转一周磁电传感器产生两个正弦波信号，转速 n 与频率 f 的关系式为：

$$f = 2n/60 \tag{9-6}$$

例如，当频率 $f=1000$ Hz 时，转速 $n=30000$r/min。

早先的频率电流转换器内装在转速显示仪表中，转速显示仪表安装在膨胀机机旁柜上就地显示转速，二次信号送到 DCS 系统的 AI 卡件。目前，膨胀机一般不再设计机旁柜，频率电流转换器一般安装在控制室机柜（配电柜或控制柜）内单独使用。

9.3.7 纯度分析监视系统

空分设备的纯度分析包括手动分析和自动分析两种。其中手动分析是现场取样或将取样气体引至分析室，将分析取样阀安装在分析盘上，通过分析取样阀间断性手动取样送至色谱分析仪离线分析。离线分析仪用在被测介质品质相对稳定、且在线使用成本较高的场合，如碳氢化合物色谱分析仪、精氩色谱分析仪、微量水分析仪等。对于重要的分析点，如产品氧、氮、氩纯度分析，进冷箱空气中二氧化碳含量分析，氩馏分分析等，配置在线分析仪，安装在分析室的分析盘上，进行自动分析，分析仪输出 4～20mA 的标准信号送到 DCS 系统的 AI 卡件，在操作站显示。

在线分析仪一般对采样气体有压力、流量等控制要求，同时对分析仪表需进行定期或不定期的调校。分析仪的使用效果不但与分析仪的选型有关，而且与正确的使用和及时的维护有非常大的关系。

空分设备中配套的分析仪表种类很多，空气出分子筛纯化系统二氧化碳含量分析一般选用红外线二氧化碳分析仪；产品氧气纯度分析主要采用磁性氧分析仪；产品氮气、氩气纯度分析常采用微量氧分析仪（氧化锆分析仪）；氩馏分氩含量分析一般选用热导式氩分析仪；再生气出蒸汽加热器后含水量分析、气体出膨胀机增压端后冷却器含水量分析、气体出循环增压机含水量分析一般选用微量水分析仪（或露点仪）；冷凝蒸发器液氧中碳氢化合物的含量分析一般采用气相色谱仪进行离线分析。

9.3.8 轴振动位移监视系统

在空分设备中，一般需要对空压机、膨胀机的轴振动进行测量，配套大型空分设备由汽轮机拖动的单轴空压机，还需要测量轴位移。振动位移的测量一般采用电涡流传感器。其基本原理是：如果一个很高频的电流从振荡器流入传感器线圈中，那么传感器线圈就产生一个高频磁场。如果有一片金属接近这个磁场，那么在此金属的表面就会产生电涡流，电涡流的强弱随着传感器线圈与金属之间的距离而变化。测量系统由探头、前置器、振动位移监视器组成，探头测得的电涡流信号在前置器里被转换成与位移振动成比例的非标准电压信号送到振动位移监视器，振动位移监视器一般安装在空压机机旁柜，就地指示振动位移值，同时输出 4～20mA 信号进 DCS 的 AI 卡，在操作站显示，如图 9－14 所示。

一般空分设备中常采用 M10×1、ϕ8mm 振动位移探头，探头的灵敏度为 7.87mV/μm。探头测得的轴位移是针对机械零位的绝对变化量，空分设备空压机位移量程为 －1mm～0～＋1mm，对应的电压值为 －17.87V～－10V～－2.13V，信号输出的对应关系为 4mA～12mA～20mA，涡流传感器一般调整在间隙电压为 －10V 的位置作为机械零位，即位移探头与被测轴间隙 δ 应调整在 1.27mm。轴振动测量的是相对变化值，所以零点的调整没有严格的规定，只要在探头的感应范围内即可。探头可感应的区域一般控制在与被测轴间隙 2mm 内。

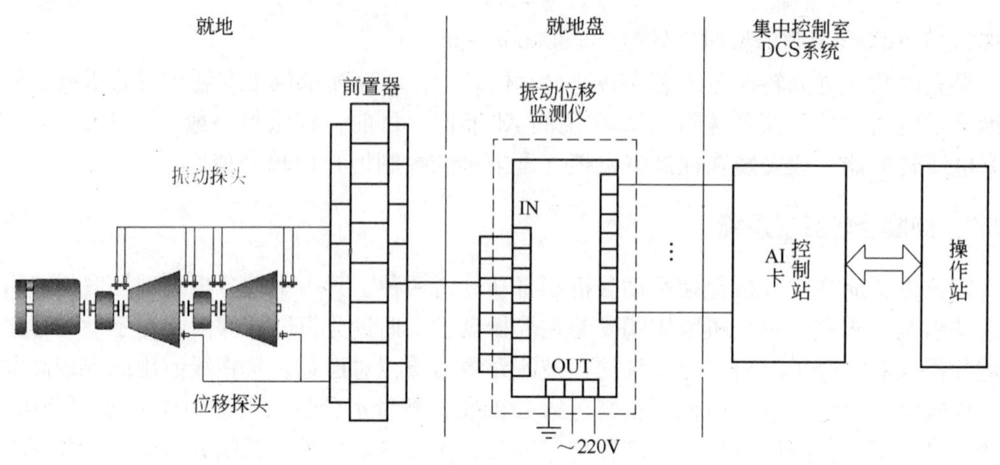

图 9 – 14　振动位移测量系统图

9.4　自动调节系统

在空分设备中，为了稳定工况和安全生产，根据工艺要求，对一些比较重要的工艺参数，实行自动调节。

9.4.1　自动调节的一般知识

9.4.1.1　被调量

空分设备正常运行时，当一些物理量偏离所希望维持的数值时，就表示设备偏离了规定工况，必须加以调节。这样的物理量称为被调量。按照设备正常运行要求，被调量必须维持的数值称为给定值。

9.4.1.2　扰动

使被调量发生变化的因素称为扰动。扰动又分为外部扰动和内部扰动。

9.4.1.3　调节

通过控制作用使被调量保持为给定值，或按一定规律变化，称为调节。通过控制仪表来实现这种控制作用，称为自动调节。控制仪表对过程检测的被控参数进行 PID 运算以后，输出控制值去控制调节机构，从而实现对过程被控参数的调节。单回路 PID 调节器的输出变化量的计算公式为：

$$y = K_p(x + 1/t_i\int x\mathrm{d}t + t_d\mathrm{d}x/\mathrm{d}t) \tag{9-7}$$

式中　y——调节器的输出变化量；

x——调节器的输入偏差；

K_p——比例放大系数；

t_i——积分时间；

t_d——微分时间。

9.4.1.4 比例调节规律

比例调节规律可反映为：

$$y = K_p x \tag{9-8}$$

比例调节规律就是调节器的输出变化与输入偏差成比例关系。只要调节器有偏差输入，其输出按比例变化，因此比例调节作用及时迅速。但比例调节作用存在静态偏差，即被调参数回不到设定值上。静态偏差是比例调节作用的一个缺点。比例常数 K_p 值越大，调节越灵敏，余差越小；但若过大，系统容易振荡，甚至发散。单纯的比例调节器一般只适用于对调节要求不太高的调节对象，如果要求没有静态偏差，就要采用有积分动作规律的调节器。

9.4.1.5 比例积分调节规律

比例积分调节规律可反映为：

$$y = K_p(x + 1/t_i \int x\mathrm{d}t) \tag{9-9}$$

只要偏差存在，积分作用的输出就会随时间不断变化，直到偏差消除，调节器的输出才稳定，这就是说积分作用能消除静态偏差。积分时间 t_i 越小，积分速度越大，积分作用越强，但系统的稳定性降低；t_i 过小，会引起系统的振荡现象。单纯的积分调节器并不满足实际的需要，因为它的动作缓慢，把积分动作和比例动作结合起来就可以取长补短，构成比例积分调节器，它既有动作快，又有无静态偏差的双重优点。一般空分设备上的压力、流量、液位的调节均采用比例积分调节器。

9.4.1.6 微分调节规律

微分调节规律可反映为：

$$y = K_p(x + t_d \mathrm{d}x/\mathrm{d}t) \tag{9-10}$$

根据被调参数变化的趋势，而提前采取调节措施，这是微分作用的特点，称为超前。对于容量滞后较大的对象，用微分作用可以使超调量减小，操作周期和回复时间缩短，系统的质量可以得到全面的提高。微分时间越长，则微分作用的输出越大，微分作用越强。但微分时间过长，容易引起系统的不良振荡。微分调节不能单独作调节器使用，只能用它来为其他调节器提供微分信号。一般温度调节有容量滞后的特点，可以采取微分作用，但对于纯滞后的对象特性，微分的作用无能为力。

要保证控制系统的控制质量，必须进行控制器的 PID 参数整定。PID 参数整定方法很多，在空分设备上常用的有经验凑试法、衰减曲线法。以前通常用常规模拟仪表来实现控制功能，现在用 DCS 来完成 PID 控制，一些 DCS 系统的控制算法带有 PID 自整定功能，通过跟踪控制过程自动修正 PID 参数。DCS 具有显示仪表和控制仪表的双重功能。

9.4.1.7 调节机构

空分设备最常用的调节机构是调节阀，还有如压缩机的导叶、膨胀机的喷嘴等。调节阀由阀体、阀内件、提供阀门驱动力的执行机构以及各种各样的阀门附件所组成。典型的阀门附件由电器阀门定位器、电磁阀、限位开关和过滤减压阀等组成。控制仪表输出的控制信号输入至电器阀门定位器，电器阀门定位器把 4 ~ 20mA 的信号转换成气信号来自动调节执行机构的行程，经过反馈系统的作用使行程与信号按比例变化，从而实现阀门的正确定位。阀门按整机作用方式可分为气开、气闭两种，气开阀即随着信号压力的增加而开度加大，无气信号时，阀门处于全关状态；气闭阀即随着信号压力的增加，阀门逐渐关闭，无气信号时，阀门处于全开状态。阀门气开或气闭作用方式是由生产工艺要求来决定。

调节机构一定要先调试无误，才能投入运行。执行机构在调试时应注意：（1）调节系统在手动状态时，执行机构的动作方向和位置与操作站手动操作信号相对应；（2）调节系统在自动状态时，执行机构动作方向和位置应与调节器输出信号相对应；（3）执行机构的开度，应与调节机构开度和阀位表指示相对应；（4）若有行程开关，行程开关的固定位置应与执行机构的位置相一致；（5）定位器固定好后，需调整定位器与执行机构配套时的全行程和零点，调整时，先给 50% 开度，用调零旋钮将输出调整到 50% 开度，然后将输入信号分别调到 0 ~ 100%，用调行程旋钮调到对应行程，由 0、25%、50%、75%、100% 五个点循回调整，调整完后将行程紧固螺钉拧紧。

9.4.2　液位自动调节系统

液位调节是为了保证某一液位稳定在一定范围内而设置的控制系统。空分设备中液位调节一般包括：空气预冷系统中空冷塔水位调节、水冷塔水位调节；精馏系统中下塔液空液位调节、主冷液氧液位调节等。液位调节系统一般由差压变送器、DCS、电气阀门定位器、调节阀等组成。其中空冷塔水位调节尤其典型。

空冷塔运行状况的好坏直接影响着整个空分装置的经济性及安全性。尤其在大中型空分设备中，空压机后一般无末端冷却器，空冷塔运行的可靠性就成了空分装置能否稳定运行的关键之一，而空冷塔水位调节系统的可靠性，又直接关系到空冷塔能否正常工作。空冷塔水位调节系统如图 9 – 15 所示。

在正常情况下，当水位偏离设定值时，通过 PID 调节器，自动控制排水阀的开闭，将水位控制在设定值附近。当调节系统失效或出现非正常情况时，导致水位继续上升至上限时，启动连锁程序，两位三通电磁阀失电，排水阀迅速打开全量排放，同时，连锁停冷水机组和水泵。

9.4.3　压力自动调节系统

压力调节是为了稳定工况和安全生产而设置的。空分设备中压力调节一般包括：空压机排气压力调节、产品气（氧和氮）出分馏塔压力调节、压氧压氮系统压力调节等。压力调节系统一般由压力变送器、DCS、电气阀门定位器、调节阀等组成。在空分设备的压力控制系统中，尤以空压机的防喘振控制最为重要。

离心式空气压缩机是空分设备中的关键部件，空压机运行的好坏直接影响成套空分设备的性能。喘振是离心式压缩机的最大隐患，喘振现象对压缩机的破坏性是巨大的，是毁坏压缩机的主要祸根之一。当压缩机喘振时，由于气流强烈的脉动和周期性振荡，在叶片

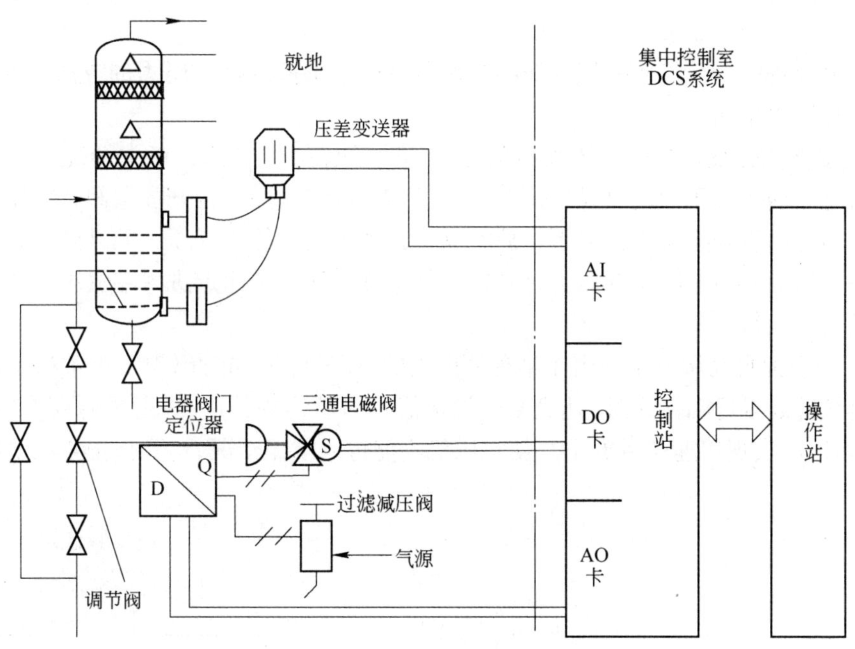

图 9－15 空冷塔水位调节系统图

末端形成强烈的激波，叶轮动应力大大增加，使叶片产生强烈振动，发生疲劳断裂。发生逆流时，高温气倒流回压缩机，这时压缩机仍维持原转向不变，会使压缩机转子产生强烈振动，并可能损坏轴承、密封，进而造成严重事故。因此，离心式空气压缩机的防喘振调节是十分重要的。

喘振是离心式压缩机固有特性之一，如图 9－16 所示。在空压机特性曲线上可以看出，当空压机流量逐渐减少时，工作点逐渐靠近并进入喘振区，机器发生喘振。当空压机系统发生出口空气排不出去、或排气不畅时，入口端空气吸不进来、入口堵塞或者入口节流时，致使叶轮产生旋转脱离，从而诱发机器喘振。

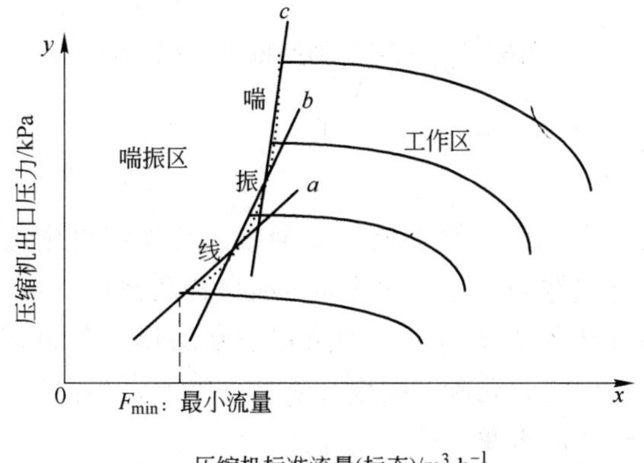

图 9－16 空压机喘振曲线示意图

目前，国内常用的有单参数（压力）、双参数（压力和流量）控制两种防喘振工艺流程。

在空分设备中，空气压缩机的防喘振调节一般采用控制排气压力的方法，如图 9－17 所示。其控制策略如下：

（1）根据空分设备要求，压缩机的排气压力应保持恒定值，正常情况下，两位三通电磁阀带电，当排气压力超过设定值时，通过 PID 调节作用，打开放空阀，使压力下降到设定值。当压力下降到设定值以下，放空阀又自动关闭，使排气压力回升到设定值。在正常情况下，压缩机不会因排气压力过高以及气量减少使其工作点进入喘振区，从而保证了压缩机的安全运行。

（2）当压力自动调节系统由于某种原因失效，而压缩机同时出现不正常的工况而使排气压力继续升高接近喘振区时（达到某一设定值），启动连锁程序，三通电磁阀失电，放空阀自动迅速打开，实现快速全量放空。使空压机不能进入喘振工况，达到保护空压机的功能。

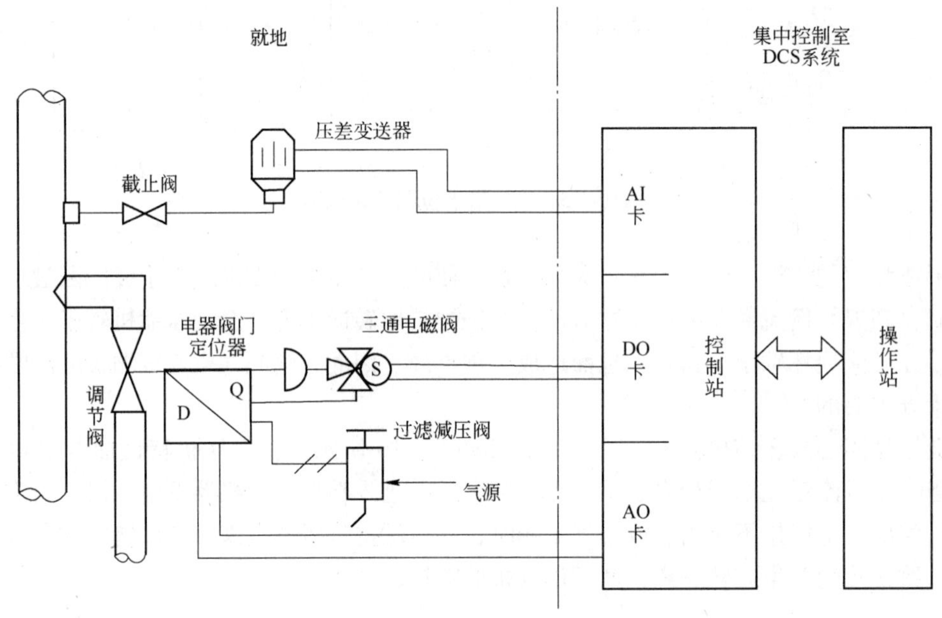

图 9－17　空压机防喘振调节系统图

9.4.4　温度自动调节系统

在纯化系统中，为了保证分子筛加温再生彻底，必须使再生气的温度稳定在某一范围。温度调节一般由电加热器完成。电加热器一般设置两台，一用一备。每台由三组加热器组成，一主两辅。电加热器工作时，主加热器正常加热，两组辅电加热器用来调节温度。当加热温度超过设定值时，切断一组电加热器的电源，当温度继续升高至第二设定值时，再切断第二组电加热器的电源。

当加热装置为蒸汽加热器时，再生气的温度是通过调节蒸汽加热器的蒸汽量来实现的。

9.5 遥控操作系统

根据空分工艺要求，在控制室操作站必须对切换阀、调节阀以及一些连锁控制进行遥控操作。

9.5.1 调节阀的遥控操作

系统由DCS、电气阀门定位器、气动薄膜调节阀（或气动调节蝶阀）等组成。通过操作站键盘（或鼠标）给出阀门开度（0～100%），由DCS系统AO卡输出4～20mA信号到电气阀门定位器，转换成0.02～0.1MPa的压力信号，从而改变气动薄膜调节阀或气动调节蝶阀的开度。

9.5.2 切换阀的遥控操作

在空分设备开车调试或当切换系统发生故障时，需要手动遥控使切换阀打开或关闭，系统由DCS和两位五通电磁阀组成，如图9－18所示。

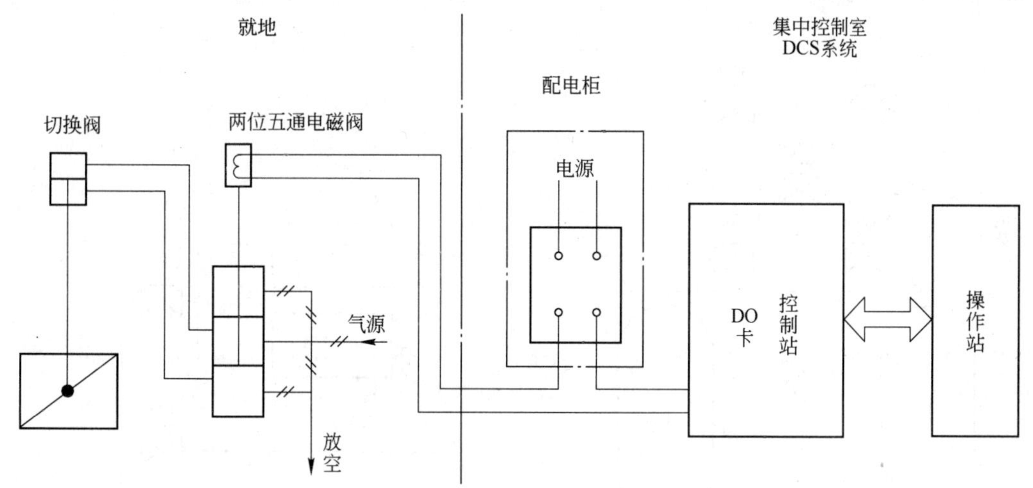

图9－18 切换阀遥控系统图

两位五通电磁阀与具有双作用气动执行机构的切换阀配套使用，“两位”是两个位置可控：开一关，“五通”是有五个通道通气，其中一个与气源连接，两个与双作用气缸的外部气室的进气口连接，两个用于气缸外部气室的排放。

通过操作站键盘（或鼠标）定义开关量仪表的状态，由DCS系统DO卡输出开关信号串接到两位五通电磁阀供电回路里，通过控制两位五通电磁阀的得失电达到控制切换阀的开和关。

9.5.3 连锁控制的遥控操作

连锁控制的遥控由DCS和受控仪表（如两位三通电磁阀或电器）构成，三通电磁阀的控制系统如图9－15、图9－17所示。

两位三通电磁阀与气动薄膜调节阀配套使用，“两位”是两个位置可控：开—关，“三通”是有三个通道通气，一般情况下一个通道与气源连接，另外两个通道一个与执行机构的进气口（膜头）连接，一个与执行机构排气口连接。当三通电磁阀带电时，电气阀门定位器输出的气信号通过三通电磁阀作用到调节阀的执行机构进行正常调节，当三通电磁阀失电时，电气阀门定位器输出的气源与作用到调节阀的执行机构上的气一起放空，使调节阀迅速打开，此时，调节不再起作用。通过操作站键盘（或鼠标）定义开关量仪表的状态，由DCS系统DO卡输出开关信号串接到受控仪表供电回路里，从而改变受控仪表的工作状态（如两位三通电磁阀的得失电或电器的启停）。

如果受控仪表是大电器时，DO卡输出的开关接点不宜直接控制电器，一般采用控制中间继电器扩大接点容量。

9.6　分子筛切换系统

分子筛吸附器工作的好坏直接影响整套空分设备的运行工况是否正常，可以说分子筛切换系统的控制是整个控制系统的心脏，也是仪控设计和DCS系统组态编程的重点。切换系统的组成一般如图9－19所示。

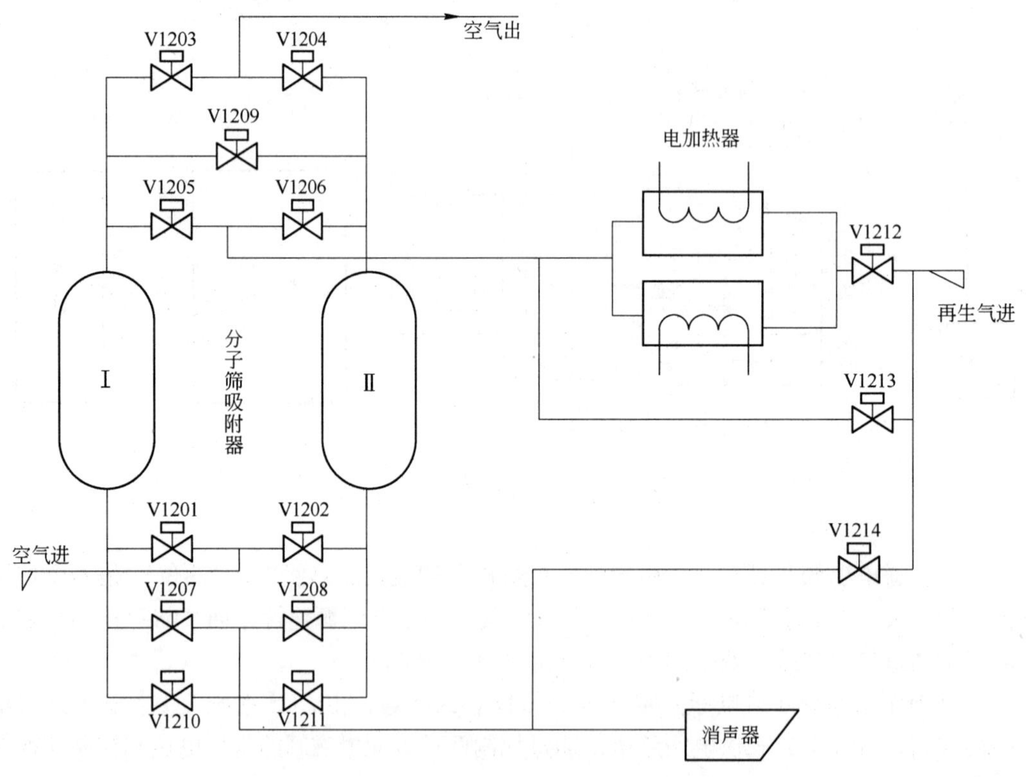

图9－19　分子筛吸附器切换系统简图

分子筛吸附器是两组圆柱形容器，每只容器中均充有分子筛吸附剂。两组分子筛吸附器MS1201、MS1202是交替工作的，即当一组吸附器运行在吸附工作状态时，另一组则运行在再生状态。处在吸附状态的吸附器，流通冷却后的原料空气，当空气通过分子筛吸附器时，空气中的水分、CO_2 和碳氢化合物被分子筛吸附，使空气得到净化。经过一段时间吸附，分子筛须进行再生，使分子筛中的吸附剂析出水分及 CO_2 和碳氢化合物等，经过再生后的分子筛吸附器又可以投入吸附工作，因此两组分子筛吸附器是交替工作的。其切换系统周期表如图 9－20 所示。

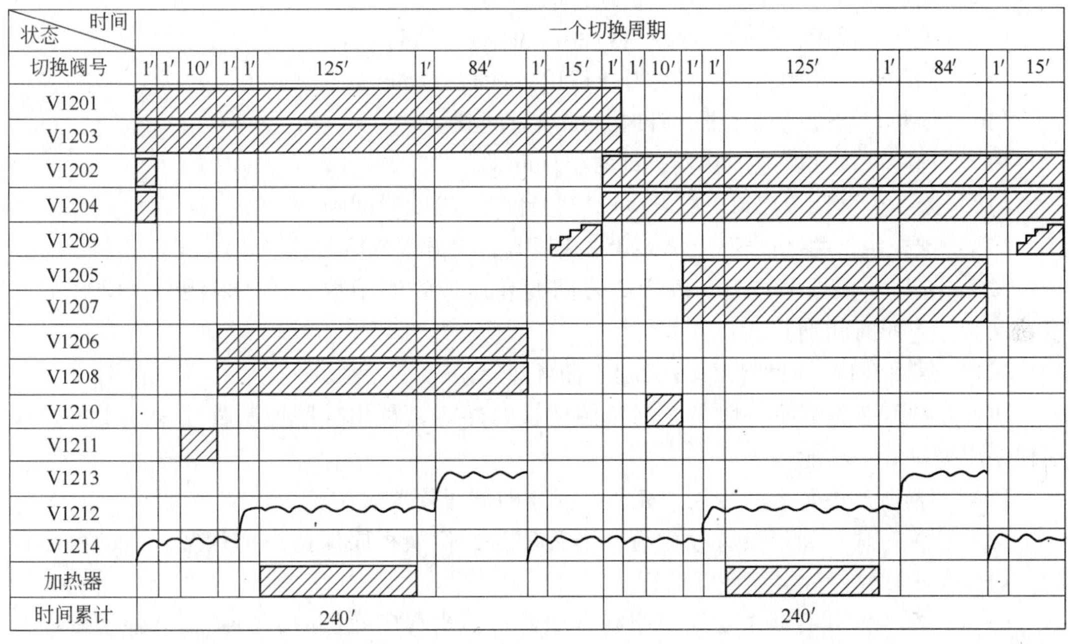

图 9－20 分子筛吸附器切换周期表

分子筛切换系统的控制是由 DCS 系统 DO 卡输出触点信号控制两位五通电磁阀的电源来实现的。通过电磁阀的带电和失电来接通和切断进入切换气缸的气信号，从而达到控制切换阀的开闭。目前在大中型空分设备中，均压阀和泄压阀均采用调节阀进行控制，避免了因压力冲击而对分子筛吸附剂的破坏。假定初态为两台吸附器 MS1201、MS1202 并联吸附，其控制时序如下：

（1）并联吸附。打开 V1201、V1202、V1203、V1204、V1214，全关 V1209，计时，1min 后。

（2）预泄压。关闭 V1202、V1204，此时将进入 MS1201 吸附、MS1202 再生的阶段，计时，1min 后。

（3）泄压。打开 V1211，计时，泄压时间到。

（4）关闭 V1211，打开 V1206、V1208，计时，1min 后。

（5）预加热。关闭 V1214，打开 V1212，计时，1min 后。

（6）加热。启动电加热器，计时，加热时间到。

（7）预冷吹。切断电加热器，计时，1min 后。

（8）冷吹。关闭 V1212，打开 V1213，计时，冷吹时间到。

（9）预充压。关闭 V1213、V1206、V1208，打开 V1214，计时，1min 后。

（10）充压。根据 PI1201、PI1202 之间的差压或时间函数关系，来调节 V1209 的开度，计时，充压时间到。

（11）并联吸附。全关 V1209，打开 V1202、V1204，计时，1min 后。

（12）预泄压。关闭 V1201、V1203，此时将进入 MS1202 吸附、MS1201 再生的阶段，计时，1min 后。

（13）泄压。打开 V1210，计时，泄压时间到。

（14）关闭 V1210，打开 V1205、V1207，计时，1min 后。

（15）预加热。关闭 V1214，打开 V1212，计时，1min 后。

（16）加热。启动电加热器，计时，加热时间到。

（17）预冷吹。切断电加热器，计时，1min 后。

（18）冷吹。关闭 V1212，打开 V1213，计时，冷吹时间到。

（19）预充压。关闭 V1213、V1205、V1207，打开 V1214，计时，1min 后。

（20）充压。根据 PI1201、PI1202 之间的差压或时间函数关系，来调节 V1209 的开度，计时，充压时间到。

（21）返回（1），计时器回零，程序循环进行。

DCS 系统组态编程时一般是严格按照切换时序表，利用顺序控制程序来实现的，切换程序应提供如下功能：

（1）切换程序的加温，冷吹，充压，泄压时间可修改。

（2）切换程序可暂停或继续运行，当暂停时，切换程序保持当前状态。当继续运行时，切换程序从暂停处继续往下运行。

（3）切换阀的开关动作受程序控制自动进行，当程序暂停时，切换阀可手动操作开和关。但是，在程序自动状态，手动控制不起作用。

（4）程序应能从任一步开始运行。

（5）每执行一步，均应判断阀门状态是否执行正确，如不正确，程序暂停并报警。

9.7　连锁保护系统

为了确保空分装置的安全、可靠运行，根据工艺要求，设置了自动连锁保护程序。自动连锁保护程序由 DCS 组态编程实现。当出现误操作或紧急事故时，DCS 系统通过 DO 卡输出开关量信号至受控对象（电磁阀或电器设备），立即切断受控对象的电源，保护设备的安全。所有的连锁保护程序在自动控制状态下均可以手动操作。在空分设备中，一般包括如下连锁保护系统。

9.7.1　空压机紧急停车

根据空压机工艺要求,当出现以下任一情况时,立即切断空压机主电机电源,实现空压机紧急停车。(1)空压机轴承温度高于连锁设定值(包括一级、二级、三级、四级轴承温度,大齿轮轴承温度,电机轴承温度);(2)润滑油压低于连锁设定值;(3)油泵断电等。

9.7.2　空压机防喘振控制

根据空压机工艺要求，当空压机排气压力超过连锁设定值或空压机主电机停车或控制系统连锁停空压机时，空压机的放空阀及防喘振阀立即快速全开。

9.7.3 空气预冷系统连锁保护

根据运行工况要求，当空冷塔液位高于设定值或空冷塔出口压力低于设定值时，应立即切断水泵及冷水机组的电源使水泵及冷水机组停止运转，防止压缩空气带水进入分子筛。

在空压机试车或空分设备启动阶段，空气出空冷塔的压力过低，导致连锁条件总是成立，所以必须解除该连锁。解除连锁的方法可以通过改变连锁设定值来实现，在分子筛纯化系统投运以前，再将连锁值恢复到正常设定值。

9.7.4 透平膨胀机紧急切断

根据膨胀机工艺要求，当出现以下任一情况时，立即快速切断膨胀机进气阀实现膨胀机紧急停车：

(1) 轴承温度高于连锁设定值（包括增压端和膨胀端）；

(2) 润滑油压低于连锁设定值；

(3) 油泵断电；

(4) 转速超过连锁设定值。

由于膨胀机的连锁停车是通过紧急切断进气阀来实现的，所以当转速超过连锁设定值时，进气阀快速关闭，转速迅速下降低于连锁设定值，连锁条件自动消失，进气阀打开，膨胀机又继续投入运转。由于造成超速的条件可能继续存在，造成膨胀机又超速，又连锁，这样很容易损坏设备。因此，膨胀机紧急切断连锁程序必须有自锁功能，当查明原因重新启动膨胀机时，必须手动解除连锁后，再按照膨胀机的启动要求，手动慢开进气阀。

9.7.5 氧压机连锁保护系统

根据氧压机工艺要求，当出现以下任一情况时，立即切断氧压机主电机电源实现氧压机紧急停车：

(1) 氧压机排气温度高于连锁设定值（包括一级、二级、三级排气）；

(2) 润滑油温度高于连锁设定值；

(3) 水压低于连锁设定值；

(4) 氧压机排气压力高于连锁设定值；

(5) 润滑油压低于连锁设定值。

由于氧压机的油路系统是靠由曲轴带动的一只齿轮油泵来供油的，因此，油路系统是在主机运行后才正常工作的。油泵在氧压机启动前不工作，油泵靠手动（摇手柄或专用工具）向润滑部位供油。在氧压机投运前，润滑油压低于连锁设定值的条件总是成立的，因此，在氧压机投运前，必须解除油压连锁条件。解除连锁的方法可以通过改变连锁设定值来实现，在氧压机正常运转油压达到正常值后，再将连锁值恢复到正常设定值。如果在氧压机正常运转后，油压上不来，应立即手动停车，查明原因。

连锁保护系统由组态编程实现，对于不同厂家的DCS，根据组态工程师的组态方法及编程习惯不同，有很多种实现方法，相应的操作也稍有差别。在系统投运之前，应充分熟悉连锁保护系统的组态及操作方法，以提高事故分析及处理的效率。

另外，各机组还有允许开车的连锁保护，受仪表配置和自动化程度的影响，组态略有差别，这里不再叙述，详见各机组工艺要求。

9.8　自动信号系统

9.8.1　工作状况指示信号

为了让操作人员及时了解设备运行状态以及主要阀门的开关状态，根据工况要求，空分设备中的电器运行状态（包括电机、油泵、排烟风机、水泵、冷水机组、电加热器、液体泵等）以及主要阀门的开关状态（包括空压机防喘振阀、切换阀等），开关通过 DCS 系统的 DI 卡接入 DCS 系统，通过组态在操作站以不同的颜色显示不同的状态。

9.8.2　事故报警信号

空分设备的报警系统是通过操作站完成的。根据工艺要求，对需要报警的检测参数，在操作站通过设置低限、低低限、高限、高高限报警值，并定义不同的颜色和声音来实现不同级别的声光报警。当设备的工况参数偏离正常工况达到报警值时，进行声光报警预告危险，便于操作人员及时采取措施，去处理故障。当工况继续恶化达到连锁值时，一方面进行声光报警，另一方面启动相应的连锁保护程序。一般组态时设定预报警信号颜色为黄色，声音频率低，声音平稳。连锁报警信号颜色为红色，声音频率高，声音急促。

9.9　安装调试及注意事项

安装的组织工作在保证工程质量、工作进度上有着很重要的意义，应给予充分的注意。安装前，应首先熟悉有关图样文件，检查装置所提供的各类仪表安装材料的规格、数量，准备好安装中所需要的辅助材料和预制件。

9.9.1　分子筛吸附器切换系统的安装与调试

切换系统运行工况好坏与安装调试的质量有密切的联系，最好安装调试后，试运转一周以上，便于熟悉运转工况，判断各运转机件的可靠性，排除故障，以便确保能正确工作。

9.9.1.1　切换阀的安装

切换系统中共有阀门 14 只，其中流通空气的阀门有 5 只，流通再生气和废气的阀门有 9 只。除用于均压和泄压的阀门具有调节功能，没有两位五通电磁阀外，其余的阀门均有上、下位限位开关，这些阀门安装完成后要求对限位开关的位置进行校准调整。

9.9.1.2　两位五通电磁阀的安装

切换装置中设有 10 只两位五通电磁阀，两位五通电磁阀安装在就地，应尽可能靠近阀门，易于完成配管、维修，不应淋雨。空气过滤组件的安装位置由工程设计考虑，切换阀的供气系统如图 9－21 所示。

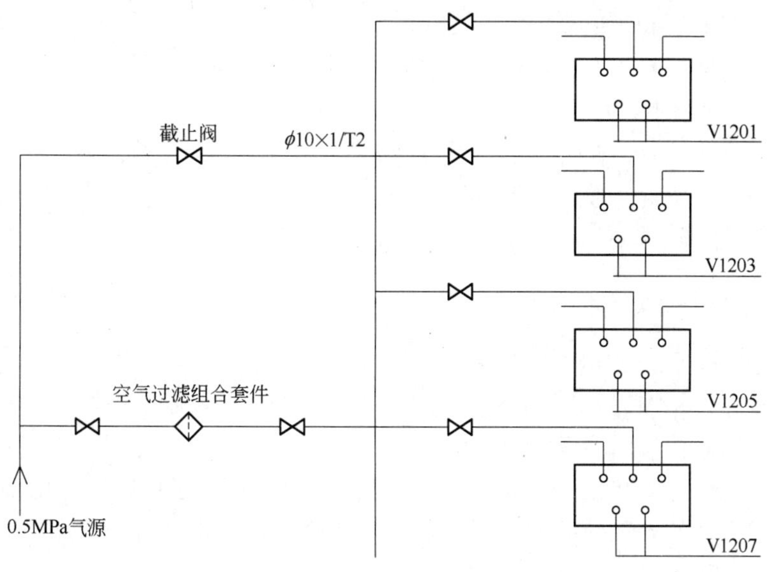

图9-21 切换阀供气系统图

9.9.1.3 切换阀调试

切换阀在安装前需要进行调整试验，经调试应满足下列要求：

（1）活塞在气缸里应有润滑油，移动自由；

（2）切换阀在安装前单机动作实验时不允许有抖动现象；

（3）切换阀阀体进气端通入0.5MPa的压力信号，另一端不允许有漏气现象；

（4）切换阀在工作情况下，固定动作时间（从起始位置走完全程）应为3s左右；

（5）在调整时可往气缸里加黄油，以防止在油雾器发生故障时起到润滑作用，正常工作情况下，调整油雾器，使得每动作一次只注油一滴，油雾器应使用小黏度标号的轴承油或锭子油；

（6）五通电磁阀的气源压力整定为0.5MPa。

9.9.1.4 系统的联动

系统的联动应注意以下几点：

（1）按照切换系统的原理图检查接线，应正确无误；

（2）手动操作各切换阀的工作情况，应符合工艺要求；

（3）投入自动运行，观察动态流程画面上各阀的动作情况，应满足工艺要求。

9.9.2 一次元件的安装与管线的敷设

9.9.2.1 取样点的选取

各检测位号已经绘制在工艺流程中，设备上的取样点，在设备制造时已予以考虑，并已将所需要的接头焊好，管道上的取样点应在安装过程中定位、焊接。定位焊接工作宜在管道预制时与工艺人员密切配合进行，并做好记录。注意：

（1）水平管道上的气相取样点，应在管道的上半部。

（2）介质为液体时，取样点应在管道下半部与管道水平中心线成45°角范围内。就地安装的压力表，可以安装在上部。

（3）介质为蒸气时，在管道上半部与管道水平中心成45°角范围内。

（4）取样点的位置一般应距焊缝100mm，法兰300mm以上，如在同一管段上安装两个以上的取样部件时，其间距不应小于150mm。

9.9.2.2 铂热电阻的安装

铂热电阻应在系统试压前安装好。安装时注意：

（1）螺纹接头是M27×2，由工艺配管提供，并在管道预制中焊好。

（2）应注意各位号的插入深度和部位。

（3）测温元件应安装在能灵敏准确测量介质温度的位置，不应安装在死角处。

（4）测温元件的安装一般情况下宜与工艺管道中心线相垂直。特殊情况在测控仪器一览表中有附注要求。

（5）接头须外焊时，应将铂电阻拧下。

（6）用浸过石蜡的橡胶石棉板作垫圈。

（7）与导线的连接，应采用焊片压牢的办法。

9.9.2.3 低温铂热电阻的安装

在冷箱充填绝热材料前及充填时，应通过操作站显示的温度值检查各测温点的连接电缆是否受损。

从铂热电阻到冷箱壁之间敷设的电缆，必须离开低温设备或管道一定的距离，并采用穿管或角钢支架保护方式，使之不受外力的影响。电缆与铂电阻的连接处必须紧密、牢固，以保证接触良好，并留出约300mm长的电缆绕成环形，再予以固定，确保连接处不会受到拉力，且便于拆卸。

9.9.2.4 孔板的安装

孔板均在现场安装，安装时注意：

（1）介质流向与相应的孔板方向一致。

（2）环室取压，导压管引出。

（3）焊口须仔细检查，不准泄漏。

（4）安装法兰时，法兰面与管道轴线的垂直偏差不应大于1mm，法兰面焊接后应将管道内壁的焊渣、毛刺等清刷干净。

（5）橡胶石棉垫圈浸石蜡，其内径应大于工艺管道内径2~3mm。

（6）保证孔板前后直管道长度，一般孔板前为10倍管道直径，孔板后为5倍管道直径，管道内表面应光滑，无明显的凹凸现象。

9.9.2.5 管线敷设

冷箱内各设备、管道上的取样点，通过导管引至冷箱壁。穿过塞套用角式截止阀连冷箱外接纯铜管，应注意：

（1）敷设用管材一定要做脱脂、去污处理。

（2）倾斜度应保持1：10左右。

（3）管道应尽量减少弯管，其最小弯曲半径不得小于管子外径的3倍。

（4）管道应以尽可能短的距离引至冷箱壁，再垂直引至阀门。

（5）不靠近温差大的设备或工艺管道。

（6）加角钢或槽钢保护，并设托架。材料由用户根据现场情况自备。

（7）尽量减少接口，必须接口时宜用套管焊接。

（8）阻力、液面取样点“+”管均在“-”管的下面。

（9）应特别注意液面管的敷设。

液面是指导操作的主要参数，若敷设不当将导致读数不准或不应有的波动，造成所谓假液面。冷箱内低温设备液面取样管敷设要求：

（1）液面计“-”管按一般敷设原则即可。

（2）液面计“+”管，从接头引出后，不应低于液面底部。

（3）液面计“+”管沿水平方向敷设。

（4）液面计“+”管水平引至距冷箱壁200mm处，然后沿冷箱壁水平引1~1.5m再引出冷箱壁。

（5）引压管路必须用托架或角钢保护，使它不受外力的影响，并要采取绑扎或其他有效的办法，防止管系的不稳定性。

（6）保护电缆或引压管路的角钢或托架不仅在其跨距内应有足够的强度和刚性，以承受绝热材料的重量负荷，其结构还必须适应由于温度变化所产生的热胀冷缩的影响。

当引压管路由于管径需要变更或者需要拼接加长时，对同一种材料，只允许采用套接的方式。套管的材料及壁厚应与引压管相同，其长度至少大于引压管路的两倍，被连接的两段引压管插入套管部分的长度大致相等。对铝管应采用氩气保护焊，紫铜管用银焊渗透焊。

全部计器管线敷设完毕后，必须按安装要求仔细检查，并应查对各铂电阻及取压点的位号必须与出冷箱壁处所标的位号完全一致；对铂电阻还应在冷箱外检查并判定接触良好且无任何短路现象，对引压管路则应检查连接处，必须不漏不堵。应尽量减少进出冷箱的人次，防止损坏，试压中，可将引出阀门关闭，随同系统一起试压、检漏，特别注意接口处，对差压管、液面管应判断两引出管压力是否一样，有无堵塞现象，系统加热后期，脱开全部与变送器和二次仪表相连接的计器管，并打开冷箱上的角式截止阀，使热空气放空、吹除。完成加热吹除后，应立即将截止阀关死，并将与仪器连接的计器管接好，以保证管路的干燥清洁。

9.9.2.6　测控电缆敷设的注意事项

测控电缆敷设时有以下事项需要注意：

（1）电缆、电线敷设前，应进行外观检查，护套与绝缘层不得有损伤。并用500V兆欧表测定芯线间及芯线对外皮间的绝缘电阻，一般阻值应高于5MΩ。

（2）按最短途径集中敷设，应横平竖直，整齐美观，避免交叉，线路敷设时应避开人孔、阀门等。

(3) 敷设有金属屏蔽外层的低压微压信号电线或电缆时，应与输送强电或易产生较大磁场的线路保持一定的距离。

(4) 测温系统采用三线制，建议电缆出保冷箱时不设接线端子，与由工程设计对所供电缆统一使用，引出时电缆冷箱口应密封好，以防跑冷。

(5) 电缆在保冷箱内敷设，需加保护角钢固定牢靠。

(6) 电缆在长度方向上不用过紧，应特别固定与电阻体的连接段。

(7) 切实校正位号后，方可正式接线。

(8) 敷设电缆与电线的保护管时，为防止有害介质浸入面破坏绝缘层，其终端与管接头处应密封。

(9) 敷设屏蔽电缆时，尽量避免中间接头，若无法避免时，除按规定接好芯线外，还应将两屏蔽外层焊接起来。

(10) 仪表电缆应与动力电缆（如电源）分开敷设，若非得在同一线架布置时，应有足够的距离并用隔板隔开，以防干扰。

(11) 对于被测介质含有水分的测量点，若导压管可能处于0℃以下的环境时，必须采取有效的伴热及防冻措施。

(12) 对于差压式流量测量系统，孔板前后的直管段长度应遵照 GB 2624—81《节流装置的设计安装和使用》标准，并注意孔板安装方向。

(13) 仪表电缆及管道敷设时，应在两端及必要部位吊挂或标上清晰的位号标记，并仔细查对，确认连接正确无误。

(14) 当空分设备或单机作系统吹除时，要卸开各种检测仪表（如压力表、变送器等），让导压管也作吹除以免脏物进入仪表。

(15) 仪表管路及每个管路附件（如接头、阀门）的安装质量对工艺参数的检测、调节控制关系极大，所以在安装后必须仔细检查，确保每个接头、焊缝不漏不堵。

9.9.3　DCS 系统的安装要求及注意事项

DCS 控制系统安装在集中控制室内。为使系统能长期稳定地运转，需预先处理好安装问题，如安装环境、安装场所、系统接地、电源设备、配线、电缆布设条件等，详见 DCS 厂家的安装说明书。

9.10　系统的投运及使用维护

在完成系统检查及操作试验之后，DCS 系统即具备投入运行的条件，操作人员应了解监视回路及控制回路的构成；熟悉设备允许启动连锁条件，比如空压机开车程序启动条件、预冷系统连锁启动条件；掌握整个控制系统的作用及操作手段，包括应急操作措施（如停车、紧急打开或关闭阀门的键操作等），并逐步掌握 DCS 系统的配置特点及偏离工况时的手动操作方法，提高排除故障的能力。

9.10.1　系统投运前的准备

系统投运前应准备：

（1）裸冷后检查各计器管是否漏气，紧固各气路管路接头，紧固各测温电缆与铂热电阻的连接螺钉。

（2）接通仪表气源，压力与露点应符合要求。

（3）各仪表、控制系统供电。

9.10.2 系统的投运

系统投运时应注意：

（1）一般在空分设备启动前2h先开切换系统。

（2）投入各种测量，调节及连锁报警系统。

（3）打开各就地表阀，并根据工艺要求进行操作。

9.10.3 系统的维护

仪控系统的正确维护对保证仪控系统长期稳定工作十分重要。日常的 DCS 系统维护要注意以下几点：

（1）控制室要干净、整洁，温度、湿度等符合要求。

（2）操作站和各仪表的正常维护按生产厂的使用维护要求进行。

（3）过滤减压阀要定期吹除，水分离器要定期放水。

（4）各班检查一次调节、切换阀的供气压力，不正常时应及时处理。

（5）有疑问或发现切换系统动作异常时，仪表工应会同操作人员共同分析原因，若判定是仪表系统所配仪表及继电线路或引压管路的故障时，要立即进行检修。

（6）对于需要换下来检修的仪表或卡件，必须及时换上相应备用件，并调整好各种参数。对于必须拆卸下来进行修理的仪表，应换上备用仪表，但应注意那些对连锁、报警或调节阀开度有影响的仪表，拆卸前应采取适当的措施，以防止造成误停车、误报警及破坏正常工况。特别要注意的是换上备用仪表之后，一切临时措施必须及时地撤去，恢复到更换前的状态。

（7）每班输出记录报表并交下一班参考或备查用。

（8）了解各有关设备的使用说明书以掌握各仪表、仪器控制单元的常见故障及处理方法。

9.11 国内空分装置控制技术发展动态和方向

9.11.1 远程监视和控制

成套空分装置属于流程型生产设备，整个生产过程由多个分系统和许多单体设备组成，如空压机系统、预冷系统、纯化系统、膨胀机系统、精馏系统、液体储存系统、氧压机、氮压机、冷冻机、换热器、低温液体泵、各类阀门、计算机及仪电控等系统和单体设备，工艺流程比较复杂，单体设备也多，涉及许多学科的专业技术知识。在开车调试阶段，压缩机、预冷、纯化、膨胀机等系统启动程序复杂，而开车过程中冷量的分配和转移、调纯与积液的时机、氩馏分的提取、主塔与粗氩塔的联系与制约、粗氩塔投运需具备的条件、粗氩冷凝器热负荷的调整等操作技术要求更高。设备正常运行中如何避免分子筛带水、严格控制液氧中碳氢化合物含量、事故预防措施、空分设备长周期运行及变工况调节等技术问题用户常常需要生产厂商技术支持。而事故的分析、处理及停车后的迅速恢复更需要生产厂商快速的服务响应。因此空分设备的开车、调试及长期安全稳定的运行除了与设备本身的设计缺陷及制造质量有关外，还与现场操作人员的操作技术和运行经验密切相关。近年来，随着大型空分设备的国产化，传统的电话、传真、出差等方式已不能满足现代化工业生产的要求，无论生产厂商和用户都迫切需要空分设备实现远程监控功能以提高技术服务质量及快速响应时间。

控制系统、网络技术、Internet 技术及 Web 技术的迅猛发展，使得各种基于 Internet 的远程应用系统的实现成为可能。将传统的空分设备过程监控系统架构于 Internet 网络环境中，企业可以全面、动态地掌握产品运行状况，为用户提供及时、准确的技术支持。并预见工况的趋势、设备的质量情况，及时做好备品备件，变故障后服务为故障前预警服务，降低故障率，减少故障带来的损失，将技术精英从繁重的现场服务中解脱出来。有利于生产厂商不断改造和优化自身产品，提升服务质量，创造良好的品牌形象。

目前，在空分设备上通过互联网实现异地监控技术有以下几种可行方案。

9.11.1.1 基于 Modem 的远程监控系统

一些厂商的 PLC（如西门子、欧姆龙、三菱等）系统提供通讯模块支持，通过 Modem 连电话线进行远程通讯。远程计算机可通过 Modem、公用电话交换网 PSTN 与现场控制系统进行数据通信，实现对控制系统的远程监视、操作。Modem 自身具有提挂机、主动呼叫、自动应答等功能，一方面，控制系统可以主动呼叫远程计算机实现报警；另一方面，远程计算机也可呼叫控制系统实时查询现场工作状况。其系统结构如图 9－22 所示。

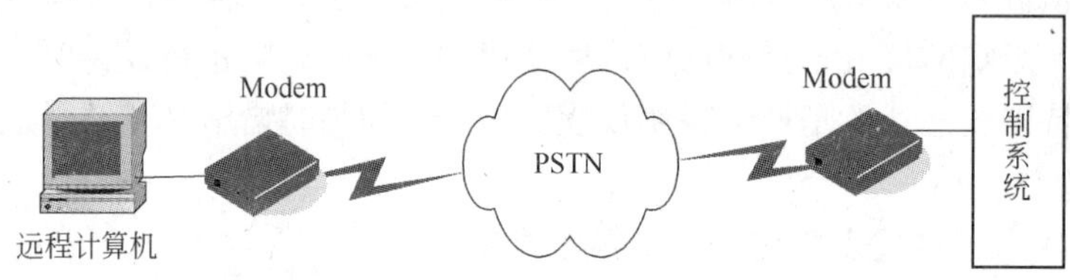

图 9－22 基于 Modem 的远程监控系统结构图

这种系统结构简单，工程量小，费用较低廉，虽然存在速度慢、容易掉线、昂贵的长途电话费等问题，但是由于端对端通讯程序是由控制系统厂家开发提供的，因此对控制系统安全性高。

9.11.1.2 基于过程控制系统的远程监控系统

随着以太网技术的飞速发展，第四代 DCS 系统纷纷采用了开放的网络传输协议（TCP/IP 和 HTTP）和 Client/Server 体系结构。该体系结构能够通过 Internet 网络实现远程信息采集、远程监控、远程故障诊断和系统升级。其系统结构如图 9－23 所示。

这种系统由于有 DCS 厂商的支持易于实现，但安全性差，容易遭到来自互联网的攻击，还需采取安装防火墙、入侵检测、病毒防范等安全策略。

Internet
远程客户端
MIS
工作站
Web
服务器
防火墙
Ethernet TCP/IP
数据库
服务器
操作站
工作站
Ethernet
过程
控制站
PLC
现场
总线
设备

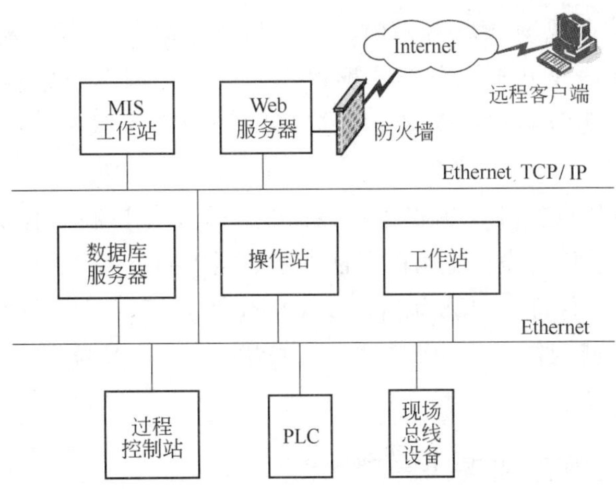

图 9－23 基于 DCS 系统的远程监控系统结构图

9.11.1.3 KF－RCS 远程监视系统

考虑到国产空分设备的自动化程度不高，对空分设备进行远程控制缺乏可行性。开封空分集团有限公司研发了一套 KF－RCS 远程监视系统并已试验成功。其系统结构如图 9－24 所示。

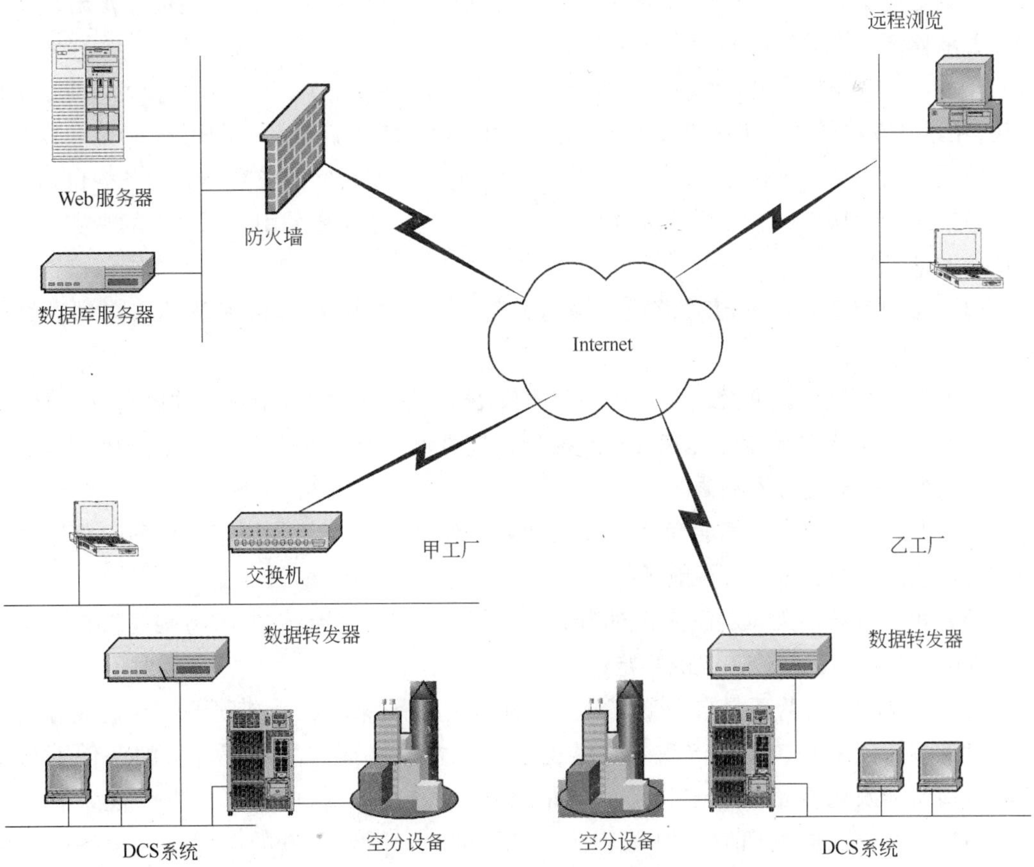

远程浏览
Web服务器
防火墙
数据库服务器
Internet
交换机
甲工厂
乙工厂
数据转发器
数据转发器
DCS系统
空分设备
空分设备
DCS系统

图 9－24 KF－RCS 远程监视系统

数据转发器安装在现场 DCS 机柜内，主要负责读取 DCS 系统的过程参数，并将这些数据通过互联网传送至开封空分集团远程监控中心数据库服务器。通过 Web 服务器实时发布过程参数，为开封空分集团企业局域网和国际互联网的授权用户提供信息浏览服务。

本系统具有以下特点：（1）远程用户只监视、不操作控制，避免了远程控制给现场带来的混乱情况。从软硬件设计上可以保证现场数据单向传输到开封空分集团远程监控中心数据库服务器，从而保证了 DCS 系统的安全可靠性。（2）数据收发器采用嵌入式计算机系统，可以支持局域网接入、ADSL 接入、GPRS 无线和拨号等多种互联网接入方式，无需用户申请固定的 IP 地址。

9.11.2　自动变负荷或变工况的优化控制技术

由于用户生产过程用氧是间歇性的，导致空分设备负荷需求的大幅度（阶跃方式）变动，而空分设备生产过程中不可能将生产能力立即降低，实际生产中只好将多余的氧气放空，造成大量能耗与经济损失。所谓自动变负荷即根据用氧的负荷变化，自动或人为地设定氧气量，空压机入口导叶自动调整，空分设备相应调节各回路，如对流量、液面等作出自动调整，氧气产量在规定的时间内自动达到。所谓自动变工况即根据液体产量的需要，人为地设定液氧量，空分设备相应调节各回路，包括对膨胀机的气量等作出自动调整，各液体产品在规定的时间内达到产量。

目前，上塔普遍采用了填料塔，填料塔比筛板塔的持液量少，操作弹性较大，变工况操作快，因此其操作负荷可以在较大的范围内变动，填料塔设计负荷范围可达 40% ~120%，从单体设备上为变工况优化控制提供了可能性。但是，要想实现整套空分设备的自动变负荷调节以减少无功生产、降低氧气放散量和减少能耗，还需要采用几项显著的措施来保证负荷的调整：

（1）通过稳态和动态流程模拟，得到大型空分设备的稳态机理及动态多参数数学模型。

（2）建立多变量预测控制器，在整个负荷变化范围内，寻找最佳特性值和设定值。

（3）空压机入口导叶应具有良好的控制快速性和平稳性，并且保证空压机的性能在低负荷运行时能避免进入喘振区。

（4）膨胀机的设计要符合负荷变化的要求，保证膨胀空气量要求变化时，膨胀机在一定的转速范围内安全、可靠地运行。

（5）由于全精馏无氢制氩流程对精馏塔的操作压力的稳定性要求特别高，在负荷变化过程中，必须保证精馏工况的稳定性。

无论是自动变负荷还是自动变工况，其前提是必须保证产品纯度不变。空气分离过程的设备多、流程长、耦合严重并且结构复杂，要在保证产品纯度合格的条件下自动升降负荷所涉及的变量相当多，是一项非常复杂的控制。目前国内的空分设备制造厂商已经在进行这方面的研究，但尚未进行实际试验。国外引进的一些空分设备已有实际投运业绩。

纵观空分设备的发展过程，从分子筛预净化和增压膨胀到规整填料塔和全精馏制氩空分设备，从中小型的全低压流程到大型内压缩空分设备，从常规仪表到计算机控制，从DCS系统的普及应用到远程监控技术的产生发展过程都是吸取了时代科学技术成果。现代科学技术飞速发展，知识更新如此之快，只有尽快学习吸收先进的控制理论和技术，吸取时代气息，才能将国产空分设备的自动化水平向前推进。

10 氧气站工艺管道

10.1 工艺管道的布置与敷设

10.1.1 工艺管道布置的一般要求

工艺管道布置的一般要求有：

（1）根据氧气、氮气平衡表中各车间及用户对氧气、氮气用量及压力的要求，选定合理的管线系统。

（2）敷设的管道要考虑以下因素：

1）在符合安全要求的前提下，应尽可能与其他管道（煤气、热力等管道）共架敷设；

2）力求距离短而直，以节省管道投资，减少管道的阻力；

3）管道的补偿尽力采用自然补偿，长距离的直线管道可采用方形补偿器。

（3）管道采用架空敷设的方式，经常通行人员的管道的管底标高大于或等于2.5m，架空氧气管道、管架与建（构）筑物、铁路、道路之间的最小净距见表10－1。在设有阀门和需要检修管道的地方设置梯子和钢平台，平台上设防护栏。

表10－1　架空氧气管道、管架与建（构）筑物、铁路、道路之间的最小净距　（m）

名　　称	最小水平净距	最小垂直净距
建筑物有门窗的墙壁外边或突出部分外边	3.0	
建筑物无门窗的墙壁外边或突出部分外边	1.5	
非电气化铁路钢轨	钢轨外侧3.0	钢轨顶面5.5
电气化铁路钢轨	钢轨外侧3.0	钢轨顶面6.6
道路边缘	1.0	路面拱部5.0
人行道边缘	0.5	路面2.5
厂区围墙（中心线）	1.0	
照明、电信杆柱中心	1.0	
熔化金属地点和明火地点	10.0	

注：1. 当有大件运输要求或在检修期间有大型吊装设施通过的道路，其最小垂直净距应根据需要确定；

2. 表中与建（构）筑物的最小水平净距的规定，不适用于沿氧气生产车间或氧气用户车间建（构）筑物外墙敷设的管道。

（4）管道的连接方式，除在与设备、阀门连接处采用法兰连接外，其余宜采用焊接，以减少泄漏损失。

（5）干燥和不做水压试验的工艺管道（氧气、氮气、氩气管道）不考虑坡度。

(6) 穿过高温区域的氧气管道须采取隔热措施，隔热后的氧气管道温度不应高于60℃。

(7) 氧气及液氧管道需要接地，氮、氩、空气及其液体管道与架空电线平行或交叉时也应接地。

管道接地的目的在于防止以下事故：

(1) 流体与管道摩擦会产生静电，当电位高到放射火花，而管内又有油脂和其他可燃物（铁锈等）时，在氧的强烈助燃条件下，即导致管道燃烧。

(2) 雷电放电对管道会产生雷电感应，引起金属部件之间产生火花，再在上述条件下产生燃烧。

(3) 雷电的高电位会沿管道侵入车间内，危及人身安全或损坏设备。

各部分管道接地的具体规定分别见第10.1.2.2节（8）。

10.1.2 厂区工艺管道的布置

10.1.2.1 厂区工艺管道

厂区工艺管道包括空气、氧气、氮气、氩气管道，以及液氧、液氮、液氩管道，其他为氧气站生产服务的管道有给排水管道与蒸汽管道。除此之外，还有煤气管道、燃油管道及乙炔气管道。这些管道一般采用架空敷设的方式。

10.1.2.2 工艺管道与其他管线共架敷设

工艺管道与其他管线共架是厂区工艺管道的主要敷设方式，共架敷设时须注意以下要求：

(1) 架空管道与煤气管道共架时，管道间平行净距不小于0.5m，交叉时的净距不小于0.25m。当与其他管道（燃油、乙炔管道除外）共架时，管道之间的净距不宜小于0.25m。

(2) 燃油管道不宜与氧气管道共架敷设。当必须一起敷设时，燃油管道宜设在氧气管道的下面，其净距不小于0.5m，或将氧气、燃油管道分别布置在其他管道（乙炔管道除外）的两侧，并在其交叉处设防护措施。

(3) 乙炔管道只有在同一用途的情况下，才可与氧气管道一起敷设（如用于连铸等）。此时，氧气管道应设在乙炔管道的下面，管道之间的净距不小于0.25m。

(4) 供氧气管道专用的电动阀、电磁阀的电线可以与氧气管道一起敷设，当氧气管道与煤气管道一起敷设时，供煤气管道阀门专用的电线，可与氧气管道分别设置在煤气管道的两侧。

(5) 架空氧气管道与铁路、道路和电线之间的交叉最小垂直净距见表10－1。

(6) 架空氧气管道与其他架空管线之间的最小净距见表10－2。

表10－2 架空氧气管道与其他架空管线之间的最小净距 (m)

名　称	最小平行净距	最小交叉净距
给排水管道	满足检修要求	0.10
蒸汽管	0.25	0.10

续表 10－2

名　　称	最小平行净距	最小交叉净距
不燃气体管	满足检修要求	0.10
燃气管、燃油管	0.50	0.25
吊车的敞开式滑触线	1.50	0.50
10kV 及其以下的绝缘电缆	1.00	0.50
10kV 及其以下有套管的绝缘电缆	0.50	0.50
插接式母线、悬挂式干线	1.50	0.50
非防爆开关、插座、配电箱	1.50	1.50
35～66kV 架空裸电缆	最高杆(塔)高	4.0
3～10kV 架空裸电缆	最高杆(塔)高	3.0
3kV 以下架空裸电缆	最高杆(塔)高	1.5

注：1. 与滑触线的净距系指氧气管道在其下方时的要求，此时在氧气管道与滑触线之间宜设隔离网；
2. 在路径受到限制的地区，架空氧气管道与 10kV 及以下架空裸电缆的最小平行净距，可参照 DL/T5220 执行。

（7）氧气管道单独敷设时，应采用非燃烧材料的支架，也可以沿一、二级耐火等级厂房（有爆炸危险的车间除外）的外墙或屋顶上的敷设。其他工艺管道无限制。

（8）架空氧气管道的接地要求，具体规定如下：

当单独敷设时，在管道分岔、固定支架处及进入车间建筑物处接地一次，接地电阻不大于 10Ω；当与其他管道共架时，可利用其他管道接地。此时，如二管道之间有导体相连（金属托座、吊架等），不需采取任何措施，如二管道之间无导体相连（分置在混凝土支架上），则需增加氧气管道与其他管道间的跨接线。氧气（包括液氧）管道与设备、管道、阀门上的法兰连接时，法兰之间也需要设置跨接线。跨接线的电阻应小于 0.03Ω。

（9）车间用户工艺管道的布置须注意：

1）用户车间内部管道与其他管道之间的最小净距见表 10－3。

表 10－3　用户车间内部工艺管道与其他管道之间的最小净距　（m）

介质	敷设方式	给排水管	热力管	不燃气体管	燃气燃油管	滑触线	裸导线	绝缘导线或电缆	穿有导线的电缆管	插接式母线、悬挂式干线	非防爆开关、插座、配电箱
氧气	平行	0.25	0.25	0.25	0.50	1.5	1.0	0.50	0.50	1.50	1.50
	交叉	0.10	0.10	0.10	0.25	0.5	0.5	0.30	0.1	0.50	1.50
氮气、氩气、空气	平行	0.15	0.15	0.15	0.25 (0.15)	1.0	1.0	0.5			
	交叉	0.10	0.10	0.10	0.25 (0.10)	0.5	0.5	0.3			

注：1. 表中括号的数据指与煤气管道的净距；
2. 与氧气同一使用目的燃气管道（包括乙炔管道）平行敷设时，可减小到 0.25m；
3. 当电气设备与氧气管的引出口不能满足上述要求时，允许两者安装在同一柱子的相对侧面，如为空腹柱时，应在柱子上装设局部隔板。

2）车间内部管道应采用沿厂房柱子、梁或墙敷设。

3）车间内部架空氧气管道不得穿过生活辅助间和行政办公室。

4）穿墙和楼板的工艺管道，应加设套管，套管内的管道不得有焊缝，套管两端用非燃烧材料堵严。进入空压机入口的空气管道穿越墙壁时，可不设套管，但墙壁留孔的孔径要大于空气管道管径至少50mm，并用非燃烧材料将缝隙堵严。

5）对于用氧量较大的转炉炼钢车间，设计氧气管道时应注意以下两条：

① 车间内部氧气主管端头宜设置放散管，以便于吹扫管道，放散管要伸出屋顶或墙外空旷没有明火的地方，管口距地面的距离不宜小于4.5m；

② 当厂区管道很长时，在进入车间调节阀组之前，宜设氧气管道用过滤器，以清除焊渣、铁锈微粒等易引火杂质。

10.2 管径的确定和压力降的计算

10.2.1 管径的确定

确定管径要符合安全和经济的原则，计算管径时一般按下列步骤进行。

10.2.1.1 管道输送能力的确定

确定管道的输送能力，应注意以下几点：

（1）管道的输送能力，应该满足用户车间在允许最低用气压力下的用气量，并根据不同情况适当留有发展的可能。对近期内需要扩建的用户车间，其管道可按照最终规模的耗气量一次建成。

（2）厂区管道的输送能力，要根据厂区管线系统、用户用气制度等具体情况确定：

1）当厂区管道专供炼钢车间用气时，按炼钢车间小时最大流量选取；

2）当厂区管道除供炼钢车间之外还供炼铁车间及其他用气时，可采用全部用户小时最大流量之和进行选取，或者采用炼钢车间和炼铁车间用户小时最大流量与其他用户小时平均流量之和选取。

（3）车间内部管道的输送能力，一般可参照上述厂区管道第1）、2）项选取。

10.2.1.2 管道内介质流速的选用

流速的选用与介质种类、管道材质、输送压力、允许压降、管道安全运行等因素有关。推荐选用下列数据：

（1）不同压力下管道中氧气最高允许流速不超过表10－4数值。

表10－4 不同压力下管道中氧气最高允许流速

工作压力/MPa		$p \leqslant 0.1$	$0.1 < p \leqslant 1.0$	$1.0 < p \leqslant 3.0$	$p \geqslant 15.0$
氧气最高允许流速/$m \cdot s^{-1}$	碳钢管道	根据管系压力降确定	20	15	不允许
	奥氏体不锈钢管道		30	25	4.5

（2）输送10.0～15.0 MPa的氧气管道，当采用铜管时，允许上限流速为4m/s，但压力降须在规定的范围之内。

（3）低温液体产品流速选用值，一般为0.5～1.0m/s。

（4）其他各种介质流速选用值，见表10－5。

表10－5 其他各种介质流速选用值

介质名称	空 气		氮气、氩气		水	
压力/MPa	厂区	车间内	<1.0	15.0	有压	无压
流速/m·s^{-1}	8～10	8～15	10～15	6～10	1.5～2.5	0.7～1.5

10.2.1.3 管径的计算

按管道内介质种类、流量以及所选取的允许流速来计算管径，再用求得的管径和流速来演算压力降，保证压力降处于允许的范围之内，否则应重新对管径进行计算。

管道直径D（单位为m）的基本计算公式为：

$$D=\sqrt{\frac{4G}{3600\pi v\rho}} \tag{10-1}$$

对于气体管道，可简化为：

$$D=\sqrt{\frac{Q}{0.002825v}}=18.8\sqrt{\frac{Q}{v}} \tag{10-2}$$

式中 G——管道内介质的流量，kg/h；

v——管道内介质流速，m/s；

ρ——管道内介质的密度，kg/m^3；

Q——气体在操作状态下的实际体积流量，m^3/h，表达式如下：

$$Q=Q_0\times\frac{T}{T_0}\times\frac{p_0}{p} \tag{10-3}$$

Q_0——气体在标准状态下（0℃，绝对压力0.101325MPa）的流量，m^3/h；

T——气体在操作状态下的绝对温度，K，厂区输氧管道，一般取303K；

T_0——绝对温度273K；

p——气体在操作状态下的绝对压力，MPa；

p_0——标准状态下的大气压力，MPa，取0.101325MPa。

气体在操作状态下的压力p的确定：对于供切焊用氧管道，压力p值可按大多数切焊用户要求的压力计算，钢铁企业一般取1.5～1.6MPa；对于供炼钢或其他压力变化较大的工艺用氧管道，压力p值取用户允许的最低工作压力值。

10.2.2 压力降的计算

流体在管内流动时，由于摩擦阻力、局部阻力、高程变化等原因，而使流体本身压力降低，通常称为压力降Δp。工程设计时，以摩擦阻力与局部阻力为主并应有1.15倍的安全裕度进行计算，气体管道由于高程差的变化，净压头阻力较小，可以忽略不计。其计算见式（10－4）。

$$\Delta p=1.15\times\frac{\rho v^2}{2}\left(\frac{10^3\lambda}{d}L+\sum\zeta\right) \tag{10-4}$$

式中 Δp——流体在管内流动的总阻力，MPa；

L——直线段管道的长度，m；

d——管道内径，mm；

ρ——介质在操作状态下的密度，kg/m^3；

v——介质在操作状态下的流速，m/s；

λ——摩擦系数，与介质的流动状态和管道内壁的绝对粗糙度有关，对于氧、氮、空气，当采用碳素钢管输送时，推荐 $\lambda=0.02$，对于氧气，当采用不锈钢管、铝合金管或铜管输送时，推荐 $\lambda=0.015$；

$\sum\zeta$——局部阻力系数的总和，m；

1.15——安全系数。

局部阻力损失按照当量长度法计算，设当量长度 $L_d=\zeta\dfrac{d}{10^3\lambda}$，代入式（10-4）得：

$$\Delta p=1.15\times\frac{\rho v^2}{2}\frac{10^3\lambda}{d}(L+\sum L_d) \tag{10-5}$$

式中，$\dfrac{\rho v^2}{2}\dfrac{10^3\lambda}{d}$即为单位长度的摩擦阻力损失；$L_d$ 为氧气管道局部阻力当量长度，见表10-6。

表 10-6 氧气管道局部阻力当量长度 (m)

名称	ζ	当量长度 L_d												
		d=32mm	d=40mm	d=50mm	d=65mm	d=80mm	d=100mm	d=125mm	d=150mm	d=200mm	d=250mm	d=300mm	d=350mm	d=400mm
截止阀	4~9	5.8	7.4	8.1	8.5	9.4	12.3	17	21.6	35				
止回阀①	1.3~3	0.94	1.2	1.6	2.6	3.29	4.5	6.4	8.3	14.2	20	25.9	32.6	40.5
止回阀②	7.5	5.5	7	9.4	13.4	17.7	22.8	30	37.8	56.67				
锻压弯头③	0.5	0.36	0.47	0.62	0.9	1.12	1.5	2	2.45	3.7	5	6.2	7.5	8.87

注：此表摘自《动力管道设计手册》。

① 为旋启式止回阀；

② 为升降式止回阀；

③ 锻压弯头的弯曲半径 $R=(1.5\sim2)d$。

无论工程设计还是建设单位，在选择管径时关心的有两种情况：在保证用户用氧压力稳定的情况下，一是确定了流量如何计算管径；二是在现有的管道内能否再添加氧气，即输送多大流量的氧气管道也能安全运行。表10-7列出了1.6MPa与3.0MPa压力条件下各种管径与流量及每千米长的直线管段压力降的对照。

表 10-7 氧气流量及每千米长的直线管段压力降对照表（$t=30$℃）

管道内径/mm	压力为1.6MPa			压力为3.0MPa		
	流速/$m\cdot s^{-1}$	流量(标态)/$m^3\cdot h^{-1}$	压力降/MPa	流速/$m\cdot s^{-1}$	流量(标态)/$m^3\cdot h^{-1}$	压力降/MPa
25	2	54	0.037	1	49	0.017
	3	81	0.084	2	99	0.067

续表 10－7

管道内径/mm	压力为1.6MPa			压力为3.0MPa		
	流速/m·s^{-1}	流量(标态)/m^3·h^{-1}	压力降/MPa	流速/m·s^{-1}	流量(标态)/m^3·h^{-1}	压力降/MPa
25	4	109	0.155	3	148	0.154
	5	136	0.25	4	197	0.279
	6	167	0.373	5	246	0.447
30	2	76	0.031	1	71	0.014
	3	117	0.070	2	142	0.056
	4	156	0.126	3	213	0.127
	5	195	0.203	4	284	0.230
	6	234	0.375	5	355	0.369
40	3	208	0.052	1	126	0.010
	4	278	0.095	2	252	0.042
	5	347	0.150	3	379	0.096
	6	417	0.222	4	505	0.172
	7	486	0.310	5	631	0.272
50	4	434	0.075	2	394	0.33
	5	543	0.095	3	592	0.76
	6	651	0.150	4	789	0.136
	7	753	0.241	5	986	0.215
	8	868	0.325	6	1183	0.313
65	5	917	0.091	3	1000	0.059
	6	1100	0.133	4	1333	0.104
	7	1284	0.183	5	1667	0.165
	8	1467	0.244	6	2000	0.240
	9	1650	0.316	7	2333	0.331
80	5	1389	0.073	3	1515	0.047
	6	1667	0.107	4	2020	0.084
	7	1944	0.147	5	2525	0.135
	8	2222	0.195	6	3030	0.192
	9	2500	0.251	7	3535	0.265
100	6	2604	0.085	4	3156	0.067
	7	3038	0.117	5	3945	0.106
	8	3472	0.154	6	4733	0.154
	9	3906	0.198	7	5522	0.211
	10	4340	0.248	8	6311	0.279

续表 10－7

管道内径/mm	压力为1.6MPa			压力为3.0MPa		
	流速/m·s^{-1}	流量(标态)/m^3·h^{-1}	压力降/MPa	流速/m·s^{-1}	流量(标态)/m^3·h^{-1}	压力降/MPa
125	6	4070	0.067	4	4930	0.054
	7	4748	0.093	5	6163	0.084
	8	5426	0.122	6	7396	0.122
	9	6105	0.156	7	8629	0.166
	10	6783	0.195	8	9861	0.220
150	6	5859	0.056	4	7100	0.044
	7	6836	0.076	5	8875	0.071
	8	7812	0.101	6	10650	0.102
	9	8789	0.129	7	12425	0.139
	10	9765	0.161	8	14200	0.183
200	6	10416	0.042	4	12662	0.033
	7	12152	0.057	5	15778	0.053
	8	13888	0.075	6	18934	0.076
	9	15624	0.096	7	22089	0.103
	10	17360	0.119	8	25245	0.136
250	6	16275	0.034	4	19723	0.027
	7	18987	0.046	5	24653	0.042
	8	21700	0.060	6	29584	0.061
	9	24412	0.076	7	34514	0.082
	10	27125	0.095	8	39445	0.108
300	6	23436	0.028	4	28400	0.023
	7	27342	0.038	5	35500	0.035
	8	31248	0.050	6	42600	0.050
	9	35154	0.063	7	49700	0.069
	10	39060	0.078	8	56800	0.091
350	6	31899	0.024	4	38656	0.019
	7	37216	0.033	5	48320	0.030
	8	42532	0.043	6	57984	0.043
	9	47849	0.054	7	67648	0.059
	10	53165	0.067	8	77312	0.077
400	6	51664	0.021	4	50490	0.017
	7	48608	0.029	5	63112	0.027
	8	55552	0.037	6	75734	0.038
	9	62496	0.046	7	88357	0.051
	10	69440	0.058	8	100979	0.067

续表 10-7

管道内径/mm	压力为 1.6MPa			压力为 3.0MPa		
	流速/m·s^{-1}	流量(标态)/m^3·h^{-1}	压力降/MPa	流速/m·s^{-1}	流量(标态)/m^3·h^{-1}	压力降/MPa
450	6	52731	0.019			
	7	61519	0.026			
	8	70308	0.033			
	9	79096	0.042			
	10	87885	0.052			
500	6	65100	0.017			
	7	75950	0.023			
	8	86800	0.030			
	9	97650	0.038			
	10	108599	0.052			
600	6	93744	0.014			
	7	109368	0.019			
	8	124992	0.025			
	9	140616	0.031			
	10	156240	0.039			

10.3 管道材质、跨距和支架

10.3.1 管道材质

工艺管道使用的材质有多种,它的选择取决于下列因素:介质对管材的特殊要求,如防腐蚀、防锈、防火等;输送介质的温度,如气体多为常温,液体多为低温;输送介质的压力。

在选择管道时，首先应该满足特殊要求，其次是根据温度和压力的要求确定管材。

10.3.1.1 常用管材

工艺管道常用的管子种类、材质见表 10-8。

表 10-8 工艺管道常用的管子种类、材质

种类		牌号	备注
碳素钢管	焊接钢管（GB/T 3091—2008、SY/T 5037—2000）	Q235B	简称焊接管
	直缝电焊钢管（GB/T 13973—92）	Q235B	简称直焊管
	螺旋缝电焊钢管	Q235B	简称螺焊管
	无缝钢管（GB/T 8163—2008）	20	简称无缝管
	钢板卷焊管	Q235B	简称卷焊管
高合金钢管	不锈钢无缝钢管（GB/T 14976—2002）	0Cr18Ni9	简称不锈钢管
	不锈钢焊接钢管（GB/T 12771—2008）	0Cr18Ni9	

续表 10-8

种类		牌号	备注
铜管	铜及铜合金挤制管（YS/T662—2007）①	T2/H62、H68	紫铜管/黄铜管
	铜及铜合金拉制管（GB/T 1527—2006）②	T2/H68	紫铜管/黄铜管
铝管	铝及铝合金拉（轧）制无缝管（GB/T 6893—2000）	3A21	
	铝及铝合金热挤压管/第一部分/无缝圆管(GB/T 4437.1—2000)	5A02	

① 挤制铜管标准中，T2 规格：外径 30～300mm，壁厚 5～65mm；H62 规格：外径 20～300mm，壁厚 1.5～42.5mm；H68 规格：外径 60～220mm，壁厚 7.5～30mm；

② 拉制铜管标准中，T2 规格：外径 3～360mm，壁厚 0.5～15mm；H68 规格：外径 3～100mm，壁厚 0.2～10mm。

一般情况下碳素钢管是作为主要管材进行选用，如氧气站设计实例第 15.3.7 节，"HOUY2-1105.70" 工程制氧工艺主要材料用量中，碳素钢管用量占到了总用量的 87%，不锈钢管占总用量的 13%。不全部采用碳素钢管是由于其冷脆性不能用于低温（<-20℃）管道，也由于它在氧气中会锈蚀、燃烧等缺陷，故在某些管段上需要采用不锈钢管、铜管或铝合金管。

10.3.1.2 各种工艺管道的管材选择

氧气及其他管道材质的选用，规则如下：

（1）氧气管道在不同工作压力条件下的材质选用，见表 10-9。

表 10-9 氧气管道在不同工作压力条件下的材质选用表

使用场合	液氧管道	工作压力/MPa							
		$p \leq 0.6$		$0.6 < p \leq 3.0$		$3.0 < p \leq 10.0$		$p > 10.0$	
		一般场合	分配主管上阀门频繁操作区阀后、放散阀后	一般场合	阀后 5 倍公称直径（并不小于 1.5m）范围；调节阀组前后各 5 倍公称直径（各不小于 1.5m）范围内，氧压车间内部，放散阀以后；湿氧输送	一般场合	阀后 5 倍公称直径（并不小于 1.5m）范围；调节阀组前后各 5 倍公称直径（各不小于 1.5m）范围内，氧压车间内部，放散阀以后；湿氧输送	一般场合	氧气充装台、汇流排
焊接钢管（GB/T 3091—2008）	×	√	×	×	×	×	×	×	×
电焊钢管	×	√	×	×	×	×	×	×	×
不锈钢焊接钢管（GB/T 12771—2008）	×	√	√	√	√	×	×	×	×
钢板卷焊管	×	√	×	×	×	×	×	×	×
无缝钢管（GB/T 8163—2008）	×	√	×	√	×	×	×	×	×
不锈钢板卷焊管	×	√	√	√	√	×	×	×	×
不锈钢无缝钢管（GB/T 14976—2002）	√	√	√	√	√	√	×	√	×

续表 10－9

使用场合	液氧管道	工作压力/MPa							
		$p \leqslant 0.6$		$0.6 < p \leqslant 3.0$		$3.0 < p \leqslant 10.0$		$p > 10.0$	
		一般场合	分配主管上阀门频繁操作区阀后、放散阀后	一般场合	阀后5倍公称直径（并不小于1.5m）范围；调节阀组前后各5倍公称直径（各不小于1.5m）范围内，氧压车间内部，放散阀以后；湿氧输送	一般场合	阀后5倍公称直径（并不小于1.5m）范围；调节阀组前后各5倍公称直径（各不小于1.5m）范围内，氧压车间内部，放散阀以后；湿氧输送	一般场合	氧气充装台、汇流排
铜及铜合金挤制管（YS/T 662）	√	√	√	√	√	√	√	√	√
铜及铜合金拉制管（GB/T 1527）	√	√	√	√	√	√	√	√	√

注：1. √—允许采用，×—不能采用；

2. 表中阀指干管阀门、供一个系统的支管阀门、车间入口阀门；

3. 工作压力大于3.0MPa的铜合金管不包括含铝铜合金；

4. 站内氧气管道宜采用不锈钢无缝管。

（2）空气、氮气、氩气、液氮、液氩管道材质选用，见表10－10。

表10－10 空气、氮气、氩气、液氮、液氩管道材质

管材	不同压力下的氮气、氩气、空气				不同压力下的液氮、液氩			
	<0.6MPa	0.6～1.6MPa	1.6～3.0MPa	约15.0MPa	<0.6MPa	0.6～1.6MPa	1.6～3.0MPa	约15.0MPa
焊接管	△							
直焊管	△							
卷焊管	△	△						
螺焊管	△△	△△	△					
无缝钢管	△△	△	△	△				
不锈钢管					△△	△	△	△
铜管					△△	△△	△△	△△
黄铜管					△△	△△	△△	△△
铝合金管					△			

注：1. △—推荐管材，△△—可用管材；

2. 凡是表中未注明符号的，表示由于管材的强度不够或特别不经济等原因而不采用。

10.3.1.3 氧气及相关气体管道上管件的选用

A 弯头

选用弯头时，尽量选用标准件中的长半径弯头。弯头确实需要采用冷弯或热弯时，弯曲半径不应小于5倍的管道公称直径。对于工作压力不大于0.1MPa的钢板卷焊管，可采用焊制弯头，90°弯头中间采用两段斜接管段，内部要平滑、无毛刺。

B 变径管

选用变径管时，尽量选用标准件。当须采用焊接制作时，变径部分的长度不宜小于两端管道外径差值的3倍；其内部要平滑、无毛刺。特殊条件下可选择锻制变径管。

C 三通、四通

选用三通、四通时也尽量选用标准件。当不能取得时，应在工厂或现场预制，但要加工到无锐角、无突出部位及焊瘤。

上述焊制管件除按第11章“管道与管件”选取之外，结合氧气站工艺管道的特性，还可以按照《热力管道焊制管件及设计选用图》（94R404）进行选取。

10.3.1.4 过滤器与阻火器

氧气调压阀组之前要设置氧气过滤器，过滤器壳体为不锈钢或铜及铜合金，过滤器内件为铜及铜合金。滤网为镍铜合金或铜合金（含铝铜合金除外）的材质。网孔尺寸60～80目（0.18～0.25mm）。

氧气调压阀组之后要设置氧气阻火器，它能有效地切断因高速气流中杂物与管壁急剧摩擦产生的火源，杜绝管道燃爆事故的发生。过滤器与阻火器的规格参数见第12.1节与第12.2节。

10.3.1.5 氧气管道法兰垫的选用

氧气管道法兰垫的选用见表10－11。

表10－11 氧气管道法兰垫的选用

工作压力/MPa	垫 片 名 称
$p \leqslant 0.6$	聚四氟乙烯垫片，柔性石墨复合垫片
$0.6 < p \leqslant 3.0$	缠绕式垫片，聚四氟乙烯垫片，柔性石墨复合垫片
$3.0 < p \leqslant 10.0$	缠绕式垫片，退火软化铜垫片，镍及镍基合金垫片
$p > 10.0$	退火软化铜垫片，镍及镍基合金垫片

注：聚四氟乙烯垫片见HG/T 20607—2009；缠绕式垫片见HG/T 20610—2009。

10.3.1.6 氧气阀门的选择

氧气管道上的阀门常用的有截止阀、减压阀、止回阀等。这些阀门要选用氧气专用阀门，并符合下列要求：

（1）工作压力大于0.1MPa的氧气管道，严禁采用闸阀；

（2）工作压力大于或等于1.0MPa且公称直径大于或等于150mm口径的手动截止阀，建议选用阀体上带有小旁通的阀门，并且是氧气专用阀门，各种阀门的规格型号见11.9节。

10.3.2 管道壁厚

管道壁厚根据介质的内压力确定。内压力在管壁上引起三种应力，即切向应力、轴向应力、径向应力，一般情况下，只考虑切向应力的影响。

管道壁厚 δ（单位为 mm）按式（10－6）计算：

$$\delta=\frac{pD}{2[\sigma]_t\Phi+2pY}+C \tag{10-6}$$

式中 p——管内介质的工作压力，MPa；

D——管道外径，mm；

Φ——焊缝系数，对无缝管取 1，直缝电焊管取 0.8，螺旋缝焊接管取 0.6，手工电弧焊取 0.7；

Y——系数，一般取 0.4；

C——安全裕度，mm，对碳素钢管和不锈钢管取 $C=2$，对铜管取 $C=1.5$，对铝合金管取 $C=1.5$；

$[\sigma]_t$——管材在设计温度下的许用应力，MPa，各种管材的许用应力见表 10－12。

表 10－12　各种管材的抗拉强度及许用应力

管　　材	抗拉强度 σ_b/MPa	许用应力 $[\sigma]_t$[①]/MPa
碳素钢管（焊接管）Q235B（GB/T 13793）	375	113
碳素钢管（焊接管）20（GB/T 13793）	390	130
碳素钢管（无缝管）20（GB/T 8163）	390	130
高合金钢管　0Cr13（GB/T 14796）		137
高合金钢管　0Cr18Ni9（GB/T 14796）		137
铝合金管　LF2（5A02）（GB 50316）[②]	165	41

① 表中许用应力是在 100℃ 工作温度下的数值，摘自《工业金属管道设计规范》GB 50316—2000（2008 年版）；
② 最大许用拉伸应力。

氧气站内输出的氧气管道、氮气管道以及氩气管道的工作温度远小于 100℃，为了使用方便，将工艺管道的推荐管材、可用管材、特殊管材在各种工作压力下的推荐壁厚列于表 10－13。

10.3.3　管道跨距

10.3.3.1　管道单位长度计算荷载

管道单位长度的计算荷载包括：

（1）管道的金属重量及附加重量；

（2）管道的充水重量或充液重量；

（3）管道的保温（保冷）、隔声层的重量。

对于氧、氮、氩、空气等气体管道单位长度的计算荷载主要包括（1）、（2）项，在允许用气压试验代替水压试验的地方，仅为前一项。但需要做保温（保冷）、隔声的管道要加上第（3）项。

对于液氧、液氮、液氩、液空等液体管道单位长度的计算荷载则包括全部三项。

考虑管道上冰、雪、积灰以及管道附件等重量，为方便起见，可按管道金属重量的 20% 作为附加重量。

表 10－13 常用工艺管道额定壁厚

公称直径 DN	各种材质在不同压力下的额定壁厚 $D\times\delta$/mm														
	$p<0.6$MPa				$0.6<p\leqslant1.6$MPa					$1.6<p\leqslant3.0$MPa				$p\leqslant15.0$MPa	
	焊接管	卷焊管	螺焊管	黄铜管	卷焊管	螺焊管	无缝管	不锈钢管	黄铜管	螺焊钢管	无缝钢管	不锈钢管	黄铜管	无缝钢管	黄铜管
10											14×3	14×2.5	14×2.5		15×3
15	21.3×2.75			16×2			22×3	18×2.5	18×2		18×3	18×2.5	18×2.5	18×3.5	20×4
20	26.8×2.75			22×2			25×3	22×2.5	24×2.5		25×3	22×2.5	24×3	25×3.5	30×6
25	33.5×3.25			28×2			32×3	28×2.5	30×2.5		32×3.5	28×2.5	30×3	32×4.5	38×5
30											38×3.5	34×2.5	35×3	42×5	45×6
32	42.3×3.25			35×2			38×3	34×2.5	35×2.5						
40	48×3.5			42×2			45×3	45×2.5	45×2.5		45×3.5	45×3	45×3.5	48×5.5	52×6
50	60×3.5			50×3			57×3.5	56×3	55×3		57×4.5	56×3.5	55×3.5	60×6	
65	75.5×3.75			65×3			76×3.5	76×4	70×3		76×4.5	76×4	70×3.5	76×6.5	76×10
80	88.5×4			85×3			89×3.5	89×4.5	80×4		89×4.5	89×4.5	86×4	89×8.5	85×10
100	114×4			100×3			108×4	108×4.5	100×4		108×5	108×4.5	100×4	114×10	
125	140×4.5						133×4	133×5			133×5	133×5		146×10	
150	165×4.5						159×4.5	159×5			159×6	159×5		168×12	
200		219×4.5	219×7		219×4.5		219×6	219×7		219×7	219×6.5	219×7			
250		273×5	273×7		273×5	273×7	273×7			273×7	273×7				
300		325×5	325×7		325×5	325×7	325×8			325×7	325×8				
350		377×5	377×7		377×6	377×7	377×9				377×9				
400		426×5	426×7		426×6	426×7	426×9				426×9				
450		478×6	478×7		478×6	478×7	465×9				465×9				
500		529×6	529×7		529×6	529×7	530×9				530×10				
600		630×6	630×7		630×8	630×7	630×9				630×12				

各种管径的碳钢管，其充水及不充水的单位长度计算荷载（包括20%的附加重量，但不包括保温、保冷、隔声层的重量）见表10－14。

表10－14 不保温管道单位长度计算荷载

公称直径 DN	外径×壁厚 $(D\times\delta)$/mm	管道质量 /kg·m^{-1}	附加质量（20%管道重）/kg·m^{-1}	管内充满水重 /kg·m^{-1}	不保温管单位计算荷载 q	
					不充水管/N·m^{-1}	充水管/N·m^{-1}
15	18×3	1.11	0.22	0.11	13.05	14.13
	20×3	1.26	0.25	0.15	14.81	16.19
	21.3×2.75	1.26	0.25	0.20	14.81	16.68
20	25×2.5	1.39	0.28	0.31	16.38	19.42
	25×3	1.63	0.33	0.28	19.23	21.97
	26.8×2.75	1.63	0.33	0.36	19.23	22.56
25	32×2.5	1.82	0.36	0.57	21.39	26.98
	32×3	2.15	0.43	0.53	25.31	30.51
	32×3.5	2.46	0.49	0.49	28.94	33.75
	33.5×3.25	2.42	0.48	0.57	28.45	34.14
32	38×2.5	2.19	0.44	0.86	25.80	34.24
	38×3	2.59	0.52	0.80	30.51	38.36
	38×3.5	2.98	0.60	0.75	35.12	42.48
	42.3×3.25	3.13	0.63	1.0	36.89	46.70
40	45×2.5	2.62	0.52	1.26	30.80	43.16
	45×3	3.11	0.62	1.19	36.59	48.27
	45×3.5	3.58	0.72	1.13	42.18	53.27
	48×3.5	3.84	0.77	1.32	45.22	58.17
50	60×3.5	4.88	0.98	2.21	57.49	79.17
	57×3.5	4.62	0.92	1.96	54.35	73.58
	57×4.5	5.83	1.17	1.81	68.67	86.43
65	73×3.5	6.00	1.20	3.42	70.63	104.18
	73×4	6.81	1.36	3.32	80.15	112.72
	75.5×3.75	6.64	1.33	3.63	78.19	113.80
	73×4.5	7.60	1.52	3.22	89.47	121.06
	76×4	7.10	1.42	3.63	83.58	119.19
80	88.5×4	8.34	1.67	5.09	98.20	148.13
	89×3.5	7.38	1.48	5.28	86.92	138.71
	89×4	8.38	1.68	5.15	98.69	149.21
	89×4.5	9.38	1.88	5.03	110.46	159.81
100	108×4	10.26	2.05	7.85	120.76	197.77
	108×4.5	11.49	2.30	7.70	135.28	210.82
	108×5	12.70	2.54	7.54	149.50	223.47

续表 10－14

公称直径 DN	外径×壁厚 $(D\times\delta)$/mm	管道质量 /kg·m^{-1}	附加质量（20%管道重）/kg·m^{-1}	管内充满水重 /kg·m^{-1}	不保温管单位计算荷载 q	
					不充水管/N·m^{-1}	充水管/N·m^{-1}
125	133×4	12.72	2.54	12.27	149.70	270.07
	133×5	15.78	3.16	11.88	185.80	302.34
150	159×4.5	17.14	3.43	17.67	201.79	375.13
	159×5	18.99	3.80	17.44	223.57	394.66
	159×6	22.64	4.53	16.97	266.54	433.01
200	219×4.5	23.80	4.76	34.64	280.17	619.99
	219×6	31.52	6.30	33.65	371.01	701.12
	219×6.5	34.06	6.81	33.33	400.93	727.90
	219×7	36.60	7.32	33.0	430.86	754.59
	219.1×6	31.53	6.31	33.69	371.21	701.71
	291.1×7	36.61	7.32	33.04	403.95	755.08
250	273×5	33.04	6.61	54.33	388.97	921.94
	273×6	39.51	7.90	53.50	465.48	989.93
	273×7	45.92	9.18	52.69	540.53	1057.42
	273×8	52.28	10.46	51.87	615.48	1124.32
300	325×5	39.46	7.89	77.93	464.50	1229.0
	325×7	54.89	10.98	75.96	646.18	1391.35
	325×8	62.54	12.51	74.99	736.24	1471.89
	325×9	70.13	14.03	74.02	825.61	1551.75
	323.9×6	47.04	9.41	76.40	553.77	1303.26
	323.9×7	54.70	10.94	75.43	643.93	1383.90
350	377×5	45.87	9.17	105.78	539.94	1577.64
	377×6	54.89	10.98	104.63	646.18	1672.75
	377×7	63.87	12.77	103.49	751.84	1767.08
	377×8	72.80	14.56	102.35	857.00	1861.06
	377×9	81.67	16.33	101.22	961.38	1954.35
	377×10	90.50	18.10	100.10	1065.37	2047.35
400	426×6	62.14	12.43	134.61	731.53	2052.06
	426×7	72.33	14.47	133.32	851.50	2159.38
	426×8	82.46	16.49	132.03	970.70	2265.91
	426×9	92.55	18.51	130.74	1089.50	2372.06
	426×10	102.59	20.52	129.46	1207.71	2477.71
450	478×6	69.84	13.97	170.55	822.18	2495.27
	478×7	81.30	16.26	169.09	957.06	2615.84
	478×9	104.09	20.82	166.19	1225.37	2855.69

续表 10－14

公称直径 DN	外径×壁厚 ($D\times\delta$)/mm	管道质量 /kg·m⁻¹	附加质量（20%管道重)/kg·m⁻¹	管内充满水重 /kg·m⁻¹	不保温管单位计算荷载 q	
					不充水管/N·m⁻¹	充水管/N·m⁻¹
500	529×7	90.11	18.02	208.31	1060.76	3104.28
	529×8	102.78	20.56	206.69	1209.97	3237.59
	529×9	115.41	23.08	205.08	1358.59	3370.42
	530×9	115.63	23.13	205.89	1361.24	3381.02
	530×10	128.23	25.65	204.28	1509.56	3513.55
600	630×8	122.71	24.54	296.09	1444.52	4349.17
	630×9	137.82	27.56	294.17	1622.38	4508.19
	630×12	182.88	36.58	288.43	2152.90	4982.40
700	720×8	140.46	28.09	389.26	1653.48	5480.06
	720×9	157.80	31.56	387.05	1857.62	5654.58
800	820×9	180.00	36.00	505.17	2118.96	7074.68
	820×10	199.75	39.95	502.66	2351.46	7282.55
900	920×9	179.99	36.00	639.00	2380.15	8387.45
	920×10	224.41	44.88	502.66	2641.71	7572.83
1000	1020×9	224.38	44.88	788.54	2641.42	10377.02
	1020×10	249.07	49.81	785.40	2932.00	10636.79

注：1. 表中，不保温管道计算荷载为：

气体管＝(管材质量＋附加质量)×9.81

液体管＝(管材质量＋附加质量＋管道充满水质量)×9.81

碳钢管道质量：

$$m=0.02466\delta(D-\delta)$$

式中　D——管道外径，mm；

δ——管道壁厚，mm。

2. 使用不锈钢时，常用的不锈钢管牌号为0Cr18Ni9，其质量按 $m=0.02491\delta(D-\delta)$ 进行计算。

10.3.3.2　管道跨距的计算

管道跨距的大小，关系整个管系支架的数量和投资。在确保安全和管道正常运行的前提下，应尽可能扩大管道的跨距，减少支架数量。

管道允许跨距的大小，取决于管材强度、管子截面刚度、外部荷载大小、管道敷设坡度以及管道允许的最大挠度。

管道允许跨距应按强度与刚度两个条件确定，并取计算结果中的小值作为设计跨距。

A　按强度条件计算管道的跨距

按强度条件确定管道的跨距的原则是使管道断面上的最大应力不超过管材的许用应力。根据这一原则确定的管道允许跨度，称为按强度条件计算管道的跨距。

对于连续水平敷设的直管，管道最大允许跨距 L_{max} 的计算公式为：

$$L_{max}=2.24\sqrt{\frac{1}{q}W\Phi[\sigma]_t} \qquad (10-7)$$

式中 L_{max}——管道最大允许跨距，m；

Φ——管道横向焊缝系数，取0.7；

q——管道单位长度计算荷载，N/m，q = 管材重量 + 保温重量 + 附加重量（按管道质量的20%计算），见表10－14；

W——管道截面系数，cm^3，见表10－15；

$[\sigma]_t$——钢管工作状态下的许用应力，MPa，见表10－12。

B 按刚度条件计算管道的跨距

管道在一定的跨距下产生一定的挠度。根据对挠度限制所确定的管道允许跨距称为按刚度条件确定的管道跨距。

连续敷设的水平直管，例如输送干的氧气、氮气等气体或不作水压试验的管道，其最大允许跨距 L_{max} 的计算公式为：

$$L_{max}=0.19\sqrt[3]{\frac{100}{q}E_tJi_0} \qquad (10-8)$$

式中 L_{max}——管道最大允许跨距，m；

E_t——在计算温度下钢材弹性模量，MPa，对碳素钢一般取 2×10^5 MPa；

J——管道截面二次矩，cm^4，见表10－15；

q——管道单位长度计算荷载，N/m，见表10－14；

i_0——管道放水坡度，$i_0\geqslant0.002$。

表10－15 连续水平敷设的碳钢最大允许跨距

公称直径 DN	外径×壁厚 $(D\times\delta)$/mm	气体/液体计算荷载 q（含20%附加）/N·m^{-1}	管道截面系数 W/cm^3	管道截面二次矩 J/cm^4	管道跨距/m			
					气体管道		充水管道	
					按强度	按刚度	按强度	按刚度
普通低压流体输送用焊接钢管								
15	21.3×2.8	15.07/15.45	0.94	1.0	5.34	2.63	5.27	2.61
20	26.9×2.8	19.54/19.90	1.89	2.53	6.64	3.29	6.59	3.27
25	33.7×3.2	28.37/28.96	2.14	3.58	5.87	3.26	5.81	3.24
32	42.4×3.5	39.55/40.53	3.62	7.65	6.47	3.76	6.39	3.73
40	48.3×3.5	45.56/46.90	5.07	12.18	7.13	4.19	7.03	4.15
50	60.3×3.8	62.27/64.45	8.29	24.87	7.80	4.79	7.66	4.73
65	76.1×4	83.70/87.34	14.44	54.52	8.88	5.63	8.69	5.56
80	88.9×4	98.65/103.79	21.46	94.90	9.97	6.42	9.72	6.31
100	114.3×4	128.08/136.95	36.71	209.2	11.44	7.65	11.06	7.49
125	139.7×4	157.63/171.25	56.47	395.3	12.79	8.83	12.27	8.59
150	168.3×4.5	214.01/233.94	88.6	730.8	13.35	9.79	13.15	9.50

续表 10－15

公称直径 DN	外径×壁厚 (D×δ)/mm	气体/液体计算荷载 q（含20%附加）/N·m⁻¹	管道截面系数 W/cm³	管道截面二次矩 J/cm⁴	管道跨距/m			
					气体管道		充水管道	
					按强度	按刚度	按强度	按刚度
输送流体用无缝钢管								
15	18×2	9.32/10.79	0.36	0.32	4.21	2.11	3.90	2.01
20	25×2.5	16.38/19.42	0.91	2.54	5.04	3.49	4.63	3.30
	25×3	19.23/21.97	1.02	2.90	4.92	3.46	4.60	3.31
25	32×2.5	21.39/26.98	1.59	1.13	5.83	2.44	5.19	2.26
	32×3	25.31/30.15	1.81	2.90	5.71	3.16	5.24	2.98
32	38×2.5	25.80/34.24	2.32	4.42	6.41	3.61	5.56	3.29
	38×3	30.51/38.36	2.68	5.09	6.26	3.58	5.66	3.32
40	45×2.5	30.80/43.16	3.38	7.56	7.08	4.07	5.98	3.64
	45×3	36.59/48.27	3.90	8.77	6.98	4.04	6.07	3.68
50	57×3.5	54.35/73.58	7.41	21.13	7.89	4.74	6.78	4.29
65	73×3.5	70.63/104.18	12.68	46.27	9.05	5.65	7.46	4.96
	73×4	80.15/112.72	14.18	51.75	8.99	5.62	7.58	5.01
80	89×3.5	86.92/138.71	19.34	86.07	10.08	6.48	7.98	5.54
	89×4	98.68/149.21	21.73	96.90	10.03	6.46	8.16	5.63
	89×4.5	110.46/159.81	24.01	106.9	9.96	6.43	8.28	5.68
100	108×4	120.76/197.77	32.75	176.9	11.13	7.38	8.70	6.26
	108×5	135.28/223.47	39.81	215.0	11.59	7.59	9.02	6.42
125	133×4	149.70/270.07	50.73	337.4	12.44	8.52	9.26	7.00
	133×5	185.80/302.34	61.98	412.2	12.34	8.48	9.68	7.21
150	159×4.5	201.79/375.13	82.0	651.9	13.62	9.61	9.99	7.81
	159×6	266.54/394.66	106.3	844.9	13.50	9.55	11.09	8.38
200	219×6	371.01/701.12	208	2278	16.00	11.90	11.64	9.63
	219×7	430.86/754.59	239	2620	15.92	11.86	12.03	9.84
250	273×7	540.53/1057.42	379	5175	17.89	13.80	12.79	11.04
	273×8	615.48/1124.32	429	5853	17.84	13.77	13.20	11.27
300	325×8	736.24/1471.89	616	10016	19.55	15.52	13.82	12.32
	325×9	825.61/1551.75	687	11164	19.49	15.49	14.22	12.55
350	377×9	961.38/1954.35	935	15791	21.07	16.52	14.78	13.04
	377×10	1065.37/2047.35	1031	19431	21.02	17.11	15.16	13.76
400	426×9	1089.50/2372.06	1204	25640	22.46	18.63	15.22	14.37
	426×10	1207.71/2477.71	1328	28295	22.41	18.60	15.65	14.64

续表 10－15

公称直径 DN	外径×壁厚 ($D\times\delta$)/mm	气体/液体计算荷载 q（含20%附加）/N·m^{-1}	管道截面系数 W/cm^3	管道截面二次矩 J/cm^4	管道跨距/m			
					气体管道		充水管道	
					按强度	按刚度	按强度	按刚度
低压流体输送用螺旋缝焊接钢管								
250	273×6	465.48/989.93	329	4485	17.96	13.83	12.32	10.76
	273×7	540.53/1057.42	379	5175	17.89	13.80	12.79	11.03
300	323.9×6	553.71/1303.26	468	7574	19.65	15.55	12.81	11.69
	323.9×7	643.97/1383.90	541	8755	19.59	15.51	13.36	12.02
350	377×6	646.18/1672.75	638	12029	21.23	17.23	13.20	12.55
	377×7	751.84/1767.08	739	13922	21.19	17.20	13.82	12.93
	377×8	857.00/1861.06	838	15769	21.13	17.16	14.34	13.25
400	426×7	851.50//2159.38	950	20227	22.57	18.69	14.17	13.70
	426×8	970.70/2265.91	1078	22953	22.52	18.66	14.74	14.06
	426×9	1089.50/2372.06	1204	25640	22.46	18.63	15.22	14.37
500	529×8	1209.97/3237.59	1680	44439	25.18	21.61	15.39	15.56
	529×9	1358.59/3370.42	1879	49710	25.13	21.58	15.96	15.94
600	630×8	1444.52/4349.17	2400	75612	27.55	24.31	15.87	16.84
	630×9	1622.38/4508.19	2688	84658	27.51	24.29	16.50	17.28
700	720×8	1653.48/5480.06	3151	113437	29.50	26.61	16.20	17.85
	720×9	1857.62/5654.58	3530	127084	29.46	26.58	16.88	18.34
800	820×9	2118.96/7074.68	4599	188595	31.48	29.02	17.23	19.42
	820×10	2351.46/7282.55	5092	208782	31.45	29.00	17.87	19.89
900	920×9	2380.15/8387.45	5811	267308	35.39	31.36	17.79	20.61
	920×10	2641.71/7572.83	6436	296038	33.36	31.34	19.70	22.06
1000	1020×9	2641.42/10377.02	7162	365250	35.19	33.61	17.75	21.30
	1020×10	2932.00/10636.79	7936	404742	35.16	33.60	18.46	21.86

表 10－15 中管道跨距是按下列条件计算的：

管材采用 20 号碳素钢，许用应力 $[\sigma]_t$ 为 130MPa，管道中的介质为常温，焊缝系数 Φ 为 0.7 的管道，按强度条件计算的最大跨距带入式（10－7）经整理后得：

$$L_{max}=21.37\sqrt{\frac{W}{q}} \tag{10-9}$$

管材采用 20 号碳素钢，许用应力 $[\sigma]_t$ 为 130MPa，管道中的介质为常温，焊缝系数 Φ 为 0.7 的管道，按刚度条件计算的最大跨距带入式（10－8）经整理后得：

$$L_{max}=6.50\sqrt[3]{\frac{E_tJ}{q}} \tag{10-10}$$

按式（10－9）与式（10－10）计算的气体与液体管道的跨距列于表 10－15。当不符合上述条件时，管道的跨距需要按式（10－7）、式（10－8）计算确定。碳钢端头直管和水平弯管的跨距见表10－16。

表10－16 碳钢端头直管和水平弯管的跨距

名　称	按强度计算的跨距/m	按刚度计算的跨距/m
端头直管	0.82L	0.78L
水平弯管	0.67L	

注：L指由式（10－7）、式（10－8）或从表10－15查得连续直管的跨距。

10.3.3.3 增加管道跨距的方法

A 利用管道本身的刚度增加其跨距

利用管道本身的刚度增加其跨距的方法是在两支架之间把管道做成拱形或下悬形的管道，如图10－1所示。此方法适用于个别大跨距的场合，如跨越公路或河流。也可以采用悬杆式或悬索式的形式增加管道的跨度，如图10－2所示。

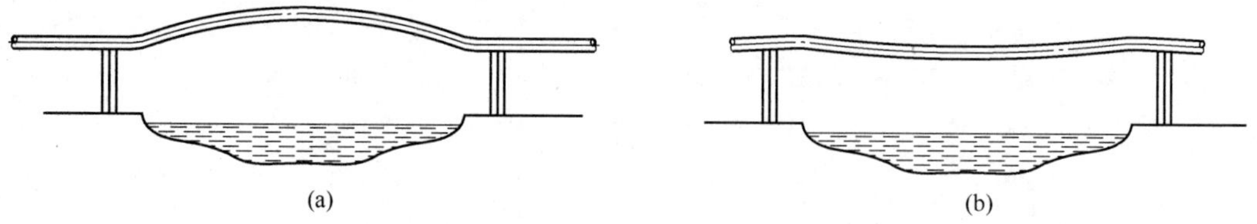

图10－1 拱形管道和下悬形管道示意图
（a）拱形管道；（b）下悬形管道

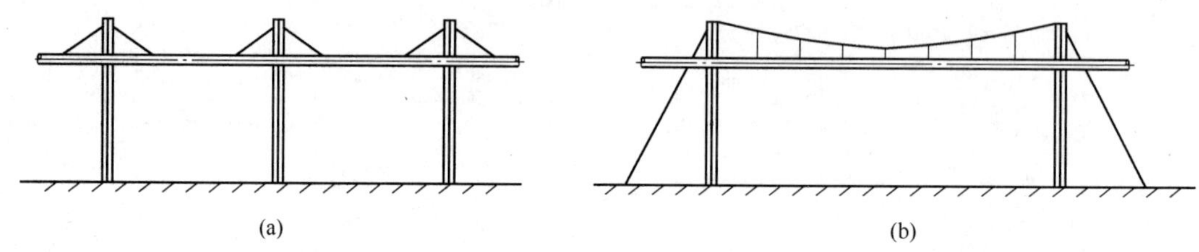

图10－2 悬杆式与悬索式支架示意图
（a）悬杆式支架；（b）悬索式支架

B 改变管道材质增加其跨距

改变管道材质增加其跨距通常是把管道的材质由普通碳素钢改为合金钢。

C 加大管径增加其跨距

增加跨距的办法之一是加大管径。

B、C节介绍的方法所能增加的跨距有限，只适用于略需增加跨距的场合。

10.3.4 管道支(吊)架

10.3.4.1 管道支架形式

A 固定支架

管系在固定支架处纵向及横向都不能产生移动，管架有足够的刚度约束管系产生的作用力，此作用力包括管道的垂直荷载及水平荷载。水平荷载又有纵向水平荷载与横向水平荷载，纵向水平荷载为管道的水平推力，横向荷载通常认为是风荷载，如图 10－3 所示。

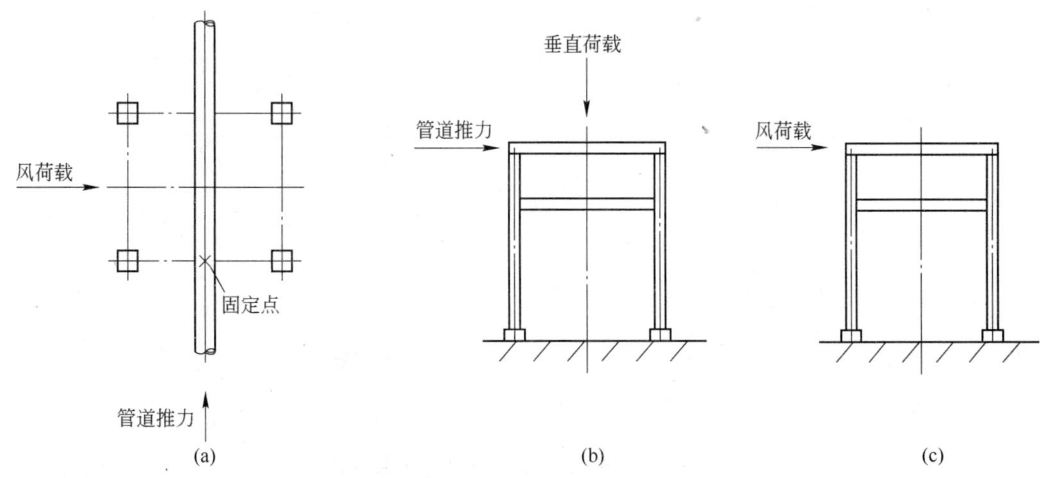

图 10－3 固定支架结构示意图

（a）平面图；（b）管道纵向；（c）管道横向

B 滑动支架

滑动支架也是刚性支架，工艺管道在滑动支架顶部能产生双向移动，摩擦阻力较大。因此，在工艺管道与支架柱顶之间设有管托或托座。

C 导向支架

当管系有方形补偿器时，宜在补偿器两侧设导向支架，其特点只允许轴向移动，工艺管道与导向支架柱顶之间摩擦力大。

10.3.4.2 站区管道支架敷设

在站区内敷设的管道，上述三种管道支架常用的是固定支架与滑动支架，支架与工艺管道之间一般设管座（或管托），管座一般采用《鞍式支座》（JB/T 4712.1—2007）。管托采用《室内热力管道支吊架》（05R417—1）中的支座。支座的最低点建议钻一个小孔，以排除渗入支座的雨水，管座（或管托）周边与所处的管道全部焊严。对于固定支架，管座（或管托）还要与支架顶部焊牢。

固定支架选取位置的规则是：

（1）当管系有分支时，宜在分支点处设固定支架，防止支管伸缩使主管变形；

（2）在设有方形补偿器的较长直管段上设固定支架。工艺管道单独敷设时的支架示意图如图 10－4 所示。

10.3.4.3 沿墙面、板面敷设的管道

工程设计时，有时工艺管道沿墙面敷设，以三脚架的形式生根于墙壁之内。其管道支架由横梁与斜撑组成，管道与横梁之间设弧形托座，并用双头螺栓把管道卡固在横梁上，

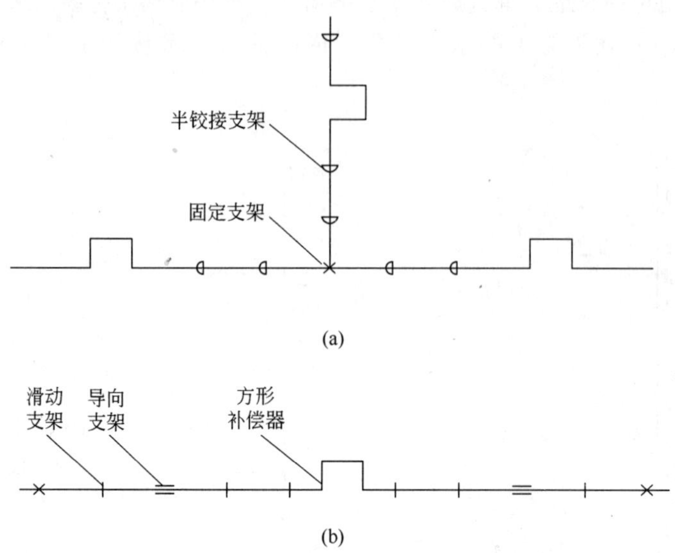

图 10-4 工艺管道单独敷设时的支架示意图
(a) 有方形补偿器及支管的管道支架布置图；(b) 较长直管道支架布置图

如图 10-5 所示。

沿板面（楼板、平台、地面）敷设的管道，公称直径 DN 大于 150mm 的管道采用鞍式支座的形式，见《鞍式支座》(JB/T 4712.1—2007)，示意图如图 10-6 所示。在该标准之内，公称直径 DN 小于等于 1400mm 管道用的支座，鞍座高度为 200mm，公称直径 DN 大于 1400mm 管道用的支座，鞍座高度为 250mm，以此尺寸确定工艺管道的安装高度。公称直径 DN 小于 150mm 的管道，如水管，可用“T”形支座支撑（与管道接触的板为弧形板），严禁将管道直接敷设在板面上。

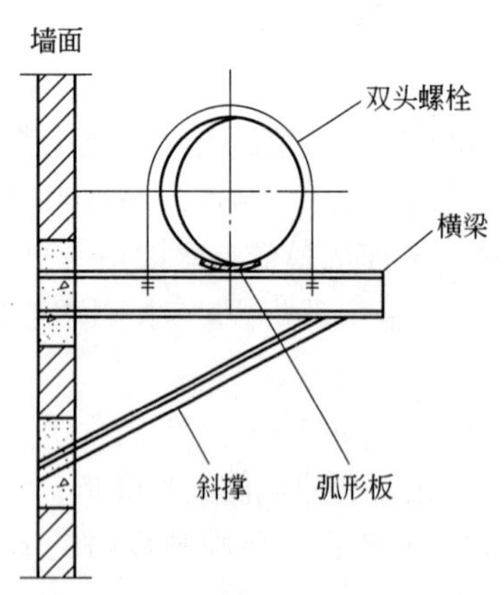

图 10-5 沿墙面敷设的管道支架

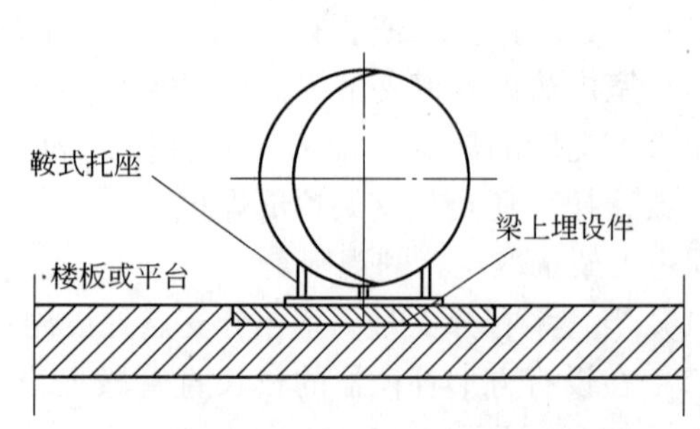

图 10-6 楼板或平台上敷设的管道托座

10.3.4.4 管道吊架

吊架由吊根、吊杆、吊环组成。管道吊架见国家标准《管道支吊架第 1 部分：技术规范》（GB/T 17116.1—1997），《管道支吊架第 2 部分：管道连接部件》（GB/T 17116.2—1997），《管道支吊架第 3 部分：中间连接件和建筑结构连接件》（GB/T 17116.3—1997）。在该标准中有“管道连接部件的荷载系列”、“水平管道部件结构形式尺寸”、“垂直管道部件结构形式尺寸”、“弯头管部件结构形式尺寸”、“吊杆的形式尺寸”、“吊杆配件的形式尺寸”等，工程设计时可直接选用。

10.4 管道的补偿、推力及减振

10.4.1 管道的热胀和冷缩补偿

10.4.1.1 管道的伸缩量

由于环境空气温度的变化及管内介质温度对管壁的影响，造成本身的伸缩，其伸缩量 Δl（单位为 mm）按下式计算：

$$\Delta l = l_S \alpha (t_1 - t_2) \tag{10-11}$$

式中 l_S——计算管段长度，mm；

t_1——管壁的计算温度，℃，一般取管内介质的温度；

t_2——管道安装时的环境空气计算温度，℃，一般情况下，对常温介质，可用室外冬季采暖计算温度，对低温介质可用夏季通风计算温度，各地区的上述两种温度见《工业企业采暖通风和空气调节设计规范》；

α——金属材料的平均线膨胀系数，$10^{-6}℃^{-1}$，见表 10-17。

表 10-17 各种常用金属材料的线膨胀系数 α

材料名称	在下列温度与20℃之间的平均线膨胀系数 α/℃$^{-1}$							
	-196℃	-150℃	-100℃	-50℃	0℃	50℃	100℃	150℃
碳素钢			9.89×10^{-6}	10.39×10^{-6}	10.76×10^{-6}	11.12×10^{-6}	11.53×10^{-6}	11.88×10^{-6}
奥氏体不锈钢	14.67×10^{-6}	15.08×10^{-6}	15.45×10^{-6}	15.97×10^{-6}	16.28×10^{-6}	16.54×10^{-6}	16.84×10^{-6}	17.06×10^{-6}
铝	17.86×10^{-6}	18.72×10^{-6}	19.65×10^{-6}	20.78×10^{-6}	21.65×10^{-6}	22.52×10^{-6}	23.38×10^{-6}	23.92×10^{-6}
青铜	15.13×10^{-6}	15.43×10^{-6}	15.76×10^{-6}	16.41×10^{-6}	16.97×10^{-6}	17.53×10^{-6}	18.07×10^{-6}	18.22×10^{-6}
黄铜	14.77×10^{-6}	15.03×10^{-6}	15.32×10^{-6}	16.05×10^{-6}	16.56×10^{-6}	17.10×10^{-6}	17.62×10^{-6}	18.01×10^{-6}
铜及铜合金	13.99×10^{-6}	14.99×10^{-6}	15.70×10^{-6}	16.07×10^{-6}	16.63×10^{-6}	16.96×10^{-6}	17.24×10^{-6}	17.48×10^{-6}

注：摘自《工业金属管道设计规范》GB 50316—2000（2008 年版）。进行计算时注意单位换算。

10.4.1.2 管道伸缩的补偿

管系在受到两固定点的限制而不能实现热胀与冷缩时所产生的影响，对于直线管系和异形管系是不同的。对于直线管系，可能产生相当大的应力和推力造成管材和固定支架的破坏，因此，直线管系一般都要考虑补偿。对于异形管系，要根据管系的弹性决定，弹性大的管系可不用补偿，弹性小的管系仍要补偿。管道的自然补偿实质上是异形管系。利用管系中的弯管转角、管壁和管系形状，将热胀或冷缩引起的长度变化通过弹性自行补偿。

常用的管系有 L 形、Z 形等。

人工补偿是在管系中插入能吸收管道长度变化的补偿器。氧气管道应采用方形补偿器。方形补偿器的优点是容易制造，使用压力范围广，补偿能力大；缺点是占地面积大，有时还要设支架。

采用自然补偿或设置方形补偿器时，应注意以下事项：

（1）管道弯管转角不大于 150°，大于 150°时，在管道弯管转角处设固定支架；

（2）方形补偿器对称轴线至管道固定支架的距离，不宜超过固定支架间距的 60%；

（3）方形补偿器两侧应设置导向支架，导向管托至方形补偿器端点的距离，一般应不小于 40 倍管道公称直径；

（4）工艺管道不论使用自然补偿还是人工补偿，都不考虑补偿器的冷紧（预拉伸或预压缩）；

（5）弯管转角大于 30°时，能用作自然补偿，小于 30°时，不能用作自然补偿；

（6）自然补偿的管道长臂一般为 20～25m，弯曲应力不应超过 $[\sigma_{bw}] = 80MPa$。

A　L 形直角弯自然补偿器

L 形直角弯自然补偿器如图 10－7 所示，其长臂 l_1 按 20～25m 确定，其短臂 l_2 按式（10－12）计算：

$$l_2 = 1.1\sqrt{\frac{\Delta lD}{300}} \tag{10-12}$$

式中　l_2——短臂长度，m；

Δl——长臂 l_1 的自由伸长量，mm；

D——管子外径，mm。

B　Z 形折角弯自然补偿器

Z 形折角弯自然补偿器如图 10－8 所示，其短臂 l_2 按式（10－13）计算：

$$l_2 = \sqrt{\frac{6\Delta lED}{10^7[\sigma_{bw}](1+1.2N)}} \tag{10-13}$$

式中　l_2——Z 形折角弯自然补偿器短臂长度，m；

Δl——长臂（$l_1 + l_2$）的总热伸长量，mm；

D——管子外径，mm；

E——管道材料的弹性模量，MPa；

$[\sigma_{bw}]$——弯曲应力，MPa，查表 10－12；

N——$N = \frac{l_1 + l_2}{l_1}$，且 $l_1 < l_2$。

C　方形补偿器

方形补偿器由水平臂、伸缩壁（或外伸臂）、自由臂组成，如图 10－9 所示。方形补偿器按其结构特性通常有三种方式，第一种为标准型，其结构特性是水平臂的长度是外伸臂长度的两倍，如图 10－10 所示。第二种为等边型，其结构特性是水平臂与外伸臂的长度相等，如图 10－11 所示。第三种为长臂型，其结构特性是外伸臂长度是水平臂长度的两倍，如图 10－12 所示。

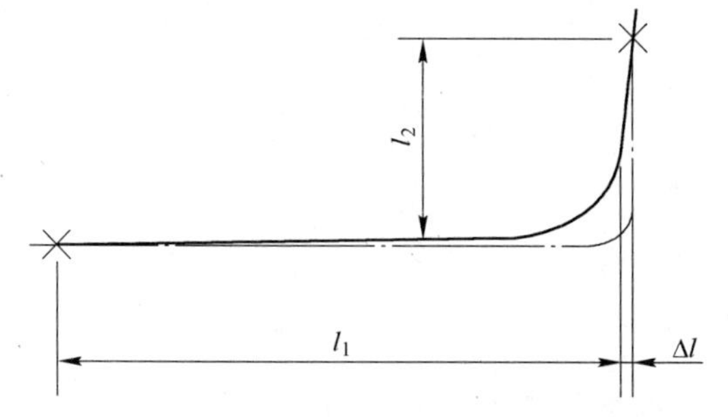

图 10-7 L形直角弯自然补偿器

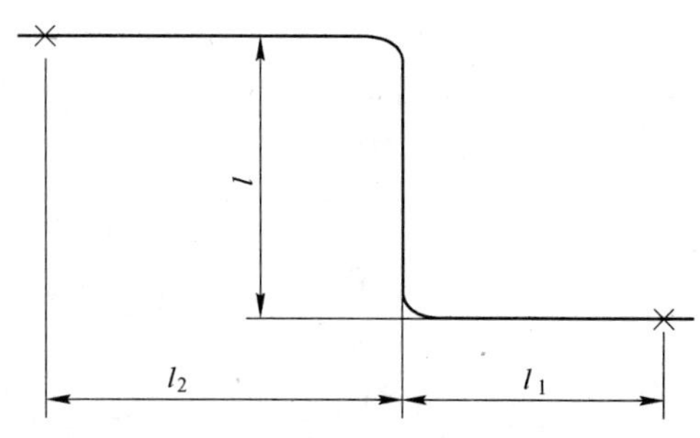

图 10-8 Z形折角弯自然补偿器

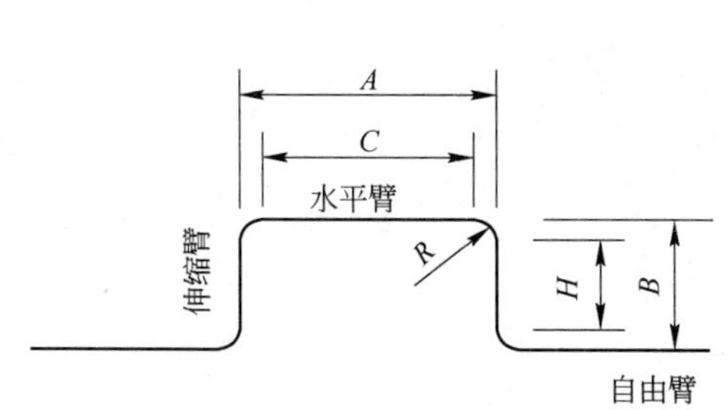

图 10-9 方形补偿器

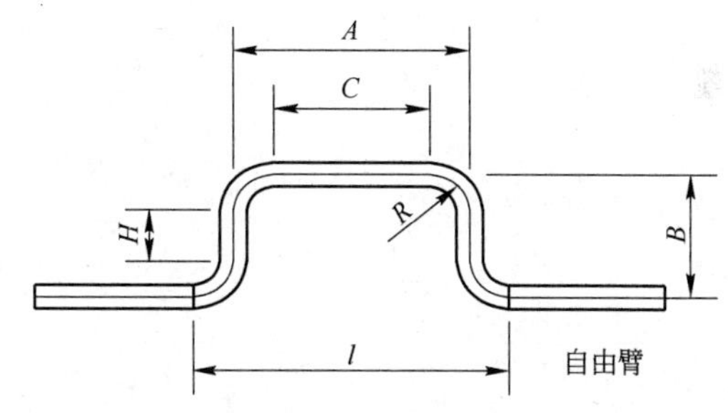

图 10-10 标准型方形补偿器（$C=2H$）

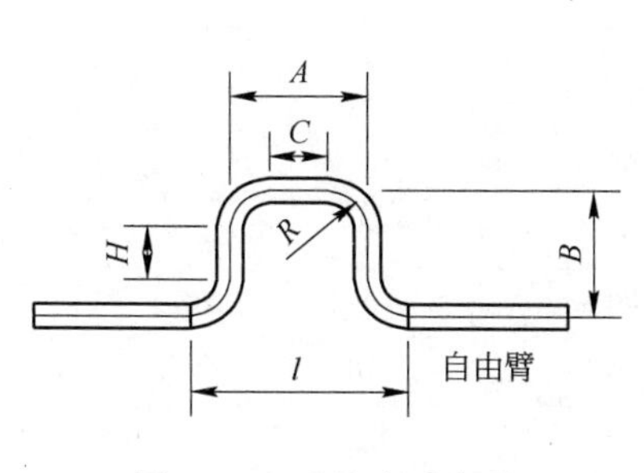

图 10-11 等边型方形补偿器（$C=H$）

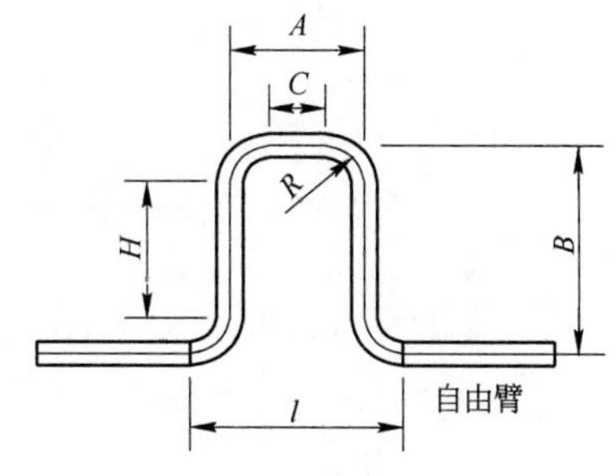

图 10-12 长臂型方形补偿器（$C=0.5H$）

制作管路中的方形补偿器，其材质与管路材质一致。管路为无缝钢管时，方形补偿器的材质采用无缝钢管制作；管路为不锈钢时，方形补偿器采用不锈钢管制作。一个小规格的方形补偿器最好用一根管子弯制而成，如图 10-13 所示。较大规格的方形补偿器可采用两根或三根管子焊制而成，如图 10-14 和图 10-15 所示。管子对接时，焊缝设置在外伸臂的中点处，严禁在水平臂上焊接。焊制方形补偿器时，当 DN≤200mm 时，焊缝与外伸臂轴线垂直；当 DN>200mm 时，焊缝与外伸臂轴线呈 45°角。方形补偿器的弯管半径为 4 倍的管子外径。方形补偿器的选择见表 10-18。

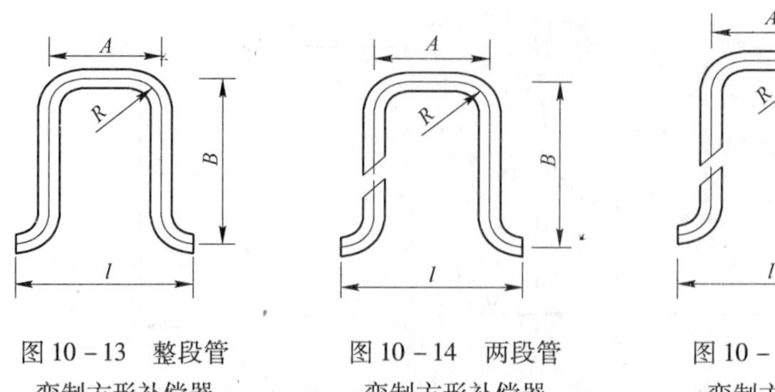

图 10－13 整段管弯制方形补偿器

图 10－14 两段管弯制方形补偿器

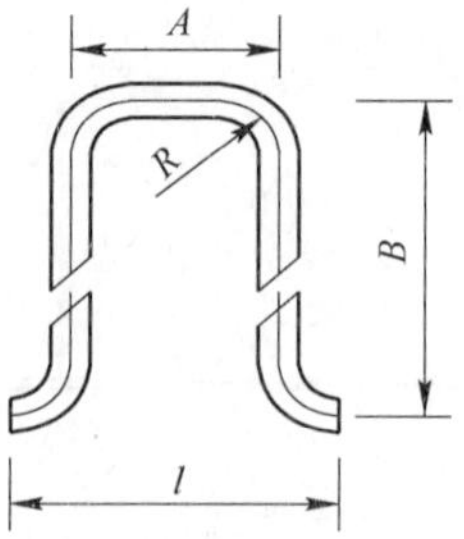

图 10－15 三段管弯制方形补偿器

表 10－18 方形补偿器的选择表

补偿能力 Δl/mm	型号	外伸臂 $B=H+2R$ （$R=4$DN）/mm									
		公称直径 DN									
		32	40	50	65	80	100	125	150	200	250
30	标准型	570									
	等边型	630	670								
	长臂型	820	850								
50	标准型	720	760	790	860	930	1000				
	等边型	820	870	880	910	930	1000				
	长臂型	930	970	970	980	980					
75	标准型	860	920	950	1050	1100	1220	1380	1530	1800	
	等边型	1020	1070	1080	1150	1200	1300	1380	1530	1800	
	长臂型	1150	1220	1180	1220	1250	1350	1450	1600		
100	标准型	980	1050	1100	1200	1270	1400	1590	1730	2050	
	等边型	1170	1240	1250	1330	1400	1530	1670	1830	2100	2300
	长臂型	1360	1430	1450	1470	1500	1600	1750	1830	2100	
150	标准型	1260	1270	1310	1400	1570	1730	1920	2120	2500	
	等边型	1450	1540	1550	1660	1760	1920	2100	2280	2630	2800
	长臂型	1700	1800	1830	1870	1900	2050	2230	2400	2700	2900
200	标准型	1370	1450	1510	1700	1830	2000	2240	2470	2840	
	等边型	1700	1800	1810	2000	2070	2250	2500	2700	3080	3200
	长臂型	2000	2100	2100	2200	2300	2450	2670	2850	3200	3400
250	标准型	1530	1620	1700	1950	2050	2230	2520	2780	3160	
	等边型	1900	2010	2040	2260	2340	2560	2800	3050	3500	3800
	长臂型			2370	2500	2600	2800	3050	3300	3700	3800

10.4.2 管道补偿能力验算

在管道设计中，常采用下列弹性指标验算式来判定异形管系补偿是否合理：

$$\frac{DN \cdot \Delta}{(l-l_S)^2} \leqslant 20.8 \tag{10-14}$$

其中

$$\Delta = \sqrt{\Delta_x^2 + \Delta_y^2 + \Delta_z^2} \tag{10-15}$$

式中 DN——公称直径，cm；

l——管系展开长度，m；

l_S——管系两固定点之间的直线长度，m；

Δ——管系固定点连线方向上的综合位移，cm；

Δ_x——管系沿 x 轴方向的伸缩量，cm，Δ_x 的方向与 x 轴方向相同时取负值；

Δ_y——管系沿 y 轴方向的伸缩量，cm，Δ_y 的方向与 y 轴方向相同时取负值；

Δ_z——管系沿 z 轴方向的伸缩量，cm，Δ_z 的方向与 z 轴方向相反时取正值。

计算示例一：

有一液氧管道 DN200mm，温差 200℃，管系形状如图 10－16 所示，展开长度 100m。管材为铝质，试求此管系是否安全。

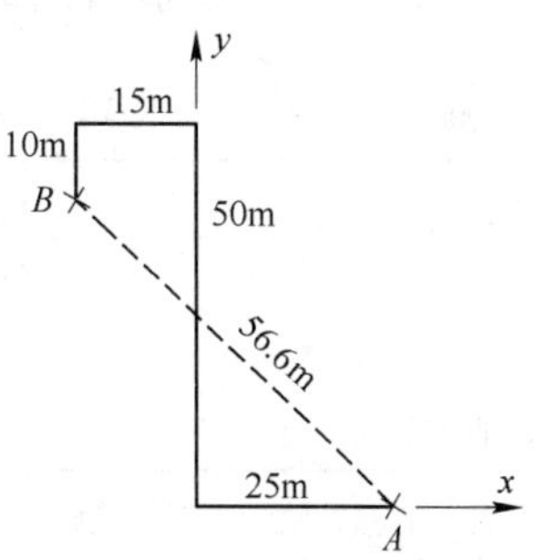

图 10－16 计算示例一

查表 10－17 得 $\alpha = 17.86 \times 10^{-6}$（℃$^{-1}$）。

假定 A 点可以自由移动，它在各方向的伸缩量为：

$$\Delta_x = -(15+25) \times 17.86 \times 10^{-6} \times 200 \times 10^2 = -14 \text{（cm）}$$

$$\Delta_y = (50-10) \times 17.86 \times 10^{-6} \times 200 \times 10^2 = 14 \text{（cm）}$$

因 Δ_x 的方向与所取的坐标轴的方向相同，取负值；Δ_y 的方向与坐标轴的方向相反，取正值。将算出的 Δ_x、Δ_y 值代入式（10－15）得：

$$\Delta = \sqrt{(-14)^2 + 14^2} = 20 \text{（cm）}$$

再按式（10－14）算得：

$$\frac{20 \times 20}{(100-56.6)^2} = 0.212 \leqslant 20.8$$

故此管系是安全的。

计算示例二：

某空气管道材质为碳素钢，DN400mm，温差 150℃，空压机端（B 点）因机身热胀发生 z 向位移向上 0.5cm，管系布置如图 10－17 所示，核算此管系是否安全？

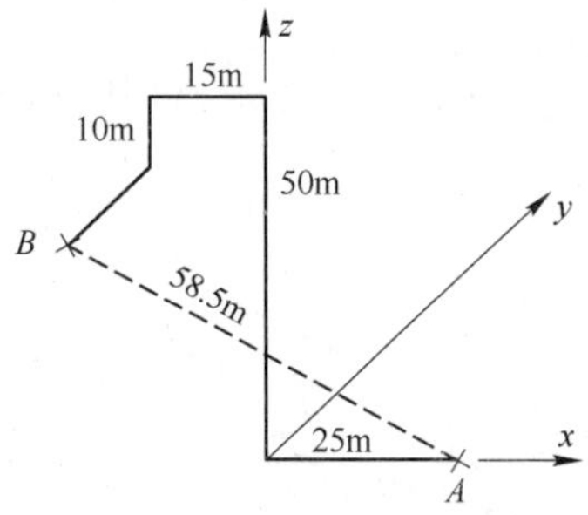

图 10－17 计算示例二

查表 10－17 得 $\alpha = 12.0 \times 10^{-6}$（℃$^{-1}$）。

假定 A 点可以自由移动，它在各方向的伸缩量为：

$$\Delta_x = -(15+25) \times 12 \times 10^{-6} \times 150 \times 10^2 = -7.2 \text{（cm）}$$

$$\Delta_y = -15 \times 12 \times 10^{-6} \times 150 \times 10^2 = -2.7 \text{（cm）}$$

$$\Delta_z = (50-10) \times 12 \times 10^{-6} \times 150 \times 10^2 = 6.7 \text{（cm）}$$

因 Δ_x、Δ_y 的方向与 x 轴、y 轴方向相同，均取负值；Δ_z 与 z 轴方向相反，取正值。代入式（10－15）得：

$$\Delta=\sqrt{(-7.2)^2+(-2.7)^2+(6.7)^2}=10.2\ (\text{cm})$$

再按式（10－14）算得：

$$\frac{40\times10.2}{(115-58.5)^2}=0.128\leqslant20.8$$

故此管系是安全的。

补偿计算的目的在于确定管道的热胀冷缩量，当采用自然补偿或人工补偿吸收后，管道本身自然弯曲所具有的弹力，来吸收管道的热变形。管道弹性弯曲应力小于表 10－19 之值，即表示补偿适当，管道能安全使用。

表 10－19 方形补偿器和自然补偿管段的许用弹性弯曲应力 （MPa）

名 称	碳素钢管			无缝钢管和不锈钢管
	水煤气输送管	卷焊管	螺焊管	
方形补偿器	90			110
自然补偿管段	80			110

注：自然补偿和方形补偿属于同一类补偿。

10.5 固定支架推力和间距

管系每隔适当距离要进行固定，否则作用于其上的各力和力矩将使管系产生较大位移。所以，除了活动支架外，还应适当设置固定支架。

10.5.1 固定支架的推力计算

固定支架承受的推力有轴向和侧向两种。轴向推力包括：自然补偿和方形补偿器的推力、活动支架的摩擦力、管道阀门或堵板上的气体静压力。侧向推力包括：由支管或弯管传来的弹性推力、管道横向位移产生的摩擦力。

10.5.1.1 活动支架的摩擦力的计算

活动支架的摩擦力 F_m（单位为 N）为：

$$F_m=Q\mu l \tag{10-16}$$

式中 Q——管道单位计算荷载，N/m，由表 10－14 查得；

l——两个支架之间的管道展开长度，m；

μ——摩擦系数，对滑动支架、导向支架取 0.3。

10.5.1.2 管道受热膨胀后的弹性力的计算

管道受热膨胀后的弹性力 F_k（单位为 N）为：

$$F_k = \delta A \quad (10-17)$$

$$\delta = E \cdot \Delta l / l \quad (10-18)$$

$$A = 0.7854(D^2 - d^2)$$

式中 F_k——管子热胀后对固定点的推力，N；

A——管道截面积，mm^2；

δ——管道轴向热应力，MPa；

E——管材的弹性模量，MPa，查表 10－20；

D——管子外径，mm；

d——管子内径，mm。

表 10－20 金属材料的弹性模量

材 料	在不同温度下的弹性模量/GPa						
	－196℃	－150℃	－100℃	－20℃	20℃	100℃	150℃
碳素钢（C≤0.3%）				194	192	191	189
碳素钢（C>0.3%）、碳锰钢				208	206	203	200
奥氏体不锈钢（至 Cr25Ni20）	210	207	205	199	195	191	187
铝及铝合金	76	75	73	71	69	66	63
紫铜	116	115	114	111	110	107	106

注：摘自《工业金属管道设计规范》GB 50316—2000（2008 年版）附录 B。

10.5.2 固定支架的间距

固定支架间距的确定，要考虑以下几个因素：

（1）管系的位移不能太大；

（2）补偿器不能做得过大；

（3）管系摩擦的影响。

各种补偿形式下固定支架的最大间距可按表 10－21 选取。

表 10－21 各种补偿形式下固定支架的最大间距 （m）

补偿形式	管道公称直径 DN													
	40	50	80	100	125	150	200	250	300	350	400	450	500	≥600
方形	60	60	80	80	90	100	120	120	120	140	160	160	180	200
自然补偿	按方形补偿器最大间距的 60%													

10.6 管道的减振

10.6.1 管道的振动及其影响

管道产生振动的原因有：管道内气流的脉动，压缩机及其基础的振动传给管道，配管不当引起的气流冲击等，其中主要是气流脉动所引起，故在活塞式压缩机前后管道经常发生振动。当振源的振动频率和管段的自振频率相同或接近时，就产生共振，在此情况下，管道的振幅越来越大。

管道的振动，特别是共振，常易造成管道法兰松动、焊缝接口处破裂、支架松动等事故。故对压缩机前后的管道设计时，应设法消除或减弱这种振动。

10.6.2 管道减振的方法

管道的减振首先以减弱振源的振动最为合理，例如，找好压缩机转子的动平衡，使其不平衡度降到最低；处理好压缩机、电机的基础的振动。其管道设计要点为：

（1）增大弯管的弯曲半径；

（2）减少三通的交角；

（3）改变管段的自振频率；

（4）增设缓冲（器）罐。

10.7 氧气站氮气供应

10.7.1 转炉密封用氮气

氧气顶吹转炉密封用氮是指炉顶氧枪插入口处和料仓密封用的氮气。

10.7.1.1 氧气顶吹转炉氧枪密封用氮气

氧气顶吹转炉氧枪密封，是指氮气通过环管的小孔，高速喷射至氧枪口四周，形成氮幕密封区，以阻止转炉煤气从氧枪口外逸的安全措施。氧枪密封结构的两种参考形式如图10－18所示。

A 氧枪氮封用氮压力

为达到良好的密封效果，除了合适的密封结构之外，环管小孔处喷氮速度也是重要因素。喷孔处氮气出口流速 v 主要决定于喷孔前后压力。其关系见下式：

$$v=\varphi\sqrt{2gK/(K-1)(10^6p_1/\rho_1)[1-(p_2/p_1)^{(K-1)/K}]} \quad (10-19)$$

$$\varphi=1/(1+\xi)^{1/2} \quad (10-20)$$

式中 v——喷孔处氮气出口流速，m/s；

φ——速度指数；

ξ——阻力指数（设定为0.5）；

K——绝热指数，氮气为1.4；

p_1——喷孔前氮气绝对压力，MPa；

p_2——喷孔后氮气压力，MPa；

ρ_1——喷孔前氮气密度，kg/m^3。

从实际使用情况来看，氮气环管处喷孔前氮气压力 p_1 为0.08～0.1MPa(G)，能够达到密封要求。假设阻力系数 ξ 为0.5，p_2 为大气压，p_1 取0.08MPa(G)，由式（10－19）、式（10－20）算出喷孔处氮气出口流速 v 约为230m/s。

B 氧枪氮封氮气用量

氧枪密封氮气用量决定于以下因素：密封环管喷孔的面积，氮气在喷孔出口的流速以及用氮制度等。

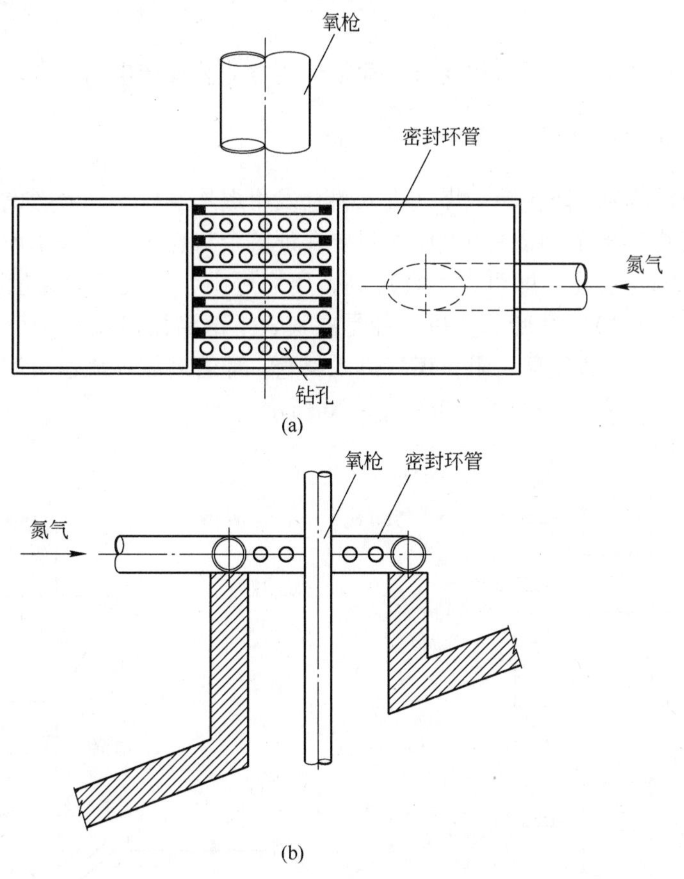

图 10－18 氧枪密封结构参考示意图
（a）多排钻孔；（b）单排钻孔

氧枪密封用氮制度分为常流和间歇两种。常流用氮是指密封环管连续不断地喷氮。间歇用氮则指当氧枪插入转炉吹氧之时才开始用氮，到氧枪停吹时即停止喷氮。

a 第一种用氮制度：常流用氮量

当环管结构尺寸已定的情况下，一台炉子环管的常流用氮量即最大用氮量 Q_m（单位为 m^3/h）可按下式计算：

$$Q_m = 3600Av \tag{10-21}$$

式中 A——环管喷孔总面积，m^2；

v——喷孔处氮气出口流速，m/s。

b 第二种用氮制度：间歇用氮量

一台炉子环管的间歇用氮量，即平均用氮量 Q_p（单位为 m^3/h）的计算公式为：

$$Q_p = Q_m \frac{t}{60} \tag{10-22}$$

式中 t——开始吹氮到停止吹氮时间，min。

对顶吹转炉炼钢车间来说，车间的小时最大用氮量及平均用氮量等于上述式（10－21）、式（10－22）中的 Q_m、Q_p 的值分别乘以车间经常吹炼的转炉数所得的乘积。如果车间有 3 台转炉同时工作，车间的小时最大用氮量及平均用氮量分别为 $3Q_m$ 及 $3Q_p$。

C　用氮纯度

氧枪密封用氮纯度没有严格的要求，通常使用空分装置产生的氮气。

10.7.1.2　转炉料仓密封

转炉料仓密封是为了防止转炉煤气进入料仓发生爆炸事故。目前考虑两种方法：一种是整个料仓充入氮气维持正压，用氮压力只要保证整个料仓压力略大于炉子出口处煤气压力（一般为1～2mm水柱）即可，不宜过高，压力过高，氮气的泄漏量随之增加，料仓充氮装置示意图如图10－19所示。另一种是在料仓下部溜槽口设置带小孔的环管，氮气以高速喷射至溜槽口形成氮幕，阻止煤气进入料仓，环管内氮气流速可取30m/s，可以满足要求，料仓溜槽氮封装置示意图如图10－20所示。

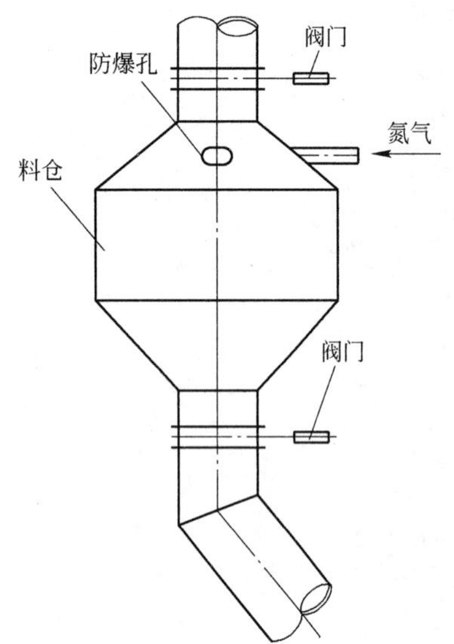

图10－19　料仓充氮装置示意图

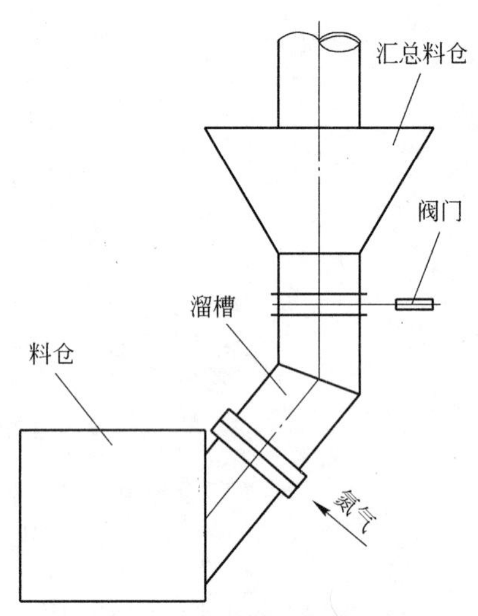

图10－20　料仓溜槽氮封装置示意图

氮气用量按照整体料仓充氮，小时最大及小时平均用氮量可参考采用流速30m/s。按照式（10－21）、式（10－22）及车间工作炉数计算。

用氮纯度及用氮制度与氧枪密封用氮要求相同。

10.7.1.3　转炉溅渣护炉用氮气

转炉溅渣护炉是用一定压力的氮气，把预留在转炉内的钢渣喷溅到转炉的炉衬上，对炉衬起到保护作用，以提高转炉的使用寿命。进入溅渣护炉氮气阀站的氮气压力一般不小于1.6MPa，由氧气站氮气调压间供应。氮气用量由炼钢专业提供。

某厂80t转炉溅渣护炉时遵守的规范是：氮气瞬时流量为14000～15000m^3/h，参考工作压力为0.85～0.9MPa，吹氮时间2～4min，严禁超过4min。

氧枪密封和料仓密封需要的氮气压力与转炉溅渣护炉需要的氮气压力是不相同的。需要在进入炼钢车间氮气总管上引出分支，在引出的分支管道上设置调压阀组进行压力调节，达到需要的压力要求。需要注意的是，在进入炼钢车间之前的氮气总管（包括氧气总管、氩气总管)上安装压力测量仪表和流量测量及计量装置,应向仪表专业委托设计条件。

10.7.2 高炉车间用氮气

高炉车间用氮气主要是高炉炉顶密封，在敷设管道时可以同炼钢车间其他氮气用户管道统一考虑。但其压力、流量须单独计量，并向仪表专业委托设计条件。

高炉车间的氮气供应，也可以由氧气站氮气调压间后的氮气管道上引出支管，在支管上安装调压阀组对氮气进行调节，达到高炉车间使用氮气的压力要求。

10.8 氧气站氩气供应

10.8.1 炼钢用氩

氧气站氩气供应是由空分装置提供的液氩经汽化后得到的。炼钢用氩压力通常在1.0MPa左右，这种情况下，空分装置提供的液氩，经液氩储槽—液氩泵—汽化器，把液氩汽化成3.0MPa的氩气，送入氩气球罐储存，再经过氩气调压阀组调压之后送到炼钢车间，调节阀后的压力一般设定在1.6MPa。

进入到炼钢车间的氩气，通过调压阀调节压力以满足各用户的要求。

10.8.2 充瓶用氩

充瓶用氩也是空分装置提供的液氩，经液氩储槽—液氩泵—汽化器，把液氩汽化成15.0MPa的氩气，送入充瓶间进行充瓶。

10.8.2.1 设计注意事项

设计时应注意以下几项：

（1）液氩泵选择两台，一台工作，一台备用。

（2）氩气充瓶时，要求对充瓶设施及用来盛装氩气的钢瓶在充气前进行处理。充瓶设施及钢瓶内壁的积锈、残余水汽及其他杂质都将使送来合格纯度的产品在这里被污染，以致降低产品纯度。这是氩气充瓶设施与氧气或氮气充瓶设施的主要不同点。

（3）选择合适的真空泵，通常选择2X型旋片式真空泵可以满足要求，2X型旋片式真空泵技术性能见表10－22。

表10－22 2X型旋片式真空泵技术性能

项　目	2X－4	2X－8	2X－10
抽气速率/L·s^{-1}	4	8	10
电机功率/kW	0.6	0.8	3
进气管径/mm	22	50	63

（4）配备适当的红外线烘烤器。烘烤器的数量与钢瓶处理用的钢瓶接头数量相等。

10.8.2.2 钢瓶头数计算

钢瓶抽真空时所用钢瓶接头数量 n 可用下式进行计算：

$$n = \frac{Q}{V} \cdot t \tag{10-23}$$

式中 Q——每小时充瓶氩气量（标态），m^3/h；

V——钢瓶充到终止压力下每瓶的气量（标态），m^3/瓶；

t——从钢瓶开始处理到处理完毕所需要的时间，h，一般需要4～6h。

计算示例：

每小时需要装瓶氩气量（标态）$60m^3$，钢瓶充压到15.0MPa下盛装$6m^3$，钢瓶处理时间为4h，求充装接头数量。

按式（10-23）计算：

$$n = \frac{Q}{V} \cdot t = \frac{60}{6} \times 4 = 40$$

10.9 氧气站内压力管道

10.9.1 压力管道分类

压力管道的类别分为四个大类九个级别。四个大类分别为长输管道（称为GA类管道）、公用管道（称为GB类管道）、工业管道（称为GC类管道）和动力管道（称为GD类管道）。

10.9.1.1 GA类（长输管道）

长输（油气）管道是指产地、储存库、使用单位之间的用于输送商品介质的管道，划分为GA1级和GA2级。

A GA1级

符合下列条件之一的长输管道为GA1级：

（1）输送有毒、可燃、易爆气体介质，最高工作压力大于4.0MPa的长输管道；

（2）输送有毒、可燃、易爆液体介质，最高工作压力不小于6.4MPa，并且输送距离（指产地、储存地、用户间用于输送商品介质管道的长度）不小于200km的长输管道。

B GA2级

GA1级以外的长输（油气）管道为GA2级。

10.9.1.2 GB类（公用管道）

公用管道是指城市或乡镇范围内的用于公用事业或民用的燃气管道和热力管道，划分为GB1级和GB2级。

A GB1级

城镇燃气管道为GB1级。

B GB2级

城镇热力管道为GB2级。

10.9.1.3 GC类（工业管道）

工业管道是指企业、事业单位所属的用于输送工艺介质的工艺管道、公用工程管道及其他辅助管道，划分为 GC1 级、GC2 级、GC3 级。

A GC1 级

符合下列条件之一的工业管道为 GC1 级：

（1）输送《职业接触毒物危害程度分级》（GB 5044—85）中规定的毒性程度为极度危害介质、高度危害气体介质和工作温度高于标准沸点的高度危害液体介质的管道；

（2）输送《石油化工企业设计防火规范》（GB 50160—2008）及《建筑设计防火规范》（GB 50016—2006）中规定的火灾危险性为甲、乙类可燃气体或甲类可燃液体（包括液化烃），并且设计压力不小于 4.0MPa 的管道；

（3）输送液体介质并且设计压力不小于 10.0MPa，或者设计压力不小于 4.0MPa，并且设计温度不小于 400℃的管道。

B GC2 级

除规定属于 GC3 级管道外，介质毒性危害程度、火灾危险性（可燃性）、设计压力和设计温度小于属于 GC1 级管道范畴的管道为 GC2 级管道。

C GC3 级

GC3 级管道是输送无毒、非可燃流体介质，设计压力不大于 1.0MPa，并且设计温度大于 -20℃但小于 180℃的管道。

10.9.1.4 GD 类（动力管道）

火力发电厂用于输送蒸汽、汽水两相介质的管道，划分为 GD1 级、GD2 级。

A GD1 级

设计压力不小于 6.3MPa，或者设计温度不小于 400℃的管道为 GD1 级管道。

B GD2 级

设计压力不大于 6.3MPa，且设计温度小于 400℃的管道为 GD2 级管道。

10.9.2 氧气站内压力管道分析

以氧气和氮气压缩机均采用活塞式的 KDON -8000/8000 空分装置外压缩流程为例进行分析，氧气站内压力管道应属于 GC 类工业管道的范围。各种压力管道分布在空气压缩系统、氧气压缩系统、氮气压缩系统、增压透平膨胀机系统、分馏系统、球罐储存与调压间、气体充瓶间。

本节所述压力管道未包括机器之间相互连接的管道。

10.9.2.1 空气压缩系统

空气压缩系统管道包括：

（1）空气压缩机出口到空气冷却塔之间的管道；

（2）空气压缩机出口到空气放散消声器（包括旁通管）之间的管道；

（3）空气冷却塔到分馏塔之间（包括各支管）的管道。

10.9.2.2 氧气压缩系统（活塞式氧气压缩机）

氧气压缩系统管道包括：

（1）氧气压缩机出口到氧气球罐、球罐至调压间之间的管道；
（2）氧气压缩机一级安全阀到放散总管之间的管道；
（3）氧气压缩机二级安全阀到放散总管之间的管道；
（4）氧气压缩机三级安全阀到放散总管之间的管道；
（5）氧气压缩机出口放散管到放散总管之间的管道；
（6）氧气压缩机进出口管道的旁通管；
（7）氧气压缩机进口总管与出口总管（包括旁通）之间的管道。

10.9.2.3 氮气压缩系统（活塞式氮气压缩机）

氮气压缩系统管道包括：
（1）氮气压缩机出口到氮气球罐、球罐至调压间之间的管道；
（2）氮气压缩机一级安全阀到放散总管之间的管道；
（3）氮气压缩机二级安全阀到放散总管之间的管道；
（4）氮气压缩机三级安全阀到放散总管之间的管道；
（5）氮气压缩机出口放散管到放散总管之间的管道；
（6）氮气压缩机进出口管道的旁通管；
（7）氮气压缩机进口总管与出口总管（包括旁通）之间的管道。

10.9.2.4 增压透平膨胀机系统

增压透平膨胀机系统管道包括：
（1）从进分馏塔前空气总管上引出的支管到增压机入口之间的管道；
（2）增压机出口到增压机后冷却器进口之间的空气管道；
（3）增压机进口到增压机后冷却器出口之间的空气管道；
（4）增压机后冷却器出口的空气管道。

10.9.2.5 分馏系统

分馏系统管道包括：
（1）从分馏塔冷箱平台上的空气总管引出的各支进入冷箱接口端的空气管道；
（2）增压机后冷却器空气总管到分馏塔冷箱的空气管道。

10.9.2.6 调压间

调压间管道包括：
（1）氧气调压间之间的管道；
（2）氮气调压间之间的管道；
（3）氩气调节装置之间的管道；
（4）从液体汽化器到气体储罐之间的管道。

由于氧气压缩机、氮气压缩机、液氩汽化器的出口压力多为3.0MPa（A），确定压力管道、管件的公称压力不能小于4.0MPa。此系统除设备制造厂提供阀门之外，工程设计选用的阀门时，氧气管道上的阀门应为氧气专用截止阀、氧气专用止回阀。氮气和氩气管道上的阀门应为不锈钢截止阀、不锈钢止回阀。

除此之外，有的用户在纯化系统设有蒸汽加热器，其蒸汽管道属于压力管道等。

10.9.2.7 气体充瓶间

不论是用气体压缩机还是采用液体汽化器的方式将气体输送到充装台的管道，其管道压力为15.0MPa，属于工业管道的GC1级压力管道。确定管道、管件的公称压力不能小于16.0MPa。

10.9.3 压力管道材料等级及管道数据表

施工图中应对各单元压力管道的特性进行汇总，并填写管道材料等级表和管道数据表，管道材料等级表填写内容见表10－23。管道数据表填写内容见表10－24。

表10－23 管道材料等级表

（一）管子及管件

<table>
<tr><td>公称压力/MPa</td><td colspan="2"></td><td>介质</td><td colspan="5"></td><td>管道等级</td><td></td></tr>
<tr><td rowspan="2">设计温度/设计温度范围/℃</td><td rowspan="2"></td><td rowspan="2">工艺介质</td><td>压力/MPa</td><td></td><td></td><td></td><td></td><td></td><td>版次</td><td></td></tr>
<tr><td>温度/℃</td><td></td><td></td><td></td><td></td><td></td><td>特殊要求</td><td></td></tr>
<tr><td>支管连接表</td><td></td><td colspan="4">编制：　　　　日期：</td><td colspan="5">审核：　　　　日期：</td></tr>
<tr><td>腐蚀裕度/mm</td><td></td><td colspan="4">校核：　　　　日期：</td><td colspan="5">审定：　　　　日期：</td></tr>
<tr><td>名称</td><td>公称直接</td><td colspan="2">材料</td><td>制造①</td><td>端面</td><td>壁厚/mm</td><td colspan="2">标注标准号</td><td>备注</td><td>版次</td></tr>
<tr><td></td><td></td><td></td><td></td><td></td><td></td><td></td><td></td><td></td><td></td><td></td></tr>
<tr><td></td><td></td><td></td><td></td><td></td><td></td><td></td><td></td><td></td><td></td><td></td></tr>
</table>

① 制造栏填写制造方法，包括无缝、对焊、锻制。

（二）管道连接件

名称	公称直径	材料	等级	形式及端面	壁厚	标准号	备注	版次

（三）阀门

名称	公称直径	材料	阀芯	压力等级	端部	形式	阀号	标准号	备注

表10－24 管道数据表

<table>
<tr><td rowspan="2">管线号</td><td rowspan="2">公称直径</td><td rowspan="2">管道等级</td><td colspan="2">介质</td><td colspan="2">起止点</td><td colspan="2">设计参数</td></tr>
<tr><td>名称</td><td>状态</td><td>起点</td><td>终点</td><td>温度/℃</td><td>压力/MPa</td></tr>
<tr><td></td><td></td><td></td><td></td><td></td><td></td><td></td><td></td><td></td></tr>
<tr><td></td><td></td><td></td><td></td><td></td><td></td><td></td><td></td><td></td></tr>
</table>

续表 10－24

工作参数				内外防护				试验压力	清洗介质	流程图尾号	管道类别
温度/℃		压力/MPa		代号	隔热材料	隔热厚度/mm	内外防护				
正常	最大	正常	最大								

10.9.4 常用公称压力等级与管道材质类别代号

根据《化工工艺设计施工图内容和深度统一规定》（HG/T 20519.6—2009）的要求，常用公称压力等级代号见表 10－25。管道材质类别代号见表 10－26。

表 10－25 常用公称压力等级代号

公称压力/MPa	0.25	0.6	1.0	1.6	2.5	4.0	6.4	10.0	16.0
代号	H	K	L	M	N	P	Q	R	S

表 10－26 管道材质类别代号

管道材质	铸铁	碳钢	普通低合金钢	合金钢	不锈钢	有色金属	非金属	衬里及内防腐
代号	A	B	C	D	E	F	G	H

11　管子、管件与阀门

钢铁企业氧气站工艺设计与生产维护过程中都离不开管道与管件，常用的管道有无缝钢管、焊接钢管、铝管和铜管。无缝钢管又有碳素钢无缝钢管和不锈钢无缝钢管。焊接钢管也有一般焊接钢管和不锈钢焊接管。管件包括弯头、异径管、三通与四通、法兰与法兰盖等。

氧气站气路系统常用的阀门有截止阀、止回阀、仪表调节阀及安全阀等。水路系统常用的阀门有截止阀、闸阀和蝶阀。

11.1　常用管件代号

常用《钢制对焊无缝管件》（GB/T 12459—2005）和常用《钢板制对焊管件》（GB/T 13401—2005）的代号见表 11－1。

表 11－1　常用管件代号

管件名称	品　种	类　别	代　号
《钢制对焊无缝管件》（GB/T 12459—2005）《钢板制对焊管件》（GB/T 13401—2005）	45°弯头	长半径	45E（L）
	90°弯头	长半径	90E（L）
		短半径	90E（S）
		长半径异径	90E（L）R
	异径接头（大小头）	同心	R（C）
		偏心	R（E）
	三通	等径	T（S）
		异径	T（R）
	四通	等径	CR（S）
		异径	CR（R）
《钢制对焊无缝管件》（GB/T 12459—2005）	180°弯头	长半径	180E（L）
		短半径	180E（S）

11.2　米制单位与英制单位对照

米制单位（DN）与英制单位（NPS）的对照见表 11－2。

表 11－2　米制单位（DN）与英制单位（NPS）对照

DN	15	20	25	32	40	50	65	80	100
NPS	$\frac{1}{2}$	$\frac{3}{4}$	1	$1\frac{1}{4}$	$1\frac{1}{2}$	2	$2\frac{1}{2}$	3	4
DN	125	150	200	250	300	350	400	450	
NPS	5	6	8	10	12	14	16	18	

注：当 NPS＞4 时，DN＝25NPS。

11.3 常用无缝钢管及管件

常用无缝钢管的主要参数摘自《无缝钢管尺寸、外形、重量及允许偏差》(GB/T 17395—2008)，见表11-3。其他参数参见《输送流体用无缝钢管》(GB/T 8163—2008)。

表11-3 常用无缝钢管主要参数

外径/mm	壁厚/mm													
	2.5	3.0	3.5	4.0	4.5	5.0	5.5	6.0	6.5	7.0	8.0	9.0	10	11
	单位长度理论质量/kg·m⁻¹													
32	1.82	2.15	2.46	2.76	3.05	3.33	3.59	3.85	4.09	4.32	4.74			
38	2.19	2.59	2.98	3.35	3.72	4.07	4.41	4.74	5.05	5.35	5.92			
45	2.62	3.11	3.58	4.04	4.49	4.93	5.36	5.77	6.17	6.56	7.30	7.99	8.63	
57		4.00	4.62	5.23	5.83	6.41	6.99	7.55	8.10	8.63	9.67	10.65	11.59	12.48
76		5.40	6.26	7.10	7.93	8.75	9.56	10.36	11.14	11.91	13.42	14.87	16.28	17.63
89			7.38	8.38	9.38	10.36	11.33	12.28	13.22	14.16	15.98	17.76	19.48	21.16
108				10.26	11.49	12.70	13.90	15.09	16.27	17.44	19.73	21.97	24.17	26.31
133				12.73	14.26	17.78	17.29	18.79	20.28	21.75	24.66	27.52	30.33	33.10
159					17.15	18.99	20.82	22.64	24.45	26.24	29.79	33.29	36.75	40.15
219								31.52	34.06	36.60	41.63	46.61	51.54	56.43
273									42.64	45.92	52.28	58.60	64.86	71.07
325											62.54	70.14	77.68	85.18
377												81.68	90.51	99.29
426												92.55	102.59	112.58
450												97.87	108.50	110.08
480												104.52	115.90	127.22

11.3.1 常用不锈钢无缝钢管

常用不锈钢无缝钢管按照《流体输送用不锈钢无缝钢管》(GB/T 14976—2002) 引用的文件，其规格摘自《无缝钢管尺寸、外形、重量及允许偏差》(GB/T 17395—2008)，见表11-4。

表11-4 常用不锈钢无缝钢管规格

外径/mm	壁厚/mm															
	2.0	2.5	3.0	3.5	4.0	4.5	5.0	5.5	6.0	6.5	7.0	7.5	8.0	8.5	9	9.5
25	◎	◎	◎	◎	◎	◎	◎	◎	◎							
32	◎	◎	◎	◎	◎	◎	◎	◎	◎	◎						
38	◎	◎	◎	◎	◎	◎	◎	◎	◎	◎						
45	◎	◎	◎	◎	◎	◎	◎	◎	◎	◎	◎	◎	◎	◎		
57	◎	◎	◎	◎	◎	◎	◎	◎	◎	◎	◎	◎	◎	◎	◎	◎
76	◎	◎	◎	◎	◎	◎	◎	◎	◎	◎	◎	◎	◎	◎	◎	◎

续表 11－4

外径 /mm	壁厚/mm															
	2.0	2.5	3.0	3.5	4.0	4.5	5.0	5.5	6.0	6.5	7.0	7.5	8.0	8.5	9	9.5
89	◎	◎	◎	◎	◎	◎	◎	◎	◎	◎	◎	◎	◎	◎	◎	◎
108	◎	◎	◎	◎	◎	◎	◎	◎	◎	◎	◎	◎	◎	◎	◎	◎
133	◎	◎	◎	◎	◎	◎	◎	◎	◎	◎	◎	◎	◎	◎	◎	◎
159	◎	◎	◎	◎	◎	◎	◎	◎	◎	◎	◎	◎	◎	◎	◎	◎
219	◎	◎	◎	◎	◎	◎	◎	◎	◎	◎	◎	◎	◎	◎	◎	◎
273	◎	◎	◎	◎	◎	◎	◎	◎	◎	◎	◎	◎	◎	◎	◎	◎
325		◎	◎	◎	◎	◎	◎	◎	◎	◎	◎	◎	◎	◎	◎	◎
377		◎	◎	◎	◎	◎	◎	◎	◎	◎	◎	◎	◎	◎	◎	◎
426				◎	◎	◎	◎	◎	◎	◎	◎	◎	◎	◎	◎	◎

注：壁厚小于 2.0mm、大于 9.5mm 的管子规格见 GB/T 17395—2008。

不锈钢管每米理论质量可按下式计算：

$$W=\frac{\pi}{1000}\rho S(D-S) \tag{11-1}$$

式中　W——钢管的理论质量，kg/m；

ρ——钢的密度，kg/dm^3，见表 11－5；

D——钢管的公称外径，mm；

S——钢管的公称壁厚，mm。

表 11－5　各种牌号不锈钢的密度

牌　号	密度/kg·dm^{-3}	计算公式
0Cr18Ni9，00Cr19Ni10	7.93	$W=0.02491S(D-S)$
0Cr25Ni20，0Cr17Ni12Mo2，00Cr17Ni14Mo2，0Cr18Ni11Nb	7.98	$W=0.02507S(D-S)$

11.3.2　钢制对焊无缝弯头

常用钢制对焊无缝弯头有：45°长半径弯头 45E(L)、90°长半径弯头 90E(L)、90°短半径弯头 90E(S)、90°长半径异径弯头 90E(L)R、180°长半径弯头 180E(L)，如图 11－1～图 11－5 所示。这些弯头的主要技术参数摘自《钢制对焊无缝管件》(GB/T 12459—

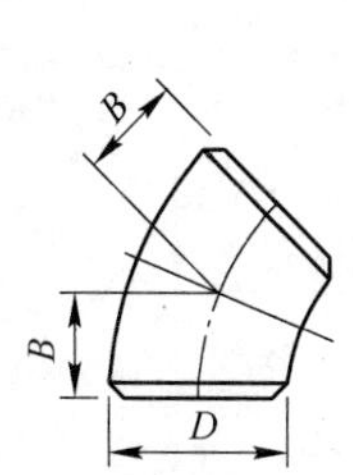

图 11－1　45°长半径弯头 45E（L）

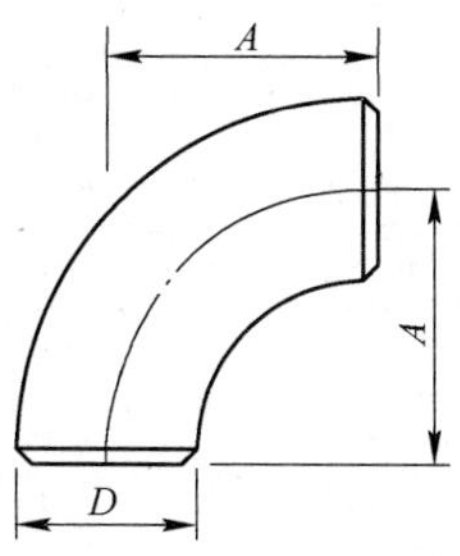

图 11－2　90°长半径弯头 90E（L）

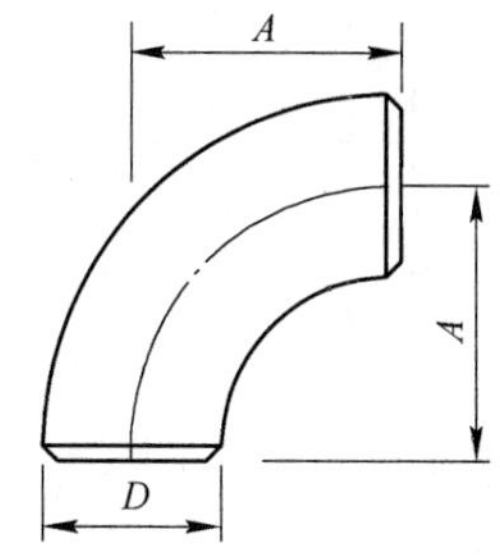

图 11－3　90°短半径弯头 90E（S）

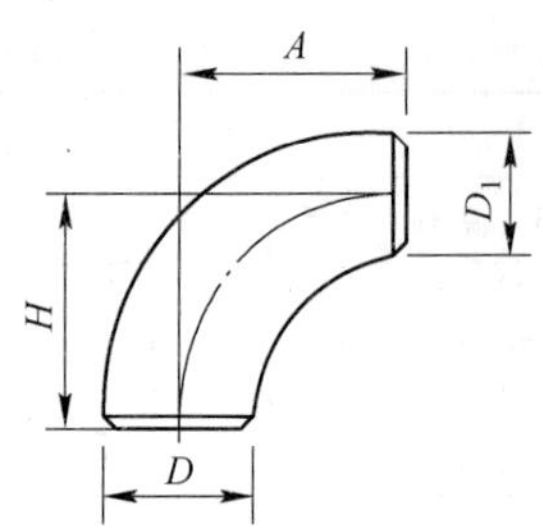

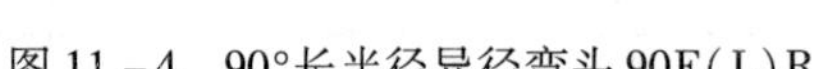

图 11－4 90°长半径异径弯头 90E(L)R

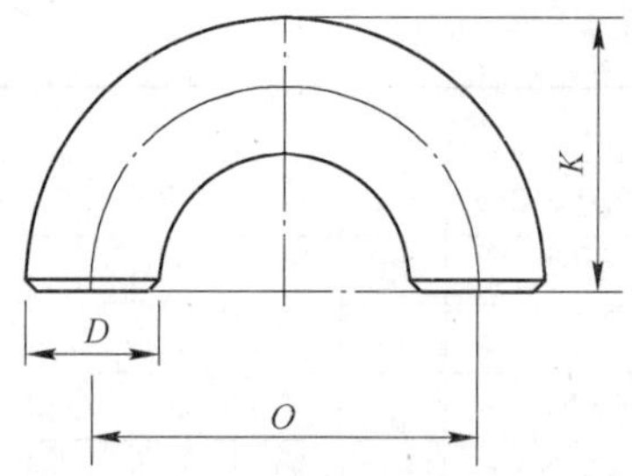

图 11－5 180°长半径弯头 180E(L)

2005)，见表 11－6。在表 11－6 中只列出了 DN25～DN800（Ⅱ系列）管径弯头的主要技术参数，DN25～DN800（Ⅰ系列）管径弯头的主要技术参数摘自《钢制对焊无缝管件》(GB/T 12459—2005)。

表 11－6 钢制对焊无缝弯头主要参数 (mm)

公称尺寸 DN 弯头（异径弯头）	管件外径 D Ⅱ系列	结构尺寸					
		90°长半径弯头 90E(L)	45°长半径弯头 45E(L)	90°短半径弯头 90E(S)	180°长半径弯头 180E(L)		长半径异径弯头 90E(L)R
		A	B	A	D	K	H
15	18	38	16		75	47	
20	25	38	19		75	51	
25 (50×25)	32	38	22	25	76	54	76
32 (50×32)	38	48	25	32	95	67	76
40 (50×40)	45	57	29	38	114	80	76
50 (65×50)	57	76	35	51	152	105	95
65 (80×65)	76	95	44	64	190	133	114
80 (100×80)	89	114	51	76	229	159	152
100 (125×100)	108	152	64	102	305	206	190
125 (150×125)	133	190	79	127	381	257	229
150 (200×150)	159	229	95	152	457	308	305
200 (250×200)	219	305	127	203	610	414	381
250 (300×250)	273	381	159	254	762	518	457
300 (400×300)	325	457	190	305	914	620	610
350 (450×350)	377	533	222	356	1067	722	686
400 (500×400)	426	610	254	406	1219	823	762
450 (500×450)	480	686	286	457	1372	925	762
500 (600×500)	530	762	318	508	1524	1026	914
600 (600×550)	630	914	381	610	1829	1229	914
700	720	1067	438				
800	820	1219	502				

注：其他规格见 GB/T 12459—2005。

11.3.3 异径管

异径管有同心异径管 R(C) 和偏心异径管 R(E)，如图 11－6 所示。其外形尺寸摘自《钢制对焊无缝管件》（GB/T 12459—2005），主要技术参数见表 11－7。

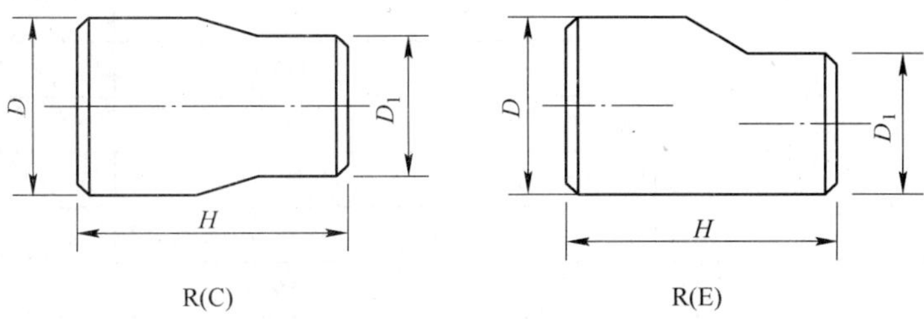

图 11－6 同心异径管 R(C) 与偏心异径管 R(E)

表 11－7 异径管主要参数 (mm)

公称直径 DN	大端外径 D	小端外径 D_1	端面至端面距离 H
25×20	32	25	51
25×15	32	18	51
32×25	38	32	51
32×20	38	25	51
40×32	45	38	64
40×25	45	32	64
40×20	45	25	64
50×40	57	45	76
50×32	57	38	76
50×25	57	32	76
50×20	57	25	76
65×50	78	57	89
65×40	76	45	89
65×32	76	38	89
65×25	76	32	89
80×65	89	76	89
80×50	89	57	89
80×40	89	45	89
80×32	89	38	98
100×80	108	89	102
100×65	108	76	102
100×50	108	57	102
100×40	108	45	102
125×100	133	108	127

续表 11－7

公称直径 DN	大端外径 D	小端外径 D_1	端面至端面距离 H
125×80	133	89	127
125×65	133	76	127
125×50	133	57	127
150×125	159	133	140
150×100	159	108	140
150×80	159	89	140
150×65	159	76	140
200×150	219	159	152
200×125	219	133	152
200×100	219	108	152
250×200	273	219	178
250×150	273	159	178
250×125	273	133	178
250×100	273	108	178
300×250	325	273	203
300×200	325	219	203
300×150	325	159	203
300×125	325	133	203
350×300	377	325	330
350×250	377	273	330
350×200	377	219	330
350×150	377	159	330
400×250	426	273	356
400×200	426	219	356
450×400	480	426	381
450×350	480	377	381
450×300	480	325	381
450×250	480	273	381
500×450	530	480	508
500×400	530	480	508
500×350	530	480	508
500×300	530	480	508
600×500	630	530	508
600×450	630	480	508
600×400	630	426	508
700×600	720	630	610

续表 11 -7

公称直径 DN	大端外径 D	小端外径 D_1	端面至端面距离 H
700 ×500	720	530	610
800 ×700	820	720	610
800 ×600	820	630	610

注：其他规格见 GB/T 12459—2005。

11.3.4 等径三通和四通、异径三通和四通

等径三通 T(S) 和四通 CR(S)、异径三通 T(R) 和四通 CR(R) 分别如图 11 -7 和图 11 -8 所示，外形尺寸摘自《钢制对焊无缝管件》（GB/T 12459—2005），其主要技术参数见表 11 -8。

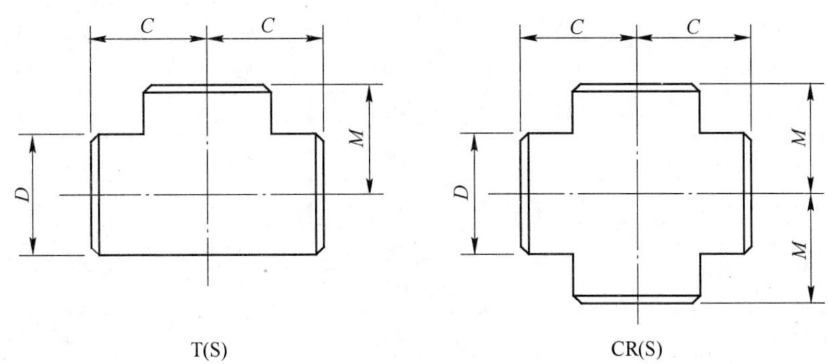

图 11 -7 等径三通 T(S) 和四通 CR(S)

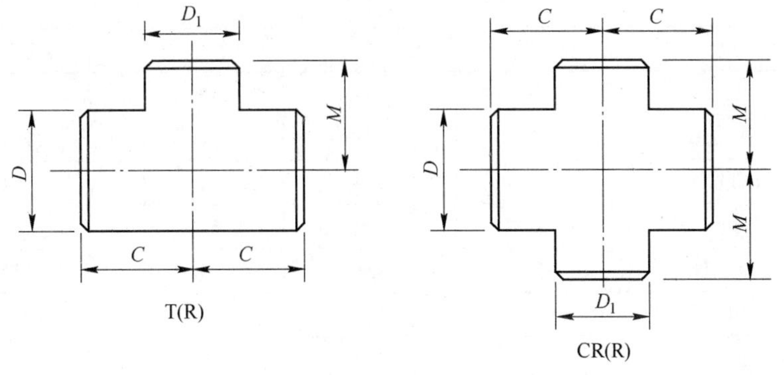

图 11 -8 异径三通 T(R) 和四通 CR(R)

表 11 -8 等径三通和四通、异径三通和四通主要参数 (mm)

公称尺寸 DN（等径）异径	坡口处外径		中心至端面距离	
	管程 D	出口 D_1	管程 C	出口 M（等径）异径
(32) 32 ×32 ×25	38	32	48	48
(40) 40 ×40 ×32	45	38	57	57

续表 11－8

公称尺寸 DN（等径）异径	坡口处外径		中心至端面距离	
	管程 D	出口 D_1	管程 C	出口 M（等径）异径
40×40×25	45	32	57	57
（50）50×50×40	57	45	64	（64）60
50×50×32	57	38	64	57
（65）65×65×50	76	57	76	（76）70
65×65×40	76	45	76	67
（80）80×80×65	89	76	86	（86）83
80×80×50	89	57	86	76
（100）100×100×80	108	89	105	（105）98
100×100×65	108	76	105	95
100×100×50	108	57	105	89
（125）125×125×100	133	108	124	（124）117
125×125×80	133	89	124	111
125×125×65	133	76	124	108
（150）150×150×125	159	133	143	（143）137
150×150×100	159	108	143	130
150×150×80	159	89	143	124
（200）200×200×150	219	159	178	（178）168
200×200×125	219	133	178	162
200×200×100	219	108	178	156
（250）250×250×200	273	219	216	（216）203
250×250×150	273	159	216	194
250×250×125	273	133	216	191
（300）300×300×250	325	273	254	（254）241
300×300×200	325	219	254	229
300×300×150	325	159	254	219
（350）350×350×300	377	325	279	（279）270
350×350×250	377	273	279	257
350×350×200	377	219	279	248
（400）400×400×350	426	377	305	305
400×400×300	426	325	305	295
400×400×250	426	273	305	283
（450）450×450×400	480	426	343	（343）330
450×450×350	480	377	343	330
450×450×300	480	325	343	321
（500）500×500×450	530	480	381	（381）368

续表 11 - 8

公称尺寸 DN （等径）异径	坡口处外径		中心至端面距离	
	管程 D	出口 D_1	管程 C	出口 M（等径）异径
500 × 500 × 400	530	426	381	356
500 × 500 × 350	530	377	381	356
(600) 600 × 600 × 500	630	530	432	432
600 × 600 × 450	630	480	432	419
600 × 600 × 400	630	426	432	402
(700) 700 × 700 × 600	720	630	521	(521) 508
700 × 700 × 500	720	530	521	483
(800)	820		597	(597)

注：1. DN350 及其以上的三通或四通的 M 值为推荐尺寸，并不要求一定采用；

2. 其他规格见 GB/T 12459—2005。

11.4　常用焊接钢管及管件

常用焊接钢管的主要技术参数摘自《低压流体输送用焊接钢管》（GB/T 3091—2008），见表 11 - 9。

表 11 - 9　常用焊接钢管主要参数

公称直径 DN（NPS）	外径 /mm	普通钢管		加厚钢管	
		壁厚/mm	单位长度理论质量/kg · m^{-1}	壁厚/mm	单位长度理论质量/kg · m^{-1}
$15\left(\frac{1}{2}\right)$	21.3	2.8	1.28	3.5	1.54
$20\left(\frac{3}{4}\right)$	26.9	2.8	1.66	3.5	2.02
25 (1)	33.7	3.2	2.41	4.0	2.93
$32\left(1\frac{1}{4}\right)$	42.4	3.5	3.36	4.0	3.79
$40\left(1\frac{1}{2}\right)$	48.3	3.5	3.87	4.5	4.86
50 (2)	60.3	3.8	5.29	4.5	6.19
$65\left(2\frac{1}{2}\right)$	76.1	4.0	7.11	4.5	7.95
80 (3)	88.9	4.0	8.38	5.0	10.35
100 (4)	114.3	4.0	10.88	5.0	13.48
125 (5)	139.7	4.0	13.39	5.5	18.20
150 (6)	168.3	4.5	18.18	6.0	24.02

注：采用镀锌焊接钢管时，其理论重量应增加 3% ~6%。

11.4.1　直缝电焊钢管

直缝电焊钢管的主要参数摘自《直缝电焊钢管》（GB/T 13793—1992），见表 11 - 10。

表 11－10 直缝电焊钢管主要参数

外径/mm	壁厚/mm												
	2.0	2.5	3.0	3.5	4.0	4.5	5.0	6.0	7.0	8.0	9.0	10.0	11.0
	单位长度理论质量/kg · m⁻¹												
25	1.134	1.387											
32	1.480	1.819	2.145										
38	1.766	2.189	2.589	2.978									
45	2.12	2.62	3.11	3.58									
76	3.65	4.53	5.46	6.26									
89	4.29	5.33	6.36	7.38	8.38								
108			7.77	9.02	10.26	11.49	12.70						
133				11.18	12.72	14.26	15.78	18.79					
159					15.3	17.1	10.0	22.6	26.2				
273							33.0	39.5	45.9	52.3	58.6	64.9	71.1
325								47.2	54.9	62.5	70.1	77.7	85.2
377								54.9	63.9	72.8	81.7	90.5	99.3
426								62.1	72.3	82.5	92.5	102.6	112.6
480								70.1	81.6	93.1	104.5	115.9	127.2
508								74.3	86.5	98.6	110.7	122.8	134.8

11.4.2 大直径焊接钢管

大直径焊接钢管用于输送低压流体。常用的大直径钢板卷焊直缝钢管规格列于表11－11。大直径电焊钢管的主要参数摘自（GB/T 3091—2008），见表11－12。

表 11－11 常用的大直径钢板卷焊直缝钢管规格

公称尺寸 DN	200		250		300		350		400		450	
外径/mm	219		273		325		377		426		480	
壁厚/mm	6	8	6	8	6	8	6	8	6	8	6	8
单位长度质量/kg · m⁻¹	31.52	41.63	39.51	52.28	47.20	62.54	54.89	72.80	62.14	82.46	70.10	93.10
公称尺寸 DN	500			600			700			800		
外径/mm	530			630			720			820		
壁厚/mm	6	8	10	6	8	10	6	8	10	6	8	10
单位长度质量/kg · m⁻¹	77.53	102.98	128.23	92.33	122.71	152.89	105.64	140.46	175.09	120.44	160.19	239.12

续表 11－11

公称尺寸 DN	900			1100			1200			1300		
外径/mm	920			1020			1220			1320		
壁厚/mm	8	10	12	8	10	12	8	10	12	8	10	12
单位长度质量 /kg·m^{-1}	179.92	224.41	268.70	199.65	249.07	298.28	239.10	298.39	357.47	258.83	323.05	387.06
公称尺寸 DN	1400			1500			1600			1800		
外径/mm	1420			1520			1620			1820		
壁厚/mm	8	10	12	8	10	12	10	12	14	10	12	14
单位长度质量 /kg·m^{-1}	278.56	347.71	416.66	298.29	372.37	446.25	397.03	475.84	554.45	446.30	535.00	623.50

表 11－12 低压流体输送用大直径电焊钢管主要参数

外径 /mm	壁厚/mm												
	4.0	4.5	5.0	5.5	6.0	6.5	7.0	8.0	9.0	10.0	11.0	12.5	13
	单位长度理论质量/kg·m^{-1}												
219.1	21.22	23.82	26.40	28.97	31.53	34.08	36.61	41.65	46.63	51.57			
273.0			33.05	36.28	39.51	42.72	45.92	52.28	58.60	64.86			
323.9			39.32	43.19	47.04	50.88	54.71	62.32	69.89	77.41	84.88	95.99	
355.6				47.49	51.73	55.96	60.18	68.54	76.93	85.23	93.48	105.77	
406.4				54.38	59.25	64.10	68.95	78.60	88.20	97.76	107.26	121.43	
457.2				61.27	66.76	72.25	77.72	88.62	99.48	110.29	121.04	137.09	
508				68.16	74.28	80.39	95.29	98.65	110.75	122.81	134.82	152.75	
559				75.08	81.83	88.57	108.71	108.71	122.07	135.39	148.66	168.47	
610				81.99	89.37	96.74	104.10	118.77	133.39	147.97	162.49	184.19	
711					104.32	112.93	121.53	138.70	155.81	172.88	172.88		207.43
813					111.86	129.28	139.14	158.82	178.45	198.03	198.03		256.48
914					119.41	145.47	156.58	178.75	200.87	222.94	222.94		288.86
1016					149.45	161.82	174.18	198.87	223.51	248.09	248.09		321.56
1219					179.49	194.36	209.32	238.92	268.56	298.16	298.16		386.64
1422					209.52	226.90	244.27	278.97	313.62	348.22	348.22		451.72
1626					239.71	259.21	279.49	319.22	358.90	398.53	398.53		517.13

11.4.3 螺旋缝焊接钢管

螺旋缝焊接钢管同大直径焊接钢管一样均用于输送低压流体，如空气压缩机进口管道，制氧车间的给排水管道等。

螺旋缝焊接钢管的主要参数摘自《低压流体输送管道用螺旋缝埋弧焊接钢管》（SY/T 5037—2000），见表 11－13。

某钢管厂生产的螺旋缝电焊钢管的规格列于表 11－14。

表 11－13 螺旋缝埋弧焊接钢管主要参数

外径/mm	壁厚/mm												
	5	5.4	5.6	6	6.3	7.1	8	8.8	10	11	12.5	14.2	16
	单位长度理论质量/kg·m⁻¹												
273.0	33.05	35.64	36.93	39.51	41.44	46.56	52.28	57.34	64.86				
323.9	39.32	42.42	43.96	47.04	49.34	55.47	62.32	68.38	77.41				
355.6	43.23	46.64	48.34	51.73	54.27	61.02	68.58	75.26	85.23				
406.4	49.50	53.40	55.35	59.25	62.16	69.92	78.60	86.29	97.76	107.26			
457	55.73	60.14	62.34	66.73	70.02	78.78	88.58	97.27	110.24	120.99	137.03		
508			69.38	74.28	77.95	87.71	98.65	108.34	122.81	134.82	152.75		
559			76.43	81.83	85.87	96.64	108.71	119.41	135.39	148.66	168.47		
610				89.37	93.80	105.57	118.77	130.47	147.97	162.49	184.19		
711					109.49	123.25	138.70	152.39	172.88	189.89	215.33	244.01	
813					125.33	141.11	158.82	174.53	198.03	217.56	246.77	279.73	
914							178.75	196.45	222.94	244.96	277.90	315.10	354.34
1016							198.87	218.58	248.09	272.63	309.35	350.82	394.58

表 11－14 某钢管厂生产的螺旋缝电焊钢管规格

公称直径 DN	外径 *D*/mm	壁厚/mm			
		6	7	8	9
		单位长度质量/kg·m⁻¹			
200	219	31.52	36.60	41.63	
250	273	39.51	45.92	52.54	
300	325	47.20	51.89	62.54	
350	377	54.89	73.87	72.80	
400	426	62.14	72.25	82.46	
450	478	69.84	81.30	92.72	
500	529	77.38	90.11	102.78	
600	630	92.33	107.54	122.71	
700	720	105.64	123.08	140.46	157.80

11.4.4 钢板制对焊弯头

常用钢板制对焊弯头中有：45°长半径弯头 45E(L)、90°长半径弯头 90E(L)、90°短半径弯头 90E(S)，分别如图 11－9～图 11－11 所示。各种规格弯头的主要技术参数摘自《钢板制对焊管件》(GB/T 13401—2005)，见表 11－15。

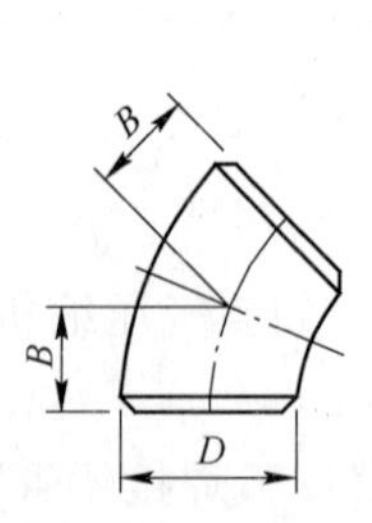

图 11－9 45°长半径弯头 45E(L)

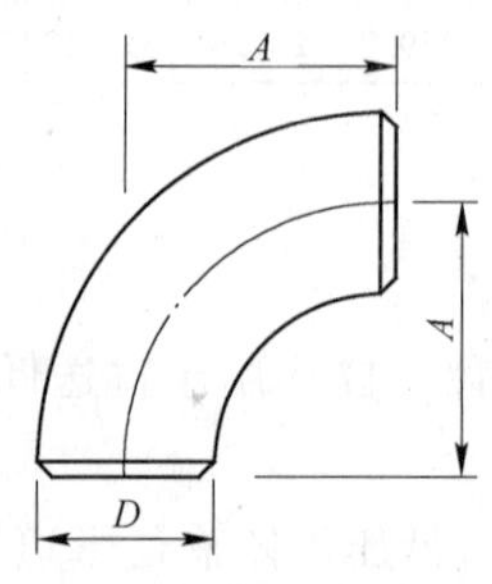

图 11－10 90°长半径弯头 90E(L)

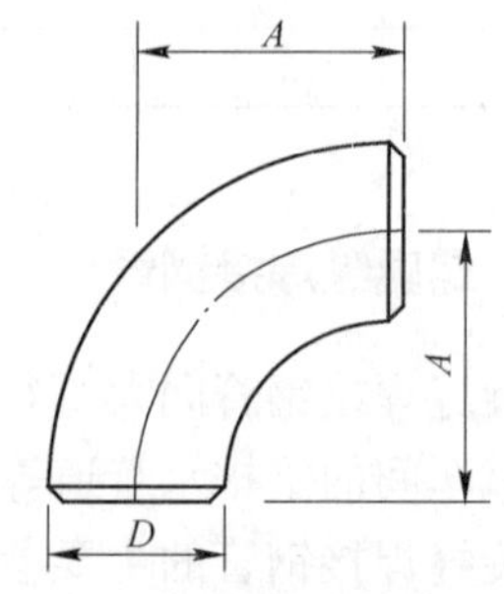

图 11－11 90°短半径弯头 90E(S)

表 11－15 长半径与短半径弯头主要参数

公称尺寸 DN	管件外径 D/mm（Ⅱ系列）	结构尺寸/mm		
		45°长半径弯头 45E(L)	90°长半径弯头 90E(L)	90°短半径弯头 90E(S)
		中心至端面距离 *B*	中心至端面距离 *A*	中心至端面距离 *A*
150	159	95	229	152
200	219	127	305	203
250	273	159	381	254
300	325	190	457	305
350	377	222	533	356
400	426	254	610	406
450	480	286	686	457
500	530	318	762	508
600	630	381	914	610
700	720	438	1067	
800	820	502	1219	
900	920	565	1372	
1000	1020	632	1524	
1100	1120	695	1676	
1200	1220	759	1829	

注：其他规格见 GB/T 13401—2005。

11.4.5 异径管

异径管有同心异径管 R(C)和偏心异径管 R(E)，如图 11－12 和图 11－13 所示。主要技术参数摘自《钢板制对焊管件》（GB/T 13401—2005），见表 11－16。

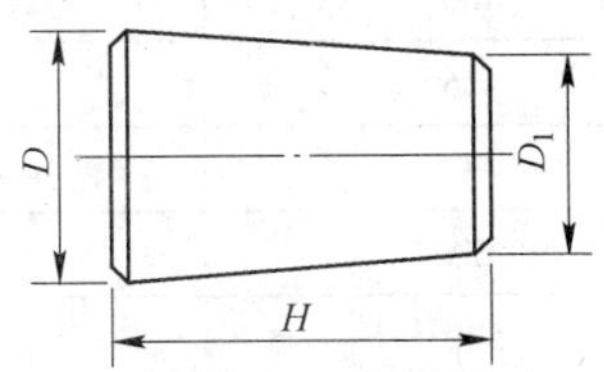

图 11－12 同心异径管 R(C)

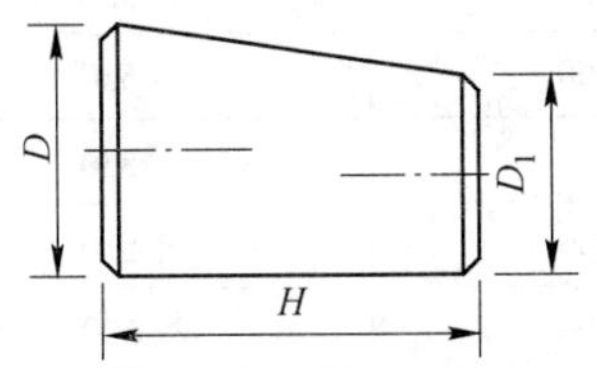

图 11－13 偏心异径管 R(E)

表 11－16 异径管主要参数 (mm)

公称尺寸 DN	大端外径 *D*	小端外径 D_1	端面至端面距离 *H*
150×125	159	133	140
150×100	159	108	140

续表 11－16

公称尺寸 DN	大端外径 D	小端外径 D_1	端面至端面距离 H
150×80	159	89	140
150×65	159	76	140
200×150	219	159	152
200×125	219	133	152
200×100	219	108	152
250×200	273	219	178
250×150	273	159	178
250×125	273	133	178
250×100	273	108	178
300×250	325	273	203
300×200	325	219	203
300×150	325	159	203
300×125	325	133	203
350×300	377	325	330
350×250	377	259	330
350×200	377	219	330
350×150	377	159	330
400×350	426	377	356
400×300	426	325	356
400×250	426	259	356
400×200	426	219	356
450×400	480	426	381
450×350	480	377	381
450×300	480	325	381
450×250	480	273	381
500×450	530	480	508
500×400	530	426	508
500×350	530	377	508
500×300	530	325	508
600×500	630	530	508
600×450	630	480	508
600×400	630	426	508
700×600	720	630	610
700×500	720	530	610
800×700	820	720	610
800×600	820	630	610

续表 11－16

公称尺寸 DN	大端外径 D	小端外径 D_1	端面至端面距离 H
900×800	920	820	610
900×700	920	720	610
1000×900	1020	920	610
1100×1000	1120	1020	610
1100×900	1120	920	610
1200×1100	1220	1120	711

注：其他规格见 GB/T 13401—2005。

11.4.6 等径三通和四通

等径三通 T(S) 和四通 CR(S) 如图 11－14 和图 11－15 所示，主要技术参数摘自《钢板制对焊管件》（GB/T 13401—2005），见表 11－17。

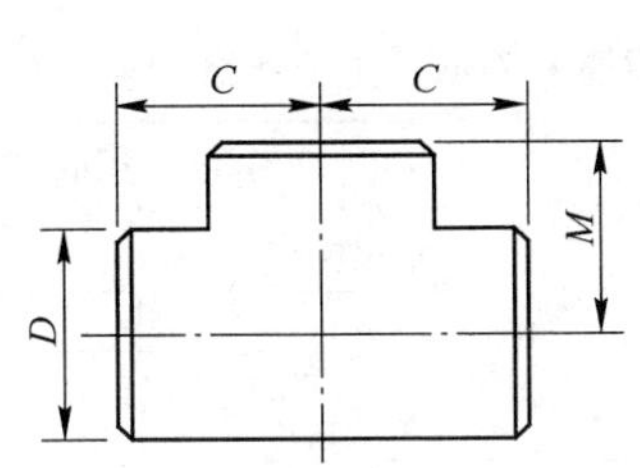

图 11－14 等径三通 T(S)

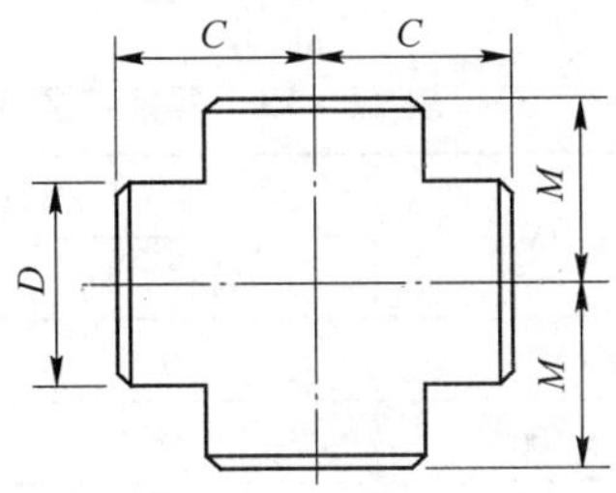

图 11－15 等径四通 CR(S)

表 11－17 等径三通 T(S) 和等径四通 CR(S) 主要参数 (mm)

公称尺寸 DN	坡口处外径 D（Ⅱ系列）	中心至端面距离	
		管程 C	出口 M
150	159	143	143
200	218	178	478
250	273	216	216
300	325	254	254
350	377	279	279
400	426	305	305
450	480	343	343
500	530	381	381
600	630	432	432
700	720	521	521
800	820	597	597
900	920	673	673
1000	1020	749	749
1100	1120	813	762
1200	1220	889	838

11.4.7 异径三通和四通

异径三通 T(R) 和四通 CR(R) 如图 11－16 和图 11－17 所示，主要技术参数摘自《钢板制对焊管件》（GB/T 13401—2005），见表 11－18。

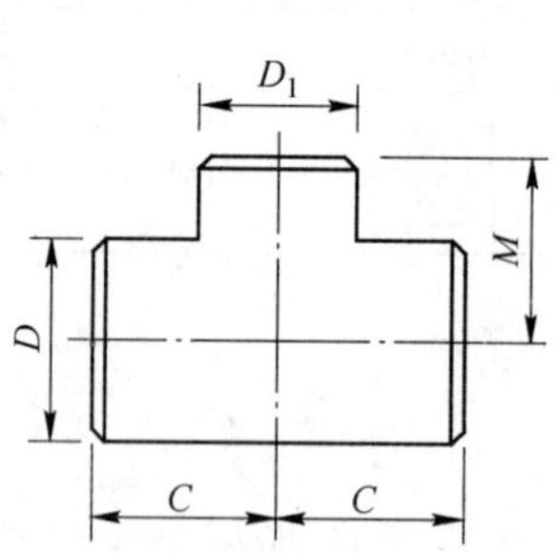

图 11－16 异径三通 T(R)

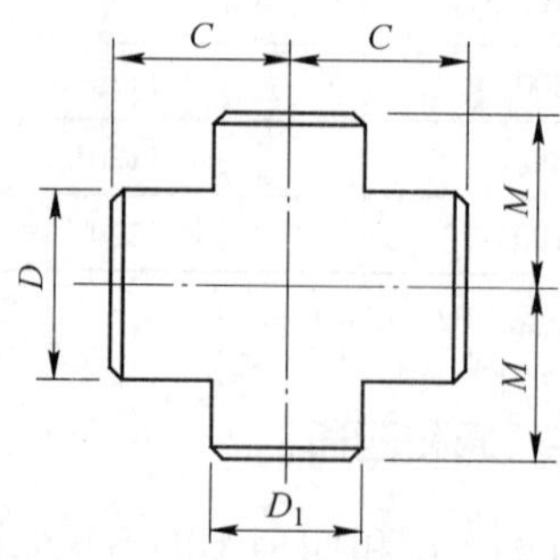

图 11－17 异径四通 CR(R)

表 11－18 异径三通 T(R) 和异径四通 CR(R) 主要参数 (mm)

公称尺寸 DN	坡口处外径		中心至端面距离	
	管程 D	出口 D_1	管程 C	出口 M
150×150×125	159	133	143	137
150×150×100	159	108	143	130
150×150×80	159	89	143	124
150×150×65	159	76	143	121
200×200×150	219	159	178	168
200×200×125	219	133	178	162
200×200×100	219	108	178	156
250×250×200	273	219	216	203
250×250×150	273	159	216	194
250×250×125	273	133	216	191
250×250×100	273	108	216	184
300×300×250	325	273	254	241
300×300×200	325	219	254	229
300×300×150	325	159	254	219
300×300×125	325	133	254	216
350×350×300	377	325	279	270
350×350×250	377	273	279	257
350×350×200	377	219	279	248
350×350×150	377	273	279	238
400×400×350	426	377	305	305
400×400×300	426	325	305	295

续表 11－18

公称尺寸 DN	坡口处外径		中心至端面距离	
	管程 D	出口 D_1	管程 C	出口 M
400×400×250	426	273	305	283
400×400×200	426	219	305	273
400×400×150	426	159	305	264
450×450×400	480	426	343	330
450×450×350	480	377	343	330
450×450×300	480	325	343	321
450×450×250	480	273	343	308
450×450×200	480	219	343	298
500×500×450	530	480	381	368
500×500×400	530	426	381	356
500×500×350	530	377	381	356
500×500×300	530	325	381	346
500×500×250	530	273	381	333
500×500×200	530	219	381	324
600×600×500	630	530	432	432
600×600×450	630	480	432	419
600×600×400	630	426	432	406
600×600×350	630	377	432	406
600×600×300	630	325	432	397
600×600×250	630	273	432	384
700×700×600	720	630	521	508
700×700×500	720	530	521	483
700×700×450	720	480	521	470
700×700×400	720	426	521	457
700×700×350	720	377	521	457
700×700×300	720	325	521	448
800×800×700	820	820	597	572
800×800×600	820	630	597	559
800×800×500	820	530	597	533
800×800×450	820	480	597	521
800×800×400	820	426	597	508
800×800×350	820	377	597	508
900×900×800	920	820	673	748
1000×1000×900	4020	920	749	737
1100×1100×1000	1120	1020	813	749
1200×1200×1100	1220	1120	889	838

注：1. DN350 及其以上的三通或四通的 M 值为推荐尺寸，并不要求一定采用；

2. 其他规格见 GB/T 13401—2005。

氧气站内的给水与排水管道、空气压缩机到空气冷却塔之间的管道、蒸汽管道等还可以按照《热力管道焊制管件及设计图集》94R404，选取 PN0.4、PN0.6、PN1.0、PN1.6、PN2.5 焊制弯头、等径三通和异径三通；选取 PN0.4、PN0.6、PN1.0、PN1.6 焊制异径管和焊制偏心异径管。焊制弯头有 45°、60°、90°弯头。

11.5 不锈钢真空管

不锈钢真空管用于低温液体的储存与汽化系统，液氧、液氮、液氩在输送过程中有很好的保冷绝热效果。不锈钢真空管由内管与外管组成，在内管上设有补偿器，并设有支架固定在外管内，其结构示意图如图 11-18 所示。低温真空管主要技术参数见表 11-19。

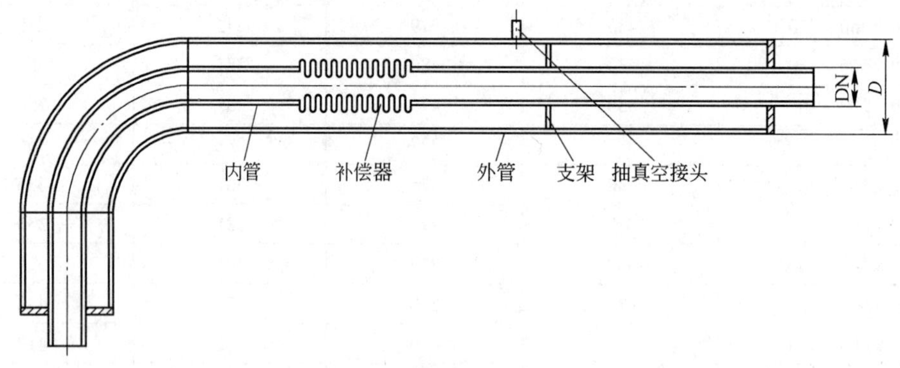

图 11-18 不锈钢真空管结构示意图

表 11-19 低温真空管主要参数

公称压力/MPa	公称直径 DN	内管外径 D/mm	外管外径 D/mm	单位长度质量/kg · m⁻¹
0~4	15	20	76	7.416
	20	25	89	10.013
	25	32	89	10.531
	32	38	108	12.849
	40	45	108	13.367
	50	57	114	14.846
	65	76	133	18.983
	80	89	159	23.675
	100	108	168	26.437
	125	133	219	33.934
	150	159	273	41.826
	200	219	325	52.874
	250	273	377	62.331

注：此表由南通海鹰机电集团有限公司提供。

11.6 有色金属管道

11.6.1 铜及铜合金管

常用铜管按材质分为紫铜管（又称纯铜管）和黄铜管（又称铜合金管）。制造方式有拉制管和挤制管。紫铜管的牌号有TU2、TP2；黄铜管的牌号有H62、H68等。在氧气站内铜管用于输送介质在15.0MPa以上压力的管道。如液氧汽化器到充瓶间充瓶台之间的氧气管道，或高压氧气压缩机到充瓶间充瓶台之间的氧气管道。拉制铜与铜合金圆形管的规格参数摘自《铜及铜合金无缝管材外形尺寸及允许偏差》（GB/T 16866—2006），见表11－20。

表11－20 拉制铜与铜合金圆形管规格参数

外径/mm	壁厚/mm										
	2.0	2.5	3.0	3.5	4.0	4.5	5.0	6.0	7.0	8.0	10.0
32	◎	◎	◎	◎	◎	◎	◎	×	×	×	×
38	◎	◎	◎	◎	◎	◎	◎	×	×	×	×
45	◎	◎	◎	◎	◎	◎	◎	◎	×	×	×
58	◎	◎	◎	◎	◎	◎	◎	◎	◎	◎	×
76	◎	◎	◎	◎	◎	◎	◎	◎	◎	◎	◎
90	◎	◎	◎	◎	◎	◎	◎	◎	◎	◎	◎
110	◎	◎	◎	◎	◎	◎	◎	◎	◎	◎	◎

注：1. 其他规格见GB/T 16866—2006；

2. 黄铜管的密度为8.5g/cm^3，纯铜管的密度为8.9g/cm^3，依此可计算管道的重量；

3. 挤制铜及铜合金圆管壁厚系列有2.0mm、2.5mm、3.0mm、3.5mm、4.0mm、4.5mm、5.0mm、6.0mm、7.5mm、9.0mm、10.0mm等；

4. 纯铜管外径范围为30～300mm，黄铜管外径范围为21～280mm。

11.6.2 铝及铝合金管

在进行工厂设计时，铝及铝合金管主要用于分馏塔底残液排放管到空气喷射蒸发器之间的管线。铝及铝合金管包括冷拉、轧圆管和挤压无缝圆管，其规格摘自《铝及铝合金管材外形尺寸及允许偏差》（GB/T 4436—1995），主要规格见表11－21和表11－22。常用的铝管应选择防锈铝管，旧牌号的防锈铝管为LF2、LF3，新牌号的防锈铝管为5A02、5A03。

表11－21 冷拉、轧铝及铝合金管主要规格

规格/mm	壁厚/mm						
	2.0	2.5	3.0	3.5	4.0	4.5	5.0
	质量/kg·m^{-1}						
32	0.537	0.660	0.779	0.893	1.003	1.108	1.209
38	0.645	0.795	0.940	1.081	1.218	1.350	1.477
45	0.770	0.951	1.128	1.300	1.468	1.632	1.791
55	0.949	1.175	1.397	1.614	1.827	2.035	2.238

续表 11－21

规格/mm	壁厚/mm						
	2.0	2.5	3.0	3.5	4.0	4.5	5.0
	质量/kg·m^{-1}						
75	1.307	1.623	1.934	2.241	2.543	2.840	3.134
90	1.576	1.959	2.337	2.711	3.080	3.445	3.805
110		2.406	2.874	3.337	3.796	4.251	4.701
115			3.008	3.494	3.975	4.452	4.928
120				3.651	4.154	4.654	5.148

注：1. 其他规格见 GB/T 4436—1995；

2. 在 GB/T 4436—1995 标准中，只列出了管子外径与壁厚，未列出单位长度质量；

3. 表中的质量参照《铝及铝合金板》（GB/T 3194）的理论质量，按 7A04（LC4）牌号的规格密度 2.85g/dm^3 计算，5A02（LF2）的折算系数为 0.940，5A03（LF3）的折算系数为 0.987。

表 11－22　挤压铝及铝合金管主要规格

规格/mm	壁厚/mm						
	5.0	6.0	7.0	7.5	8.0	9.0	10.0
32	1.209	1.397	1.568	1.645	1.719		
38	1.477	1.719	1.943	2.048	2.149	2.337	2.507
45	1.791	2.095	2.382	2.518	2.650	2.901	3.134
55	2.238	2.632	3.008	3.190	3.367	3.707	4.029
75	3.134	3.707	4.262	4.533	4.799	5.318	5.820
90	3.805			5.510			7.163
110	4.701			6.883			8.954
115	4.924			7.219			9.401
120				7.555			9.849

注：1. 其他规格见 GB/T 4436—1995；

2. 在 GB/T 4436—1995 标准中，只列出了管子外径与壁厚，未列出单位长度质量；

3. 表中的质量参照《铝及铝合金板》（GB/T 3194）的理论质量，按 7A04（LC4）牌号的规格密度 2.85g/dm^3 计算，5A02（LF2）的折算系数为 0.940，5A03（LF3）的折算系数为 0.987。

11.7　型材

氧气站内工艺管道支架常用的型材有热轧工字钢、槽钢、角钢和扁钢。

11.7.1　热轧工字钢

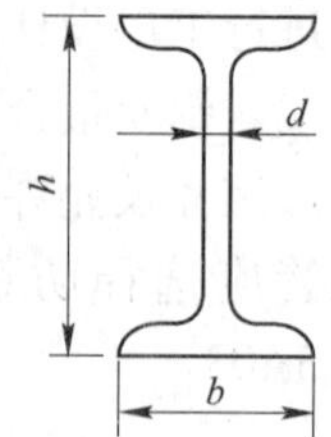

图 11－19　热轧工字钢

热轧工字钢摘自《热轧型钢》（GB/T 706—2008）如图 11－19 所示，外形尺寸见表 11－23。

表 11－23　热轧工字钢外形尺寸

型　号	尺寸/mm			单位长度理论质量/kg·m^{-1}
	h	*b*	*d*	
10	100	68	4.5	11.26
12.6	126	74	5.0	14.22

续表 11-23

型号	尺寸/mm			单位长度理论质量/kg·m^{-1}
	h	*b*	*d*	
14	140	80	5.5	16.89
16	160	88	6.0	20.51
18	180	94	6.5	24.14
20a	200	100	7.0	27.93
20b	200	102	9.0	31.07
22a	220	110	7.5	33.07
22b	220	112	9.5	36.52
25a	250	116	8.0	38.11
25b	250	118	10.0	42.03
28a	280	122	8.5	43.49
28b	280	124	10.5	47.89
32a	320	130	9.5	52.72
32b	320	132	11.5	57.74
32c	320	134	13.5	62.80
36a	360	136	10.0	60.04
36b	360	138	12.0	65.89
36c	360	140	14.0	71.34
40a	400	142	10.5	67.60
40b	400	144	12.5	73.88
40c	400	146	14.5	80.16
45a	450	150	11.5	80.42
45b	450	152	13.5	87.49
45c	450	154	15.5	94.55
50a	500	158	12.0	93.65
50b	500	160	14.0	101.50
50c	500	162	16.0	109.35
56a	560	166	12.5	106.32
56b	560	168	14.5	115.11
56c	560	170	16.5	123.90
63a	630	176	13.0	121.41
63b	630	178	15.0	131.30
63c	630	180	17.0	141.19

11.7.2 热轧槽钢

热轧槽钢摘自《热轧型钢》(GB/T 706—2008)如图11-20所示，外形尺寸见表11-24。

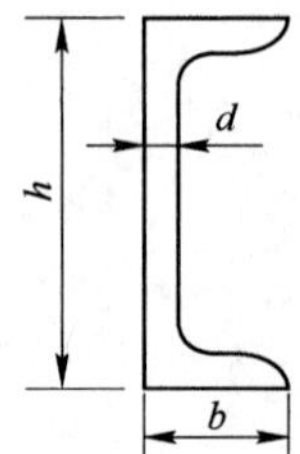

图11-20 热轧槽钢

表11-24 热轧槽钢外形尺寸

型号	尺寸/mm			单位长度理论质量 /kg·m^{-1}
	h	b	d	
5	50	37	4.5	5.44
6.38	63	40	4.8	6.63
8	80	43	5.0	8.02
10	100	48	5.3	10.01
12.6	126	53	5.5	12.32
14a	140	58	6.0	14.54
14b	140	60	8.0	16.73
16a	160	63	6.5	17.24
16	160	65	8.5	19.75
18a	180	68	7.0	20.17
18	180	70	9.0	23.00
20a	20	73	7.0	22.64
20	200	75	9.0	25.78
22a	220	77	7.0	25.00
22	220	79	9.0	28.45
25a	250	78	7.0	27.41
25b	250	80	9.0	31.34
25c	250	82	11.0	35.26
28a	280	82	7.5	31.43
28b	280	84	9.5	35.82
28c	320	86	11.5	40.22
32a	320	88	8.0	38.08
32b	320	90	10.0	43.11
32c	320	92	12.0	48.13

续表 11－24

型　号	尺寸/mm			单位长度理论质量 /kg·m^{-1}
	h	b	d	
36a	360	96	9.0	47.81
36b	360	100	13.0	59.12
36c	360	100	13.0	59.12
40a	400	100	10.5	58.93
40b	400	102	12.5	65.20
40c	400	104	14.5	71.49

11.7.3 热轧等边角钢

热轧等边角钢摘自《热轧型钢》（GB/T 706—2008）如图 11－21 所示，外形尺寸见表 11－25。

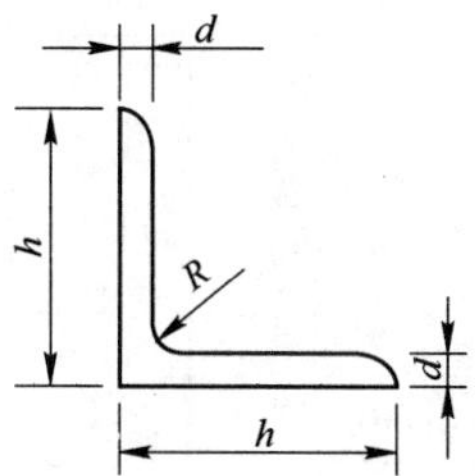

图 11－21 热轧等边角钢

表 11－25 热轧等边角钢外形尺寸

型　号	尺寸/mm			单位长度理论质量 /kg·m^{-1}
	h	d	R	
2	20	3	3.5	0.89
		4		1.15
2.5	25	3	3.5	1.12
		4		1.46
3	30	3	4.5	1.37
		4		1.79
3.6	36	3	4.5	1.66
		4		2.16
		5		2.65
4	40	3	5	1.85
		4		2.42
		5		2.98

续表 11－25

型 号	尺寸/mm			单位长度理论质量/kg·m^{-1}
	h	d	R	
4.5	45	3	5	2.09
		4		2.74
		5		3.37
		6		3.99
5	50	3	5.5	2.33
		4		3.06
		5		3.77
		6		4.47
5.6	56	3	6	2.62
		4		3.45
		5		4.25
		8		6.57
6.3	63	4	7	3.91
		5		4.82
		6		5.72
		8		7.47
		10		9.15
7	70	4	8	4.37
		5		5.40
		6		6.41
		7		7.40
		8		8.37
7.5	75	5	9	5.82
		6		6.91
		7		7.98
		8		9.03
		10		11.09
8	80	5	9	6.21
		6		7.38
		8		9.66
		10		11.87
9	90	6	10	8.35
		7		9.66
		8		10.95
		10		13.48
		12		15.94

续表 11－25

型号	尺寸/mm			单位长度理论质量 /kg·m^{-1}
	h	d	R	
10	100	5	12	11.93
		7		13.53
		8		12.28
		10		15.12
		12		17.90
		14		20.61
		16		23.26
11	110	7	12	11.93
		8		13.53
		10		16.69
		12		19.78
		14		22.81
12.5	125	8	14	15.50
		10		19.13
		12		22.70
		14		26.19
14	140	10	14	21.49
		12		25.52
		14		19.49
		16		33.39
16	160	10	16	24.73
		12		29.39
		14		33.99
		16		38.52
18	180	12	16	33.16
		14		38.38
		16		43.54
		18		48.63
20	200	14	18	42.89
		16		48.68
		18		54.40
		20		60.06
		24		71.17

11.7.4 热轧不等边角钢

热轧不等边角钢摘自《热轧型钢》（GB/T 706—2008）如图 11 - 22 所示，外形尺寸见表 11 - 26。

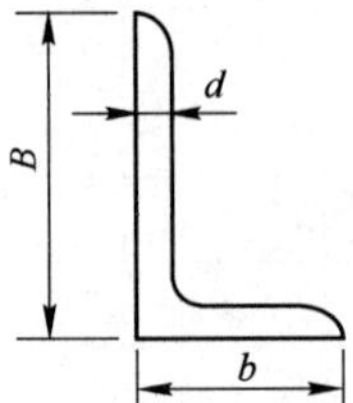

图 11 - 22　热轧不等边角钢

表 11 - 26　热轧不等边角钢外形尺寸

型　号	尺寸/mm			单位长度理论质量 /kg·m⁻¹
	B	b	d	
2.5/1.6	25	16	3	0.91
			4	1.18
3.2/2.0	32	20	3	1.17
			4	1.52
4.0/2.5	40	25	3	1.48
			4	1.94
4.5/2.8	45	28	3	1.69
			4	2.20
5.0/3.6	50	36	3	1.91
			4	2.49
5.6/3.6	56	36	3	2.15
			4	2.82
			5	3.47
6.3/4.0	63	40	4	3.19
			5	3.92
			6	4.64
			7	5.34
7.0/4.5	70	45	4	3.57
			5	4.40
			6	5.22
			7	6.01
7.5/4.5	75	45	4	4.81
			5	5.70
			6	7.43
			7	9.10

续表 11-26

型号	尺寸/mm			单位长度理论质量/kg·m⁻¹
	B	*b*	*d*	
8.0/5.0	80	50	5	5.01
			6	5.94
			7	6.85
			8	7.75
9.0/5.6	90	56	5	5.66
			6	6.72
			7	7.76
			8	8.78
10.0/5.6	100	56	6	7.55
			7	8.72
			8	9.88
			10	12.14
10.0/8.0	100	80	6	8.35
			7	9.66
			8	10.95
			10	13.48
11.0/7.0	110	70	6	8.35
			7	9.66
			8	10.95
			10	13.48
12.5/8.0	125	80	7	11.07
			8	12.53
			10	15.47
			12	19.33
14.0/9.0	140	90	8	14.16
			10	17.48
			12	20.72
			14	23.91
16.0/10.0	160	100	10	19.87
			12	23.59
			14	27.25
			16	30.84
18.0/11.0	180	110	10	22.27
			12	26.46
			14	30.59
			16	34.65

续表 11－26

型 号	尺寸/mm			单位长度理论质量/kg·m⁻¹
	B	b	d	
20.0/12.5	200	125	12	29.71
			14	34.44
			16	39.05
			18	43.59

11.7.5 热轧扁钢

热轧扁钢摘自《热轧扁钢尺寸、外形、重量及允许偏差》（GB/T 704—88）的外形尺寸见表 11－27。

表 11－27 热轧扁钢外形尺寸

宽度/mm	厚度/mm											
	3	4	5	6	7	8	9	10	11	12	14	16
	单位长度理论质量/kg·m⁻¹											
10	0.24	0.31	0.39	0.47	0.55	0.63						
12	0.28	0.38	0.47	0.57	0.66	0.75						
14	0.33	0.44	0.55	0.66	0.77	0.88						
16	0.38	0.50	0.63	0.75	0.88	1.00	1.15	1.26				
18	0.42	0.57	0.71	0.85	0.99	1.13	1.27	1.41				
20	0.47	0.63	0.78	0.94	1.10	1.26	1.41	1.57	1.73	1.88		
22	0.52	0.69	0.86	1.04	1.21	1.38	1.55	1.73	1.90	2.07		
25	0.59	0.78	0.98	1.18	1.37	1.57	1.77	1.96	2.16	2.36	2.75	3.14
28	0.66	0.88	1.10	1.32	1.54	1.76	1.98	2.20	2.42	2.64	3.08	3.53
30	0.71	0.94	1.18	1.41	1.65	1.88	2.12	2.36	2.59	2.83	3.30	3.77
32	0.75	1.00	1.26	1.51	1.78	2.01	2.26	2.55	2.76	3.01	3.52	4.02
35	0.82	1.10	1.37	1.65	1.92	2.20	2.47	2.75	3.02	3.30	3.85	4.40
40	0.94	1.26	1.57	1.88	2.20	2.51	2.83	3.14	3.45	3.77	4.40	5.02
45	1.06	1.41	1.77	2.12	2.47	2.83	3.18	3.53	3.89	4.24	4.95	5.65
50	1.18	1.57	1.96	2.36	2.75	3.14	3.53	3.93	4.32	4.71	5.50	6.28
55		1.73	2.16	2.59	3.02	3.45	3.89	4.32	4.75	5.18	6.04	6.91
60		1.88	2.36	2.83	3.30	3.77	4.24	4.71	5.18	5.65	6.59	7.54
65		2.04	2.55	3.06	3.57	4.08	4.59	5.10	5.61	6.12	7.14	8.16
70		2.20	2.75	3.30	3.85	4.40	4.95	5.50	6.04	6.59	7.69	8.79
75		2.36	2.94	3.53	4.12	4.71	5.30	5.89	6.48	7.07	8.24	9.42
80		2.51	3.14	3.77	4.40	5.02	5.65	6.28	6.91	7.54	8.79	10.05
85			3.34	4.00	4.67	5.34	6.01	6.67	7.34	8.01	9.34	10.68
90			3.53	4.24	4.95	5.65	6.36	7.07	7.77	8.48	9.89	11.30
95			3.73	4.47	5.22	5.97	6.71	7.46	8.20	8.95	10.44	11.93
100			3.92	4.71	5.50	6.28	7.06	7.85	8.64	9.42	10.99	12.56

注：其他规格的扁钢见《热轧扁钢》（GB/T 704—88）。

11.8 法兰、法兰盖及法兰垫片

氧气站内工艺管道用法兰，结合我国化工行业《钢制管法兰、垫片、紧固件PN系列（欧洲体系）》（HG/T 20592—2009）的标准进行选择，常用的法兰有板式平焊法兰（PL）、带颈平焊法兰（SO）、带颈对焊法兰（WN）。根据工程设计的需要，介绍上述三种法兰、法兰盖、垫片和紧固件的主要安装尺寸。所列表中不包括标准中“A”类管子配置的法兰尺寸。其他类型法兰的具体尺寸见HG/T 20592—2009。

《钢制管法兰、垫片、紧固件PN系列（欧洲体系）》（HG/T 20592—2009）中的“PN”按照《管道元件PN（公称压力）的定义和选用》（GB/T 1048—2005）给出的定义，描述如下：

PN——与管道系统元件的力学性能和尺寸特性有关、用于参考的字母和数字组合的标识。它由字母PN和后跟无因次的数字组成。

需要注意的是：

（1）字母PN后跟的数字不代表测量值，不应用于计算目的，除非在有关标准中另有规定；

（2）除与相关的管道元件标准有关联外，术语PN才具有意义；

（3）管道元件许用压力取决于元件的PN数值、材料和设计以及允许工作温度等，许用压力在相关标准的压力—温度等级表中给出；

（4）具有同样PN和DN数值的所有管道元件同与相配的法兰应具有相同的尺寸。

11.8.1 法兰基本知识

11.8.1.1 法兰类型代号

法兰类型代号见表11－28。

表11－28 法兰类型代号

法兰类型代号	法 兰 类 型	法兰类型代号	法 兰 类 型
PL	板式平焊法兰	WN	带颈对焊法兰
SO	带颈平焊法兰	BL	法兰盖

注：其他类型的法兰及其代号见HG/T 20592—2009。

11.8.1.2 法兰密封面形式及其代号

法兰密封面形式及其代号见表11－29。

表11－29 法兰密封面形式及其代号

密封面形式	突面	凹面	凸面	榫面	槽面	全平面	环连接面
代 号	RF	FM	M	T	G	FF	RJ

11.8.1.3 常用法兰的类型及其适用压力范围

常用法兰的类型及其适用压力范围见表11－30。

表 11－30 常用法兰的类型及其适用压力范围

公称尺寸 DN	板式平焊法兰（PL）						带颈平焊法兰（SO）					带颈对焊法兰（WN）						
	公称压力 PN/MPa						公称压力 PN/MPa					公称压力 PN/MPa						
	2.5	6	10	16	25	40	6	10	16	25	40	10	16	25	40	63	100	160
10	◎	◎	◎	◎	◎	◎	◎	◎	◎	◎	◎	◎	◎	◎	◎	◎	◎	◎
15	◎	◎	◎	◎	◎	◎	◎	◎	◎	◎	◎	◎	◎	◎	◎	◎	◎	◎
20	◎	◎	◎	◎	◎	◎	◎	◎	◎	◎	◎	◎	◎	◎	◎	◎	◎	◎
25	◎	◎	◎	◎	◎	◎	◎	◎	◎	◎	◎	◎	◎	◎	◎	◎	◎	◎
32	◎	◎	◎	◎	◎	◎	◎	◎	◎	◎	◎	◎	◎	◎	◎	◎	◎	◎
40	◎	◎	◎	◎	◎	◎	◎	◎	◎	◎	◎	◎	◎	◎	◎	◎	◎	◎
50	◎	◎	◎	◎	◎	◎	◎	◎	◎	◎	◎	◎	◎	◎	◎	◎	◎	◎
65	◎	◎	◎	◎	◎	◎	◎	◎	◎	◎	◎	◎	◎	◎	◎	◎	◎	◎
80	◎	◎	◎	◎	◎	◎	◎	◎	◎	◎	◎	◎	◎	◎	◎	◎	◎	◎
100	◎	◎	◎	◎	◎	◎	◎	◎	◎	◎	◎	◎	◎	◎	◎	◎	◎	◎
125	◎	◎	◎	◎	◎	◎	◎	◎	◎	◎	◎	◎	◎	◎	◎	◎	◎	◎
150	◎	◎	◎	◎	◎	◎	◎	◎	◎	◎	◎	◎	◎	◎	◎	◎	◎	◎
200	◎	◎	◎	◎	◎	◎	◎	◎	◎	◎	◎	◎	◎	◎	◎	◎	◎	◎
250	◎	◎	◎	◎	◎	◎	◎	◎	◎	◎	◎	◎	◎	◎	◎	◎	◎	◎
300	◎	◎	◎	◎	◎	◎	◎	◎	◎	◎	◎	◎	◎	◎	◎	◎	◎	◎
350	◎	◎	◎	◎	◎	◎	—	◎	◎	◎	◎	◎	◎	◎	◎	◎	◎	—
400	◎	◎	◎	◎	◎	◎	—	◎	◎	◎	◎	◎	◎	◎	◎	◎	—	—
450	◎	◎	◎	◎	◎	◎	—	◎	◎	◎	◎	◎	◎	◎	◎	—	—	—
500	◎	◎	◎	◎	◎	◎	—	◎	◎	◎	◎	◎	◎	◎	◎	—	—	—
600	◎	◎	◎	◎	◎	◎	—	◎	◎	◎	◎	◎	◎	◎	◎	—	—	—
700	◎	—	—	—	—	—	—	—	—	—	—	◎	◎	—	—	—	—	—
800	◎	—	—	—	—	—	—	—	—	—	—	◎	◎	—	—	—	—	—
900	◎	—	—	—	—	—	—	—	—	—	—	◎	◎	—	—	—	—	—
1000	◎	—	—	—	—	—	—	—	—	—	—	◎	◎	—	—	—	—	—
1200	◎	—	—	—	—	—	—	—	—	—	—	◎	◎	—	—	—	—	—
1400	◎	—	—	—	—	—	—	—	—	—	—	◎	◎	—	—	—	—	—
1600	◎	—	—	—	—	—	—	—	—	—	—	◎	◎	—	—	—	—	—
1800	◎	—	—	—	—	—	—	—	—	—	—	◎	◎	—	—	—	—	—

注：其他类型的法兰及其适用范围见 HG/T 20592—2009。

11.8.1.4 常用法兰密封面形式及其适用压力范围

常用法兰密封面形式及其适用的压力范围见表 11－31。

表 11-31 常用法兰密封面形式及其适用的压力范围

<table>
<tr><th rowspan="2">法兰类型</th><th rowspan="2">密封面形式</th><th colspan="9">公称压力 PN/MPa</th></tr>
<tr><th>2.5</th><th>6</th><th>10</th><th>16</th><th>25</th><th>40</th><th>63</th><th>100</th><th>160</th></tr>
<tr><td rowspan="2">板式平焊法兰（PL）</td><td>突面（RF）</td><td rowspan="2">DN10～DN2000</td><td colspan="5">DN10～DN600</td><td colspan="3"></td></tr>
<tr><td>全平面（FF）</td><td colspan="3">DN10～DN600</td><td colspan="5"></td></tr>
<tr><td rowspan="2">带颈平焊法兰（SO）</td><td>突面（RF）</td><td></td><td>DN10～DN300</td><td colspan="4">DN10～DN600</td><td colspan="3"></td></tr>
<tr><td>凹面（FM）</td><td colspan="2"></td><td colspan="4">DN10～DN600</td><td colspan="3"></td></tr>
<tr><td rowspan="6">带颈平焊法兰（SO）</td><td>突面（RF）</td><td></td><td>DN10～DN300</td><td colspan="4">DN10～DN600</td><td colspan="3"></td></tr>
<tr><td>凹面（FM）</td><td colspan="2" rowspan="2"></td><td colspan="4" rowspan="2">DN10～DN600</td><td colspan="3" rowspan="2"></td></tr>
<tr><td>凸面（M）</td></tr>
<tr><td>榫面（T）</td><td colspan="2" rowspan="2"></td><td colspan="4" rowspan="2">DN10～DN600</td><td colspan="3" rowspan="2"></td></tr>
<tr><td>槽面（G）</td></tr>
<tr><td>全平面（FF）</td><td></td><td>DN10～DN300</td><td colspan="2">DN10～DN600</td><td colspan="5"></td></tr>
<tr><td rowspan="7">带颈对焊法兰（WN）</td><td>突面（RF）</td><td colspan="2"></td><td colspan="2">DN10～DN2000</td><td colspan="2">DN10～DN600</td><td>DN10～DN400</td><td>DN10～DN350</td><td>DN10～DN300</td></tr>
<tr><td>凹面（FM）</td><td colspan="2" rowspan="2"></td><td colspan="4" rowspan="2">DN10～DN600</td><td rowspan="2">DN10～DN400</td><td rowspan="2">DN10～DN350</td><td rowspan="2">DN10～DN300</td></tr>
<tr><td>凸面（M）</td></tr>
<tr><td>榫面（T）</td><td colspan="2" rowspan="2"></td><td colspan="4" rowspan="2">DN10～DN600</td><td rowspan="2">DN10～DN400</td><td rowspan="2">DN10～DN350</td><td rowspan="2">DN10～DN300</td></tr>
<tr><td>槽面（G）</td></tr>
<tr><td>全平面（FF）</td><td colspan="2"></td><td colspan="2">DN10～DN2000</td><td colspan="5"></td></tr>
<tr><td>连环接面(RJ)</td><td colspan="6"></td><td colspan="2">DN15～DN400</td><td>DN15～DN300</td></tr>
</table>

注：其他法兰密封面形式及其适用的压力范围见 HG/T 20592—2009。

11.8.1.5 法兰常用材料

法兰常用材料见表 11-32。

表 11-32 法兰常用材料

<table>
<tr><th>法兰材料类别号</th><th>类别</th><th colspan="2">钢　板</th><th colspan="2">锻　件</th><th colspan="2">铸　件</th></tr>
<tr><td rowspan="3">1C1</td><td rowspan="3">碳素钢</td><td rowspan="3"></td><td rowspan="3"></td><td>A105</td><td>GB/T 12228</td><td rowspan="3">WCB</td><td rowspan="3">GB/T 12229</td></tr>
<tr><td>16Mn</td><td>JB 4726</td></tr>
<tr><td>16MnD</td><td>JB 4727</td></tr>
</table>

续表 11－32

法兰材料类别号	类别	钢板		锻件		铸件	
1C2	碳素钢	Q345R	GB 713			WCB	GB/T 12229
						LC3，LCC	JB/T 7248
1C3	碳素钢	16MnDR	GB 3531	08Ni3D	JB 4727	LCB	JB/T 7248
				25	GB/T 12228		
1C4	碳素钢	Q235A，Q235B	GB/T 3274 (GB/T 700)	20	JB 4726	WCA	GB/T 12229
		20	GB/T 711				
		Q245R	GB 713	09MnNiD	JB 4727		
		09MnNiDR	GB 3531				
1C9	铬钼钢	14Cr1MoR	GB 713	12Cr2Mo1	JB 4726	WC6	JB/T 5263
		15CrMoR	GB 713				
2C1	304	0Cr18Ni9	GB/T 4237	0Cr18Ni9	JB 4728	CF3	GB/T 12230
						CF8	GB/T 12230
2C2	316	0Cr17Ni12Mo2	GB/T 4237	0Cr17Ni12Mo2	JB 4728	CF3M	GB/T 12230
						CF8M	GB/T 12230

注：其他法兰用材料见 HG/T 20592—2009。

11.8.1.6 法兰标记及标记示例

法兰标记及标记示例见表 11－33。

表 11－33 法兰标记及标记示例

标记方式	法兰 [b] [c]－[d] [e] [f] [g] [h]
代号说明	b 为法兰类型代号，按表 11－28 的规定
	c 为法兰公称尺寸 DN 与适用钢管外径系列
	d 为法兰公称压力等级 PN
	e 为密封面形式代号，按表 11－29 的规定
	f 为钢管壁厚
	g 为材料牌号
	h 为其他
标记示例	公称尺寸 DN1200、公称压力 PN6、配用公制管的突面板式平焊钢制管法兰，材料为 Q235A，其标记为： 法兰 PL1200(B)－6 RF Q235A

注：其他标记示例见 HG/T 20592—2009。

11.8.1.7 温度—压力额定值

A PN2.5、PN6 钢制管法兰最大许用工作压力

PN2.5、PN6 钢制管法兰在不同工作温度下其最大许用工作压力见表 11－34。

表 11-34 PN2.5、PN6 钢制管法兰在不同工作温度下其最大许用工作压力（表压）

法兰材料类别号	PN2.5 钢制管法兰							PN6 钢制管法兰						
	工作温度/℃							工作温度/℃						
	20	50	100	150	200	250	300	20	50	100	150	200	250	300
1C1	2.5	2.5	2.5	2.4	2.3	2.2	2.0	6.0	6.0	6.0	5.8	5.6	5.4	5.0
1C2	2.5	2.5	2.5	2.5	2.5	2.5	2.3	6.0	6.0	6.0	6.0	6.0	6.0	5.5
1C3	2.5	2.5	2.4	2.3	2.3	2.1	2.0	6.0	6.0	5.8	5.7	5.5	5.2	4.8
1C4	2.3	2.2	2.0	2.0	1.9	1.8	1.7	5.5	5.4	5.0	4.8	4.7	4.5	4.1
1C9	2.5	2.5	2.5	2.5	2.5	2.5	2.3	6.0	6.0	6.0	6.0	6.0	6.0	6.0
2C1	2.3	2.2	1.8	1.7	1.6	1.5	1.4	5.5	5.3	4.5	4.1	3.8	3.6	3.4
2C2	2.3	2.2	1.9	1.7	1.6	1.5	1.4	5.5	5.3	4.6	4.2	3.9	3.7	3.5

注：其他法兰材料类别在不同工作温度下其最大许用工作压力见 HG/T 20592—2009。

B PN10、PN16 钢制管法兰最大许用工作压力

PN10、PN16 钢制管法兰在不同工作温度下其最大许用工作压力见表 11-35。

表 11-35 PN10、PN16 钢制管法兰在不同工作温度下其最大许用工作压力（表压）

法兰材料类别号	PN10 钢制管法兰							PN16 钢制管法兰						
	工作温度/℃							工作温度/℃						
	20	50	100	150	200	250	300	20	50	100	150	200	250	300
1C1	10.0	10.0	10.0	9.7	9.4	9.0	8.3	16.0	16.0	16.0	15.6	15.1	14.4	13.4
1C2	10.0	10.0	10.0	10.0	10.0	10.0	9.3	16.0	16.0	16.0	16.0	16.0	16.0	14.9
1C3	10.0	10.0	9.7	9.4	9.2	8.7	8.1	16.0	16.0	15.6	15.2	14.7	14.0	13.0
1C4	9.1	9.0	8.3	8.1	7.9	7.5	6.9	14.7	14.4	13.4	13.0	12.6	12.0	11.2
1C9	10.0	10.0	10.0	10.0	10.0	10.0	9.72	16.0	16.0	16.0	16.0	16.0	16.0	15.5
2C1	9.1	8.8	7.5	6.8	6.3	6.0	5.6	14.7	14.2	12.1	11.0	10.2	9.6	9.0
2C2	9.1	8.9	7.8	7.1	6.6	6.1	5.8	14.7	14.3	12.5	11.4	10.6	9.8	9.3

注：其他法兰材料类别在不同工作温度下其最大许用工作压力见 HG/T 20592—2009。

C PN25、PN40 钢制管法兰最大许用工作压力

PN25、PN40 钢制管法兰在不同工作温度下其最大许用工作压力见表 11-36。

表 11-36 PN25、PN40 钢制管法兰在不同工作温度下其最大许用工作压力（表压）

法兰材料类别号	PN25 钢制管法兰							PN40 钢制管法兰						
	工作温度/℃							工作温度/℃						
	20	50	100	150	200	250	300	20	50	100	150	200	250	300
1C1	25.0	25.0	25.0	24.4	23.7	22.5	20.9	40.0	40.0	40.0	39.1	37.9	36.0	33.5
1C2	25.0	25.0	25.0	25.0	25.0	25.0	23.3	40.0	40.0	40.0	40.0	40.0	40.0	37.2
1C3	25.0	25.0	24.2	23.7	23.0	21.9	20.4	40.0	40.0	39.0	38.0	36.9	35.1	32.6
1C4	23.0	22.5	20.9	29.4	19.7	18.8	17.5	36.8	36.1	33.5	32.6	31.6	30.1	27.9
1C9	25.0	25.0	25.0	25.0	25.0	25.0	24.3	40.0	40.0	40.0	40.0	40.0	40.0	38.9
2C1	23.0	22.1	18.9	17.2	16.0	15.0	14.2	36.8	35.4	30.3	27.5	25.5	24.1	22.7
2C2	23.0	22.3	19.5	17.8	16.5	15.5	14.6	36.8	35.6	31.3	28.5	26.4	24.7	23.4

注：其他法兰材料类别在不同工作温度下其最大许用工作压力见 HG/T 20592—2009。

D PN63、PN100 钢制管法兰最大许用工作压力

PN63、PN100 钢制管法兰在不同工作温度下其最大许用工作压力见表 11-37。

表 11-37　PN63、PN100 钢制管法兰在不同工作温度下其最大许用工作压力（表压）

法兰材料类别号	PN63 钢制管法兰							PN100 钢制管法兰						
	工作温度/℃							工作温度/℃						
	20	50	100	150	200	250	300	20	50	100	150	200	250	300
1C1	63.0	63.0	63.0	61.5	59.6	56.8	52.7	100.0	100.0	100.0	97.7	94.7	90.1	83.6
1C2	63.0	63.0	63.0	63.0	63.0	63.0	58.7	100.0	100.0	100.0	100.0	100.0	100.0	93.1
1C3	63.0	63.0	61.4	59.8	58.1	55.2	51.3	100.0	100.0	97.4	94.9	92.2	87.6	81.4
1C4	57.9	56.8	52.7	51.3	49.8	47.4	44.0	91.9	90.2	83.7	81.5	79.0	75.2	69.8
1C9	63.0	63.0	63.0	63.0	63.0	63.0	61.2	100.0	100.0	100.0	100.0	100.0	100.0	97.2
2C1	57.9	55.8	47.7	43.4	40.2	37.9	35.8	91.9	88.6	75.7	68.8	63.9	60.2	56.8
2C2	57.9	56.1	49.2	44.9	41.6	38.9	36.9	91.9	89.1	78.1	71.3	66.0	61.8	58.5

注：其他法兰材料类别在不同工作温度下其最大许用工作压力见 HG/T 20592—2009。

11.8.2　板式平焊钢制管法兰

板式平焊钢制管法兰（HG/T 20592—2009）选择密封面形式为突面（RF）时的示意图如图 11-23 所示。主要尺寸见表 11-38 ~ 表 11-43。氧气站内工艺管道选用法兰时，法兰的类型及其适用压力范围见表 11-30。

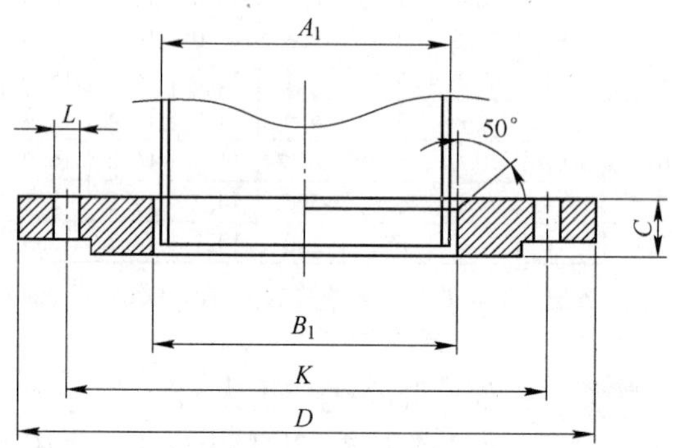

图 11-23　板式平焊钢制管法兰示意图

11.8.2.1　PN2.5 板式平焊钢制管法兰

PN2.5 板式平焊钢制管法兰主要尺寸见表 11-38。

表 11-38　PN2.5 板式平焊钢制管法兰主要尺寸

公称直径 DN	管子外径 A_1/mm	连接尺寸					法兰厚度 C/mm	法兰内径 B_1/mm	近似质量 /kg
		法兰外径 D/mm	螺栓孔中心圆直径 K/mm	螺栓孔直径 L/mm	螺栓孔数量 n	螺纹 Th			
25	32	100	75	11	4	M10	14	33	0.5
32	38	120	90	14	4	M12	16	39	1.0
40	45	130	100	14	4	M12	16	46	1.5
50	57	140	110	14	4	M12	16	59	1.5

续表 11－38

公称直径 DN	管子外径 A_1/mm	连接尺寸					法兰厚度 C/mm	法兰内径 B_1/mm	近似质量 /kg
		法兰外径 D/mm	螺栓孔中心圆直径 K/mm	螺栓孔直径 L/mm	螺栓孔数量 n	螺纹 Th			
65	76	160	130	14	4	M12	16	78	2.0
80	89	190	150	18	4	M16	18	91	3.0
100	108	210	170	18	4	M16	18	110	3.5
125	133	240	200	18	8	M16	20	135	4.5
150	159	265	225	18	8	M16	20	161	5.0
200	219	320	280	18	8	M16	22	222	7.0
250	273	375	335	18	12	M16	24	276	9.0
300	325	440	395	22	12	M20	24	328	12.0
350	377	490	445	22	12	M20	26	381	17.0
400	426	540	495	22	16	M20	28	430	20.0
450	480	595	550	22	16	M20	30	485	24.5
500	530	645	600	22	20	M20	30	535	26.5
600	630	755	705	26	20	M24	32	636	35.0
700	720	860	810	26	24	M24	36	724	52.0
800	820	975	920	30	24	M27	38	824	65.0
900	920	1075	1020	30	24	M27	40	924	75.5
1000	1020	1175	1120	30	28	M27	42	1024	84.5
1200	1220	1375	1320	30	32	M27	44	1224	101.5
1400	1420	1575	1520	30	36	M27	48	1424	128.0
1600	1620	1790	1730	30	40	M27	51	1624	171.0
1800	1820	1990	1930	30	44	M27	54	1824	202.5
2000	2020	2190	2130	30	48	M27	58	2024	240.5

注：其他规格的法兰见 HG/T 20592—2009。

11.8.2.2 PN6 板式平焊钢制管法兰

PN6 板式平焊钢制管法兰主要尺寸见表 11－39。

表 11－39 PN6 板式平焊钢制管法兰主要尺寸

公称直径 DN	管子外径 A_1/mm	连接尺寸					法兰厚度 C/mm	法兰内径 B_1/mm	近似质量 /kg
		法兰外径 D/mm	螺栓孔中心圆直径 K/mm	螺栓孔直径 L/mm	螺栓孔数量 n	螺纹 Th			
25	32	100	75	11	4	M10	14	33	0.5
32	38	120	90	14	4	M12	16	39	1.0
40	45	130	100	14	4	M12	16	46	1.5

续表 11－39

公称直径 DN	管子外径 A_1/mm	连接尺寸					法兰厚度 C/mm	法兰内径 B_1/mm	近似质量 /kg
		法兰外径 D/mm	螺栓孔中心圆直径 K/mm	螺栓孔直径 L/mm	螺栓孔数量 n	螺纹 Th			
50	57	140	110	14	4	M12	16	59	1.5
65	76	160	130	14	4	M12	16	78	2.0
80	89	190	150	18	4	M16	18	91	3.0
100	108	210	170	18	4	M16	18	110	3.5
125	133	240	200	18	8	M16	20	135	4.5
150	159	265	225	18	8	M16	20	161	5.0
200	219	320	280	18	8	M16	22	222	7.0
250	273	375	335	18	12	M16	24	276	9.0
300	325	440	395	22	12	M20	24	328	12.0
350	377	490	445	22	12	M20	26	381	17.0
400	426	540	495	22	16	M20	28	430	20.0
450	480	595	550	22	16	M20	30	485	24.5
500	530	645	600	22	20	M20	30	535	26.5
600	630	755	705	26	20	M24	32	636	35.0

注：其他规格的法兰见 HG/T 20592—2009。

11.8.2.3 PN10 板式平焊钢制管法兰

PN10 板式平焊钢制管法兰主要尺寸见表 11－40。

表 11－40 PN10 板式平焊钢制管法兰主要尺寸

公称直径 DN	管子外径 A_1/mm	连接尺寸					法兰厚度 C/mm	法兰内径 B_1/mm	近似质量 /kg
		法兰外径 D/mm	螺栓孔中心圆直径 K/mm	螺栓孔直径 L/mm	螺栓孔数量 n	螺纹 Th			
25	32	115	85	14	4	M12	16	33	1.0
32	38	140	100	18	4	M16	18	39	2.0
40	45	150	110	18	4	M16	18	46	2.0
50	57	165	125	18	4	M16	18	59	2.5
65	76	185	145	18	4	M16	20	78	3.0
80	89	200	160	18	8	M16	20	91	3.5
100	108	220	180	18	8	M16	22	110	4.5
125	133	250	210	18	8	M16	22	135	5.5
150	159	285	240	22	8	M20	24	161	7.0
200	219	340	295	22	8	M20	24	222	9.5
250	273	395	350	22	12	M20	26	276	12.0

续表 11－40

公称直径 DN	管子外径 A_1/mm	连接尺寸					法兰厚度 C/mm	法兰内径 B_1/mm	近似质量 /kg
		法兰外径 D/mm	螺栓孔中心圆直径 K/mm	螺栓孔直径 L/mm	螺栓孔数量 n	螺纹 Th			
300	325	445	400	22	12	M20	26	328	13.5
350	377	505	460	22	16	M20	28	381	20.5
400	426	565	515	26	16	M24	32	430	27.5
450	480	615	565	26	20	M24	36	485	33.5
500	530	670	620	26	20	M24	38	535	40.0
600	630	780	725	30	20	M27	42	636	54.5

注：其他规格的法兰见 HG/T 20592—2009。

11.8.2.4 PN16 板式平焊钢制管法兰

PN16 板式平焊钢制管法兰主要尺寸见表 11－41。

表 11－41 PN16 板式平焊钢制管法兰主要尺寸

公称直径 DN	管子外径 A_1/mm	连接尺寸					法兰厚度 C/mm	法兰内径 B_1/mm	近似质量 /kg
		法兰外径 D/mm	螺栓孔中心圆直径 K/mm	螺栓孔直径 L/mm	螺栓孔数量 n	螺纹 Th			
25	32	115	85	14	4	M12	16	33	1.0
32	38	140	100	18	4	M16	18	39	2.0
40	45	150	110	18	4	M16	18	46	2.0
50	57	165	125	18	4	M16	19	59	2.5
65	76	185	145	18	8	M16	20	78	3.0
80	89	200	160	18	8	M16	20	91	3.5
100	108	220	180	18	8	M16	22	110	4.5
125	133	250	210	18	8	M16	22	135	5.5
150	159	285	240	22	8	M20	24	161	7.0
200	219	340	295	22	12	M20	26	222	9.5
250	273	405	355	26	12	M24	29	276	14.0
300	325	460	410	26	12	M24	32	328	19.0
350	377	520	470	26	16	M24	35	381	28.0
400	426	580	525	30	16	M27	38	430	36.0
450	480	640	585	30	20	M27	42	485	46.0
500	530	715	650	33	20	M30	46	535	64.0
600	630	840	770	33	20	M30	52	636	96.0

注：其他规格的法兰见 HG/T 20592—2009。

11.8.2.5 PN25 板式平焊钢制管法兰

PN25 板式平焊钢制管法兰主要尺寸见表 11－42。

表 11－42 PN25 板式平焊钢制管法兰主要尺寸

公称直径 DN	管子外径 A_1/mm	连接尺寸					法兰厚度 C/mm	法兰内径 B_1/mm	近似质量 /kg
		法兰外径 D/mm	螺栓孔中心圆直径 K/mm	螺栓孔直径 L/mm	螺栓孔数量 n	螺纹 Th			
25	32	115	85	14	4	M12	16	33	1.0
32	38	140	100	18	4	M16	18	39	2.0
40	45	150	110	18	4	M16	18	46	2.0
50	57	165	125	18	4	M16	20	59	2.5
65	76	185	145	18	8	M16	22	78	3.5
80	89	200	160	18	8	M16	24	91	3.5
100	108	235	190	22	8	M20	26	110	4.5
125	133	270	220	26	8	M24	28	135	8.0
150	159	300	250	26	8	M24	30	161	10.5
200	219	360	310	26	12	M24	32	222	14.5
250	273	425	370	30	12	M27	35	276	20.0
300	325	485	430	30	16	M27	38	328	26.5
350	377	555	490	33	16	M30	42	381	42.0
400	426	620	550	36	16	M33	46	430	55.0
450	480	670	600	36	20	M33	50	485	64.5
500	530	730	660	36	20	M33	56	535	84.0
600	630	845	770	39	20	M36×3	68	636	127.5

注：其他规格的法兰见 HG/T 20592—2009。

11.8.2.6 PN40 板式平焊钢制管法兰

PN40 板式平焊钢制管法兰主要尺寸见表 11－43。

表 11－43 PN40 板式平焊钢制管法兰主要尺寸

公称直径 DN	管子外径 A_1/mm	连接尺寸					法兰厚度 C/mm	法兰内径 B_1/mm	近似质量 /kg
		法兰外径 D/mm	螺栓孔中心圆直径 K/mm	螺栓孔直径 L/mm	螺栓孔数量 n	螺纹 Th			
25	32	115	85	14	4	M12	16	33	1.0
32	38	140	100	18	4	M16	18	39	2.0
40	45	150	110	18	4	M16	18	46	2.0
50	57	165	125	18	4	M16	20	59	2.5
65	76	185	145	18	8	M16	22	78	3.5

续表 11－43

公称直径 DN	管子外径 A_1/mm	连接尺寸					法兰厚度 C/mm	法兰内径 B_1/mm	近似质量 /kg
		法兰外径 D/mm	螺栓孔中心圆直径 K/mm	螺栓孔直径 L/mm	螺栓孔数量 n	螺纹 Th			
80	89	200	160	18	8	M16	24	91	4.5
100	108	235	190	22	8	M20	26	110	6.0
125	133	270	220	26	8	M24	28	135	8.0
150	159	300	250	26	8	M24	30	161	10.5
200	219	375	320	30	12	M27	36	222	18.0
250	273	450	385	33	12	M30	42	276	29.5
300	325	515	450	33	16	M30	48	328	41.5
350	377	580	510	36	16	M33	54	381	62.0
400	426	660	585	39	16	M36×3	60	430	89.5
450	480	685	610	39	20	M36×3	66	485	91.5
500	530	755	670	42	20	M39×3	72	535	120.5
600	630	890	795	48	20	M45×3	84	636	189.5

注：1. 其他规格的法兰见 HG/T 20592—2009；

2. 氧气管道选择 PN40 系列压力等级的法兰时，建议选用 PN40 带颈平焊钢制管法兰。

11.8.3 带颈平焊钢制管法兰

带颈平焊钢制管法兰（HG/T 20592—2009）的密封面形式有突面（RF）、凹面（FM）、凸面（M）、榫面（T）、槽面（G）进行选择。氧气站内工艺管道选用法兰时，法兰的类型及其适用压力范围见表 11－30。带颈平焊钢制管法兰示意图如图 11－24 所示。主要尺寸见表 11－44～表 11－48。

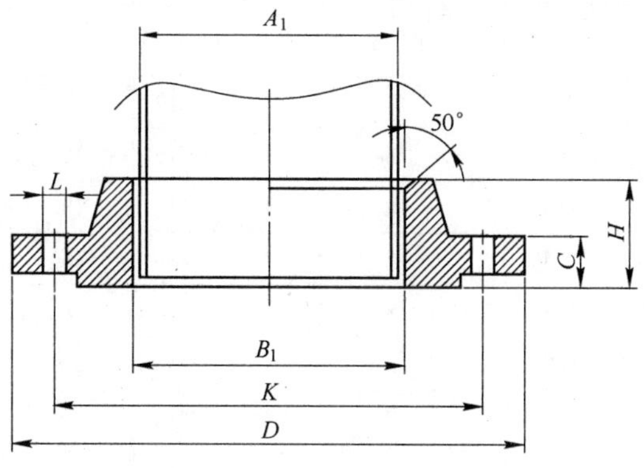

图 11－24 带颈平焊钢制管法兰示意图

11.8.3.1 PN6 带颈平焊钢制管法兰

PN6 带颈平焊钢制管法兰主要尺寸见表 11－44。

表 11－44　PN6 带颈平焊钢制管法兰主要尺寸

公称直径 DN	管子外径 A_1/mm	连接尺寸					法兰厚度 C/mm	法兰高度 H/mm	法兰内径 B_1/mm	理论质量 /kg
		法兰外径 D/mm	螺栓孔中心圆直径 K/mm	螺栓孔直径 L/mm	螺栓孔数量 n	螺纹 Th				
25	32	100	75	11	4	M10	14	24	33	1.0
32	38	120	90	14	4	M12	14	26	39	1.0
40	45	130	100	14	4	M12	14	26	46	1.5
50	57	140	110	14	4	M12	14	28	59	1.5
65	76	160	130	14	4	M12	14	32	78	2.0
80	89	190	150	18	4	M16	16	34	91	3.0
100	108	210	170	18	4	M16	16	40	110	3.0
125	133	240	200	18	8	M16	18	44	135	4.5
150	159	265	225	18	8	M16	18	44	161	5.0
200	219	320	280	18	8	M16	20	44	222	7.0
250	273	375	335	18	12	M16	22	44	276	9.0
300	325	440	395	22	12	M20	22	44	328	12.0

注：1. 其他规格的法兰见 HG/T 20592—2009；

2. “法兰颈”的尺寸见 HG/T 20592—2009。

11.8.3.2　PN10 带颈平焊钢制管法兰

PN10 带颈平焊钢制管法兰主要尺寸见表 11－45。

表 11－45　PN10 带颈平焊钢制管法兰主要尺寸

公称直径 DN	管子外径 A_1/mm	连接尺寸					法兰厚度 C/mm	法兰高度 H/mm	法兰内径 B_1/mm	近似质量 /kg
		法兰外径 D/mm	螺栓孔中心圆直径 K/mm	螺栓孔直径 L/mm	螺栓孔数量 n	螺纹 Th				
25	32	115	85	14	4	M12	18	28	33	1.5
32	38	140	100	18	4	M16	18	30	39	2.0
40	45	150	110	18	4	M16	18	32	46	2.0
50	57	165	125	18	4	M16	18	32	59	2.5
65	76	185	145	18	8	M16	18	32	78	3.0
80	89	200	160	18	8	M16	20	34	91	4.0
100	108	220	180	18	8	M16	20	40	110	4.5
125	133	250	210	18	8	M16	22	44	135	6.5
150	159	285	240	22	8	M20	22	44	161	7.5
200	219	340	295	22	8	M20	24	44	222	10.5
250	273	395	350	22	12	M20	26	46	276	13.0
300	325	445	400	22	12	M20	26	46	328	15.0

续表 11－45

公称直径 DN	管子外径 A_1/mm	连接尺寸					法兰厚度 C/mm	法兰高度 H/mm	法兰内径 B_1/mm	近似质量 /kg
		法兰外径 D/mm	螺栓孔中心圆直径 K/mm	螺栓孔直径 L/mm	螺栓孔数量 n	螺纹 Th				
350	377	505	460	22	16	M20	26	53	381	20.5
400	426	565	515	26	16	M24	26	57	430	27.6
450	480	615	565	26	20	M24	28	63	485	31.1
500	530	670	620	26	20	M24	28	67	535	38.1
600	630	780	725	30	20	M27	28	75	636	48.1

注：1. 其他规格的法兰见 HG/T 20592—2009；

2. “法兰颈”的尺寸见 HG/T 20592—2009。

11.8.3.3 PN16 带颈平焊钢制管法兰

PN16 带颈平焊钢制管法兰主要尺寸见表 11－46。

表 11－46 PN16 带颈平焊钢制管法兰主要尺寸

公称直径 DN	管子外径 A_1/mm	连接尺寸					法兰厚度 C/mm	法兰高度 H/mm	法兰内径 B_1/mm	近似质量 /kg
		法兰外径 D/mm	螺栓孔中心圆直径 K/mm	螺栓孔直径 L/mm	螺栓孔数量 n	螺纹 Th				
25	32	115	85	14	4	M12	18	28	33	1.5
32	38	140	100	18	4	M16	18	30	39	2.0
40	45	150	110	18	4	M16	18	32	46	2.0
50	57	165	125	18	4	M16	18	32	59	2.5
65	76	185	145	18	8	M16	18	32	78	3.0
80	89	200	160	18	8	M16	20	34	91	4.0
100	108	220	180	18	8	M16	20	40	110	4.5
125	133	250	210	18	8	M16	22	44	135	6.5
150	159	285	240	22	8	M20	22	44	161	7.5
200	219	340	295	22	12	M20	24	44	222	10.0
250	273	405	355	26	12	M24	26	46	276	14.0
300	325	460	410	26	12	M24	28	46	328	18.0
350	377	520	470	26	16	M24	30	57	381	28.5
400	426	580	525	30	16	M27	32	63	430	36.5
450	480	640	585	30	20	M27	40	68	485	49.5
500	530	715	650	33	20	M30	44	73	535	68.5
600	630	840	770	36	20	M33	54	83	636	107.5

注：1. 其他规格的法兰见 HG/T 20592—2009；

2. “法兰颈”的尺寸见 HG/T 20592—2009。

11.8.3.4 PN25 带颈平焊钢制管法兰

PN25 带颈平焊钢制管法兰主要尺寸见表 11－47。

表 11－47 PN25 带颈平焊钢制管法兰主要尺寸

公称直径 DN	管子外径 A_1/mm	连接尺寸					法兰厚度 C/mm	法兰高度 H/mm	法兰内径 B_1/mm	近似质量 /kg
		法兰外径 D/mm	螺栓孔中心圆直径 K/mm	螺栓孔直径 L/mm	螺栓孔数量 n	螺纹 Th				
25	32	115	85	14	4	M12	18	28	33	1.5
32	38	140	100	18	4	M16	18	30	39	2.0
40	45	150	110	18	4	M16	18	32	46	2.0
50	57	165	125	18	4	M16	20	34	59	3.0
65	76	185	145	18	8	M16	22	38	78	4.0
80	89	200	160	18	8	M16	24	40	91	4.5
100	108	235	190	22	8	M20	24	44	110	6.5
125	133	270	220	26	8	M24	26	48	135	8.5
150	159	300	250	26	8	M24	28	52	161	11.0
200	219	360	310	26	12	M24	30	52	222	15.0
250	273	425	370	30	12	M27	32	60	276	21.0
300	325	485	430	30	16	M27	34	67	328	28.0
350	377	555	490	33	16	M30	38	72	381	46.5
400	426	620	550	36	16	M33	40	78	430	59.5
450	480	670	600	36	20	M33	46	84	485	71.5
500	530	730	660	36	20	M33	48	90	535	89.5
600	630	845	770	39	20	M36×3	58	100	636	139.5

注：1. 其他规格的法兰见 HG/T 20592—2009；
2. “法兰颈”的尺寸见 HG/T 20592—2009。

11.8.3.5 PN40 带颈平焊钢制管法兰

PN40 带颈平焊钢制管法兰主要尺寸见表 11－48。

表 11－48 PN40 带颈平焊钢制管法兰主要尺寸

公称直径 DN	管子外径 A_1/mm	连接尺寸					法兰厚度 C/mm	法兰高度 H/mm	法兰内径 B_1/mm	近似质量 /kg
		法兰外径 D/mm	螺栓孔中心圆直径 K/mm	螺栓孔直径 L/mm	螺栓孔数量 n	螺纹 Th				
25	32	115	85	14	4	M12	16	28	33	1.5
32	38	140	100	18	4	M16	18	30	39	2.0
40	45	150	110	18	4	M16	18	32	46	2.0
50	57	165	125	18	4	M16	20	34	59	3.0

续表 11-48

公称直径 DN	管子外径 A_1/mm	连接尺寸					法兰厚度 C/mm	法兰高度 H/mm	法兰内径 B_1/mm	近似质量 /kg
		法兰外径 D/mm	螺栓孔中心圆直径 K/mm	螺栓孔直径 L/mm	螺栓孔数量 n	螺纹 Th				
65	76	185	145	18	8	M16	22	38	78	4.0
80	89	200	160	18	8	M16	24	40	91	4.5
100	108	235	190	22	8	M20	26	44	110	6.5
125	133	270	220	26	8	M24	28	48	135	8.5
150	159	300	250	26	8	M24	30	52	161	11.0
200	219	375	320	30	12	M27	36	56	222	18.5
250	273	450	385	33	12	M30	42	64	276	28.5
300	325	515	450	33	16	M30	48	71	328	41.5
350	377	580	510	36	16	M33	54	78	381	60.0
400	426	660	585	39	16	M36×3	60	86	430	83.5
450	480	685	610	39	20	M36×3	66	94	485	87.5
500	530	755	670	42	20	M39×3	72	100	535	107.5
600	630	890	795	48	20	M45×3	84	106	630	176.0

注：1. 其他规格的法兰见 HG/T 20592—2009；

2. "法兰颈"的尺寸见 HG/T 20592—2009。

11.8.4 带颈对焊钢制管法兰

常用带颈对焊钢制管法兰（HG/T 20592—2009）的密封面形式有突面（RF），凹面（FM）、凸面（M）、榫面（T）、槽面（G）、环连接面（RJ）进行选择。氧气站内工艺管道选用法兰时，法兰的类型及其适用压力范围见表 11-30。带颈对焊钢制管法兰示意图如图 11-25 所示。主要尺寸见表 11-49～表 11-55。

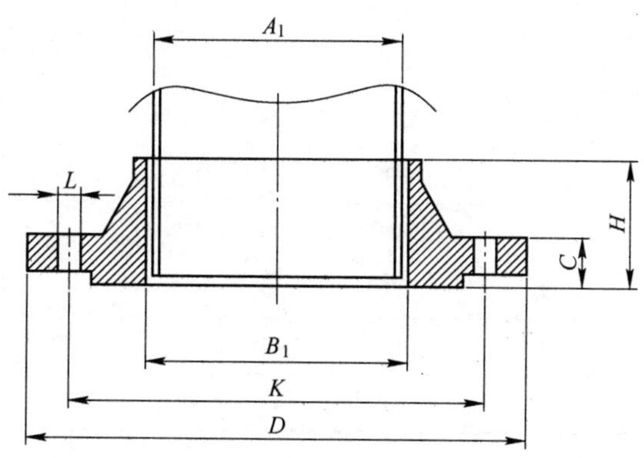

图 11-25 带颈对焊钢制管法兰示意图

11.8.4.1 PN10 带颈对焊钢制管法兰

PN10 带颈对焊钢制管法兰主要尺寸见表 11-49。

表 11－49　PN10 带颈对焊钢制管法兰主要尺寸

公称直径 DN	管子外径 A_1/mm	连接尺寸					法兰厚度 C/mm	法兰高度 H/mm	法兰颈端部 S /mm	近似质量 /kg
		法兰外径 D/mm	螺栓孔中心圆直径 K/mm	螺栓孔直径 L/mm	螺栓孔数量 n	螺纹 Th				
25	32	115	85	14	4	M12	18	40	≥2.6	1.0
32	38	140	100	18	4	M16	18	42	≥2.6	2.0
40	45	150	110	18	4	M16	18	45	≥2.6	2.0
50	57	165	125	18	4	M16	18	45	≥2.9	2.5
65	76	185	145	18	4	M16	18	45	≥2.9	3.0
80	89	200	160	18	8	M16	20	50	≥3.2	4.0
100	108	220	180	18	8	M16	20	52	≥3.6	4.5
125	133	250	210	18	8	M16	22	55	≥4	6.5
150	159	285	240	22	8	M20	22	55	≥4.5	7.5
200	219	340	295	22	8	M20	24	62	≥6.3	11.5
250	273	395	350	22	12	M20	26	70	≥6.3	15.5
300	325	445	400	22	12	M20	26	78	≥7.1	18.0
350	377	505	460	22	16	M20	26	82	≥7.1	24.5
400	426	565	515	26	16	M24	26	85	≥7.1	29.5
450	480	615	565	26	20	M24	28	87	≥7.1	34.0
500	530	670	620	26	20	M24	28	90	≥7.1	39.5
600	630	780	725	30	20	M27	28	95	≥7.1	56.0
700	720	895	840	30	24	M27	30	100	≥8	65.0
800	820	1015	950	33	24	M30	32	105	≥8	87.0
900	920	1115	1050	33	28	M30	34	110	≥10	106.0
1000	1020	1230	1160	36	28	M33	34	120	≥10	123.0
1200	1220	1455	1380	39	32	M36×3	38	130	≥11	184.0
1400	1420	1675	1590	42	36	M39×3	42	145	≥12	252.0
1600	1620	1915	1820	48	40	M45×3	46	160	≥14	363.0
1800	1820	2115	2020	48	44	M45×3	50	170	≥15	445.5
2000	2020	2325	2230	48	48	M45×3	54	180	≥18	558.0

注：1. 其他规格的法兰见 HG/T 20592—2009；

2. “法兰颈”的尺寸见 HG/T 20592—2009。

11.8.4.2　PN16 带颈对焊钢制管法兰

PN16 带颈对焊钢制管法兰主要尺寸见表 11－50。

表 11-50 PN16 带颈对焊钢制管法兰主要尺寸

公称直径 DN	管子外径 A_1/mm	连接尺寸					法兰厚度 C/mm	法兰高度 H/mm	法兰颈端部 S/mm	近似质量 /kg
		法兰外径 D/mm	螺栓孔中心圆直径 K/mm	螺栓孔直径 L/mm	螺栓孔数量 n	螺纹 Th				
25	32	115	85	14	4	M12	18	40	≥2.6	1.0
32	38	140	100	18	4	M16	18	42	≥2.6	2.0
40	45	150	110	18	4	M16	18	45	≥2.6	2.0
50	57	165	125	18	4	M16	18	45	≥2.9	2.5
65	76	185	145	18	8	M16	18	45	≥2.9	3.0
80	89	200	160	18	8	M16	20	50	≥3.2	4.0
100	108	220	180	18	8	M16	20	52	≥3.6	4.5
125	133	250	210	18	8	M16	22	55	≥4.0	6.5
150	159	285	240	22	8	M20	22	55	≥4.5	7.5
200	219	340	295	22	12	M20	24	62	≥6.3	11.0
250	273	405	355	26	12	M24	26	70	≥6.3	16.5
300	325	460	410	26	12	M24	28	78	≥7.1	22.0
350	377	520	470	26	16	M24	30	82	≥8.0	32.0
400	426	580	525	30	16	M27	32	85	≥8.0	40.0
450	480	640	585	30	20	M27	40	87	≥8.0	54.5
500	530	715	650	33	20	M30	44	90	≥8.0	74.0
600	630	840	770	36	20	M33	54	95	≥8.8	116.5
700	720	910	840	36	24	M33	36	100	≥8.8	87.0
800	820	1025	950	39	24	M36×3	38	105	≥10.0	111.0
900	920	1125	1050	39	28	M36×3	40	110	≥10.0	129.0
1000	1020	1255	1170	42	28	M39×3	42	120	≥10.0	169.0
1200	1220	1485	1390	48	32	M45×3	48	130	≥12.5	251.0
1400	1420	1685	1590	48	36	M45×3	52	145	≥14.2	329.0
1600	1620	1930	1820	56	40	M52×4	58	160	≥16.0	476.0
1800	1820	2130	2020	56	44	M52×4	62	170	≥17.5	582.0
2000	2020	2345	2230	62	48	M56×4	66	190	≥20.0	720.0

注：1. 其他规格的法兰见 HG/T 20592—2009；

2. “法兰颈”的尺寸见 HG/T 20592—2009。

11.8.4.3 PN25 带颈对焊钢制管法兰

PN25 带颈对焊钢制管法兰主要尺寸见表 11-51。

表 11-51　PN25 带颈对焊钢制管法兰主要尺寸

公称直径 DN	管子外径 A_1/mm	连接尺寸					法兰厚度 C/mm	法兰高度 H/mm	法兰颈端部 S/mm	近似质量/kg
		法兰外径 D/mm	螺栓孔中心圆直径 K/mm	螺栓孔直径 L/mm	螺栓孔数量 n	螺纹 Th				
25	32	115	85	14	4	M12	18	40	≥2.6	1.0
32	38	140	100	18	4	M16	18	42	≥2.6	2.0
40	45	150	110	18	4	M16	18	45	≥2.6	2.0
50	57	165	125	18	4	M16	20	48	≥2.9	3.0
65	76	185	145	18	8	M16	22	52	≥2.9	4.0
80	89	200	160	18	8	M16	24	58	≥3.2	5.0
100	108	235	190	22	8	M20	24	65	≥3.6	6.5
125	133	270	220	26	8	M24	26	68	≥4.0	9.0
150	159	300	250	26	8	M24	28	75	≥4.5	11.5
200	219	360	310	26	12	M24	30	80	≥6.3	17.0
250	273	425	370	30	12	M27	32	88	≥7.1	24.0
300	325	485	430	30	16	M27	34	92	≥8.0	31.5
350	377	555	490	33	16	M30×2	38	100	≥8.0	48.0
400	426	620	550	36	16	M33×2	40	110	≥8.8	63.0
450	480	670	600	36	20	M33×2	42	110	≥8.8	75.5
500	530	730	660	36	20	M33×2	44	125	≥10.0	96.5
600	630	845	770	39	20	M36×3	46	125	≥11.0	138.5

注：1. 其他规格的法兰见 HG/T 20592—2009；

2. “法兰颈”的尺寸见 HG/T 20592—2009。

11.8.4.4　PN40 带颈对焊钢制管法兰

PN40 带颈对焊钢制管法兰主要尺寸见表 11-52。

表 11-52　PN40 带颈对焊钢制管法兰主要尺寸

公称直径 DN	管子外径 A_1/mm	连接尺寸					法兰厚度 C/mm	法兰高度 H/mm	法兰颈端部 S/mm	近似质量/kg
		法兰外径 D/mm	螺栓孔中心圆直径 K/mm	螺栓孔直径 L/mm	螺栓孔数量 n	螺纹 Th				
25	32	115	85	14	4	M12	18	40	≥2.6	1.0
32	38	140	100	18	4	M16	18	42	≥2.6	2.0
40	45	150	110	18	4	M16	18	45	≥2.6	2.0
50	57	165	125	18	4	M16	20	48	≥2.9	3.0
65	76	185	145	18	8	M16	22	52	≥2.9	4.0
80	89	200	160	18	8	M16	24	58	≥3.2	5.0
100	108	235	190	22	8	M20	24	65	≥3.6	6.5
125	133	270	220	26	8	M24	26	68	≥4.0	9.0

续表 11－52

公称直径 DN	管子外径 A_1/mm	连接尺寸					法兰厚度 C/mm	法兰高度 H/mm	法兰颈端部 S /mm	近似质量 /kg
		法兰外径 D/mm	螺栓孔中心圆直径 K/mm	螺栓孔直径 L/mm	螺栓孔数量 n	螺纹 Th				
150	159	300	250	26	8	M24	28	75	≥4.5	11.5
200	219	375	320	30	12	M27	34	88	≥6.3	21.0
250	273	450	385	33	12	M30	38	105	≥7.1	34.0
300	325	515	450	33	16	M30	42	115	≥8.0	47.5
350	377	580	510	36	16	M33	46	125	≥8.8	69.0
400	426	660	585	39	16	M36×3	50	135	≥11.0	98.0
450	480	685	610	39	20	M36×3	57	135	≥12.5	105.0
500	530	755	670	42	20	M39×3	57	140	≥14.2	130.5
600	630	890	795	48	20	M45×3	72	150	≥16.0	211.5

注：1. 其他规格的法兰见 HG/T 20592—2009；

2. "法兰颈"的尺寸见 HG/T 20592—2009。

11.8.4.5 PN63 带颈对焊钢制管法兰

PN63 带颈对焊钢制管法兰主要尺寸见表 11－53。

表 11－53 PN63 带颈对焊钢制管法兰主要尺寸

公称直径 DN	管子外径 A_1/mm	连接尺寸					法兰厚度 C/mm	法兰高度 H/mm	法兰颈端部 S /mm	近似质量 /kg
		法兰外径 D/mm	螺栓孔中心圆直径 K/mm	螺栓孔直径 L/mm	螺栓孔数量 n	螺纹 Th				
25	32	140	100	18	4	M16	24	58	≥2.6	2.5
32	38	155	110	22	4	M20	24	60	≥2.9	3.0
40	45	170	125	22	4	M20	26	62	≥2.9	4.0
50	57	180	135	22	4	M20	26	62	≥2.9	4.5
65	76	205	160	22	8	M20	26	68	≥3.2	5.5
80	89	215	170	22	8	M20	28	72	≥3.6	6.5
100	108	250	200	26	8	M24	30	78	≥4.0	9.5
125	133	295	240	30	8	M27	34	88	≥4.5	14.5
150	159	345	280	33	8	M30	36	95	≥5.6	21.5
200	219	415	345	36	12	M33	42	110	≥7.1	34.0
250	273	470	400	36	12	M33	46	125	≥8.8	48.0
300	325	530	460	36	16	M33	52	140	≥11.0	67.5
350	377	600	525	39	16	M36×3	56	150	≥12.5	97.5
400	426	670	585	42	16	M39×3	60	160	≥14.2	129.0

注：1. 其他规格的法兰见 HG/T 20592—2009；

2. "法兰颈"的尺寸见 HG/T 20592—2009。

11.8.4.6　PN100 带颈对焊钢制管法兰

PN100 带颈对焊钢制管法兰主要尺寸见表 11－54。

表 11－54　PN100 带颈对焊钢制管法兰主要尺寸

公称直径 DN	管子外径 A_1/mm	连接尺寸					法兰厚度 C/mm	法兰高度 H/mm	法兰颈端部 S /mm	近似质量 /kg
		法兰外径 D/mm	螺栓孔中心圆直径 K/mm	螺栓孔直径 L/mm	螺栓孔数量 n	螺纹 Th				
25	32	140	100	18	4	M16	24	58	≥2.6	2.5
32	38	155	110	22	4	M20	24	60	≥2.9	3.0
40	45	170	125	22	4	M20	26	62	≥2.9	4.0
50	57	195	145	26	4	M24	28	68	≥3.2	6.0
65	76	220	170	26	8	M24	30	76	≥3.6	7.5
80	89	230	180	26	8	M24	32	78	≥4.0	9.0
100	108	265	210	30	8	M27	36	90	≥5.0	13.0
125	133	315	250	33	8	M30	40	105	≥6.3	21.0
150	159	355	290	33	12	M30	44	115	≥7.1	28.0
200	219	430	360	36	12	M33	52	130	≥10.0	50.0
250	273	505	430	39	12	M36×3	60	157	≥12.5	81.0
300	325	585	500	42	16	M39×3	68	170	≥14.2	118.0
350	377	655	560	48	16	M45×3	74	189	≥16.0	167.0

注：1. 其他规格的法兰见 HG/T 20592—2009；

2. “法兰颈”的尺寸见 HG/T 20592—2009。

11.8.4.7　PN160 带颈对焊钢制管法兰

PN160 带颈对焊钢制管法兰主要尺寸见表 11－55。

表 11－55　PN160 带颈对焊钢制管法兰主要尺寸

公称直径 DN	管子外径 A_1/mm	连接尺寸					法兰厚度 C/mm	法兰高度 H/mm	法兰颈端部 S /mm	近似质量 /kg
		法兰外径 D/mm	螺栓孔中心圆直径 K/mm	螺栓孔直径 L/mm	螺栓孔数量 n	螺纹 Th				
10	14	100	70	14	4	M12	20	45	≥2.0	1.5
15	18	105	75	14	4	M12	20	45	≥2.0	1.5
20	25	130	90	18	4	M16	24	52	≥2.9	2.5
25	32	140	100	18	4	M16	24	58	≥2.9	3.0
32	38	155	110	22	4	M20	28	60	≥3.6	4.0
40	45	170	125	22	4	M20	28	64	≥3.6	4.5
50	57	195	145	26	4	M24	30	75	≥4.0	6.5

续表 11－55

公称直径 DN	管子外径 A_1/mm	连接尺寸					法兰厚度 C/mm	法兰高度 H/mm	法兰颈端部 S /mm	近似质量 /kg
		法兰外径 D/mm	螺栓孔中心圆直径 K/mm	螺栓孔直径 L/mm	螺栓孔数量 n	螺纹 Th				
65	76	220	170	26	8	M24	34	82	≥5.0	9.5
80	89	230	180	26	8	M24	36	86	≥6.3	10.6
100	108	265	210	30	8	M27	40	100	≥8.0	15.6
125	133	315	250	33	8	M30	44	115	≥10.0	25.0
150	159	355	290	33	12	M30	50	128	≥12.5	35.5
200	219	430	360	36	12	M33	60	140	≥16.0	61.5
250	273	515	430	42	12	M39×3	68	155	≥20.0	98.5
300	325	585	500	42	16	M39×3	78	175	≥22.2	142.0

注：1. “法兰颈”的尺寸见 HG/T 20592—2009；

2. 充瓶气体管道用法兰选用此压力等级。

11.8.5 钢制管法兰盖

钢制管法兰盖（HG/T 20592—2009）主要尺寸见表 11－56～表 11－64。

11.8.5.1 PN2.5 钢制管法兰盖

PN2.5 钢制管法兰盖主要尺寸见表 11－56。

表 11－56 PN2.5 钢制管法兰盖主要尺寸

公称直径 DN	连接尺寸					法兰盖厚度 C/mm	近似质量 /kg
	法兰盖外径 D/mm	螺栓孔中心圆直径 K/mm	螺栓孔直径 L/mm	螺栓孔数量 n	螺纹 Th		
25	100	75	11	4	M10	14	1.0
32	120	90	14	4	M12	16	1.0
40	130	100	14	4	M12	16	1.5
50	140	110	14	4	M12	16	1.5
65	160	130	14	4	M12	16	2.0
80	190	150	18	4	M16	18	3.5
100	210	170	18	4	M16	18	4.0
125	240	200	18	8	M16	20	6.0
150	265	225	18	8	M16	20	7.5
200	320	280	18	8	M16	22	12.5
250	375	335	18	12	M16	24	18.5
300	440	395	22	12	M20	24	25.5
350	490	445	22	12	M20	26	32.0

续表 11－56

公称直径 DN	连接尺寸					法兰盖厚度 C/mm	近似质量 /kg
	法兰盖外径 D/mm	螺栓孔中心圆直径 K/mm	螺栓孔直径 L/mm	螺栓孔数量 n	螺纹 Th		
400	540	495	22	16	M20	28	38.5
450	595	550	22	16	M20	30	51.0
500	645	600	22	20	M20	30	60.0
600	755	705	26	20	M24	32	103.0
700	860	810	26	24	M24	36	178.5
800	975	920	30	24	M27	38	252.0
900	1075	1020	30	24	M27	40	335.5
1000	1175	1120	30	28	M27	42	434.5
1200	1375	1320	30	32	M27	44	505.0
1400	1575	1520	30	36	M27	48	724.5
1600	1790	1730	30	40	M27	51	996.0
1800	1990	1930	30	44	M27	54	1305.5
2000	2190	2130	30	48	M27	58	1699.5

注：其他规格法兰盖的尺寸见 HG/T 20592—2009。

11.8.5.2　PN6 钢制管法兰盖

PN6 钢制管法兰盖主要尺寸见表 11－57。

表 11－57　PN6 钢制管法兰盖主要尺寸

公称直径 DN	连接尺寸					法兰盖厚度 C/mm	近似质量 /kg
	法兰盖外径 D/mm	螺栓孔中心圆直径 K/mm	螺栓孔直径 L/mm	螺栓孔数量 n	螺纹 Th		
25	100	75	11	4	M10	14	1.0
32	120	90	14	4	M12	14	1.0
40	130	100	14	4	M12	14	1.5
50	140	110	14	4	M12	14	1.5
65	160	130	14	4	M12	14	2.0
80	190	150	18	4	M16	16	3.5
100	210	170	18	4	M16	16	4.0
125	240	200	18	8	M16	18	6.0
150	265	225	18	8	M16	18	7.5
200	320	280	18	8	M16	20	12.5
250	375	335	18	12	M16	22	18.5
300	440	395	22	12	M20	22	25.5

续表 11-57

公称直径 DN	连接尺寸					法兰盖厚度 C/mm	近似质量 /kg
	法兰盖外径 D/mm	螺栓孔中心圆直径 K/mm	螺栓孔直径 L/mm	螺栓孔数量 n	螺纹 Th		
350	490	445	22	12	M20	22	32.0
400	540	495	22	16	M20	22	38.5
450	595	550	22	16	M20	24	51.0
500	645	600	22	20	M20	24	60.0
600	755	705	26	20	M24	30	103.0
700	860	810	26	24	M24	40	178.5
800	975	920	30	24	M27	44	252.0
900	1075	1020	30	24	M27	48	335.5
1000	1175	1120	30	28	M27	52	434.5
1200	1405	1340	33	32	M30	60	717.5
1400	1630	1560	36	36	M33	68	1094.0
1600	1830	1760	36	40	M33	76	1545.0
1800	2045	1970	39	44	M36×3	84	2131.0
2000	2265	2180	42	48	M39×3	92	2862.0

注：其他规格法兰盖的尺寸见 HG/T 20592—2009。

11.8.5.3 PN10 钢制管法兰盖

PN10 钢制管法兰盖主要尺寸见表 11-58。

表 11-58 PN10 钢制管法兰盖主要尺寸

公称直径 DN	连接尺寸					法兰盖厚度 C/mm	近似质量 /kg
	法兰盖外径 D/mm	螺栓孔中心圆直径 K/mm	螺栓孔直径 L/mm	螺栓孔数量 n	螺纹 Th		
25	115	85	14	4	M12	18	1.5
32	140	100	18	4	M16	18	2.0
40	150	110	18	4	M16	18	2.5
50	165	125	18	4	M16	18	3.0
65	185	145	18	8	M16	18	3.5
80	200	160	18	8	M16	20	4.5
100	220	180	18	8	M16	20	5.5
125	250	210	18	8	M16	22	8.0
150	285	240	22	8	M20	22	10.5
200	340	295	22	8	M20	24	16.5
250	395	350	22	12	M20	26	24.0

续表 11-58

公称直径 DN	连接尺寸					法兰盖厚度 C/mm	近似质量 /kg
	法兰盖外径 D/mm	螺栓孔中心圆直径 K/mm	螺栓孔直径 L/mm	螺栓孔数量 n	螺纹 Th		
300	445	400	22	12	M20	26	31.0
350	505	460	22	16	M20	26	39.5
400	565	515	26	16	M24	26	49.5
450	615	565	26	20	M24	28	63.0
500	670	620	26	20	M24	28	75.5
600	780	725	30	20	M27	34	124.0
700	895	840	30	24	M27	38	182.5
800	1015	950	33	24	M30	42	260.0
900	1115	1050	33	28	M30	46	344.0
1000	1230	1160	36	28	M33	52	473.5
1200	1455	1380	39	32	M36×3	60	765.0

注：其他规格法兰盖的尺寸见 HG/T 20592—2009。

11.8.5.4 PN16 钢制管法兰盖

PN16 钢制管法兰盖主要尺寸见表 11-59。

表 11-59 PN16 钢制管法兰盖主要尺寸

公称直径 DN	连接尺寸					法兰盖厚度 C/mm	近似质量 /kg
	法兰盖外径 D/mm	螺栓孔中心圆直径 K/mm	螺栓孔直径 L/mm	螺栓孔数量 n	螺纹 Th		
25	115	85	14	4	M12	18	1.5
32	140	100	18	4	M16	18	2.0
40	150	110	18	4	M16	18	2.5
50	165	125	18	4	M16	20	3.0
65	185	145	18	4	M16	20	3.5
80	200	160	18	8	M16	20	4.5
100	220	180	18	8	M16	22	5.5
125	250	210	18	8	M16	22	8.0
150	285	240	22	8	M20	22	10.5
200	340	295	26	12	M20	24	16.5
250	405	355	26	12	M24	26	25.0
300	460	410	26	12	M24	28	35.0
350	520	470	30	16	M24	30	48.0
400	580	525	30	16	M27	32	63.5

续表 11－59

公称直径 DN	连接尺寸					法兰盖厚度 C/mm	近似质量 /kg
	法兰盖外径 D/mm	螺栓孔中心圆直径 K/mm	螺栓孔直径 L/mm	螺栓孔数量 n	螺纹 Th		
450	640	585	33	20	M27	40	96.5
500	715	650	33	20	M30	44	133.0
600	840	770	36	20	M33	54	226.5
700	910	840	36	24	M33	48	236.0
800	1025	950	39	24	M36×3	52	325.0
900	1125	1050	39	28	M36×3	58	437.5
1000	1255	1170	42	28	M39×3	64	602.0
1200	1485	1390	48	32	M45×3	76	999.0

注：其他规格法兰盖的尺寸见 HG/T 20592—2009。

11.8.5.5 PN25 钢制管法兰盖

PN25 钢制管法兰盖主要尺寸见表 11－60。

表 11－60 PN25 钢制管法兰盖主要尺寸

公称直径 DN	连接尺寸					法兰盖厚度 C/mm	近似质量 /kg
	法兰盖外径 D/mm	螺栓孔中心圆直径 K/mm	螺栓孔直径 L/mm	螺栓孔数量 n	螺纹 Th		
25	115	85	14	4	M12	18	1.5
32	140	100	18	4	M16	18	2.0
40	150	110	18	4	M16	18	2.5
50	165	125	18	4	M16	20	3.0
65	185	145	18	8	M16	22	4.5
80	200	160	18	8	M20	24	5.5
100	235	190	22	8	M20	24	7.5
125	270	220	26	8	M24	26	11.0
150	300	250	26	8	M24	28	14.5
200	360	310	26	12	M24	30	22.5
250	425	370	30	12	M27	32	33.5
300	485	430	30	16	M27	34	46.5
350	555	490	33	16	M30	38	68.0
400	620	550	36	16	M33	40	89.5
450	670	600	36	20	M33	46	120.0
500	730	660	36	20	M33	48	150.0
600	845	770	39	20	M36×3	58	244.5

注：其他规格法兰盖的尺寸见 HG/T 20592—2009。

11.8.5.6 PN40 钢制管法兰盖

PN40 钢制管法兰盖主要尺寸见表 11－61。

表 11－61 PN40 钢制管法兰盖主要尺寸

公称直径 DN	连接尺寸					法兰盖厚度 C/mm	近似质量 /kg
	法兰盖外径 D/mm	螺栓孔中心圆直径 K/mm	螺栓孔直径 L/mm	螺栓孔数量 n	螺纹 Th		
25	115	85	14	4	M12	16	1.5
32	140	100	18	4	M16	16	2.0
40	150	110	18	4	M16	18	2.5
50	165	125	18	4	M16	20	3.0
65	185	145	18	8	M16	22	4.5
80	200	160	18	8	M16	24	5.5
100	235	190	22	8	M20	24	7.5
125	270	220	26	8	M24	26	11.0
150	300	250	26	8	M24	28	14.5
200	375	320	30	12	M27	36	29.0
250	450	385	33	12	M30	38	44.5
300	515	450	33	16	M30	42	64.0
350	580	510	36	16	M33	46	89.5
400	660	585	39	16	M36×3	50	127.0
450	685	610	39	20	M36×3	57	154.0
500	755	670	42	20	M39×3	57	188.0
600	890	795	48	20	M45×3	72	331.0

注：其他规格法兰盖的尺寸见 HG/T 20592—2009。

11.8.5.7 PN63 钢制管法兰盖

PN63 钢制管法兰盖主要尺寸见表 11－62。

表 11－62 PN63 钢制管法兰盖主要尺寸

公称直径 DN	连接尺寸					法兰盖厚度 C/mm	近似质量 /kg
	法兰盖外径 D/mm	螺栓孔中心圆直径 K/mm	螺栓孔直径 L/mm	螺栓孔数量 n	螺纹 Th		
25	140	100	18	4	M16	24	2.5
32	155	110	22	4	M20	24	3.0
40	170	125	22	4	M20	26	4.0
50	180	135	22	4	M20	26	4.5
65	205	160	22	8	M20	26	5.5

续表 11-62

公称直径 DN	连接尺寸					法兰盖厚度 C/mm	近似质量 /kg
	法兰盖外径 D/mm	螺栓孔中心圆直径 K/mm	螺栓孔直径 L/mm	螺栓孔数量 n	螺纹 Th		
80	215	170	22	8	M20	28	6.5
100	250	200	26	8	M24	30	10.5
125	295	240	30	8	M27	34	16.5
150	345	280	33	8	M30	36	24.5
200	415	345	36	12	M33	42	40.5
250	470	400	36	12	M33	46	58.0
300	530	460	36	16	M33	52	83.5
350	600	525	39	16	M36×3	56	116.0
400	670	585	42	16	M39×3	60	155.5

注：其他规格法兰盖的尺寸见 HG/T 20592—2009。

11.8.5.8 PN100 钢制管法兰盖

PN100 钢制管法兰盖主要尺寸见表 11-63。

表 11-63 PN100 钢制管法兰盖主要尺寸

公称直径 DN	连接尺寸					法兰盖厚度 C/mm	近似质量 /kg
	法兰盖外径 D/mm	螺栓孔中心圆直径 K/mm	螺栓孔直径 L/mm	螺栓孔数量 n	螺纹 Th		
25	140	100	18	4	M16	24	2.5
32	155	110	22	4	M20	24	3.5
40	170	125	22	4	M20	26	4.5
50	195	145	26	4	M24	28	6.0
65	220	170	26	8	M24	30	8.0
80	230	180	26	8	M24	32	9.5
100	265	210	30	8	M27	36	14.0
125	315	250	33	8	M30	40	22.5
150	355	290	33	12	M30	44	30.5
200	430	360	36	12	M33×2	52	54.5
250	505	430	39	12	M36×3	60	87.5
300	585	500	42	16	M39×3	68	131.5
350	655	560	48	16	M45×3	74	179.0
400	715	620	48	16	M45×3	82	243.0

注：其他规格法兰盖的尺寸见 HG/T 20592—2009。

11.8.5.9 PN160 钢制管法兰盖

PN160 钢制管法兰盖主要尺寸见表 11－64。

表 11－64 PN160 钢制管法兰盖主要尺寸

公称直径 DN	连接尺寸					法兰盖厚度 C/mm	近似质量 /kg
	法兰盖外径 D/mm	螺栓孔中心圆直径 K/mm	螺栓孔直径 L/mm	螺栓孔数量 n	螺纹 Th		
25	140	100	18	4	M16	32	4.0
32	155	110	22	4	M20	34	5.0
40	170	125	22	4	M20	36	6.0
50	195	145	26	4	M24	38	8.5
65	220	170	26	8	M24	42	11.5
80	230	180	26	8	M24	46	14.0
100	265	210	30	8	M27	52	20.5
125	315	250	33	8	M30	56	32.0
150	355	290	33	12	M30	62	44.0
200	430	360	36	12	M33	66	70.0
250	515	430	42	12	M39×3	76	115.5
300	585	500	42	16	M39×3	88	172.0

注：其他规格法兰盖的尺寸见 HG/T 20592—2009。

11.8.6 法兰垫片

按照《氧气站设计规范》(GB 50030—91)和《深度冷冻法生产氧气及相关气体安全技术规程》(GB 16912—2008)的有关规定,氧气管道的法兰垫片按照表 11－65 进行选取。

表 11－65 氧气管道的法兰垫片选用表

工作压力/MPa	垫片
≤0.6	橡胶石棉板
0.6～3.0（含 3.0）	缠绕式垫片、聚四氟乙烯垫片
3.0～10.0（含 10.0）	波形金属包石棉垫片、缠绕式垫片、聚四氟乙烯垫片、退火软化铝垫片、退火软化铜片
>10.0	退火软化铜片

橡胶石棉板垫片的技术规格参数见《钢制管法兰用非金属平垫片（PN 系列)》（HG/T 20606—2009)。缠绕式垫片的技术规格参数见《钢制管法兰用缠绕式垫片（PN 系列)》(HG/T 20610—2009)。聚四氟乙烯垫片可参照《钢制管法兰用聚四氟乙烯包覆垫片（PN 系列)》（HG/T 20607—2009）进行选取。

11.8.7 钢制管法兰用紧固件

钢制管法兰用紧固件包括六角头螺栓、等长双头螺柱、全螺纹螺柱和Ⅰ型螺母。各种压力等级的法兰用六角头螺栓和螺柱的长度见《钢制管法兰用紧固件（PN 系列）》（HG 20613—2009），结合中小型氧气站常用的紧固件，从此标准中摘录一部分列表以便设计时采用。六角头螺栓（GB/T 5782，GB/T 5785）、等长双头螺柱（GB/T 901）使用压力不大于 PN16。等长双头螺柱（GB/T 901）使用压力不大于 PN40。全螺纹螺柱（HG/T 20613）使用压力不大于 PN160。Ⅰ型六角螺母（GB/T 6170，GB/T 6171）使用压力不大于 PN40。Ⅱ型六角螺母（GB/T 6175，GB/T 6176）使用压力不大于 PN160。

11.8.7.1 相同压力等级法兰接头用六角头螺栓和螺柱长度代号

相同压力等级法兰接头用六角头螺栓和螺柱长度代号见表 11－66。

各种压力等级法兰接头用六角头螺栓和螺柱长度、质量见表 11－67～表 11－74。

螺母的质量见表 11－75。

表 11－66 相同压力等级法兰接头用六角头螺栓和螺柱长度代号

代　号	突　面	环连接面
六角头螺栓长度代号	L_{SR}	
螺柱长度代号	L_{ZR}	L_{ZJ}

11.8.7.2 PN2.5、PN6 法兰配用六角头螺栓和螺柱（板式平焊法兰）的长度和近似质量

PN2.5、PN6 法兰配用六角头螺栓和螺柱（板式平焊法兰）的长度和近似质量见表 11－67。

表 11－67 PN2.5、PN6 法兰配用六角头螺栓和螺柱（板式平焊法兰）的长度和近似质量

公称尺寸 DN	螺纹	数量 n	PN2.5 法兰配用六角头螺栓和螺柱				PN6 法兰配用六角头螺栓和螺柱			
			L_{SR}/mm	质量/kg	L_{ZR}/mm	质量/kg	L_{SR}/mm	质量/kg	L_{ZR}/mm	质量/kg
25	M10	4	45	40	60	36	45	40	60	36
32	M12	4	50	60	70	56	50	60	70	56
40	M12	4	50	60	70	56	50	60	70	56
50	M12	4	50	60	70	56	50	60	70	56
65	M12	4	50	60	70	56	50	60	70	56
80	M16	4	50	141	85	136	50	141	85	136
100	M16	4	50	141	85	136	50	141	85	136
125	M16	8	65	149	90	144	65	149	90	144
150	M16	8	65	149	90	144	65	149	90	144
200	M16	8	70	157	95	152	70	157	95	152
250	M16	12	75	165	95	152	75	165	95	152
300	M20	12	80	282	105	252	80	282	105	252
350	M20	12	80	282	110	264	80	282	110	264
400	M20	16	85	294	115	276	85	294	115	276

续表 11－67

公称尺寸 DN	螺纹	数量 n	PN2.5 法兰配用六角头螺栓和螺柱				PN6 法兰配用六角头螺栓和螺柱			
			L_{SR}/mm	质量/kg	L_{ZR}/mm	质量/kg	L_{SR}/mm	质量/kg	L_{ZR}/mm	质量/kg
450	M20	16	90	306	120	288	90	306	120	288
500	M20	20	90	306	120	288	90	306	120	288
600	M24	20	100	518	135	486	100	518	135	486
700	M24	24	105	536	140	504				
800	M27	24	115	756	150	690				
900	M27	24	120	779	155	713				
1000	M27	28	120	779	160	736				
1200	M27	32	125	802	165	759				
1400	M27	36	135	848	170	782				
1600	M27	40	140	871	180	828				
1800	M27	44	145	894	185	851				
2000	M27	48	155	940	190	874				

注：1. 紧固件质量为每 1000 个的近似质量；

2. 紧固件长度未计入垫圈厚度。

11.8.7.3　PN10、PN16 法兰配用六角头螺栓和螺柱（板式平焊法兰）的长度和近似质量

PN10、PN16 法兰配用六角头螺栓和螺柱（板式平焊法兰）的长度和近似质量见表 11－68。

表 11－68　PN10、PN16 法兰配用六角头螺栓和螺柱（板式平焊法兰）**的长度和近似质量**

公称尺寸 DN	螺纹 PN10/PN16	数量 n	PN10 法兰配用六角头螺栓和螺柱				PN16 法兰配用六角头螺栓和螺柱			
			L_{SR}/mm	质量/kg	L_{ZR}/mm	质量/kg	L_{SR}/mm	质量/kg	L_{ZR}/mm	质量/kg
25	M10	4	50	60	70	56	50	60	70	56
32	M16	4	60	141	85	136	60	141	85	136
40	M16	4	60	141	85	136	60	141	85	136
50	M16	4	65	149	85	136	65	149	85	136
65	M16	8	65	149	90	144	65	149	70	112
80	M16	8	65	149	90	144	65	149	70	112
100	M16	8	70	157	95	152	70	157	95	152
125	M16	8	70	157	95	152	70	157	95	152
150	M20	8	80	282	105	252	80	282	105	252
200	M20	8/12①	80	282	105	252	80	282	110	264
250	M20/M24	12	80	282	110	264	95	500	125	450
300	M20/M24	12	80	282	110	264	100	518	135	486

续表 11－68

公称尺寸 DN	螺纹 PN10/PN16	数量 n	PN10 法兰配用六角头螺栓和螺柱				PN16 法兰配用六角头螺栓和螺柱			
			L_{SR}/mm	质量/kg	L_{ZR}/mm	质量/kg	L_{SR}/mm	质量/kg	L_{ZR}/mm	质量/kg
350	M20/M24	16	85	294	115	276	105	536	140	504
400	M24/M27	16	100	518	135	486	115	756	150	690
450	M24/M27	20	105	536	140	504	120	779	160	736
500	M24/M30	20	110	554	145	522	135	1051	175	980
600	M27/M30	20	120	779	160	736	145	1107	185	1036

注：1. 紧固件质量为每 1000 个的近似质量；

2. 紧固件长度未计入垫圈厚度。

① DN200 、PN16 法兰的螺栓为 M20，数量为 12 个。

11.8.7.4 PN25、PN40 法兰配用六角头螺栓和螺柱（板式平焊法兰）的长度和近似质量

PN25、PN40 法兰配用六角头螺栓和螺柱（板式平焊法兰）的长度和近似质量见表 11－69。

表 11－69 PN25、PN40 法兰配用六角头螺栓和螺柱（板式平焊法兰）**的长度和近似质量**

公称尺寸 DN	螺纹 PN25/PN40	数量 n	PN25 法兰配用六角头螺栓和螺柱		PN40 法兰配用六角头螺栓和螺柱	
			L_{ZR}/mm	质量/kg	L_{ZR}/mm	质量/kg
25	M12	4	70	56	70	56
32	M16	4	85	136	85	136
40	M16	4	85	136	85	136
50	M16	4	90	144	90	144
65	M16	8	95	152	95	152
80	M16	8	95	152	95	152
100	M20	8	110	264	110	264
125	M24	8	125	450	125	450
150	M24	8	130	468	130	468
200	M24/M27	12	135	486	145	667
250	M27/M30	12	145	667	165	924
300	M27/M30	16	150	690	175	980
350	M30/M33	16	165	924	200	1360
400	M33/M36×3	16	180	1224	210	1680
450	M33/M36×3	20	190	1292	225	1800
500	M33/M39×3	20	200	1360	245	2303
600	M36×3/M45×3	20	230	1840	290	3596

注：1. 紧固件质量为每 1000 个的近似质量；

2. 紧固件长度未计入垫圈厚度。

11.8.7.5 PN6 法兰配用六角头螺栓和螺柱（带颈平焊法兰）的长度和近似质量

PN6 法兰配用六角头螺栓和螺柱（带颈平焊法兰）的长度和近似质量见表 11－70。

表 11－70 PN6 法兰配用六角头螺栓和螺柱（带颈平焊法兰）的长度和近似质量

公称尺寸 DN	螺纹	数量 n	PN6 法兰配用六角头螺栓和螺柱			
			L_{SR}/mm	质量/kg	L_{ZR}/mm	质量/kg
25	M10	4	45	40	60	36
32	M12	4	50	60	65	52
40	M12	4	50	60	65	52
50	M12	4	50	60	65	52
65	M12	4	50	60	65	52
80	M16	4	55	133	80	128
100	M16	4	55	133	80	128
125	M16	8	60	141	85	136
150	M16	8	60	141	85	136
200	M16	8	65	149	90	144
250	M16	12	70	157	95	152
300	M20	12	75	270	105	252

注：1. 紧固件质量为每 1000 个的近似质量；

2. 紧固件长度未计入垫圈厚度。

11.8.7.6 PN10、PN16 法兰配用六角头螺栓和螺柱（带颈平焊法兰、带颈对焊法兰）的长度和近似质量

PN10、PN16 法兰配用六角头螺栓和螺柱（带颈平焊法兰、带颈对焊法兰）的长度和近似质量见表 11－71。

表 11－71 PN10、PN16 法兰配用六角头螺栓和螺柱（带颈平焊法兰、带颈对焊法兰）的长度和近似质量

公称尺寸 DN	螺纹 PN10/PN16	数量 n	PN10 法兰配用六角头螺栓和螺柱				PN16 法兰配用六角头螺栓和螺柱			
			L_{SR} /mm	质量 /kg	L_{ZR} /mm	质量 /kg	L_{SR} /mm	质量 /kg	L_{ZR} /mm	质量 /kg
25	M12	4	50	60	70	56	50	60	70	56
32	M16	4	60	141	85	136	60	141	85	136
40	M16	4	60	141	85	136	60	141	85	136
50	M16	4	65	141	85	136	65	149	85	136
65	M16	8	65	141	85	136	65	149	70	112
80	M16	8	65	149	90	144	65	149	70	112
100	M16	8	65	149	90	144	65	149	90	144

续表 11－71

公称尺寸 DN	螺纹 PN10/PN16	数量 n	PN10 法兰配用六角头螺栓和螺柱				PN16 法兰配用六角头螺栓和螺柱			
			L_{SR} /mm	质量 /kg	L_{ZR} /mm	质量 /kg	L_{SR} /mm	质量 /kg	L_{ZR} /mm	质量 /kg
125	M16	8	70	157	95	152	70	157	95	152
150	M20	8	75	270	105	252	75	270	105	252
200	M20	8	80	282	105	252	80	282	105	252
250	M20/M24	12	80	282	110	264	85	464	120	432
300	M20/M24	12	80	282	110	264	90	482	125	450
350	M20/M24	16	80	282	110	264	95	500	130	468
400	M24/M27	16	85	464	120	432	100	687	140	644
450	M24/M27	20	90	482	125	450	120	779	155	713
500	M24/M30	20	90	482	125	450	130	1023	170	952
600	M27/M33	20	95	664	130	598	155	1456	200	1360
700	M27/M33	24	100	687	135	621	115	1184	160	1088
800	M30/M36×3	24	105	883	145	812	125	1514	170	1360
900	M30/M36×3	28	110	911	150	840	130	1554	170	1360
1000	M33/M39×3	28	115	1184	155	1054	135	1942	185	1739
1200	M36×3/M45×3	32	125	1514	165	1320	150	2727	215	2666
1400	M39×3/M45×3	36	135	1942	185	1739	160	2851	220	2728
1600	M45×3/M52×3	40	145	2665	210	2604	175	4190	245	4067
1800	M45×3/M52×3	44	155	2789	215	2666	185	4360	255	4233
2000	M45×3/M56×3	48	160	2851	225	2790	195	5015	270	5238

注：1. 紧固件质量为每 1000 个的近似质量；
2. 紧固件长度未计入垫圈厚度。

11.8.7.7 PN25、PN40 法兰配用六角头螺栓和螺柱（带颈平焊法兰、带颈对焊法兰）的长度和近似质量

PN25、PN40 法兰配用六角头螺栓和螺柱（带颈平焊法兰、带颈对焊法兰）的长度和近似质量见表 11－72。

表 11－72 PN25、PN40 法兰配用六角头螺栓和螺柱（带颈平焊法兰、带颈对焊法兰）**的长度和近似质量**

公称尺寸 DN	螺纹 PN25/PN40	数量 n	PN25 法兰配用六角头螺栓和螺柱		PN40 法兰配用六角头螺栓和螺柱	
			L_{ZR}/mm	质量/kg	L_{ZR}/mm	质量/kg
25	M12	4	75	60	75	60
32	M16	4	85	136	85	136
40	M16	4	85	136	85	136

续表 11－72

公称尺寸 DN	螺纹 PN25/PN40	数量 n	PN25 法兰配用六角头螺栓和螺柱		PN40 法兰配用六角头螺栓和螺柱	
			L_{ZR}/mm	质量/kg	L_{ZR}/mm	质量/kg
50	M16	4	90	144	90	144
65	M16	8	95	152	95	152
80	M16	8	95	152	95	152
100	M20	8	105	252	105	252
125	M24	8	120	432	120	432
150	M24	8	125	450	125	450
200	M24/M27	12	130	468	145	667
250	M27/M30	12	140	644	155	868
300	M27/M30	16	145	667	165	924
350	M30/M33	16	155	868	180	1224
400	M33/M36×3	16	170	1156	190	1520
450	M33/M36×3	20	180	1224	205	1640
500	M33/M39×3	20	185	1258	215	2021
600	M36×3/M45×3	20	205	1640	260	3224

注：1. 紧固件质量为每 1000 个的近似质量；

2. 紧固件长度未计入垫圈厚度。

11.8.7.8　PN63、PN100 法兰配用六角头螺栓和螺柱（带颈对焊法兰）的长度和近似质量

PN63、PN100 法兰配用六角头螺栓和螺柱（带颈对焊法兰）的长度和近似质量见表 11－73。

表 11－73　PN63、PN100 法兰配用六角头螺栓和螺柱（带颈对焊法兰）**的长度和近似质量**

公称尺寸 DN	螺纹 PN63/PN100	数量 n	PN63 法兰配用六角头螺栓和螺柱		PN100 法兰配用六角头螺栓和螺柱	
			L_{ZR}/mm	质量/kg	L_{ZR}/mm	质量/kg
25	M16	4	95	152	95	152
32	M20	4	105	252	105	252
40	M20	4	110	264	110	264
50	M20/M24	4	110	264	125	450
65	M20/M24	8	110	264	130	468
80	M20/M24	8	115	276	135	486
100	M24/M27	8	130	468	145	667
125	M27/M30	8	145	667	160	896
150	M30/M30	8/12	155	868	170	952

续表 11－73

公称尺寸 DN	螺纹 PN63/PN100	数量 n	PN63 法兰配用六角头螺栓和螺柱		PN100 法兰配用六角头螺栓和螺柱	
			L_{ZR}/mm	质量/kg	L_{ZR}/mm	质量/kg
200	M33	12	170	1156	195	1326
250	M33/M36×3	12	180	1224	210	1680
300	M33/M36×3	16	195	1326	240	2256
350	M36×3/M45×3	16	205	1640	265	3286
400	M39×3	16	220	2068		

注：1. 紧固件质量为每 1000 个的近似质量；
2. 紧固件长度未计入垫圈厚度；
3. 其他规格的螺栓见 GB/T 20613—2009。

11.8.7.9 PN160 法兰配用六角头螺栓和螺柱（带颈对焊法兰）的长度和近似质量

PN160 法兰配用六角头螺栓和螺柱（带颈对焊法兰）的长度和近似质量见表 11－74。

表 11－74 PN160 法兰配用六角头螺栓和螺柱（带颈对焊法兰）的长度和近似质量

公称尺寸 DN	螺纹 PN10/PN16	数量 n	PN160 法兰配用六角头螺栓和螺柱			
			L_{ZR}/mm	质量/kg	L_{ZJ}/mm	质量/kg
25	M16	4	95	152	110	176
32	M20	4	115	276	130	312
40	M20	4	115	276	130	312
50	M24	4	130	468	150	540
65	M24	8	135	486	155	558
80	M24	8	140	504	160	576
100	M27	8	155	713	175	805
125	M30	8	170	952	190	1064
150	M30	12	180	1008	205	1148
200	M33	12	210	1428	235	1598
250	M39×3	12	240	2256	265	2491
300	M39×3	16	260	2444	290	2726

注：1. 紧固件质量为每 1000 个的近似质量；
2. 紧固件长度未计入垫圈厚度；
3. 其他规格的螺栓见 GB/T 20613—2009。

11.8.7.10 螺母近似质量

螺母近似质量见表 11－75。

表 11-75 螺母近似质量表 (kg)

规格	M10	M12	M16	M20	M24	M27	M30	M33
Ⅰ型六角螺母	7.94	11.93	29.0	51.55	88.8	132.4	184.4	242.8
Ⅱ型六角螺母	15	23	50	101	177	251	322	429

规格	M36×3	M39×3	M45×4	M48×4	M52×4	M56×4
Ⅰ型六角螺母	317	414.9	605.2	744.4	924.8	1091
Ⅱ型六角螺母	558	598	862	1064	1267	1530

注：螺母的质量为每1000件的质量。

11.8.8 带颈对焊铝制管法兰

11.8.8.1 带颈对焊铝制管法兰示意图

带颈对焊铝制管法兰用于分馏塔冷箱内部设备与管道、管道与管道的连接。有突面法兰（RF）、凸面法兰（M）、凹面法兰（FM）供选择，此三种法兰的外形图分别如图11-26~图11-28所示。公称压力PN10、PN16、PN25、PN40、PN63各种管径的法兰技术参数见表11-76~表11-81。

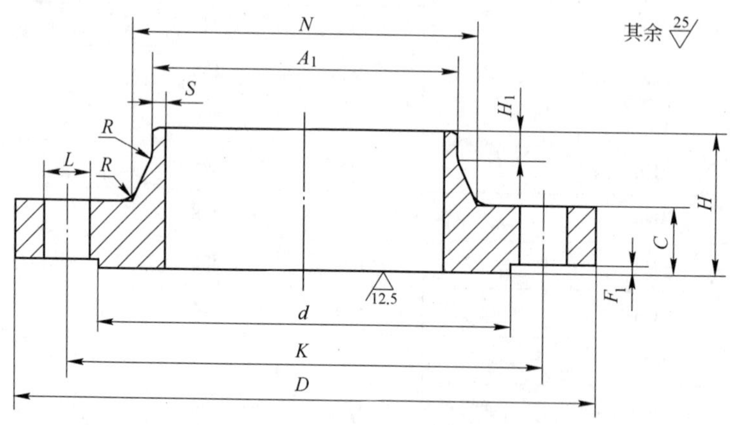

图 11-26 突面带颈对焊铝制管法兰

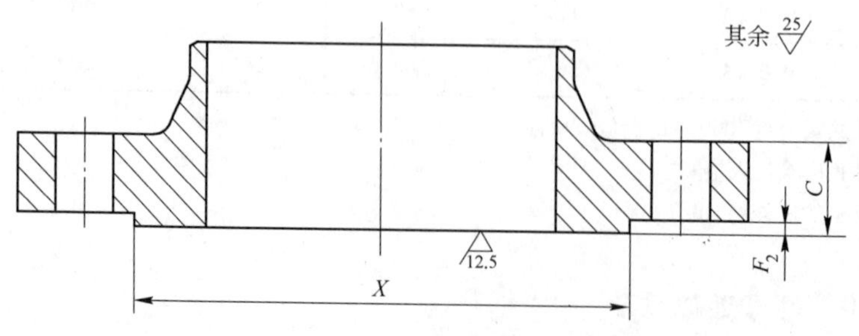

图 11-27 凸面带颈对焊铝制管法兰

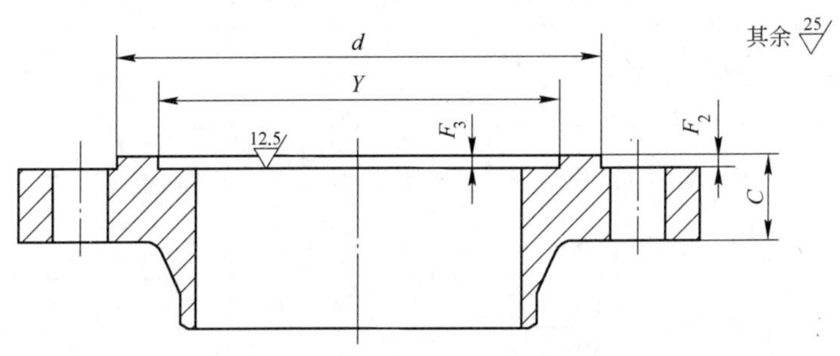

图 11－28　凹面带颈对焊铝制管法兰

11.8.8.2　带颈对焊铝制管法兰密封面形式及适用范围

带颈对焊铝制管法兰密封面形式及适用范围见表 11－76。

表 11－76　带颈对焊铝制管法兰密封面形式及适用范围

<table>
<tr><th rowspan="2">公称压力
PN/MPa</th><th rowspan="2">密封面
形式</th><th colspan="2">垫　　片</th><th colspan="2">法　　兰</th></tr>
<tr><th>非金属平垫片
（HG/T 20606—2009）</th><th>缠绕式垫片
（HG/T 20610—2009）</th><th>材　料</th><th>材 料 标 准</th></tr>
<tr><td>10</td><td rowspan="4">突面
凹凸面</td><td rowspan="3">DN20 ~ DN500</td><td rowspan="4"></td><td>5083</td><td rowspan="5">结合 GB/T 3190—2008</td></tr>
<tr><td>16</td><td rowspan="4">5083</td></tr>
<tr><td>25</td></tr>
<tr><td>40</td><td>DN20 ~ DN300</td></tr>
<tr><td>63</td><td>凹凸面</td><td></td><td>DN20—DN300</td></tr>
</table>

注：1. DN≤50 时，优先选用铝钢接头；

2. PN10 ~ PN40、DN≤50 的铝法兰连接尺寸相同。

11.8.8.3　带颈对焊铝制管法兰

带颈对焊铝制管法兰技术要求有：

（1）铝法兰的技术要求按《带颈对焊钢制管法兰》（HG/T 20592—2009）；

（2）锻件应进行超声波探伤符合 GB/T 6519—2000 的规定，A 级合格；

（3）紧固件按 HG/T 20613—2009 的规定，材料为不锈钢，与铝法兰侧接触的连接螺母应配垫圈；

（4）法兰、垫片、紧固件选配按 HG/T 20614—2009 的规定；

（5）铝法兰与 HG/T 20592—2009 配套适用。

11.8.8.4　带颈对焊铝制管法兰技术参数

A　PN10 带颈对焊铝制管法兰技术参数

PN10 带颈对焊铝制管法兰技术参数见表 11－77。

表 11－77 PN10 带颈对焊铝制管法兰技术参数

公称直径 DN	铝管外径 /mm		连接尺寸/mm					密封面尺寸 /mm			法兰厚度 /mm	法兰颈/mm					法兰高度 /mm	理论质量 /kg
	A_1		D	K	L	n	Th	d	X	Y	C	N		S	H_1	R	H	
	A	B										A	B					
20	28	25	105	75	14	4	M12	56	50	51	24	40	40	3	6	4	50	0.50
25	34	32	115	85	14	4	M12	65	57	58	28	46	46	3	6	4	54	0.69
32	42	38	140	100	18	4	M16	76	65	66	30	56	56	3	6	5	54	1.08
40	48	45	150	110	18	4	M16	84	75	76	34	64	64	3	7	5	62	1.41
50	60	57	165	125	18	4	M16	99	87	88	42	74	74	3	8	5	70	2.08
65	73	76	185	145	18	4	M16	118	109	110	50	92	92	3	10	6	78	2.97
80	90	89	200	160	18	8	M16	132	120	121	32	110	110	4	10	6	62	2.13
100	115	108	220	180	18	8	M16	156	149	150	32	130	130	4	12	6	62	2.47
125	140	133	250	210	18	8	M16	184	175	176	32	158	158	4	12	6	66	3.16
150	170	159	285	240	22	8	M20	211	203	204	38	184	184	4.5	12	8	70	4.61
200	219	219	340	295	22	8	M20	266	259	260	48	234	234	6	16	8	86	7.30
250	273	273	395	350	22	12	M20	319	312	313	40	288	288	6	16	10	82	7.45
300	325	325	445	400	22	12	M20	370	363	364	40	342	342	7	16	10	82	8.84
350	356	377	505	460	22	16	M20	429	421	422	44	390	402	8	16	10	86	12.05
400	406	426	565	515	26	16	M24	480	473	474	52	440	458	9	16	10	98	17.41
450	457	480	615	565	26	20	M24	530	523	524	58	488	510	10	16	12	102	20.79
500	508	530	670	620	26	20	M24	682	575	576	58	540	562	11	16	12	106	24.53

注：1. DN20～DN80 铝制管法兰密封面尺寸 F_1 为 2mm，F_2 为 4mm，F_3 为 3mm；

2. DN100～DN300 铝制管法兰密封面尺寸 F_1 为 2mm，F_2 为 4.5mm，F_3 为 3.5mm；

3. DN350～DN500 铝制管法兰密封面尺寸 F_1 为 2mm，F_2 为 5mm，F_3 为 4mm。

B PN16 带颈对焊铝制管法兰技术参数

PN16 带颈对焊铝制管法兰技术参数见表 11－78。

表 11－78 PN16 带颈对焊铝制管法兰技术参数

公称直径 DN	铝管外径 /mm		连接尺寸/mm					密封面尺寸 /mm			法兰厚度 /mm	法兰颈/mm					法兰高度 /mm	理论质量 /kg
	A_1		D	K	L	n	Th	d	X	Y	C	N		S	H_1	R	H	
	A	B										A	B					
20	28	25	105	75	14	4	M12	56	50	51	24	40	40	3	6	4	50	0.50
25	34	32	115	85	14	4	M12	65	57	58	28	46	46	3	6	4	54	0.69
32	42	38	140	100	18	4	M16	76	65	66	30	56	56	3	6	5	54	1.08
40	48	45	150	110	18	4	M16	84	75	76	34	64	64	3	7	5	62	1.41
50	60	57	165	125	18	8	M16	99	87	88	42	74	74	3	8	5	70	2.08

续表 11－78

公称直径 DN	铝管外径 /mm		连接尺寸/mm					密封面尺寸 /mm			法兰厚度 /mm	法兰颈/mm					法兰高度 /mm	理论质量 /kg
	A_1											N		S	H_1	R		
	A	B	D	K	L	n	Th	d	X	Y	C	A	B				H	
65	73	76	185	145	18	8	M16	118	109	110	50	92	92	3	10	6	78	2.97
80	90	89	200	160	18	8	M16	132	120	121	34	110	110	4	10	6	64	2.26
100	115	108	220	180	18	8	M16	156	149	150	34	130	130	4	12	6	64	2.62
125	140	133	250	210	18	8	M16	184	175	176	34	158	158	4	12	6	68	3.35
150	170	159	285	240	22	8	M20	211	203	204	40	184	184	4.5	12	8	72	4.84
200	219	219	340	295	22	12	M20	266	259	260	42	234	234	6	16	8	80	6.27
250	273	273	405	355	26	12	M24	319	312	313	50	288	288	6	16	10	94	9.77
300	325	325	460	410	26	12	M24	370	363	364	50	342	342	7	16	10	100	12.2
350	356	377	520	470	26	16	M24	429	421	422	54	390	410	8	16	10	106	16.51
400	406	426	580	525	30	16	M27	480	473	474	62	444	464	9	16	10	116	22.78
450	457	480	640	585	30	20	M27	548	523	524	74	490	512	10	16	12	128	30.81
500	508	530	715	650	33	20	M30×2	609	575	576	90	546	578	11	16	12	146	47.87

注：1. DN20～DN80 铝制管法兰密封面尺寸 F_1 为 2mm，F_2 为 4mm，F_3 为 3mm；

2. DN100～DN300 铝制管法兰密封面尺寸 F_1 为 2mm，F_2 为 4.5mm，F_3 为 3.5mm；

3. DN350～DN500 铝制管法兰密封面尺寸 F_1 为 2mm，F_2 为 5mm，F_3 为 4mm。

C PN25 带颈对焊铝制管法兰技术参数

PN25 带颈对焊铝制管法兰技术参数见表 11－79。

表 11－79 PN25 带颈对焊铝制管法兰技术参数

公称直径 DN	铝管外径 /mm		连接尺寸/mm					密封面尺寸 /mm			法兰厚度 /mm	法兰颈/mm					法兰高度 /mm	理论质量 /kg
	A_1											N		S	H_1	R		
	A	B	D	K	L	n	Th	d	X	Y	C	A	B				H	
20	28	25	105	75	14	4	M12	56	50	51	24	40	40	3	6	4	50	0.50
25	34	32	115	85	14	4	M12	65	57	58	28	46	46	3	6	4	54	0.69
32	42	38	140	100	18	4	M16	76	65	66	30	56	56	4	6	5	54	1.10
40	48	45	150	110	18	4	M16	84	75	76	34	64	64	4	7	5	62	1.43
50	60	57	165	125	18	4	M16	99	87	88	42	74	74	4	8	5	70	2.11
65	73	76	185	145	18	8	M16	118	109	110	34	92	92	5	10	6	64	2.02
80	90	89	200	160	18	8	M16	132	120	121	34	110	110	4	12	6	68	2.37
100	115	108	235	190	22	8	M20	156	149	150	34	134	134	6	12	6	76	3.25
125	140	133	270	220	26	8	M24	184	175	176	40	162	162	6	12	6	82	4.80
150	170	159	300	250	26	8	M24	211	203	204	42	190	190	6	12	8	88	6.12

续表 11 – 79

公称直径 DN	铝管外径/mm A_1		连接尺寸/mm					密封面尺寸/mm			法兰厚度/mm	法兰颈/mm					法兰高度/mm	理论质量/kg
	A	*B*	*D*	*K*	*L*	*n*	Th	*d*	*X*	*Y*	*C*	*N* *A*	*N* *B*	*S*	H_1	*R*	*H*	
200	219	219	360	310	26	12	M24	274	259	260	48	244	244	6	16	8	104	8.76
250	273	273	425	370	30	12	M27	330	312	313	56	296	296	8	18	10	112	13.39
300	325	325	485	430	30	12	M27	389	363	364	66	350	350	8	18	10	124	18.92
350	356	377	555	490	33	16	M30×2	448	421	422	82	420	420	8	20	10	144	30.09
400	406	426	620	550	36	16	M30×2	503	473	474	84	472	472	10	20	10	154	38.98
450	457	480	670	600	36	20	M30×2	548	523	524	88	522	522	12	20	12	160	44.66
500	508	530	730	660	36	20	M30×2	609	575	576	88	580	580	12	20	12	168	53.15

注：1. DN20～DN80 铝制管法兰密封面尺寸 F_1 为 2mm，F_2 为 4mm，F_3 为 3mm；

2. DN100～DN300 铝制管法兰密封面尺寸 F_1 为 2mm，F_2 为 4.5mm，F_3 为 3.5mm；

3. DN350～DN500 铝制管法兰密封面尺寸 F_1 为 2mm，F_2 为 5mm，F_3 为 4mm。

D PN40 带颈对焊铝制管法兰技术参数

PN40 带颈对焊铝制管法兰技术参数见表 11－80。

表 11－80 PN40 带颈对焊铝制管法兰技术参数

公称直径 DN	铝管外径/mm A_1		连接尺寸/mm					密封面尺寸/mm			法兰厚度/mm	法兰颈/mm					法兰高度/mm	理论质量/kg
	A	*B*	*D*	*K*	*L*	*n*	Th	*d*	*X*	*Y*	*C*	*N* *A*	*N* *B*	*S*	H_1	*R*	*H*	
20	28	25	105	75	14	4	M12	56	50	51	24	40	40	3	6	4	50	0.50
25	34	32	115	85	14	4	M12	65	57	58	28	46	46	3	6	4	54	0.69
32	42	38	140	100	18	4	M16	76	65	66	30	56	56	4	6	5	54	1.10
40	48	45	150	110	18	4	M16	84	75	76	34	64	64	4	7	5	62	1.43
50	60	57	165	125	18	4	M16	99	87	88	42	74	74	4	8	5	70	2.11
65	73	76	185	145	18	8	M16	118	109	110	34	92	92	5	10	6	64	2.02
80	90	89	200	160	18	8	M16	132	120	121	34	110	110	6	12	6	68	2.37
100	115	108	235	190	22	8	M20	156	149	150	36	134	134	6	12	6	76	3.40
125	140	133	270	220	26	8	M24	184	175	176	42	162	162	7	12	6	84	5.11
150	170	159	300	250	26	8	M24	211	203	204	44	190	190	8	12	8	90	6.60
200	219	219	375	320	30	12	M27	284	259	260	60	244	244	8	16	8	110	12.01
250	273	273	450	385	33	12	M30×2	345	312	313	64	306	306	10	18	10	130	18.87
300	325	325	515	450	33	16	M30×2	409	363	364	74	362	362	12	18	10	146	27.63

注：1. DN20～DN80 铝制管法兰密封面尺寸 F_1 为 2mm，F_2 为 4mm，F_3 为 3mm；

2. DN100～DN300 铝制管法兰密封面尺寸 F_1 为 2mm，F_2 为 4.5mm，F_3 为 3.5mm。

E　PN63 带颈对焊铝制管法兰技术参数

PN63 带颈对焊铝制管法兰技术参数见表 11－81。

表 11－81　PN63 带颈对焊铝制管法兰技术参数

公称直径 DN	铝管外径/mm A_1		连接尺寸/mm					密封面尺寸/mm			法兰厚度/mm	法兰颈/mm					法兰高度/mm	理论质量/kg
	A	B	D	K	L	n	Th	d	X	Y	C	N A	N B	S	H_1	R	H	
20	28	25	130	90	18	4	M16	56	50	51	28	42	42	4	6	4	60	0.84
25	34	32	140	100	18	4	M16	65	57	58	30	52	52	4	8	4	64	1.06
32	42	38	155	110	22	4	M20	76	65	66	32	60	60	4	8	5	68	1.37
40	48	45	170	125	22	4	M20	84	75	76	36	70	70	4	10	5	72	1.87
50	60	57	180	135	22	4	M20	99	87	88	42	82	82	5	10	5	78	2.47
65	73	76	205	160	22	8	M20	118	109	110	36	98	98	6	12	6	78	2.62
80	90	89	215	170	22	8	M20	132	120	121	36	112	112	6	12	6	78	2.81
100	115	108	250	200	26	8	M24	156	149	150	42	138	138	8	12	6	90	4.48
125	140	133	295	240	30	8	M27	184	175	176	48	168	168	10	12	6	102	7.26
150	170	159	345	280	33	8	M30×2	211	203	204	54	202	202	12	12	8	113	11.38
200	219	219	415	345	36	12	M30×2	266	259	260	70	256	256	14	16	8	138	19.30
250	273	273	470	400	36	12	M33×2	319	312	313	70	316	316	16	18	10	148	24.75
300	325	325	530	460	36	16	M33×2	370	363	364	74	372	372	18	18	10	162	32.51

注：1. DN20～DN80 铝制管法兰密封面尺寸 F_2 为 4mm，F_3 为 3mm；

2. DN100～DN300 铝制管法兰密封面尺寸 F_2 为 4.5mm，F_3 为 3.5mm。

11.9　氧气站常用阀门

氧气站工艺管道用的阀门，一部分是设备制造厂工艺设备配带的阀门，另一部分是工程设计需要的阀门。本节只介绍工程设计需要的阀门。氧气、氮气、氩气管道系统通常选用截止阀和止回阀，水路系统通常选用截止阀、闸阀或蝶阀。氧气调压间的管道选用氧气专用截止阀，即通常说的铜阀门。氮气调压间及氩气调节装置的管道上选用不锈钢截止阀。在空气压缩机系统内，不论是空分设备厂自己生产的设备，还是由空分设备厂配套专业鼓风机厂生产的空气压缩机，在空压机的出口管道上，不但要有止回阀，而且还要有一个闸阀。结合这些特点，介绍氧气站工艺管道所用阀门。

11.9.1　铜截止阀与不锈钢截止阀

为确保氧气站内氧气的安全输送，氧气管道尽量选择氧气专用截止阀，通常说的铜阀门。此种阀门的生产厂家比较专一，其共同特点是较小口径的截止阀采用单阀瓣结构，较大口径的截止阀（DN150～DN200）采用双阀瓣（内旁通）结构，口径超过DN250采用外旁通结构。

11.9.1.1 铜截止阀

氧气管道专用截止阀常用铜阀门，其特点是：不但有良好的阻火性和密封性，而且有独特的结构特点和良好的防护结构。独特的结构特点是对于PN＞1.6MPa、DN150～DN200的截止阀，采用双阀瓣（内旁通）结构，对于DN250～DN600的截止阀，采用外旁通结构，采用这种结构可以有效地降低主阀门前后的压差，避免高速氧气流冲刷阀门而形成高温，从而保证氧气管道的安全运行。良好的防护结构是通过填料采用双重密封，阀杆设倒密封结构，这样一方面可有效保护填料直接受到气流的侵蚀，另一方面在填料失效的情况下短时间内照样可以密封，保障了操作人员的安全，减少了事故的发生。阀杆裸露部分用防尘罩保护，支架部分采用全封闭结构，这两种结构形式均能有效地防止异物的侵入。氧气截止阀均设有接地安全装置，可避免静电产生的火花。阀门所有的零件采用严格的去油脱脂处理，再整体进行超声波脱脂清洗处理，脱脂处理完后再进行严格的密封包装。

公称直径为DN15～DN25的截止阀结构如图11－29所示，公称直径为DN32～DN125的截止阀结构如图11－30所示，公称直径为DN150～DN200的截止阀结构如图11－31所示，公称直径为DN250～DN400的截止阀结构如图11－32所示，公称直径为DN450～DN600的截止阀结构如图11－33所示。各种规格的氧气管道专用截止阀主要技术参数见表11－82～表11－84。

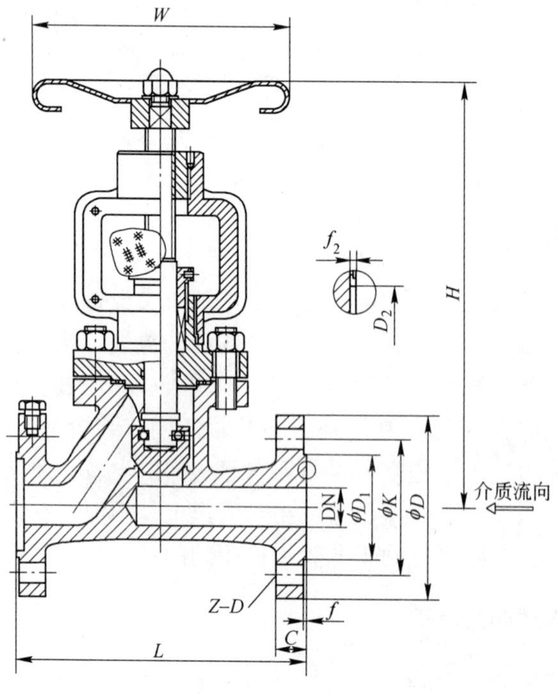

图11－29 DN15～DN25截止阀

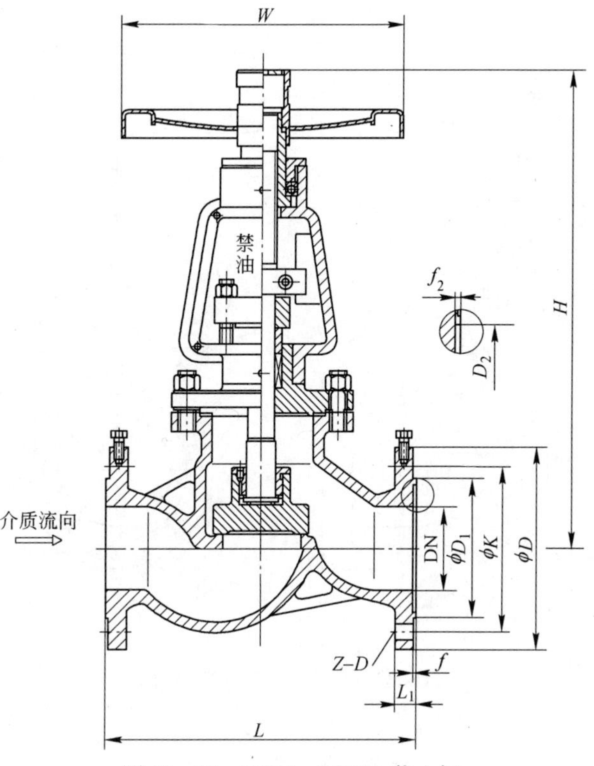

图 11-30 DN32~DN125 截止阀

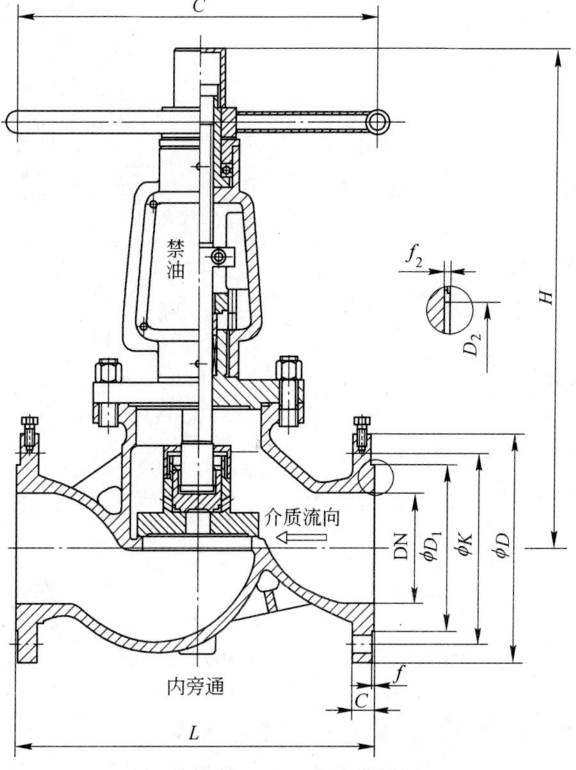

图 11-31 DN150~DN200 截止阀

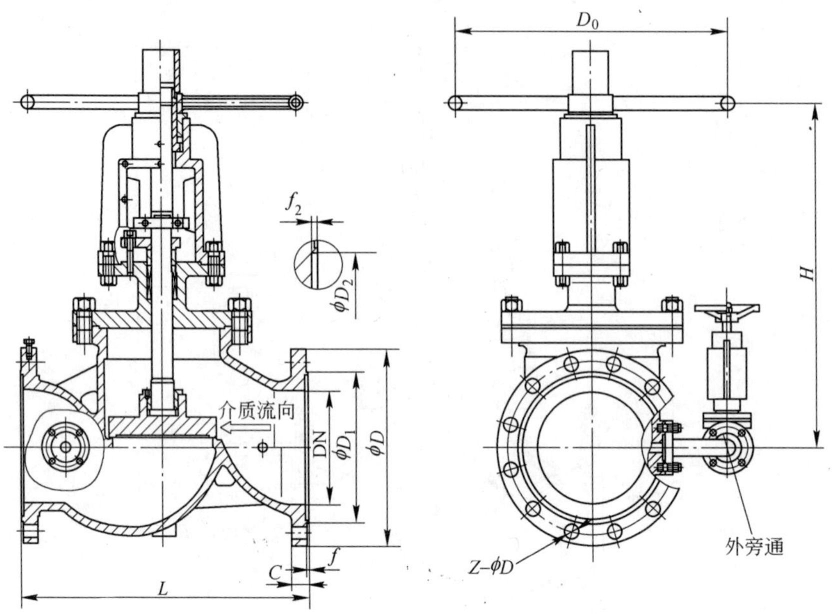

图 11－32 DN250～DN400 截止阀

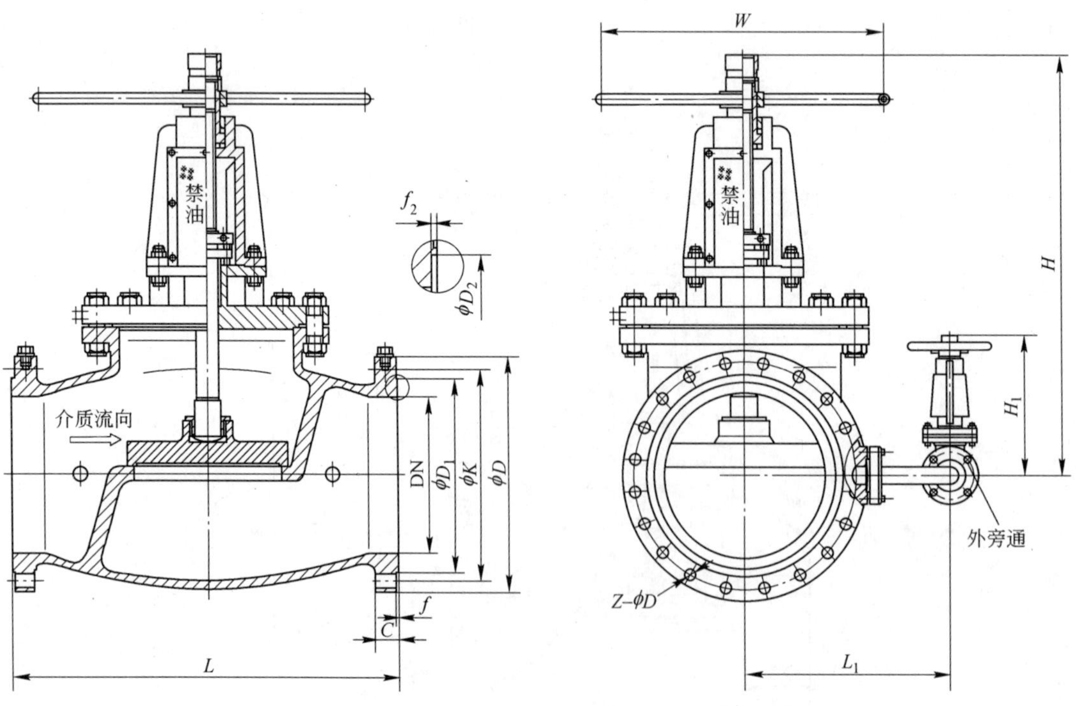

图 11－33 DN450～DN600 截止阀

A J41W－16T（PN1.6MPa）截止阀主要技术参数

J41W－16T（PN1.6MPa）截止阀主要技术参数见表 11－82。

表 11 -82 **J41W -16T**（PN1.6MPa）**截止阀主要技术参数**

公称通径 DN	法兰间距 L/mm	全关高度 H/mm	全开高度 H_1/mm	质量/kg
15	130	230	240	5.5
20	150	250	265	7
25	160	265	285	8
32	180	280	300	13
40	200	310	330	16
50	230	330	355	20
65	290	425	450	33
80	310	435	465	38
100	350	450	505	51
125	400	470	525	81
150	480	550	600	100
200	600	660	735	181
250	650	750	860	297
300	750	860	1000	414
350	850	980	1100	575
400	950	1050	1200	644
450	1050	1100	1250	1085
500	1150	1200	1350	1380
600	1350	1400	1600	2000

注：1. 主要参数由浙江迎日阀门制造有限公司提供；
2. DN150～DN200 的阀门为双阀瓣（内旁通），DN125 以下的阀门为单阀瓣；
3. DN250～DN600 的阀门为外旁通（DN≥25）；
4. 提供配对法兰、法兰垫（含备用）及其紧固件。

B J41W -25T（PN2.5MPa）截止阀主要技术参数

J41W -25T（PN2.5MPa）截止阀主要技术参数见表 11 -83。

表 11 -83 **J41W -25T**（PN2.5MPa）**截止阀主要技术参数**

公称通径 DN	法兰间距 L/mm	全关高度 H/mm	全开高度 H_1/mm	质量/kg
15	130	230	240	5.5
20	150	250	265	7
25	160	265	285	8
32	180	280	300	13
40	200	310	330	16
50	230	330	355	21
65	290	425	450	33
80	310	435	465	39

续表 11－83

公称通径 DN	法兰间距 L/mm	全关高度 H/mm	全开高度 H_1/mm	质量/kg
100	350	450	505	53
125	400	470	525	83
150	480	550	600	100
200	600	660	735	200
250	650	750	860	305
300	750	860	1000	420
350	850	980	1100	590
400	950	1050	1200	795
450	1050	1100	1250	1142
500	1150	1200	1350	1450
600	1350	1400	1600	2100

注：1. 主要参数由浙江迎日阀门制造有限公司提供；
2. DN150～DN200 的阀门为双阀瓣，DN125 以下的阀门为单阀瓣；
3. DN250～DN600 的阀门为外旁通（DN≥25）；
4. 提供配对法兰、法兰垫（含备用）及其紧固件。

C J41W－40T（PN4.0MPa）截止阀主要技术参数

J41W－40T（PN4.0MPa）截止阀主要技术参数见表 11－84。

表 11－84 J41W－40T（PN4.0MPa）**截止阀主要技术参数**

公称通径 DN	法兰间距 L/mm	全关高度 H/mm	全开高度 H_1/mm	质量/kg
15	130	230	240	5.5
20	150	250	265	7.5
25	160	265	285	8
32	180	280	300	13
40	200	310	330	16
50	230	330	355	21
65	290	425	450	34
80	310	435	465	39
100	350	450	505	53
125	400	470	525	83
150	480	550	600	117
200	600	660	735	206
250	730	750	860	304
300	850	860	1000	445
350	980	980	1100	620
400	1100	1050	1200	850
450	1050	1100	1250	1285

续表 11－84

公称通径 DN	法兰间距 L/mm	全关高度 H/mm	全开高度 H_1/mm	质量/kg
500	1150	1200	1350	1630
600	1350	1400	1600	2300

注：1. 主要参数由浙江迎日阀门制造有限公司提供；
2. DN150～DN200 的阀门为双阀瓣，DN125 以下的阀门为单阀瓣；
3. DN250～DN600 的阀门为外旁通（DN≥25）；
4. 提供配对法兰、法兰垫（含备用）及其紧固件。

11.9.1.2 不锈钢截止阀

不锈钢截止阀可以用于氧气管道上，但多用于氧气站内的氮气管道和氩气管道上。不锈钢截止阀主要参数见表 11－85～表 11－87。

A J41W－16P（PN1.6MPa）截止阀主要技术参数

J41W－16P（PN1.6MPa）截止阀主要技术参数见表 11－85。

表 11－85 J41W－16P（PN1.6MPa）截止阀主要技术参数

公称通径 DN	法兰间距 L/mm	全关高度 H/mm	全开高度 H_1/mm	质量/kg
15	130	230	240	5
20	150	250	265	6
25	160	265	285	8
32	180	280	300	13
40	200	310	330	16
50	230	330	355	20
65	290	425	450	29
80	310	435	465	33
100	350	450	505	50
125	400	470	525	68
150	480	550	600	94
200	600	660	735	167
250	650	750	860	250
300	750	860	1000	300
350	850	980	1100	550
400	950	1050	1200	615
450	1050	1100	1250	960
500	1150	1200	1350	1150
600	1350	1400	1600	1700

注：1. 主要参数由浙江迎日阀门制造有限公司提供；
2. DN150～DN200 的阀门为双阀瓣（内旁通），DN125 以下的阀门为单阀瓣；
3. DN250～DN600 的阀门为外旁通（DN≥25）；
4. 提供配对法兰、法兰垫（含备用）及其紧固件。

B J41W－25P（PN2.5MPa）截止阀主要技术参数

J41W－25P（PN2.5MPa）截止阀主要技术参数见表11－86。

表11－86 J41W－25P（PN2.5MPa）截止阀主要技术参数

公称通径DN	法兰间距 L/mm	全关高度 H/mm	全开高度 H_1/mm	质量/kg
15	130	230	240	5
20	150	250	265	6
25	160	265	285	8
32	180	280	300	13
40	200	310	330	16
50	230	330	355	20
65	290	425	450	31
80	310	435	465	35
100	350	450	505	53
125	400	470	525	77
150	480	550	600	105
200	600	660	735	177
250	650	750	860	274
300	750	860	1000	318
350	850	980	1100	600
400	950	1050	1200	750
450	1050	1100	1250	1056
500	1150	1200	1350	1250
600	1350	1400	1600	1800

注：1. 主要参数由浙江迎日阀门制造有限公司提供；
2. DN150～DN200的阀门为双阀瓣，DN125以下的阀门为单阀瓣；
3. DN250～DN600的阀门为外旁通（DN≥25）；
4. 提供配对法兰、法兰垫（含备用）及其紧固件。

C J41W－40P（PN4.0MPa）截止阀主要技术参数

J41W－40P（PN4.0MPa）截止阀主要技术参数见表11－87。

表11－87 J41W－40P（PN4.0MPa）截止阀主要技术参数

公称通径DN	法兰间距 L/mm	全关高度 H/mm	全开高度 H_1/mm	质量/kg
15	130	230	240	5
20	150	250	265	6
25	160	265	285	8
32	180	280	300	13
40	200	310	330	16
50	230	330	355	20

续表 11－87

公称通径 DN	法兰间距 L/mm	全关高度 H/mm	全开高度 H_1/mm	质量/kg
65	290	425	450	31
80	310	435	465	35
100	350	450	505	53
125	400	470	525	77
150	480	550	600	105
200	600	660	735	177
250	650	750	860	284
300	750	860	1000	385
350	850	980	1100	613
400	950	1050	1200	790
450	1050	1100	1250	1130
500	1150	1200	1350	1400
600	1350	1400	1600	2000

注：1. 主要参数由浙江迎日阀门制造有限公司提供；
2. DN150～DN200 的阀门为双阀瓣，DN125 以下的阀门为单阀瓣；
3. DN250～DN600 的阀门为外旁通（DN≥25）；
4. 提供配对法兰、法兰垫（含备用）及其紧固件。

11.9.1.3 铜截止阀（伞齿轮）

铜截止阀（伞齿轮）主要用于氧气管道上，大部分用在带防火墙的调压站里，可以把伞齿轮加长以便在防火墙外操作，公称直径为 DN250～DN400 的截止阀结构如图 11－34 所示，公称直径为 DN450～DN600 的截止阀结构如图 11－35 所示，铜截止阀（伞齿轮）主要技术参数见表 11－88～表 11－90。

A J541W－16T（PN1.6MPa）截止阀主要技术参数

J541W－16T（PN1.6MPa）截止阀主要技术参数见表 11－88。

表 11－88 J541W－16T（PN1.6MPa）截止阀主要技术参数

公称通径 DN	法兰间距 L/mm	全关高度 H/mm	全开高度 H_1/mm	质量/kg
250	650	850	960	350
300	750	960	1100	515
350	850	1100	1220	680
400	950	1170	1320	850
450	1050	1220	1370	1295
500	1150	1350	1500	1590
600	1350	1550	1750	2300

注：1. 主要参数由浙江迎日阀门制造有限公司提供；
2. DN250～DN600 的阀门为外旁通（DN≥25）；
3. 提供配对法兰、法兰垫（含备用）及其紧固件。

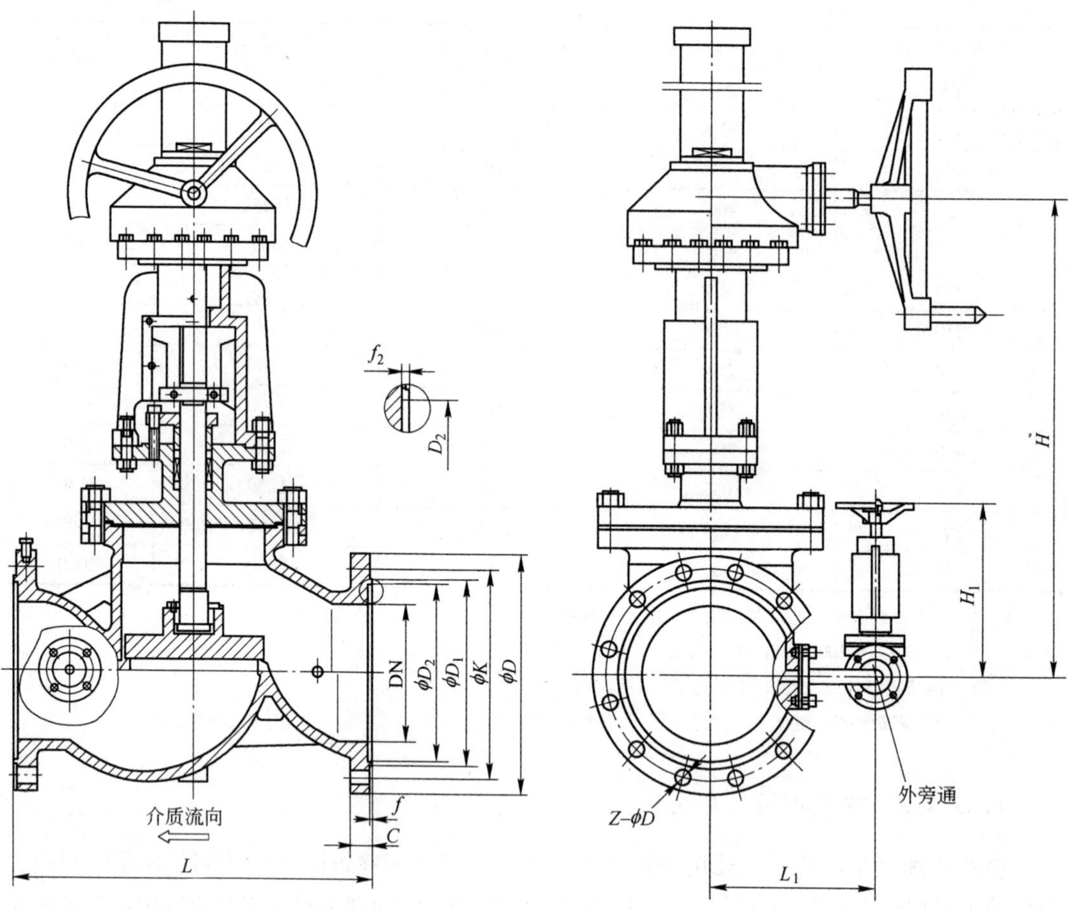

图 11－34 DN250～DN400 铜截止阀（伞齿轮）

B J541W－25T（PN2.5MPa）截止阀主要参数

J541W－25T（PN2.5MPa）截止阀主要参数见表 11－89。

表 11－89 J541W－25T（PN2.5MPa）截止阀主要参数

公称通径 DN	法兰间距 L/mm	全关高度 H/mm	全开高度 H_1/mm	质量/kg
250	650	850	960	360
300	750	960	1100	520
350	850	1100	1220	690
400	950	1170	1320	1005
450	1050	1220	1370	1350
500	1150	1350	1500	1660
600	1350	1550	1750	2400

注：1. 主要参数由浙江迎日阀门制造有限公司提供；

2. DN250～DN600 的阀门为外旁通（DN≥25）；

3. 提供配对法兰、法兰垫（含备用）及其紧固件。

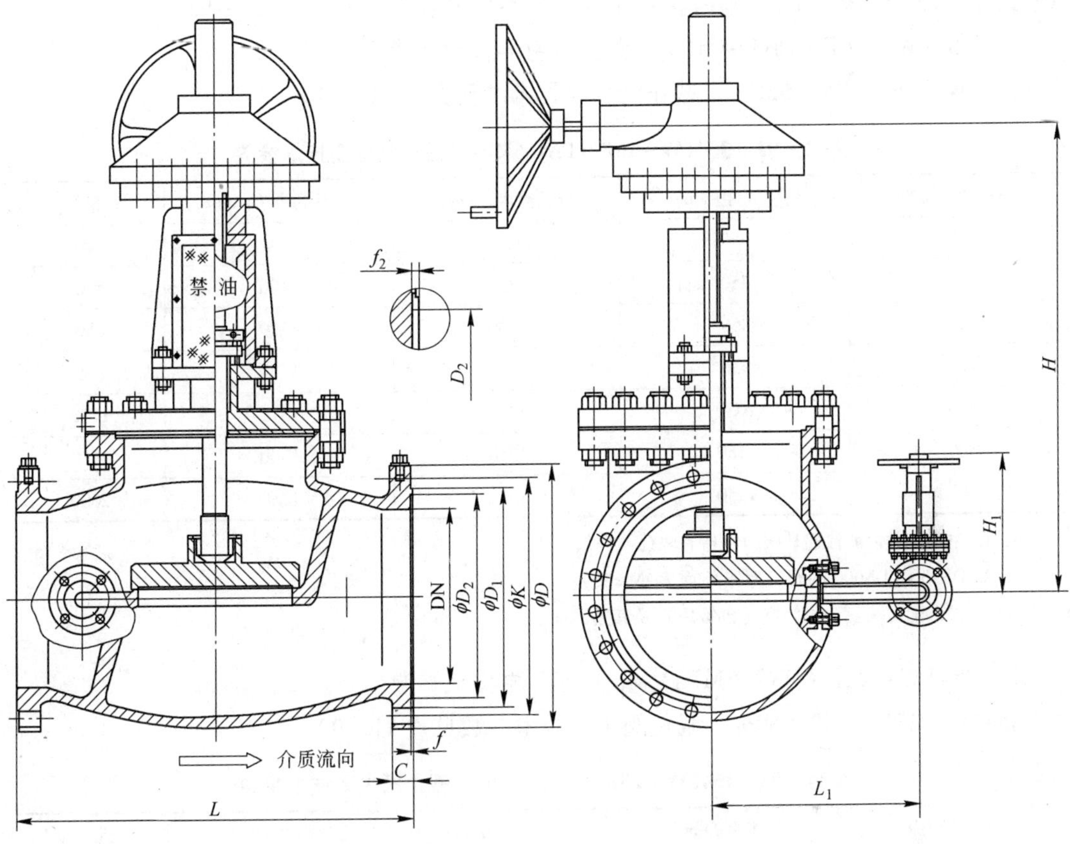

图 11－35 DN450～DN600 铜截止阀（伞齿轮）

C J541W－40T（PN4.0MPa）截止阀主要技术参数

J541W－40T（PN4.0MPa）截止阀主要技术参数见表 11－90。

表 11－90 J541W－40T（PN4.0MPa）截止阀主要技术参数

公称通径 DN	法兰间距 L/mm	全关高度 H/mm	全开高度 H_1/mm	质量/kg
250	730	850	960	360
300	850	960	1100	550
350	980	1100	1220	720
400	1100	1170	1320	1050
450	1050	1220	1370	1500
500	1150	1350	1500	1830
600	1350	1550	1750	2600

注：1. 主要参数由浙江迎日阀门制造有限公司提供；
2. DN250～DN600 的阀门为外旁通（DN≥25）；
3. 提供配对法兰、法兰垫（含备用）及其紧固件。

11.9.1.4 不锈钢截止阀（伞齿轮）

不锈钢截止阀（伞齿轮）可以用于氧气管道上，但多用于氧气站内的氮气管道和氩气管道上。不锈钢截止阀（伞齿轮）主要技术参数见表11－91～表11－93。

A J541W－16P（PN1.6MPa）截止阀主要技术参数

J541W－16P（PN1.6MPa）截止阀主要技术参数见表11－91。

表11－91 J541W－16P（PN1.6MPa）截止阀主要技术参数

公称通径DN	法兰间距 L/mm	全关高度 H/mm	全开高度 H_1/mm	质量/kg
250	650	850	960	300
300	750	960	1100	400
350	850	1100	1220	650
400	950	1170	1320	825
450	1050	1220	1370	1170
500	1150	1350	1500	1350
600	1350	1550	1750	2000

注：1. 主要参数由浙江迎日阀门制造有限公司提供；
2. DN250～DN600的阀门为外旁通（DN≥25）；
3. 提供配对法兰、法兰垫（含备用）及其紧固件。

B J541W－25P（PN2.5MPa）截止阀主要技术参数

J541W－25P（PN2.5MPa）截止阀主要技术参数见表11－92。

表11－92 J541W－25P（PN2.5MPa）截止阀主要技术参数

公称通径DN	法兰间距 L/mm	全关高度 H/mm	全开高度 H_1/mm	质量/kg
250	650	850	960	325
300	750	960	1100	420
350	850	1100	1220	700
400	950	1170	1320	960
450	1050	1220	1370	1350
500	1150	1350	1500	1650
600	1350	1550	1750	2400

注：1. 主要参数由浙江迎日阀门制造有限公司提供；
2. DN250～DN600的阀门为外旁通（DN≥25）；
3. 提供配对法兰、法兰垫（含备用）及其紧固件。

C J541W－40P（PN4.0MPa）截止阀主要技术参数

J541W－40P（PN4.0MPa）截止阀主要技术参数见表11－93。

表11－93 J541W－40P（PN4.0MPa）截止阀主要技术参数

公称通径DN	法兰间距 L/mm	全关高度 H/mm	全开高度 H_1/mm	质量/kg
250	650	850	960	284
300	750	960	1100	385
350	850	1100	1220	613

续表 11－93

公称通径 DN	法兰间距 L/mm	全关高度 H/mm	全开高度 H_1/mm	质量/kg
400	950	1170	1320	790
450	1050	1220	1370	1490
500	1150	1350	1500	1840
600	1350	1550	1750	2600

注：1. 主要参数由浙江迎日阀门制造有限公司提供；
2. DN250～DN600 的阀门为外旁通（DN≥25）；
3. 提供配对法兰、法兰垫（含备用）及其紧固件。

11.9.1.5 双向密封截止阀

双向密封截止阀（DN≥200）多用于介质回流管道上，因为口径超过 DN200 的截止阀一般采用单向密封（高进低出），当管道中有介质时密封就很困难，而且有背压的时候开启不了，特别是截止阀前后阀门（控制阀）维修时，影响就比较大，而双向密封截止阀就解决了以上问题，它是为氧气管网特殊设计的专用阀门，广泛应用于钢铁、冶金、石油化工等用氧工程，双向密封截止阀最早由日本研发，用于宝钢一期项目，后演变为国产化。其主要特点是密封性能好，可以双向密封，在背压情况下也能灵活开启。其机构原理类似于调节阀，内部结构与普通截止阀区别很大。由平衡芯、导向筒、过滤芯组成双向密封截止阀内部三大机构：

（1）平衡芯。平衡芯通过平衡孔来连接上下区间，平衡上下的压力，较小的力就能轻松打开和关闭阀门（普通截止阀压力都作用在阀瓣上面，背压非常大，给操作和生产带来很多不方便）。

（2）过滤芯。过滤芯可过滤进入阀芯腔体气流，避免杂质颗粒损坏密封圈。

（3）导向筒。导向筒可用来导向和固定平衡芯。

双向密封截止阀的优点是开启力矩小，微开启不会产生阀芯摆动而引起和阀体碰撞的声音，阀芯不会随气流冲刷转动，可以装在管道末端排空，无需旁通阀平衡阀前后压力。双向密封截止阀结构如图 11－36 所示。双向密封铜截止阀主要参数见表 11－94～表 11－96，双向密封不锈钢截止阀主要技术参数见表 11－97～表 11－99。

A J46W－16T（PN1.6MPa）截止阀主要技术参数

J46W－16T（PN1.6MPa）截止阀主要技术参数见表 11－94。

表 11－94 J46W－16T（PN1.6MPa）截止阀主要技术参数

公称通径 DN	法兰间距 L/mm	全关高度 H/mm	全开高度 H_1/mm	质量/kg
200	600	660	735	200
250	650	750	860	315
300	750	860	1000	435
350	850	980	1100	600
400	950	1050	1200	665

续表 11－94

公称通径 DN	法兰间距 L/mm	全关高度 H/mm	全开高度 H_1/mm	质量/kg
450	1050	1100	1250	1150
500	1150	1200	1350	1450
600	1350	1400	1600	2100

注：1. 主要参数由浙江迎日阀门制造有限公司提供；

2. 提供配对法兰、法兰垫（含备用）及其紧固件。

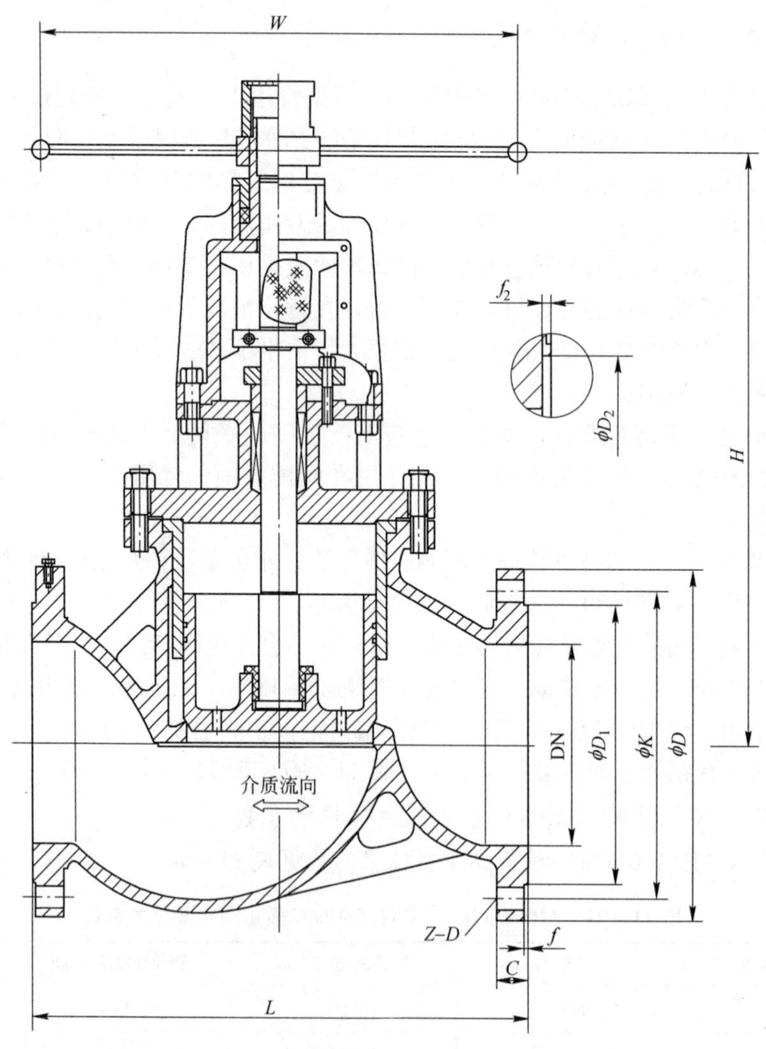

图 11－36　DN200～DN600 双向密封截止阀

B　J46W－25T（PN2.5MPa）截止阀主要技术参数

J46W－25T（PN2.5MPa）截止阀主要技术参数见表 11－95。

表 11－95 J46W－25T（PN2.5MPa）截止阀主要技术参数

公称通径 DN	法兰间距 L/mm	全关高度 H/mm	全开高度 H_1/mm	质量/kg
200	600	660	735	220
250	650	750	860	325
300	750	860	1000	440
350	850	980	1100	610
400	950	1050	1200	810
450	1050	1100	1250	1200
500	1150	1200	1350	1520
600	1350	1400	1600	2200

注：1. 主要参数由浙江迎日阀门制造有限公司提供；
2. 提供配对法兰、法兰垫（含备用）及其紧固件。

C J46W－40T（PN4.0MPa）截止阀主要技术参数

J46W－40T（PN4.0MPa）截止阀主要技术参数见表 11－96。

表 11－96 J46W－40T（PN4.0MPa）截止阀主要技术参数

公称通径 DN	法兰间距 L/mm	全关高度 H/mm	全开高度 H_1/mm	质量/kg
200	600	660	735	225
250	650	750	860	330
300	750	860	1000	480
350	850	980	1100	650
400	950	1050	1200	900
450	1050	1100	1250	1320
500	1150	1200	1350	1700
600	1350	1400	1600	2380

注：1. 主要参数由浙江迎日阀门制造有限公司提供；
2. 提供配对法兰、法兰垫（含备用）及其紧固件。

D J46W－16P（PN1.6MPa）截止阀主要技术参数

J46W－16P（PN1.6MPa）截止阀主要技术参数见表 11－97。

表 11－97 J46W－16P（PN1.6MPa）截止阀主要技术参数

公称通径 DN	法兰间距 L/mm	全关高度 H/mm	全开高度 H_1/mm	质量/kg
200	600	660	735	200
250	650	750	860	315
300	750	860	1000	435
350	850	980	1100	600
400	950	1050	1200	665
450	1050	1100	1250	1150

续表 11－97

公称通径 DN	法兰间距 L/mm	全关高度 H/mm	全开高度 H_1/mm	质量/kg
500	1150	1200	1350	1450
600	1350	1400	1600	2100

注：1. 主要参数由浙江迎日阀门制造有限公司提供；
2. 提供配对法兰、法兰垫（含备用）及其紧固件。

E J46W－25P（PN2.5MPa）截止阀主要技术参数

J46W－25P（PN2.5MPa）截止阀主要技术参数见表 11－98。

表 11－98 J46W－25P（PN2.5MPa）**截止阀主要技术参数**

公称通径 DN	法兰间距 L/mm	全关高度 H/mm	全开高度 H_1/mm	质量/kg
200	600	660	735	220
250	650	750	860	325
300	750	860	1000	440
350	850	980	1100	610
400	950	1050	1200	810
450	1050	1100	1250	1200
500	1150	1200	1350	1520
600	1350	1400	1600	2200

注：1. 主要参数由浙江迎日阀门制造有限公司提供；
2. 提供配对法兰、法兰垫（含备用）及其紧固件。

F J46W－40P（PN4.0MPa）截止阀主要技术参数

J46W－40P（PN4.0MPa）截止阀主要技术参数见表 11－99。

表 11－99 J46W－40P（PN4.0MPa）**截止阀主要技术参数**

公称通径 DN	法兰间距 L/mm	全关高度 H/mm	全开高度 H_1/mm	质量/kg
200	600	660	735	225
250	650	750	860	330
300	750	860	1000	480
350	850	980	1100	650
400	950	1050	1200	900
450	1050	1100	1250	1320
500	1150	1200	1350	1700
600	1350	1400	1600	2380

注：1. 主要参数由浙江迎日阀门制造有限公司提供；
2. 提供配对法兰、法兰垫（含备用）及其紧固件。

11.9.2 止回阀

止回阀有升降式和旋启式两种，均用于防止气流倒流的管道上。本节介绍升降式止回阀和旋启式止回阀的主要参数。升降式止回阀结构分别如图 11－37 和图 11－38 所示，H41W 型升降式止回阀主要参数见表 11－100 和表 11－101；H44W 型旋启式止回阀主要技术参数见表 11－102 和表 11－103，结构分别如图 11－39 和图 11－40 所示。

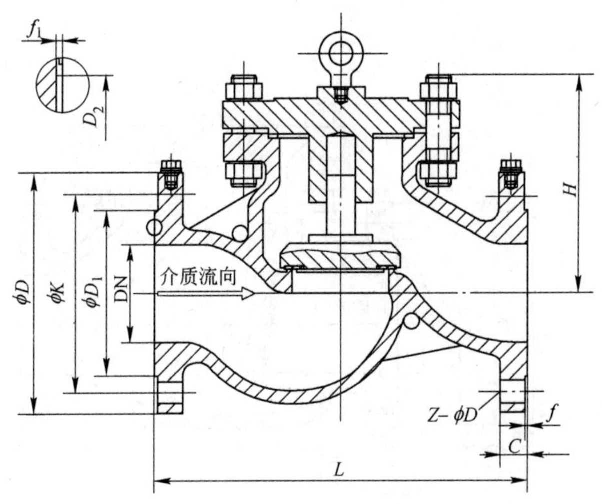

图 11－37 DN15～DN600 H41W 型升降式止回阀

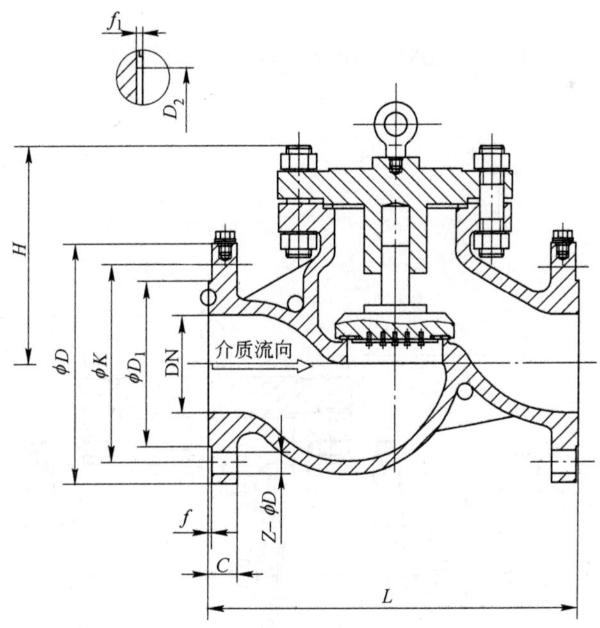

图 11－38 DN15～DN600 H41F 型升降式止回阀

11.9.2.1 升降式止回阀

A H41W/F 型止回阀主要技术参数

H41W/F 型止回阀主要技术参数见表 11－100。

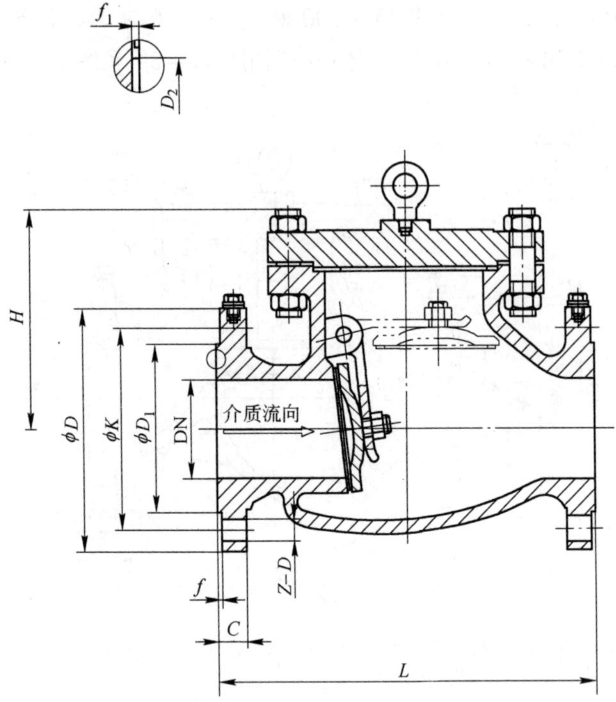

图 11-39　DN15～DN600 H44W 型旋启式止回阀

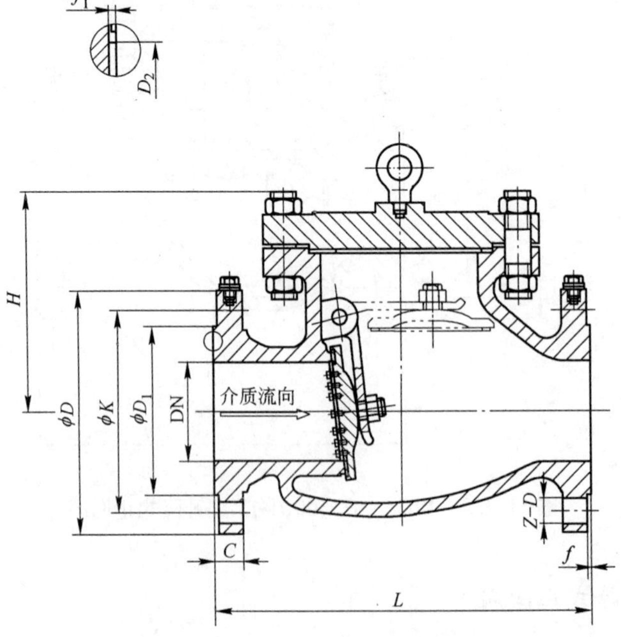

图 11-40　DN15～DN600 H44F 型旋启式止回阀

表 11－100 H41W/F 型止回阀主要技术参数

公称通径 DN	两法兰间距离 L/mm	H41W/F－16T		H41W/F－25T		H41W/F－40T	
		高度 H/mm	质量/kg	高度 H/mm	质量/kg	高度 H/mm	质量/kg
15	130	75	4.05	75	4.05	75	4.05
20	150	95	5.5	95	5.5	95	5.5
25	160	100	6	100	6	100	6
32	180	110	9.5	110	9.5	110	11.5
40	200	120	12	120	12	120	13
50	230	135	15	135	15	135	18.5
65	290	175	20.5	175	20.5	175	25.5
80	310	180	29	180	29	180	31.5
100	350	215	42	215	42	215	46
125	400	240	58	240	66	240	66
150	480	325	70	325	78	325	91.5
200	600	350	152	350	158	350	170
250	650	400	200	400	205	400	210
300	750	450	285	450	310	450	318
350	850	500	500	500	520	500	535
400	950	610	759	610	798	610	841
450	1050	690	955	690	1005	690	1059
500	1150	750	1197	750	1260	750	1310
600	1350	850	1595	850	1680	850	1770

注：1. 主要参数由浙江迎日阀门制造有限公司提供；
2. 提供配对法兰、法兰垫（含备用）及其紧固件。

B H41W/F 型止回阀主要技术参数

H41W/F 型止回阀主要技术参数见表 11－101。

表 11－101 H41W/F 型止回阀主要技术参数

公称通径 DN	两法兰间距离 L/mm	H41W/F－16P		H41W/F－25P		H41W/F－40P	
		高度 H/mm	质量/kg	高度 H/mm	质量/kg	高度 H/mm	质量/kg
15	130	75	3	75	3	75	3
20	150	95	4	95	4	95	4
25	160	100	5	100	5	100	5
32	180	110	8.5	110	9	110	9
40	200	120	9.5	120	9.5	120	9.5
50	230	135	15.5	135	15.5	135	15.5
65	290	175	19	175	20	175	20
80	310	180	30	180	30	180	30

续表 11－101

公称通径 DN	两法兰间距离 L/mm	H41W/F－16P		H41W/F－25P		H41W/F－40P	
		高度 H/mm	质量/kg	高度 H/mm	质量/kg	高度 H/mm	质量/kg
100	350	215	39	215	39	215	39
125	400	240	48	240	55	240	55
150	480	325	68	325	76	325	76
200	600	350	140	350	150	350	150
250	650	400	180	400	190	400	197
300	750	450	260	450	274	450	297
350	850	500	430	500	450	500	465
400	950	610	650	610	690	610	730
450	1050	690	830	690	870	690	920
500	1150	750	1040	750	1090	750	1140
600	1350	850	1380	850	1460	850	1530

注：1. 主要参数由浙江迎日阀门制造有限公司提供；
　　2. 提供配对法兰、法兰垫（含备用）及其紧固件。

11.9.2.2　旋启式止回阀

A　H44W/F 型止回阀主要技术参数

H44W/F 型止回阀主要技术参数见表 11－102。

表 11－102　H44W/F 型止回阀主要技术参数

公称通径 DN	两法兰间距离 L/mm	H44W/F－16T		H44W/F－25T		H44W/F－40T	
		高度 H/mm	质量/kg	高度 H/mm	质量/kg	高度 H/mm	质量/kg
15	130	75	4.05	75	4.05	75	4.05
20	150	95	5.5	95	5.5	95	5.5
25	160	100	6	100	6	100	6
32	180	110	9.5	110	9.5	110	11.5
40	200	120	12	120	12	120	13
50	230	135	15	135	15	135	18.5
65	290	175	20.5	175	20.5	175	25.5
80	310	180	29	180	29	180	31.5
100	350	215	42	215	42	215	46
125	400	240	60	240	66	240	66
150	480	325	72	325	78	325	91.5
200	600	350	152	350	158	350	170
250	650	400	200	400	205	400	210

续表 11－102

公称通径 DN	两法兰间距离 L/mm	H44W/F－16T		H44W/F－25T		H44W/F－40T	
		高度 H/mm	质量/kg	高度 H/mm	质量/kg	高度 H/mm	质量/kg
300	750	450	285	450	310	450	318
350	850	500	500	500	520	500	535
400	950	610	759	610	798	610	841
450	1050	690	955	690	1005	690	1059
500	1150	750	1197	750	1260	750	1310
600	1350	850	1595	850	1680	850	1770

B　H44W/F 型止回阀主要技术参数

H44W/F 型止回阀主要技术参数见表 11－103。

表 11－103　H44W/F 型止回阀主要技术参数

公称通径 DN	两法兰间距离 L/mm	H44W/F－16P		H44W/F－25P		H44W/F－40P	
		高度 H/mm	质量/kg	高度 H/mm	质量/kg	高度 H/mm	质量/kg
15	130	75	3	75	3	75	3
20	150	95	4	95	4	95	4
25	160	100	5	100	5	100	5
32	180	110	8.5	110	9	110	9
40	200	120	9.5	120	9.5	120	9.5
50	230	135	15.5	135	13	135	15.5
65	290	175	19	175	20	175	20
80	310	180	30	180	30	180	30
100	350	215	39	215	39	215	39
125	400	240	48	240	55	240	55
150	480	325	76	325	76	325	76
200	600	350	140	350	150	350	150
250	650	400	180	400	190	400	197
300	750	450	260	450	274	450	297
350	850	500	430	500	450	500	465
400	950	610	650	610	690	610	730
450	1050	690	830	690	870	690	920
500	1150	750	1040	750	1090	750	1140
600	1350	850	1380	850	1460	850	1530

11.9.3　截止阀

本节介绍的截止阀主要用于氧气站的水路系统和液体汽化器的蒸气管道上。本部分主要介绍截止阀的外形尺寸。J11 型截止阀如图 11－41 所示，J41 型截止阀如图 11－42 所示，主要技术参数见表 11－104～表 11－107。

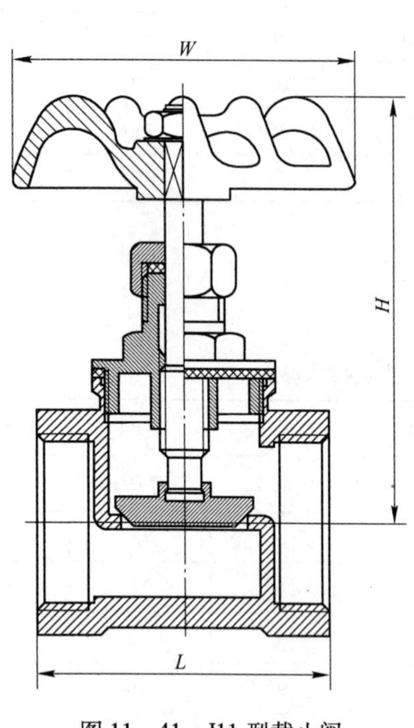

图 11－41　J11 型截止阀

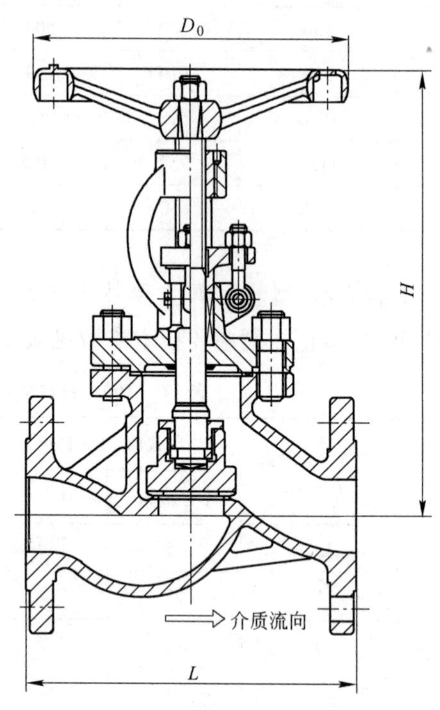

图 11－42　J41 型截止阀

11.9.3.1　J11X－10 内螺纹截止阀主要技术参数

J11X－10 内螺纹截止阀主要技术参数见表 11－104。

表 11－104　J11X－10 内螺纹截止阀主要技术参数

公称通径 DN	管螺纹（G）/mm	阀门两端面距离 L/mm	全关手柄高度 H/mm	全开手柄高度 H_1/mm	质量/kg	使用介质
15	21.3	90	109	117	0.9	温度低于50℃的水
20	26.9	100	109	117	1.2	
25	33.7	120	132	142	1.7	
32	42.4	140	156	168	2.5	
40	48.3	170	167	182	3.75	
50	60.3	200	182	200	5.5	
65	76.1	260	200	223	9.25	

注：1. 主要参数由浙江迎日阀门制造有限公司提供；
2. 提供配对法兰、法兰垫（含备用）及其紧固件。

11.9.3.2　J11W－10T 内螺纹截止阀主要技术参数

J11W－10T 内螺纹截止阀主要技术参数见表 11－105。

表 11－105 J11W－10T 内螺纹截止阀主要技术参数

公称通径 DN	管螺纹（G）/mm	阀门两端面距离 L/mm	全关手柄高度 H/mm	全开手柄高度 H_1/mm	质量/kg	使用介质
15	21.3	90	100	107	0.7	温度低于225℃的水、蒸汽
20	26.9	100	110	122	0.9	
25	33.7	120	117	129	1.5	
32	42.4	140	150	167	2.5	
40	48.3	170	173	193	3.8	
50	60.3	200	173	195	5.4	
65	76.1	260	184	208	10.3	

注：1. 主要参数由浙江迎日阀门制造有限公司提供；
2. 提供配对法兰、法兰垫（含备用）及其紧固件。

11.9.3.3 J11T－16 内螺纹截止阀主要技术参数

J11T－16 内螺纹截止阀主要技术参数见表 11－106。

表 11－106 J11T－16 内螺纹截止阀主要技术参数

公称通径 DN	管螺纹（G）/mm	阀门两端面距离 L/mm	全关手柄高度 H/mm	全开手柄高度 H_1/mm	质量/kg	使用介质
15	21.3	90	110	118	0.8	温度低于200℃的水、蒸汽
20	26.9	100	110	118	1.0	
25	33.7	120	135	146	1.7	
32	42.4	140	157	171	2.5	
40	48.3	170	169	187	3.7	
50	60.3	200	185	206	5.6	
65	76.1	260	204	231	8.9	

注：1. 主要参数由浙江迎日阀门制造有限公司提供；
2. 提供配对法兰、法兰垫（含备用）及其紧固件。

11.9.3.4 J41T－16 截止阀主要技术参数

J41T－16 截止阀主要技术参数见表 11－107。

表 11－107 J41T－16 截止阀主要技术参数

公称通径 DN	两法兰间距离 L/mm	全关手柄高度 H/mm	全开手柄高度 H_1/mm	质量/kg	使用介质
15	130	118	124	2.0	温度低于200℃的水、蒸汽
20	150	121	130	2.8	
25	160	135	146	3.6	
32	180	157	171	5.3	

续表 11－107

公称通径 DN	两法兰间距离 L/mm	全关手柄高度 H/mm	全开手柄高度 H_1/mm	质量/kg	使用介质
40	200	169	187	6.6	温度低于200℃的水、蒸汽
50	230	185	200	9.6	
65	290	204	231	14.0	
80	310	340	381	29.1	
100	350	377	428	40.4	
125	400	423	486	63.0	
150	480	485	566	91.0	
200	600	550	625	140.0	

注：1. 主要参数由浙江迎日阀门制造有限公司提供；
2. 提供配对法兰、法兰垫（含备用）及其紧固件。

11.9.4 蝶阀

11.9.4.1 D43H－10 手动金属弹性密封蝶阀

D43H－10 手动金属弹性密封蝶阀的外形结构如图 11－43 所示，主要技术参数见表 11－108。

表 11－108 D43H－10 手动金属弹性密封蝶阀主要技术参数

公称通径 DN	PN＝1.0MPa				PN＝1.6MPa			
	两法兰间距离 L/mm	手柄到蝶阀中心的距离 A/mm	蝶阀全高 H/mm	质量/kg	两法兰间距离 L/mm	手柄到蝶阀中心的距离 A/mm	蝶阀全高 H/mm	质量/kg
50	108	200	170	4	108	200	205	4.9
65	112	230	170	5.8	112	230	221	6.7
80	114	230	230	7.6	114	230	247	8.9
100	127	260	295	9.5	127	260	268	11.2
125	140	300	320	14.0	140	300	294	16.0
150	140	300	405	17.7	140	300	327	21.0
200	152	350	470	25.0	152	350	352	26.0

注：1. 主要参数由浙江迎日阀门制造有限公司提供；
2. 提供配对法兰、法兰垫（含备用）及其紧固件。

11.9.4.2 D343H－10 蜗轮传动金属弹性密封蝶阀

D343H－10 蜗轮传动金属弹性密封蝶阀的外形结构如图 11－44 所示，主要技术参数见表 11－109。

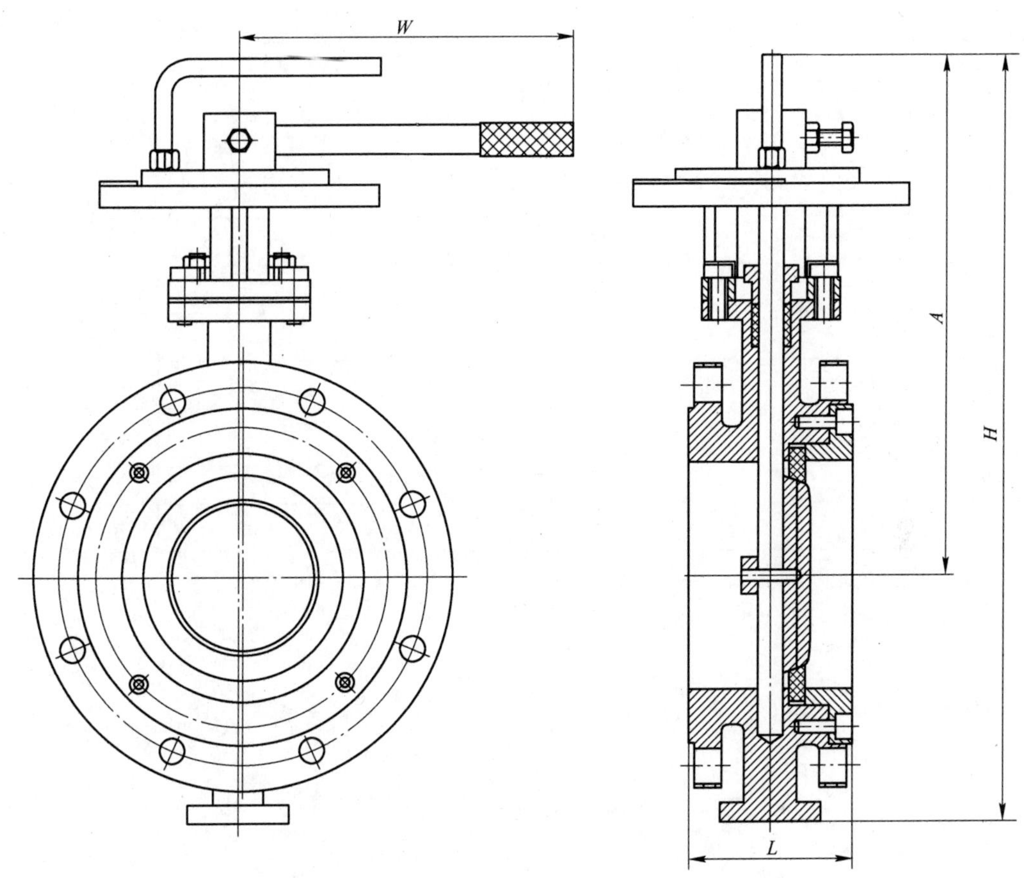

图 11－43 D43H－10 手动金属弹性密封蝶阀

表 11－109 D343H－10 蜗轮传动金属弹性密封蝶阀主要技术参数

公称通径 DN	PN＝1.0MPa				PN＝1.6MPa			
	两法兰间距离 L/mm	手柄到蝶阀中心的距离 A/mm	蝶阀全高 H/mm	质量 /kg	两法兰间距离 L/mm	手柄到蝶阀中心的距离 A/mm	蝶阀全高 H/mm	质量 /kg
50	108	120	170	7	108	120	170	7
65	112	120	170	9.2	112	120	170	9.2
80	114	120	230	11.6	114	120	230	11.6
100	127	120	320	14	127	120	320	14
125	140	120	345	18	140	120	345	18
150	140	150	385	23	140	150	385	23
200	152	170	471	44	152	170	471	44
250	165	170	533	64	165	170	533	64
300	178	205	606	105	178	205	606	105
350	190	205	694	134	190	205	694	134

续表 11－109

公称通径 DN	PN＝1.0MPa				PN＝1.6MPa			
	两法兰间距离 *L*/mm	手柄到蝶阀中心的距离 *A*/mm	蝶阀全高 *H*/mm	质量 /kg	两法兰间距离 *L*/mm	手柄到蝶阀中心的距离 *A*/mm	蝶阀全高 *H*/mm	质量 /kg
400	216	240	757	181	216	240	757	181
450	222	240	814	237	222	240	814	237
500	229	306	902	292	229	306	902	292
600	267	324	1048	421	267	324	1048	421
700	292	335	1277	541	292	335	1277	541
800	318	356	1385	658	318	356	1385	658
900	330	356	1490	790	330	356	1490	790
1000	410	356	1620	890	410	356	1620	890

注：1. 主要参数由浙江迎日阀门制造有限公司提供；

2. 提供配对法兰、法兰垫（含备用）及其紧固件。

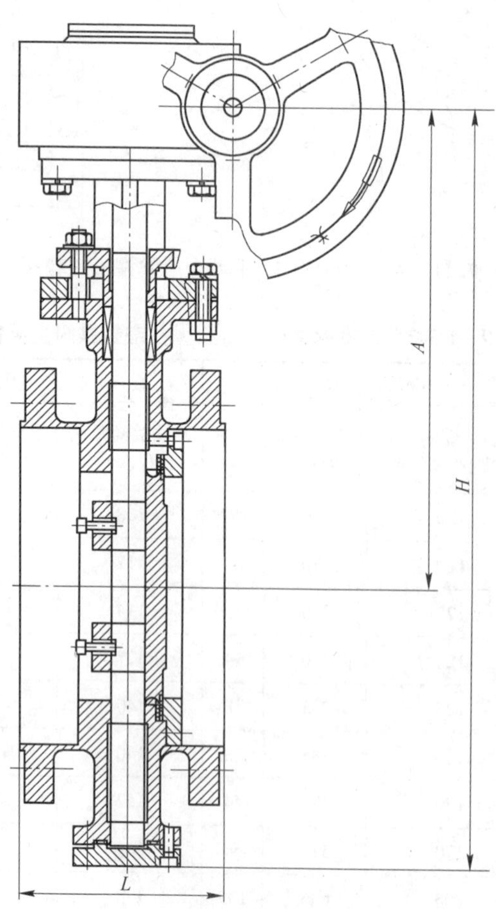

图 11－44 D343H－10 蜗轮传动金属弹性密封蝶阀

11.9.4.3 D943H - 10C 电动金属弹性密封蝶阀

D943H－10C 电动金属弹性密封蝶阀的外形结构如图 11－45 所示，主要技术参数见表 11－110。

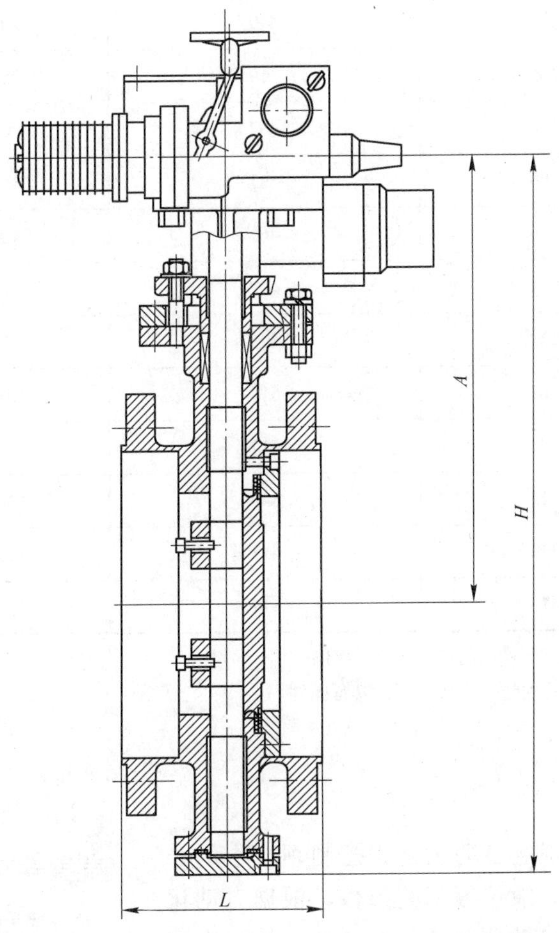

图 11－45 D943H－10C 电动金属弹性密封蝶阀

表 11－110 D943H－10C 电动金属弹性密封蝶阀主要技术参数

公称通径 DN	PN＝1.0MPa			
	两法兰间距离 L/mm	手柄到蝶阀中心的距离 A/mm	蝶阀全高 H/mm	质量/kg
50	108	298	50	108
65	112	298	65	112
80	114	298	80	114
100	127	298	100	127
125	140	298	125	140

续表 11－110

公称通径 DN	PN＝1.0MPa			
	两法兰间距离 L/mm	手柄到蝶阀中心的距离 A/mm	蝶阀全高 H/mm	质量/kg
150	140	298	150	140
200	152	419	200	152
250	165	419	250	165
300	178	437	300	178
350	190	437	350	190
400	216	461	400	216
450	222	477	814	271
500	229	493	902	331
600	267	517	1048	363
700	292	517	1277	584
800	318	545	1385	811
900	330	617	1490	910
1000	410	617	1620	1068

注：1. 主要参数由浙江迎日阀门制造有限公司提供；
2. 提供配对法兰、法兰垫（含备用）及其紧固件。

11.9.5 调节阀

调节阀用于调节工业自动化过程控制领域中的介质流量、压力、温度、液位等工艺参数。根据自动化系统中的控制信号，自动调节阀门的开度，从而实现介质流量、压力、温度和液位的调节。

调节阀通常由电动执行机构或气动执行机构与阀体两部分共同组成。直行程主要有直通单座式和直通双座式两种，后者具有流通能力大、不平衡力小和操作稳定的特点，所以通常特别适用于大流量、高压降和泄漏量小的场合。本节介绍浙江迎日阀门制造有限公司调节阀的主要技术参数。

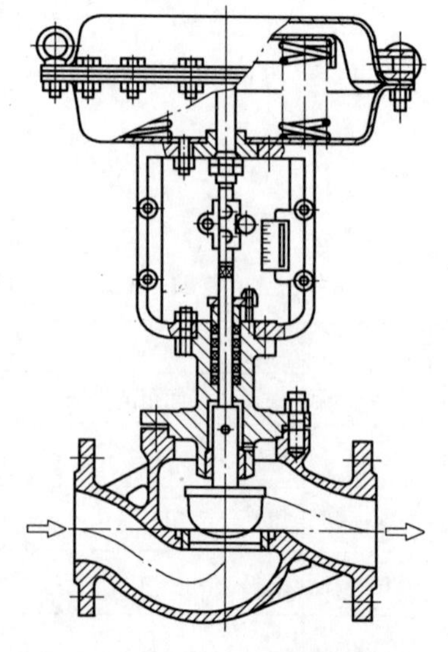

图 11－46 气动薄膜直通单座式调节阀

11.9.5.1 气动薄膜直通单座式调节阀

气动薄膜直通单座式调节阀如图 11－46 所示，其主要技术参数见表 11－111。

表 11－111 气动薄膜直通单座式调节阀主要技术参数

公称压力 PN	公称通径 DN	两法兰间距离 L/mm	MF	MFA
			高度 H/mm	高度 H/mm
CL150	15	178	385	500
	20	181	448	554
	25	184	517	672
	32	200	527	682
	40	222	538	693
	50	254	592	747
	65	276	705	917
	80	298	717	929
	100	352	795	1049
	125	451	820	1049
	150	480	870	1124
	200	543	910	1164
	250	673	1390	1644
	300	737	1454	1708
	350	889	1778	2032
	400	1016	2030	2284
CL300	15	190	385	540
	20	194	448	603
	25	197	518	673
	32	213	528	683
	40	235	540	695
	50	267	575	730
	65	292	705	917
	80	317	725	937
	100	368	795	1049
	125	473	1002	1256
	150	473	1032	1286
	200	568	1090	1344
	250	708	1390	1644
	300	775	1454	1708
	350	927	1854	2108
	400	1057	2114	2368
CL600	15	165	330	485
	20	190	385	540
	25	210	411	566

续表 11－111

公称压力 PN	公称通径 DN	两法兰间距离 L/mm	MF	MFA
			高度 H/mm	高度 H/mm
CL600	32	229	448	660
	40	251	492	705
	50	286	560	814
	65	330	646	900
	80	337	660	914
	100	394	772	1026
	125	508	996	1250
	150	508	1025	1279
	200	610	1196	1450
	250	752	1474	1728
	300	819	1605	1859
	350	972	1905	2159
	400	1108	2171	2425
CL1500	25	279	555	887
	40	330	713	1159
	50	375	770	1216
	80	460	846	1292
	100	530	912	1358
	150	762	1031	1483
	200	832	1170	1616
	250	991	1414	1951
	300	1130	1549	2086
	350	1257	1662	2199

注：1. 主要参数由浙江迎日阀门制造有限公司提供；
2. 提供配对法兰、法兰垫（含备用）及其紧固件。

11.9.5.2　气动薄膜套筒式调节阀

气动薄膜套筒式调节阀如图 11－47 所示，其主要技术参数见表 11－112。

表 11－112　气动薄膜套筒式调节阀主要技术参数

公称压力 PN	公称通径 DN	两法兰间距离 L/mm	MF	MFA
			高度 H/mm	高度 H/mm
CL150	25	184	517	672
	32	200	527	682
	40	222	538	693

续表 11－112

公称压力 PN	公称通径 DN	两法兰间距离 L/mm	MF	MFA
			高度 H/mm	高度 H/mm
CL150	50	254	592	747
	65	276	705	917
	80	298	717	929
	100	352	795	1049
	125	451	820	1049
	150	480	870	1124
	200	543	910	1164
	250	673	1390	1644
	300	737	1454	1708
	350	889	1778	2032
	400	1016	2030	2284
CL300	25	197	518	673
	32	213	528	683
	40	235	540	695
	50	267	575	730
	65	292	705	917
	80	317	725	937
	100	368	795	1049
	125	473	1002	1256
	150	473	1032	1286
	200	568	1090	1344
	250	708	1390	1644
	300	775	1454	1708
	350	927	1854	2108
	400	1057	2114	2368
CL600	25	210	411	566
	32	229	448	660
	40	251	492	705
	50	286	560	814
	65	330	646	900
	80	337	660	914
	100	394	772	1026
	125	508	996	1250
	150	508	1025	1279
	200	610	1196	1450

续表 11－112

公称压力 PN	公称通径 DN	两法兰间距离 L/mm	MF	MFA
			高度 H/mm	高度 H/mm
CL600	250	752	1474	1728
	300	819	1605	1859
	350	972	1905	2159
	400	1108	2171	2425
CL1500	25	279	555	887
	40	330	713	1159
	50	375	770	1216
	80	460	846	1292
	100	530	912	1358
	150	762	1031	1483
	200	832	1170	1616
	250	991	1414	1951
	300	1130	1549	2086
	350	1257	1662	2199

注：1. 主要参数由浙江迎日阀门制造有限公司提供；
2. 提供配对法兰、法兰垫（含备用）及其紧固件。

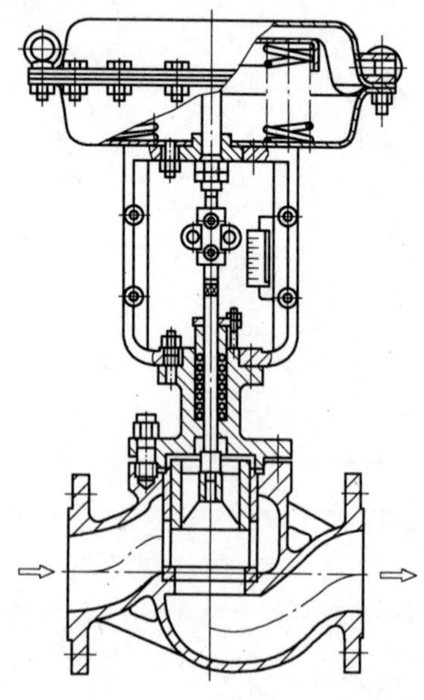

图 11－47 气动薄膜套筒式调节阀

11.9.5.3 气动薄膜直通双座式调节阀

气动薄膜直通双座式调节阀如图 11－48 所示，其主要技术参数见表 11－113。

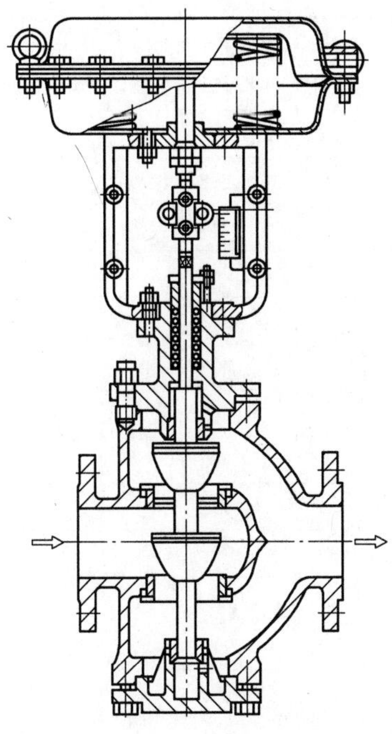

图 11-48 气动薄膜直通双座式调节阀

表 11-113 气动薄膜直通双座式调节阀主要技术参数

公称压力 PN	公称通径 DN	两法兰间距离 L/mm	MF 高度 H/mm	MFA 高度 H/mm
CL150	25	184	517	672
	32	200	527	682
	40	222	538	693
	50	254	592	747
	65	276	705	917
	80	298	717	929
	100	352	795	1049
	125	451	820	1049
	150	480	870	1124
	200	543	910	1164
	250	673	1390	1644
	300	737	1454	1708
	350	889	1778	2032
	400	1016	2030	2284
CL300	25	197	518	673
	32	213	528	683
	40	235	540	695

续表 11－113

公称压力 PN	公称通径 DN	两法兰间距离 L/mm	MF	MFA
			高度 H/mm	高度 H/mm
CL300	50	267	575	730
	65	292	705	917
	80	317	725	937
	100	368	795	1049
	125	473	1002	1256
	150	473	1032	1286
	200	568	1090	1344
	250	708	1390	1644
	300	775	1454	1708
	350	927	1854	2108
	400	1057	2114	2368
CL600	25	210	411	566
	32	229	448	660
	40	251	492	705
	50	286	560	814
	65	330	646	900
	80	337	660	914
	100	394	772	1026
	125	508	996	1250
	150	508	1025	1279
	200	610	1196	1450
	250	752	1474	1728
	300	819	1605	1859
	350	972	1905	2159
	400	1108	2171	2425
CL1500	25	279	555	887
	40	330	713	1159
	50	375	770	1216
	80	460	846	1292
	100	530	912	1358
	150	762	1031	1483
	200	832	1170	1616
	250	991	1414	1951
	300	1130	1549	2086
	350	1257	1662	2199

注：1. 主要参数由浙江迎日阀门制造有限公司提供；

2. 提供配对法兰、法兰垫（含备用）及其紧固件。

11.9.5.4 气动薄膜直通式三通调节阀

气动薄膜直通式三通调节阀如图11-49所示，其主要技术参数见表11-114。

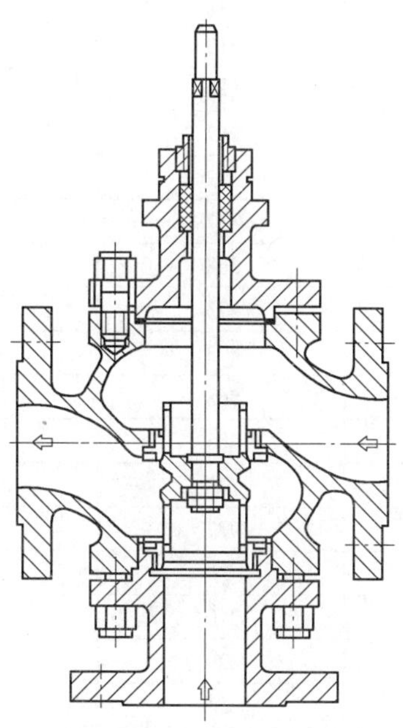

图11-49 气动薄膜直通式三通调节阀

表11-114 气动薄膜直通式三通调节阀主要技术参数

公称压力 PN	公称通径 DN	两法兰间距离 *L*/mm	MF	MFA
			高度 *H*/mm	高度 *H*/mm
CL150	25	184	517	672
	32	200	527	682
	40	222	538	693
	50	254	592	747
	65	276	705	917
	80	298	717	929
	100	352	795	1049
	125	451	820	1049
	150	480	870	1124
	200	543	910	1164
	250	673	1390	1644
	300	737	1454	1708
	350	889	1778	2032
	400	1016	2030	2284

续表 11－114

公称压力 PN	公称通径 DN	两法兰间距离 L/mm	MF	MFA
			高度 H/mm	高度 H/mm
CL300	25	197	518	673
	32	213	528	683
	40	235	540	695
	50	267	575	730
	65	292	705	917
	80	317	725	937
	100	368	795	1049
	125	473	1002	1256
	150	473	1032	1286
	200	568	1090	1344
	250	708	1390	1644
	300	775	1454	1708
	350	927	1854	2108
	400	1057	2114	2368
CL600	25	210	411	566
	32	229	448	660
	40	251	492	705
	50	286	560	814
	65	330	646	900
	80	337	660	914
	100	394	772	1026
	125	508	996	1250
	150	508	1025	1279
	200	610	1196	1450
	250	752	1474	1728
	300	819	1605	1859
	350	972	1905	2159
	400	1108	2171	2425
CL1500	25	279	555	887
	40	330	713	1159
	50	375	770	1216
	80	460	846	1292
	100	530	912	1358
	150	762	1031	1483
	200	832	1170	1616
	250	991	1414	1951
	300	1130	1549	2086
	350	1257	1662	2199

注：1. 主要参数由浙江迎日阀门制造有限公司提供；

2. 提供配对法兰、法兰垫（含备用）及其紧固件。

12　氧气站辅助设备

12.1　氧气过滤器

氧气过滤器主要用在输送氧气的管道上，以清除管道在施工过程中不小心掉入管道内的固态杂质，达到过滤目的。氧气调压间的进口管道上必须设置氧气过滤器。进入高炉富氧调压阀组前的氧气管道以及氮气管道上也要设置过滤器。过滤器筒体采用不锈钢制作，用于氧气管道时，过滤器的滤网为铜质，用于氮气或氩气管道时，过滤器的滤网采用不锈钢。FPQ 型氧气过滤器的主要参数见表 12－1，外形结构如图 12－1 所示。

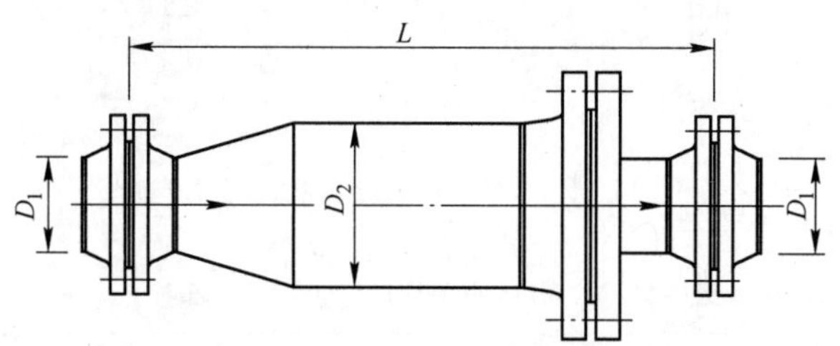

图 12－1　FPQ 型氧气过滤器外形结构

表 12－1　FPQ 型氧气过滤器的主要参数

公称通径 DN	接管直径 D_1/mm	筒体外径 D_2/mm	PN＝1.6MPa		PN＝4.0MPa	
			两法兰间的距离 L/mm	质量/kg	两法兰间的距离 L/mm	质量/kg
40	45	89	450	32	460	35
50	57	108	500	40	500	50
65	73	133	600	52	600	70
80	89	159	620	68	640	90
100	108	219	720	89	770	152
125	133	273	820	130	900	210
150	159	273	920	140	1000	235
200	219	377	1200	250	1250	480
250	273	529	1650	550	1600	900
300	325	630	1700	800	1900	1500
350	377	630	1800	900	2200	1650
400	426	720	2100	1050	2400	1800
450	478	820	2400	1300	2600	2100

注：1. 此表由南通海鹰机电集团有限公司提供；

2. 连接法兰按 JB/T 82.2/94 标准制作。

YQY 型铜过滤器外形图如图 12－2 所示，主要技术参数见表 12－2。

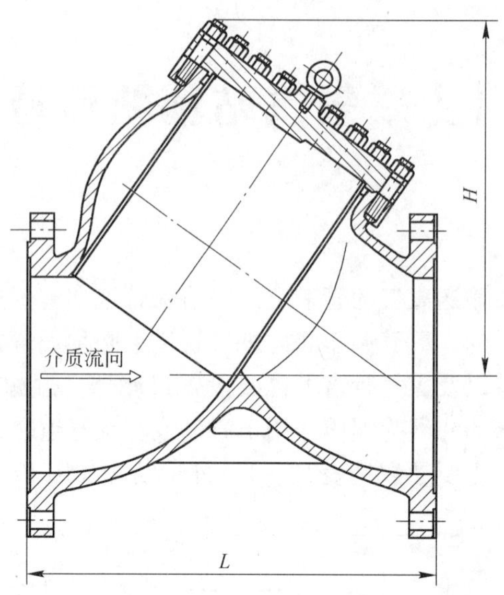

图 12－2 YQY 型铜过滤器外形结构

表 12－2 YQY 型铜过滤器主要技术参数

公称通径 DN	两法兰间距离 L/mm	YQY－16T	YQY－25T	YQY－40T
		高度 H/mm	高度 H/mm	高度 H/mm
40	200	76	120	120
50	230	89	135	135
65	290	108	175	175
80	310	133	180	180
100	345	159	215	215
125	400	219	240	240
150	440	273	325	325
200	530	325	350	350
250	580	426	400	400
300	705	530	450	450
350	825	530	500	500
400	850	630	610	610
450	950	730	690	690
500	1050	750	750	750
600	1200	900	850	850

注：此表由浙江迎日阀门制造有限公司提供。

12.2 阻火器

阻火器用于输送氧气的管道上，它能有效地切断因高速气流中的杂物与管壁急剧摩擦产生的火花，防止管道燃爆事故的发生。阻火器可直接与工艺管道焊接。阻火器有氧气管道阻火器和氧气管道阀门前、后阻火器。

12.2.1 FP - XT 型氧气管道阻火器

FP - XT 型氧气管道阻火器的外形图如图 12 - 3 所示，供安装时参考，其技术参数见表 12 - 3。

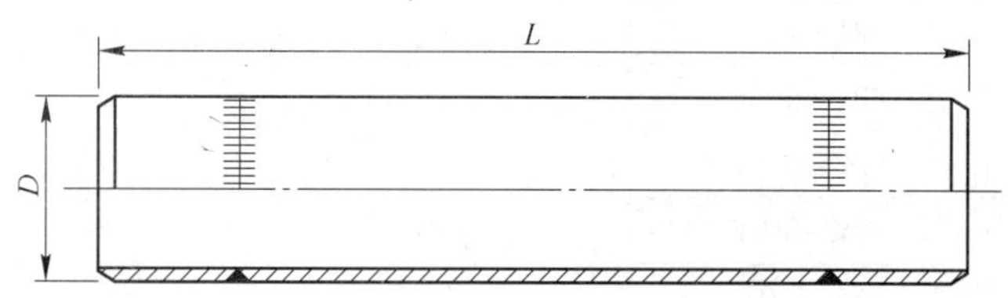

图 12 - 3 FP - XT 型氧气管道阻火器的外形图

表 12 - 3 FP - XT 型氧气管道阻火器的技术参数

公称直径 DN	规格型号	阻火器外径 D/mm	质量/kg	阻火器长度 L/mm
15	FP - 1.5T	18	0.8	600
20	FP - 2.0T	25	1.2	
25	FP - 2.5T	32	2.0	
32	FP - 3.2T	38	2.4	
40	FP - 4.0T	48	3.0	
50	FP - 5.0T	57	5.0	700
65	FP - 6.5T	76	7.0	
80	FP - 8.0T	89	8.4	
100	FP - 10T	108	12.0	
125	FP - 12.5T	133	15.0	
150	FP - 15T	159	22.0	800
200	FP - 20T	219	48.0	
250	FP - 25T	273	85.0	
300	FP - 30T	325	102.0	
350	FP - 35T	377	136.0	
400	FP - 40T	426	155.0	
450	FP - 45T	480	170.0	
500	FP - 50T	530	210.0	

注：1. 此表由南通海鹰机电集团有限公司提供；

2. 连接管道公称压力 PN = 4.0MPa。

12.2.2 FPV－XT 型氧气管道阀门前、后阻火器

FPV－XT 型氧气管道阀门前、后阻火器的技术参数见表 12－4。

表 12－4 FPV－XT 型氧气管道阀门前、后阻火器的技术参数

公称直径 DN	规格型号	阻火器长度 L/mm	阻火器外径 D/mm	质量/kg
15	FPV－1.5T	1600	18	2.0
20	FPV－2.0T		25	3.0
25	FPV－2.5T		32	5.1
32	FPV－3.2T		38	6.2
40	FPV－4.0T		45	7.0
50	FPV－5.0T	1700	57	12.5
65	FPV－6.5T		76	17.0
80	FPV－8.0T		89	20.0
100	FPV－10T		108	30.0
125	FPV－12.5T		133	37.0
150	FPV－15T	1800	159	48.0
200	FPV－20T		219	110.0
250	FPV－25T		273	180.0
300	FPV－30T		325	230.0
350	FPV－35T	2050	377	350.0
400	FPV－40T	2300	426	440.0
450	FPV－45T	2550	480	550.0
500	FPV－50T	2800	530	660.0

注：1. 此表由南通海鹰机电集团有限公司提供；

2. 连接管道公称压力 PN＝4.0MPa；

3. 根据用户的需要，阻火器的一端可以采用法兰结构。

12.3 OXT 氧气压力调节阀组

OXT 氧气压力调节阀组适用于氧气网络管道、氧气（包括液氧）储罐后的供氧网络、氧压机、液氧泵汽化器后的工艺用氧主干管和分支管等输配网络，为这些用户点提供安全稳压的氧气流。

设有独立阀门室内的氧气压力调节阀组，其手动截止阀的阀杆可用接长操作手柄从防护墙外进行安全防护作业。阀组主要由 KOSO 氧气调节阀与先导泄压氧气截止阀组成，结构示意图如图 12－4 所示。独立阀门室内的氧气压力调节阀组设计压力按 3.15MPa 进行。阀组主要技术性参数见表 12－5。

阀组的工作原理是，系统中的主干管和分支管为并列的两个通道，阀组投运时先启动分支管上的先导泄压氧气截止阀，可平缓地降低阀组两侧的压力差；当压力差不大于 0.3MPa 时，再启动主干管，并关掉先导泄压氧气截止阀，可避免气体流速过大而使元件

发热所造成的意外事故，确保安全送气。

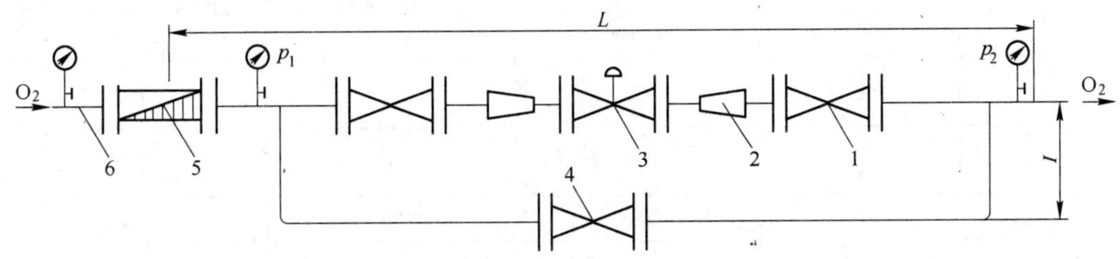

图 12－4 设有独立阀门室内的氧气压力调节阀组示意图

1—氧气截止阀；2—异径管；3—KOSO 氧气调节阀；4—先导泄压氧气截止阀；

5—氧气过滤器；6—带颈对焊钢制管法兰

表 12－5 氧气压力调节阀组主要技术性参数

管道通径 DN	Q_{max}（标态）(p_1 =3MPa) /$m^3 \cdot h^{-1}$	Q_{min}（标态）(p_1 = 1.8MPa) /$m^3 \cdot h^{-1}$	KOSO 调节阀通径 DN	先导截止阀通径 DN	出口氧气压力 p_2/MPa
40	1870	1150	40	20	炼钢工艺用氧点：1.6±0.5MPa；连铸切割用氧点：1.2～1.4MPa；机械氧焊、切割：(0.8～1.0)±0.5MPa
50	2930	1795	40	20	
65	4950	3035	50	25	
80	7500	4600	80	25	
100	11730	7190	80	25	
125	18330	11235	100	25	
150	26400	16180	125	25	
200	46930	28770	150	32	
250	73330	44950	200	40	
300	105600	64730	250	40	

注：此表由南通海鹰机电集团有限公司提供。

12.4 水过滤器

水过滤器用于氧气站内空气压缩机、氧气压缩机、氮气压缩机的冷却水供水管道上，进一步对供水系统进行过滤，达到净化水质的目的。过滤器安装在供水管道上，常用的有 Y 型过滤器和篮式过滤器。

12.4.1 Y 型过滤器

Y 型过滤器（CSY 型）的外形图如图 12－5 所示，供安装时参考，其主要技术参数见表 12－6。

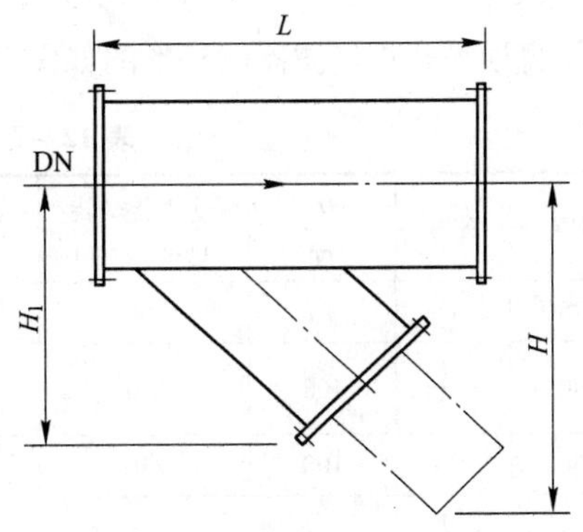

图 12－5 Y 型过滤器外形结构

表 12 – 6　Y 型过滤器主要技术参数

DN	NPS	过滤器安装长度 L/mm	过滤器安装高度 H_1/mm	过滤网拆卸需要的空间 H/mm
15	$\frac{1}{2}$	125	70	150
20	$\frac{3}{4}$	145	70	150
25	1	160	80	160
32	$1\frac{1}{4}$	180	90	180
40	$1\frac{1}{2}$	200	100	240
50	2	220	130	250
65	$2\frac{1}{2}$	260	165	350
80	3	280	195	390
100	4	320	230	450
125	5	350	300	520
150	6	380	335	580
200	8	495	420	690
250	10	595	500	800
300	12	640	580	950
350	14	700	640	1150
400	16	800	700	1360
450	18	850	790	1480
500	20	900	875	1650

注：1. 主要参数摘自有关企业的产品样本；

2. 过滤器公称压力 PN ≦ 0.6 ~ 5.0MPa，滤框滤网的材质为不锈钢，过滤精度 10 ~ 300 目（0.048 ~ 1.651mm），筒体材质有碳钢、黄铜、不锈钢；

3. 法兰标准：HG20592—2009，PN1.0。

12.4.2　篮式过滤器

篮式过滤器有直通平底篮式过滤器（CSN_1 型）和直通弧底篮式过滤器（CSN_2 型）两种，直通平底式过滤器的外形图如图 12 – 6 所示，供安装时参考，其主要参数见表 12 – 7。

表 12 – 7　篮式过滤器主要技术参数

DN	NPS	D_1 /mm	过滤器安装长度 L/mm	管道中心到篮筒底的安装高度 H/mm	过滤网拆卸需要的空间 H_1/mm	篮筒底到篮筒法兰的安装高度 H_2/mm
25	1	76	180	260	410	160
40	$1\frac{1}{2}$	108	260	300	560	170
50	2	108	260	300	560	170
65	$2\frac{1}{2}$	133	373	364	637	174

续表 12-7

DN	NPS	D_1 /mm	过滤器安装长度 L/mm	管道中心到篮筒底的安装高度 H/mm	过滤网拆卸需要的空间 H_1/mm	篮筒底到篮筒法兰的安装高度 H_2/mm
80	3	159	399	417	719	214
100	4	219	459	508	881	272
125	5	273	513	617	1079	345
150	6	325	565	724	1276	404
200	8	377	617	793	1397	446
250	10	426	666	893	1544	495
300	12	478	718	997	1739	563

注：1. 主要参数摘自有关企业的产品样本；

2. 过滤器公称压力 PN = 0.6 ~ 5.0MPa，滤框滤网的材质为不锈钢，过滤精度 10 ~ 300 目（0.048 ~ 1.651mm），筒体材质有碳钢、黄铜、不锈钢；

3. 法兰标准：HG20592—2009，PN1.0。

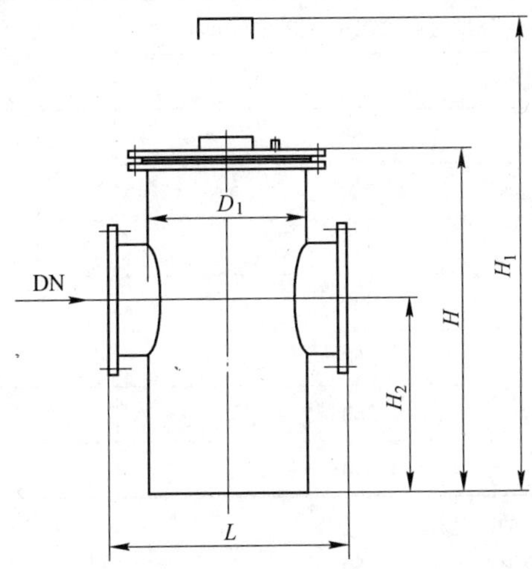

图 12-6 直通平底式过滤器外形结构

12.5 窥视镜

窥视镜用在氧气站内空气压缩机、氧气压缩机、氮气压缩机的冷却水供、回水管道上，监视管道内水的流动效果。

12.5.1 玻璃管窥视镜

玻璃管窥视镜的视窗有钢化硼硅玻璃和石英玻璃两种。钢化硼硅玻璃视窗的窥视镜适用于水的压力小于 0.6MPa 的管道。石英玻璃视窗的窥视镜适用于水的压力为 0.6 ~ 1.6MPa 的管道。玻璃管窥视镜的主要技术参数见表 12-8。

表 12-8 玻璃管窥视镜主要技术参数

DN	玻璃管窥视镜的宽度 H/mm	玻璃管窥视镜的安装长度 L/mm
20	145	360
25	165	360
40	178	360
50	190	360
80	220	360

注：1. 主要参数摘自有关企业的产品样本；

2. 玻璃管窥视镜公称压力 PN = 0.6 ~ 1.6MPa；

3. 法兰标准：HG20592—2009，PN1.0。

12.5.2 浮球型直通视镜

浮球型直通视镜的主要技术参数见表 12-9。

表 12-9 浮球型直通视镜主要技术参数

DN	浮球型直通窥视镜的宽度 H/mm	浮球型直通窥视镜的长度 L/mm
20	200	145
25	260	189
40	260	234
50	320	278
65	320	278
80	360	308
100	360	308
125	440	364

注：1. 主要参数摘自有关企业的产品样本；

2. 玻璃管窥视镜公称压力 PN = 0.6 ~ 1.6MPa；

3. 法兰标准：HG20592—2009，PN1.0。

12.6 液体储存与汽化设备

空分制氧装置在生产氧气、氮气、氩气的同时还可以采出液氧、液氮、液氩。液氧、液氮、液氩统称为液体，液体可以作为一种产品销售，也可以汽化成气体使用。生产气体时，用液体泵把储存在液体储槽的液体抽出送入汽化器，液体在汽化器内汽化成气体。

12.6.1 立式真空绝热液体储槽

12.6.1.1 立式真空绝热液体储槽典型流程

立式真空绝热液体储槽典型流程如图 12-7 所示。

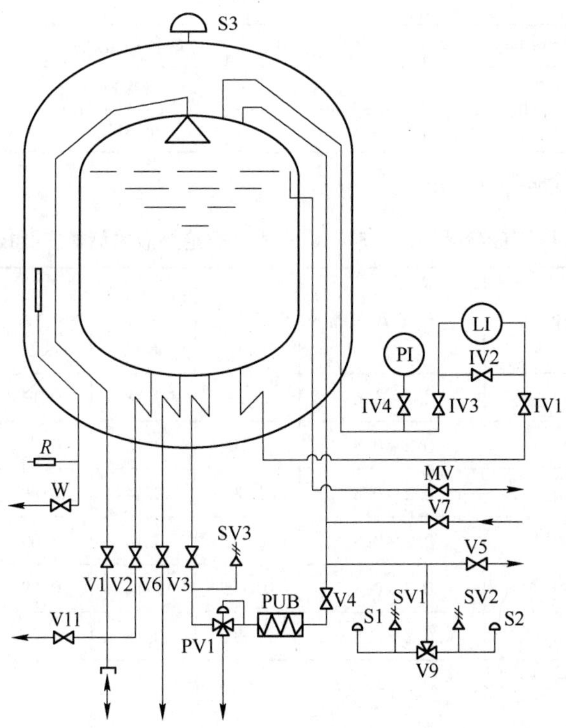

图 12-7 立式真空绝热储槽典型流程

12.6.1.2 立式真空绝热液体储槽主要技术参数

立式真空绝热液体储槽用于储存液氧、液氮、液氩。有效容积为 5~100m³ 储槽的主要技术参数见表 12-10。有效容积为 150~500m³ 储槽的主要技术参数见表 12-11。

表 12-10 有效容积 5~100m³ 立式真空绝热液体储槽主要技术参数

产品型号	有效容积/m³	工作压力/MPa	容器净重/kg	外形尺寸 $\phi \times H$/mm
CFL-5/0.8	5	0.8	3580	1912×5280
CFL-5/1.6		1.6	4240	
CFL-10/0.8	10	0.8	6050	2516×5550
CFL-10/1.6		1.6	7450	
CFL-15/0.8	15	0.8	8100	2416×7450
CFL-15/1.6		1.6	9900	
CFL-20/0.8	20	0.8	11560	2620×8060
CFL-20/1.6		1.6	14200	
CFL-30/0.8	30	0.8	16220	2924×9150
CFL-30/1.6		1.6	19860	
CFL-50/0.8	50	0.8	26360	3324×11600
CFL-50/1.6		1.6	32410	

续表 12 – 10

产品型号	有效容积/m^3	工作压力/MPa	容器净重/kg	外形尺寸 $\phi \times H$/mm
CFL – 100/0. 8	100	0. 8	58860	3640 × 17510
CFL – 100/1. 6		1. 6	67850	

注：主要参数摘自有关企业的产品样本。

表 12 – 11　有效容积 150 ~ 500m^3 立式真空绝热液体储槽主要技术参数

产品型号	有效容积/m^3	工作压力/MPa	介质日蒸发率/%			外形尺寸 $\phi \times H$/mm
			液氧	液氮	液氩	
CFL – 150	150	0. 2 ~ 1. 6	0. 12	0. 18	0. 13	4100 × 19800
CFL – 200	200	0. 2 ~ 0. 8	0. 10	0. 15	0. 11	4000 × 27200
CFL – 350	350	0. 2 ~ 0. 8	0. 09	0. 14	0. 095	4300 × 36800
CFL – 400	400	0. 2 ~ 0. 8	0. 085	0. 14	0. 09	4600 × 36400
CFL – 450	450	0. 2 ~ 0. 8	0. 085	0. 14	0. 09	4600 × 40600
CFL – 500	500	0. 2 ~ 0. 8	0. 085	0. 13	0. 085	4800 × 41000

12. 6. 2　固定式粉末绝热液体储槽

固定式粉末绝热液体储槽为双层，内筒采用不锈钢，外筒采用碳钢制作，夹层内充填珠光砂。该储槽多用于储存液氧或液氮。

12. 6. 2. 1　固定式粉末绝热液体储槽典型流程

固定式粉末绝热液体储槽典型流程如图 12 – 8 所示。

12. 6. 2. 2　固定式粉末绝热储槽主要技术参数

A 厂不同型号的固定式粉末绝热液体储槽见表 12 – 12。B 厂不同型号的固定式粉末绝热液体储槽见表 12 – 13。

表 12 – 12　A 厂固定式粉末绝热液体储槽主要技术参数

产品型号	有效容积/m^3	工作压力/kPa	绝热层厚度/mm	外形尺寸 $\phi \times H$/mm
CP – 500000	500	0. 01	1150	10800 × 12700
CP – 600000	600	0. 01	1150	11300 × 13600
CP – 800000	800	0. 01	1150	11800 × 14300
CP – 1000000	1000	0. 01	1150	13000 × 15800
CP – 1600000	1600	0. 01	1150	13300 × 18400
CP – 2000000	2000	0. 01	1150	14300 × 19700

注：主要参数摘自有关企业的产品样本。

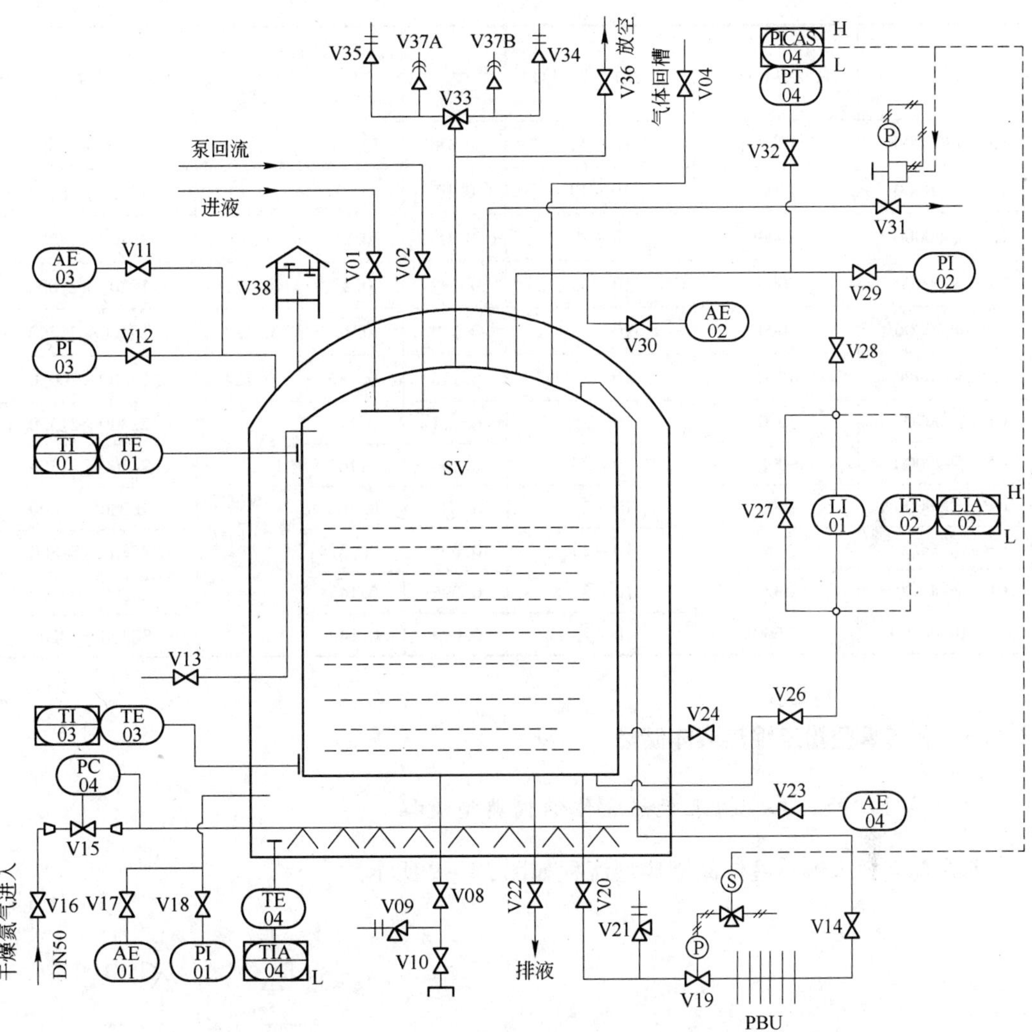

图 12-8　固定式粉末绝热液体储槽典型流程

表 12-13　B 厂固定式粉末绝热液体储槽主要技术参数

产品型号	有效容积/m³	工作压力/kPa	介质日蒸发率/%			外形尺寸 $\phi \times H$/mm
			液氧	液氮	液氩	
CP-200000	200	10~40	0.4	0.65	0.43	7500×12000
CP-300000	300	10~40	0.35	0.55	0.37	9000×12000
CP-400000	400	10~40	0.30	0.48	0.32	10300×11300
CP-500000	500	10~40	0.27	0.43	0.285	11300×11100
CP-600000	600	10~40	0.245	0.39	0.26	11300×13500
CP-800000	800	10~40	0.22	0.35	0.235	12300×13800
CP-900000	900	10~40	0.215	0.335	0.225	12740×15350
CP-1000000	1000	10~40	0.21	0.33	0.22	12300×16540

续表 12－13

产品型号	有效容积/m³	工作压力/kPa	介质日蒸发率/%			外形尺寸 $\phi\times H$/mm
			液氧	液氮	液氩	
CP－1300000	1300	10～40	0.18	0.29	0.19	14600×15300
CP－1500000	1500	10～40	0.17	0.27	0.18	13800×18150
CP－2000000	2000	10～20	0.15	0.24	0.16	15700×17800
CP－3000000	3000	10～35	0.132	0.21	0.141	18200×21000
CP－4000000	4000	10～35	0.119	0.19	0.127	20400×21200
CP－4500000	4500	10～35	0.116	0.186	0.124	22300×20000
CP－5000000	5000	10～35	0.111	0.178	氩槽蒸发率按直径确定	22300×21300
CP－6000000	6000	10～25	0.106	0.169		24300×21500
CP－7000000	7000	10～25	0.10	0.162		26000×21800
CP－8000000	8000	10～25	0.098	0.157		27800×21800
CP－9000000	9000	10～25	0.095	0.143		29300×22100
CP－10000000	10000	10～25	0.093	0.149		30800×22200

12.6.3　卧式真空粉末绝热液体储槽

12.6.3.1　卧式真空粉末绝热液体储槽典型流程

卧式真空粉末绝热液体储槽典型流程如图 12－9 所示。

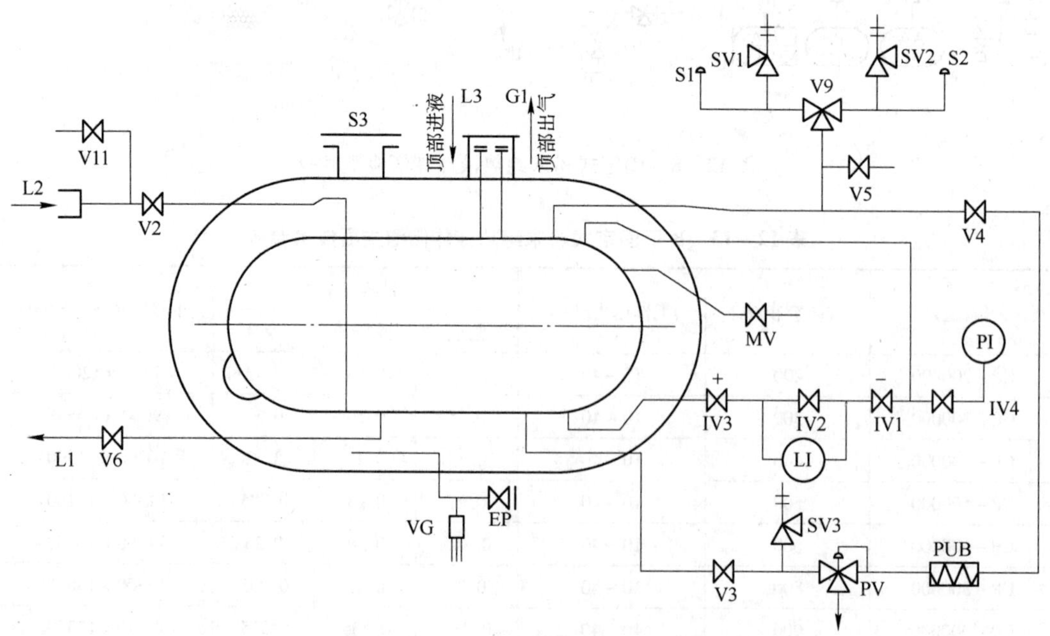

图 12－9　卧式真空粉末绝热液体储槽典型流程

12.6.3.2 卧式真空粉末绝热液体储槽技术参数

A厂卧式真空粉末绝热液体储槽技术参数见表12－14。B厂卧式真空粉末绝热液体储槽技术参数见表12－15。

表12－14 A厂卧式真空粉末绝热液体储槽技术参数

产品型号	有效容积/m^3	工作压力/MPa	容器净重/kg	外形尺寸(长×宽×高)/mm
CFW－2.5/0.8	2.5	0.8	3255	4510×1620×1860
CFW－4/0.8	4	0.8	4510	4850×1850×2250
CFW－5/0.8	5	0.8	5165	5550×1850×2250
CFW－7.5/0.8	7.5	0.8	6060	7180×1850×2250
CFW－11/0.8	11	0.8	10050	7800×2124×2580

注：主要参数摘自有关企业的产品样本。

表12－15 B厂卧式真空粉末绝热液体储槽技术参数

产品型号	有效容积/m^3	工作压力/MPa	介质日蒸发率/%			外形尺寸 $\phi\times L$/mm
			液氧	液氮	液氩	
CFW－10	10	0.2～3.0	0.32	0.48	0.34	2400×5800
CFW－20	20	0.2～3.0	0.25	0.38	0.27	2600×8300
CFW－50	50	0.2～3.0	0.18	0.28	0.19	3100×12400
CF－100	100	0.2～1.6	0.14	0.21	0.15	3500×17700
CF－150	150	0.2～1.6	0.12	0.18	0.13	4000×19300
CF－200	200	0.2～0.8	0.10	0.15	0.11	4000×25100
CF－250	250	0.2～0.8	0.10	0.15	0.10	4300×26400
CF－300	300	0.2～0.8	0.09	0.14	0.10	4300×31300
CF－350	350	0.2～0.8	0.09	0.14	0.095	4300×36200
CF－400	400	0.2～0.8	0.085	0.14	0.09	4600×35500
CF－450	450	0.2～0.8	0.085	0.14	0.09	4600×39700
CF－500	500	0.2～0.8	0.08	0.13	0.085	4800×40000

12.6.4 汽化器

汽化器是液体在容器内与水或与水蒸气、空气进行换热后由液体汽化成气体的专用设备，汽化器按通过的介质不同分为水浴式和空温式汽化器。水浴式汽化器典型流程如图12－10所示。水浴式汽化器技术参数见表12－16，空温式汽化器技术参数见表12－17。

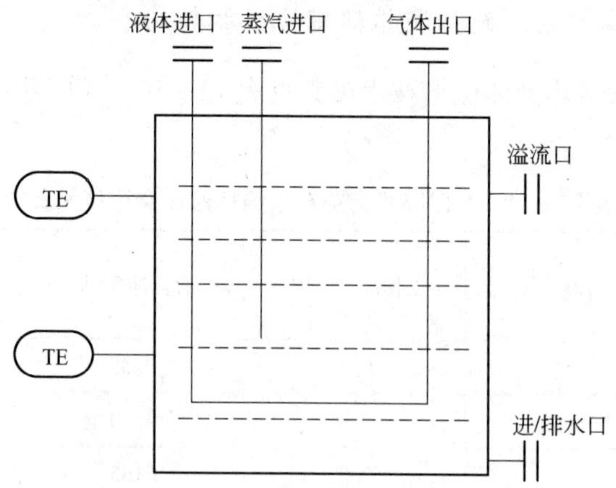

图 12－10 水浴式汽化器典型流程

表 12－16 水浴式汽化器主要技术参数

型 号	蒸发量（标态）/$m^3 \cdot h^{-1}$	工作压力/MPa	蒸发介质	外形尺寸 $\phi \times H$/mm
QZZ50	5000	1.6～3.0	液氧、液氮、液氩	1150×4500
QZZ80	8000	1.6～3.0	液氧、液氮、液氩	1300×4500
QZD10	10000	1.6～3.0	液氧、液氮、液氩	1300×5000
QZD15	15000	1.6～3.0	液氧、液氮、液氩	1500×4500
QZD20	20000	1.6～3.0	液氧、液氮、液氩	1500×5000
QZD25	25000	1.6～3.0	液氧、液氮、液氩	1800×5000
QZD30	30000	1.6～3.0	液氧、液氮、液氩	2000×5000
QZD35	35000	1.6～3.0	液氧、液氮、液氩	2200×5000
QZD38	38000	0.2～0.6	液氧、液氮、液氩	3200×5000
QZD40	40000	1.6～3.0	液氧、液氮、液氩	2200×5500
QZD45	45000	1.6～3.0	液氧、液氮、液氩	2800×6000
QZD50	50000	1.6～3.0	液氧、液氮、液氩	2800×6000
QZD60	60000	1.6～8.5	液氧、液氮、液氩	2400×6500
QZD85	85000	1.6～8.9	液氧、液氮、液氩	3000×6100
QZD90	90000	1.6～5.4	液氧、液氮、液氩	3000×6100
QZD100	100000	1.6～5.4	液氧、液氮、液氩	3400×7000

注：1. 工作压力指管程；
2. 绕管材料为 0Cr18Ni9 不锈钢。

表 12－17 空温式汽化器主要技术参数

型 号	汽化量（标态）/$m^3 \cdot h^{-1}$	最高工作压力/MPa	换热方式
QH－100/1.6	100	1.6	空气
QH－200/1.6	200	1.6	空气

续表 12－17

型　　号	汽化量（标态）/$m^3 \cdot h^{-1}$	最高工作压力/MPa	换热方式
QH－300/1.6	300	1.6	空气
QH－400/1.6	400	1.6	空气
QH－500/1.6	500	1.6	空气
QH－800/1.6	800	1.6	空气
QH－100/16.5	100	16.5	空气
QH－200/16.5	200	16.5	空气
QH－300/16.5	300	16.5	空气
QH－400/16.5	400	16.5	空气
QH－500/16.5	500	16.5	空气
QH－800/16.5	800	16.5	空气

注：主要参数摘自有关企业的产品样本。

12.6.5 低温往复活塞式液体泵

低温往复活塞式液体泵主要用于液体汽化后的充瓶系统，其主要技术参数见表12－18。

表 12－18 低温往复活塞式液体泵主要技术参数

型　　号	流量/$L \cdot h^{-1}$	吸入压力/MPa	最高排出压力/MPa	质量/kg	外形尺寸（长×宽×高）/mm	电机功率/kW
ASB250/165－A	250	0.04	16.5	178	1200×330×610	4
ASB150－450/165－B	150～450	0.04	16.5	280	1400×450×550	5.5
ASB300－600/165－C	300～600	0.04	16.5	320	1500×450×600	7.5

注：主要参数摘自有关企业的产品样本。

12.6.6 液氧储存能力的选择

目前，有的企业在选择液氧储存能力时选择较大的液氧储槽，配备两台液氧泵（一用一备）、一台液氧汽化器，汽化后的氧气并入氧气压缩机后的氧气管道，进入氧气储存及调节系统（见第15章的氧气站设计实例）。资料介绍，按照不大于空分装置一昼夜的氧气量折合成的液体氧量来选取，液氧储槽的总储液量 V_e（单位为 m^3）可按下式进行换算：

$$V_e = \frac{V}{800} \tag{12-1}$$

式中 V——空分设备一昼夜的氧气量（标态），m^3；

800——在0℃、101.325kPa状态下，$1m^3$ 液氧蒸发为气态氧的体积。

《低温液体储运设备使用安全规则》JB 6898—1997 中第3.2条规定：低温液体汽化为气体时，体积会迅速膨胀，在0℃、101.325kPa状态下，1L液体汽化为气体的体积，氧为800L、氮为647L、氩为780L。

资料介绍，液氧泵及液氧汽化器的生产能力，只有一套空分装置时，按照空分装置的小时氧气产量来选取。当有两套空分装置时，按照其中最大一套空分装置的小时氧气产量来选取。

液氮、液氩储存能力及储存设备参照对液氧的要求进行选择。

12.7 氧气充瓶间

进入到氧气充瓶间的氧气，一种是由充瓶氧气压缩机压缩到16.5MPa进行充瓶，充瓶氧气压缩机的技术参数见表12-19。另一种是由液氧汽化器把液态氧汽化成16.5MPa的气态氧进行充瓶。

表12-19 充瓶氧气压缩机技术参数

压缩机型号	2Z2-3/160I	Z-1.67/150	$3Z-O_2-3.33/165$
排气量/$m^3 \cdot h^{-1}$	180	100	200
冷却水用量/$t \cdot h^{-1}$	7		
最高工作压力/MPa	16.18	14.7	
电机功率/kW	55	55	50（轴功率）

12.7.1 氧气充瓶台的选用

氧气充瓶台的能力，一般指连接氧气钢瓶的接头数量，接头数量 n 按照下式计算：

$$n = \frac{Q_t t}{60V} \tag{12-2}$$

式中 Q_t——充瓶氧压机或液氧汽化系统的生产能力（标态），m^3/h；

t——充瓶时间，min，一般为40min；

V——一个氧气钢瓶充气终了时储存的气量，m^3。

选用氧气充瓶台接头的数量时，考虑充瓶工作的连续进行，通常选择两组氧气充瓶台，一组充瓶时另一组进行卸实瓶和装空瓶。每组充瓶台接头的数量应不少于式（12-2）的要求。定型充瓶台的详细规格见表12-20。例如，产品规格5×2的充瓶台，即指两组充瓶台，每组5个接头。

表12-20 定型充瓶台的详细规格

型 号	工作压力/MPa	充瓶台接头总数/个	外形尺寸（长×宽×高）/mm	单重/kg
5×2	15.0	10	3790×500×1100	140
GC-8	15.0	8	3790×500×1580	140
GC-12	16.5	12	4700×500×1100	202
10×2	15.0	20	7172×500×1700	285
GC-24	16.5	24	8140×500×1700	290

注：根据企业的要求不受上表的限制。

12.7.2 氧气钢瓶数量的确定

结合氧气平衡表中确定的充瓶用氧量，需要盛装氧气的氧气瓶以及用于周转的钢瓶的总数量 n，可按下式计算：

$$n = \frac{72Q}{V} \tag{12-3}$$

式中 Q——氧气平衡表中每小时充瓶氧气量（标态），m^3/h。

国产氧气钢瓶的规格见表 12-21。

表 12-21 氧气钢瓶的规格

工作压力/MPa	实验压力/MPa		公称容积/L	外形尺寸 $\phi \times H$/mm	质量/kg
	气压	水压			
15.0	15.0	22.5	40	219×1450	60
12.5	12.5	19.0	40		38
12.0	12.0	18.0	27	219×(960±20)	35±2

12.7.3 专供充瓶用氧气压缩机的选用

一般应根据氧气平衡表中需要瓶装供氧的小时平均量来选配充瓶用氧气压缩机，并考虑备用机。根据冶金企业一般需要的瓶氧量和国产的两种高压氧气压缩机型号，选用工作台数及备用机台数，推荐意见见表 12-22。

表 12-22 充瓶用氧气压缩机数量推荐意见

充瓶氧气量（标态）	瓶/d	120	160	200	240	280	320	360	400	440
	m^3/d	720	960	1200	1440	1680	1920	2160	2400	2880
当选用 2-2.833/150 型、压氧能力 170m^3/h 的氧压机										
推荐数量		1	1	1	2	2	2	2	2	2
工作台数		1	1	1	1	1	1	1	1	1
备用台数					1	1	1	1	1	1
当选用 2-1.67/150 型、压氧能力 100m^3/h 的氧压机										
推荐数量		1	2	2	2	3	3	3	3	3
工作台数		1	1	1	1	2	2	2	2	2
备用台数			1	1	1	1	1	1	1	1

注：1. 推荐台数为两台或两台以上时，按两班运转考虑；

2. 推荐台数为一台时，需考虑氧压机大、中修时能靠外协供应瓶氧，否则应增加一台备用机。

12.8 中压球罐

中压球罐用于储存氧气、氮气、氩气，工作压力多为 3.0MPa，与车间内压缩机组输出介质的压力相同，球罐的容积不等。有的企业中压球罐用于储存氧气、氮气时，其工作压力选择为 2.5MPa。

中压球罐的主要作用是调节单位时间内空分塔产量与用量的不均衡，调节供氧系统中高峰与低谷负荷的波动。

12.8.1 中压球罐有效储量

中压球罐有效储量确定的原则满足下列要求：

（1）按照用户管道小时用量的3～4倍进行考虑。

（2）炼钢正常生产时，用氧高峰与低谷的波动量V_3、由于生产调度原因需要的富余储量V_4和空分设备突然故障停止供氧时仍能保证吹完装入转炉的铁水所需要的安全储量V_5应满足下列计算公式。

用氧高峰与低谷的波动量V_3（标态，单位为m^3）按下式计算：

$$V_3 = (V_2 - V_1)t_2 \tag{12-4}$$

式中 V_2，V_1——最大用氧量与平均用氧量（标态），m^3/h，见式（1－1）、式（1－2）；

t_2——吹氧时间，min。

富余储量V_4（标态，单位为m^3）按下式计算：

$$V_4 = 30V_1 \tag{12-5}$$

式中 30——根据生产经验建议的富余储量时间，min。

安全储量V_5（标态，单位为m^3）按下式计算：

$$V_5 = t_2 V_2 - \frac{n-1}{n} t_1 V_1 \tag{12-6}$$

式中 n——空分设备的台数，座。

计算示例：

按照表1－1的数据，一座120t的氧气顶吹转炉，其平均炉产钢量为120t，最大炉产钢量为132t，氧气单耗（标态）取$65m^3/t$钢，平均冶炼周期取40min，吹氧时间取16min，两台制氧设备同时供氧，求中压球罐的有效储量。

按式（1－1）计算每分钟平均用氧量为：

$$V_1 = (60G_1U/t_1) \times (1/60) = (60 \times 120 \times 65/40) \times (1/60) = 195(m^3/min)$$

按式（1－2）计算每分钟最大用氧量为：

$$V_2 = (60G_2U/t_2) \times (1/60) = (60 \times 132 \times 65/16) \times (1/60) = 536(m^3/min)$$

按式（12－4）计算用氧高峰与低谷的波动量得：

$$V_3 = (V_2 - V_1)t_2 = (536 - 195) \times 16 = 5456(m^3)$$

按式（12－5）计算富余储量得：

$$V_4 = 30V_1 = 30 \times 195 = 5850(m^3)$$

按式（12－6）计算安全储量得出：

$$V_5 = t_2 V_2 - \frac{n-1}{n} t_1 V_1 = (16 \times 536) - (2-1) \times (40 \times 195)/2 = 4676(m^3)$$

由上可知，为满足正常生产所需要的用氧高峰与低谷的波动量和富余储量（标态）为5456＋5850＝11306（m^3），满足安全储量所需要的有效储量（标态）为$4676m^3$。需要说明的是，此计算只是确定中压球罐的有效储量，不是三者相加来确定中压球罐的结构容积。

12.8.2 中压球罐结构容积的确定

中压球罐为定容式储罐，单位容积的有效储量，主要取决于充气及排气的压力差，其次是充气过程中伴随压力变化而产生的温度变化等因素。中压球罐的结构容积（V，单位为 m^3）按式（12－7）计算。

$$V=\frac{0.1147V_c}{P_m\Big/\left(\frac{P_m}{P_d}\right)^{0.1}-P_d} \tag{12-7}$$

式中 V_c——有效储量（标态），m^3，即为式(12－4)～式(12－6) 中的 V_3、V_4 或 V_5；

P_m——球罐的最高充气绝对压力，MPa；

P_d——球罐的最低排气绝对压力，MPa。

为简化计算，将不同 P_m 及 P_d 下每标准立方米有效储量 V_c 所需要的结构容积 V 列于表 12－23。当已知 P_m 及 P_d 时，可由表查得每标准立方米 V_c 所需的 V。

例如，P_m＝2.6MPa（绝压）、P_d＝1.5MPa（绝压）为储存（或吐出）1 标准立方米气体所需要的中压储气器（中压球罐）的结构容积为 0.1308m^3。

具体计算及说明：

（1）设转炉供氧需要的有效储量中，周期性的高峰低谷波动量（标态）V_3＝5456m^3，不均衡用氧的富余储量（标态）V_4＝5850m^3，安全储量（标态）V_5＝4676m^3。氧压机排出压力 P_m＝3.0MPa，正常生产情况下球罐最低排气压力为 P_d＝1.5MPa，供氧故障时，允许最低排气压力 P_d＝0.9MPa，求球罐的结构容积。

在转炉生产中，V_3 及 V_4 是正常生产中需要的波动储量及富余储量，可以合并计算。即：

$$V_3+V_4=5456+5850=11306\ (m^3)$$

由表 12－23 查得，当 P_m＝3.1MPa（绝压）、P_d＝1.6MPa（绝压）时，每标准立方米有效储量所需要的中压储气器（中压球罐）的结构容积为 11306×0.0881＝996（m^3）。

（2）安全储量 V_5 只是在供氧故障情况下暂时使用，此时允许最低排气压力为 0.9MPa。假设在上面算出的结构容积中排气压力已为 1.5MPa 的情况下，供氧发生故障，试求降低排气压力到 0.9MPa 时，球罐所能送出的氧量能否满足安全储量 V_5 的要求。

由表 12－23 查得，当 P_m＝1.6MPa（绝压）、P_d＝1.0MPa（绝压）时，每标准立方米有效储量所需要的结构容积为 0.2178m^3，则当结构容积为 996m^3 时的有效储量（标态）为 996/0.2178＝4573（m^3）。此数值小于 V_5＝4676（m^3），故不能满足排气压力由 1.5MPa 降低到 0.9MPa 时球罐所能送出的氧量，即不能满足安全储量的要求。

根据上述计算，按照中压球罐系列通用的公称容积，可选择 1000m^3 的球罐，其结构容积为 975m^3，计算后不能同时满足 V_3、V_4、V_5 的要求，因此，工程设计时必须配置液氧储存与汽化系统以弥补生产实际的需要。

12.8.3 中压球罐结构

中压球罐的罐体上设有人孔、安全阀排放口、排污口和进出气口，就进出气口的位置而言，有的在球体的顶部，有的在球体的下部。

表 12-23 不同压力下每标准立方米 V_c 所需的 V (m^3)

P_d /MPa	P_m = 3.1MPa	P_m = 3.0MPa	P_m = 2.9MPa	P_m = 2.8MPa	P_m = 2.7MPa	P_m = 2.6MPa	P_m = 2.5MPa	P_m = 2.4MPa	P_m = 2.3MPa	P_m = 2.2MPa	P_m = 2.1MPa	P_m = 2.0MPa	P_m = 1.9MPa	P_m = 1.8MPa	P_m = 1.7MPa	P_m = 1.6MPa	P_m = 1.5MPa	P_m = 1.4MPa
2.5	0.2148	0.2573	0.3210	0.4273	0.6397	1.277												
2.4	0.1845	0.2149	0.2574	0.3211	0.4274	0.6398	1.2770											
2.3	0.1618	0.1846	0.2150	0.2575	0.3212	0.4275	0.6399	1.2772										
2.2	0.1442	0.1619	0.1847	0.2151	0.2576	0.3214	0.4276	0.6401	1.2773									
2.1	0.1301	0.1443	0.1620	0.1848	0.2152	0.2577	0.3215	0.4277	0.6402	1.2774								
2.0	0.1186	0.1302	0.1444	0.1622	0.1849	0.2153	0.2579	0.3216	0.4279	0.6403	1.2776							
1.9	0.1090	0.1187	0.1304	0.1445	0.1623	0.1850	0.2155	0.2580	0.3218	0.4280	0.6405	1.2777						
1.8	0.1010	0.1092	0.1189	0.1305	0.1447	0.1624	0.1852	0.2156	0.2582	0.3219	0.4282	0.6406	1.2779					
1.7	0.0941	0.1011	0.1093	0.1190	0.1306	0.1449	0.1626	0.1854	0.2158	0.2583	0.3221	0.4284	0.6408	1.2781				
1.6	0.0881	0.0942	0.1013	0.1095	0.1192	0.1308	0.1450	0.1628	0.1856	0.2160	0.2585	0.3223	0.4286	0.6410	1.2784			
1.5	0.0829	0.0883	0.0944	0.1015	0.1097	0.1194	0.1310	0.1452	0.1630	0.1858	0.2162	0.2588	0.3225	0.4288	0.6413	1.2786		
1.4	0.0784	0.0831	0.0885	0.0946	0.1017	0.1099	0.1196	0.1312	0.1454	0.1632	0.1860	0.2164	0.2590	0.3228	0.4290	0.6416	1.2789	
1.3	0.0744	0.0786	0.0833	0.0887	0.0948	0.1019	0.1101	0.1198	0.1315	0.1459	0.1635	0.1863	0.2167	0.2593	0.3230	0.4294	0.6419	1.279
1.2	0.0708	0.0746	0.0788	0.0836	0.0889	0.0951	0.1021	0.1104	0.1201	0.1317	0.1460	0.1638	0.1866	0.2170	0.2596	0.3234	0.4298	0.6423
1.1	0.0677	0.0711	0.0749	0.0791	0.0838	0.0892	0.0953	0.1024	0.1106	0.1204	0.1321	0.1463	0.1641	0.1870	0.2174	0.26	0.3238	0.4302
1.0	0.0649	0.0680	0.0714	0.0752	0.0794	0.0841	0.0895	0.0957	0.1028	0.1110	0.1208	0.1324	0.1467	0.1645	0.1874	0.2178	0.2604	0.3243

某厂公称容积为1000m^3、公称压力为2.5MPa的氧气球的进出气口设在了球体的下部，结构示意图如图12－11所示。工程设计时除需注意进出气口的方位之外，还要由设备厂家提供球罐的设备净重、设备结构容积、安全阀开启压力等参数，以便向有关专业委托设计条件。各种球罐的结构尺寸见表12－24。

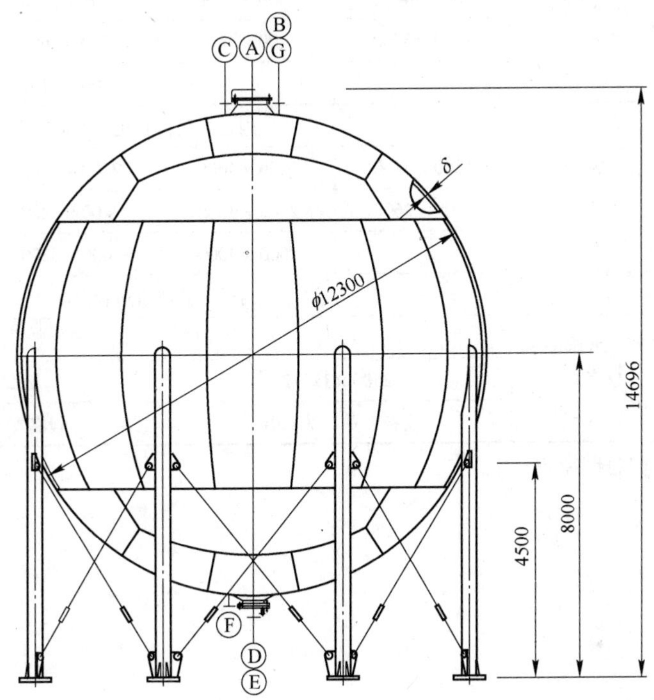

图12－11 1000m^3、2.5MPa的氧气球罐示意图（单位为mm）

A，D—人孔；B，C—安全阀接口；E—排污口；F—进出气口；G—压力表口

表12－24 中压球罐结构尺寸

公称容积/m^3	50	120	200	300	400	650	1000
直径/mm	4600	6100	7100	8400	9200	10700	12300
结构容积/m^3	52	119	188	288	408	641	975
设备净重/kg	17450		48870		115200	170150	219125

注：压力为3.0MPa。

12.8.4 中压筒形罐

中压筒形罐的公称容积较小，筒形罐的最大容积不宜超过100m^3，超过100m^{3}时通常选择球形罐。球形罐与中压筒形罐相比，在相同直径和压力下，壳壁厚度约为中压筒形罐的一半，钢材用量少，在工程设计时也遇到有的用户在储存氩气时，公称容积确定为50m^3，要求选择球形罐。常用的中压筒形罐的结构尺寸见表12－25。

表 12－25 中压筒形罐结构尺寸

<table>
<tr><td rowspan="2">压力/MPa</td><td rowspan="2">结构形式</td><td colspan="4">公称容积/m³</td></tr>
<tr><td>10</td><td>20</td><td>32</td><td>40</td></tr>
<tr><td rowspan="8">0.8，3.0</td><td rowspan="4">卧式，椭圆形封头</td><td colspan="4">内径×筒体直边长/mm</td></tr>
<tr><td>1600×4400</td><td>2000×5800</td><td>2000×9400</td><td>2200×9800</td></tr>
<tr><td>1800×3400</td><td>2200×4600</td><td>2200×7600</td><td>2400×8000</td></tr>
<tr><td></td><td></td><td>2400×6200</td><td>2600×6600</td></tr>
<tr><td rowspan="4">立式，椭圆形封头</td><td colspan="4">内径×筒体直边长/mm</td></tr>
<tr><td>1800×3400</td><td>2200×4600</td><td>2200×7600</td><td>2400×8000</td></tr>
<tr><td>2000×2600</td><td>2400×3600</td><td>2400×6200</td><td>2600×6600</td></tr>
<tr><td></td><td>2600×3000</td><td>2600×5200</td><td>2800×5600</td></tr>
<tr><td rowspan="4">3.0</td><td rowspan="4">立式，椭圆形封头</td><td colspan="4">内径×筒体直边长/mm</td></tr>
<tr><td colspan="2">50</td><td colspan="2">80</td></tr>
<tr><td colspan="2">2500×11252</td><td colspan="2">2820×15370</td></tr>
<tr><td colspan="2">设备净重：20420kg</td><td colspan="2">设备净重：28355kg</td></tr>
</table>

注：筒体直边长不包括封头高度尺寸。

13 某空分装置安装施工实例

13.1 安装设备范围及施工依据

13.1.1 安装设备范围

本安装施工实例是结合某公司 KDON(Ar) -10000/10000/320 型空分装置制订的，安装设备组成见表 13 -1。

表 13 -1 KDON(Ar) -10000/10000/320 型空分装置安装设备一览表

序号	系统	主要设备名称	设备数量	设备安装主要内容
1	空气压缩系统	自洁式空气过滤器	1 台	设备就位、校正、固定、加装滤芯、管道阀门配制连接、仪/电控安装
		离心式空气压缩机组	1 台	压缩机本体/电机/油路设备/放空消声器/级间冷却器就位，转子装配，找正、对中、固定，管道阀门配制连接，仪/电控安装，油路循环、单机试车
2	气水预冷系统	空气冷却塔	1 台	设备就位、校正、固定、加装填料（吹扫后）、管道阀门配制连接、仪控安装、保温
		水冷却塔	1 台	设备就位、校正、固定、加装填料（吹扫后）、管道阀门配制连接、仪控安装、保温
		冷水机组	1 台	设备就位、校正、固定、管道阀门配制连接、仪/电控安装、加装制冷剂、单机试车
		冷却水泵	2 台	设备就位、校正、固定、管道阀门配制连接、仪/电控安装、单机试车
		冷冻水泵	2 台	设备就位、校正、固定、管道阀门配制连接、仪/电控安装、单机试车
		水过滤器	5 台	设备就位、固定、管道阀门配制连接
3	分子筛纯化系统	分子筛吸附器	2 台	设备就位、校正、固定、加装填料（吹扫后）、管道阀门配制连接、仪控安装、保温
		电加热器	2 台	设备就位、校正、固定、管道阀门配制连接、电控安装
		放散消声器	1 台	设备就位、校正、固定、管道阀门配制连接
		切换阀门	1 组	气密性检查、配管安装连接、仪控安装
4	分馏系统	板翅式主换热器	5 台	气密性试验、设备就位、管道配制连接
		下塔（含冷凝蒸发器）	1 台	设备就位、管道配制连接、仪控安装
		上塔	1 台	设备就位、设备现场对接、管道配制连接、仪控安装
		过冷器	2 台	气密性试验、设备就位、管道配制连接

续表 13－1

序号	系统	主要设备名称	设备数量	设备安装主要内容
4	分馏系统	粗氩塔Ⅰ	1台	设备就位、设备现场对接、管道配制连接、仪控安装
		精氩塔	1台	设备就位、设备现场对接、管道配制连接、仪控安装
		粗氩塔Ⅱ	1台	设备就位、设备现场对接、管道配制连接、仪控安装
		液体量筒	2台	设备就位、管道配制连接、仪控安装
		粗氩泵	2台	设备就位、管道配制连接、仪/电控安装
		空气喷射蒸发器	1台	设备就位、管道配制连接
		氧气放空消声器	1台	设备就位、管道配制连接
		氮气放空消声器	1台	设备就位、管道配制连接
		保冷箱	1套	冷箱板现场连接就位、珠光砂装填（裸冷后）
		冷箱内外管道	1套	材料检验、冷箱外配管除锈（如需）、冷箱内配管脱脂（如出厂未处理）、仪控安装、冷箱内管道根据配管图要求射线探伤、试压（安装完毕）、吹扫（安装完毕）、裸冷（安装完毕）
		冷箱内设备支架	1套	就位安装
		冷箱内阀架	1套	就位安装
		冷箱内管道支架	1套	就位安装
		保冷箱楼梯平台	1套	现场连接就位
		冷箱内外阀门	1套	气密性检查、安装连接、仪控安装
5	膨胀机系统	增压透平膨胀机组	2台	膨胀机本体/油站就位，找正、固定，过滤器安装、膨胀节安装、脱脂（如需）、管道阀门配制连接，仪/电控安装，油路循环、单机试车
		增压机后冷却器	2台	设备就位、固定、管道阀门配制连接
6	压氧系统	活塞式氧气压缩机组	3台	氧压机本体/电机/油站/吸入滤清器/级间缓冲器、冷却器就位，脱脂、运转件装配，校正、对中、固定，管道阀门配制连接，仪/电控安装，油路循环、单机试车
		氧气进气低压缓冲罐	1台	设备就位、固定、管道阀门配制连接
		氧气放空消声器	1台	设备就位、固定、管道阀门配制连接
7	压氮系统	活塞式氮气压缩机组	2台	氮压机本体/电机/油站/吸入滤清器/级间缓冲器、冷却器就位，运转件装配，校正、对中、固定，管道阀门配制连接，仪/电控安装，油路循环、单机试车
		氮气进气低压缓冲罐	1台	设备就位、固定、管道阀门配制连接
		氮气放空消声器	1台	设备就位、固定、管道阀门配制连接
8	液体储存及汽化系统	液氧储槽	1台	设备就位、固定、管道阀门配制连接、仪控安装、保温
		液氧泵	1台	设备就位、固定、管道阀门配制连接、电控安装、保温
		水浴式液氧汽化器	1台	设备就位、固定、管道阀门配制连接、仪/电控安装

续表 13-1

序号	系统	主要设备名称	设备数量	设备安装主要内容
8	液体储存及汽化系统	液氩储槽	2台	设备就位、固定、管道阀门配制连接、仪控安装、保温
		液氩泵	2台	设备就位、固定、管道阀门配制连接、电控安装、保温
		空温式液氩汽化器	2台	设备就位、固定、管道阀门配制连接

13.1.2 施工依据

下列标准所包含的条文，通过在本施工方案引用而构成为本施工方案的条文。其中有的标准可能会被修订，使用本施工方案的各方应注意使用下列标准最新版本。

空分设备技术性能标准：

GB 50030—91　《氧气站设计规范》
GB 16912—2008　《深度冷冻法生产氧气及相关气体安全技术规程》
JB/T 2549—94　《铝制空气分离设备制造技术规范》
JB 5902—2001　《空气分离设备用氧气管道技术条件》
JB/T 6896—2007　《空气分离设备表面清洁度》
JB/T 7263—94　《空气分离设备用13X分子筛验收技术条件》
JB/T 7550—2007　《空气分离设备用切换蝶阀》
JB/T 6443—2006　《离心压缩机》
GB/T 3853—98　《容积式压缩机验收试验》
GB/T 13279—2002　《一般用固定式往复活塞空气压缩机技术条件》
JB/T 6428—2000　《无润滑往复活塞高纯氮气压缩机》
JB 8524—1997　《容积式空气压缩机安全要求》
JB/T 9105—99　《大型往复活塞压缩机技术条件》
JB/T 6894—2000　《增压透平膨胀机技术条件》
JB/T 9073—99　《空气分离设备用离心式低温液体泵》

容器类标准：

TSG R0004—2009　《固定式压力容器安全技术监察规程》
国务院第373号令　《特种设备安全监察条例》（2009年5月1日施行）
GB 150—2011　《压力容器》
NB/T 47003.1—2009　《钢制焊接常压容器》
JB/T 4710—2005　《钢制塔式容器》
GB 151—2012　《钢制管壳式换热器》
JB/T 7261—94　《铝制板翅式换热器技术条件》
JB/T 4734—2002　《铝制焊接容器》

材料标准：

GB/T 3274—2007　《碳素合金钢和低合金钢热轧厚钢板和钢带》
GB/T 14976—2002　《输送流体用不锈钢无缝钢管》
GB 713—2008　《锅炉和压力容器用钢板》

GB 3280—2007 《不锈钢冷轧钢板》
GB 700—2006 《碳素结构钢》
GB 4237—2007 《不锈钢热轧钢板》
GB 8163—2008 《输送流体用无缝钢管》
GB/T 3880—2006 《铝及铝合金板材》
GB 4437—2000 《铝及铝合金热挤压管》
GB 6893—2000 《铝及铝合金拉（轧）制无缝管》
JB 5902—2001 《空气分离设备用氧气管道》
GB/T 983—95 《不锈钢焊条》
GB/T 5117—95 《碳钢焊条》
GB/T 3670—95 《铜及铜合金焊条》
GB/T 3669—2001 《铝及铝合金焊条》
HG/T 20592 ~ 20635—2009 《钢制管法兰、垫片、紧固件（欧洲体系 B 系列）》
GB/T 12459—2005 《钢制对焊无缝管件》

焊接、无损检测标准：

JB/T 4730—2005 《压力容器无损检测》

另外，施工中还应满足随机图纸的技术要求。

13.2 设备安装程序

设备安装总的施工程序遵循先里后外、先主机后附属先大型后小型的原则，各设备安装程序如图 13 - 1 所示。

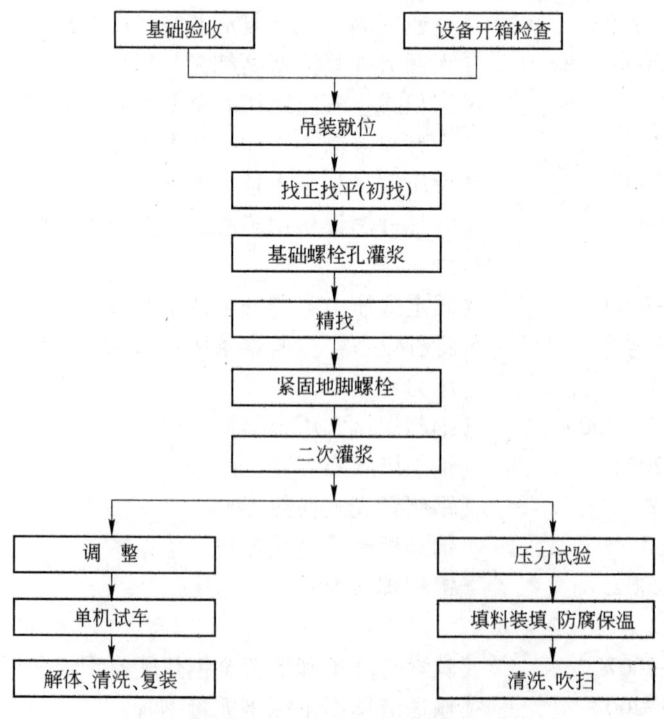

图 13 - 1 设备安装程序

13.3 设备安装采取的技术和组织措施

13.3.1 自洁式空气过滤器的安装

自洁式空气过滤器是由某公司配套来产品，机组本体在制造厂已基本组装完毕，施工现场严格按照配套厂家技术文件进行本体就位、找正、固定、加装滤芯、仪/电控安装等施工程序，就可满足空分装置的工艺要求。

13.3.2 空气透平压缩机组的安装

13.3.2.1 施工说明

空气透平压缩机组是由某公司生产的机组，它是提供空分装置原料空气气源的动力部分，其整体安装质量是能否保证整套空分装置正常运行的关键。

13.3.2.2 施工准备

施工前应进行如下准备：

（1）机组施工前，组织该项目部技术人员及专业施工人员认真熟悉图纸，编写施工方案。

（2）主厂房内起重机确认安装调试完毕，并经负载试验合格后，具备吊装机组条件。

（3）认真根据图纸对机组基础进行复查验收，重点检查设备基础的位置、几何尺寸和中心位置。尺寸偏差符合图纸及规范要求，并做好验收记录。设备就位前要划定设备安装基准线。

（4）做好设备的开箱验收工作，清点后应做好记录。设备开箱后，应做好对精密部件、随机技术资料、专用工具及计量器具的保管防护工作。

（5）该套机组是在制造厂经过单机试车，对轴承初步跑合，并确认其运转平稳后才分解出厂的。在现场组装时，要注意做好安装记录，关键部位组装后的数据应与制造厂的组装数据相吻合，差异较大时应查对原因，其详细组装程序及其他附属设备的安装详见随机《安装技术条件》等文件。

13.3.3 预冷系统的安装

预冷系统的安装主要是设备就位、保温和管道连接。其中空气冷却塔、水冷却塔本体已由设备制造厂装备完成，塔体外爬梯平台在施工现场装配完成。施工现场严格按照空分装置工程配管图进行本体就位、校正、固定，整个空分装置安装完成后，空冷塔、水冷塔需要装填填料，装填料前要检查填料，填料应完整，不得有明显的破损和污垢，如果填料污垢主要是灰尘，则可以装入塔体后通过水洗的方式清理。装填料前应打开塔体人孔进行塔内检查，重点检查填料支撑、丝网是否存在破损泄漏；其次，还应检查塔内分布器是否存在运输振动造成的水平偏差以及存放不当造成的滴孔堵塞；应检查各处集水构件是否存在运输振动造成的间隙，防止液体壁流。此外，水冷塔顶部堵板打开时应特别注意查看图纸，目前很多空分装置生产厂家水冷塔顶部除沫器采用整盘聚丙烯规整填料，因此严禁采用气割方式打开堵板。空冷塔、水冷塔聚丙烯填料本身可耐一定高温，但是遇到明火易燃烧，因此，装填及检修装入填料的空冷塔、水冷塔时要特别注意。此外，预冷系统中的主要介质是空气、污氮气和水，在环境温度低于零度时，没有采暖设施的露天预冷系统要注意管道保温。

13.3.4　纯化系统的安装

纯化系统的安装主要是设备就位、切换阀门连接和保温。其中分子筛吸附器本体已由设备制造厂装备完成，如需检修平台，应在施工现场安装完成。施工现场严格按照空分装置工程配管图进行本体就位、找正、固定，整个空分装置安装完成后，纯化系统与冷箱外管路系统应进行吹扫。吹扫完成后分子筛吸附器需要装填吸附剂，装填吸附剂前应打开吸附器人孔进行检查，重点检查支撑格栅和丝网是否存在破损泄漏。吸附剂应严格按照图纸要求装填至设计要求高度并确保吸附剂顶部扒平，防止气流偏流。纯化系统安装的另外一个重点是切换阀门的装配，首先，切换阀门安装前应进行气密性检查试验，检查阀门开关是否灵活和阀门密封是否合格。切换阀门装配时应注意消除管道焊接应力，防止应力造成阀门开关失灵。容器内分子筛的装填应选择在无雨干燥的天气进行。进入容器内人员应穿戴无油污工作服、帽，脚穿干净软底鞋。

13.3.5　分馏塔基础施工

13.3.5.1　施工前准备

施工前要做好如下准备：

（1）组织施工人员熟悉图纸和技术文件，详细了解设备的结构特点和性能。

（2）协同建设方搞好“三通一平”以提供较好施工条件。

（3）设备开箱验收现场，必须有建设单位、供货单位、施工单位三方有关人员在场，首先检查随机技术文件是否齐全，然后按照装箱清单进行清点，并做好开箱检查记录，办好移交手续；其次对设备本体进行外观检查，如遇运输或保管过程中出现的碰损现象由供需双方共同协商解决。

13.3.5.2　分馏塔基础验收

分馏塔的基础验收包括：

（1）分馏塔冷箱基础除具有足够强度和防止沉陷倾斜等要求外，尚须特别考虑它所承载的设备是处于低温下工作的特点。

（2）分馏塔基础所承载的负荷主要由保冷箱、平台、梯子、阀门、管道、塔器、容器、珠光砂、液体介质等构成。

（3）分馏塔基础表面温度，在正常运行时为 30 ~ －50℃，在漏液情况下能达到－190℃。

（4）分馏塔基础由基础本体、隔水板、隔冷层和面层所组成，如图 13－2 所示。具体要求为：

1）基础本体是采用具有防水和抗冻性能的混凝土，其抗渗标号不小于B12、抗冻标号不小于MP75，并经设备总重量1.5倍的力预压以防基础偏斜，预压停留时间为7天；

2）隔水板材质为焊接/整张的0.5mm紫铜板或0.8~1.0mm不锈钢板；

3）隔冷层为膨胀珍珠岩混凝土，其厚度不小于250mm，连续浇筑，30天后抗压强度不小于7.5MPa，导热系数不大于0.23W/(m·K)，并不应有裂纹；

4）面层为约50mm厚的细砂混凝土（须掺入5%防水剂），其抗渗标号不小于B12❶，抗冻标号不小于MP75❷。

基础竣工后其表面应符合下列要求：

（1）表面不应有裂纹缺陷；

（2）表面应清洁，不允许夹带木板、油毡等易燃物；

（3）表面平面度为1.5/1000；

（4）表面水平度为5/1000，全长不超过15mm；

（5）基础合格后，设备就位前按设备平面布置画好设备安装中心线，并标出管口方位，其允许偏差为3mm。

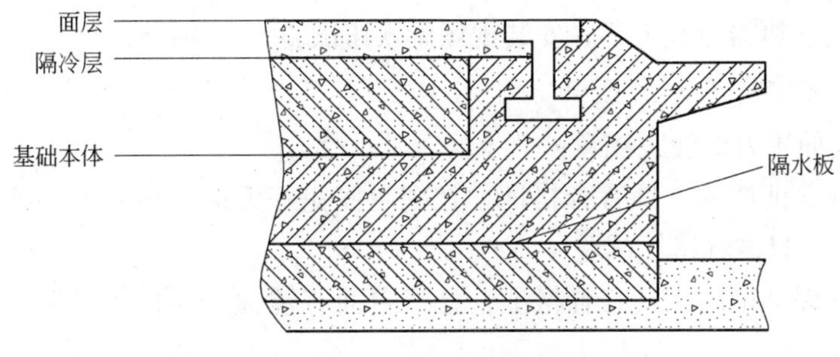

图13－2 分馏塔基础图

13.3.6 设备与阀门脱脂试压

由于空分设备在运行过程中存在大量的液态氧和气态氧，故空分装置内外不允许有油脂或碳氢化合物的污染。为确保本装置正常安全运行，在安装使用前，对工艺管线、管件、阀门以及受污染的设备进行脱脂；对压力容器、阀门进行按规定要求下的压力试验。这些都是保证空分装置正常运行的先决条件，必须高度重视。

13.3.6.1 单体设备的压力试验和密封性试验

单体设备（压力容器、阀门）应进行压力试验和密封性试验。

A 试压前的准备工作

清理好现场，对即将试压的设备、阀门的进出口进行解体，准备好试压所用的工具、工装及试压过程中所需的气源及辅料。

---

❶ 抗渗标号B12，表示混凝土试块能在1.176MPa的水压下不出现渗水现象。

❷ 抗冻标号不小于MP75，表示混凝土试块经75次冻融循环后，强度降低值小于25%。

B 压力容器安装就位前的压力试验

压力容器在安装就位前的压力试验应注意：

（1）压力容器的压力试验应符合《压力容器》（GB 150—2011）的规定。

（2）设备在保证期内具有合格证，且包装完好，在安装前，可不再单独进行强度试验。

（3）发现设备有损伤，或需在现场做局部更改的压力容器，在安装前须单独进行强度和气密性试验。

C 板翅式换热器安装就位前的压力试验

板翅式换热器在安装就位前的压力试验应注意：

（1）设备在保证期内具有合格证，且包装完好，在安装前可不再单独进行强度试验，只需进行气密性试验。

（2）多股流板翅式换热器，各通道分别做气密性试验，在正流通道充压时应在返流通道挂 U 形压差计检查通道是否串漏。对于冷凝蒸发器，当条件不具备时，串漏检查可放在分馏塔系统试压时进行。

（3）板翅式换热器原则上不在安装现场做水压试验。

D 阀门安装前的压力试验

阀门安装前的压力试验应注意：

（1）设备在保证期内，具有合格证，且密封面完好无损，在安装前原则上可不再单独进行强度试验，只做气密性试验。

（2）设备在保证期内，具有合格证，且密封面有锈蚀、损伤等缺陷，经处理后，须进行气密性试验。

（3）设备在保证期外，具有合格证，且密封面完好无损者，在安装前须进行气密性试验。

（4）凡现场脱脂、解体检查的阀门在安装前须单独进行气密性试验。

（5）自动阀箱中自动阀密封面可做工作压力的气密性试验，在 0.6MPa 压力下，停 3min，漏量小于 0.1L/min，经五次放开仍应符合要求。检查合格后，再把自动阀放入液氮中浸泡 15 分钟，阀瓣开关应灵活，无卡住现象。如有泄漏超标应做研磨处理。

（6）安全阀按成套厂提供的安全阀整定值汇总表的要求，只用逐个做起跳试验，达到要求后铅封，凡安全阀前有截止阀的，其阀须保持全开，并加铅封。

（7）气动薄膜调节阀在安装前须做下列几项检查：

1）气动和手动均须进行泄漏量检查，根据泄漏情况按阀门订货条件的规定处理；

2）按规定气源压力做定位器动作试验，并须符合要求；

3）填料函、法兰密封面做泄漏检查，要求不漏；

4）气动调节蝶阀，根据其泄漏量按图样要求处理。

E 试验用介质

试验用介质的选择应注意：

（1）强度试验用水为清洁的生活用水。对不宜用水作介质的或结构复杂的容器（精馏塔、板翅式换热器、吸附器、过滤器等），则以气压试验代替。

（2）气密性试验用介质为干燥无油洁净的空气或氮气。使用氮气时，应特别注意安全，防止窒息。试验压力规定见表 13－2。

表 13－2 试验压力规定

试验类别		试验压力/MPa	试验时间
强度试验	气压试验	$1.15p_{设}$	10min
	水压试验	$1.25p_{设}$	10min
气密性试验		按图样规定	1h 无漏气现象

13.3.6.2 清洗和脱脂

在进行清洗和脱脂工作时应注意：

（1）脱脂前的准备工作，包括清理好现场，对需要脱脂的阀门及材料进行整理集中，准备好各种工具辅料及脱脂剂，对管径较小的铝制管道可事先用铁丝予以捆扎。

（2）所有的压力容器、阀门和管道及其管道附件，在安装前必须是清洁、干燥和不沾油污的；所有与氧气接触的阀门的污染部分及阀门密封面均应进行脱脂处理。

（3）凡已由制造厂做过脱脂处理，又未被污染，在安装时可不再脱脂。若被油脂污染，则应做脱脂处理。

（4）铝制件（压力容器、阀门、管路）的脱脂，严禁使用四氯化碳（CCl_4）溶剂，推荐用二氯乙烷或三氯乙烯溶剂。溶剂须是无油、无脂。不允许使用已分解了的溶液。有机溶液不适用于带有橡胶、塑料或有机涂层的组合件，有机溶剂有毒、易燃，使用时应注意安全。除上述脱脂溶液外，尚可用其他方法脱脂，但要注意方法。如采用碱洗，碱液浓度过高会引起金属锈蚀，特别是铝镁等材料，对铝镁制件，碱液 pH 值≤10，清洗温度 70～80℃，碱液清洗后应用清水冲洗原件直至无残留碱性，然后再进行干燥。管道脱脂后，宜在 24h 内配焊，并严防二次污染。脱脂干净与否，可用白色滤纸擦抹表面进行检验，以纸上无油脂痕迹为合格，管子两侧用塑纸包扎备用。如有条件亦可用紫外线灯直观定性检查。

（5）冷箱外部的碳钢氧气管道、阀门等与氧气接触的一切部件，安装使用前必须进行严格的除锈、脱脂、可用喷砂（只能用石英砂）、酸洗除锈法或二氯乙烯及其他高效非可燃洗涤剂，除锈、脱脂后的管道应立即钝化或充干燥氮气。

（6）氧气管道在安装使用前，应将管道内的残留物用无油干燥空气或氮气吹刷干净，直到无铁锈、尘埃及其他脏物为止。吹刷速度应大于 20m/s。

（7）严禁用氧气吹刷管道。

（8）凡与氧气接触的零件表面及运转中残油可能带入氧气的零件表面，其油脂的残油量不得超过 $125mg/m^2$。

13.3.6.3 注意事项

试验过程中还有需要注意的是：

（1）进行气密性试验时，如使用干燥无油的氮气，要注意安全，防止人员窒息。

（2）设备试验合格后，配管之前应在去掉法兰、盲板或封头的接管上用塑料布包扎好管口，防止灰尘及机械杂质进入设备。

（3）阀门试漏合格后，密封面吻合，妥善保管。

（4）铝制管道的酸洗可安排在配管之前十天左右，以防长期存放沾污管道，影响施工质量。

（5）直接接触酸碱的人员，应穿耐酸工作服、胶布鞋，并戴好防护眼镜、胶皮手套和口罩，裤腿不可放入鞋内。

（6）搬运酸和碱时，应用专用工具，禁止将容器放在肩上或抱在怀里搬运。

（7）配制酸液时，须将酸慢慢倒入水槽中，以防酸液溅出。

（8）酸洗现场应备有烫伤药品。

13.3.7　保冷箱及保冷箱内设备的安装

13.3.7.1　保冷箱的安装

安装保冷箱时有如下要求：

（1）首先应校验冷箱基础是否符合基础图的尺寸及技术要求。冷箱基础分为框架型和非框架型，框架型的框架顶面的水平度不应超过1/1000，框架各型钢应呈垂直放置，非框架型的冷箱各底板应保持在同一水平面，其水平度同样不超过1/1000。

（2）在安装冷箱板时相邻两面可在地面上预拼成整片或角形，每片对角线长度误差及四边垂直度误差规定见表13－3。

表13－3　冷箱板对角线长度误差及四边垂直度误差　（mm）

尺　寸	公差带	尺　寸	公差带
1000～2000（包括2000）	±3	12000～16000（包括16000）	±7
2000～4000（包括4000）	±4	16000～20000	±8
4000～8000（包括8000）	±5	20000	±9
8000～12000（包括12000）	±6		

（3）基础框架与骨架型钢间可用薄钢板衬垫来调整箱板上端面水平。所衬垫的钢板，其宽度应与相应的型钢尺寸相同。骨架间用槽钢斜拉焊牢固，校正两板垂直度及水平度，用吊车将箱板吊起并用风绳导向，将箱板与基础框架焊接，接着将相邻箱板按照顺序起吊焊接，调整方法同上，这样冷箱第一层即安装完毕，同时须预留一面，以便进行设备就位。

（4）骨架间的安装螺母与螺栓应点焊牢，骨架间的型钢其内侧为间断焊，间距为150mm，焊缝长50mm。其外侧为连续密封焊，如图13－3所示。整个冷箱外的连续焊必须保证冷箱的气封性要求。

（5）冷箱安装垂直的偏差不大于1.5/1000，但冷箱总高垂直偏差不得大于20mm，或按图样要求。

（6）第二层冷箱拼接方法同第一层。第三层冷箱拼装前，先将下塔、换热器、粗氩

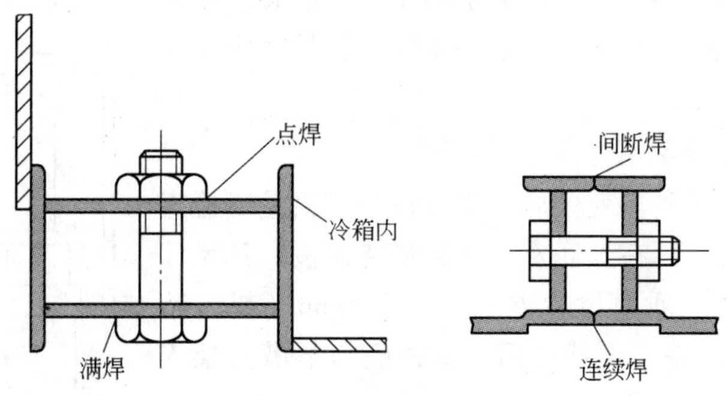

图 13－3 骨架间安装

塔Ⅰ段等设备按图纸要求，吊入冷箱内基础上（或支架上）。吊装箱板时必须用满足负荷的钢丝绳起吊并用风绳进行导向。然后封闭预留的冷箱板，校对尺寸后，将进行第三层箱板的吊装，方法同第二层。吊装完成后，进行膨胀过滤器、液氩量筒的设备就位。吊装第四层箱板前，将三层箱板以下设备的支架按图纸技术要求焊接好，按从下向上的顺序，依次将吸附器、过冷器、热虹吸蒸发器、量筒等就位。然后吊上塔下段与下塔进行组合，上塔、粗氩塔Ⅱ、精氩塔等设备分段在冷箱组焊，最后将预留箱板吊装完成。期间，随每层箱板吊装的同时，进行栏杆及楼梯平台的安装，最后完成冷箱顶部的吊装、焊接。

13.3.7.2 保冷箱内设备的安装

A 保冷箱内设备安装的一般要求

容器在安装前一定要进行单个容器的气密性试验（不允许现场试压的除外），否则将会对以后的系统试压带来很大的麻烦或造成以后的重大返工。

B 容器安装的一般要求

容器安装的一般要求为：

（1）垫板与支座和基础表面接触良好，为此要先找好垫板的位置（划出容器的位置坐标线）。

（2）容器与支架间的水泥石棉垫一定要垫好。

（3）容器的支架不能先放基础上，应在吊装前把各自的支架先套在容器上或测量好尺寸，看其能否放入，凡能放入的才能在单体容器安装前，先把容器支架就位，也可套在容器上一并起吊就位。

（4）所有大容器的吊装，必须用空中翻身法，以防损坏容器外壳。

（5）箱内容器的吊装除使用扁担外，还必须采取防损坏容器外壳措施，如在外壳上加胶皮和钢板抱箍等措施。

（6）安装箱内容器时，应特别注意容器的管口方向位置，防止装错方向，造成返工。

C 保冷箱内容器的安装

安装保冷箱内的容器应注意以下几点：

（1）保冷箱内容器的安装应符合 GB 150—2011、JB/T 4734—2002、JB/T 6895—2006、GB 50231—2009、GB 50274—2010 的规定。

(2) 在吊装铝制压力容器和铝制管路时，应采取保护措施，以防止损伤表面，如索具外套橡皮管，索具间用支撑撑开，如图13-4所示。

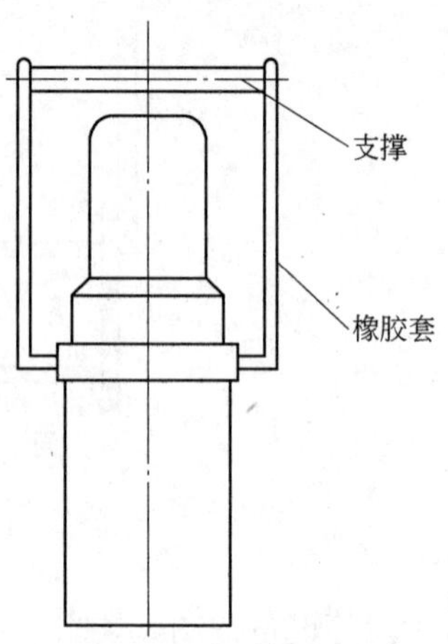

图13-4 吊装采取保护措施

D 下塔（已与冷凝器复合）的安装

安装时应用随机吊耳。就位后，用矫直器、铅垂线检查其垂直度。若不垂直，可在其底座下面衬垫薄钢板。其尺寸应与支架面宽度相近。垂直度允差不大于1.5mm（指铅坠与矫直器基准偏差）。垂直度找准后，垫铁应与下塔支架支撑的底板焊牢，以免垫铁移动。

E 上塔的安装

塔与主冷凝器组装焊接时应注意：

(1) 用风动（电动）工具割去试压盲板（或封头），用机械方法清理焊接区。

(2) 按图13-5或图样要求加工坡口。

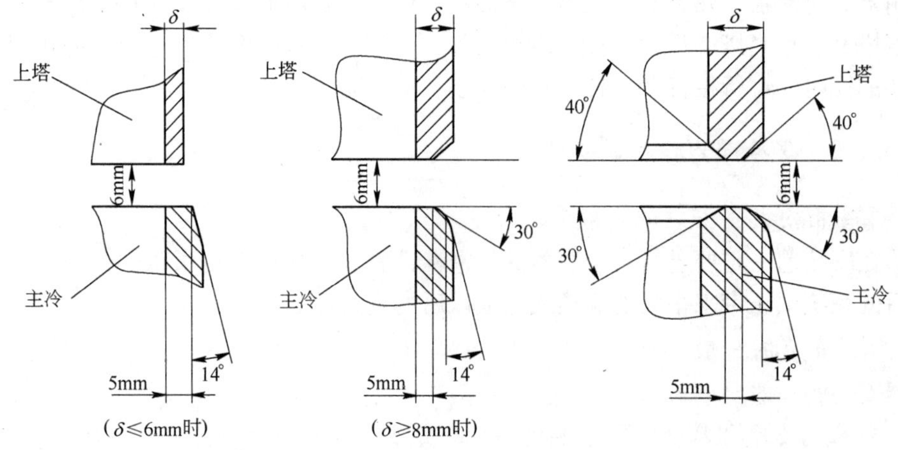

图13-5 加工坡口要求

（上塔与主冷壁厚相同时，主冷不必作14°的削薄）

(3) 现场准备过程中，脚手架必须安全牢固，脚手架平面至焊缝的高度以1400mm左右为宜；还应准备4台手工氩弧焊机、预热用的乙炔发生器及氧气瓶、用于筒内的通风设施。

(4) 焊工应为按JB/T 6895—2006表7规定考试合格者。

(5) 组对定位焊及正式焊接均采用两人同时双面横焊，δ大于或等于8mm，覆盖层可采用单人焊接。

(6) 组对定位焊必须保证板边错边量及塔体垂直度，上塔垂直度允差不大于2mm（指铅坠与校直器基准偏差）。

(7) 定位焊及正式焊接不得在雨（雪）天或相对湿度80%以上的环境下进行。环境温度在-5℃以下时冷箱内应有取暖措施。

（8）正式焊接前应试焊试板一块，其工艺条件应设法与正式焊接时相同，试板长度不得小于500mm，焊后经100% X射线照相，应符合JB/T 6895—2006附录A中规定的Ⅱ级。

（9）焊前预热应在塔体外侧进行，但应避免焊接区氧化。当上塔、主冷壁厚不大于6mm时，预热温度约为100℃，壁厚不小于8mm时，预热温度约为100～140℃。

（10）正式焊接过程中断时间不得超过15min。

（11）焊接顺序根据定位焊后塔体的垂直度及塔板水平度确定（即利用焊后变形来进一步矫正垂直度及水平度）。

（12）如上塔、主冷未开设人孔，不能进行双面焊，则采用加垫环的单面焊，焊工考试及焊接接头形式按JB/T 6895—2006表4执行。

（13）焊后经外观检验后需对焊缝做100% X射线检查，并符合JB/T 6895—2006附录A中规定的Ⅱ级。

（14）焊缝返修：如焊缝经X射线检查不合格而需返修时，应用机械方法清除缺陷后补焊，返修工艺同正式焊接时相同。

（15）环缝焊接合格后，随即用上塔支架固定，在固定的同时再次校正垂直度。

（16）可逆式换热器或主换热器按大组件吊装就位后，垂直度允差1.5/1000，但在总高范围内其垂直度应小于10mm。

（17）污氮液化器、氧液化器等板翅式换热器需与其支架装好后，再往上吊。

（18）自动阀箱与管道焊接前需设置临时支架。

（19）粗氩塔和精氩塔的安装，其垂直度不得大于2mm（指铅坠与校直器基准偏差），对于分段发货的填料塔，其对接组焊按塔与主冷凝器组装焊接的要求。

（20）粗氩塔和精氩塔各段现场复合焊缝，需对每条焊缝做50% X射线检查，符合JB/T 4730规定中的Ⅲ级为合格。

（21）冷箱内其他容器，在安装时应注意：

1）液空吸附器和液氧吸附器中的吸附剂，可在冷试结束后，正式开车前装入，吸附剂必须是经活化处理好的，在装入前必须对吸附剂过筛；

2）各容器管口在接管前，应用干净的白布扎口，以免油脂污物进入；

3）在冷箱内和在冷凝蒸发器内进行施焊时，严禁火焰或电弧触及各容器及管道表面；

4）冷箱内的容器、阀门、管道及相应的支架、冷箱内表面以及基础表面待安装结束后，均不得沾有油脂，否则应进行去油处理。

13.3.7.3 保冷箱内阀门的安装

安装保冷箱内的阀门应注意：

（1）冷箱内阀门应在所有容器就位后，管路安装前进行安装。阀门安装前应按照实际工作压力进行试验，如果阀门铭牌工作压力大于工作压力时，则改为按工作压力的1.25倍进行试验，如有漏者需研磨后再试。

（2）阀门在安装前必须进行脱脂工作，但脱脂后的阀门不能放置过久，以防锈蚀或油浸入造成生产使用中转动不灵活或爆炸等情况产生。为此，可在其转动部位各滑动的地方，涂层极薄的羊毛脂和水脂甘油。如需解体安装的阀门一定要注意，不准使脏污、油类落入阀体内。阀的拆卸，要做好记号，以防装配时弄错。

（3）冷箱内的冷阀应与其相应的支架同时安装。阀门的安装一定要固定、支撑好，以免施工过程被人踩断阀杆。

（4）低温液体阀的阀杆应向上倾斜 10°～15°（内低外高），以此可形成死蒸气，以防止漏液跑冷，把阀杆冻死无法操作。当管道与阀体焊接时，要先把阀门关闭，采取降温措施，使得焊接时阀体温度不高于 200℃，以免阀门密封件变形，影响阀门正常使用。

（5）阀门安装时，应注意阀体上箭头方向，应与介质流动方向一致。安装截止阀时，需弄清管内介质流向，防止进出口方向装反。一般截止阀应正装（介质流向与阀出口一致）；在特殊场合下，某些冷角式截止阀、冷箱外的直通加热阀，使其方向相反（按工艺流程图上的标记），以利于关闭时塔内介质压力作用在阀口上，防止跑冷漏气，类似的有加热进口阀、液空、液氧吸附器出口阀、透平膨胀机出口阀等。

（6）安装切换阀时，其转轴要处于水平位置，法兰螺栓应均匀地交叉拧紧。凡用过的或生锈的螺栓不得再使用。

（7）安装后的阀门启闭应灵活，管道连接后及冷试过程中都要对阀门的启闭状态进行检查，无卡住现象方为合格。

（8）遥控阀门在安装前，应严格校核指令讯号与阀门执行机构动作是否同步，“全开”、“全关”位置是否正确，并记录开度指令与阀门实际开度的关系。

（9）凡带有套筒的冷角阀，在冷试过程中，需用专用工具紧固法兰螺栓。

（10）低温气动薄膜调节阀，在冷试过程中也需用专用工具紧固法兰螺栓。

（11）冷截止阀的试压与普通阀门试压方法一样，介质为无油压缩空气。

（12）切换阀、薄膜调节阀应做泄漏量试验和性能试验。

（13）各类阀门在搬运吊装时，应严禁碰伤，要轻搬轻放；防止粗野操作，保证安装质量。

13.4　管道的安装

管道的安装应符合 GB J126、GB J235、HGJ202、JB/T 5902 的规定。冷箱内管道（分馏塔配管）作为空分装置的组成部分，采用各种规格的管道将各自对应的容器、阀门等组成一个有机体，这绝不是单纯的连接，还应考虑到管道的冷变形补偿，严格按照图纸、文件要求配管。实践证明，冷箱内管道安装的好坏直接影响空分装置能否正常安全生产。

13.4.1　冷箱内管道的预制

13.4.1.1　对冷箱内铝管道预制的施工要求

对冷箱内铝管道预制的施工要求有：

（1）预制场地必须垫有橡胶板或木板，不得与黑色金属在同一场地加工；

（2）严禁金属硬物，如撬棒、榔头等放置在铝管道上；

（3）工作人员的工作服、手套必须干净，不得有油迹；

（4）敲击工具应选用木质、紫铜或硬橡胶榔头；

（5）搬运或吊装时钢丝索与产品接触部分应包橡皮等软物；

（6）清洗后的管道或零件应存放在干燥处，远离酸盐碱类，以防腐蚀；

（7）在制作过程中，应轻搬、轻放，不可在地上翻滚、手拖，防止管道损坏；

（8）工件焊接时，电缆搭铁不允许随意乱搭在工件上，应做专用工具，不允许在管道上引弧。

13.4.1.2 对冷箱内铝管道预制的技术要求

对冷箱内铝管道预制的技术要求有：

（1）严格按图制作，并结合现场实际放样，为减少冷箱内管道焊口、减少冷箱内的制作量，可根据分馏塔配管图在冷箱外预制，然后进行最终装配；

（2）凡已制作完的管段，必须编号以利于安装；

（3）安装过程中严禁重物或锤器将管材碰变形和划出深痕，如划痕深度超过壁厚的20%时需用氩弧焊补焊后再用；

（4）管道的制作场地应干燥、避风，氩焊区域内不应有水雾；

（5）铝管焊接的施焊者，应持有铝管氩弧焊合格证，并与施工焊项目相对应；

（6）两道焊口之间的最小距离不得小于100mm，以防高温区材质烧损，影响焊接质量。

13.4.2 冷箱内管道的安装

管道在安装前，应做好一切准备工作。检查容器方位（即管口方位）、阀门进出口方位是否正确。管件应彻底清洗干净，并严格脱脂（可用紫外线灯做宏观定性检查表面油脂，应无亮点），同时开好焊接坡口等。对冷箱内铝管道安装的技术要求有：

（1）配管原则是先大管，后小管；先下部，后上部；先主管，后辅管。若遇相碰时，以小管让大管为原则。管道安装不得和支架、其他管道相碰。管道的开孔，应在下面加工，防止钻屑进入设备内部。

（2）加热管道与低温液体管道、液体容器壁面的平行距离应不小于300mm，交叉距离应不小于200mm。

（3）管道外壁与冷箱型钢内壁距离，低温液体管不小于400mm，低温气体管不小于300mm。

（4）管道的间距应考虑管道的冷工作状态，如管内液重和珠光砂压力及热膨胀冷缩引起的管道的位移压迫别的管道，因此要求一般管道安装间距应大于或等于100mm。

（5）管道在施焊前需自然对准，绝对不允许借助机械和人力强行对准。安装管道时，必须在自由状态下进行，防止安装中使管子承受应力，以免增加对接应力，管道对口前，用钢丝刷刷干净焊接区域，达到破坏铝氧化膜和清除杂质的目的。刚焊完的铝部件，严禁用冷水冷却以防断裂。

（6）凡铝管壁厚$\delta \geqslant 5$mm，口径DN≥100mm，对焊处均需加衬圈。DN80以下的弯管由现场配制，弯曲的半径为管子外径的2.5~3.5倍。D14×2和D18×2的铝管加外套管环角焊。

（7）冷箱内低温流量孔板、容器支架、管架、阀架等设备，在拧紧螺母前，与其相配的铝合金螺栓或不锈钢制螺栓，其螺纹部分应先涂一层聚四氟乙烯橡胶喷剂或二硫化钼润滑脂，以免咬死。

（8）在安装中，若配管不能连续进行时，各开口处务必加盖或用塑料布包扎。管子焊接时每道焊口应一次完成。补焊的次数最多两次，否则就应割掉重新配制。

（9）在流量孔板前后，须有足够的光滑直管段。孔板前为 20 倍管径距离，孔板后为 10 倍管径距离，且不允许存在影响测量精度的因素（如管接头等）。管道焊缝的内表面应磨平，垫片不可伸入管子内径，并要仔细检查孔板的安装方向，不得装反。

（10）安装铝管的工具设备不能生锈，要采用不锈钢刷除锈。

（11）切换系统管道的纵向轴线要呈直线，法兰间的距离要与切换阀的安装尺寸相一致。

（12）带 V 形槽的法兰的安装：

1）带 V 形槽的密封圈，在安装前须进行清洗并检查有无损坏、变形等缺陷，椭圆形及已用过的密封圈不得使用，属临时安装的，在最后组装时必须更换；

2）法兰上的螺栓要均匀地交叉进行拧紧，使其密封表面保持平整；

3）铜质密封圈应是软状态，现场应做退火处理，可将密封圈加热至约 600 ~ 700℃，然后马上放到水槽中冷却，所产生的氧化膜要去除；

4）对于铝制法兰与钢制或黄铜制法兰配对使用时，要求配用 XB350 披镀聚四氟乙烯橡胶喷剂或镀锡铜质密封圈，其镀锡工作可在现场进行。

（13）分馏塔管道的设计，已考虑了管系的自补偿能力。在管路的配制过程中不能任意更改管道走向，以免影响管系自补偿能力。

（14）凡用隔热套管保护的氧、氩、氮等液体产品的管道，应先预制内部管道，并经射线检查和压力试验，合格后再装隔热套管。

（15）在配穿过隔板的管道，应预先套入帆布套，或用加阻燃剂的聚氨酯发泡。

（16）塔内管架的设置应保持被设管架的管道有足够的稳定性和刚性，不能随便晃动，且要考虑到管道的热胀冷缩，并按照管架图的要求进行。安装完较大管道后，应及时装好支架。管道与支架、吊架之间应加 50mm 隔热层，以防冷损。

（17）冷箱内测量管线的安装：

1）所有测量管线在安装前，经试压后，清洗、脱脂干净才可进行安装；

2）当测量管线与测量仪表相连时，无论气体介质或低温液体的管线均应向上铺设；

3）所有测量管线和低温电缆在安装时，均应安置在托架内，并用带子扎牢或夹钳固定，但不允许焊接固定。且托架的设置，应避免积水，托架一般焊在设备支架、阀架或冷箱骨架上；

4）所有管路的托架须从头至尾非常牢固并能承受绝热材料的载荷及温度变化所产生的形变。

（18）分析管、压力测量管的安装：

1）阀门高于测点时，安装如图 13 – 6 所示；

2）阀门低于测点时，液相安装时如图 13 – 7 所示，气相安装如图 13 – 8 所示。

（19）液面测量管的安装：

1）气侧液面测量管的安装如图 13 – 6 和图 13 – 8 所示；

2）液侧液面测量管的安装，当阀门高于测点时如图 13 – 9 所示，当阀门低于测点时如图 13 – 10 所示。

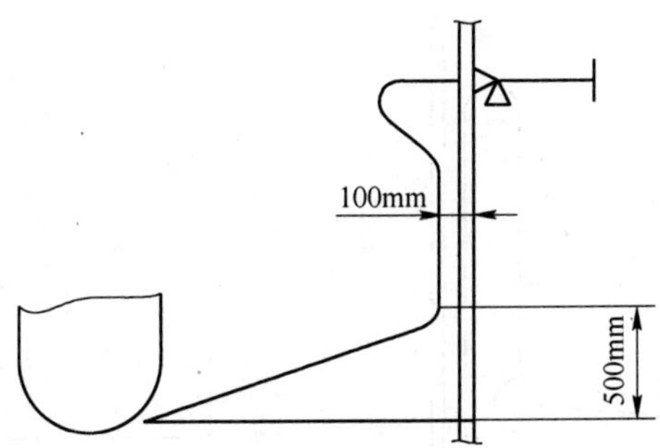

图 13－6 阀门高于测点时的安装形式

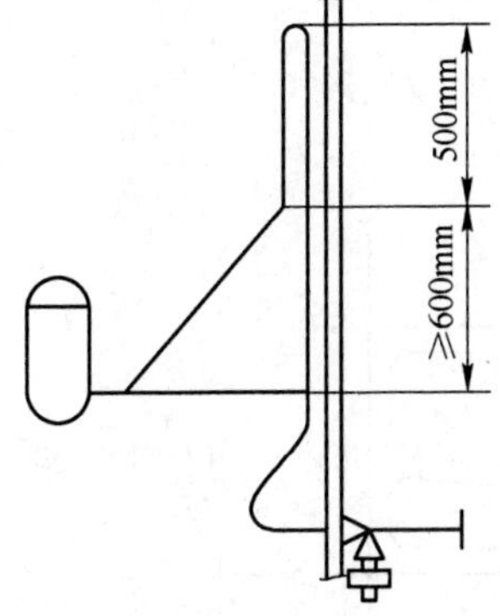

图 13－7 阀门低于测点（液相）时的安装形式

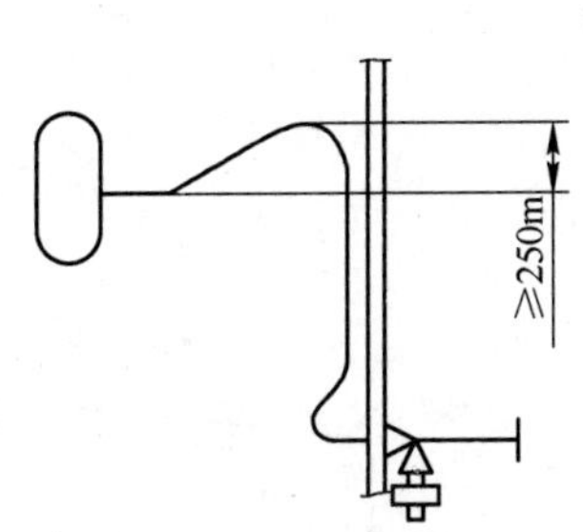

图 13－8 阀门低于测点（气相）时的安装形式

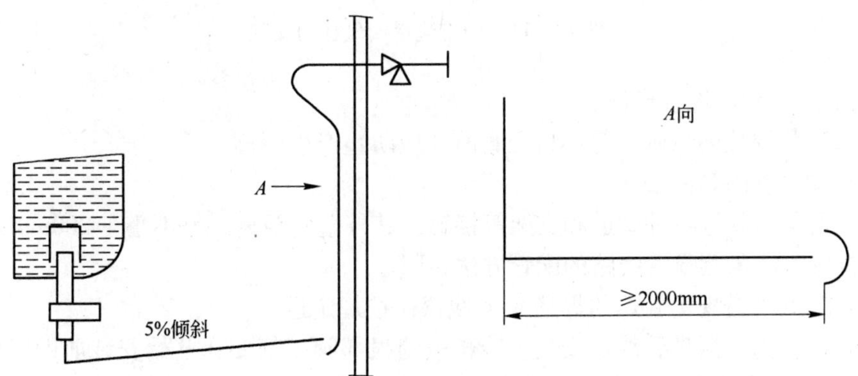

图 13－9 阀门高于测点时的安装形式

（20）流量测量管的安装：

1）气态流量测量管的安装，如图 13－6 和图 13－8 所示；

2）液态流量测量管的安装，如图 13－11 所示。

（21）冷箱内测量管道的安装在满足以上要求前提下，应注重管道的排列整齐美观，

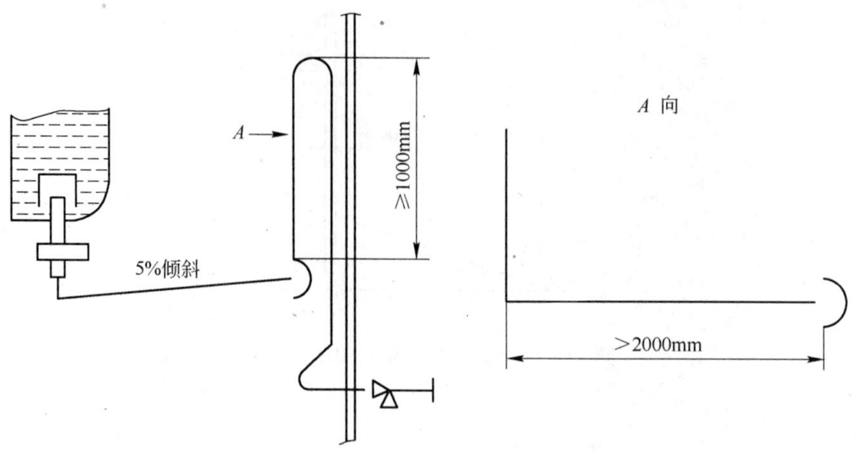

图 13－10 阀门低于测点时的安装形式

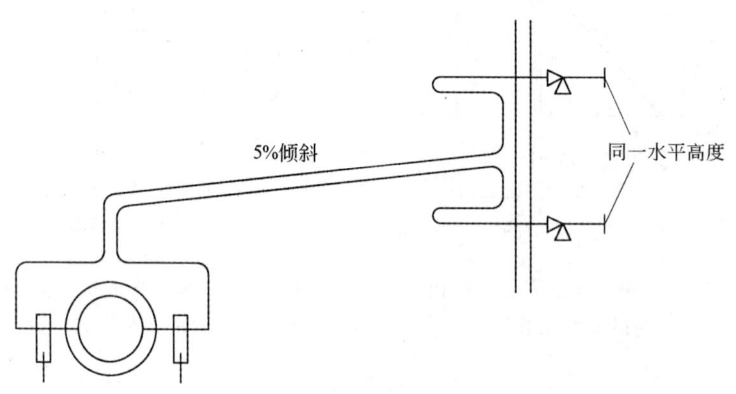

图 13－11 液态流量测量管的安装

线路走向清楚，易于检查辨认。

（22）安装焊接测量管线等小口径管时，应防止产生焊瘤。

（23）加温吹除管的安装：

1）应避免与其他各种管道和支架等接触，其外壁间距离一般不小于 200mm；

2）配管方法与测量管线路的配管方法相同。

（24）铝制管道现场施焊的焊缝 X 射线探伤按规定进行。

（25）冷箱内的测量管线及安装于冷箱板的根部阀，都要在开始安装前做好标志，以免装错。每一管线装好后，应立即对照工艺流程图进行检查。

（26）主管道的吹除管应接在管道底部，不能接在侧面，更不能接在上面，安装时应保证其倾斜度，倾斜方向是介质的顺流方向。

（27）管道安装完毕，对照流程图全面检查一次，防止漏配和流程走向的错误。

13.4.3 冷箱外管道（外围工艺管道）的安装

外围工艺管道指空压机系统、空气预冷系统、分子筛纯化系统、透平膨胀机系统、压氧系统、压氮系统、液体储存及汽化系统内的工艺管线及给排水管线等。球罐与调压间的管道由甲乙双方协商确定。

13.4.3.1 外围工艺管道的材料检验

外围工艺管道的材料检验应注意：

（1）材料进场，首先应按规格型号的不同，分门别类有序堆放，各种管材，其外观应无裂纹、重皮、结疤，无超过壁厚负偏差的锈蚀、麻点、凹坑及外力损伤，同时应具有产品质量证明书，并符合设计图纸的规定。

（2）各类成型管件不得有裂纹、疤痕、过烧及其他有损强度和外观的缺陷，内表面应光洁，无氧化皮，进场时测量核对其外径、壁厚等，检查是否符合有关标准规定，并配有标志和合格证书，其规格应符合图纸要求。法兰表面应光滑，密封面应平整光洁，不应有毛刺及径向沟槽，并应有产品合格证。

13.4.3.2 外围工艺管道的施工要求

不锈钢管采用等离子切割机或砂轮切割机进行切割，坡口加工使用角向磨光机。其焊接采用氩弧焊，对口径较小的管道，可根据图纸考虑尽量扩大地面预制量，减少固定口，碳钢管使用氧乙炔火焰进行切割，较小口径的无缝钢管也可用砂轮切割机进行，割口部位的氧化铁熔渣及飞边等在管子焊接前应清除干净。大口径管的预制管段，视管道内部的脏污程度进行清理，锈斑、焊口表面的焊渣、飞溅物等杂物应彻底清除，以保证管道内部的清洁；小口径管的预制管段，可采用干燥的压缩空气，对管内腔进行吹刷清理去污。

13.4.3.3 外围工艺管道的技术要求

外围工艺管道的技术要求有：

（1）冷箱外管道的安装，可依据设备制造厂或工程设计单位提供的塔外管道图和有关工业管道安装的国家标准和规范进行。以先大管、后小管，先主管、后辅管，先下部、后上部的顺序，分次序有计划地进行。对于重量较重的阀门，可用小型起吊工具，临时予以支撑。待配管好后用固定支架支撑。穿墙或过楼板的管道应加套管，管道焊缝不宜置于套管内，穿墙套管长度应小于墙厚，给排水管道埋地施工，现场应设立安全警示牌，工程施工结束做好隐蔽工程验收记录。

（2）液体排放总管在安装时应设置补偿部件。

（3）空气预冷系统的安装须注意：

1）空冷塔安装过程中，塔体严禁动火；

2）空冷塔安装中，垂直度要求不大于1/1000，全高范围不得超过10mm；

3）预冷系统安装就绪后，以工作压力对整个系统做气密性试验，持压时间应不少于2h，同时进行检查，不得渗漏；

4）喷淋式空冷塔投入运行前（单机试车时）应拆除塔内所有喷嘴，开泵冲洗管道，待干净后再装上；

5）配分子筛流程的空冷塔上部及空气出口管道和上部循环水管路、水泵等均应有保温措施；

6）对各仪控仪表等应加防冻措施。对液面计、液面调节器在冬季有加温解冻措施，以防止冻结而使控制失灵；

7）水过滤器在单机试车后，应拆洗一次，然后投入正常使用；

8）冷冻机组安装应按制造厂的安装要求进行。

（4）分子筛纯化系统的安装须注意：

1）管道焊接时，对接焊缝应按 GB 150.4—2011 要求执行；

2）焊接后焊缝应做无损探伤检查，污氮气及空气管路应分别符合 JB/T 4730.2—2005 的Ⅱ级和Ⅲ级要求；

3）系统安装就绪后，以工作压力做气密性试验。保压时间 2h，并对焊缝、法兰连接处进行检查，不得泄漏。按工艺流程关闭开启相应切换阀门，对两台吸附器分别充压以检查切换阀是否泄漏；

4）孔板流量计、调节蝶阀、切换阀门等总装按总体各相应要求执行；

5）进分子筛容器前空气管路上的疏水阀、出蒸汽加热器污氮管路上的吹除阀应安装在管子垂直中心线的底端；

6）卧式吸附器安放水平调整后，活动支座地脚螺栓上的第一个螺母拧紧后倒退一圈，然后用第二个螺母锁紧；

7）分子筛吸附器（外绝热结构），蒸汽加热器，电加热器，空气进、出分子筛容器管道和污氮自冷箱到分子筛容器管道均应有保温、保冷措施；

8）试车前，各自动控制阀门按使用说明书规定的开关位置先行运转调整至正确后，处于备用状态。同样，手动阀门也按上述要求检查无误后，不准无关人员轻易操作。

（5）液体储存及汽化系统管道安装时要保证从液体储槽至泵再至汽化器的管道需有一定的坡度，并符合图样要求。

13.4.4　管道系统的压力试验

管道系统的压力试验应在系统吹刷结束后进行。

13.4.4.1　冷箱内部管道的压力试验

冷箱内部管道的压力试验须注意：

（1）系统采用气压试验，介质应为干燥无油的空气，并必须由专人分区负责包干，严格认真检查各部分的泄漏情况，不允许有泄漏。各系统的试验压力停压时间、残留率规定见表 13-4。

表 13-4　各系统的试验压力

管道系统类别	试验压力/MPa	停压时间/h	残留率 Δ/%
低压系统	0.1	12	≥98
液氧循环系统	0.3	12	≥97
中压系统	0.6	12	≥95
增压系统	0.9	12	≥93

残留率Δ按计算公式：

$$\Delta = \frac{p_2}{p_1}\frac{T_1}{T_2} \times 100\% \qquad (13-1)$$

式中 p_1——起始压力，kPa；

T_1——起始温度，K；

p_2——终点压力，kPa；

T_2——终点温度，K。

（2）纯氮设备各系统的试验压力、残留率按其图纸技术文件规定。

（3）气压试压应在管道的对接焊缝检查合格后进行。

（4）在试压前，所有的安全阀、切换式流程中的自动阀阀位孔、隔离不同压力系统的节流阀、透平膨胀机进出口、增压机进出口，以及主换热器热端出冷箱管道法兰连接处，用盲板封闭。

13.4.4.2 充压程序

充压程序如下：

（1）先充压20kPa检查焊缝法兰和其他可拆连接处有无明显泄漏，若有泄漏则应泄压补漏或拧紧可拆件。

（2）经上述处理后再充压至50kPa，再仔细进行检查。若仍有泄漏，应放压处理，然后再升压至50kPa。当无泄漏时，就逐步升压至表13－4规定的试验压力。

（3）必须严格按管线分工查漏。

（4）检漏可用无脂肥皂水作起泡剂。

（5）焊缝泄漏处须正确返修。决不允许用敲打的办法或用防漏剂（低温胶）来进行修补。

13.4.4.3 冷箱外部管道的压力试验

除水路系统压力试验可用水进行外，其余系统按上述要求进行。在压力试验之后，将试压用盲板取出，再装上新的垫圈将螺栓螺母旋紧。拆除盲板后，需再进行一次气密性试验，试验压力为工作压力。

13.5 氧气压缩机与氮气压缩机的安装

13.5.1 施工前的准备

施工前应进行如下准备工作：

（1）安装前，施工人员应认真熟悉安装图纸、使用说明书和安装技术条件等资料，做好技术交底工作，熟悉设备构造、原理，懂得安装要求，掌握质量控制办法。

（2）协同建设方与土建方等单位共同做好基础验收工作，设备基础表面和地脚螺栓预留孔中的油污、碎石、泥土、积水等均应清除干净，基础表面不得有裂纹、蜂窝、空洞、露筋等缺陷；尺寸偏差应符合图纸及规范要求，并做好验收记录，只有确认合格后，才能进行设备的安装。

（3）与建设方、制造厂共同做好开箱验收工作，对设备的名称、型号、规格及机件各部分外观质量进行检查，清点后应做好记录。

13.5.2 设备的安装

根据图纸划定设备安装基准线，并对基础进行处理，依照压缩机安装技术条件依次放置临时垫铁与正式垫铁，多次校核基础标高、中心线、水平度、同心度等技术指标，待这些技术参数与图纸要求无较大出入时，依次用汽油或三氯乙烯对压缩机各机件进行清洗、组装，最后再对压缩机组进行精矫，机组各项技术数据经建设方、监理、制造厂代表确认后，即可进行二次灌浆。

13.6 增压透平膨胀机组的安装

增压透平膨胀机组在制造厂内经修配、组装、平衡试验等系列程序后在现场只需将机座找平，在自由状态下清洗组装，管道连接完毕即可，机组各项技术参数经建设方、施工单位、监理、制造厂代表确认后，即可具备空分设备裸冷试车条件。

其他非标及容器设备的安装，保证其方位、标高及垂直度符合图纸规范要求既可。

13.7 电控系统设备的安装

13.7.1 电气工程施工前的准备

电气工程在施工前应注意：

（1）充分做好施工前的准备工作，积极参加图纸会审与设计交底，严格按照卖方提供的标准、规范、技术资料进行施工。

（2）工程施工所需机具应提前落实，临时设施、安全质量技术保证措施所需设备材料等也要及时到位。

（3）电气装置在安装前，应编制详细的施工计划及质量计划，对各节点的工期要求、技术要求、质量要求等做出具体的规定，统筹安排，使各项工作能有条不紊地顺利进行。

（4）认真做好技术交底工作，要求每一个施工人员对自己负责的施工项目的工期、质量等各项指标要求均做到了然于胸，合理安排工作，严格按规范施工，切实做到各重要接点的一次合格率达到100%。

（5）进入配电室工作，应严格履行甲方的工作制度，并切实做好与甲方技术人员的配合工作。

（6）密切配合土建单位做好基础预埋件及钢管等的预埋工作。

13.7.2 电气施工程序

电气施工程序图如图13－12所示。

13.7.3 低压配电装置的安装

13.7.3.1 配电盘安装前注意事项

安装配电盘前应注意：

（1）配电盘的运输应在无雨天进行，搬运过程中尽量避免碰撞和振动。

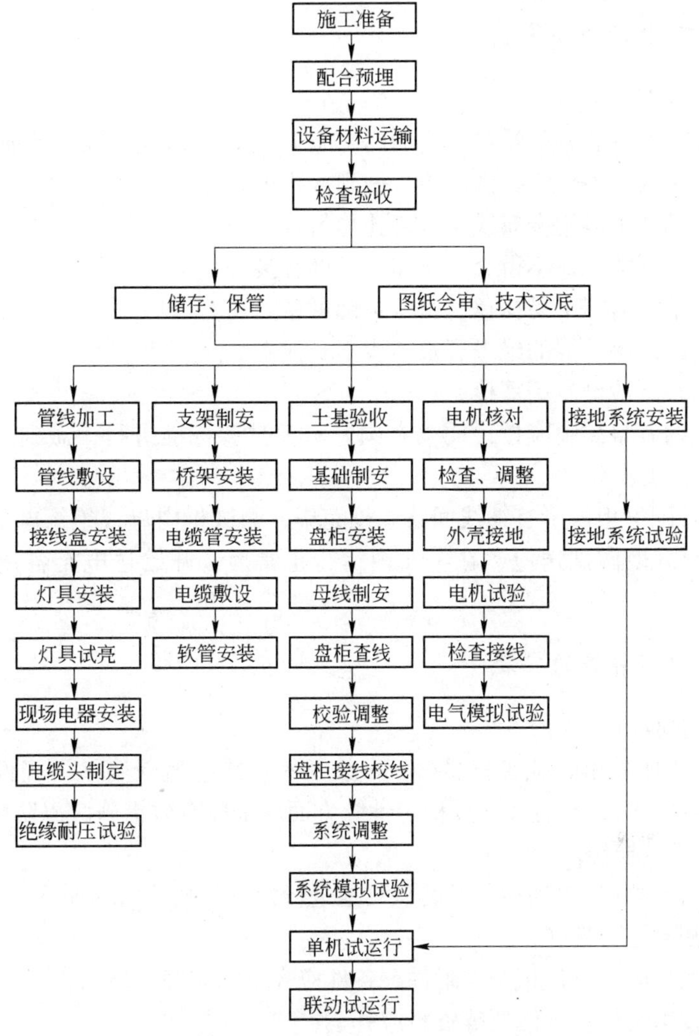

图 13－12 电气施工程序图

（2）配电盘及附件到达现场后，及时会同三方进行开箱检查验收，认真收集随机文件资料，认真做好记录，并及时办好签证手续。开箱检查内容有：

1）规格、型号是否符合设计要求；

2）配电盘内部元器件及附件、备件是否完整无损伤；

3）产品的技术文件是否齐全；

4）框架有无变形，保护层有无脱落。

（3）开箱检查完毕后，认真按照图纸要求将配电盘用人力安放在基础上，并对配电盘找正找平。其安装允许偏差见表 13－5。

表 13－5 配电盘安装允许偏差

项　　目	允许偏差/mm	项　　目	允许偏差/mm
每米垂直度	<1.5	屏面偏差（相邻两屏边）	<1
水平偏差（相邻两屏顶部）	<2	盘间接缝	<2

13.7.3.2 配电盘的安装

安装配电盘须注意：

（1）配电盘框架及装有电器可开启的门，用 $10mm^2$ 的裸铜软线与接地连接。

（2）二次回路接线须仔细按图施工，做到接线正确可靠。

（3）导线的绑扎不得用金属线，且绑扎均匀。

（4）导线应排列整齐，不得交叉扭曲，不得有接头。

（5）端子号字迹清晰不易褪色，编号正确可靠。

（6）配线时应确保导线的绝缘层及芯线不受损伤。

（7）二次回路接地设专用螺栓。

（8）配电盘的调整试验应按说明书及国家有关试验标准进行，做到试验参数符合规定，数据记录完整正确。

（9）在 MCC 配电柜内所有馈线回路调校完毕，测试柜内母线绝缘电阻，符合规范要求后，对 MCC 配电柜做试送电，在 12h 内运行正常后，开始送电至各用电设备做单体试车。

13.7.3.3 母线装置的安装

安装母线装置时应注意：

（1）母线装置所采用的设备和器材，多数是易损或易遭受腐蚀的瓷件或有色金属材料，在运输与保管期间，包装及摆放稳定性等方面应采取有效措施，以防母线装置受腐蚀性气体侵蚀及受机械损伤。

（2）设备和器材到达现场后，及时认真地进行检查验收，内容如下：

1）包装及密封是否良好；

2）规格、型号应与设计相符，附件、备件应齐全，完好无损伤；

3）产品的技术文件、合格证等资料应齐全；

4）母线表面应光洁平整，且不得有裂纹、折皱、夹杂物及变形和扭曲现象；

5）绝缘子、穿墙套管完整无裂纹，胶合处填料完整，结合牢固。

（3）母线出厂合格证件等资料不全或对材质有疑义时，应严格按规范要求对母线的力学性能和电阻率进行试验性的检验。

（4）母线在安装前应矫正平直，矫正用具应采用木制工具，严防母线受机械损伤。

13.7.3.4 桥架的安装

安装桥架时应注意：

（1）桥架在运输装卸过程中应保持原包装，并不得碰撞、摔落，不得随地拖拉、扭转，以防变形扭曲及防腐绝缘层脱落。

（2）桥架托架安装应牢固，要做到横平竖直，托架间的距离应均匀，符合设计及产品说明书的要求，最大偏差不大于 5mm。

（3）管架上的桥架安装与下层管道安装配合进行，待管段吊装就位后，再进行桥架吊装。吊装前要用钢丝绳套上橡皮管。

（4）桥架安装应横平竖直，其翻边毛刺、锐边、锐角应处理平整，以免损伤电缆。

（5）桥架连接螺栓由内向外穿，螺母放在桥架外侧；桥架接缝间隙调整均匀。

13.7.3.5 配管配线

配管配线时应注意：

（1）钢管无凹扁、裂纹、保护层脱落及锈蚀现象，防爆软管弯曲自如，丝扣光滑，无凹凸断裂，且各材料的质保证明书应齐全。

（2）所有钢管间、钢管与电气设备间、钢管与钢管附件之间的连接应采用螺纹连接，不得采用对接或套管焊接。

（3）螺纹加工应光滑、完整、无锈蚀，并涂电力复合脂，不得缠绕麻或绝缘橡胶带及涂其他油漆。

（4）螺纹有效啮合数依管径决定，最少不少于5扣，并在连接处用锁紧螺母锁紧。

（5）钢管制弯应平缓过渡，不能过急过快，其弯曲半径应符合规范要求，弯曲处无折皱、裂纹和弯扁现象。

（6）爆炸危险环境下的钢管在通过相邻区域的隔墙、楼板、地面及引入接线箱、电气设备的进线口时应严格按规范及设计要求装设隔离密封件。

（7）隔离密封件的内壁，应无锈蚀、灰尘、油渍，导线在密封件内不得有接头，且导线之间及与密封件之间的距离应均匀。

（8）有爆炸危险环境下的电缆保护管与设备的进线口用防爆软管连接，防爆软管不应退绞、松散，中间不应有接头；其弯曲半径不得小于软管外径的5倍；与设备、管口连接处应密封可靠。

（9）金属软管应可靠接地，但不得作为电气设备的接地导体。

（10）钢管敷设完，在穿电缆前应用木塞或其他物体将两端管口封住，以防杂物进入。

（11）明配钢管横平竖直、排列整齐，固定点间距应均匀，管卡间最大距离见表13－6。

表13－6 管卡间最大距离

钢管种类	钢管直径/mm			
	15～20	25～32	40～50	65以下
	管卡间最大距离/m			
厚壁钢管	1.5	2.0	2.5	3.5
薄壁钢管	1.0	1.5	2.0	

（12）管内穿线前，应在管口处套橡胶护套；穿电缆前，应将管口的毛刺及尖锐棱角打磨平整，并做成喇叭形。

（13）导线在管内不得有接头和扭结，接头处应设接线盒。

（14）管内导线总截面积不应大于管内面积的40%。

（15）电缆保护管的内径与电缆外径之比不得小于1.5。

（16）所有金属保护管应与接地装置可靠连接。

13.7.3.6　电缆敷设

敷设电缆时应注意：

（1）按设计要求，本工程动力电缆、控制电缆均选用阻燃型交联聚乙烯绝缘、聚氯乙烯护套电缆。敷设前，认真核对电缆规格、型号及数量，并检查绝缘情况。

（2）事先制定敷设计划，编制电缆敷设表。合理安排电缆敷设路径及敷设次序，确保电缆排列整齐无交叉。

（3）根据设计和实际路径计算每根电缆的长度，合理安排每盘电缆，以便将电缆中间接头减至最少，并减少电缆的浪费程度。

（4）电缆两端贴上临时标志，用透明胶带缠绕 3 圈。

（5）采用人工拖拉方式施放电缆，施放过程中，电缆不得沿地面等粗糙面拖拉，不得强制扭曲、弯曲，保证电缆弯曲半径符合规范要求且无损伤。

（6）每根电缆敷设完后，按顺序排列在桥架内，并每隔一段距离绑扎固定一次。

（7）电缆的摆放位置应事先计划好，一般应遵循动力在上控制在下、强电在上弱电在下的原则，若电力与控制电缆敷设在同一桥架内，应分开摆设并用隔板隔开。

（8）电缆线路在有爆炸危险的环境内，电缆间不应直接连接，在非正常情况下，必须在相应的防爆接线盒或分线盒内连接或分路。

（9）电缆通过相邻区域的隔墙、楼板、地面及易受损伤处，均应加以保护。

（10）有爆炸危险环境下的保护管两端的管口处，应用非燃性纤维将电缆周围堵塞严密，再填塞深度不小于管内径（最小不小于 40mm）的密封胶泥。

（11）有爆炸危险环境下的电缆引入装置或设备进线口应严格按规范要求进行密封。

（12）制作电缆头时应小心剥切绝缘层，以防损伤线芯和保留的绝缘层。

（13）电缆附加绝缘的包绕等过程中应保持清洁，不得有杂物进入。

（14）压接线端子时应清除芯线和端子的油污及氧化层，压膜应配合适当，压接后磨平毛刺。

（15）电缆头应固定牢固、排列整齐、标示清楚准确、相色正确，不必要的裸露处应缠绕绝缘带。

（16）电缆钢带可靠接地。

（17）各配电室、集控室、有爆炸危险环境下的电缆泡洞、桥架墙洞及其他孔洞，在使用完毕后应严密填封堵。

13.7.3.7　电机的检查接线

电机在检查接线时应注意：

（1）检查电机铭牌、位号、引出线相序是否正确，核对电缆标示牌是否相符。

（2）用手盘动电机应转动灵活，无卡阻现象。

（3）电机接线应连接紧密、固定可靠，进线口应严密封堵。

（4）电机外壳油漆应完整，接地良好。

（5）电机试运前应严格按规范规定及产品技术要求做好各项检查工作。

（6）电机试运方案应报监理及甲方审核批准，并派专人负责严格按方案要求进行操作、监护。

（7）在空载情况下电机做第一次启动，试动时间为2h，并记录启动电流、空载电流、电机温升等。

13.7.3.8 电气调试

电气的调试过程中应注意：

（1）调试应遵守有关规范、标准及产品技术说明书的规定。

（2）调试工作应设专人负责，负责人应具有相应的资质。

（3）事先编制具体的调试方案，报经甲方及监理批准后，严格按方案进行调试。

13.8 仪控系统设备的安装

仪表安装的施工范围包括对空气过滤器、空气压缩机、空气预冷系统、分子筛纯化系统、分馏塔系统、透平膨胀机组、低温液体储存系统和氧压机系统、氮压机系统等的过程检测和控制，以及对工艺流程中的关键环节进行在线分析。

13.8.1 分馏塔内仪表的安装

13.8.1.1 低温铂热电阻的安装

在冷箱充填绝热材料前及充填时，应根据已连接好的温度显示或记录仪表的示值，检查各测温点的连接电缆是否受损，检查铂热电阻的接线是否良好及有无短路现象。

13.8.1.2 低温电缆的安装

安装低温电缆应注意：

（1）低温电缆穿出冷箱壁，应由设备配套带来的专用引出装置引接。

（2）从铂热电阻到冷箱壁之间敷设的电缆，必须离开低温设备或管道一定的距离，并采用穿套管或角钢支架保护方式，使之不受外力的影响。

（3）电缆与铂电阻的连接处必须紧密牢固，以保证接触良好，并留出约300mm长的电缆，使之呈环形，再予以固定，确保连接处不会受到拉力，且便于拆卸。

13.8.1.3 冷箱内的孔板的安装

冷箱内的孔板安装一定要重视。根据以往的施工经验，孔板是最易引起泄漏的点。确认垫片的材质、裸冷检查、裸冷后的螺栓冷紧等，这些工作都必须仔细、到位。孔板生产商配带的一次取压阀应取消，可采取用引压管直接对焊连接。这是因为冷箱内绝缘材料充填后，一次取压阀不起任何作用，还增加了泄漏的可能性。

13.8.1.4 一次取源部件的安装

安装一次取源部件时应注意：

（1）取源中的测点开孔位置应按设计或制造厂规定进行，如无规定时，可根据工艺流程系统图中的测点和设备、管道、阀门等相对位置，按下列规定选择：

1）测孔应选择在管道的直线段上，避开阀门、弯头、三通、大小头、人孔以及对介质流速会有影响或会造成泄漏的地方；

2）不宜在焊缝及其边缘上开孔及焊接；

3）取源部件之间的距离应大于管道外径，但不小于200mm，压力和温度测孔在同一地点时，压力测孔应开凿在温度测孔的前面（按介质流动方向而言）；

4）在同一处的压力或温度测孔中，用于自动控制系统的测孔应选择在前面；

5）测量用与自动控制用测点，一般不合用一个测孔；

6）取源部件及敏感元件应安装在便于维修的地方。

（2）测量元件应安装在能代表被测介质温度的地方，避免装在阀门、弯头及管道和设备的死角附近。测量元件的安装应按下列规定进行：

1）取压件安装用以测量容器或管道的静压，其端头应与内壁平齐，不得伸入内壁，且均无毛刺，否则会使介质产生阻力，形成涡流，并受冲压影响而产生测量误差。

2）为了保证流量测量得准确，安装前需对流量计及上下游侧管道进行检验和验算，严格按规范要求进行安装、检查。

13.8.1.5　电气线路的安装

安装电气线路时应注意：

（1）敷设电缆时应检查敷设电缆的型号、规格是否符合设计及规范要求。

（2）电缆敷设路径应符合下列要求：

1）按最短路径集中敷设；

2）电缆应集中敷设，电缆在桥架内排列整齐；

3）电缆敷设应躲开人孔、设备起吊孔、窥视孔等，敷设在主设备和油管路附近的电缆不影响设备和管路的拆装。

（3）电缆槽架安装前应根据设计图纸进行安装，托架安装前应固定，弹粉线。安装时先点焊作临时固定，待一整排支架全部安装完毕校正好后，方可全部进行焊接。电缆槽架安装应横平竖直，垂直误差不得超过其长度的3/1000。

（4）电缆保护管在敷设时，保护管的弯曲半径应符合所穿入电缆弯曲半径的规定，保护管的弯曲度不应小于90°，几根管子排列在一起时高度应一致。

（5）电缆敷设应尽量做到横看成线，纵看成行，引出方向一致、高度一致、余量一致、松紧适当相互间距一致、挂牌位置一致。

（6）导线敷设应尽可能远离电磁干扰源，导线穿管时，应一端有人拉，另一端有人送，两者动作协调。穿入同一根管内的数据导线，应平行并拢一次进入，不能相互缠绕。

（7）仪表电缆应与动力电缆（如电源）分开敷设，若非得在同一桥架布置时，应有足够的距离并用隔板隔开，以防干扰。

13.8.1.6　分馏塔内仪表脱脂

所有氧气引压管路及管件、仪表设备、配件，在安装前都要进行去油脱脂处理。脱脂方法是：

（1）一般的铝管可用10%氢氧化钠水溶液清洗，然后用浓度为15%的稀硝酸中和，最后用热水洗净并吹干；对紫铜管可用三氯乙烯或二氯乙烷去油，然后用蒸汽吹净。

(2) 经脱脂的管及管件，要封闭好管口或端口，单独妥善存放待用。

(3) 脱脂前应保持脱脂件干燥，若管子及管件有明显油污或锈蚀时，应先清除油污及铁锈后再进行脱脂。

(4) 脱脂封装的管子及管件，存放一定时间后再安装时，应进行检查，发现有油迹等有机杂质时应重新脱脂。

(5) 脱脂用的工具、量具等，应按同样要求先进行脱脂处理。

(6) 脱脂安装后的管路检漏时，必须用干燥无油的空气或氮气进行。

13.8.2 现场仪表和设备的安装

安装现场仪表和设备时应注意：

(1) 现场仪表和设备的安装应符合制造厂规定和规范的要求。仪表安装在便于观察、维护和操作的地方，周围应干燥和无腐蚀性气体。

(2) 直接安装在工艺管道上的仪表和设备宜在工艺管道吹扫后、压力试验前安装。当必须与工艺管道同时安装时，在工艺管道吹扫时应将仪表拆下。

(3) 仪表标牌上的文字及端子编号等应书写正确、清楚。电气接线盒的引入孔不应朝上，以避免油、水及灰尘进入接线盒。当不可避免时，应采取密封措施。

(4) 压力变送器、差压变送器的安装应避开强烈振动源和电磁场，环境温度应符合制造厂规定。

13.8.3 仪表调试

13.8.3.1 调试前注意事项

所有仪表在安装之前，必须进行单体调试，仪表的单体调试必须在环境条件满足调校要求的实验室进行（室温 10 ~ 35℃，空气相对湿度不大于 85%，无腐蚀性气体，电源 220VAC ± 10%、24VDC ± 5%）。

调试项目以设计技术条件和出厂使用说明书、出厂调试资料为依据。

调试之前，技术人员要确认试验项目、试验方法。所有的管路、线路连接原理图，实验用气源、电源、标准压力，所选用标准表的精确度、量程等应满足要求。

调试校验记录要采用正式实验记录形式，反映调试真实情况，仪表调试后，应有试验报告，报告应反映调校内容（包括调校方法、标准表情况、试验记录、计算结果、最后评定及试验人员、技术负责人签字），调校合格，应按位号标记清楚，贴上合格证，封装完好，分类存放。

13.8.3.2 智能仪表的组态

智能仪表的稳定性、精确度一般都很高。把专用智能终端连接在仪表回路内进行组态，组态程序按智能仪表的说明书要求进行。

13.8.3.3 安全栅的调试

安全栅的调试应注意：

（1）在输出端子上可以接上 250～255Ω 的负荷电阻。

（2）接到本回路端子的仪表，仅限于同本仪表结合起来经过检定的仪表。

（3）接到非本安回路的仪表（安装在非危险场所），包括电源在内的工作电压必须限制在 250VAC 以内。

（4）配线完毕，应盖上端子罩，通电 5min 以上，便可以进行调校。调校的步骤如下：

1）从电压电流发生器输入 0%（4mA）的输入信号；

2）用数字万用表测试输出值；

3）所测数值应在 0±0.5% 的范围内；

4）用同样的方法，输入 25%、50%、75% 和 100% 的输入信号，误差应小于该点的 ±0.5%；

5）输出误差时，可调整零位调整，电位器反复进行调整，直到上述各点满足要求为止。

（5）分析仪表调校必须严格按生产厂家规定的技术规范进行，不可擅自改变。

（6）压力开关、电磁流量计、显示仪表等常规仪表按出厂技术使用说明书规定的内容，逐项进行调校试验。

13.9 安装后的系统检查及试验

13.9.1 系统检查

13.9.1.1 仪表空气系统的检查

仪表空气系统的检查内容有：

（1）仪表空气必须干燥、洁净、无油，露点低于 -40℃；

（2）仪表空气压力应在 0.45～0.5MPa。

13.9.1.2 仪表及控制回路电源的检查

仪表及控制回路电源的检查内容有：

（1）检查本系统的供电电压是否正确接到各仪表盘及用电器。

（2）供电线路绝缘良好。

（3）各级电源开关能对仪表及控制回路正常供电。

（4）正常供电。

（5）检查各测量、控制、调节及连锁报警回路中的各组件之间的接线、接管，并确认正确无误。

13.9.2 系统试验

13.9.2.1 系统试验注意事项

系统试验是以下述各项为前提的：

（1）仪表各系统部分应在安装后，单独校验合格。

（2）各单台仪表在就位之前已经核验合格。

（3）气源及电源的供给已确认符合设计要求，能向各仪表正常供气及供电。

（4）对各测量、控制、调节回路中各组件之间的接线、接管正确无误。

（5）系统试验的目的是使各测量、控制、调节及连锁报警系统处于可投入运行的状态。

13.9.2.2 系统试验的主要内容

系统试验的主要内容包括：

（1）温度测量系统的试验。逐点试验各点，均应显示当时的环境温度，并且现场的实际点与仪表盘上的显示点应相一致。

（2）带变送器或转换器的温度、流量、液位、压力、差压等参数的测量、回路调节。有条件时，可在变送器输入端加上信号，这样可以试验整个系统，若实施有困难，可在变送器输出端向回路送入标准信号（如4～20mADC、1～5VDC等）。但必须注意，不论何种试法，试验完成后必须把接线、接管恢复到试验前的状态。这项试验可以检查显示、报警、调节输出，调节阀的动作是否符合规定的精度和设计要求（如调节器正、反作用，调节阀的动作方向等）。

（3）连锁系统的试验。各主机停车连锁，并对各连锁停车项目逐项做假动作试验，连锁信号可从仪表上人为给出或从继电器、接线端子上人为给出，试验以电控系统的主机跳闸回路上的继电器动作为判断依据，直到主开关跳闸为止（注意，做该项试验时主开关的高压电源绝对不准接入，应与业主有关部门密切配合）。仪控系统内部的温度、流量、压力、液位等参数的连锁项目，应试验到电磁阀失电、对应的调节阀打开（或关闭）为止。

（4）声光报警系统的试验。人为地闭合报警点的仪表接点，对应的声光报警应发出报警，按“确认”按钮则停止闪光及声响。以上各项试验在实施中可以综合在一起做，在试验时，要及时记录，避免重复或遗漏项目，此时在试验过程中临时的短路接线必须拆除，拆开过的接线必须重新接好。

13.9.2.3 仪表投运

在完成前述的系统检查及试验后，本系统即具备了投入运行的条件。一般的投运程序及注意事项如下：

（1）合上各仪表盘、电源开关，并再次确认电源电压符合设计要求。然后按工艺过程的操作要求依次打开各取压点、分析点的截止阀。

（2）打开向系统内各阀门定位器供气的阀门，再次确认气源压力符合要求。

（3）投运差压变送器时，先打开平衡阀，然后打开检测阀，最后全关平衡阀。

（4）按工艺确定的程序投入各种测量、控制、调节仪表及连锁报警系统。

（5）仪表投运期间，若需要停止其运行或又要再投运，特别是操作与连锁报警系统或自动调节、自动控制系统有关的仪表，应与操作人员联系，以便操作人员事先准备好操作对策。

（6）当需要使用“连锁解除”按钮时，也应与操作人员联系，并密切注意被解除了连锁的仪表所显示的工艺参数，应尽快恢复连锁。

（7）自动调节系统的工艺参数设定值及连锁报警系统的设定值不可随意变更，生产上确定需要改变设定值时，应做好书面记录备查。

(8) 自动调节系统中调节器的 PID 参数的最佳整定，需在实际试车过程中摸索，若在运转中做了某些调整，应把参数值及调整日期、时间做好记录，便于以后分析比较。

(9) 仪表设备半成品、成品的保护措施施工中与各专业之间存在的交叉作业现象，对仪表设备这样的易损件特别加强保护措施。

(10) 对于压力表、双金属温度计、热电偶等，考虑到此类仪表易损坏，因此宜于在管道吹扫合格后临时试车前安装。

(11) 要特别注意对变送器、流量计、调节阀体仪表的保护。具体注意事项如下：

1) 进出线口要有防雨措施，并应做好防腐蚀密封处理；

2) 要防止就位后现场电焊作业过电烧坏仪表内电子元件；

3) 安装时注意对毛细管的保护，以防毛细管折断，硅油渗漏。

(12) 吊运仪表盘柜、较重仪表设备时，应避免振动、摔落及刮碰表面防腐层。不可直接在地面上拖运。

(13) 对于在现场就位的仪表设备，有高空坠落物危险的场所要加设临时挡板予以保护，对电焊火花的溅落部位，仪表也应相应地保护。

(14) 贵重、精密的仪表设备应存放在专门仓库内，设有专人保管。

13.10 吹除

吹除过程中应注意以下事项：

(1) 在系统吹除中，若遇未设置与大气相通的吹除阀，可视情况在适当部位开设吹除孔。待吹除结束后，再予以堵塞。

(2) 吹除用的气源由空压机提供，并须启用空气冷却塔。吹刷原则是先塔外、后塔内，吹除要一根接一根地进行。

(3) 吹除用的空气压力应满足：

1) 中压系统应保持在 250～400kPa；

2) 低压系统应保持在 40～50kPa。

(4) 在系统吹除时，透平膨胀机和循环液氧泵进出管应断开，其入口管道上的过滤器芯子均应拆下，所有的孔板也应拆下。

(5) 在吹除可逆式换热器时，须将自动阀箱人孔盖打开，低压侧自动阀孔用盲板堵塞。吹除之后，将自动阀装上并检漏（此时可将人孔盖装上）。

(6) 塔外管线吹除时，凡与冷箱内相接的阀门应关闭，以免脏物吹入塔内。

(7) 测量管线的吹除，应在吹刷后期进行。

(8) 各系统的吹除应反复进行多次，吹除时间不应少于 4h。

(9) 检查吹除结果，可用沾湿的白色滤纸或脱脂棉花放在吹除出口处，经 5min，应干净且无明显的机械杂质为合格。

13.11 整体冷试

整体冷试过程中应注意以下事项：

(1) 整体冷试前，应对分馏塔进行全面加温和吹除。空气压缩机、透平膨胀机、空气预冷系统、分子筛纯化系统（或切换系统）和电、仪控系统须做好运转的准备。

（2）冷试的操作方法包括：

1）切换式流程，按操作说明书启动的第一、二阶段进行；

2）分子筛净化流程按该操作说明书要求进行。

（3）冷试应依次将精馏塔、冷凝蒸发器等主要设备冷却到尽量低的温度，使冷箱内的所有容器、管道的外表面结上白霜，并应保持至少2h。

（4）在冷试过程中，应组织人员进入冷箱（须穿戴防寒帽、手套、棉服等），仔细认真检查，发现泄漏部位并做出标记。对冷阀、低温薄膜调节阀可用专用设备工具旋紧螺母，并应注意阀门有无卡住现象。

（5）冷试结束后，可自然复热，只要打开冷箱孔盖即可，还应进行气密性试验（也可进行动态试验）。因此所有的螺栓、法兰所连接的零、部件须紧固一次。要特别注意在紧固时阀门不能呈完全闭合状态。

（6）气密性试验压力与工作压力相同。

（7）整体冷试一般应进行一次。根据试验时的泄漏和处理情况，由现场决定是否需要再次进行冷试。

13.12 绝热物的装填

装填绝热物时应注意：

（1）在充填珠光砂前，应拆去冷箱内所有脚手架并打扫干净。冷箱内的法兰均用玻璃纤维带捆扎几圈。

（2）严禁在冷箱内搭永久性脚手架，严禁在冷箱内用易燃材料做永久性支架，并应彻底清除冷箱内所有临时设施和易燃材料。

（3）带有绝热隔套的冷阀，在冷试结束后，须充填超细玻璃棉，如图13－13所示。

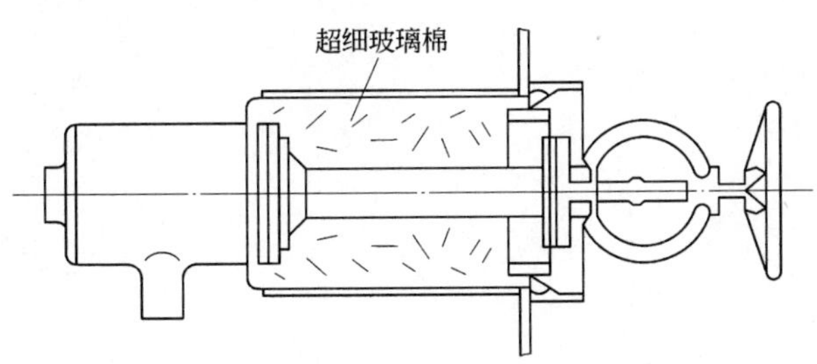

图13－13 绝热隔套冷阀

（4）下列部位及各隔箱内，均须充填矿渣棉：

1）切换式流程凡板式换热器热端外露者，须在底板上均匀填装200～300mm矿渣棉，以免切换时引起震动，使珠光砂漏出外面；

2）液空、液氧吸附器硅胶充填和排放隔箱须充填矿渣棉；

3）自动阀箱人孔盖隔箱须充填矿渣棉；

4）透平膨胀机、过滤器检修隔箱及其蜗壳附近外须充填矿渣棉；

5）循环液氧泵、检修隔箱和过滤器隔箱等要特别填实，从里到外，层层填充。

（5）填充膨胀珍珠岩（珠光砂）时应注意：

1）珠光砂应填到冷箱顶，不能留空间，为防止整袋珠光砂掉入冷箱内，应在装入口处加设粗网；

2）试车 10 天后，检查珠光砂振实情况，及时补装，使珠光砂在冷箱内始终处于满实状态；

3）装填珠光砂时，冷箱内各容器（含塔）和管道均充气，并保持 50kPa 压力，然后微开各计器管小阀；

4）装填时，各温度计即一次元件均通上电，以检查温度计电缆在装填过程中是否受损；

5）装填的珠光砂不准混有可燃物；

6）装填完毕，装入口处应密封（装上人孔盖）。

14 某制氧厂生产管理与操作实例

14.1 透平式空气压缩机的管理与操作

14.1.1 透平式空气压缩机的管理及注意事项

14.1.1.1 设备维护职责

设备维护职责包括：

（1）每半个小时巡回检查各轴承温度、油温、水温、气温、水压、吸气压力、排气压力及轴位移等是否在允许范围内，如发现不正常现象，及时采取处理措施并向值班长汇报。按空分需要调整送气压力，波动不超过0.01～0.03MPa。定期排放冷却器的冷凝水。

（2）仔细监听电机、空气压缩机的运转响声、振动值等是否有异常现象。油位高度不低于油箱高度的1/2。

（3）检查油、水、气管道，法兰不得泄漏，如有泄漏及时处理。

（4）检查各部位连接是否松动，端子排是否有腐蚀、过热的痕迹，DCS柜、公用柜运行是否正常。导线的发热情况在允许的范围之内，正常运行时的最高温度不允许大于70℃。电气设备要定期做绝缘检查，绝缘电阻一般不得低于0.5MΩ。电气室内禁止堆放易燃易爆物品。保持设备清洁和环境卫生良好。

14.1.1.2 设备异常事故故障判断与处理方法

设备异常事故故障判断与处理方法见表14－1。

表14－1 设备异常事故故障判断与处理方法

故障现象	可能的原因	处理方法
生产能力降低	滤清器阻力增大	清扫过滤器
	密封大量漏气	更换密封
	吸入浊度高	增加冷却水量、清洗冷却器
	吸入蝶阀开度过小	调节蝶阀开度
压缩机振动及异响	轴承间隙过大	严重时停车处理
	密封与转动部件过分磨损	严重时停车处理
	工作轮与蜗壳接触	立即停车处理
	工作轮落入异物	停车处理
	轴振过高	严重时停车处理
	齿轮、轴的不平衡齿损坏	立即停车处理
	机壳内有冷却水或冷凝水	立即排放冷凝水或停车处理

续表 14－1

故障现象	可能的原因	处 理 方 法
轴承温度高	油压降低供油不足	启动辅助泵或停车处理
	油路堵塞	如运转不能处理、则应立即停车处理
	油温高	加大冷却水流量、清洗油冷却器
	油质不好	更换润滑油
	轴瓦破裂和间隙过小	立即停车处理
	电机冷却器漏水进入电机	立即停车处理
	油冷却器漏水进入润滑油	立即停车处理

14.1.1.3 注意事项

A 操作人员配置及要求

操作人员配置及要求包括：

（1）安装过程中应选一部分熟练工人及新进厂工人和安装人员一同参与安装；定岗、定人、定时对机组进行规范巡回检查、记录，定期排放各级中间冷却器冷凝水。发现问题即时报告处理。

（2）严格执行规程统一操作，维护好各级间冷却器换热工况，根据气候变化调整加工空气量。

B 设备运转中注意事项

设备运转中应注意：

（1）正常生产操作均使用“手动”操作方式，在生产过程中，设备运转正常时不允许从“自动”切换至“手动”。

（2）油位高度不低于油箱高度的1/2。

（3）检查油、水、气管道，法兰不得泄漏，如有泄漏及时处理。

（4）注意水流情况。

（5）定期排放冷却器的冷凝水。

（6）定期检查吸入真空度，如超过2940Pa，及时检查空气滤清器，并采取措施处理。

C 设备紧急或事故停车操作时注意事项

设备在出现以下情况时，应采取停车操作：

（1）机组电机、风机某部位发生强烈振动，内部有摩擦和撞击声，电机出现冒烟、着火时；

（2）各轴承任意温度发生剧烈变化时；

（3）发生严重漏油、漏水、漏气时；

（4）出现机组严重故障而自动连锁不能自停时。

出现以上情况一经确认，操作人员应立即采取紧急停车，确认停车指示灯亮，电流表回零，同时迅速打开放空阀放空。

14.1.2 透平式空气压缩机的操作

14.1.2.1 机组配置结构

离心压缩机、齿轮箱、电动机示意图如图 14－1 所示。

图 14－1 机组配置结构示意图

1——级蜗壳；2—二级蜗壳；3—三级蜗壳；4—四级蜗壳；5—主电机；6—防护罩；7—联轴器；8—齿轮箱；a——级进气；b—二级进气；c—三级进气；d—四级进气

14.1.2.2 设备操作前的要求

A 开机前检查

开机前应确认的事项有：

（1）开机前应检查机电设备及传动部位，各部连接螺栓紧固，确认大、中修检修结束。

（2）稀油润滑站启动正常、油位正常，油温油压达到规定的启动开机条件。

（3）盘车正常，各阀门开关到位，进口导叶的开度 5°～10°，冷却器导流水阀全开。

（4）电气仪表动作灵敏、可靠、正常。

确认各项无问题后，汇报中控室，等待开机指令。

B 设备启动

按设备随机说明书结合实际编写试车方案启动设备。

14.1.2.3 设备正常停车操作程序

设备正常停车操作程序如下：

（1）通知空分岗位操作人员，反馈空分岗位做好停车准备。操作人员缓慢开启电动放空阀至全开，同时慢关送气阀至全关。喘振放空阀置于手动位置放空，或打开电动放空阀，排气压力降至不大于 0.3MPa，关小进口导叶至 25°左右，及时停主电机。确认停车指示灯亮，电流回零。

（2）机组完全停转后应继续供油，当各轴承温度降至 45℃以下时可停止油泵，15min 后停排油风机。水泵岗位联系空压机准备停用冷却水，经允许后，关闭总上、回水阀，关闭各冷却器上、回水阀。

（3）关闭气路阀门。首先关进口导叶阀至5°～10°，同时全关送气阀，全开电动放空阀、防喘振放空阀、紧急放空阀。密切注意仪表连锁信号的指示，如有不正常现象，要严格检查及时处理。

14.2　透平式氧气压缩机的管理与操作

14.2.1　透平式氧气压缩机的管理及注意事项

14.2.1.1　设备维护职责

设备维护职责包括；

（1）透平式氧气压缩机机组正常运行时，应定期检查以下内容：

1）机组（包括机器内）各部位是否有异响；

2）各振动、位移检测点的数值是否正常，是否有不良趋势和异常变化。

（2）氧气各级进、出口压力，温度及过滤器阻力等有指示的参数，必须定时记录其数值，并注意分析这些数值是否有异常变化，如有变化则分析原因并加以处理。根据L－TSA32汽轮机油的技术标准，定期抽查检验油的品质，必要时更换新油。

（3）保持一楼防火墙上通风机的正常运行，有条件的应定期监测防火墙内氧气浓度的变化，以防氧气泄漏。

14.2.1.2　设备检修

氧气透平压缩机组，由于其在安全性方面有着特殊要求，因此，机组的检修工作必须引起足够的重视，建议每次检修最好由专业技术人员现场指导或直接委托专业制造厂进行。检修过程必须规范有序，机器的解体和重装应遵照具体的技术规范执行。检修要点内容包括：

（1）机组的对中查看。为保证氧气透平机组的稳定运行，对运行一定时间后的氧气透平机组，务必进行机组对中复查，以消除由基础沉降等因素引起的对中不良现象。否则此种现象若长期存在，将影响机组振动及联轴器的使用寿命。

（2）对轴承间隙的测量检查、轴承压盖压紧量的测量检查、止推轴承轴向间隙的测量检查。

（3）对迷宫密封间隙的测量检查、轴承和迷宫密封的允许间隙及轴承压盖预紧力的检查。

14.2.1.3　设备异常事故故障判断与处理方法

设备异常事故故障判断与处理方法见表14－2。

14.2.1.4　注意事项

A　设备启动操作注意事项

设备启动前必须经过氮气试车。确认一切正常后，在中央控制室，关闭中压旁通阀

表 14－2 设备异常事故故障判断与处理方法

故障现象	检 查 要 点	故障排除方法
润滑油压力低	检查油过滤器压降，检查油泵吸入底阀	清洗或更换滤芯
	检查控制阀的特性是否合适，是否稳定，检查管道是否泄漏	重新调整控制阀
	检查轴承温度（特别是在压力降低之前温度升高时）	停机检查轴承
	检查油箱油位	如果油位过低则需加油
	检查油温	查找油温过高的原因
油温升高	检查冷却器出口水温，注意水量是否充足	增加冷却水量
	检查润滑系统是否有气泡	排出油系统中的气体
	检查油冷却器温差，看是否由于积垢使冷却效果下降	清洗冷却器
轴承温度升高	检查供油系统的油量、油压和油温是否适当	调换润滑油
	检查压缩机的振动和噪声	
	检查润滑油是否变质，特别是油中是否混有水及氧化物	
机组有异常噪声、振动	检查装置是否有喘振，观察压缩机的流量是否在喘振区	根据预定的运行曲线，改变操作点
	检查压缩机的每一部分的声音，特别是齿轮传动的声音是否正常，叶轮是否与机壳擦碰	停机检修
	检查供油系统的油量、油压及油脂质量	重新调整供油系统至规定的条件
气体温度升高	检查冷却水量、压力、温度是否适当	重新调整水温、水压、在水温难以降低时，可增加数量
	检查中间冷却器水侧通道是否有气泡产生	打开放气阀把气体放出
	检查实际运行点是否过分偏离规定操作点	根据预定的运行曲线，改变操作点
	检查冷却器温差，冷却管是否由于结垢而冷却效果下降	清洗中间冷却器
流量降低	检查进口导叶及其定位器是否正常，特别是检查进口导叶的实际位置是否与指示器上的读数相一致	重新调整进口导叶和定位器
	检查防喘振的传感器及放空阀是否正常	校正装置，使之工作平稳，无振动及摆动；防止漏气
	检查高、低缸的回流阀位置	检查阀位开关是否正确
	检查压缩机是否喘振，流量是否足以使压缩机脱离喘振区	根据预定的运行曲线，改变操作点
	检查进口压力，注意气体过滤器是否阻塞	清洗气体过滤器
	检查各级进口温度是否偏离规定值	查找其原因并排除
	检查各级中间冷却器的阻力是否过大	清洗气体冷却器
增速机及压缩机漏油	检查机壳内部的压力是否超过允许的限度	清洗油箱的排烟管线，清洗或更换油雾分离器的填料
	检查油箱的排烟管线是否有污物积聚	
	检查排烟风机或油雾过滤器运转是否正常	
中间冷却器漏气、漏水	检查水侧放气口是否有气体持续放出	检查冷却器芯子
	检查气侧吹除阀是否有水放出	

V3302，注意各级压力的变化。在中央控制室，手动短暂打开高压放空阀 V3304，排尽机器流道内的空气，然后关闭 V3304。稳定 10min 后，在中央控制室操作 PICA－3303，逐步关小高压旁通阀 V3303，同时通过操作压缩机进气阀 PIC－3313 调整进气压力，使之经过 30min 后，进气压力达到 60kPa，排气压力达到 1.5MPa，然后按表 14－3 要点进行操作。

表 14－3 透平式氧气压缩机设备启动操作要点

进气压力/kPa	排气压力/MPa	稳定检查时间/min
60	1.5	20
70	2.0	20
80	2.2	20
80	2.4	20
80	逐渐达到设计压力	

在排气压力达到设计压力并稳定后，在中央控制室将压缩机进气压力 PICA－3303 和压缩机排气压力 PICAS－3310 置于"自动"，并将进、排气压力置于连锁。

B 设备运行中操作注意事项

设备在运行中的操作应注意：

（1）轴振动的位移，低压缸和高压缸均不应大于 31μm。

（2）在以后的运行过程中，应密切注意进气压力是否稳定，如有误差，则应通过 PIC－3313 随时做出调整。

（3）升压过程中速度要慢而均匀，不要超过 0.1MPa/min。出口压力接近设计压力后，升压速度要更缓慢，同时密切监视各级进、排气压力表的反应。

（4）注意电机定子电流表的指示，切勿使主电机超负荷运行，注意各轴承温度、轴振动及轴位移。

14.2.2 透平式氧气压缩机的操作

14.2.2.1 机组操作条件

透平式氧气压缩机的机组操作条件见表 14－4。

表 14－4 透平式氧气压缩机的机组操作条件

序号	项目	测点代号	单位	启动条件	运行条件			备注
					正常值	报警值	连锁值	
1	氧气进口过滤器差压	PdIA3301	kPa		1.5	≥2.5		
2	混合气与进口氧气差压	PdIC3302	kPa		2.5			
3	轴封氧气与混合气差压	PdIC3303 PdAS3303	kPa		4.0	≤1.0	≤0.5	

续表 14－4

序号	项　　目	测点代号	单位	启动条件	运行条件			备　　注
					正常值	报警值	连锁值	
4	轴封氧气与混合气差压	PdIC3304 PdAS3304	kPa		4.0	≤1.0	≤0.5	
5	切换式双芯油过滤器阻力	PdIA3401	kPa		≤80	≥80		
6	压缩机进气压力	PI3301 PICS3302 PICA3303	kPa		1.5	≤5	≤0	<14kPa GV3301 关小 ≤11kPaV3303 打开
7	三级进气压力	PI3305	kPa		320			
8	五级进气压力	PI3306	kPa		740			
9	七级进气压力	PI3307	kPa		1250			
10	九级进气压力	PI3308	kPa					
11	压缩机排气压力	PIC3309 PICAS3310 PI3311	kPa		3000	≥3150	≥3200	≥3100kPaV3303 打开 ≥3150kPaV3304 动作 ≥3200kPaV3306 起跳
12	试车及保安氮气压力	PIAS3312	kPa	≥450	450	≤300		
13	氮气试车进气压力	PIC3313	kPa		29～80			
14	密封氮气压力	PI3314	kPa		450			
15	密封氮气减压后压力	PIAS3315	kPa	≥200	200	≤150	≤120	
16	轴承箱密封氮气压力	PIAS3316	kPa		1.5	≤1	≤0.5	
17	油箱真空度	PI3401	kPa		1.0			
18	油泵出口油压	PI3402	kPa		450			
19	油站供油压力	PI3403	kPa		350			
20	供油总管压力	PIAS3404	kPa	≥350	250	≤150	≤120	同时启动辅助油泵
21	主电机轴承进油压力	PI3405、PI3406	kPa		50			
22	各齿轮箱进油压力	PI3407、PI3411	kPa		200			
23	压缩机各径向轴承进油压力	PI3408、PI3410、PI3412、PI3413	kPa		120			
24	压缩机各止推轴承进油压力	PI3409、PI3414	kPa		40			
25	总进水压力	PI3501	kPa		294			
26	压缩机进气温度	TI3301－1	℃		24			
27	二级排气温度	PI3301－2	℃		约 150			

续表 14-4

序号	项目	测点代号	单位	启动条件	运行条件			备注
					正常值	报警值	连锁值	
28	四级排气温度	PI3301-4	℃		约155			
29	六级排气温度	PI3301-6	℃		约120			
30	八级排气温度	PI3301-2	℃		约125			
31	机组排气温度	PI3301-11	℃		约43			
32	油冷前油温	TI3401-50	℃		55			
33	油冷后油温	TI3404	℃		40			
34	总供水温度	TI3301-70	℃		≤35			
35	电机冷却器排风温度	TI3330、TI3331	℃		40			
36	三级进气温度 五级进气温度 七级进气温度	TIA3303 TIA3305 TIA3307	℃		38~42	≥52		
37	压缩机机壳及轴封温度	TIAS3312~TIAS3322	℃			≥180	≥190	同时断氧、喷氮
38	油冷却器后油温	TIAS3402 TIAS3403	℃		40			
39	供油总管温度	TIAS3405	℃	通常不高于35（若高于35时，不得超过30min）	40±5	≥45	≥45	电加热器允许运行 自动断开电加热器
40	主电机轴承供油温度	TIAS3406 TIAS3407	℃			≥70	≥80	
41	增速机各轴承温度	TIAS3408~TIAS3411、TIAS3415~TIAS3418	℃		65	≥75	≥80	
42	压缩机各轴承温度	TIAS3412~TIAS3414、TIAS3419~TIAS3421	℃		65	≥75	≥80	
43	No. 1~4及末端冷却器回水温度	TI3501~TI3505	℃		44			
44	电机冷却器回水温度	TI3506、TI3507	℃		42			
45	油冷却器回水温度	TI3508、TI3509	℃		44			
46	主电机定子温度	TIA3323~TIA3328	℃					
47	总进水管水量	FIAS3501	m^3/h	≥400	480	≤300		
48	低压缸主轴径向振动	XIAS3401~XIAS3404	μm		≤31	≥31	≥46	

续表 14－4

序号	项　　目	测点代号	单位	启动条件	运行条件			备　　注
					正常值	报警值	连锁值	
49	高压缸主轴径向振动	XIAS3405～XIAS3408	μm		≤31	≥31	≥42.5	
50	高低压缸主轴轴向位移	NIAS3401 NIAS3402	mm			>0.6	≥0.8	
51	油箱油位	LA3401	m		0.65	<0.5		
52	电控系统			正常				
53	排烟风机			运转		停机		
54	主电机运转						油加热器断开	
55	入口导叶	OI3301		启动位置				
56	油泵						不运转	主电机启动前，油泵不运转时不能接通油加热器

14.2.2.2 启动前操作检查

设备在启动之前，检查以下各项是否具备启动条件：

（1）电源正常。

（2）防火墙通风机投入运行。

（3）密封及试车用氮气气源正常，压力不小于0.45MPa。

（4）仪表气源正常，压力不小于0.45MPa。

（5）冷却水压力不小于0.3MPa。

（6）油箱油位正常，油质符合要求。

（7）各气体冷却器、油冷却器、电机冷却器供水、给排水总管上的阀门全开，冷却水流量不小于设计要求。

14.2.2.3 启动供油装置

启动供油装置有以下步骤：

（1）盘车数圈，确认转子转动灵活，启动排油烟机。

（2）启动主油泵，调节供油压力。具体压力要求为，供油装置出口处压力0.35～0.4MPa，电机轴承进油管压力不小于0.15MPa，其他各进油管压力不小于设计压力＋60kPa。

（3）确认各油过滤器前后压差正常，不大于50kPa。

（4）确保供油温度控制在35℃以上，如油温过低应视情况启动电加热器。

（5）各控制仪表操作无误，工作正常。

主电机启动前，进气压力应控制在30kPa，如压力过高，应微开压缩机放空阀V3304

部分放空，以维持压力的稳定，直到主电机启动。

14.2.2.4 准备

A 设定值调整

各设定值的确定见表 14－5。

表 14－5 设定值

项 目	位 号	操作地点	设定值
出口超压时，V3304 开启	PICAS－3310	中央控制室	1.6MPa
氧气进口压力控制	PIC－3313	中央控制室	30kPa

注：其他各项设定值按原设计值设定。

B 控制仪表操作

控制仪表的操作见表 14－6。

表 14－6 控制仪表操作

项 目	位 号	操作地点	操 作 方 式
进气压力控制	PICS－3302	中央控制室	置于“手动”，导叶开度在启动位置
进气压力控制	PICA－3303	中央控制室	置于“手动”
高压放空阀控制	PICAS－3310	中央控制室	置于“手动”
吸入氧气、混合气差压控制	PdIC－3302	中央控制室	置于“手动”使 V3309 阀处于半开
氮气、混合气差压控制	PdIC－3304	中央控制室	置于“手动”使 V3312 阀处于半开
氧气、混合气差压控制	PdIC－3303	中央控制室	置于“手动”使 V3308 阀处于半开
氮气进口压力控制	PIC－3313	中央控制室	置于“自动”
进气压力连锁	PI－3301	中央控制室	解除连锁
排气压连锁	PICAS－3310	中央控制室	解除连锁
氮气、混合气差压连锁	PdAS－3304	中央控制室	解除连锁
氧气、混合气差压连锁	PdAS－3303	中央控制室	解除连锁
密封氮气减压后压力连锁	PIAS－3315	中央控制室	解除连锁

注：其他的连锁控制投入。

C 阀门操作

阀门的操作见表 14－7。

表 14－7 阀门操作

名 称	位 号	操作地点	阀 体
吸入阀	V3301	中央控制室	全关
中压旁通阀	V3302	中央控制室	全开
高压旁通	V3303	中央控制室	全开
排出阀	V3306	中央控制室	全关
高压放空	V3304	中央控制室	全关

续表 14－7

名　　称	位　　号	操作地点	阀　　体
混合气体压力控制阀	V3309	中央控制室	全开
各冷却器氮气吹除阀	V3319、V3320、V3321、V3322	中央控制室	全关
氮气充入阀	V3315	中央控制室	全关
氮气入口阀	V3316	中央控制室	全开
泄漏气体排放	V3318	中央控制室	全关

14.2.2.5 启动

把高压开关柜下的转换开关置于“允许合闸”位置。当全部启动条件满足后，中央控制室“允许启动”指示灯亮。再次检查各仪表检测阀、变送器输入阀及轴封系统各阀的开闭情况，各仪表指示是否正常。在中央控制室启动主电机（或在机旁电控柜下操作转换开关，启动电机）。

当电机启动后，应立即调整供油压力和供油温度。供油压力的调整方法是，主机启动时，应密切注意各部机油压的变化，当油压下降到设计值以下时，应立即调整，使之维持在设计压力范围内；供油温度的调整方法是，根据供油温度的变化及时调整回水阀的开度，使油温控制在（40±5）℃范围内。

密切监视以下项目是否正常：

（1）压缩机主轴的振动和位移；

（2）各部机轴承温度；

（3）油站及各用油点的供油压力和温度；

（4）各部机有无异常声响，并检查其他各仪表的指示。

确认一切正常后，在中央控制室操作 PIC－3302，缓慢打开进气导叶，使之最后达到67%，注意各级进出口压力的变化。

14.2.2.6 升压

确认一切正常后，在中央控制室，关闭中压旁通阀 V3302，注意各级压力的变化。在中央控制室，手动短暂打开高压放空阀 V3304，排尽机器流道内的空气，然后关闭高压放空阀 V3304。稳定 10min 后，在中央控制室逐步关小高压旁通阀 V3303，调整 PICA－3303 压力，同时通过操作压缩机进气阀 PIC－3313 调整进气压力，使之经过 30min 后，进气压力达到 60kPa、排气压力达到 1.5MPa 时按表 14－8 要点进行操作。

表 14－8　升压操作要点

进气压力/kPa	排气压力/MPa	稳定检查时间/min
60	1.5	20
70	2.0	20
80	2.2	20
80	2.4	20
80	设计压力	

在排气压达到设计压力并稳定后，在中央控制室将 PICA－3303 和 PICAS－3310 置于“自动”，并将进、排气压力置于连锁。

14.3　活塞式氧气压缩机的管理与操作

14.3.1　活塞式氧气压缩机的管理及注意事项

14.3.1.1　设备维护职责

设备维护职责包括：

（1）每 30min 巡回检查一次各工艺参数是否正常。

（2）检查各种安全保护装置有无损坏。

（3）检查是否漏水、漏气。

（4）检查各部位连接是否松动。

（5）随时倾听电机、氧压机运转声响是否正常。

（6）检查导线的发热情况，正常运行时的最高温度不允许超过 70℃。

（7）检查端子排是否有腐蚀、过热的痕迹，PLC 柜、公用柜运行是否正常。

（8）电气设备要定期做绝缘检查，绝缘电阻一般不得低于 0.5MΩ。

（9）每 400h 倒换一次压缩机。

（10）保持设备环境卫生清洁，电气室内禁止堆放易燃易爆物品。

14.3.1.2　设备异常事故故障判断与处理方法

设备异常事故故障判断与处理方法见表 14－9。

表 14－9　设备异常事故故障判断与处理方法

故障现象	可能的原因	处理方法
压缩机排气量不足； 各级压力表的读数下降	一级进气管路严重污垢	清洗一级进气连锁管路
	一级进气连锁管路上的阀门没全开	全开一级进气连接管路上的阀门
	一级吸入压力偏低	检查储气柜供气情况
一级汽缸的进气活门盖发热； 各级间压力表的读数升降； 压缩机排气量不足	一级汽缸的进气活门不密封	将发热活门盖下的一只进气活门拆下检查，如该活门有渗漏则修复或更换新活门； 检查该活门的垫圈，如破损渗漏，则更换新垫圈
压缩机排气量减少； 各级间压力表的读数均有下降	一级活塞环不密封	检查一级活塞环，若严重磨损，则更换新环
	一级汽缸密封器严重渗漏	检查一级汽缸密封器纠正缺陷，如密封环严重磨损则更换新密封环
某级的进气活门盖发热； 前一级的读取表读数升高	该级汽缸的进气活门不密封	将发热活门拆下检查，如该活门有渗漏则修复或更换新活门； 检查该活门与汽缸配研面，如有破损则研磨修复

续表 14-9

故障现象	可能的原因	处理方法
气缸内有敲击声	活门有松动	紧定活门
	活门零件有破碎掉入汽缸	更换新活门并清洗汽缸
	活塞连锁件松动	重新紧固活塞连锁件
	活塞环严重磨损或断裂	更换新活塞环
曲轴箱内发生撞击声	连杆大头轴衬磨损间隙扩大	重新刮研轴衬
	连杆小头轴衬磨损间隙扩大	换用新轴衬
	连杆螺母松动	拧紧连杆螺母
	十字头间隙扩大	调整十字头间隙
油压下降	油温升高	调整油冷却器的冷却水流量
	网式滤油器堵塞	清洗滤网
	进油管泄漏，管内有空气	检漏消除
	排油管泄漏	修复回油阀
	油泵回油阀失效	旋转滤片式滤油器上的把手去除积垢
	滤片式滤油器阻塞	清洗滤芯
油温过高	油冷却器的水量不足	加大冷却水量
	运动部件的过度温升	检查运动部件
	油量不足	加油
	油质不好	换油
轴承温度高	轴承间隙太小	调整轴承间隙

14.3.1.3 注意事项

A 设备运转中操作注意事项

设备在运转过程中的操作应注意：

(1) 正常生产操作均使用“自动”操作方式，在生产过程中，不允许从“自动”切换至“手动”。

(2) 生产运行中，每班检查设备不少于两次，发现问题及时向中控室及班长反映。

B 设备紧急或事故停车操作注意事项

出现以下情况经确认、操作人员应立即采取紧急停车，同时迅速打开放空阀放空：

(1) 机组电机、压缩机组部件发生强烈振动，内部有摩擦和撞击声，电机出现冒烟、着火时；

(2) 各轴承任意温度发生剧烈变化时；

(3) 发生严重漏油、漏水、漏气时；

(4) 出现机组严重故障而自动连锁不能自停时。

设备停车操作应注意：

(1) 操作氧气压缩机的进出口阀门要缓慢，严禁猛开猛关。

(2) 压缩机在正常工作情况下很少会没有预兆而突然发生损坏的，在平时，要保养好机器，按规定进行维护与检修。

(3) 坚持预防为主的原则，防止故障的发生。

14.3.2 活塞式氧气压缩机组的操作

14.3.2.1 设备正常启动操作

设备正常启动所包括的步骤如下：

(1) 设备启动前确认设备检修安装结束，设备周围及设备上的工具及更换的零部件已清理完毕，各工艺管道连接可靠，具备机组启动条件。

(2) 盘车数圈，检查有无异常现象。

(3) 检查各管路系统是否符合工艺流程要求。

(4) 打开冷却水路上各供水、回水阀门，检查冷却水供水是否畅通。

(5) 全开放空阀和进气阀，全关排气阀。

(6) 启动辅助油泵，并调整供油压力为0.2～0.3MPa。

(7) 与主控室联系，具备启动条件，启动主电机。

(8) 待气体充满机组后，缓慢关闭放空阀，当排气压力不小于管网压力时，缓慢打开排气阀。

14.3.2.2 设备正常停车操作

设备正常停车所包括的步骤如下：

(1) 打开放空阀，关闭排气阀，操作阀门力求缓慢，不允许猛开猛关。

(2) 按停车按钮，使主电机停车。

(3) 关闭进气阀。

(4) 切断控制回路的电源。

(5) 主机停转15min后停止辅助油泵电机运转。

(6) 冬季停车（气温低于5℃时）应将各级汽缸、各换热器中存水保持流量，以免冻坏设备。

(7) 如果停车时间长，压缩机应做防锈处理。

(8) 利用进气管路充干燥氮气，慢慢转动压缩机，使氮气充满气路部分，然后关闭放空阀和进气阀。

(9) 停车期间，每周坚持手动盘车1～2次，每次数转。

14.4 增压透平膨胀机的管理与操作

14.4.1 增压透平膨胀机的管理及注意事项

14.4.1.1 日常检查

按时检查膨胀机进、出口温度，增压机进、出口温度，膨胀机进、出口压力和出口间隙压力，增压机进、出口压力，内、外轴承温度，供油压力、温度，密封气压力变化情况，并调整在工艺允许范围内。经常检查、监视出口间隙压差。每班检查油箱油位高度、管道严密不泄漏，油过滤器前后阻力出现异常应即时处理。每 2 个月对油的润滑性能（外观、黏度、成分、流动性、闪点等）进行取样分析。

定期（每 3 个月至少一次）检查紧急切断阀。检查方法为：用紧急停车按钮切断电磁阀电源，使电磁阀断电，如果紧急切断阀立即关闭并自动全开增压机回流阀，则其功能是正常的。随即按下紧急切断按钮，紧急切断阀又会恢复到开启位置（如果这时不能自动恢复到开启位置，可能是由于紧急切断阀阀顶前后的压差太大，此时应关小喷嘴叶片直至紧急切断阀打开为止，然后重新调整喷嘴叶片至正常位置）。接着再调整增压机回流阀，达到设定的转速。

日常运行中应重视喷嘴出口压力不能过高，过高要及时查明原因。

14.4.1.2 注意事项

增压透平膨胀机容易发生下列故障：

（1）膨胀机带液。膨胀机前温度太低，出现这种故障，容易打坏喷嘴环和叶轮。膨胀机间隙压力与出口压力差增高，波动大，引起转速不稳，损坏部件。

（2）增压机回流阀失灵；增压机出口压力控制器故障；仪、电控制电源失电；仪表气源压力低；计算机失控及逻辑控制故障。

（3）固体颗粒进入膨胀机；膨胀机前过滤器滤网损坏；分子筛吸入；检修、安装期间管内或容器内杂质清除不彻底。

以上情况在日常操作中要经常检查，及时发现故障苗头，采取措施不要将影响扩大。

两台膨胀机同时运行时应注意不能同步启动，一台正常运行，再启动另一台膨胀机时，应降低运行膨胀机工作负荷，开大回流阀，减少膨胀空气量，避免运行的膨胀机发生喘振。

14.4.2 增压透平膨胀机的操作

14.4.2.1 工艺参数

空压机压缩的一股空气通过增压机增压后，并经分馏塔主换热器换热冷却后，进入膨胀机内进行等熵绝热膨胀，产生空分装置所需的冷量。

下面对一增压透平膨胀机的各项参数做一介绍。

型号　　PLPK－91.7/7.4×0.4 型

形式　　膨胀机：卧式、单级、向心，径向轴流反作用式

　　　　增压机：单级、离心式

膨胀机与增压机正常工艺技术参数见表 14－10。

密封气正常工艺技术参数见表 14－11。

供油润滑系统技术参数见表 14－12。

表 14-10　膨胀机与增压机正常工艺技术参数

项　目	单　位	膨胀机参数	增压机参数	增压机后冷却器参数
膨胀空气量	m^3/h	5500	5500①	
进口压力	MPa	0.84	0.55	
出口压力	MPa	0.01435	≥0.85	
进口温度	℃	-104	12	5
出口温度	℃	-165		14
冷却器水量	m^3/h	15~30		≤10
冷却水压力	MPa			0.9
绝热效率	%	≥85	≥75	
转速	r/min	32500	>35000②；>37000③	

① 增压空气量 500m^3/h 时，连锁全开自动增压机回流阀；

② 转速大于 35000r/min 时报警；

③ 转速大于 37000r/min 时，连锁动作自动全开增压机回流阀。

表 14-11　密封气正常工艺技术参数　(MPa)

项　目	参　数	项　目	参　数
膨胀机间隙与出口压力差	0.223	膨胀机密封气压力	0.35
膨胀机密封气与间隙压力差	0.04	增压机密封气压力	0.25

表 14-12　供油润滑系统技术参数

项　目	单位	整定值	操作值	报警连锁	备　注
轴承油压	MPa	0.161	0.16~0.18		
轴承油压低	MPa	0.18		△	作为启动条件
轴承油压低	MPa	0.14		△△	自动全开增压机回流阀
油过滤器最大阻力	MPa	0.05	0.05		
轴承进口油温	℃		30~45		
轴承温度高	℃	70		△	
轴承温度高	℃	75		△△	自动全开增压机回流阀

14.4.2.2　启动

A　启动前检查

启动前检查项目见表 14-13。

表 14-13 启动前检查项目

序号	检查的项目	序号	检查的项目
1	油箱油位正常	5	膨胀机进出口阀关闭
2	加热气体阀门关闭	6	油箱油温不低于15℃②
3	紧急切断阀关闭	7	油过滤器清洁③
4	喷嘴调节叶片关闭①		

① 喷嘴调节叶片关闭，接通定值器气源压力至0.25MPa，检查全开、全关动作是否正常；

② 如低于15℃，需启动油加热器至25℃左右；

③ 油过滤器清洁，供油路开启 V414（或 V464）畅通。

B 启动前的准备工作

启动前应准备的工作如下：

（1）接通密封气，打开密封气源阀门，压力大于0.5MPa，打开增压机密封气。

（2）全开增压机回流阀 V457（或 V548）（启动膨胀机条件）。

（3）通知仪表工、电工接通仪表、电器控制电源（仪、电控正常启动开机条件）。

（4）启动供油泵，调整控制油压大于0.18MPa（启动条件）。

（5）接通紧急切断三通电磁阀，仪表气源至0.22MPa，试验紧急切断阀动作时间，是否正常关闭。

（6）接通油冷却器进出口水阀（若油温低可暂缓供水，待膨胀机启动后油温升至35℃左右再开启）。

（7）接通增压机冷却器冷冻水进出口水阀（注意调整冷冻水流量，保证空冷塔上段冷冻水量，并调节冷冻机组负荷）。

C 启动增压膨胀机及工艺调节

启动增压膨胀机及工艺调节应按以下步骤进行：

（1）开紧急切断阀 HS401（或 HS451）。

（2）开膨胀机出口阀、进口阀，开增压机进口阀。

（3）开启紧急切断阀并迅速开大喷嘴调节阀，控制转速不低于15000r/min，可调喷嘴开度为设计工况的30%左右。

（4）逐步开大喷嘴调节阀，开增压机出口阀，同时逐步关小增压机回流阀，调节膨胀机气量、进口压力，使转速达到额定工况。

（5）膨胀机启动过程中要随时观察内、外轴承油压、油温、间隙压力及整机运行情况是否正常。

（6）启动期间可短暂打开膨胀机吹除阀和仪表管线吹除阀进行短时吹除，然后关闭。

（7）随着膨胀机进、出口温度的下降，压力、气量、转速均会发生变化，所以要通过回流阀来调整。

14.4.2.3 膨胀机换车和加热

当膨胀机效率降低，或因机械故障进行检修而长期停车时，需进行膨胀机的换车。包括冷操作、换车操作、加热操作和停止加热操作。

A 冷操作

按第14.4.2.2节增压膨胀机启动前的检查和准备对待启动机进行操作。

B　换车操作

换车操作的步骤如下：

（1）确认待启动机的紧急切断阀、喷嘴叶片调节阀处于全关。

（2）开大运转机回流阀，全开启动机回流阀；开增压机进、出口阀；全开启动机进、出口阀；稍开膨胀空气旁通阀 V450 阀；打开紧急切断阀，慢慢打开喷嘴叶片调节阀。

（3）注意进口压力、转速、膨胀量的变化情况。

（4）确认启动正常后，将所需停止的增压膨胀机的喷嘴叶片调节阀慢慢关小，至全关。

（5）关闭紧急切断阀，同时将投入的膨胀机进、出口压力，转速，流量调整至正常值，并缓慢关闭（全关）V450 阀；关闭停止的膨胀机、增压机进、出口阀，确认回流阀已全开。

C　加热操作

加热操作的步骤如下：

（1）保持密封气和润滑油供应。

（2）保持仪、电、控系统为工作状态。

（3）打开紧急切断阀。

（4）打开喷嘴叶片至 80% ~90%。

（5）打开膨胀机 V481（或 V482）吹除阀，排放机内气体，并检查进、出口是否关严，打开蜗壳吹除阀。

（6）打开加温阀 V471（或 V472），并用减压阀控制加温空气压力不超过 0.05MPa。

14.4.2.4　停止加热

停止加热的步骤如下：

（1）当加热气出口与进口温度大致相同时，温度不高于 60℃，气体露点低于 -40℃以下，关闭减压阀、加热阀 V471（或 V472）。

（2）关闭所开吹除阀，关闭紧急切断阀和喷嘴叶片调节阀，关闭增压空气冷却器进、出口水阀（注意空冷塔上段水量变化及调整）。

（3）关闭油冷却器进、出口水阀。

（4）停止油泵，15min 后切断密封气，切断仪、电控电源。

14.4.2.5　仪控报警连锁参数

仪控报警连锁参数见表 14 - 14。

表 14 - 14　仪控报警连锁参数表

项　　目	单　位	参　数	备　　注
增压机出口压力 PI443A（443B）	MPa	0.9	报警连锁回流阀自动全开
增压机端密封气压力	MPa	≥0.05	启动油泵条件
膨胀机端密封气压力 PI450（PI449）	MPa	≥0.05	启动油泵条件

续表 14－14

项　目	单　位	参　数	备　注
机组供油压力	MPa	>0.18	启动膨胀机条件
	MPa	<0.18	报警，自动全开增压机回流阀
膨胀机内外轴承温度	℃	70	报警
	℃	75	连锁，自动停车并全开回流阀
膨胀机转速	r/min	≥35000	报警
	r/min	≥37000	连锁，自动停车并全开回流阀
当膨胀机停止时			关闭紧急切断阀和回流阀全开
油箱油温 TI	℃	≥15	启动膨胀机条件
	℃	<15	仪控允许接通油箱加热器
	℃	≥25	自动停止油箱加热

14.4.2.6 正常停车

正常停车的步骤分为停止运转和停车后处理。

停止运转的步骤如下：

（1）全开增压机回流阀；

（2）关喷嘴叶片调节阀；

（3）关紧急切断阀；

（4）关膨胀机、增压机进口阀；

（5）关膨胀机、增压机出口阀。

停车后处理的步骤如下：

（1）临时停车，保持密封气体和润滑供油，保持冷却器冷却水，保持仪、电控系统为工作状态，准备重新启动；

（2）若转成换车或长期停车，应对膨胀机进行加温解冻（按膨胀机单体加温法进行）。

14.4.2.7 事故停车

凡属下列情况之一者，经确认后应紧急停车：

（1）断水、断电、断油；

（2）膨胀机机械故障，振动过大或有异响；

（3）间隙压力超过规定值大于0.25MPa；

（4）膨胀机超速，而回流阀已全开；

（5）任一承轴温度升高超过规定值，并有继续上升趋势，经调整无效着火冒烟，经确认危及到设备及人身安全的情况。

停车方法是：立即按紧急停车按钮，切断紧急切断阀，电磁阀电源，关闭喷嘴叶片，其余按正常停车处理。

14.5　KDON-6500/6500Nm³/h 型空分装置生产管理与安全运行

14.5.1　正常操作

空气装置启动后的正常调节，根据分馏塔内各部分压力、流量、温度、阻力、液面、纯度等工艺参数的变化情况进行及时有效地调整，使各项技术指标控制在设定值和工艺要求范围内，使其连续、稳定、高效、安全地运转。

14.5.2　预冷系统操作

调节氮气入水冷塔调节阀 V107 和污氮入水冷塔阀门 V109 的开度，使出水冷塔水温低于 21℃。调节低温水进空冷塔的控制阀 V1135，使 FI-1102 流量约为 $19m^3/h$，再调整常温水进空冷塔控制阀 V1134 开度，使 FI-1101 流量约为 $65m^3/h$，以出空冷塔的空气温度约在 8℃（TIA-1102）为准，若不能满足出气温度，可适当调整水的流量。

14.5.3　纯化系统操作

检查纯化系统切换程序是否正确，泄压、充压要在规定的时间内完成，不得过快或在规定的时间内完不成工艺要求。可分别通过调节 V1225、V1226、V1209 的开度梯度以达到对泄压、充压速度控制的要求。通过对分馏塔产量、纯度的调整，使进塔空气量控制在 $35000m^3/h$（FIRQ-1201）。调节 V1231，保证再生气流量为 $8000m^3/h$（FIS-1202）。定时打开吹除阀 V1253，检查是否正常。

14.5.4　主换热器冷端、热端温度和温差的调节

在比工艺允许值低 3℃的范围内调节各主换热器的空气进口蝶阀 V101、V102、V103，来保证各组热端温差。冷端、热端温度及温差值见表 14-15。

表 14-15　冷端、热端温度及温差值　（℃）

流体名称	热　端	冷　端
加工空气温度	14	-173 ~ -172.5
氧气温度	11	-177 ~ -176.5
纯氮气温度	11	-177 ~ -176.5
污氮气温度	11	-177 ~ -176.5
正返流温度	3	4 ~ 4.5

14.5.5　冷量的调节

分馏塔内冷量主要由增压膨胀机产生，冷量的调节是通过膨胀气量及制冷效率的调节来达到装置的冷量平衡，使冷凝蒸发器液氧液面稳定在规定的工艺范围内。冷量的多少可由主冷液氧面的高低进行判断，调整方式主要采取调节膨胀空气量，即改变可调喷嘴的开度大小而改变产冷量，同时尽可能提高机前进气压力，降低机后压力，保证在机后不产生液体的前提下，尽可能降低机后温度等。

14.5.6 精馏系统的调节

精馏系统工况的调节控制，主要是对精馏塔各流量的分配及纯度的调节。精馏塔工况的好坏直接与各段回流比、液面、馏分浓度、膨胀空气量温度、产品取出量及纯度等有关，操作人员必须认真重视及时调节。空气量及空气压力确定的情况下，在精馏系统控制调节过程中，尽量避免无条件地增大产品的取出量。保证下塔和主冷液面稳定在设计值。在保证下塔顶部氮气纯度为99.99% O_2 的前提下，调节液氮节流阀 V2 的开启程度，使上塔各段回流比最为合适。在保证液空纯度在 38% ～40% O_2、液面 400mm 的前提下，适当开大 V1 阀，可改善上塔精馏工况。

调节时要根据流程的特点、工况存在的问题逐步缓慢进行，否则会顾此失彼，反而使工况恶化，达不到预期的调节效果。

14.5.7 正常维护

每半小时对所辖设备进行一次巡回检查，并做好操作记录。每周对分馏塔冷箱密封气取样分析一次，并记录入档。每月检查气体过滤器和水过滤器，并在必要时进行清洗。每周一、四分别进行一次主冷液氧中乙炔含量分析，乙炔含量不能超过 1×10^{-6}% （一般低于 1×10^{-6}%），如果乙炔含量过高，必须加大排液量（开大液氧蒸发器流量调节阀 V14），同时增加膨胀量，保持主冷液位，直至乙炔含量合格。如果乙炔含量继续增大至 1×10^{-4}% 时，必须停车，把全部液体排空，重新加温分馏系统，对分子筛纯化系统进行彻底再生。

对于主冷，必须采用全浸式操作，以避免乙炔的浓聚和 CO_2 的堵塞。低温阀门、氧气管线上的阀门以及有关的垫片、密封环必须无油脂。

对操作所属仪表（压力表、液位计、测温计、阻力计、记录仪、自动控制器等），应熟知原理并使用正确，当出现指示不正确等异常时，应及时反映更换或调校（其余按照仪控使用说明书的规定进行）。

经常检查分子筛纯化器切换程序与时间是否符合规定，如有异常应及时调整。

经常检查空气冷却塔玻璃管液面计 LI－1101 与控制液面 LICAS－1102 是否一致，检查 LICA－1101 和 LICAS－1102 是否漏气和堵塞，同时检查负迁移平衡是否注满水。经常检查 PIAS－1103 以及连锁仪表是否牢靠，防止带水，确保分子筛吸附器和分馏塔的安全。每月擦洗阀杆一次。定期检查安全阀密封口有无结冰和锈蚀。

控制液氧喷射蒸发器温差约 3℃ （TDI－105），每天应停止向液氧喷射蒸发器供液 15min，以保证使可富集的碳氢化合物得到蒸发。

电加热器投运一定要先通气后送电，以免烧坏电热元件，定期检查绝缘情况，应符合图纸要求。

14.5.8 故障及处理

分馏塔运行期间出现意外故障必须由现场人员根据具体情况及时处理，对有可能出现故障的现象及时采取处理措施。

14.5.8.1　加工空气中断

信号：膨胀机密封气压力 PIAS－1101、PIA－1103，膨胀机密封压力等压力信号报警。

后果：加工空气中断会造成分馏塔系统压力和精馏塔阻力下降，空分运转机械损坏，产品压缩机若仍在运转，将造成精馏塔及有关容器管道出现负压。

措施：应停止产品气体压缩机运转，把产品气体放空，停止增压透平膨胀机，关闭液氧喷射蒸发器，停止纯化器再生。其余按设备故障停车，待查明故障原因，采取措施恢复供气后，按短期停车再启动空分装置。

14.5.8.2　供电中断

信号：所有用电运行机器和设备停止工作。

措施：应倒换使用外接仪表气源，手动关闭相应阀门，氧、氮产品放空，停止液氧喷射，纯化器再生，把全部电驱动机器和设备与供电网断开，装置按短期停车处理。待供电正常后，按短期停车后，再逐步启动空分装置。

14.5.8.3　增压膨胀机故障

信号：增压膨胀机系统报警。

措施：应通知空压机保压，及时启动备用增压膨胀机，调整进空分空气量使空气压力稳定，减少产品量，调整产品纯度。按停车程序停止故障机，查明故障原因及时检修。

14.5.8.4　分子筛程序控制故障

信号：时间程序控制器报警器响

后果：分子筛程序控制发生故障会造成分子筛纯化器的切换过程停止进行，如果故障延续时间过长，CO_2 和水不能净化，进入分馏塔内，会导致管道、容器、塔板阻塞。

措施：应用手动操作进行切换。

进一步措施：如预计排除故障时间长，应按停车处理，查明原因并排除故障。

14.5.8.5　仪表气源中断

信号：仪表空气压力报警。

措施：应尽快启动仪表空气压缩机或倒换备用仪表空气，切除本装置仪表空气。如果备用仪表空气无法恢复仪表气压力，则按紧急停车步骤处理，检查管路及仪表。

14.5.8.6　冷冻机组故障

信号：进分子筛纯化器空气温度 TIA－1102 高于 25℃时报警。

后果：冷冻机组故障会造成分子筛纯化器工作负荷加重，不能有效清除空气中的 H_2O 和 CO_2。

措施：应停止分子筛纯化器工作（按分子筛纯化器操作方法进行），空冷塔系统可继续通气进行下阶段的冷却，待启动时再调整。

进一步措施：应按分馏塔停车程序停止分馏塔运行，按冷冻机组操作规程及说明书规定查明原因，清除故障。

14.5.9 分馏塔的全面干燥加温和解冻加热

空分装置在施工安装竣工，停车进行中、大修理工作结束后，分馏塔裸冷前应对分馏塔进行全面干燥加热。清除检修或停车中塔内残留固体杂质以及使水分蒸发，使分馏塔内设备、容器、管道、阀门干燥清洁。同时设备在长期运转后，也会有水分、二氧化碳及碳氢化合物积存，影响设备的运转效率，甚至威胁设备的安全，所以设备在大开车前后，均应全面加温吹扫一次，以达到清除积聚的目的。干燥加温时间 36h，或经检测吹出气体露点在 －30℃以下，则吹扫结束。

14.5.9.1 全面加温前应具备的条件

全面加温前应具备下列条件：

（1）生产后的长期停车，必须将分馏塔内液体全部排放完，并静止 4h 后进行。

（2）吹扫前应准备一张工艺流程图和红铅笔，用以标记吹扫路线。

（3）空压机、空气预冷系统、分子筛纯化系统正常运行，净化后空气 CO_2 含量不大于 $1\times10^{-4}\%$，加温气体量约为 $18000m^3/h$ 左右。

（4）分馏塔内设备、容器、管道、阀门安装检修后连接完好。

14.5.9.2 全面加热要求

全面加热时应遵循如下要求：

（1）中压系统保持压力在 0.55MPa（下塔 0.5MPa），低压系统压力低于 0.5MPa。

（2）接通各流路和容器（塔）前，应先打开流路管路上和容器上的吹除或排液阀，再导入加温气体。

（3）尽量做到各部温度均匀回升，当某些出口温度基本一致时，可关小排出阀，但不能关死。

（4）当各加温气体出口温度升到 0℃以上时，上塔、下塔各留一压力表外，打开被加温管路上所有测量、分析仪表管线上的小阀进行加温吹除。

（5）加热全过程中，除分子筛、空冷塔（H_2、H_2O 系统）、空压机系统外，所有自控阀门动作应手动或手操调节。

14.5.9.3 加温方法步骤

加温按以下方法步骤进行：

（1）接通加温主换热器空气通道、下塔流路。具体步骤如下：

1）打开氮气出过冷器吹除阀 V307、氧气出上塔管线吹除阀 V308、污氮出过冷器吹除阀 V306；

2）稍开氮、氧放空阀 V108 、V104；

3）稍开至全开下塔吹除阀 V304、V305；

4）手动打开主换热器的空气进口蝶阀 V101、V102、V103；

5）缓慢打开纯化空气进空分塔阀 V1220，始终保持分子筛纯化器前压力低于 0.5MPa，使空气慢慢导入分馏塔；

6）随空气导入主换热器和下塔，调整下塔各吹出阀 V304、V305、V301、V302、V303，控制下塔压力至不高于 0.5MPa。

（2）接通加热下塔顶部，上塔及过冷器纯氮、污氮气通道。接通加温氧气、纯氮气的主换热器。接通液空、液氮至上塔流路。

（3）调整上述所开吹除阀和排液阀，使下塔压力 PI－1 保持不高于 0.5MPa；打开调节阀 V1、V2，同时注意上塔压力 PI－2 应低于 0.037～0.04MPa。

（4）接通主换热器污氮气通道加温流路。在调整时应注意分子筛纯化器的再生气和压力，压力控制在 0.015MPa 左右，流量在 $13000m^3/h$ 左右。

（5）接通增压空气进主换热器通道、膨胀空气上塔管路、膨胀机单体加温流路。接通增压空气进主换热器通道加温流路，按增压膨胀机停车后，加温准备完毕。确认增压机两台回流阀全开，确认两台膨胀机紧急切断阀、可调喷嘴阀处于全关闭状态。逐步稍开增压机空气出口阀，并控制加温空气量 FIC－441 在 $1800m^3/h$。可根据温度注意调整，当温度回升至5℃左右，切除此路加温。

（6）当加热气体入口温度与各流路吹除阀排除的气体温差一致时，加热可以结束。保持分子筛再生气量不变，同时关小入塔气量，注意空压机保压，使分子筛纯化器前不要超压，上述操作进行完毕，关闭分馏塔所有阀门。

14.5.10 分馏塔裸体冷冻

空分设备在安装竣工或大、中修完毕后，各部吹除试压，查漏后必须进行设备的裸体冷冻。其目的是要在低温下，检查设备的制造、安装和大、中修质量，以便考核其阀门、法兰、焊缝容器、管道接头、密封填料等在冷冻状态下的气密性及热胀冷缩应力补偿能否在低温下工作。

裸体冷冻和分馏塔启动步骤基本一致，只是没有积累液体和调整出产品阶段，温度高于正常启动这两个步骤。

14.5.10.1 裸冷前的准备工作

塔内搭有脚手架，安装好塔内低压照明后，确认试压查漏时所加盲板已拆除。塔内容器、管道顶部、地面清洁干净，无水分，保冷箱人孔应全部遮盖好，以免冷量外泄。

14.5.10.2 裸冷的操作步骤

设备在冷却阶段，各流路的温度应保持均匀下降，直到全装置所有容器、管道、阀门、仪表测量管均挂霜，各部温度稳定不再下降后，冷却继续保持 2h 左右，并观察泄漏结霜情况，结束裸冷前做好泄漏、缺陷部位记录。

14.5.10.3 裸冷最终参考温度

裸冷最终参考温度见表 14－16。

表 14－16 裸冷最终参考温度 (℃)

项 目	测控点	参 数
空气出主换热器冷端温度	TI1	－85
膨胀机出口温度	YR446A，TR446B	－120
增压空气出主换热器温度	TI10 TI11 TI12	－85
氮气进主换热器温度	TI7	－60
污氮气进主换热器温度	TI15	－60
液空进上塔	TI	－60
液氮进上塔	TI	－65
主 冷	TI13	－85

14.5.10.4 裸冷注意事项

每 2h 检查一次箱内裸冷情况，出现泄漏的部位要做好泄漏点部位记录。根据各部挂霜情况及时调整气流及温度；已被冷却的设备达到最终温度，尽量不要使其温度回升；为加快裸冷速度，应充分发挥膨胀机的制冷能力。

14.6 KDON－6500/6500Nm³/h 型空分装置操作

14.6.1 分馏塔正常工艺指标

14.6.1.1 流量

流量正常工艺指标见表 14－17。

表 14－17 流量正常工艺指标

序 号	指标名称	测控点	单 位	规定数据
1	空气出分子筛吸附器流量（标态）	FRQ－1201	m^3/h	35000
2	产品氧气流量（标态）	FIQC－103	m^3/h	6500
3	产品氮气流量（标态）	FIQC－107	m^3/h	6500
4	增压空气流量（标态）	FI－441	m^3/h	5500
5	再生气量（标态）	FIS－1231	m^3/h	8000
6	进空气冷却塔冷却水流量	FI－1101	m^3/h	65
7	进空气冷却塔冷冻水流量	FI－1102	m^3/h	19

14.6.1.2 压力

压力正常工艺指标见表 14－18。

表 14－18 压力正常工艺指标

序 号	指标名称	测控点	单位	规 定 数 据
1	空压机出口压力	PIAS－1101	MPa	0.52（≤0.5 报警） 不高于 0.45 时水泵冷冻机组停
2	空气入主换热器压力	PIAS－1101	MPa	0.5
3	下塔压力	PI－1	MPa	0.49
4	上塔压力	PI－2	MPa	0.055
5	增压空气出总管压力	PI－443A PI－443B	MPa	0.8
6	膨胀机空气进口压力	PI－441A PI－441B	MPa	0.7
7	膨胀机后压力	PI－444	MPa	0.04
8	出分馏塔氧气压力	PIC－104	MPa	0.02～0.03
9	出分馏塔氮气压力	PIC－105	MPa	0.014
10	出分馏塔污氮气压力	PIC－106	MPa	0.0144
11	冷箱密封气压力		kPa	5

注：所有压力均为表压。

14.6.1.3 温度

温度正常工艺指标见表 14－19。

表 14－19 温度正常工艺指标

序号	指标名称	测 控 点	单位	规定数据
1	空气进空冷塔温度	TIA－1101	℃	≤100
2	空气出空冷塔温度	TIA－1102	℃	8
3	空气进主换热器前温度	TI－101	℃	14
4	空气出主换热器温度	TI－451	℃	－173
5	增压空气进主换热器温度	TI－10，TI－11，TI－12	℃	12
6	增压空气出主换热器中部温度	TRC－441	℃	－95～－100
7	增压冷却空气进膨胀机温度	TRC－441	℃	－120
8	膨胀后空气温度	TR－446，A，B	℃	－165
9	产品返流气体出主换热器温度	TI－102，TI－103，TI－104	℃	9
10	空气出主换热器温度	TI－1	℃	－173
11	下塔顶部温度	TI－2	℃	－180
12	主冷液氧温度	TI－3	℃	－183
13	污氮气进过冷器温度	TI－4	℃	－193
14	污氮气出过冷器温度	TI－5	℃	－176

续表 14－19

序号	指标名称	测 控 点	单位	规定数据
15	氮气进过冷器温度	TI－6	℃	－196
16	氮气出过冷器温度	TI－7	℃	－176
17	冷冻水出水冷机组温度	TIA－1111	℃	5～8
18	冷冻水进水冷机组温度	TI－1136	℃	14～16
19	再生氮气温度	TICAS－1206，TICAS－1207	℃	高于 190 报警 低于 158 自动停车
20	喷射蒸发器前后 O_2 温差	TDI－105	℃	3

14.6.1.4 温差

温差正常工艺指标见表 14－20。

表 14－20 温差正常工艺指标

序 号	指标名称	单 位	规定数据
1	主换热器热端温差	℃	3
2	主换热器热端 N_2 与 O_2 调节温差	℃	0
3	主换热器污氮气与热端氧气调节温差	℃	0.5
4	液氧喷射蒸发器前后温差	℃	3

14.6.1.5 液位

液位正常工艺指标见表 14－21。

表 14－21 液位正常工艺指标

序号	指标名称	测 控 点	单位	规定数据
1	下塔液位	LIC－1	mm	400～500
2	冷凝蒸发器液位	LIC－2	mm	2750
3	空冷塔液位	LICAS－1130（AT－1101）（低于 500、高于 1200 报警）	mm	800
4	水冷却塔液位	LICA－1101（WT－1101 调节）（低于 800、高于 1500 报警）	mm	1000

14.6.1.6 阻力

阻力正常工艺指标见表 14－22。

表 14－22 阻力正常工艺指标

序 号	指标名称	测控点	单 位	规定数据
1	下塔阻力	PDI－1	Pa	13000
2	上塔下部阻力	PDI－2	Pa	2800
3	上塔中部阻力	PD－3	Pa	1700
4	上塔上部阻力	PD－4	Pa	500

14.6.1.7　纯度

纯度正常工艺指标见表14－23。

表14－23　纯度正常工艺指标

序号	指标名称	测控点	单位	规定数据
1	产品氧气含量	A－4	$\%O_2$	99.6
2	产品氮气含量	A－6	$\%N_2$	99.999
3	上塔污氮含量	A－5	$\%N_2$	97.5
4	下塔液空纯度	A－1	$\%O_2$	36～40
5	出分子筛空气中 CO_2 含量	ARA－1201	%	正常不大于 1×10^{-4}，大于或等于 2×10^{-4} 时报警
6	主冷液氧乙炔含量	A－3	%	$\leqslant0.01\times10^{-4}$（大于或等于 0.1×10^{-4} 为警戒值，大于或等于 1×10^{-4} 为停车值）

14.6.2　空分装置系统的启动

14.6.2.1　空分装置系统启动应具备的条件

空分装置系统启动应具备下列条件：

（1）空分装置系统所属设备、管道、电器仪控安装施工经校验合格。

（2）生产过程中所发现的缺陷经大、中修理后，确认所有阀门调试完毕可靠，手动、电动、气动阀门和各调节阀调校开关灵活。

（3）计量、计器、测控、检测仪表完善、性能良好，DCS分散过程控制系统运行正常、显示正确，仪、电、自动控制调节系统及遥控调节等动作与信号正确、灵活可靠。

（4）分子筛纯化器程序控制调试切换阀动作正确，顺序准确无误，具备接通投入条件。

（5）空压机运行正常。

14.6.2.2　启动前准备工作

空分装置系统启动前应进行下列准备工作：

（1）准备好有关的技术资料、生产记录日报表、开车应备的工具等。全系统电器、仪表供电正常，循环凉水塔供水正常，接通冷却水（具备供水条件）。空分装置所有阀门处于关闭状态。要注意检查启动管路膨胀空气旁通污氮阀V6、膨胀机回流调节阀V404A（或V404B）、污氮去预冷系统阀门V109，膨胀机进、出口阀V441、V442、V443、V444及喷嘴必须处于关闭状态。

（2）除分析仪表和计量仪表外，将压力计、流量计、差压计、液位计等小阀全开，接通温度测量、记录仪表。接通启动仪表气源或启动仪表空气压缩机正常，调整压力至 0.5MPa，投入除分析和计量仪表以外的全部仪表，提供仪表气源，投入各种检测仪表。

(3) 透平空气压缩机启动运转正常（按空压机操作规程），压力稳定达到 0.5～0.55MPa，具备向空分装置送气的条件。

(4) 启动空气预冷系统（按空气预冷系统操作法）正常。启动分子筛纯化器系统（按分子筛纯化器系统操作法）正常。当空气中的 CO_2 低于 $1\times10^{-4}\%$ 时，可倒换仪表空气，使用净化后的空气。

(5) 空分装置全面吹除完毕（按空分装置全面吹除和解冻干燥加温操作）。

14.6.2.3 启动分馏塔（冷却阶段）

A 冷却阶段操作要点

在冷却过程中，要保证空气压力稳定，随着分馏塔各部温度的下降（冷却流量的增加），入塔空气量需要逐步增加，应通过调节放空量来稳定空气压力在 0.5～0.55MPa，控制入塔空气量在 20000～25000m^3/h。

在冷却阶段，分馏塔阀门应手动或手操调节。在开始冷却时，膨胀机不应满负荷运行，待容器、管道等温度逐渐降低后，再加大膨胀量，使设备缓缓降温。整个冷却阶段应调整控制各部温度，不要造成温差太大。应充分发挥膨胀机的最佳工作制冷能力，加快冷却速度，随着塔内各部温度的下降逐渐增加膨胀空气量，在机后出口空气不产生液化的前提下（以含氮图为准进行参考），尽量降低机后出口温度（参照膨胀机出口状态曲线，由出口压力和温度确定操作）。

在满足分子筛再生气量的情况下，尽可能降低下塔压力，增加膨胀机单位制冷量，缩短启动时间。当主换热器冷端空气已接近液化温度－171～－172℃时冷却阶段结束。

此时应注意，稍开膨胀机空气启动旁通阀 V450，可倒换分子筛吸附再生气源，缓慢打开 V123 阀，用 V109 调节控制再生气量为 8000m^3/h 左右。

B 液体积累及生产工况调整阶段

调整 V447 和 V448 的开度，使机后温度尽量降低至－178℃，但不能低于－185℃。稍开下塔吹除阀 V304，检查下塔是否有液空，当有液空后应排放，视液空的清洁度决定是否再次排放直至干净为止。稍开液空调节阀 V1，液氮回流阀 V11（液氮回流阀 V11 开，视主冷液面不低于 2400mm 时可稍开）。

当下塔液面 LIC－1 达到 400mm 以上时，将液空调节阀 V1 投入自动。当下塔有阻力后，对下塔进行纯度调整，调整液氮节流阀 V2 以使下塔顶部的纯度尽可能提高，并使塔底部液空纯度提高至 36%～40% O_2。当下塔阻力显示后，应边进行液体积累边进行调纯，使主冷液体氧组分尽快提高，以减小主冷温差，加快主冷的液体积累。

当主冷液面计 LI－2 有指示时，应打开主冷吹除阀 V303，检查排出液体是否干净，如果不干净，应继续排放，直至主冷中的液体干净为止。当主冷液位高度约 1500mm 时，适当关小氧、氮放空阀，以提高上塔压力至 0.035～0.5MPa。

主冷液面高度达到 2750mm 时，可稍开液氮回流阀 V11，液氧去喷射蒸发器阀 V14 将

1%液氧排放流路投入（以 TDI－105 约为 3%为准），根据精馏工况，逐步关小一台膨胀机的进、出口阀及膨胀空气旁通阀 V6，直至全部关闭。对停止工作的膨胀机进、出口阀进行关闭，并及时用干燥气进行加温，同时关闭该台膨胀机的增压机进、出口阀及机后冷却器冷却水进、出口阀。

在主冷液面逐步上涨的情况下，达到 1800～2000mm 柱，应根据氧气、氮气纯度适当增大取出量，直至达到铭牌值为止。当主冷液面高度达到 2750mm、氧气纯度达到 99.6%、气量达到 $6500m^3/h$、氮纯度达到 99.999%时，稳定一段时间后，可逐步关小放空阀 V104、V108 至全关，开大氮气放空阀 V105，氮气去预冷系统阀 V106，并保证氧产量，开始送氧，氮产品转入正常操作，本阶段结束。

14.6.2.4　操作注意事项

随着空气的大量液化，进入分馏塔的气量越来越多，因而要根据工况的变化，注意空压机压力，逐步减少放空量。随着空气量增加，应注意空气出空冷塔的温度约在 8～10℃（TIA－1102）。当温度偏高时，可通过适当增加进空冷塔的冷却水流量，提高冷冻机制冷量，降低水温，从而降低空气温度。经常查看 V1254（或 V1255），应打开进行吹除，以查看是否带有游离水。出分子筛吸附器的空气，其中的 CO_2 含量不得高于 $1\times10^{-4}\%$，否则可视情况适当增大再生污氮量或将再生温度适当提高，或者调整切换周期。

根据主换热器热端返流气温度 TI102、TI103、TI104 的变化趋势，调整空气进口蝶阀 V101、V102、V103 的开度，热端温差控制在 3℃。

为了加快液体积累，热端温差应控制在 3℃，主换热器中部温度不得低于－120℃，正常操作控制为－95℃左右。

空分装置转入正常操作后，应防止主冷却器内液氧碳氢化合物的浓缩，从主冷液氧侧底部连续排出占产品氧气量 1%（$60m^3/h$）的液氧到液氧喷射蒸发器，与总管氧气汇合送入氧压系统。

14.6.3　空分装置的停车

当装置运行一个星期后，或运转过程中出现某些需停车处理的缺陷时，应进行装置停车全面加温（或处理）后重新启动。

14.6.3.1　计划停车

在一般情况下，有计划的短期停车或因故障而短期停车，停车时间在 24h 内时，可不排液体，但若主冷液面低于 500mm 时，无论任何原因，都应排除塔内所有液体。

接到临时通知后，所有岗位都应做好停车的准备工作。氧、氮压机按照规定进行操作、停车。全开产品放空阀，将氧气、氮气放空。电加热器停止工作。开 V1242 打开外来仪表气，并调整压力至 0.5MPa，同时关 V1243 倒换仪表空气。通知透平压缩机岗位保压放空，保压 0.5MPa，渐关至全关进分馏塔阀 V1220，停止向分馏塔导气，停纯化器系统，全开污氮去预冷系统阀 V109。

停止透平膨胀机。空压机出口在保压 0.35MPa 时运转，停氮水预冷系统中的冷水机组及冷却水泵与冷冻水泵。全关空分装置相关阀门；氧、氮产品及放空阀视停车情况确定空压机可持续降压运行或停车。

14.6.3.2 突然停车

由于供电、供水或其他突发原因，造成设备突然停车，其停车步骤按计划短期停车进行操作，首先关闭产品气输出阀，停止产品气输出。

14.6.3.3 计划长期停车

计划长期停车的运行步骤同计划短期停车进行操作，其中必须做到：

（1）停车静止后排放塔内所有液体。

（2）检查空分装置所有阀门是否关闭，包括排液阀、吹除阀、切换阀、遥控阀、计器阀门等。

（3）断开所有自动分析仪表电源。

（4）分馏塔排放液操作完毕后，将分馏塔静置4h，使其自然升温，然后才能全面吹扫操作。

14.6.3.4 设备短期停车后再启动

空分设备短期停车后再启动的方法和步骤，要根据停车时间长短和塔内具体情况而定，如果主冷却器液氧液位下降到正常操作值的20%时，必须排放液体，以防止乙炔等碳氢化合物的浓缩而发生危险。

条件：空分设备短期或临时停车后，系统内部仍处于冷却状态。

方法：参照冷开车的空分装置启动操作的步骤，遵循其开车的各项原则进行操作，但再启动过程中应注意以下问题：

（1）按冷开车的启动准备程序做好准备工作。

（2）启动仪表空气压缩机，接通外来仪表气，供给仪表气源。

（3）启动空压机、预冷系统、纯化系统、分馏塔系统、透平膨胀机。

当向下塔送气时，应缓慢打开纯化空气进空分塔阀V1220（不允许开度过快），一方面防止吹坏分子筛吸附器床层，另一方面防止由于下塔空气进口管可能产生溢流液空而发生冲击，损坏分馏塔塔板，再因压力不稳造成氮水预冷系统空压机自动放空等一系列连锁动作，此时应注意调节空压机放空量。调整工况时，力求稳定。

14.6.4 UF-35000/6.5 型预冷系统的操作

UF-35000/6.5 型空气预冷系统设置于空气压缩机与分子筛吸附系统之间，将来自空气压缩机温度较高的含湿热空气（<100℃）经空冷塔下部与冷却水在填料上直接换热，空气初步得到冷却后再升至空冷塔上部与冷冻水直接交换，被冷却至8℃、含水量减少后进入分子筛吸附器。以降低进分子筛吸附器前空气的温度及含水量，减少分子筛吸附负荷。正确使用空气预冷系统对空分设备的长期安全运转具有重要作用。

14.6.4.1 工艺技术参数

工艺技术参数见表14-24。

表 14－24　工艺技术参数

项　目	单位	参　数	项　目	单位	参　数
冷却空气量	m^3/h	35000	空冷塔上部水温度	℃	≤8
空气进塔压力	MPa	0.5～0.55	空冷塔底部出水温度	℃	>34
空气进塔温度	℃	<101	进冷冻机前水温度	℃	≤17
空气出塔温度	℃	8	供水压力	MPa	0.25～0.3
空气出塔压力	MPa	0.55	空冷塔底部液面	mm	600
空冷塔下部水量	m^3/h	65	水冷却塔上部补充水量	m^3/h	3
空冷塔下部水温度	℃	30	增压机冷却器水量	m^3/h	12
空冷塔上部水量	m^3/h	19	高压水泵出水压力 PI1101	MPa	正常 1.3（不得低于 0.85）

14.6.4.2　启动前准备

系统启动前应准备：

（1）空冷塔应具备的使用条件有，电、钳、仪、检查水泵及电机的电、仪控制系统正常。

（2）对于盘车，检查机械是否正常。

（3）接通计量仪表、液面计、压力计、温度计，检查动作是否灵活。

（4）检查冷水机组冷却器、液位控制、温度报警等仪、电控制是否正常。

（5）透平空压机具备送气条件后，由空压机电动送气阀，导气至空冷塔内使压力达 0.45MPa，再升压至 0.55MPa，并打开吹除阀吹除片刻后关闭。

（6）启动冷水机组空载运行（按冷水机组操作法）。

14.6.4.3　水泵启动操作

上段冷冻水泵启动（要确认水冷塔下部冷却水充足）的操作步骤：

（1）接通循环冷冻水，开循环冷冻水阀 V1121，打开高压冷水泵 WP－3（或 WP－4）入口阀 V1124（或 V1125），稍开泵出口阀 V1132（或 V1133）。

（2）打开冷冻水进空冷塔阀 V1135，微开空冷塔底部排水阀 V1151，全开冷却水排地沟阀 V1156。

（3）启动其中一台 TJ 源 WP－3（或 WP－4），当其中一台水泵启动后，迅速打开该泵出口阀 V1132（或 V1133），将冷冻水送入空冷塔上部，用水泵出口阀控制出口压力约为 1.1MPa，使 FIA1102 流量在 19～25m^3/h，待水清洁后关闭空冷塔底部排水阀 V1151、冷却水排地沟阀 V1156。

（4）当 LICA1102 液位计指示至 400mm 后，打开水冷塔补水阀 V1111、冷冻机冷凝器水阀 V1150，将压力水送入水冷塔上部。

（5）控制水位在 400mm 左右，同时逐步全开冷冻机冷凝器水阀 V1150，关小循环冷却水阀 V1121，保持原来水量，此时上部冷却水形成自循环使用。

（6）冷冻机组加负荷，使冷冻水温度控制在 5℃。

中段冷却水泵启动的操作步骤：

（1）当上段水循环正常，冷却水泵具备启动条件后，打开冷却水泵 WP－1（或 WP－

2）入口阀 V1122（或 V1123），稍开出口阀 V1130（或 V1131），打开 V1134。

（2）打开空冷塔冷却水排放阀 V1139、V1137、V1138，用 V1138 自动控制空冷塔水位。

（3）启动其中一台冷却水泵 WP－1（或 WP－2）。

（4）水泵启动后，迅速打开水泵出口阀 V1130（或 V1131），冷却水通入空冷塔中段，采用水泵出口阀控制出口压力为 1.2MPa、FI1101 流量至 65m^3/h。

（5）调节上段冷冻水补充量，稳定后使上段冷冻水形成全自动循环。

（6）及时调节控制空冷塔底部液位 LI1101 或 LICA1102，使其指示稳定在800～900mm。

启动上段与中段水泵各部稳定后，转换底部液位控制，全开空冷塔冷却水排放阀 V1139、V1137、V1138，由 V1138 自动调节，控制 LICAS1102 的液位，全系统投入自循环。

14.6.4.4 空气预冷系统正常停车

空气预冷系统正常停车的步骤如下：

（1）当空分装置需要正常停车，分馏塔系统、分子筛纯化器系统做完停车准备工作后，通知透平空压机准备放空，空冷塔系统应先停止水泵运行。

（2）当接到通知停水泵时，关闭运行水泵入口阀门，按运行水泵停车按钮确认电机电流为零，水泵停止后，关闭水泵出口阀门，并停止冷水机组运行（按冷水机组操作法）。

（3）待透平空压机电动送气阀全部关闭后，及时打开空冷塔底部排放阀 V1151，至水和空气全部排完后关小至微开。

（4）关闭（手动）空冷塔冷却水排放阀 V1139、V1137、冷冻机冷凝器水阀 V1150 及通入增压机冷冻水。

（5）断开仪表、电控电源并停止使用。

14.6.4.5 紧急停车

当空压机跳车，空冷塔水位过高或者经确认造成设备无法运行时，操作人员应立即停止水泵运行，按停车按钮关闭水泵进出口阀，自动排放阀 V1156 全开，排放塔内压力及冷却水。待事故处理消除后，经班长或上级同意方能重新启动水泵。若需长期停车，按正常停车操作。

14.6.4.6 正常操作与维护

当班操作人员应定时、经常进行系统检查。将各部位液位、压力、温度、流量等到调节在工艺要求范围内，发现异常情况及时处理，并联系当班生产班长及相关人员及时调整处理好。

当出现下列情况应及时停车或换车：

（1）当水流量、压力降低且无法调节时，及时找出原因。

（2）经确认，换车，清洗过滤器等。

（3）水泵体内、电机内产生异响和强烈的摩擦振动，电机温度升高过快或冒烟，经确认无法维持生产，应立即停车并换车。

（4）换车操作按水泵启动操作进行，但一定要确认换车启动水泵排水后，方能停止所需水泵（在事故状态下，可先停后启）。

14.6.4.7　空冷塔系统工艺控制与报警连锁

空冷塔系统工艺控制与报警连锁见表 14－25。

表 14－25　空冷塔系统工艺控制与报警连锁

控制项目	控制点	单位	指　标	信　　号
空冷塔底部液位控制	LICAS－1120	mm	≤500；≥1200	报警
			≥1300	连锁自动停水泵
空气出空冷塔压力	PIAS－1101	MPa	≤0.5	报警
			≤0.35	连锁自动停水泵、冷冻水机组
空气进塔温度	TIA－1101	℃	≥100	报警
空气出塔温度	TIA－1102		≥12	报警
空冷塔上部进水量	FIA－1102	m^3/h	≤10	报警
空冷塔下部进水量	FIA－1101		≤56	报警

注：透平空压机停车时自停水泵、冷冻机，防喘振阀自动全开。

14.6.5　HXF－35000/6.5 型分子筛纯化系统的操作

经空气冷却塔冷却至 8℃以下的压缩空气，自下而上通过一组纯化器，空气中所含 H_2O、CO_2、C_2H_2 等杂质相继被分子筛吸附、清除，被净化后空气进入分馏塔主换热器内换热，另一组纯化器同时用电发热元件加热器加温后的污氮气进行再生，使分子筛吸附剂所吸附物析出并冷吹除，接近于再使用状态，成对交替使用，再生切换，周期为 4h。

一组工作 4 小时，其另一组再生共分四步进行，第一步排压 11min；第二步加热 92min；第三步冷吹 119min；第四步充气 19min；关联 1min。

第二组分子筛纯化器相互交替工作，各阀门的动作是按照规定的控制程序和时间、压力、压差等条件由计算机的 DCS 控制完成。

14.6.5.1　工艺技术参数

A　空气

空气技术参数见表 14－26。

表 14－26　空气技术参数

项　　目	控 制 点	单　位	指　标
空气量		m^3/h	35000
压力	PIAS－1103	MPa	0.5～0.55
进口温度	TIA－1102	℃	≤8
出口温度	TI－1203（TI－1204）	℃	14
CO 含量（出纯化器）		%	1×10^{-4}

B 再生污氮气

再生污氮气技术参数见表 14－27。

表 14－27 再生污氮气技术参数

项　目	控制点	单　位	指　标
再生污氮气量	FIS－1231	m^3/h	5000～8000
进电加热器温度		℃	11～13
出电加热器温度	TICA－1106、TICA－1107	℃	170
出加热器后 H_2O 含量		℃	－75（露点）

C 电流电压

电流电压技术参数见表 14－28。

表 14－28 电流电压技术参数

项　目	控制点	单　位	指　标
电压	EH1201（或 EH1202）	V	380
功率		kW	283.5

D 周期

纯化器工作时间 4h。再生各阶段时间为：排压 11min、加热 92min、冷吹 119min、充压 19min、关联 1min，总计 242min。

14.6.5.2 启动前准备

系统启动前应准备：

（1）当空冷塔系统启动运行正常，具备向分子筛纯化器系统送气的条件，检查确认相关阀门全部关闭。

（2）电、钳、仪检查各类机械、电气、仪表确认完好，并分别投入各类仪表，接通仪表气源，接通切换阀，投入时间程序控制器，检查切换阀时间程序与切换阀动作程序正确无误。

（3）当某一组纯化器刚开始工作时，及时停止时间控制器，使切换阀门全部处于关闭状态，记录该组所处的状态。

需特别注意的是：此准备过程在装置处于全面停车加热后、启动冷开车前，可预先准备完毕。当装置正常停车或计划短期停车（不属于本系统原因停车），在某一组纯化器刚开始工作时，再按装置停车步骤停车及停止程序控制系统，恢复生产时可不必再做此准备。当装置全部紧急停车，应根据纯化器压力、温度情况，判断两组各自状态，如果一组纯化器再生彻底，可保持原有状态，在空气送入分馏塔前应经过一个切换周期。

14.6.5.3 启动电加热器

电加热器投入运行一定要先通气后送电，以免烧坏电热元件。应定期检查绝缘情况，符合图纸要求。

14.6.5.4　启动分子筛纯化器及电加热器

分馏塔未启动前，使用空气旁通阀 V1239 将正流空气缓慢送入电加热器作为分子筛再生气体，并控制气量 FIS－1231 在工艺要求范围内，污氮去再生分子筛阀 V1231 打至自动控制压力为 0.02MPa。

当分馏塔投入启动运行后，主换热器冷端总管温度 TI1 达到－60℃并有足够的污氮时，改用污氮气作为再生用气，为此手动开启污氮去再生分子筛阀 V1231，同时关闭空气旁通阀 V1239，调节控制压力再生气量 FIS1231 为 5000～8000m^3/h。

14.6.5.5　分子筛纯化器启动操作

分子筛纯化器启动操作步骤分两步，首先对系统进行充压，其次是分子筛的活化。

A　分子筛纯化器充压步骤

分子筛纯化器充压步骤如下：

（1）确定刚开始工作或需要工作的某一组纯化器，手动操作分子筛纯化器出口阀 V1203（或 V1204），使出口阀处于全开位置。

（2）通知空压机操作人员保压 0.6MPa，同时手动操作分子筛纯化器进口阀 V1201（或 V1202），打至手动位置 10s 后马上打入自动位置，停顿片刻，继续重复上述操作至容器内压力不高于 0.55MPa。

分子筛纯化器操作顺序如下：手操作开启 10s——充气——手操作打入自动位置关闭——停顿——手操开启 10s——充气——手操打开自动位置关闭—停顿——重复直到容器内压力接近保压压力 0.5MPa。充压过程中随容器压力表的逐步上升，可延长手操作开启时间至 15～25s。

当被充压纯化器内和出口空气管路的压力达到 0.5MPa 后，手动开启进口阀，系统逐步升压至 0.55MPa 时，转换进出口阀，变手操位置为自动位置使进出口阀关闭。及时投入切换阀时间程序控制系统，使切换阀动作由程序控制器自动控制动作，纯化器各自处于工作或再生状态，确认切换阀所处开、关位置后，打开吹除阀 V1254（或 V1255）短时吹除。

再生污氮气进入纯化器投入正流空气和加热气流路时，应及时控制压力达 0.014Pa，FIS－1231 流量在 5000～12000m^3/h。当切换系统和电加热器投入正常流路工作后，逐步调整纯化器前空气压力和温度达工艺要求，调整再生气体压力和温度达到工艺要求，并接通 CO_2 分析 AIA－101。当纯化器出口空气中 CO_2 含量达 1×10^{-4}% 以下时，可向分馏系统送气。

B　分子筛活化步骤

新装入的分子筛必须经活化后方能使用，开机时活化气体可用氮气或从加热空气调节阀 V1239 中出来的空气，活化温度应尽量高些，活化时间也应延长，应为正常工作的三倍。分子筛活化若使用空气，空冷塔系统必须投入正常运行（一般分子筛出厂前，厂家已经进行活化处理）。

分子筛活化具体操作：

（1）按正常操作启动透平空压机，调压稳定至 0.55MPa。

（2）启动空冷塔系统及冷水机组（按空气预冷系统操作法和冷水机组操作法），保证进入分子筛温度为 8～10℃。

14.6.5.6 正常操作与维护

分子筛纯化器的日常维护要点如下：

（1）经常检查纯化器的切换周期，检查切换阀动作是否符合规定。

（2）检查纯化器加热和冷吹期间温度是否达到规定的要求，空气出纯化器的二氧化碳含量是否符合工艺要求，如有异常，应及时调整时间程序控制器或调整再生气量和再生气温度。

（3）检查空气进分子筛纯化器前总管疏水情况，使之疏水正常，严禁将水带入分子筛纯化器内。

14.6.5.7 停车及短期停车再启动

A 正常计划停车

分馏塔所有产品输出转换放空后，仪表空气切换到备用空气管中，分馏塔准备停车工作完成后，准备停分子筛纯化系统。当分子筛纯化器系统的程序进行到某一组刚开始工作的状态时，分馏塔逐步关小空气进空分塔阀门 V101、V102、V103 至全关，空压机放空，出口压力保持低于 0.6MPa，逐步关小送气阀至全关。

停止分子筛纯化系统程序控制器，使所属切换阀关闭及停止分子筛纯化器系统工作。检查确认切换阀是否全部关闭，若停车时间大于 2h，应手操作泄压阀排放容器内气体，若停车时间小于 2h，可不必排放泄压，停电加热器电源。

B 紧急停车及事故停车应急措施

属空压机因断电及其他事故造成空压机紧急停车断气后，应接通备用仪表气源，按正常计划停车程序进行操作；属空冷塔等水路事故，应及时通知空压机放空，停水泵，并及时停止切换控制系统，手动操作打开泄压排水阀，其余按正常停车程序进行操作。

C 临时停车后再启动

停车时间小于 2h 的启动，按启动操作步骤进行启动操作。再启动的分子筛纯化器若有一组已再生彻底，需在空气送入分馏塔前经过一个切换周期。

14.6.5.8 分子筛纯化系统工艺控制与报警连锁

分子筛纯化系统工艺控制与报警连锁见表 14－29。

表 14－29 分子筛纯化系统工艺控制与报警连锁

控制项目	单 位	指 标	信 号
分子筛前后压差	kPa	11	报警
		≥13	连锁动作
污氮气出分子筛后温度	℃	≤100	冷吹报警
污氮气出电加热器温度	℃	≤150；≥190	停车
污氮气进加热器流量（标态）	m³/h	8000	报警

14.6.5.9 故障及处理

A 时间程序控制器失灵

信号：时间程序控制器事故报警。

后果：纯化器不再进行切换，如故障时间长，CO_2 和 H_2O 逸出，会导致低温设备阻力上升。

措施：用手操作进行切换，如排除故障时间长，需停车处理。

B 空气入纯化器前温度过高

后果：分子筛吸附容量增加，吸附有效时间缩短，CO_2、H_2O 容易被带入分馏塔内。

措施：排除冷冻机故障，如排除故障时间长，需停车处理；如空冷塔水量不足，应及时调整水量。

C 空气出纯化器后 CO_2 含量一直过高

后果：CO_2 大量被带入主换热器内，阻塞空气通道。

措施：查明原因，进行排除，若因分子筛失效，应更换分子筛；如属再生气量、温度、冷吹时间等问题，应调整再生气源或调整时间程序控制器各分配时间。

D 再生气体出加热器温度过低

后果：分子筛再生达不到要求

措施：如电热元件损坏，应更换使用并进行检修；如属于气量过大，应调整再生气量。

14.7 KDON－20000/30000Nm³/h 型空分装置生产管理与安全运行

14.7.1 装置安全操作措施

14.7.1.1 安全液氧排放

在正常生产时，安全液氧的排放是冷凝蒸发器防爆的一个有效措施，不能忽视。正常生产时，液氧排量（折合成气态）约占氧气产量的1%。当空分装置取液氧时，则上述安全液氧不需排放。液空分析取样阀 V308、液氧分析取样阀 V309、液空排放阀 V351、液氧排放阀 V352 应做定期稍开，以防连接这些阀门的管路死角处积聚碳氢化合物。

冷凝蒸发器中液氧的碳氢化合物必须严格控制，每隔 8h 化验一次，测定结果必须记录；对于大气中的乙炔和碳氢化合物发生变化时需配置在线分析仪严密监视。乙炔和碳氢化合物在液氧中的含量极限值规定见表 14－30。

表 14－30 乙炔和碳氢化合物在液氧中的含量极限值

化合物名称	正常值	报警值	停车值
乙炔	$1\times10^{-6}\%$	$1\times10^{-5}\%$	$1\times10^{-4}\%$
碳氢化合物		30mg/L 液氧（按碳计）	100mg/L 液氧（按碳计）

当液氧中乙炔或碳氢化合物含量过高时，应采取下列措施：

（1）通过多测定的方法尽快地查明含量增高的原因，进行消除。

（2）增加液氧排放量。

（3）检查分子筛吸附器的工作情况是否正常。

（4）如果采取措施后，乙炔或碳氢化合物含量仍然增长，且已超过停车极限值时，则应立即停车，排除液体，对设备进行加温解冻。

14.7.1.2 冷箱充气

为防止潮湿空气渗入冷箱和危险气体在冷箱内浓缩，冷箱内需充入气封干燥氮气，其气源来自于污氮气，经冷箱密封气阀 V272、V273 和 V274 充入冷箱内。在一般情况下，如气封气量过大，引起冷箱内压力的升高，可通过冷箱上的安全阀（呼气筒）渗出，以维护一定的压力。对冷箱安全阀（呼气筒）应定期检查，不要放置任何物件在安全阀（呼气筒）上，同时要防止安全阀（呼气筒）被冰雪冻结。

空气预冷系统的循环冷却水在添加防腐剂时，应严格控制用药量，不要使水起泡过多，否则容易造成空冷塔带水事故，影响分子筛吸附器的正常工作。

在启动或停车后再启动时，应检查分子筛吸附器的进出口阀开关位置是否正确，否则应调整。阀门的开启动作要缓慢地进行，不要造成对分子筛吸附床层的冲击。

在空分装置冷开车停车排液后开始进行全面加温时，必须注意加温气量应逐渐增加，速度要慢些，不可一开始就用大气量加温。加温气体为常温干燥空气。

14.7.2 正常工况条件下的监控与调节

14.7.2.1 下塔液空与液氮纯度的调节

下塔是上塔工况的基础，控制好液空，液氮纯度是整个精馏工况的关键。二者受液氮调节阀 V2、V3，液氮回流阀 V11 的控制。V11 一般在最佳位置，由 V2、V3 配合调节液空液氮，V2、V3 关小时，液氮纯度升高，液空纯度降低，反之则相反。一般，用 V3 控制液氮纯度，V2 控制液空纯度；V1 来保持液空液位，并将液空节流送上塔。

14.7.2.2 氧气、氮气纯度的调节

影响氧气纯度的因素有很多，如液空纯度、产量、加工空气量、主冷液位、膨胀空气进上塔量等，对以下情况分别进行调节：

（1）氧取出量大，应减少氧气产量，关小氧气放空阀 V102 或氧气送氧压机阀 V103。

（2）主冷液面高，回流量大，氧纯度降低，可减少膨胀机的制冷量。

（3）膨胀空气影响上塔工况，应部分旁通至污氮管线（膨胀空气旁通入污氮管 V6 阀）。

氮气纯度的调节：产量过大时，应关小放空阀 V105，减少产品量；纯液氮回流量不足，可稍开液氮调节阀 V3 或减少液氮取出；调节下塔液氮纯度至正常值。

14.7.2.3 粗氩纯度的调节

粗氩塔工况要求主塔工况特别稳定，粗氩纯度的调节手段有：

（1）氩馏分含氧过高，可开大送氧阀、增大回流液氮或减少污氮流量等；

（2）含氮量过大时，可关小送氧阀、减少液氮回流或增大污氮流量等。

各种调节措施必须视具体的工况而定。粗氩塔的精馏监控是整个空分精馏稳定监控的核心部分，必须高度重视。

14.7.2.4　制冷量的调节

冷量主要由膨胀机产生，所以调整膨胀机的工况（压力、气量）可使主冷液面稳定。冷量的多少反映在主冷液面的升降上，调节方法为：调整膨胀机的压力和气量；改变膨胀机的启动台数。调节时注意精馏工况的稳定。

14.7.3　正常监护

正常监护包括以下内容：

（1）每小时按巡检路线对空分所属设备的运行情况进行检查。注意观察运行工艺参数，指标出现偏离时，应及时调整，必要时向上级领导汇报。对备用设备，做好维护、保养、盘车等工作，使其处于正常备用状态。液空、液氧中的乙炔、碳氢化合物要按时分析，保证在允许范围内。

（2）随时注意主热交换器的换热工况，包括阻力和温度的变化、有无泄漏、换热温差的大小等。

（3）主冷的液位、乙炔含量要正常，若液面下降，应加大膨胀量以保持液位，反之则相反。乙炔一般应低于 $1\times10^{-6}\%$，否则应开大去液氧喷射蒸发器阀 V4 或排放液氧。氖气、氦气由于是不凝性气体，易在主冷高压侧积聚，妨碍主冷传热，所以必须经常通过 V12、V13 阀排放吹出不凝性气体。

（4）随时检查分子筛纯化器的自动工作情况，包括阀门动作、再生气量、温度、电加热器与蓄热器的工作情况，以及每步的运行时间。

（5）经常检查冷箱外壳是否结冰挂霜，若发现局部结冰，应查找原因并采取措施。冷箱基础温度若下降较大，应报告有关领导。经常检查冷箱安全阀呼气筒，保证冷箱保护气压力为 5kPa，各处流量在 $20m^3/h$。运行中，保温材料会因振动而下沉，故应经常检查下沉情况并予以及时补充。

（6）注意预冷系统特别是冷冻机的运行情况，检查油位、油温、油压和负载的变化情况。

（7）加强对膨胀机的维护，随时检查其供油系统，机械运转的转速、压力、温度、冷却水的供给，绝对保证设备的安全运转。

14.7.4　故障及处理

14.7.4.1　空气压缩机停车

后果：系统压力和阻力下降，液位上升，产品纯度破坏；空分工艺所有设备连锁停车，各产品送出阀连锁关闭。

措施：停止产品压缩机的运行，关闭精液氩、液氧的储槽的阀门。将产品气放空，仪表气切换为外部供应。停止膨胀机的运转。停止吸附器再生，切断分子筛电加热器电源。按设备故障停车并检查各设备阀门的连锁。

14.7.4.2 供电中断

后果：系统压力和阻力下降，产品纯度被破坏。

措施：停止膨胀机及有关机器运转，并关闭进、出口阀门。分馏塔产品气放空。关闭液体排放阀。停止吸附器再生。检查系统有关阀的状态。

进一步措施：把全部用电机器的设备从供电电网断开并将装置停车。电源故障排除、电路恢复后，视停电时间长短决定系统是否需重新加温，按启动程序重新启动。

14.7.4.3 增压透平膨胀机故障

后果：转速过高影响膨胀机正常运行，转速过低则制冷量降低，主冷液面下降，上下塔工况波动。

措施：启动备用膨胀机。调整进塔空气量及精馏工况的稳定。

14.7.4.4 程序控制故障

后果：分子筛程序停止，长时间运行，吸附效果下降，CO_2、H_2O 进入冷箱，造成堵塞。

措施：应立即采取紧急停车，对空分装置进行全面加热吹扫。

14.7.4.5 仪表空气中断

后果：所有气动控制失效，装置调节失控。

措施：仪表气切换为外部供应，如果不能正常，则按设备故障停车。

14.7.4.6 冷冻机故障

后果：分子筛吸附温度升高，不能有效地清除其中的水分和二氧化碳。

措施：尽量降低空气进分子筛的温度，若不能维持，二氧化碳进冷箱含量急剧上升时，应立即停车。

14.7.5 分馏塔的全面干燥加温和解冻加热

空分装置经过长期运转，在分馏塔系统低温容器管道内可能产生冰、干冰或机械粉末的沉积物，阻力逐步增大。因此，运转两年后，一般应对分馏塔进行加温解冻以去除这些沉积物。如果在运转过程中发现热交换器阻力或精馏塔的阻力增加，以至在产量和纯度上达不到规定指标，这就要提前对分馏塔进行加温解冻。加热气体为经过分子筛纯化器吸附后的干燥空气。加温时，应尽量做到各部分温度缓慢而均匀地回升，以免由于温差过大造成回升应力，损坏设备或管道。加温时间所有监测、分析等监测管线也必须加温或吹除。所有低温阀门由于泄漏，会造成冻结，这往往是填料函密封不严所致。对于已经冻结的阀门不能用强力开关，以免损坏阀门。可用热气或蒸汽直接吹阀门的结冰部位，但在使用蒸汽时应注意不要让水分进入填料函。阀门解冻后应找出泄漏部位，并加以消除。

14.7.6 透平膨胀机加热

透平膨胀机的加热步骤如下：

（1）停运透平膨胀机，关闭所有阀门（注意，密封气和润滑油均应正常提供）。

（2）全开增压机环流，并打开加热气体进出口阀，对膨胀机喷嘴、进出口阀及进出口管道进行加热吹扫。

（3）当所有出口的加温气体温度接近进口温度时，加温结束。关闭加温气体入口阀门和其他所有阀门。

14.7.7 精馏塔系统加温

精馏塔系统加温步骤如下：

（1）排放所有液体，关闭全部阀门。

（2）启动透平空气压缩机、空气预冷系统、分子筛纯化器（加热空气量为总的空气量的30%～60%）。

（3）按加温流路开启各阀门。

（4）当加温气出口的气体温度升至0℃以上时，打开加温管路上的检测管线。

（5）当加温气体的进口温度基本相同时，加温结束。

（6）停止空压机、空气预冷系统水泵、分子筛纯化器的工作，关闭所有阀门。

14.7.8 分馏塔裸体冷冻

分馏塔的裸体冷冻参考第14.5.10节。

14.8 KDON－20000/30000Nm^3/h 型空分装置操作

KDON－20000/30000型空气分离装置，采用深冷法进行空气分离，以制取氧、氮、氩产品为主，其生产能力分别为20000m^3/h 氧气（标态）、750m^3/h 液氩（折合气态，标态）、30000m^3/h 氮气（标态）、600m^3/h 液氧（折合气态，标态）、300m^3/h 液氮（折合气态，标态）。该装置工艺流程采用全低压分子筛常温吸附剂、增压透平膨胀机，以及先进的规整填料塔和全精馏制氩等技术，从而提高了氧的提取和氩的提取效率，降低了制氧能耗。

14.8.1 采用低温全精馏法制取精液氩

从上塔中下部抽出氩馏分气体含氩量为8%～10%（体积分数），含氮量小于0.06%（体积分数）。氩馏分直接从粗氩塔Ⅰ的底部导入，粗氩塔Ⅰ上部采用粗氩塔Ⅱ底部排出的粗液氩作为回流液，回流液经液氩泵AP501（或AP502）加压至约0.722MPa后直接进入粗氩塔Ⅰ上部。粗氩自粗氩塔Ⅰ顶部排出，经粗氩塔Ⅱ底部导入，粗氩冷凝器K701采用过冷后的液空作为冷源，上升气体在粗氩冷凝器K701中液化，得到含粗氩约757m^3/h的粗氩气（标态，组成成分为98.5% Ar、$\leqslant 2\times10^{-4}$% O_2），经V705阀导入粗氩冷凝器K704进行液化，然后进入纯氩塔C703继续精馏。其余作为回流液入粗氩塔Ⅱ。冷凝器K701蒸发后的液空蒸气和相当于2.3%总液空量的液空同时返回上塔。

粗液氩从纯氩塔 C703 中部进入，与此同时，在纯氩塔蒸发器 K703 氮侧内利用下塔顶部来的压力氮气作为热源，促使纯氩塔底部的液氩蒸发成上升蒸汽，而氮气被冷凝成液氮返回上塔。用来自液氮过冷器并经节流的液氮作为冷源进入纯氩冷凝器 K702，使纯氩塔顶部产生回流液，以保证塔内的精馏，使氩氮分离，从而在精氩塔底部得到纯液氩。

纯液氩经调节阀 V708 排入液氩储槽储存，槽内蒸发的气体返回纯氩塔。其产品氩气可由两种方式提供：一是直接从液氩槽增压排放少量液氩产品，通过液压泵加压后供槽车输送；二是从液氩槽底部排出液氩，利用液氩泵加压经汽化器汽化成气氩送往用户。

14.8.2 设备主要技术参数

14.8.2.1 设计工况

设计工况见表 14 - 31。

表 14 - 31 设计工况

产 品	产量（标态）/m^3 · h^{-1}	纯 度	出冷箱压力/MPa(G)
氧气	20000	99.6% O_2	约 0.012
氮气	30000	≤5 × 10^{-4}% O_2	约 0.007
液氧	600	99.6%	约 0.15
液氮	300	≤5 × 10^{-4}% O_2	约 0.2
精液氩	750	≤2 × 10^{-4}% O_2，≤3 × 10^{-4}% N_2	约 0.16

14.8.2.2 最大液氧工况

最大液氧工况见表 14 - 32。

表 14 - 32 最大液氧工况

产 品	产量（标态）/m^3 · h^{-1}	纯 度	出冷箱压力/MPa(G)
氧气	15000	99.6% O_2	约 0.012
氮气	30000	≤5 × 10^{-4}% O_2	约 0.007
液氧	1800	99.6%	约 0.15
液氮	100	≤5 × 10^{-4}% O_2	约 0.2
精液氩	640	≤2 × 10^{-4}% O_2，≤3 × 10^{-4}% N_2	约 0.16

14.8.2.3 最大液氮工况

最大液氮工况见表 14 - 33。

表 14 – 33　最大液氮工况

产　品	产量（标态）/$m^3 \cdot h^{-1}$	纯　　度	出冷箱压力/MPa(G)
氧气	16500	99.6% O_2	约 0.012
氮气	30000	≤5×10^{-4}% O_2	约 0.007
液氧	200	99.6%	约 0.15
液氮	1800	≤5×10^{-4}% O_2	约 0.2
精液氩	640	≤2×10^{-4}% O_2，≤3×10^{-4}% N_2	约 0.16

14.8.2.4　最大气氧工况

最大气氧工况见表 14 – 34。

表 14 – 34　最大气氧工况

产　品	产量（标态）/$m^3 \cdot h^{-1}$	纯　　度	出冷箱压力/MPa(G)
氧气	21000	99.6% O_2	约 0.012
氮气	30000	≤5×10^{-4}% O_2	约 0.007
液氧	200	99.6%	约 0.15
液氮	100	≤5×10^{-4}% O_2	约 0.2
精液氩	760	≤2×10^{-4}% O_2，≤3×10^{-4}% N_2	约 0.16

在设备参数的介绍中，需注意以下几点：

（1）m^3/h 指在 0℃，101.3kPa（A）状态下的体积；

（2）液体产品为折合成标准状态下的体积；

（3）运转同期（两次大加温间隔期）大于 2 年；

（4）装置加温解冻时间约为 36h；

（5）装置启动时间（从膨胀机启动到氧产品达到纯度要求，不包括制氩）约为 36h。

14.8.3　空分装置操作数据

设计工况条件下的空分装置操作数据见表 14 – 35。

表 14 – 35　设计工况条件下的空分装置操作数据

（1）压力/kPa（G）		
下塔底部压力（PI – 1）		437
上塔底部压力（PIA – 2）		43
膨胀机	进口压力（PI – 41；PI – 43）	706
	出口压力（PI – 42；PI – 44）	41
进冷箱空气压力（PI – 101）		462

续表 14－35

<table>
<tr><td colspan="3">（1）压力/kPa（G）</td></tr>
<tr><td colspan="2">出冷箱氧气压力（PI－102）</td><td>21</td></tr>
<tr><td colspan="2">出冷箱氮气压力（PI－103）</td><td>13</td></tr>
<tr><td colspan="2">出冷箱污氮气压力（PI－104）</td><td>14</td></tr>
<tr><td colspan="2">进冷箱增压空气压力（PI－105）</td><td>732</td></tr>
<tr><td colspan="2">出冷箱压力氮压力（PI－106 ）</td><td>420.1</td></tr>
<tr><td colspan="2">加温空气压力（PI－201）</td><td>96～100</td></tr>
<tr><td colspan="2">启动旁通管道压力（PI－202）</td><td>60</td></tr>
<tr><td colspan="2">仪表空气压力（PIA－2002）</td><td>486～490</td></tr>
<tr><td colspan="2">粗氩出粗氩塔Ⅱ压力（PI－701）</td><td>23</td></tr>
<tr><td colspan="2">粗氩液化器氩压力（PICA－702）</td><td>20</td></tr>
<tr><td colspan="2">粗氩液化器氮压力（PICAS－703）</td><td>115.1</td></tr>
<tr><td colspan="2">纯氩塔上部压力（PICAS－704）</td><td>29.3</td></tr>
<tr><td colspan="2">液氩泵出口压力（PICA－705）</td><td>700～900</td></tr>
<tr><td colspan="2">纯氩冷凝器氮侧压力（PI－706）</td><td>44.4</td></tr>
<tr><td colspan="3">（2）温度和温差/℃</td></tr>
<tr><td colspan="2">空气进下塔温度（TI－1）</td><td>－174.1</td></tr>
<tr><td colspan="2">出主换热器中部气体总管温度（TI－18）</td><td>－118</td></tr>
<tr><td rowspan="2">膨胀机</td><td>进口温度（TI－41；TI－42）</td><td>－118</td></tr>
<tr><td>出口温度（TI－43；TI－44）</td><td>－175</td></tr>
<tr><td colspan="2">空气进冷箱温度（TIAS－101）</td><td>24</td></tr>
<tr><td colspan="2">出冷箱氮气温度（TI－103）</td><td>24</td></tr>
<tr><td colspan="2">出冷箱污氮温度（TI－104）</td><td>24</td></tr>
<tr><td colspan="2">出冷箱氧气温度（TI－105）</td><td>24</td></tr>
<tr><td colspan="2">出冷箱压力氮温度（TIA－106）</td><td>21.7</td></tr>
<tr><td colspan="2">进换热器增压空气温度（TI－107）</td><td>40</td></tr>
<tr><td colspan="2">粗氩冷凝器液空恒流阀后温度（TI－701）</td><td>－187</td></tr>
<tr><td colspan="2">液氧喷射蒸发器前后温差（TDIA－101）</td><td>0～4</td></tr>
<tr><td colspan="3">（3）阻力/kPa(G)</td></tr>
<tr><td colspan="2">下塔阻力（PdI－1）</td><td>21.57</td></tr>
<tr><td colspan="2">上塔阻力（PdI－2）</td><td>5.29</td></tr>
<tr><td colspan="2">粗氩塔Ⅰ阻力（PdI－701）</td><td>4～5</td></tr>
<tr><td colspan="2">粗氩塔Ⅱ阻力（PdI－702）</td><td>8～10</td></tr>
<tr><td colspan="2">精氩塔阻力（PdI－703）</td><td>0～7.353</td></tr>
<tr><td colspan="3">（4）液面/mm</td></tr>
<tr><td colspan="2">下塔液空液位（LRCA－1）</td><td>600～800</td></tr>
<tr><td colspan="2">主冷液氧液位（LRCA－2）</td><td>3100</td></tr>
</table>

续表 14－35

（4）液面/mm	
粗氩冷凝器液空液位（LICA－701）	600～1200
粗氩塔Ⅱ底部液氩液位（LI－702）	约1000
纯氩塔冷凝器液氮液位（LI－703）	0～300
纯氩塔蒸发器液氩液位（LIC－704）	约1000
液氮平衡器液氮液位（LI－706）	0～300
粗氩液化器液氮液位（LI－707）	0～300
（5）纯度	
氧气（AIAS－102）	99.6% O_2
氮气（AIA－103）	≤5×10^{-4}% O_2
下塔液氮（AE3）	≤5×10^{-4}% O_2
液空（AE－1）	38.6% O_2
纯液氩（AIA706）	O_2≤2×10^{-4}%，N_2≤3×10^{-4}%
氩馏分含氩量分析（A1－701）	9.14% Ar
氩馏分含氧量分析（A1－703）	90.8% O_2
粗氩塔Ⅰ顶部粗氩含氧量分析（AICA－702）	1%～2% O_2
粗氩塔Ⅱ出口氩气含氧量分析（AIAS－704）	2×10^{-4}% O_2
粗氩塔Ⅱ出口氩气含氩量分析（AI－705）	99.5% Ar
（6）流量/$m^3\cdot h^{-1}$	
进冷箱空气流量（FIRC－101）	109200
产品氧流量（FRQCS－102）	20000
氮气流量（FIC－103）	40000
粗氩气流量（FIC－701）	757

14.8.4 空分设备启动

14.8.4.1 启动条件

空分设备的启动应具备的条件有：

（1）空分设备所属管道、机械、电器等安装完毕，校验合格。

（2）所有运转机械（如空压机、膨胀机、水泵、液氩泵等）均具备启动条件，有的应先进行单机试车。

（3）所有安全阀调试完毕，并投入使用。

（4）所有手动、自动阀门开关灵活，各调节阀须经调试校验。

（5）所有机器、仪表性能良好，并具备使用条件。

（6）分子筛吸附器程序控制调试完毕，运转正常，具备使用条件。

（7）空分设备阀门应处于关闭状态。

（8）供电、供水系统正常工作。

14.8.4.2 启动准备

启动准备过程中，空分装置的所有气封点，包括透平膨胀机的喷嘴，都必须关闭。除分析仪表外，所有通向指示仪表的阀必须开启。接通温度测量仪表，并进行以下各操作步骤：

（1）接通总系统的电源、水源及仪表空气。

（2）所有仪表投入使用状态。

（3）电控系统投入使用状态。

（4）检查空分装置的所有阀门处于关闭状态。

（5）分子筛系统投入运行。

（6）部分机组的供油装置投入运行。

（7）启动冷却水系统。

（8）通知做好供冷却水的准备工作。

（9）打开冷却水的进、出口阀。

（10）启动仪表空气系统，接通仪表空气；运行空气纯化系统切换程序，接通切换阀，并检查切换程序；启动空气过滤器；启动空气透平压缩机；接通冷却水系统；做好预冷系统各电机的启动准备。

14.8.4.3 启动空气压缩机

按空气压缩机使用说明书逐步增加压缩机后的压力。

14.8.4.4 启动空气预冷系统

启动空气预冷系统的步骤如下：

（1）接通空气冷却塔的全部指示仪表。

（2）检查空气预冷系统的仪、电系统。

（3）慢慢增加空压机的出口空气压力，并导入空气冷却塔中，待空气压力稳定并大于0.4MPa(G)时，启动水泵 WP1101(或 WP1102)，再启动水泵 WP1103(或 WP1104)。

（4）调节冷却水泵的压力和流量，空冷塔压力稳定且大于 0.4MPa 后，开 V1161、V1163、V1101，启动常温水泵 WP1101，调节出口阀 V1105，使压力稳定在 1MPa、流量 135m³/h（确认 V1107 调节阀是否得电打开）。

（5）接通液面控制器，使空气冷却塔和水冷塔液面稳定，将 V1162 手动打开，用 V1164 控制水位稳定后，V1162 转自动控制，使空冷塔正常排水。

（6）使水位 LICA－1101 稳定在 1000mm。

（7）向水冷塔送气和送水：缓慢开启 V1152 向水冷塔送部分空气。

（8）开 V1178 阀，水从水冷塔的上部进入水冷塔。

（9）开 V1175、V1177 阀，将 V1176 阀投入自动控制，使水冷塔水位正常，关闭 V1178 阀。

（10）待水冷塔水位 LIS－1104 上升到正常值 1000mm 时，依次开 V1117、V1142、

V1121 阀，启动低温水泵 WP1103，开 V1125，V1141 阀调节控制流量稳定在 $35m^3/h$。

（11）各水路流量、空冷塔和水冷塔水位稳定后，启动冷冻机组。

（12）慢慢增加空气压缩机排出压力。

14.8.4.5 启动分子筛纯化系统

启动分子筛纯化系统的步骤如下：

（1）运行切换程序。

（2）调节各控制阀门阀位是否正常。

（3）先导入再生气，再接通电加热器。

（4）将调功器温度调至设计值。

（5）分子筛吸附器启动后（包括吸附和再生），一般来说正常运行两个周期后，才能向分馏塔送气（须确定 CO_2 和水分含量达到设计值）。

送气时应注意，先微微打开分子筛进口阀进行导气，待分子筛容器压力平衡后，再全开进口阀。进入分子筛纯化系统的空气流量要根据 PdIAS－1205 阻力（不大于 8kPa）加以控制，以防止分子筛床层的破坏。当出分子筛吸附器的空气中 CO_2 的含量不高于 $1 \times 10^{-4}\%$ 时，可倒换仪表空气气源。

14.8.4.6 低温设备冷却

低温设备的冷却步骤如下：启动增压透平膨胀机，充分发挥其制冷能力，使分馏塔冷却到工作温度，为积液及氧、氮分离准备低温条件，但须注意防止膨胀机带液。

检查阀门状态可按以下步骤进行：V107、V104 稍开，全开 V121、V122、V123、V124、V125 和 V131、V134、V135，全开 V202，V201 开 1～2 圈，全关 V305，膨胀机喷嘴处于关闭状态。

14.8.4.7 启动膨胀机

启动膨胀机的步骤如下：

（1）依次打开增压机进出口阀 V401A(B)、V403A(B)，膨胀机出进口阀 V42(44)、V41(43)。

（2）打开紧急切断阀 HS401A（或 HS401B），慢开喷嘴导叶，慢关回流阀，使膨胀机 ET 运行正常。

（3）正常后按步骤启动另一台膨胀机。

（4）部分膨胀空气走 V6 阀的旁通。

接通冷却流路时应注意以下几点：

（1）应对冷箱内各系统作均匀冷却，微开各系统吹除阀，向各系统导气。

（2）密切关注各系统压力，不能有超压现象。

（3）根据塔内各点温降情况，调节各流路气量，使冷箱内设备均匀冷却。设备冷却过程中，冷箱温度逐步降低。

（4）应启动冷箱密封氮气，开 V271、V272、V273、V274 阀控制调节 PI－203、PI－204、PI－205 在 200Pa。

（5）当气量达到加工总气量的80%时，主换热器冷端温度达到液化温度（主冷底部或下塔底部出现液体），冷却阶段结束。

14.8.5 积液和调整阶段

所有冷箱内设备被进一步冷却，空气开始液化，主冷出现液体，上、下塔精馏过程开始建立，等冷凝蒸发器建立液氧液面后，可开始调节产品纯度，并将产品产量稳定在设计产量的60%～70%。

在液化阶段，膨胀机的出口温度尽可能保持较低，但以不进入液化区为宜。部分膨胀空气量可通过V6进入污氮气管。

14.8.5.1 阀门的调节

所有阀门的调节应按步骤缓慢并逐一地进行，当前一只阀门的调节取得了预期的效果以后，方可进行下一只阀门的调节。

14.8.5.2 温度的控制

主热交换器冷端的温度应接近液化点T1－1，约为－173℃，中部空气温度T1－18约为－118℃。其他部分温度应调节到正常生产时的规定温度。

14.8.5.3 液体的积累

积累液体的步骤如下：

（1）稍开吹氮阀V314、V315。

（2）调节空气压缩机的流量，以满足分馏塔吸入空气量增加，并保持压缩机后的恒压，可用进口导叶和放空阀配合调节。

（3）慢慢关闭各冷却吹扫用管路阀门。

（4）逐渐开大下塔液氮回流阀V11，根据主冷液氧上涨情况逐渐增加开度。

（5）取样分析初始积累的液体。如发现液体中有杂质和CO_2固体等，则应将液体连续排放，直到纯净为止。

（6）由于空气中含有水分，在抽取液体样品时，水分会凝结进入液体，使液体变得浑浊，因此，应把抽取液体的容器罩起来。

（7）用V1阀调节下塔液空液面LIC－1，并投入自动控制，LIC－1定为600mm。

（8）用V3阀抽取液氮送入上塔，加速精馏过程的建立。

14.8.5.4 精馏过程的建立

精馏过程的建立过程包括：

（1）将计量仪表投入（参阅仪控说明书）。

（2）控制产品流量为设计值的60%～70%。

（3）调整上塔和下塔的压力，使之达到正常值。

（4）从阻力计上的读数上升，即表明精馏过程已经开始建立。

（5）当主冷液面上升至设计值的50%～60%以上时，视吸入空气量和下塔压力情况调节下塔液氮回流阀 V11，初步建立下塔精馏工况。

（6）根据下塔纯氮纯度情况，调节 V3。

（7）调节出分馏塔的污氮阀 V1226、V120 及产品氮放空阀 V105、产品氧放空阀 V103，使产品氧、氮达到设计值。

14.8.5.5 粗氩塔操作

操作粗氩塔的步骤如下：

（1）缓慢开液空进、出粗氩塔 V701、V709 阀，使回上塔的液空蒸发量增加，促进粗氩冷凝器 K701 的工作，待粗氩冷凝器液空出现液面时，密切注视粗氩阻力计 PdI－701、PdI－702 的变化，使其缓慢升高到额定值后，AI－705 氩分析仪可投入使用。

（2）通过调整上塔工况，使氩馏分纯度 AI－701 为 9%～10% Ar，这时主塔[1]已达正常工况，渐开 V701，使液空液面缓慢升高到额定值，工况稳定后液面计 LIC－701 投入自动。

（3）在粗氩塔Ⅱ工作初期，粗氩塔Ⅰ精馏工况还未建立，含氧量分析 AIAS－704 不投入使用，而将粗氩塔Ⅰ出口气体含氧分析仪 AIA－702 接入代替 AIAS－704 使用。当 AI－705 稳定，且含量不低于 98% Ar 时，AIAS－704 方可投入使用。当粗氩塔Ⅱ液面 LICSA－702 缓慢升到 1000mm 时，启动液氩泵 AP501（或 AP502），将粗氩塔Ⅱ的粗液氩送入粗氩塔Ⅰ，此时 V703 投入自动，使 LICAS－702 保持在 800～1000mm。

（4）从分析仪 AE－703 取样，定期分析液空中的乙炔含量，其值不得高于 $1\times10^{-6}\%$。

（5）当冷凝蒸发器液面达到最小规定值时，可有步骤地减少一台透平膨胀机的产冷量，如果空气压缩机的产量已经达到最大值，而下塔的压力仍有下降趋势时，应提前减少透平膨胀机的产冷量。

14.8.6 精馏工况的调整

精馏工况的调整按以下步骤进行：

（1）将分析记录仪表投入。

（2）按各分析点数据，利用 V3 对精馏工况进行调整。

（3）在调整时，产品取出量维持在设计值的 80% 左右。

（4）当工况稳定后，可加大产品取出量到规定值，将污氮气纯度维持在规定指标上。

（5）产品的产量、纯度均达到指标时，此时产品压缩机可以启动，即逐渐把产品从放空管路切换到产品输出管路上。

（6）注意液氧液面，应保持稳定，不能下降，必要时，可增加透平膨胀机的产冷量，所增加的膨胀气量如果入上塔将影响上塔工况，可经膨胀空气旁通入污氮阀 V6 进行调节。

14.8.7 粗氩塔的调整

由于粗氩塔与主塔有着紧密联系，只有在保证主塔工况稳定在设计工况的前提下，才

[1] 主塔为上塔与下塔。

能开始粗氩塔正常工况的调整工作。

影响粗氩塔建立正常工况的主要因素，有氩馏分的组成及热负荷发生变化，因此，粗氩塔正常工况的调整目的，就是要建立最佳的氩馏分组成及冷凝器热负荷，从而保证粗氩纯度及产量。

14.8.8 氩馏分含氧量的调整

氩馏分组成的稳定性是粗氩塔正常工况建立的基础。

若氩馏分含氧量太高、将导致粗氩含氧量上升，塔板阻力会有所增加，且氩回收率会下降，产量减少。若含氧量太低，则含氮量往往会升高，塔阻力下降；含氮量过高，会导致粗氩塔粗馏工况恶化（例如产生“氮塞”）。过多的氮带入纯氩塔又会增加纯氩塔的精馏热负荷，并影响产品纯度。

氩馏分含氧量是通过调整主塔的正常工况来达到的，调整时一定要把主塔和粗氩塔视为一个整体来考虑，二者中有任一参数偏离正常工况往往都会引起氩馏分组成的变化，因此操作调整一定要谨慎小心，且要缓慢而行。最通用的调整方法是，在允许范围内适当增加产品氧抽出量，这样可降低氩馏分的氧含量；开大污氮去预冷系统阀 V104 或污氮去纯化系统阀 V120，适当降低上塔操作压力，提高精馏塔的分离效率，降低氩馏分的氮含量。氧氩气产量、入塔空气量和压力及膨胀空气量的改变、空气纯化系统的充气切换，都会引起氩馏分组分的变化。在调整时，应周密考虑各种因素之间的相互影响，尽量把不可避免的干扰因素错开。

14.8.9 液空液面的调整

粗氩冷凝器热负荷是根据粗氩塔阻力 PdI－702 指示，通过调整液空液面来实现，它将影响粗氩的产量及纯度。开大液空进粗氩塔阀 V701，液空液面升高，冷凝器的热负荷增加，反之减少。

14.8.10 粗氩纯度的调整

粗氩纯度主要靠调整氩馏分来达到，适当增加冷凝器热负荷，有助于粗氩的纯度提高。

14.8.11 纯氩塔的操作与调整

14.8.11.1 操作前应具备的条件

操作纯氩塔前应具备以下条件：

（1）主塔及粗氩塔的工况稳定在设计工况。

（2）纯氩塔和粗氩液化器已进行彻底的吹刷冷却。

（3）粗氩含氧量分析 AIAS－704 不高于 $2\times10^{-4}\%$ O_2。

（4）计器仪表和安全阀均已校好，并可随时投入使用。

（5）检查所有阀门是否灵活好用，并全部处于关闭状态。

（6）储存系统的液氩槽，已准备就绪。

14.8.11.2 纯氩塔的操作

纯氩塔的操作步骤如下：

（1）当 AIAS－704 不高于 $2\times10^{-4}\%\ O_2$ 时，缓慢开大气氩进液化器阀 V705，将粗氩导入液化器阀 704。渐渐开大液氮进、出氩液化器阀 V716、V711，促进液化器 K704 的工作，待 PIC－702 达一定值时，投自动，使液化粗氩进入纯氩塔，同时打开液氮进、出纯氩塔阀门 V706、V715，冷凝器液氮出现液面并缓慢上升到额定设计值时，液氮出纯氩塔阀门 V706 投自动。

（2）在蒸发器液面 LIC－704 达 10% 后，应开 V757 全部排放积液，以确保纯氩纯度。当蒸发器液面 LIC－704 上升到额定值，渐渐开大气氮出精压塔阀 V707，使塔内阻力 PdIC－703 靠近设计值，待塔内压力稳定后 V707 投自动。

（3）在蒸发器液面 LIC－704 达到设计额定值时，若氩中含氧大于 $1\times10^{-3}\%$，则打开 V757，排放一部分液氩去粗氩塔进行回收利用后再重新积液。

（4）当纯氩中的氧、氮含量达到要求且液面达到 1200mm 时，可打开 V708 阀至液氩储槽。

14.8.11.3 纯氩塔的调整

纯氩塔的调整步骤如下：

（1）塔内阻力稳定是纯氩工况稳定的标志，开大气氮出精压塔阀 V707，增加上升蒸汽量，塔内阻力增加。当塔内压力 PICAS－704 超过正常值时，LI－703 偏低，液氮出纯氩塔阀 V706 开大，使液氮液面上升，冷凝液回流量增加，塔内压力恢复正常。

（2）定期开关或经常微开不凝气排放阀 V759，排除不凝性气体（氖氦气）。

（3）氩纯度可通过调节余气量来达到，开大纯氩塔不凝气体排放阀 V751，可降低液氩中的含氮量，若氩中氧量过高，只打开 V757 排放部分液体重新积液。

（4）应防止纯氩塔出现负压，因负压会使大气中水分吸入管内面造成管道堵塞。

14.8.12 停车操作

14.8.12.1 计划停车

计划停车前，应尽量对液体产品进行储存，并做好液体与输送系统的有关准备工作，如有必要应启动后备系统。计划停车的步骤如下：

（1）停氧压机、氮压机，必要时启动液氧、液氮蒸发系统。

（2）开启产品管线上的放空阀，关闭液体产品的送出阀。

（3）开通仪表气外供备用通路。

（4）停氩精馏系统，停粗氩泵。注意氩精馏塔的压力，必须保证不得超压。如有必要则对粗氩泵进行排液、加温。

（5）停止增压透平膨胀机。

（6）注意控制好主塔压力，不得超压。视计划情况而定是否对其进行排液处理和加温吹扫。

（7）如果需停分子筛系统，则停空冷系统的冷冻机和水泵，停运分子筛的切换系统。

(8) 如有必要则停空压机。

(9) 如停车时间较长，应排放液体，对装置进行加温（排液过程空压机继续运行）。

(10) 停冷却水系统。

(11) 关闭空分有关阀门，同时塔内需保持一定的正压。

如停车时间较短，只按（1）~（8）步进行操作。

14.8.12.2 紧急停车

装置发生严重故障，如突然停电、停水、停气或发生爆炸起火等恶性事故时，应同时对以下几个方面进行处理：

(1) 检查确认产品送出阀关闭，检查确认仪表气备用管路开通，如可行则立即启动液氧蒸发备份系统。

(2) 检查并确认氧压机、粗氩泵、膨胀机、冷冻机、氮水预冷系统水泵、空压机停车，确认并控制上塔放空阀防止上塔超压。

(3) 确认检查空分相关阀门连锁关闭或全开。

(4) 去现场检查，对有关故障加以处理。

14.9 液体储存与汽化系统的管理与操作

14.9.1 液体储存与汽化系统的管理及注意事项

14.9.1.1 储槽维护

储槽的维护应按以下要求进行：

(1) 低温液体储存设备最重要的要求之一，是要有良好的绝热保冷性能，因此，保冷材料珠光砂及绝热层空间都要保持干燥。

(2) 当班期间应对储槽工况进行如下的检查：压力表、液位计的测量是否准确可靠；设备、管路、阀门有无泄漏、堵塞现象；阀门是否处于正确的启闭位置。

(3) 当压力达到安全阀的起跳压力而安全阀不动作时，应立即校准安全阀的起跳压力，以确保储槽的安全。压力表每年校准一次，安全阀每年调校一次。

14.9.1.2 储槽安全规定

储槽的安全规定如下：

(1) 严防油脂类物品与液氧或氧气接触，防止直接用油润滑氧气阀门。

(2) 防止易燃物品与液氧或氧气接触，而引起燃烧。

(3) 在液氧储槽区域严禁烟火，在储槽周围及地面，不允许存放油类及易燃物品。

(4) 防止低温液体与皮肤接触，否则会引起严重冻伤。暴露在氧气、氮气富集危险的房间应保持经常良好的通风。

14.9.1.3 中压低温液体泵操作注意事项及故障处理

A 使用注意事项

中压低温液体泵的操作有以下注意事项：

(1) 低压力、大流量可能使电机超负荷。

(2) 小流量、高压力、流速太低进口液体吸热严重，会使进口液体汽化，叶轮周围气液不均，产生振动，应引起特别重视。

(3) 如果系统发出异常的声音，表明在压力管路中形成了过高的压力，此时应立即切断电机电源，停止泵的运行，查找原因。

B 常见故障原因分析及处理方法

中压低温液体泵常见故障原因分析及处理方法见表14-36。

表14-36 中压低温液体泵常见故障原因分析及处理方法

常见故障	故障原因	处理方法
没有排压	进、排气阀门卡死	若是由于潮湿结冰，需加温吹除干燥后再启动；若是杂质应拆卸后清除并干燥后再启动
	泵未冷透或入压力不够，即NPSP不足	继续预冷或增加吸入压力
	回气管路关闭	打开出口管上的吹除阀
	液体太接近汽相点	打开储槽放空阀，放掉一部分气体
	零件磨损	重新装配冷端，更换相应零件
流量不足	进、出口阀门密封不严	拆检或更换相应零件
密封器泄漏	填料没有压紧	适当旋紧密封器开槽螺母
	密封件损坏	更换密封件

14.9.1.4 高压低温液体泵操作注意事项

A 注意事项

如果空温式汽化器最后一排翅片发生结霜现象或汽化器后去充瓶间的管路上挂霜，表明系统的流量已超出汽化器的汽化能力，应立即停泵，查找原因。

如果泵发出异常的声音，显示在压力管路中形成了过高的压力，此时也应立即停泵，查找原因。

B 常见故障原因分析及处理

高压低温液体泵的故障分析及处理同中压低温液体泵，见14.9.1.3 B节。

14.9.2 液体储存与汽化系统的操作

14.9.2.1 低温液体（液氧、液氮）储槽设备主要技术参数

低温液体（液氧、液氮）储槽设备主要技术参数见表14-37。

表14-37 低温液体（液氧、液氮）储槽设备主要技术参数

项目	单位	技术参数
储槽型号①		CP-500/0.1
有效容积	m^3	500

续表 14 - 37

项　　目	单位	技　术　参　数
装量系数		0.94
工作介质		LO_2 （LN_2）
最高工作压力（内筒/外壳）	kPa	+8 ~ -0.4/ +0.5 ~ -0.2
设计压力（内筒/外壳）	kPa	+15 ~ -0.5/ +1.0 ~ -0.3
设计温度（内筒/外壳）	℃	-196/常温
最大充装量	t	570
蒸发率	%/d	LO_2 ≤0.3
内筒呼吸阀吸放压力（吸气/排气）	kPa	0.5/10
外壳呼吸阀吸放压力（吸气/排气）	kPa	0.28/0.8
内筒内直径	mm	8000
外壳内直径	mm	11000

① 采用珠光砂绝热保冷，干燥氮气密封。

14.9.2.2 增压器压力调节装置

储槽的增压器设置在储槽的附近，其压力调节装置为一只薄膜调节阀，由内筒气相压力连锁控制，以保障储槽工作压力稳定。

14.9.2.3 安全装置

储槽内筒设有两只呼吸阀和一只薄膜调节阀，以防内筒超压。绝热层设有一只呼吸阀，以防绝热层内压力过高或过低。采用差压式液位计监测槽内液体液位高低，且设有液面指示报警装置，在中控室监控。测温点设在内筒下部，以监测储槽内液体的温度。就地设置，采用盒式压力表，以显示储槽内的压力，同时设有压力指示报警装置，温度压力均在中控室监控。

14.9.3 低温液体（液氧、液氮）储槽设备的操作与维护

14.9.3.1 气密性试验及吹除处理

储槽安装完毕，应进行系统气密性试验，试验压力为8 kPa，试验用气为干燥氮气，试验时间为4h。气密性试验合格后，需用干燥氮气对储槽内筒进行系统的吹除。在有条件的情况下，吹除气体应加温到80 ~ 100℃，对各管路、阀门分别进行吹除。尤其是液位计，压力表应从接头处排出气体，确认内筒吹除气体的露点达到 -60℃以下。

14.9.3.2 充液操作

在向储槽充灌低温液体前，须认真检查各阀门是否处于正确位置，计器仪表是否灵活可靠，是否处于投用位置。充液过程分为首次充液和补充充液。

首次充液（内筒处于热状态下的充液）的操作步骤为：

（1）打开内筒顶部气体放空阀，LO_2 储槽为 V1715，LN_2 储槽为 V1815。打开储槽进液阀，LO_2 为 V1703，LN_2为 V1803。液氧或液氮由空分塔内经输液管路慢慢向储槽内充液，汽化后由顶部放空阀排出，内筒得以逐步冷却。

（2）注意观察储槽内压力的变化，调节 LO_2 或 LN_2 的流量（调节空分塔 V5 或 V4 的阀门开度），以保证 PI－1701（LO_2）或 PI－1801（LN_2）压力在 5kPa 左右。最高不允许超过设计压力的 90%（7kPa）。注意观察储槽内温度的变化，LO_2 储槽温度为 TI－1755、TI－1756、TI－1757，LN_2 储槽温度为 TI－1855、TI－1856、TI－1857。当 TI－1757 或 TI－1857 的温度降低到充入液体的温度后，可逐步加大充液速度，时刻注意绝热层空间的压力变化。

（3）由于内筒温度下降，使绝热层空间气封气温度下降，导致压力下降，故应保证密封氮气的流量。

补充充液（内筒内已有低温液体，冷状态下的充液）：补充充液操作程序与首次充液基本相同，不同的是内筒已有低温液体，不需要冷却内筒，因此一开始就可加大充液的速度。

14.9.3.3　储存操作

储槽在使用期间要定期检查储槽内的压力、液位、排出量、剩余量，对液氧储槽要定期检查液氧的纯度。罐内压力不得超过 8kPa（表压），长期储存液氧（两周以上）而不改变液位时，要采取措施保证储存液体不受搅动。应每周分析检查液氧中的碳氢化合物成分，主要检查乙炔浓度不得超过 $1\times10^{-5}\%$，否则应排尽槽内液体（比较困难）或补充液氧，使槽中乙炔含量小于 $1\times10^{-5}\%$。

绝热层和外壳不应有结冰挂霜现象，绝热层空间不得含有储存产品的成分，否则应检查内筒是否有泄漏。液体只能充到规定的液位高度 9950mm，排放时不得使液位低于 550mm。应防止储槽系统附属设备在正常条件下产生大量气体而造成储槽超压或负压。

14.9.3.4　CP－500/0.1 型液体储槽压差体积对照

CP－500/0.1 型液体储槽压差体积对照见表 14－38。

表 14－38　CP－500/0.1 型液体储槽压差体积对照

压差/Pa	液氧体积/m^3	压差/Pa	液氧体积/m^3
10000	43.26	70000	307.80
20000	87.35	80000	351.89
30000	131.44	90000	395.98
40000	175.53	100000	440.07
50000	219.62	110000	484.16
60000	263.71	113600	500.00

如从压力罐向储槽充液，应采取下述措施，以防止储槽超压：

(1) 全开内筒顶部放空阀 V1755 (LO_2) 或 V1815 (LN_2)。

(2) 注意观察压力表 PI-1701 (LO_2) 或 PI-1801 (LN_2) 数值的变化。

(3) 把内筒顶部超压放空的薄膜调节阀 V1714 (LO_2) 或 V1814 (LN_2) 调整到自动控制状态。

14.9.4 中压(3.0MPa)水浴式汽化器的操作与维护

14.9.4.1 水浴式汽化器主要技术参数

水浴式汽化器 (LO_2、LN_2) 主要技术参数见表 14-39。

表 14-39 水浴式汽化器主要技术参数

项 目	单 位	参 数
设计压力(管程)	MPa(G)	3.5
最高工作压力(管程)	MPa(G)	3.0
最高工作压力(壳程)	MPa(G)	0.6
试验压力(管程)	MPa(G)	4.03
设计温度(管程)	℃	-186~30
设计温度(壳程)	℃	50
换热面积	m^2	100
产品代号		2451.000
汽化量(汽化介质为氧气,在20℃、101.3 kPa时)	m^3/h	6880~12900
饱和蒸气压力	MPa(G)	0.35~0.5
生活水压力	MPa(G)	0.2~0.3

14.9.4.2 汽化器的操作

启动低温液体 (LO_2 或 LN_2) 泵前,把水箱内水位灌到上水位(水位计玻璃管的最高指示点位置),水箱内接近灌满冷水。全开蒸汽管路上调节阀前、后的截止阀,全关蒸汽旁路阀。送上调节阀的仪表气源,启动调节阀(液氧为 V1769,液氮为 V1867),并使其投入自控,依据 TICA-1752 (LO_2) 或 TICA-1852 (LN_2) 的温度变化自动调节蒸汽流量,使水箱内水温稳定在 30~50℃。

低温液体泵启动后,压力液体(或液氮)送入汽化器管道内被加热汽化,待压力高于当时氧气(或氮气)输送管网压力约 0.2 MPa(表压)时,缓慢打开送气阀向管网送气(因输出管路上装的是两只截止阀,送气之前可全开其中一只,送气时慢开另一只)。汽化过程中,用上水阀配合蒸汽调节阀控制水温,使 TICA-1752 (LO_2) 或 TICA-1852 (LN_2) 的温度不超过 50℃(最佳温度为 25~35℃),可保持适量的溢流水。调节液体泵的电机转速,控制汽化量,注意观察储槽的压力及液面的变化。

泵的流量(即汽化量)是根据炼钢、炼铁工序的需要及当时制氧站内氧气和氮气输出管网压力决定的。其调节必须在规定的范围内(液氧、液氮都是 8000~15000L/h),调节的办法就是通过旋转调速电机的速度调节旋钮。与额定流量匹配的电机转速范围是

176～330r/min，因此在操作中，电机的转速最高为330r/min，泵启动时电机转速可调在150r/min。泵停止运行后，待汽化器内余气排完，关闭送气阀、放空阀，关蒸汽调节阀、关上水阀。若较长时间停用汽化器，应排净汽化器内余水。

14.9.5　中压（3.0MPa）低温液体泵的操作与维护

14.9.5.1　中压低温液体泵主要技术参数

中压低温液体泵（LO_2、LN_2）主要技术参数见表14－40。

表14－40　中压低温液体泵主要技术参数

项　　目	单　　位	参　　数
型号		TBP 8000－15000/30
形式	卧式、三缸、活塞泵	
液氧流量	L/h	8000～15000
液氮流量	L/h	8000～15000
气氧流量①	m^3/h	6880～12900
气氮流量①	m^3/h	5600～10500
电机功率	kW	22
电压	V	380
电机型号		Y180L－4
吸入压力	MPa(G)	0.02～0.6
最大排出压力	MPa(G)	3.0
电机防护等级		IP44

① 指在20℃、101.3kPa时的流量。

14.9.5.2　中压低温液体泵的操作

A　泵启动前的检查

中压低温液体泵启动前的检查包括以下几项：

（1）检查传动箱内油位，油位高度以油位仪的标志线所示高度为宜。

（2）使用润滑油为N46号机械油。

（3）检查皮带传动部分，调节皮带的松紧程度至合适，手动盘车数转，确认电机、泵体各部转动灵活，无卡塞、摩擦现象。

（4）检查电器、仪表设备、管路是否正常，送上电源，接通仪表气源，确认一切完好。

（5）检查各输送管路接头处的连接是否可靠，气密性是否良好，各阀门开、关是否灵活。

B　泵体的预冷

泵体预冷的操作步骤如下：

（1）全开泵的进液阀，液氧泵为V1751、液氮泵为V1851。

（2）全开进液管及出口管上的吹除阀，液氧泵为V1761及V1762，液氮泵为V1861及V1862。

（3）打开泵的出口阀1/3开度，液氧泵为V1753，液氮泵为V1852。

（4）确认储槽内液体液位在3m以上，储槽内筒压力P1－1701（LO_2）或P1－1801（LN_2）的指示压力应大于0.02MPa（20kPa表压），此时缓慢打开储槽向泵体的液体排放阀，液氧泵为V1706，液氮泵为V1806。

（5）此时液体进入泵头缸体内，泵体温度逐渐下降到操作温度，冷却时间约3～5min。冷状态下再盘车数转，确认无卡塞，确定正常后，可准备启动泵。

C 泵的启动

泵的启动应注意以下几点：

（1）冷状态下，泵能盘动就可启动。

（2）启动前关闭泵前面进液管上的吹除阀V1761或V1861。

（3）泵启动后，发现不正常的声音应立即停车。

（4）泵启动后10s内出口压力表没有明显波动，出口管放空阀V1762或V1862连续排出液体，此时，可慢关放空阀，压力上升后，调节出口阀V1753或V1852的开度，达到正常时泵出口工作压力。

（5）泵运行正常后，根据汽化量的需要，调解电机的转速，开始启动时转速调在最低档176r/min。

（6）注意控制压力，防止安全阀起跳。

应特别注意，不得在系统冷却时间过长或轴承油脂过冷的情况下启动泵。

D 警告

由于中压低温液体泵是正变量泵，如果出口压力管路关闭，则将建立3.0MPa以上的压力，所以压力管路上应设置安全阀。该泵可以双向运转，为了确保十字头、滑套和连杆有更长的使用寿命，可定期更换电机的旋转方向（约运转2000h）。

正常启动后将出现以下现象：泵的进、排出管路上开始挂霜；可听到轻微的振动声，证明泵的进、出口阀已正常工作；排出管路上压力表的压力显示逐渐增加。

E 停泵

汽化工作完成停泵后，应进行以下操作：

（1）关闭泵的进液阀V1706或V1806；全开进、出口管上的放空阀，液氧泵为V1761和V1762，液氮泵为V1861和V1862。

（2）排放泵体内的液体，此时应手动盘动电机数转，使泵体内残液得以汽化后排净（由于未接装加温吹除干燥氮气，故只能靠自然升温），当泵系统全部升至常温后，才能关闭上述吹除阀及泵进、出口阀。

（3）液氧泵为V1751及V1753，液氮泵为V1851及V1852。

停泵时间较长，应切断电机电源。如果系统出现故障，应首先切断泵的电机电源，停止泵的运转，待故障排除后，再根据停泵时间的长短及泵的状态，再重新启动泵。

14.9.6 高压（20.0MPa）低温液氧泵的操作与维护

14.9.6.1 高压低温液氧泵的主要技术参数

高压低温液氧泵主要技术参数见表14－41。

表 14-41 高压低温液氧泵主要技术参数

项 目	单 位	参 数
型号		TBP100-300/200
形式	卧式、三缸、活塞泵	
液氧流量	L/h	100~300
气氧流量①	m^3/h	86~258
电机功率	kW	5.5
电压	V	380
吸入压力	MPa(G)	0.02~0.6
正常工作压力	MPa(G)	15.0
最大排出压力	MPa(G)	20.0

① 指在20℃、101.3kPa 时的流量。

14.9.6.2 空温式汽化器技术性能

空温式汽化器的技术性能见表 14-42。

表 14-42 空温式汽化器的技术性能

项 目	单 位	参 数
型号		QQN-300/200
汽化量	m^3/h	300
正常工作压力	MPa(G)	15.0
最高工作压力	MPa(G)	20.0
最低出口温度	℃	-10

14.9.6.3 高压低温液氧泵的操作

A 泵启动前的检查

高压低温液氧泵启动前的检查，参见 14.9.5.2 中压低温液体泵的操作。

B 泵体的预冷

泵体的预冷按以下步骤进行：

(1) 全开泵的进口阀 V1752。

(2) 进液管路上的吹除阀 V1761 全开。

(3) 出口管路上的吹除阀 V1763 全开。

(4) 全开空温式汽化器（LE）出口阀 V1775。

(5) 泵出口阀 V1755 开启 1/3。

(6) 联系充瓶工序，准备接受气体充灌

(7) 确认储槽内液氧液面在 3m 以上，储槽内筒压力 PI-1701 大于 0.02MPa（20kPa 表压）。

（8）缓慢打开储槽通向泵体的液氧排放阀 V1706，液氧进入泵头缸体内，泵体温度逐渐降低到操作温度，冷却时间约 5min。

（9）冷状态下再手动盘车数转，确认无卡塞、摩擦，确定冷却正常后，可准备泵的启动。

C 泵的启动

泵的启动应注意以下几点：

（1）冷状态下能盘动泵就可以启动，启动前关闭 V1761，此阀若已连续排出液体可提早关闭。泵启动后，发现不正常的声音应立即停车。

（2）泵启动后 10s 内出口压力表没有明显波动，出口管放空阀 V1763 连续排出液体，说明压力已升起。此时，可慢关阀门 V1763，压力上升后调节泵出口阀 V1755 的开度，达到正常时泵的出口工作压力为 15MPa（表压）。注意控制压力，防止安全阀起跳。应特别注意，不得在系统冷却时间过长或轴承油脂过冷的情况下启动泵。

（3）泵启动运行正常后，根据汽化量的需要，调节电机的转速，开始启动时转速在最低档 125r/min。泵的流量是根据充瓶的需要在规定范围内调整，调整的办法是通过旋转调速电机的速度调节旋钮，以达到调节流量的目的。与额定流量匹配的电机转速范围是 240 ~ 700r/min，所以操作中，电机转速绝对不允许超过 700r/min。

正常启动后将出现以下现象：泵的进口、出口管路开始挂霜；可听到轻微的振动声，证明泵的进、排出阀门正在工作；排出管路上的压力表 PI－1757、PIA－1758 将显示逐渐增加的压力。

D 停泵

正常充瓶工作完成后，应进行以下工作：

（1）关闭储槽液氧排出阀 V1706，若此时中压汽化系统正在工作，则应关闭高压泵的进口阀 V1752。

（2）全开泵出口管路上的吹除阀 V1763，排放泵体内的液体，此时应手动盘动电机数转，使泵体内及管路内的残余液体得以汽化后排净（由于未安装加温吹除的干氮气，因此只能靠大气温度使泵系统自然升温）。

（3）当泵系统及空温式汽化器全部回升至常温后，才能关闭 V1763、V1775、V1755。

停泵时间较长时，应切断电机电源。如果系统出现故障，应首先切断泵的电机电源，停止泵的运转，待故障排除后，根据停泵时间的长短及泵的状态再重新启动泵。

E 泵的故障分析

泵的故障分析见表 14－43。

表 14－43 泵的故障分析

故障现象	可能的原因	处理方法
电机不转 没有排压或排压达不到设计要求	断电或接线错误	正确接线、送电
	预冷不够	继续预冷
	排液管路密封不良	改进密封
	进、排液阀有异物	检查进、排液阀，去除异物
	进、排液阀磨损	修复或更换

续表 14－43

故障现象	可能的原因	处理方法
电机启动后活塞杆不运动	活塞环损坏	更换
	连接螺栓损坏	更换
	连接螺栓未连接好	调紧或更换
	皮带打滑	调紧或更换
	活塞结冰	去除缸中水分
密封渗漏	轴封过紧	重新调节
	磨损或装配不当	更换或压紧靠

14.10 充瓶间的管理与高压氧气压缩机的操作

14.10.1 充瓶间的管理内容

制氧厂充瓶站拥有一台 Z－1.67/150 型固定、立式、三列、三级、单作用压缩机，最高工作压力达 15.0MPa，还拥有氧气充装台 2 组、氩气充装台 2 组、氮气充装台 2 组，1000 个钢瓶。

充瓶站的专职人员应全部经过有关部门培训，持有压力容器证、充装证、检验证。在安全和气瓶充装质量保证体系管理方面，应按国家相关法规制定安全质保体系守则，做到各项制度和规程是全站员工的行为准则。

14.10.1.1 充装组织机构

充装组织机构如图 14－2 所示。

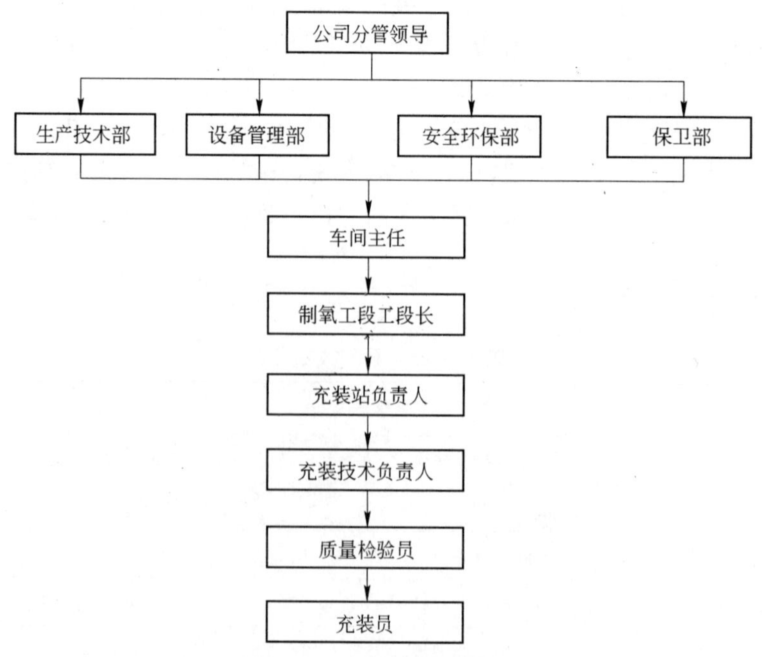

图 14－2 充装组织机构图

14.10.1.2 充装设备

充装设备见表14-44。

表14-44 充装设备型号及数量

序 号	名 称	型 号	数 量	单 位
1	氧气压缩机	Z-1.67/150型	1	台
2	钢瓶清锈机	GX-1.21型	1	台
3	钢瓶吹干机	GK-4/40型	1	台
4	气体钢瓶试压机	GC-1/22.5-V型	1	台
5	电动试压泵	2D-SY型	1	台
6	板称	TGT-500A型	1	台
7	高压低温液体泵（液氧、活塞式）	BP100-300/200	1	台
8	高压低温液体泵（液氮、活塞式）	BP200-450/165	1	台
9	无缝气瓶真空干燥装置	2-ZK	2	台
10	真空泵	Y100L1-4	2	台

14.10.1.3 充装工艺流程

充装工艺流程如图14-3所示。

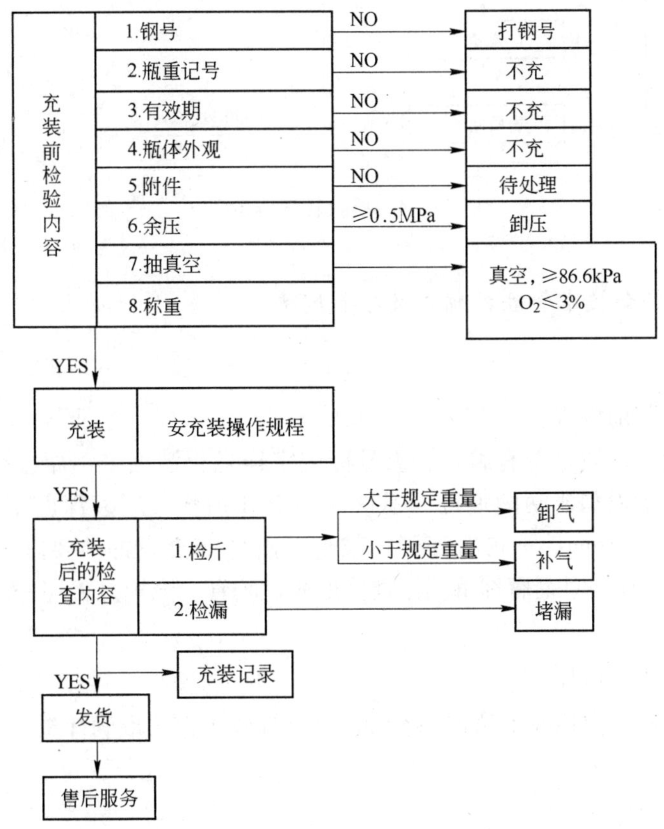

图14-3 充装工艺流程图

14.10.1.4 质量管理体系

质量管理体系图如图 14－4 所示。

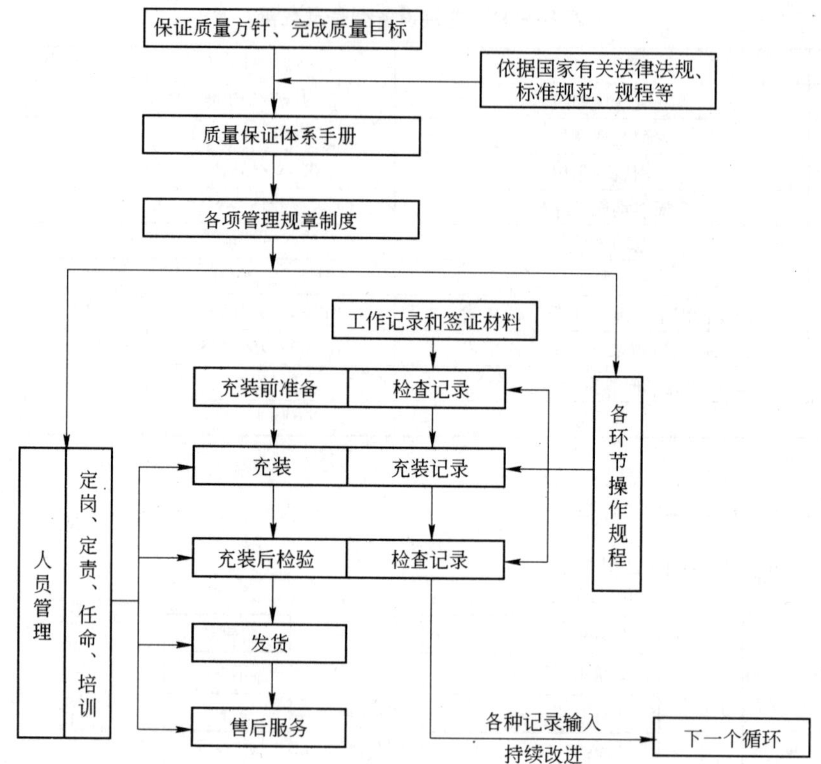

图 14－4 质量管理体系图

14.10.1.5 安全技术管理控制点及控制因素

A 控制点一

控制点一：充装前检查。

控制因素：检查钢瓶是否有编号、重量标记字样是否清晰、钢瓶是否在检验有效期内；不得有火烤、水烫和泄漏的痕迹，不得有裂痕和损伤，压痕深度不得大于 0.5mm，划痕深度不得大于 0.3mm，不得有变形、鼓包。附件齐全良好。要求钢瓶余压不低于 0.05MPa。检查充装秤并对钢瓶称重。检查接地线、胶管、充枪是否完好。

B 控制点二

控制点二：抽残、检斤。

控制因素：当钢瓶内残液重超过 1kg 时，进行抽残工作，准确计量。

C 控制点三

控制点三：充装操作。

控制因素：启动液体泵，控制充装前压力为 0.8～1.2MPa；瓶阀口、阀杆、阀根、瓶体泄漏或内有异常响声（如金属撞击声），应立即停止充装；充装秤发生故障、瓶阀充装压力过高或不能进气，应立即停充处理；充装压力突然发生变化或充装卡具、管道阀门泄漏损坏，应立即处理；发现错砣或定秤错误、超装，应立即停充，并按“多倒少补”原则进行处理；充装间发生其他异常应立即停充。

D 控制点四

控制点四：复检。

控制因素：逐瓶检查；认真填写复检（检斤）记录。

E 控制点五

控制点五：气密试验。

控制因素：肥皂水试漏；逐瓶检查；填写记录表。

F 控制点六

控制点六：设备控制。

液压泵控制点控制因素：开机前检查，排气启动，控制压差，进行检查，停泵关阀。

真空泵控制点控制因素：开机前检查，控制压差（真空压力低于 -0.1MPa），进行检查，停泵关阀。

14.10.1.6 控制点岗位

控制点岗位及控制见证见表 14-45。

表 14-45 控制点岗位及控制见证

序号	控制内容	岗 位	控制见证
1	钢瓶充装前检查	充装工	钢瓶充装记录本
2	抽残	充装工	钢瓶充装记录本
3	重瓶检验	充装工	钢瓶充装记录本
4	重瓶充装	充装工	钢瓶充装记录本
5	重瓶抽查复检	充装工	钢瓶充装记录本
6	重瓶检漏	充装工	钢瓶充装记录本
7	抽真空	充装工	钢瓶充装记录本
8	设备维护	压力容器操作工	各种设备运行记录
9	设备维修	压力容器操作岗充装工	设备维修记录

14.10.1.7 充装站各岗位职责

A 班长（兼安全员）岗位职责

班长（兼安全员）岗位职责如下：

(1) 在组织生产的过程中，坚持“质量第一”的方针。

(2) 正确处理好产量与质量的关系，把好质量关。

(3) 发现异常及隐患要及时分析处理，并制定强有力措施，有组织、有计划、定期或不定期地对全大班职工进行安全生产、质量教育。

（4）建立健全质量考核制度，开展现场质量管理活动。

（5）确保本班质量指标全面完成。

（6）对随意违反工艺、忽视产品质量的行为，有权制止并对直接责任者提出处理决定。

（7）对经常出现质量事故不能胜任现职的工作者，有权调换其岗位。

B　技术负责人（兼设备管理、气瓶复检）岗位职责

技术负责人（兼设备管理、气瓶复检）岗位职责如下：

（1）熟悉介质充装的法规、安全技术规范及专业技术知识，全面负责本单位介质充装的安全质量技术工作。严格贯彻落实《气瓶充装许可规则》（TSG R4001—2006）规定的要求。

（2）负责本单位设备管理工作，充装设备、工艺设备的建档率、专管率和完好率达到要求。

（3）在用特种设备的使用登记率、检验合格率达到100%。

（4）负责制定各项安全管理制度、安全技术操作规程，根据本单位实际情况的变化适时修订“安全质保体系手册”，确保充装质量得到有效控制。

（5）切实做好设备、仪器、计量器具的管理和维护保养工作，确保其完好、准确、灵敏、可靠。

（6）制订定期检验计划，确保安全使用。

（7）参与设备事故的分析和处理工作，认真吸取经验教训，并立即加以改进，杜绝事故的再次发生。

（8）按充装要求认真做好气瓶充装前后的检查工作，监督充装工按充装操作规程充装，杜绝不合格瓶出站。

C　压力容器操作工（兼设备维修、钢瓶保管）岗位职责

压力容器操作工（兼设备维修、钢瓶保管）岗位职责如下：

（1）认真学习压力容器、压力管道相关的法律法规，熟悉充装介质性质、充装工艺设备基础知识，正确使用设备，确保该类设备的安全、正常运行。

（2）严格执行操作规程和各项管理制度，精心操作。

（3）加强运行期间的巡回检查，发现异常情况时应立即采取相应措施，排除故障，恢复正常运行。

（4）认真做好设备日常维护保养工作，按规定认真按时填写相关记录。

（5）按物资管理方法认真做好钢瓶保管工作，做到分类摆放，标志清晰，账物相符。

（6）新购钢瓶和检瓶入库要认真检查验收，手续齐全，详细填写收发瓶记录。

D　充装岗位责任制

充装岗位责任制内容如下：

（1）气瓶充装前对瓶身、瓶阀、颜色、充装气体等进行认真复查。

（2）认真记录气瓶标志的有关数据。

（3）充装过程中压力达到7MPa时，用手抚摸氧瓶温度，检查气体是否充入，发现异

常（如温度过高）及漏气现象应及时处理，出现故障也要及时处理（停止充瓶）。

（4）遵守安全技术操作规程，在高压时（10MPa）不允许补装单一气瓶（以免流速快容易出事）。

（5）压力达到12MPa时操作工不得离开工作岗位。

（6）产品入库前，应逐瓶对瓶阀进行检查有无漏气情况。

（7）气瓶要摆放整齐、平稳。

（8）坚持文明生产、遵守劳动纪律，认真保护充装卡具、工具和充装管路。

E 消防员岗位职责

消防员岗位职责如下：

（1）认真贯彻执行有关消防安全工作的规定。

（2）负责安全防火宣传教育，定期或不定期组织职工或义务消防员进行消防业务学习和训练，提高职工的消防安全意识和自防自救能力，做到“三懂四会”。

（3）贯彻“预防为主、防消结合”的方针，经常组织有关人员进行安全防火检查，发现问题及时解决，并做好记录及时向主管领导汇报。

（4）熟悉设备、工艺流程及各岗位的操作规程；掌握消防设备的技术性能、消防水源及道路情况。

（5）负责消防设备的配置、维修和保养工作。

（6）负责制订防火措施及灭火计划。

14.10.1.8 气瓶技术控制要求

为保证安全，有下列情况之一的气瓶禁止充装：

（1）气瓶外表的颜色、字样、字色和钢印标记，不符合规定的或脱落不易识别瓶内气体的。

（2）改装不符合规定或用户自行改装及非自有产权的。

（3）附件不全、损坏或不符合规定的。

（4）未判明装过何种气体或瓶内没有余压的。

（5）外观检查有明显损伤，需进一步检查的。

（6）进口气瓶未经质量技术监督部门审定的。

凡是上级或制造厂文件规定停用或者需要复检的气瓶，应做好记录，转交检验站按规定处理。

14.10.1.9 收发岗位责任制

收发岗位责任制内容如下：

（1）负责空瓶的进站检验，根据工艺技术控制要求，逐瓶检查气瓶上有无油渍、机械损伤，并进行登记，移交下道工序。

（2）作过何种技术处理的气瓶，应逐瓶写明在记录上。

（3）技术处理合格的气瓶，逐瓶核对、认真复查、交接清楚。

（4）负责站内气瓶的进出收发，应逐瓶如实记录，要对气瓶安全和用户负责，热情接待用户。

（5）妥善安排处理好收发业务，虚心听取用户意见，对信息反馈、反映的问题，做好记录、收集和整理。

14.10.1.10 质量检验岗位责任制

质量检验岗位责任制内容如下：

（1）在班长的领导下，做好产品的质量检验工作，熟悉生产工艺，熟练掌握检验操作程序。

（2）对检验的产品，认真按质量要求进行检验，确保产品质量，对有质量问题的应及时采取措施，进行动态检查，查明原因上报处理。

（3）对不符合质量要求的产品，有权向班长指明存在的问题，并提出处理意见。

（4）认真学习质量管理、质量检验的技术业务知识，对个人检验的产品负责。

14.10.1.11 各项管理制度

A 培训管理制度

充装是高危险的技术性岗位，对国家的有关法律、法规、标准、规范、规程、安全操作注意事项等要加强学习，要积极组织充装人员进行业务学习。凡是上级有关部门布置的学习培训任务，必须及时向主管领导汇报、积极配合、参加学习、领会新的精神、贯彻落实到实际工作中。配合有关执法监督部门，制定符合要求的人员培训计划，报主管领导审批后执行。

没有经过培训，未取得相应岗位资质的人员不能上岗。配合有关监督部门，做好每期岗位资质复核考核等工作，没有通过的人员，不能上岗。

B 气瓶建档、标识、定期检验和维护保养等制度

a 气瓶建档制度

气瓶建档制度包括：

（1）本单位自有气瓶均应建立台账和档案，并采用计算机进行动态管理。

（2）根据《气瓶使用登记管理规则》（TSG R5001—2005）等规定，向质量技术监督部门办理气瓶使用登记手续。

（3）气瓶档案（包括产品质量证明书或者合格证、安全质量监督检验证明书、检验合格证明、使用登记表、使用登记证等）应妥善保管，并将有关资料录入计算机。

b 气瓶标识制度

气瓶标识制度包括：

（1）气瓶上应有本单位永久标志，充装的气瓶上应粘贴警示标签、安全标签和充装标签。

（2）气瓶永久标志的编号及其钢印部位应符合《气瓶使用登记管理规则》（TSG R5001—2005）和特种设备安全监察部门的规定。

（3）粘贴的警示标签和充装标签应符合《气瓶警示标签》（GB 16804—2011）及所在地技术监督部门的规定。

c 定期检验制度

定期检验制度包括：

(1) 为了确保气瓶的安全使用，必须对气瓶实行定期检验。

(2) 气瓶的定期检验周期应按照《气瓶安全监察规定》、《气瓶安全监察规程》及有关国家标准的规定。

(3) 气瓶在使用过程中，发现有严重腐蚀、损伤或对其安全可靠性有怀疑时，应提前进行检验。

(4) 检验后的气瓶应及时变更数据库数据。

d 维护保养制度

维护保养制度包括：

(1) 加强对气瓶附件的日常维护保养工作，保持其完好，发现瓶阀损坏应及时检修，否则不得出站。

(2) 做好气瓶外观的清洁工作，保持瓶体整洁。

(3) 认真按规定做好颜色标志的涂敷工作。

e 气瓶送检制度

气瓶送检制度包括：

(1) 按时送检，不得超期，超过有效期的气瓶不得投入使用。

(2) 采用分期分批送检方式，以利气瓶周转与正常使用。

f 气瓶储存与保管制度

为严格执行气瓶安全监察规程，贯彻国家安全生产的方针，促进生产顺利进行，特作如下规定：

(1) 严格把好进厂检验关，待充、待检气瓶分单位存放在固定地点，气瓶上要有明显标记。

(2) 充装好的气瓶，必须分区域按单位整齐、平稳地堆放在库栏杆内，防止倒瓶事故发生。

(3) 气瓶在储存期间，应随时检查有无漏气和堆放不稳的情况，发现泄漏要及时处理。

(4) 气瓶的进出管理设专职收发员，逐只登记注销。

(5) 记录留存备查。

(6) 气瓶库房内的照明应采用防爆型，库内要有明显的“禁止烟火”、“当心爆炸”等必要的安全标志。

g 充瓶大班交接班制度

充瓶大班交接班制度包括：

(1) 交接班必须做到四交，即交本班完成任务情况、交设备及附属设备存在和发现的问题、交经验、交本岗位区域内的清洁卫生。

(2) 上一班必须为下一班创造条件，班间出现的问题凡是能处理的就不留给下一班处理。

(3) 充氧台必须做到不符合规定的气瓶一律不接，接上的气瓶要不漏气，管路上的瓶阀及开关应全部打开。

14.10.2　充瓶间高压氧气压缩机的操作与维护

14.10.2.1　高压氧气压缩机开机

高压氧气压缩机的开机步骤如下：

（1）打开冷却水箱上水阀、溢流口的回水阀，调节冷却水流量，保持适当溢流量。打开油水分离器排放阀，开压缩机进口阀（开1～2圈）。

（2）检查机器所属紧固件，如螺钉、开口销、斜铁等是否紧固，三角皮带是否松紧适宜，盘车数圈，检查各运转部件是否正常，有无卡阻现象。检查油位指示计，其油位不得低于1/3位置，油质良好、无变质。打开各压力小阀，油压表阀，将油浸变阻器手柄置于启动位置。

（3）检查储存蒸馏水、高位水箱蒸馏水的情况，并由滴水器观察和调节润滑用蒸馏水，检查供水情况是否良好。送上电源，按启动按钮。将变阻器手柄扳至运行位置，机组运行。此时要观察油位油压及各供油点是否正常，各部位检查无异常响声，可转入正常运行操作。

14.10.2.2　设备运转中的操作

设备运转中的操作步骤及注意事项如下：

（1）关闭油水分离器排放阀，缓慢增开氧气进口阀，当三级压力升至5～10MPa时，缓慢打开送气阀，送压缩气体至气瓶。观察平衡器压力和润滑用蒸馏水下滴情况，进行平衡器内冷凝水排放。注意检查压力表压力指示情况，不能超过工艺指标，如平衡压力表指示过高要打开其排水阀，以保证一级进气状态，确保蒸馏水正常下滴，检查运转部件无异常摩擦响声，表面升温不超过30℃。

（2）检查润滑油压力、油位及给油情况，注意观察冷却水进出温度，保持适当溢流量，以保证冷却效果。平衡器冷凝水每小时排放一次。

（3）注意电流、电压变化情况，每小时记录一次工艺操作参数，同时要进行1h一次的巡检工作。

14.10.2.3　设备正常停车的操作

设备正常停车的操作程序如下：

在组长接受领导下达的通知指令后，由充装人员通知高压氧气压缩机操作人员停机，并与下令人联系确认停机指令，做好停机准备。

关闭至充瓶岗位的送气阀，同时打开排放阀、平衡器排水阀，待各级压力缓慢降低后，按电机停止按钮，切断电源。关闭氧气进口阀、冷却水进口阀、润滑用蒸馏水小阀。压缩机停转后半小时打开放水阀将水箱内的冷却水排尽。

14.10.2.4　设备紧急停车（或事故停车）的操作

机组在运行中，若出现下列情况之一的应采取紧急停车措施：

(1) 活塞杆带油，活塞杆气体密封严重漏气，导致平衡器压力无限上升，无法控制。

(2) 润滑用蒸馏水中断处理后无效，润滑油压力突然下降。

(3) 气缸内发出强烈敲击声，曲轴箱内发出异常响声，冷却盘管漏气严重，盘管接头、气缸漏气严重。

(4) 各级安全阀起跳或虽未起跳但压力指示超过工艺指标。

(5) 冷却水突然中断，或电压、电流突然升高，超过工艺指标，确认各指示情况属实。

(6) 机组电机、风机某部发生强烈振动，内部有摩擦和撞击声，压缩机、电机出现冒烟、着火时。采取紧急停车措施后，确认停车指示灯亮，电流表回零，同时迅速打开放空阀放空。

14.10.2.5 故障判断与处理方法

故障判断与处理方法见表14－46。

表14－46 故障判断与处理

故障现象	可能的原因	处理方法
压缩机生产量低； 一级进气管及一级进气活门盖发热； 一级、二级压力表读数下降	一级进气活门漏气	拆检活门气密性，修理活门或更换活门片； 弹簧弹力不足或损坏，更换新弹簧； 活门垫片漏气或损坏，更换新垫片
压缩机生产量低； 一级出气温度增高； 一级、二级压力表读数下降	一级出气活门漏气	拆检活门气密性，修理活门或更换活门片； 弹簧弹力不足或损坏，更换新弹簧； 活门垫片漏气或损坏，更换新垫片
压缩机生产量低； 一级、二级压力表读数下降	一级活塞环不密封	拆查活塞环，用新的更换磨损的
压缩机生产量低； 二级压力表读数下降； 一级压力表读数保持不变	二级活塞环不密封	拆查活塞环，用新的更换磨损的
一级冷却器进气端或进气活门压盖发热； 前一级压力表的读数增高	该级汽缸的进气活门不密封	拆检活门气密性，修理活门或更换活门片； 弹簧弹力不足或损坏，更换新弹簧； 活门垫片漏气或损坏，更换新垫片
二级或三级汽缸排出的氧气温度增高	该级汽缸的出气活门不密封	拆检活门气密性，修理活门或更换活门片； 弹簧弹力不足或损坏，更换新弹簧； 活门垫片漏气或损坏，更换新垫片

15 氧气站设计实例

氧气站设计实例包括制氧工艺主要设备技术参数，工厂设计的工艺管道、管件及阀门用量等，不包括设备制造厂设备内部与分馏塔冷箱内的配管。

工厂设计以设备制造厂提供的设备图、工艺流程图及工程合同中的“技术附件”为原始资料，并以此为依据进行氧气站工厂设计。站区内分为制氧主车间、充瓶间、液体储存与汽化区域、球罐区以及循环水泵房等。

15.1 氧气站设备布置

15.1.1 设备布置原则

钢铁企业氧气站内的总平面布置，首先应考虑该区域的空气要新鲜纯洁，没有被污染。按照有关规范和要求，氧气站应布置在有害气体及固体尘埃散发源的全年最小频率风向的下风侧，同时要考虑氧气站对周围企业的影响以及氧气站对周围环境的影响，特别是对周围居民区的影响最小。氧气站内建（构）筑物布置时要考虑消防通道以及站内的环境绿化等因素。

15.1.2 空分设备吸风口安全距离

空分设备吸风口与散发碳氢化合物，特别是乙炔（C_2H_2）等有害气体发生源的安全距离见表 15－1。

表 15－1 与有害气体发生源的安全距离

乙炔站（厂）及电石渣堆等杂质散发源		最小水平间距 /m	
乙炔发生器形式	乙炔站（厂）安装容量/$m^3 \cdot h^{-1}$	空分塔内具有液空吸附净化装置	空分塔前具有分子筛吸附净化装置
水入电石式	≤10	100	50
	10～30（不包括 10、30）	200	
	≥30	300	
电石入水式	≤30	100	90
	30～90（不包括 30、90）	200	
	≥90	300	
电石、炼焦、炼油、液化石油气生产		500	100
合成氨、硝酸、硫化物生产		300	300
炼钢、炼铁、轧钢		200	50
大批量金属切割、焊接生产		200	50

15.1.3 空分设备吸风口处有害杂质允许极限含量

空分设备吸风口与有害气体发生源的安全距离不能满足要求时，吸风口处有害杂质允许极限含量见表 15－2。

表 15－2 空分设备吸风口处有害杂质允许极限含量

杂质名称	允许极限含量	杂质名称	允许极限含量
乙炔（C_2H_2）	$5\times10^{-5}\%$	二氧化碳（CO_2）	40%
甲烷（CH_4）	0.5%	氧化亚氮（N_2O）	0.035%
总烃（C_mH_n）	0.8%	含尘量	30mg/m^3

15.1.4 设备布置方式

15.1.4.1 室内设备集中布置

室内分为主厂房与副跨。主厂房内的设备有空气压缩机、氧气压缩机、氮气压缩机等，选择内压缩流程时还有空气增压机。氧气压缩机与氮气压缩机不论选择活塞式还是选择透平式，在主厂房内布置时，从左到右（或从右到左）排列顺序依次应为空气压缩机、氮气压缩机、氧气压缩机，即把氮气压缩机组布置在空气压缩机组与氧气压缩机组之间，这样的考虑可使机组运行得更安全。主厂房内设备布置时充分考虑检修、安装的空间。选择内压缩流程时，空气压缩机与空气增压机并列布置。

机组定位之后，要考虑附属设备的位置，如给排水沟、电缆沟及其气路系统管道如何布置更合理。室内设备集中布置时可以共用一台起重机进行检修，由于空气压缩机组与氧气透平压缩机为两层布置，确定起重机轨面标高时，要满足设备的起吊高度。

副跨分为控制跨与配电跨。控制跨与配电跨合为一跨布置时，一层为配电室，二层为控制室、分析室、变送器室及化验室等。一层配电室的一端应布置预冷系统的设备，即空气冷却塔、水冷却塔、水泵、冷水机组等。仪表空气压缩机也布置在副跨的一层，这样显得有些拥挤。另外，还要考虑增压透平膨胀机室的位置。南方地区可把空气冷却塔、水冷却塔布置在室外。

如果控制跨与配电跨分别布置在主厂房的两侧，控制跨的二层除有控制室、分析室、变送器室及化验室外，还可布置备品备件房、仪表维修间、更衣室等，其一层除布置预冷系统的设备之外，还可以布置增压透平膨胀机组及其辅助设备，不再单独设增压透平膨胀机室。副跨分开布置时，一层的设备比较容易布置，还可以留出管廊的位置，以便于室内外管道的连通。

15.1.4.2 室内设备分散布置

室内设备分散布置，即是把空气压缩机、氧气压缩机、氮气压缩机单独布置形成一个相对独立的系统。这种布置一般不设检修吊装设备，厂房的建筑结构处理起来相对简单，投资省，机组的附属设备、水沟、电缆沟及其气路系统管道布置起来相对容易。设备进行大修时，这种布置下设备的检修就比较麻烦。

15.1.4.3 室外设备布置

室外设备布置以分馏塔为中心,一侧布置空气预冷、分子筛纯化系统的设备等,另一侧布置液体储存与汽化系统的设备等。按照工艺流程图,室外设备布置要考虑设备与设备之间各种管道流量孔板安装位置的要求,在此条件下设备之间管道的衔接力求最短。除此之外,还要考虑管廊的位置,便于室内、外设备管道的衔接。

氧气、氮气、氩气球罐及其调压间单独布置在一个区域。循环水泵房及其晾水塔单独布置在一个区域。气体充瓶间单独布置在一个区域。各区域内的建（构）筑物要满足“建筑设计防火规范”的要求。

15.2 氧气站给排水设计

15.2.1 用水户及用水条件

15.2.1.1 用水户

氧气站的生产用水户有空气压缩机、氧（氮）气压缩机、增压透平膨胀机后冷却器、氮水预冷系统、水浴式汽化器以及检化验设施等生产用水。除此之外，还要考虑生活用水与消防用水设施。

15.2.1.2 用水条件

冷却水水质，见公用工程条件第 1.5.12.2 节的有关要求。

15.2.2 用水系统流程

氧气站生产用水为间接冷却水，水质未受到污染，仅水温有所升高，一般经冷却处理，达到设备要求的进水温度后，再循环使用。为保证系统中水的悬浮物含量不致提高，应根据冷却塔所处位置和受周围环境的污染程度,对循环水进行旁通过滤,并应投加水质稳定剂和杀菌灭菌剂,以免造成对设备和管道的腐蚀和结垢,或采用其他有效的水质稳定措施。循环过程中损失的水一般用净化水或过滤水来补充。该系统的流程如图 15－1 所示。

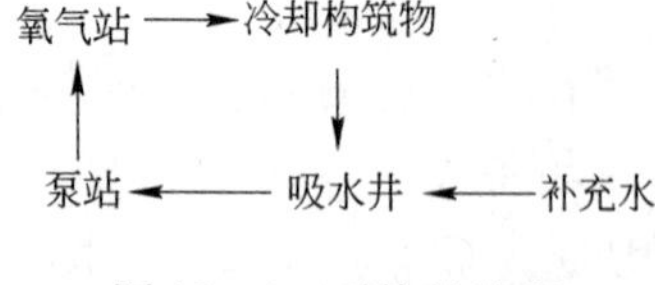

图 15－1 系统的流程

15.2.3 构筑物和主要设备

氧气站水处理构筑物主要由吸水井、循环水泵房及冷却构筑物等组成。主要设备有水泵、冷却塔、过滤器等。

15.2.4 给排水管道管径、流量、流速对照

给排水专业根据工艺专业提交的氧气站用水量，在最佳流速条件下确定管道管径。DN50～DN100 水煤气钢管、DN125～DN1000 钢管各种流量的流速对照表见表 15－3。

表 15－3 不同管径各种流量的流速对照表 (m/s)

流量/$m^3 \cdot h^{-1}$	DN50	DN65	DN80	DN100	DN150	DN200	DN250	DN300	DN350	DN400	DN450	DN500	DN600	DN700	DN800	DN900	DN1000
9	1.18	0.71	0.5	0.29													
13.5	1.76	1.06	0.75	0.43	0.22												
18	2.35	1.42	1.01	0.58	0.29												
23.4	1.84	1.31	0.75	0.53	0.28												
32.4		2.55	1.81	1.04	0.53	0.29											
41.4			2.32	1.3	0.68	0.37	0.23										
50.4			2.82	1.62	0.82	0.45	0.28										
59.4				1.9	0.97	0.54	0.33	0.23									
68.4				2.19	1.12	0.62	0.38	0.26									
77.4				2.48	1.27	0.7	0.43	0.29	0.24								
86.4				2.77	1.41	0.78	0.48	0.33	0.27								
95.4					1.56	0.86	0.53	0.36	0.29								
104.4					1.71	0.94	0.58	0.4	0.32								
113.4					1.86	1.02	0.63	0.43	0.34								
122.4					2	1.1	0.68	0.47	0.34	0.26	0.21						
131.4					2.15	1.18	0.73	0.47	0.37	0.28	0.22						
140.4					2.3	1.27	0.78	0.5	0.39	0.3	0.24						
154.8					2.53	1.4	0.86	0.53	0.43	0.33	0.26						
172.8					2.83	1.56	0.96	0.59	0.48	0.37	0.29						
190.8						1.72	1.06	0.66	0.53	0.41	0.32						
208.8						1.89	1.16	0.72	0.58	0.45	0.35						

续表 15－3

流量/m³·h⁻¹	DN50	DN65	DN80	DN100	DN150	DN200	DN250	DN300	DN350	DN400	DN450	DN500	DN600	DN700	DN800	DN900	DN1000
226.8						2.05	1.26	0.79	0.63	0.48	0.38	0.31	0.22				
244.8						2.21	1.36	0.86	0.68	0.52	0.41	0.33	0.23				
262.8						2.37	1.46	0.93	0.73	0.56	0.44	0.35	0.25				
280.8						2.54	1.56	1	0.78	0.6	0.47	0.38	0.27				
298.8						2.7	1.66	1.07	0.83	0.64	0.51	0.41	0.29				
316.8						2.86	1.76	1.14	0.88	0.68	0.53	0.43	0.3	0.23			
334.8							1.86	1.2	0.93	0.72	0.56	0.45	0.32	0.24			
352.8							1.96	1.27	0.98	0.76	0.59	0.48	0.34	0.26			
381.6							2.12	1.45	1.06	0.82	0.64	0.52	0.36	0.28	0.21		
417.6							2.32	1.59	1.16	0.9	0.7	0.57	0.4	0.3	0.23		
453.6							2.52	1.72	1.26	0.97	0.76	0.62	0.43	0.33	0.25		
489.6							2.73	1.86	1.36	1.05	0.82	0.67	0.47	0.35	0.27	0.21	
525.6							2.93	2	1.46	1.13	0.89	0.72	0.5	0.38	0.29	0.23	
561.6								2.13	1.56	1.2	0.95	0.77	0.53	0.41	0.31	0.25	
597.6								2.27	1.66	1.28	1.01	0.82	0.57	0.43	0.33	0.26	0.21
633.6								2.41	1.76	1.36	1.07	0.86	0.6	0.46	0.35	0.28	0.22
669.6								2.55	1.86	1.44	1.13	0.91	0.64	0.48	0.37	0.29	0.24
705.6								2.68	1.96	1.51	1.19	0.96	0.67	0.51	0.39	0.31	0.25
752.4								2.86	2.09	1.61	1.27	1.02	0.71	0.54	0.42	0.33	0.27
806.4									2.24	1.71	1.36	1.1	0.77	0.58	0.45	0.35	0.29

续表 15 - 3

流量/$m^3 \cdot h^{-1}$	DN50	DN65	DN80	DN100	DN150	DN200	DN250	DN300	DN350	DN400	DN450	DN500	DN600	DN700	DN800	DN900	DN1000
860. 4									2. 39	1. 85	1. 45	1. 17	0. 82	0. 62	0. 48	0. 38	0. 3
914. 4									2. 54	1. 96	1. 54	1. 25	0. 87	0. 66	0. 51	0. 4	0. 32
968. 4									2. 69	2. 08	1. 63	1. 32	0. 92	0. 7	0. 54	0. 42	0. 34
1022. 4									2. 84	2. 19	1. 72	1. 4	0. 97	0. 74	0. 57	0. 45	0. 36
1076. 4									2. 99	2. 31	1. 81	1. 47	1. 02	0. 78	0. 6	0. 47	0. 38
1119. 6										2. 4	1. 89	1. 53	1. 06	0. 81	0. 62	0. 49	0. 4
1180. 8										2. 53	1. 99	1. 61	1. 12	0. 85	0. 65	0. 52	0. 42
1252. 8										2. 69	2. 11	1. 71	1. 19	0. 9	0. 69	0. 55	0. 44
1324. 8										2. 84	2. 23	1. 81	1. 26	0. 96	0. 73	0. 58	0. 47
1396. 8										3	2. 35	1. 91	1. 33	1. 01	0. 77	0. 61	0. 49
1476											2. 49	2. 01	1. 4	1. 07	0. 82	0. 64	0. 52
1566											2. 64	2. 14	1. 49	1. 13	0. 87	0. 68	0. 55
1656											2. 74	2. 26	1. 57	2. 19	0. 92	0. 72	0. 59
1746											2. 94	2. 38	1. 66	1. 26	0. 96	0. 76	0. 62
1872												2. 55	1. 78	1. 35	1. 03	0. 82	0. 66
2052												2. 8	1. 95	1. 48	1. 13	0. 9	0. 73
2232													2. 12	1. 61	1. 23	0. 97	0. 79
2412													2. 29	1. 74	1. 33	1. 05	0. 85
2592													2. 46	1. 87	1. 43	1. 13	0. 92
2772													2. 63	2	1. 53	1. 21	0. 98

续表 15-3

流量/m³·h⁻¹	DN50	DN65	DN80	DN100	DN150	DN200	DN250	DN300	DN350	DN400	DN450	DN500	DN600	DN700	DN800	DN900	DN1000
2952													2.81	2.13	1.63	1.29	1.04
3132													2.98	2.26	1.73	1.37	1.11
3312													2.39	1.83	1.45	1.17	2.39
3492													2.52	1.93	1.52	1.24	2.52
3744													2.7	2.07	1.63	1.32	2.7
4104													2.96	2.27	1.79	1.45	2.96
4464															2.47	1.95	1.58
4842															2.67	2.11	1.71
5184															2.86	2.26	1.83
5544																2.42	1.96
5904																2.58	2.09
6264																2.74	2.22
6624																2.89	2.34
6984																	2.47
7344																	2.6
7704																	2.72
8064																	2.85
8424																	2.98

15.2.5 给排水设计实例

某制氧站的生产能力（标态）为15000m³/h，采用循环系统，生产用水量为2195m³/h，进水温度为34℃，出水温度为44℃，进水压力为0.3MPa，采用余压回水，其水量平衡图如图15－2所示。

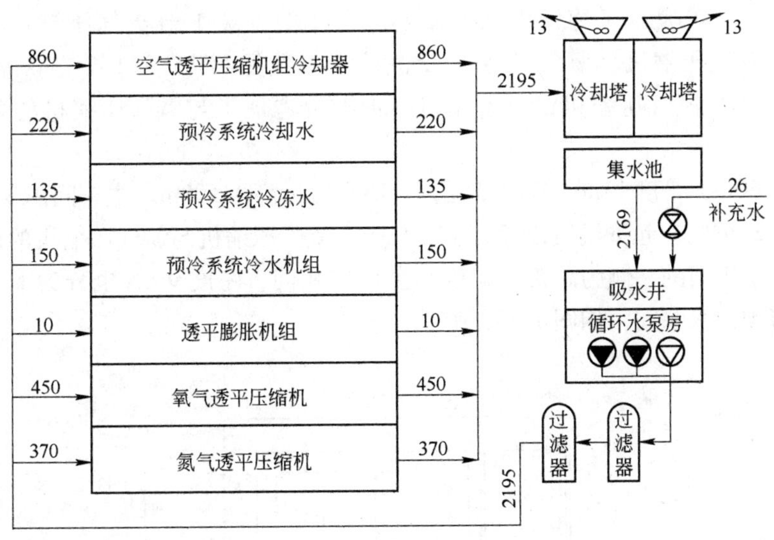

图15－2 水量平衡图（单位为m³/h）

其主要设备有：

（1）在吸水井上设两台逆流组合式清水玻璃钢冷却塔。单台设计冷却水量为1100m³/h，进水温度 $T_1=44℃$，出水温度 $T_2=34℃$。

（2）两台ZG－2200管道自清洗过滤器。单台处理水量为2200m³/h，过滤精度0.1cm，设计压力1.0MPa。

（3）供水泵组。DFSS350－9/4C型水泵3台（$Q=1120\text{m}^3/\text{h}$，$H=56\text{m}$，$N=250\text{kW}$），2用1备。

15.2.6 消防给水和灭火设备

根据《建筑设计防火规范》（GB 50016—2006），氧气车间为乙类厂房，氧气车间内部应设置室内消火栓；根据《建筑灭火器配置设计规范》（GB 50140—2005），氧气车间内部应设置干粉灭火器。

15.2.7 生活用水

生活用水主要包括洗手盆、卫生间冲洗、地面冲洗用水。

15.3 氧气站工艺设计实例

15.3.1 实例1 4500Nm³/h氧气站设计实例

工程名称：PSHA1－Y237。

产品组成：氧气（标态）4500m³/h，氮气（标态）2000m³/h。

工程特点：主厂房内设备采用双层布置。

15.3.1.1　设备布置

该氧气站于2000年年初建成投产，适合当时炼钢转炉用氧的要求。氧气与氮气产量的比值小于1，是基于炼钢用氮气需要。主车间安装1台空气压缩机、3台氧气压缩机、1台氮气压缩机。氧气站主要设备技术参数见第15.3.1.2节。氧气压缩机设有1台备用机，氮气压缩机没有备用机，但充分考虑了与氧气压缩机的备用机共用的可能性。

主车间长60m，跨度15m，双层布置，二层平台标高4.500m。主车间内安装一台16/3.2t双梁桥式起重机，起重机轨面标高12.500m。氧气压缩机与氮气压缩机的供回水系统在一层操作。主车间的一侧为副跨，长度与主厂房相同，跨度9m，也分为上下两层，一层设配电室与预冷水泵间，如图15－3所示。

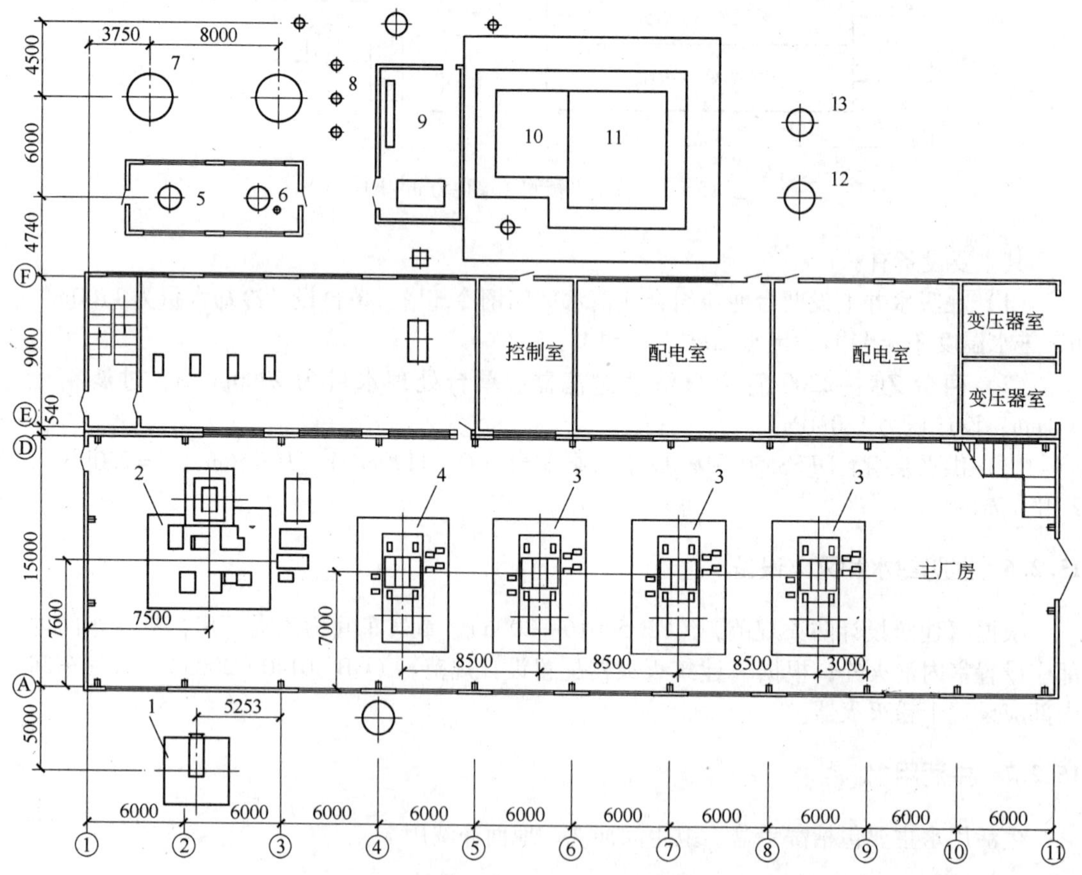

图15－3　KDON－4500/4500氧气站一层工艺设备布置图（单位为mm）

1—空气过滤器；2—空气压缩机；3—氧气压缩机；4—氮气压缩机；5—空气冷却塔；6—水冷却塔；7—分子筛吸附器；8—电加热器；9—增压透平膨胀机油站；10—增压透平膨胀机；11—分馏塔；12—氧气缓冲罐；13—氮气缓冲罐

主车间的一端留出了一个柱距的空间，在此空间设计上二层平台的楼梯，同时也作为吊装孔使用。氧气压缩机与氮气压缩机的气体输入、输出管道上的阀门在二层操作。副跨二层与主车间二层平台标高一致，设有主控室、分析室、化验室、值班室及楼梯间等，如图15-4所示。

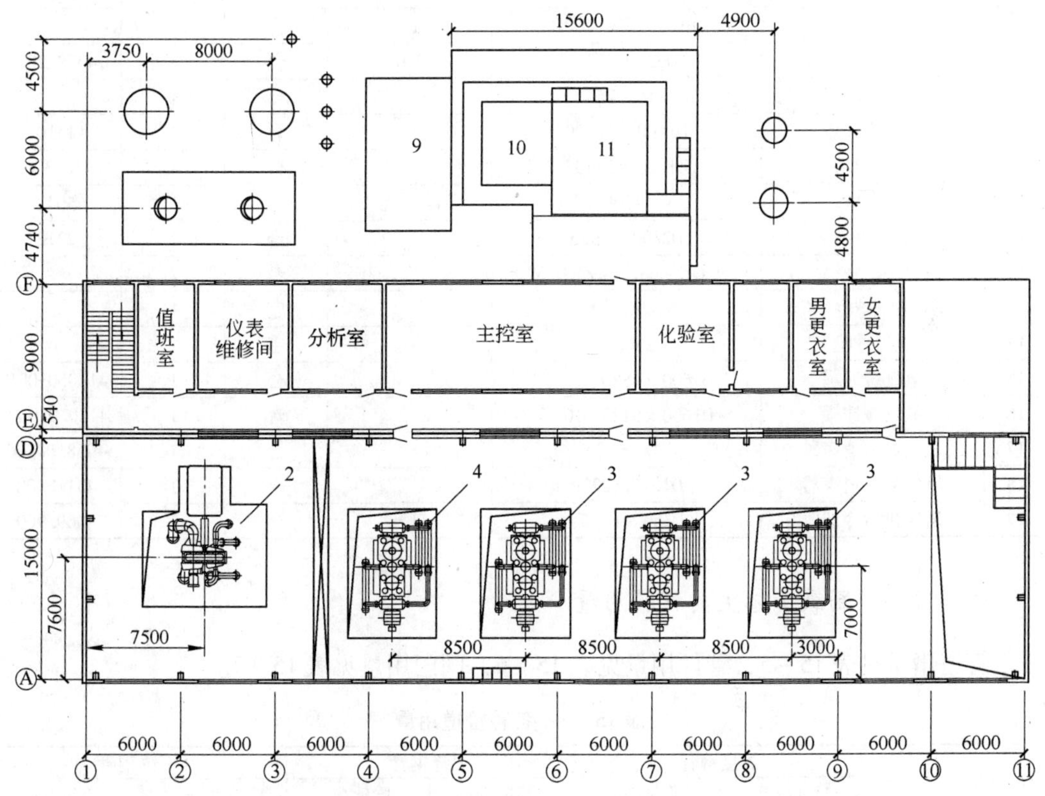

图15-4 KDON-4500/4500氧气站二层工艺设备布置图（单位为mm）
2~4，9~11—见图15-3

副跨的外侧安装空分设备，分馏塔的位置靠近主控室，以分馏塔为中心，左侧安装空气预冷与纯化系统的设备，右侧为氧气、氮气产品输出与输入管道的位置。空气冷却塔、水冷却塔的下部安装在室内。增压透平膨胀机的油站及换热器安装在单独的房间。

球罐区设1座400m^{3}氧气球罐、1座200m^{3}氮气球罐、1座氧气调压间、1座氮气调压间。氧气调压间与氮气调压间内设双套调压阀组。氧气调压间与站区内氧气管道采用不锈钢无缝管，各种管道、管件、阀门用量分别见第15.3.1.3节。

15.3.1.2 主要设备技术参数

该氧气站主要设备技术参数见表15-4。

表15-4 主要设备技术参数

序号	设备名称	型号	电机功率/kW	单位	数量	备注
1	空气压缩机	H500-6.2/1.0	2400	台	1	6012C
2	氧气压缩机	ZW-37.5/30	450	台	3	6219B
3	氮气压缩机	ZW-33/30	400	台	1	6118H
4	冷却水泵	IS125-100-315	15	台	2	
5	冷冻水泵	IS100-65-200B	15	台	2	
6	电加热器	D620×3523	210	台	3	4373.200
7	空气过滤器	KJL-750		台	1	
8	空气冷却塔	D1400×19100		台	1	1510
9	水冷却塔	D1400×13453		台	1	1613A
10	空分塔	FON-4500/2000		座	1	5042
11	分子筛吸附器	D2800×7030		台	2	2212
12	透平膨胀机	PLOK-68/7.49×0.39		台	2	
13	氧气球罐	400m³		座	1	
14	氮气球罐	200m³		座	1	
15	氧气缓冲罐	D1600×5580，10m³		台	1	4120.0100B
16	氮气缓冲罐	D1600×6135，10m³		台	1	4120.0100A
17	氧气放散消声器	D800×2837		台	1	4058.00300
18	氮气放散消声器	D1016×2222		台	1	4311.400
19	增压机后冷却器	D350×L3355		台	2	4069.900

15.3.1.3 制氧工艺主要材料用量

管道用量见表15-5，管件用量见表15-6，阀门用量见表15-7。

表15-5 各种管道用量

规格	焊接钢管		无缝钢管		不锈钢管	
	长度/m	质量/kg	长度/m	质量/kg	长度/m	质量/kg
DN100及以下	74	140	774	4262	159	2060
DN125~DN200	32	1690	397	9395	219	4944
DN250及以上	330	29731	305	27905	42	1929
合计	436	31561	1476	41562	420	8933

注：铝管D90×10、$L=10$m，D45×5、$L=3$m。

表15-6 各种管件用量

名称	用量	
	数量/个	质量/kg
管件①	612	10084
不锈钢管件	92	565
螺栓②	432	82
法兰/法兰盖③	106/39	758/474
氧气过滤器	2	
阻火器	2	

① 各种管件包括弯头、三通、异径管、管帽；

② 螺栓包括螺柱、U形螺栓（螺栓配带螺母及平垫圈）；

③ 为碳钢法兰/法兰盖。

表 15－7 各种阀门用量

规　格	闸阀及截止阀①		氧气专用截止阀②		不锈钢截止阀②	
	数量/个	质量/kg	数量/个	质量/kg	数量/个	质量/kg
DN100 及以下	40	419	3	265	4	270
DN125～DN200			8	1323	6	696
DN250 及以上	2	1058				
合　计	42	1477	11	1588	10	966

① 阀门从 DN15 规格开始统计，公称压力为 1.0MPa；
② 包括止回阀，公称压力为 4.0MPa。

15.3.2 实例 2 6500Nm³/h 氧气透平压缩机氧气站设计实例

工程名称：BD1－Y262/BD2－Y262（一期/二期）。

产品组成：氧气（标态）6500m³/h，氮气（标态）6500m³/h，液氧（折合气态，标态）200m³/h（折合气态，标态），液氮（折合气态，标态）100m³/h，液氩（折合气态，标态）210m³/h。

工程特点：一、二期设备相同，两期设备对称布置。氧气压缩机均采用透平式压缩机。液氧、液氮储槽采用立式、珠光砂绝热平底储槽。主厂房采用两层建筑结构。

15.3.2.1 设备布置

该氧气站分两期建设，主厂房均为长度 66m，跨度 18m，二层平台标高 5.000m，两期主厂房之间设过渡跨。安装一台 20/5t 双梁桥式起重机，轨面标高 13.500m。高低压配电设施单独布置在主厂房的一侧，长度 24m，跨度 8m，为两层建筑结构，一层为变压器室、低压配电室及电工值班室，二层为高压配电室、电抗器室。主厂房的另一侧为控制跨，也为两层建筑结构，长度与主厂房一致，跨度 8m。一层布置增压透平膨胀机、空气过滤器、增压机后冷却器、仪表空气压缩机以及冷却系统的水泵。空气冷却塔与水冷却塔的下部布置在室内。液氧汽化器、液氮汽化器单独布置在室内。控制跨的外部布置空分设备，一期的空气预冷、分子筛纯化系统采用与主厂房垂直布置，二期为平行布置，如图15－5 所示。

控制跨的二层设有中控室、变送器室、分析室、化验室等，两套空分装置各自设置控制操作系统。在此跨的端部设有楼梯间。控制跨的外部布置空分设备，如图 15－6 所示。

液体储存与汽化系统、球罐区、制氧循环水泵房单独布置在相对独立的区域。球罐区、制氧循环水泵都是在一期预留的位置增加相应设备。单套空分主要设备技术参数见第 15.3.2.2 节。站区氧气管道采用不锈钢无缝管，液体管道采用不锈钢真空管。各种管道、管件、阀门的用量见第 15.3.2.3 节。单套机组循环水量见第 15.3.2.4 节。

15.3.2.2 主要设备技术参数

氧气站主要设备技术参数见表 15－8。

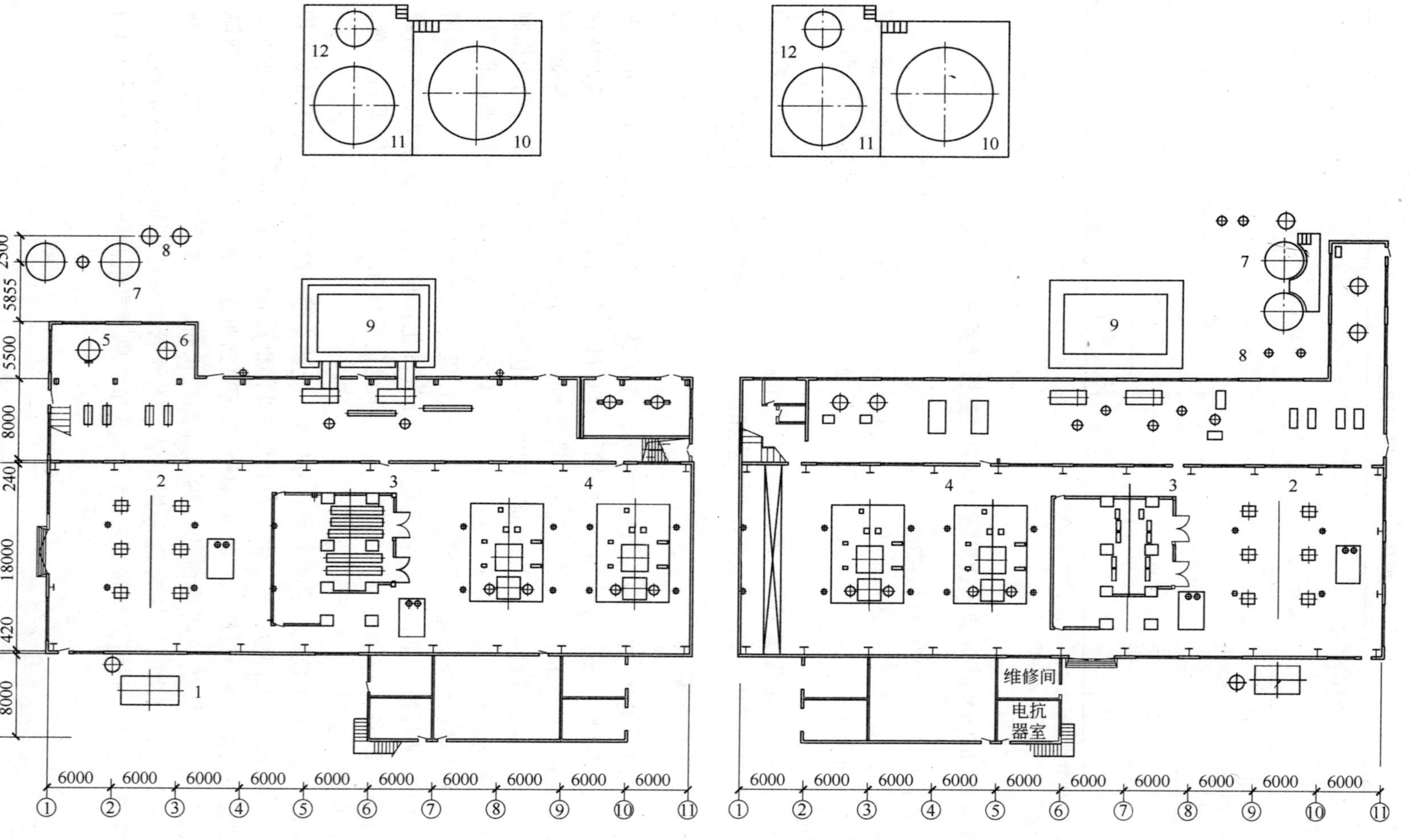

图 15-5　FON-6500/6500/210 氧气站一层主要设备布置图（单位为 mm）

1—空气过滤器；2—空气透平压缩机；3—氧气透平压缩机；4—活塞式氮气压缩机；5—空气冷却塔；6—水冷却塔；7—分子筛吸附器；8—电加热器；9—分馏塔；10—液氧储槽；11—液氮储槽；12—液氩储槽

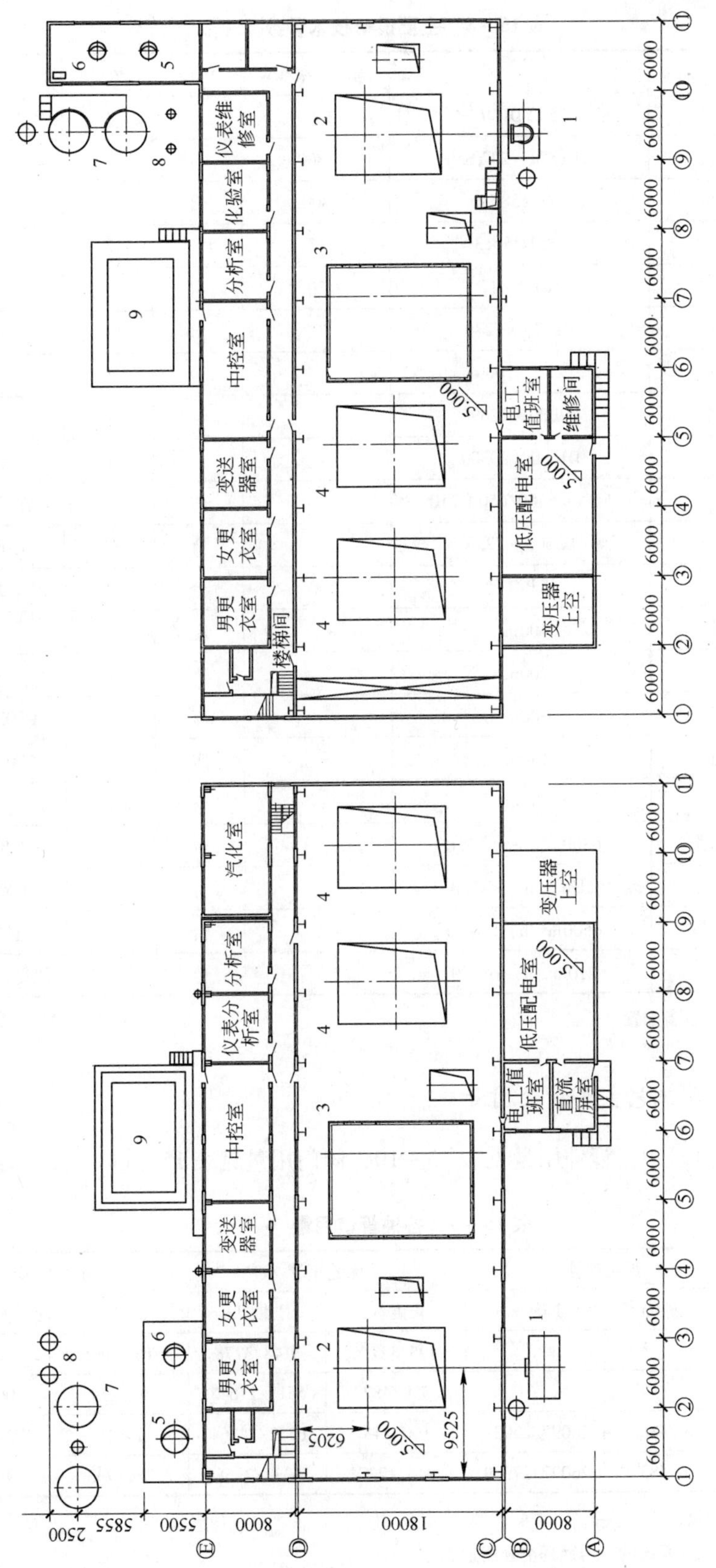

图 15-6 FON-6500/6500/210 氧气站二层主要设备布置图（单位为 mm）

1~9—见图15-5

表 15－8　主要设备技术参数

序号	设备名称	型　号	电机功率/kW	单位	数量	备　注
1	空气压缩机	5TYD160	3600	台	1	T1KD01A
2	氧气压缩机	3TYS78＋2TYS56	1800	台	1	T1YS12
3	氮气压缩机	ZW－58/30	800	台	2	0560S
4	冷却水泵	125D25×3	11	台	2	
5	冷冻水泵	50D8×12	30	台	2	
6	电加热器	D1220×5270	507	台	2	1411A
7	空气过滤器	ZKJ－1000		台	1	
8	空气冷却塔	D2000×22690		台	1	1855G
9	水冷却塔	D1600×20300		台	1	1855D
10	空分塔	FON－6500/6500/210		座	1	流程 FOZ65A
11	分子筛吸附器	D3600×7259		台	2	1617K1，2
12	透平膨胀机	TPZ17		台	2	20612
13	氧气球罐	$400m^3$		座	1	
14	氮气球罐	$200m^3$		座	1	
15	液氧储槽	$300m^3$		座	1	CP030.00000
16	液氮储槽	$150m^3$		座	1	CP015.00000
17	液氩储槽	$50m^3$		座	1	CF050G
18	水浴式汽化器	$6500m^3/h$，PN3.0		台	2	3384C.100
19	空浴式汽化器	$210m^3/h$，PN3.0		台	1	QKV50.00
20	液氧、液氮泵	$6500m^3/h$，PN3.0		台	2	进口设备
21	液氩泵	$210m^3/h$，PN3.0		台	2	往复、无级调速

注：此表为一期空分设备配置。

15.3.2.3　制氧工艺主要材料用量

管道用量见表 15－9，管件用量见表 15－10，阀门用量见表 15－11。

表 15－9　各种管道用量

规　格	焊接钢管		无缝钢管		不锈钢管[②]	
	长度/m	质量/kg	长度/m	质量/kg	长度/m	质量/kg
DN100 及以下			495/527[①]	3148/3778	165/442	499/1972
DN125～DN200			350/487	6617/11642	93/279	3222/8142
DN250 及以上	416/488	26097/27939	100/213	6572/14164	24/12	2224/551
合　计	416/483	26097/27939	945/1227	16337/29584	282/733	5945/10665

① 一期用量/二期用量；

② 包括液体储存与汽化系统的不锈钢真空管用量。

表 15－10 各种管件用量

名 称	用 量	
	数量/个	质量/kg
碳钢管件	415/403①	12696/7849
不锈钢管件	56/61	62/325
法兰/法兰盖②	79/33	700/392
法兰/法兰盖③	28/8	477/101
螺 栓	960	328
每期氧气过滤器	2	
每期氧气阻火器	2	

① 一期用量/二期用量；

② 一期碳钢法兰/法兰盖，二期法兰 27 个，质量 403kg；法兰盖 28 个，质量 482kg；

③ 一期不锈钢法兰/法兰盖。

表 15－11 各种阀门用量

规 格	闸阀及截止阀①		氧气专用截止阀②		不锈钢截止阀②	
	数量/个	质量/kg	数量/个	质量/kg	数量/个	质量/kg
DN100 及以下	7/③	142/	/2	/136	1/1	81/81
DN125～DN200	/6	/167	12/8	3396/2212	8/10	1133/1803
DN250 及以上	6/8	1748/2125				
合 计	13/14	1890/2292	12/10	3396/2348	9/11	1214/1884

① 阀门从 DN15 规格开始统计，公称压力为 1.0～1.6MPa；

② 包括止回阀，公称压力为 4.0MPa；

③ 一期用量/二期用量。

15.3.2.4 冷却水用量

单套机组冷却水用量见表 15－12。

表 15－12 冷却水用量

用水设备	空压机	氧压机	氮压机	空气预冷	膨胀机	合计
用水量/$m^3 \cdot h^{-1}$	530	230	160	140	7	1067

注：二期与一期冷却水用量相同。

15.3.3 实例 3 6000～6500Nm³/h 氧气站设计实例

工程名称：本实例包括四套 6000Nm³/h 氧气站与五套 6500Nm³/h 氧气站。

产品组成：产品组成见表 15－13。

工程特点：这些企业主要考虑的是满足炼钢用氧的要求，略早于炼钢车间投产，投资省，建设周期短。其中八套空分装置中，选择生产液氧的单位都建有氧气充瓶间，以满足本企业用瓶氧的要求。在空气压缩机的选择上有八种机型。

表 15－13 产品组成

工程名称	产品组成（液体产品折合成气态，标态）/$m^3 \cdot h^{-1}$				
	氧气	氮气	液氧	液氮	液氩
CHX－1087	6000	6000			
CHP－Y276	6000	6000	180		
HRUI2－Y272	6000	1800	100	100	180
JINJ－Y266	6000	6000			
HE2－1050	6500①	12000	300②	350③	
YILI－1160	6500	6500	100	100	
XDA1－Y288	6500	6500	100	100	180
WXIN2－1036	6500	6500	200	100	
CHQ－1043④	6500	6500	200		210

① 工况一为只生产气体；

② 工况二为生产氧气、氮气的同时，生产液氧；

③ 工况三为生产氧气、氮气的同时，生产液氮；

④ 同时建设两套空分装置。

15.3.3.1 设备布置

6000Nm³/h 氧气站以“JINJ－Y266”工程为例进行介绍，该工程于 2003 年年初建成投产。设备配置上只考虑生产氧气与氮气，以满足炼钢生产的要求。主厂房长度 72m，其中一个柱距（6m）为设备进出跨，并设有钢大门，厂房跨度 18m。空气压缩机系统为两层建筑结构，长度方向占有 3 个柱距（18m）的位置，二层平台标高 5.000m。4 台氧气压缩机与 2 台氮气压缩机安装在一层，其中 1 台氧气压缩机为氧氮压缩机的备用机。主厂房内安装一台 20/5t 双梁桥式起重机，轨面标高 13.500m，如图 15－7 所示。

主厂房一侧的副跨为配电跨与控制跨，一层除设置高、低压配电室，电工值班室，变压器室之外，还布置预冷系统的水泵、冷水机组等。空气冷却塔、水冷却塔的下部安装在室内。副跨的二层设有中央控制室、分析室、化验室、仪表维修间、值班室及男女更衣室等，如图 15－8 所示。

副跨的外侧安装空分设备，分馏塔靠近中控室布置，在分馏塔的两侧，一侧为空气净化设备，另一侧为氧气缓冲罐及氮气缓冲罐等设备。在分子筛吸附器的后面设置了气水分离器。

6000Nm³/h 氧气站除“JINJ－Y266”工程之外，其他 3 套空分装置的配电跨与控制跨分别布置在主厂房的两侧。液氧、液氮、液氩储槽为立式真空绝热储槽，其容积最大的为 50m³ 液氧储槽，因此布置在分馏塔的附近。

球罐区、循环水泵房单独布置。氧气、氮气、氩气的调节除“CHX－1087”工程之外，均采用双套阀组。

氧气站用各种管材、管件、阀门见第 15.3.3.3～15.3.3.5 节。

6500Nm³/h 氧气站以“XDA1－Y288”工程为例进行介绍，该工程主厂房长度 72m，厂房跨度 18m。空气压缩机系统为两层建筑结构， 长度方向占有 3 个柱距（18m）的位置，二层平台标高 5.000m。3 台氧气压缩机与 3 台氮气压缩机安装在一层，氧气压缩机与氮气压缩机各自设有备用机。主厂房内安装一台 20/5t 双梁吊钩桥式起重机，轨面标高 13.500m，如图 15－9 所示。

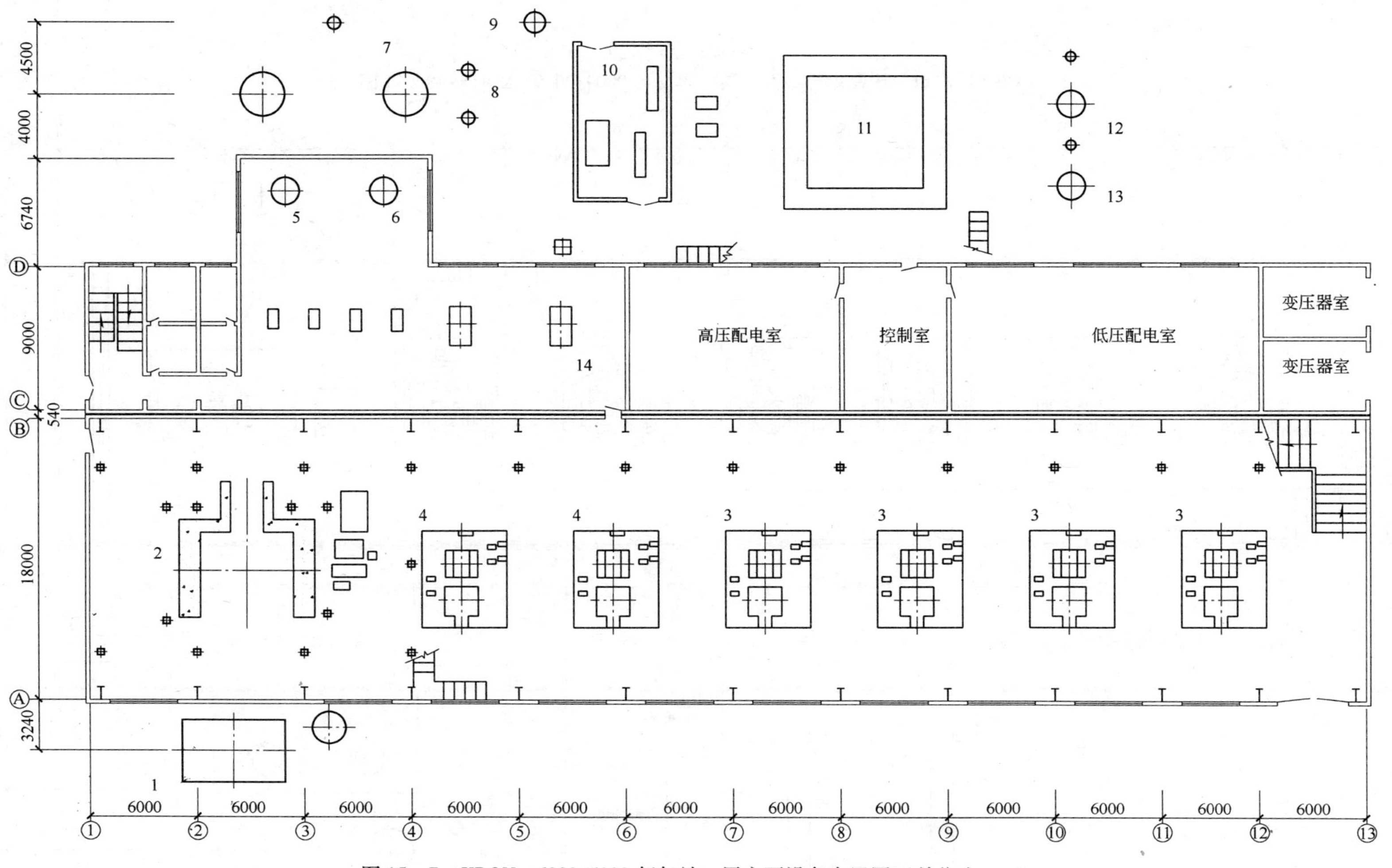

图 15－7 KDON－6000/6000 氧气站一层主要设备布置图（单位为 mm）

1—空气过滤器；2—空气压缩机；3—氧气压缩机；4—氮气压缩机；5—空气冷却塔；6—水冷却塔；7—分子筛吸附器；8—电加热器；9—过滤器；10—膨胀机系统；11—分馏塔；12—氮气缓冲罐；13—氧气缓冲罐；14—仪表空气压缩机

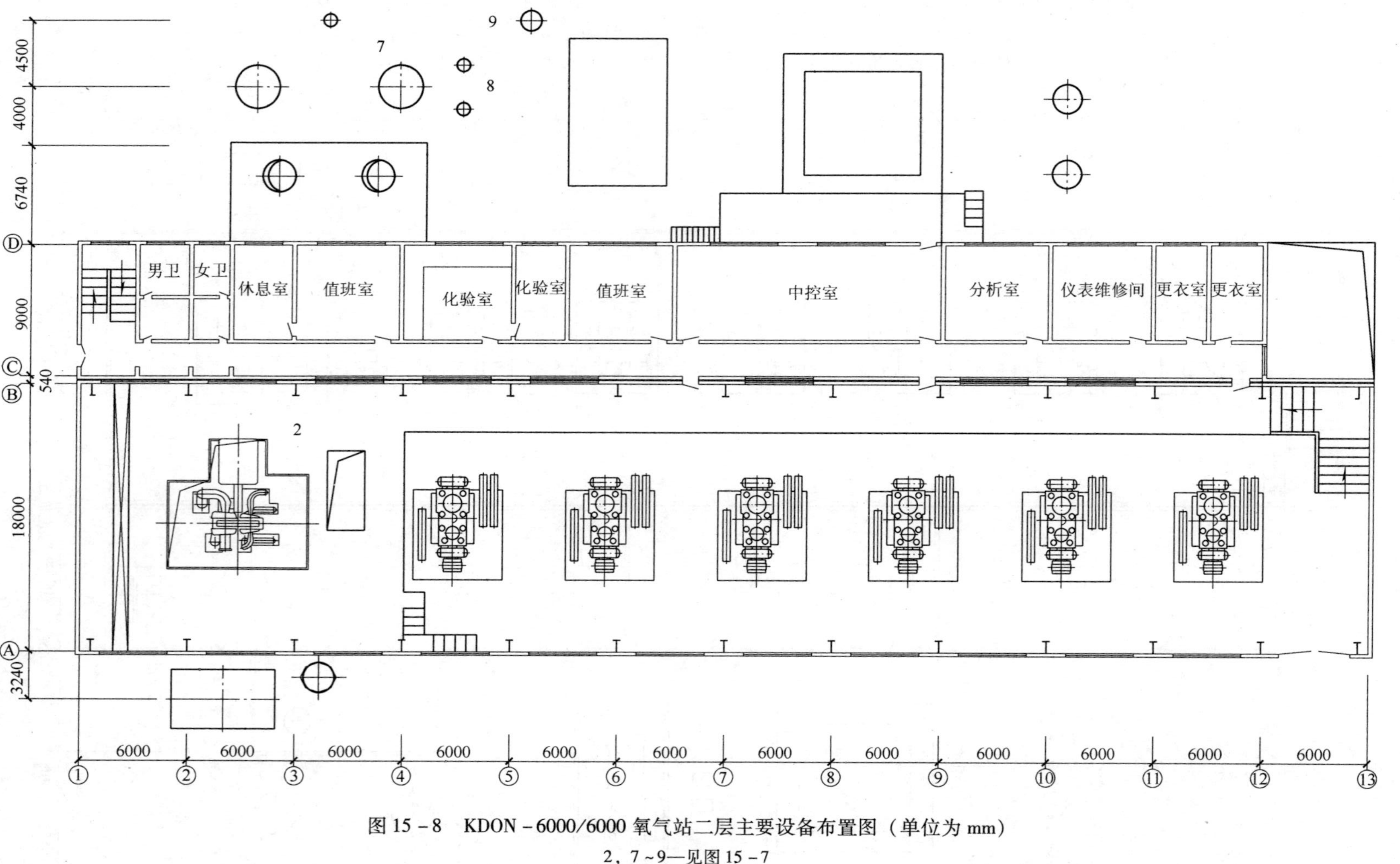

图 15－8　KDON－6000/6000 氧气站二层主要设备布置图（单位为 mm）

2，7～9—见图 15－7

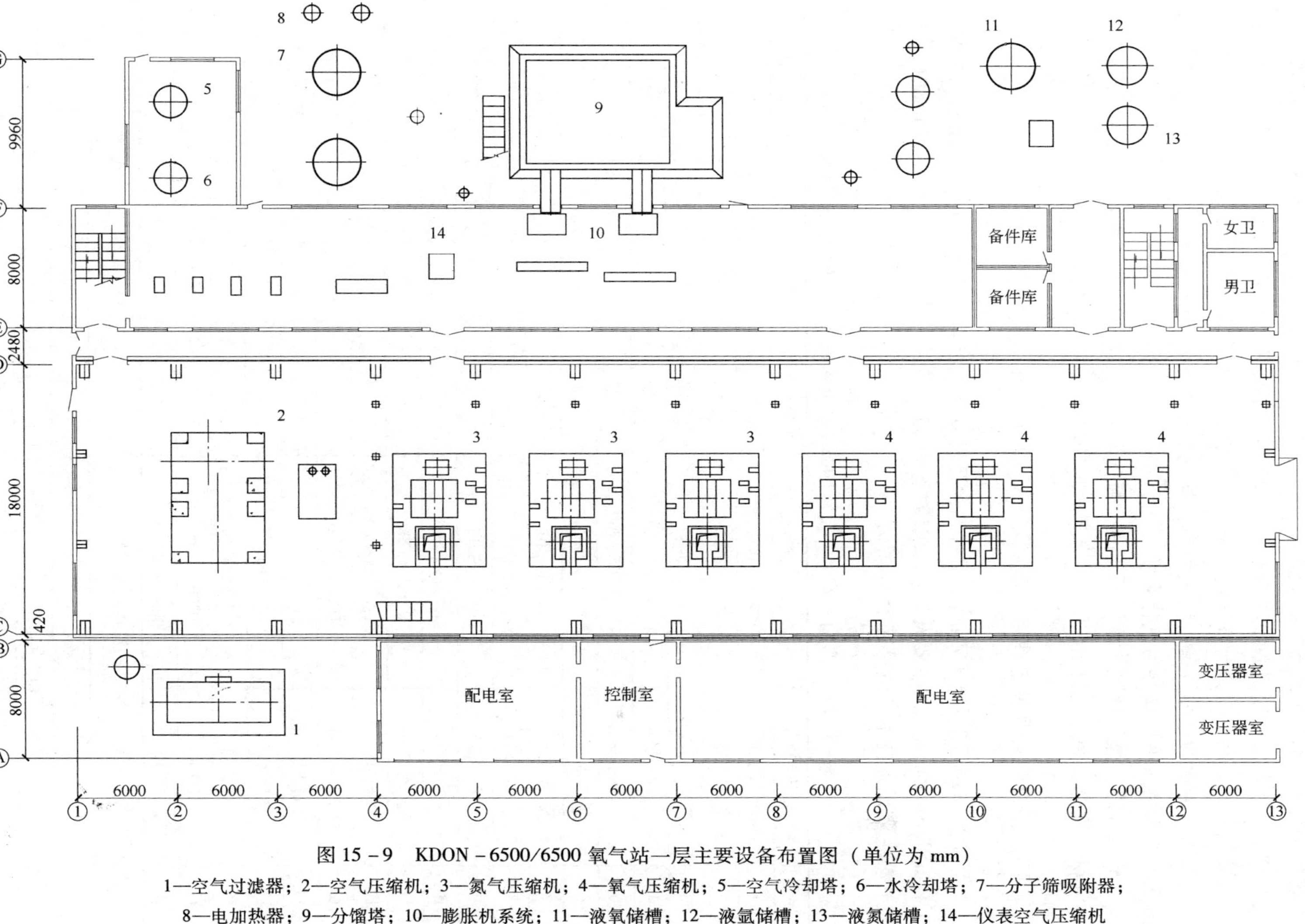

图 15－9 KDON－6500/6500 氧气站一层主要设备布置图（单位为 mm）

1—空气过滤器；2—空气压缩机；3—氮气压缩机；4—氧气压缩机；5—空气冷却塔；6—水冷却塔；7—分子筛吸附器；8—电加热器；9—分馏塔；10—膨胀机系统；11—液氧储槽；12—液氩储槽；13—液氮储槽；14—仪表空气压缩机

主厂房的两侧分别布置配电跨与控制跨，配电跨长度54m，跨度8m，分别为高低压配电室、变压器室及值班室。控制跨的长度与主厂房的长度一致，跨度8m。一层布置空气预冷与增压透平膨胀机系统的设备，并设有备件库、生活卫生设施，两端设有楼梯间。二层设有中央控制室、分析室、化验室、男女更衣室等，如图15－10所示。

副跨的外侧为空分设备，从左到右依次为空气预冷、分子筛纯化 、分馏塔、氧气与氮气缓冲设备及液体储存与汽化系统。

氧气球罐、氮气球罐、氧气调压间、氮气调压间、循环水泵房单独布置。氧气站用各种管材、管件、阀门见第15.3.3.3～15.3.3.5节。

15.3.3.2 主要设备技术参数

“JINJ－Y266”工程6000Nm³/h氧气站主要设备技术参数见表15－14。“XDA1－Y288”工程6500Nm³/h氧气站主要设备技术参数见表15－15。“CHQ－1043”工程6500Nm³/h氧气站主要设备技术参数见表15－16。

表15－14 “JINJ－Y266”工程6000Nm³/h氧气站主要设备技术参数

序号	设备名称	型 号	电机功率/kW	单位	数量	备 注
1	空气压缩机①	H760－6.0/0.98	3700	台	1	6014H
2	氧气压缩机	ZW－36/30	420	台	4	6219
3	氮气压缩机	ZW－33/30	350	台	2	6219
4	冷却水泵	IS100－65－200	22	台	2	
5	冷冻水泵	IS100－65－250	37	台	2	
6	电加热器	D620×4220	284	台	1	
7	冷水机组	30HR－161	120	台		
8	空气过滤器	双层自动卷帘式		座	1	
9	空气冷却塔	D1800×20152		台	1	4272.100
10	水冷却塔	D1700×14313		台	1	4269.200
11	气水分离器	D1300×4200		台	1	
12	分馏塔	KDON－6000/6000		座	1	
13	分子筛吸附器	D3200×7450		台	2	6369.100A
14	增压透平膨胀机			台	2	6824A.100
15	氧气球罐	400m³		座	1	
16	氮气球罐	200m³		座	1	
17	氧气缓冲罐	D2000×6935		台	1	
18	仪表空气压缩机	360m³/h，0.7MPa		台	1	

① 其他工程空气压缩机的型号及其功率见下表。

工程号	空气压缩机型号	电机功率/kW
CHX－1087	5TYD160	3600
CHP－Y276	H750－6.0/0.98	3700
HRUI2－Y272		

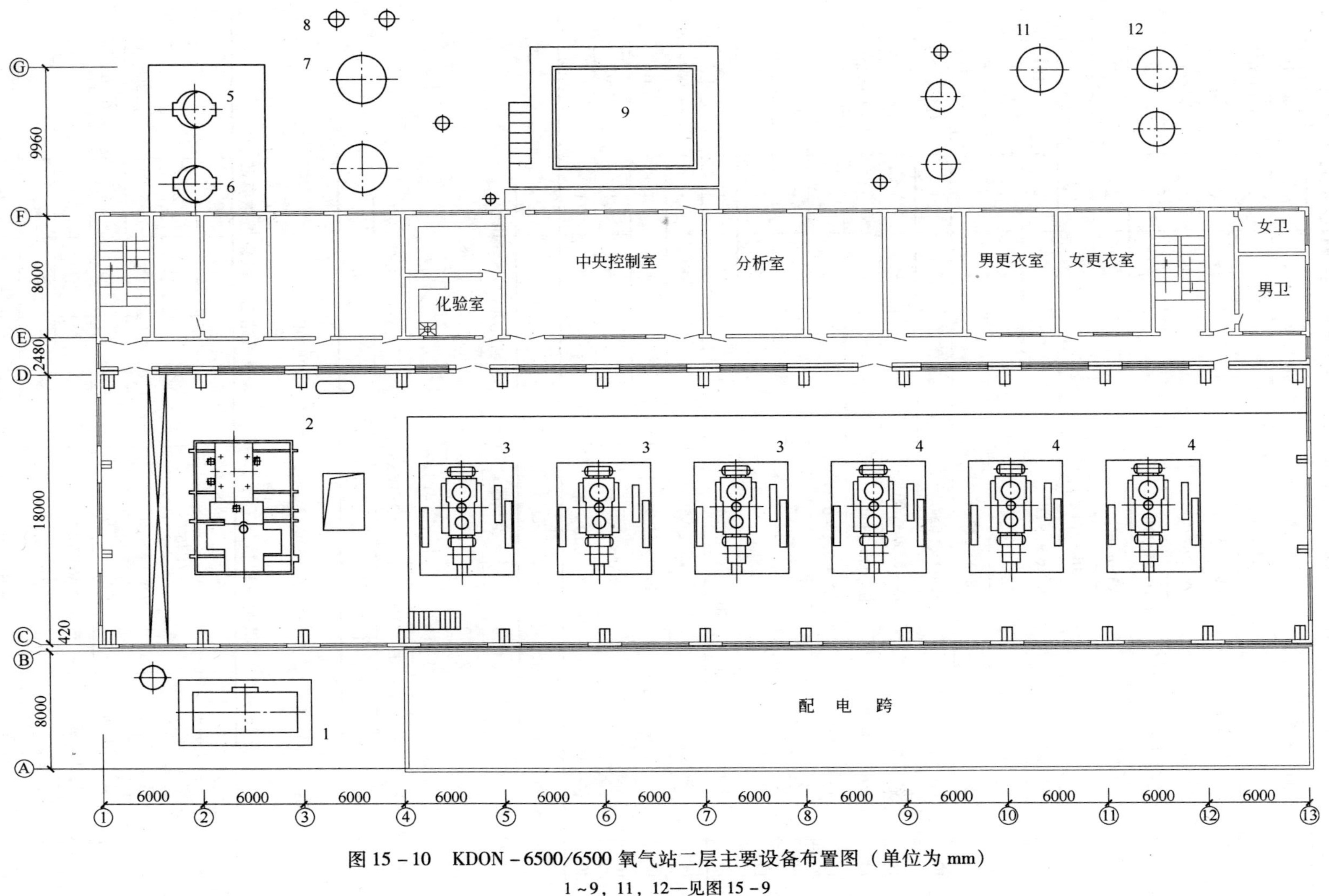

图15-10 KDON-6500/6500 氧气站二层主要设备布置图（单位为mm）

1~9，11，12—见图15-9

表 15－15 “XDA1－Y288”工程 6500Nm³/h 氧气站主要设备技术参数

序号	设备名称	型 号	电机功率/kW	单位	数量	备 注
1	空气压缩机①	5TYD160	3400	台	1	T1KD01U
2	氧气压缩机	ZW－65/30	710	台	3	6255L
3	氮气压缩机②	ZW－65/30	800	台	2	6155L
4	冷却水泵	XA65/20B	30	台	2	
5	冷冻水泵	XA50/26GA	30	台	2	
6	冷水机组	30HR－161	120	台	1	
7	电加热器	D1016×4948	540	台	2	2018
8	空气过滤器	ZKG－1200		台	1	
9	空气冷却塔	D1812×22740		台	1	4272. 100
10	水冷却塔	D1700×14060		台	1	4269F. 200
11	空分塔	FON－6500/6500		座	1	
12	分子筛吸附器	D3200×7300		台	2	4364W
13	透平膨胀机	TG－9. 2/7. 2－0. 35		台	2	
14	氧气球罐	400m³		座	1	
15	氮气球罐	200m³		座	1	
16	液氧储槽	50m³，CFL50/02		座	1	LAF－5002－00
17	液氩储槽	30m³，CFL30/02		座	1	LAF－3002－00
18	氧气缓冲罐	D2000×8280		座	1	PV01
19	氮气缓冲罐	D2000×8280		台	1	PV01
20	仪表空压机	WW－3. 2/10－Ⅱ		台	1	

① 其他工程空气压缩机的型号及其功率见下表。

工程号	空气压缩机型号	电机功率/kW（HP）
HE2－1050	H835－6. 5/0. 83	4100
YILI－1160	4D170	3600
WXIN2－1036	C250MX3N2	4500（HP）
CHQ－1043	5TYD460	3700

②“WXIN2－1036”工程氮气压缩机为 C45MX3N2 型，电机功率为 1750HP。

表 15－16 “CHQ－1043”工程 6500Nm³/h 氧气站主要设备技术参数

序号	设备名称	型 号	电机功率/kW	单位	数量	备 注
1	空气压缩机	5TYD460	3700	台	2	
2	氧气压缩机	ZW－65/30	630	台	5	6236S
3	氮气压缩机	ZW－65/30	630	台	4	6236S
4	冷却水泵	XA65/20B	30	台	4	
5	冷冻水泵	XA50/26GA	30	台	4	
6	冷水机组	30HR－161	120	台	2	

续表 15-16

序号	设备名称	型 号	电机功率/kW	单位	数量	备 注
7	电加热器	D1020×4948	630	台	4	2018
8	空气过滤器	ZKG-1000		台	2	
9	空气冷却塔	D1800×22740		台	2	4272.100
10	水冷却塔	D1700×14313		台	2	4269F.200
11	分馏塔	FON-6500/6500/210		座	2	流程 1473HX
12	分子筛吸附器	D3200×7100		台	4	1617K1，2
13	透平膨胀机	PLPK-88/7.3-0.45		台	4	
14	氧气球罐	400m^3		座	2	
15	氮气球罐	200m^3		座	2	
16	氩气球罐	120m^3		座	1	
17	液氧储槽	50 m^3 立式真空		座	2	
18	液氩储槽	30 m^3 立式真空		座	2	
19	液氧汽化器	QQN-400/165		台	2	
20	液氩汽化器	QQN-400/165		台	1	
21	液氧泵	BP300—600/165		台	2	
22	液氩泵	BP300—600/165		台	2	
23	充瓶氧气压缩机	2Z2-3/165-1	55	台	1	120m^3/h
24	充罐台	ArQ15SX2-150		套	1	
25	仪表空气压缩机	SA45A-8.5	45	台	1	
26	气瓶干燥机	JGZ-6	18	台	1	
27	真空泵	2X-30A	3	台	1	

注：此表为两套空分装置配置的设备。

15.3.3.3 制氧工艺主要材料用量

焊接钢管用量见表 15-17。无缝钢管用量见表 15-18。不锈钢管用量见表 15-19。

表 15-17 焊接钢管用量

工程代号	DN100 及以下		DN125~DN200		DN250 及以上		合 计	
	长度/m	质量/kg	长度/m	质量/kg	长度/m	质量/kg	长度/m	质量/kg
CHX-1087					431	34129	431	34129
CHP-Y276	32	46			413	22947	445	22993
HRUI2-Y272	53	73	154	4931	912	57945	1119	62949
JINJ-Y266	38	82			429	40082	467	40164
HE2-1050					391	25511	391	25511
YILI-1160	6	12			179	17980	185	17992
XDA1-Y288	53	125			320	23805	373	23930
WXIN2-1036					335	33667	335	33667
CHQ-1043	233	364			1268	76916	1501	77280

表 15－18　无缝钢管用量

工程代号	DN100 及以下		DN125～DN200		DN250 及以上		合　计	
	长度/m	质量/kg	长度/m	质量/kg	长度/m	质量/kg	长度/m	质量/kg
CHX－1087	606	3106	397	8116	253	16260	1256	27482
CHP－Y276	808	4477	364	8755	164	12913	1336	26145
HRUI2－Y272	733	4952	367	7659	37	1699	1137	14310
JINJ－Y266	1167	6858	458	11632	351	28029	1203	26287
HE2－1050	498	2479	554	11285	151	12523	391	25511
YILI－1160	648	3601	871	22912	378	29428	1897	55941
XDA1－Y288	621	3672	527	14863	449	33076	1597	51611
WXIN2－1036	326	3716	141	3951	222	16136	689	23803
CHQ－1043	1682	9748	589	14950	186	8364	2457	33062

表 15－19　不锈钢管用量

工程代号	DN100 及以下		DN125～DN200		DN250 及以上		合　计	
	长度/m	质量/kg	长度/m	质量/kg	长度/m	质量/kg	长度/m	质量/kg
CHX－1087	68	359	108	3097	86	4496	262	7952
CHP－Y276①	432	3608	236	7190	77	5693	745	16491
HRUI2－Y272②	218	1479	88	2912	27	1239	333	5630
JINJ－Y266	159	2059	344	11256	14	643	517	13958
HE2－1050③	80	1124	137	3432	41	2165	258	6721
YILI－1160③④	81	488	368	12329	27	2539	476	15356
XDA1－Y288	70	1246	213	5673			283	6919
WXIN2－1036								
CHQ－1043	56	401	108	4786	160	4041	324	9228

① 铝管，D90×10，长度 10m，质量 70kg，D45×3，长度 10m，质量 18kg；

② 铝管，D90×10，L＝26m，D32×5，L＝10m；

③ 不锈钢真空管用量见表 15－20；

④ 黄铜管，D38X5，L＝230m，铝管，D90X10，L＝25m。

表 15－20　不锈钢真空管用量

HE2－1050			YILI－1160		
规　格	长度/m	质量/kg	规　格	长度/m	质量/kg
D56×3.5	14	63	D45×3	43	134
D45×3	63	196	D38×3	3	8
D32×3	8	24	合　计	46	142
合　计	85	283			

注：不锈钢真空管规格为内管的管径。

15.3.3.4 管件

管件包括45°弯头、90°弯头、异径弯头、异径管、三通与四通、法兰与法兰盖、各种螺栓、螺柱等，各种管件用量见表15－21。

表15－21 各种管件用量

工程代号	碳钢管件		不锈钢管件		法兰/法兰盖		螺 栓		其他
	数量/个	质量/kg	数量/个	质量/kg	数量/个	质量/kg	数量/个	质量/kg	
CHX－1087	495	8554	42	366	46/27①	479/511	364	95	②
CHP－Y276	646	7135	119	500	101/42③	866/835	860	300	
HRUI2－Y272	748	9031	37	148	46/33	438/609	444	103	
JINJ－Y266	639	8878	89	644	131/43④	1110/718	868	332	
HE2－1050	441	5525	81	514	193/24⑤	876/605	432	82	
YILI－1160	414	5189	36	174	53/53⑥	619/1100	560	185	②
XDA1－Y288	525	9219	72	565	42/33⑦	684/1006	656	174	②
WXIN2－1036	275	10728			15/15	227/410	168	60	
CHQ－1043	817	12590	48	488	213/74⑧	1081/1112	960	328	

① 包括不锈钢法兰2个，质量37kg，不锈钢法兰盖2个，质量50kg；

② 氧气压缩机与氮气压缩机各机组冷却器的进水管设窥视镜，各机组进水总管设水过滤器，各实例均设有氧气过滤器和氧气阻火器，不再单独列出；

③ 包括不锈钢法兰31个，质量316kg，不锈钢法兰盖8个，质量219kg；

④ 包括不锈钢法兰27个，质量609kg，不锈钢法兰盖3个，质量122kg；

⑤ 包括不锈钢法兰17个，质量123kg，不锈钢法兰盖5个，质量99kg；

⑥ 包括不锈钢法兰2个，质量41kg，不锈钢法兰盖2个，质量45kg；

⑦ 包括不锈钢法兰6个，质量137kg，不锈钢法兰盖6个，质量198kg；

⑧ 包括不锈钢法兰4个，质量78kg，不锈钢法兰盖2个，质量54kg。

15.3.3.5 阀门

阀门包括闸阀、蝶阀、截止阀、氧气专用截止阀、不锈钢截止阀、止回阀。各种阀门用量见表15－22。

表15－22 各种阀门用量

工程代号	闸阀/蝶阀①		截止阀①		氧气专用截止阀②		不锈钢截止阀②	
	数量/个	质量/kg	数量/个	质量/kg	数量/个	质量/kg	数量/个	质量/kg
CHX－1087	20/5	534/250	40	191	8	1824		
CHP－Y276	42	1673	2	11	16	3016	13	1418
HRUI2－Y272	67	2585	2	5	9	1926	9	1605
JINJ－Y266	105	2266			13	3775	9	1214
HE2－1050	13	1048	60	308	13	2299	16	2011
YILI－1160	64/37	1339/1062	36	39	10	3031	9	2144

续表 15－22

工程代号	闸阀/蝶阀①		截止阀①		氧气专用截止阀②		不锈钢截止阀②	
	数量/个	质量/kg	数量/个	质量/kg	数量/个	质量/kg	数量/个	质量/kg
XDA1－Y288	设备厂提供，未统计				7	1999	11	1945
WXIN2－1036	6/15	94/1861	18	1448	③	③	3	1365
CHQ－1043			76	3987	14	3251	17	2959

① 阀门的公称直径从 DN15 开始统计，公称压力为 PN1.0～1.6MPa；
② 包括止回阀统计到氧气专用截止阀数量之内，公称压力为 PN4.0MPa；
③ 甲方另行安排，未统计。

15.3.3.6　冷却水用量

设备冷却水用量见表 15－23。

表 15－23　冷却水用量

工程名称	单位	空压机	氧压机	氮压机	预冷	膨胀机	合计
HE2－1050	m^3/h	410	200	300	155	11	1076
YILI－1160	m^3/h	410	300	100	180	10	1000
WXIN2－1036	m^3/h	210	300	120	150	11	791

15.3.4　实例 4　7500～8000Nm³/h 氧气站设计实例

工程名称：本实例包括三套 7500Nm³/h 氧气站与两套 8000Nm³/h 氧气站。

产品组成：五套空分装置全部生产液氧产品，其中两套装置生产液氮产品，三套装置生产液氩产品，见表 15－24。

工程特点：五套空分装置中有一套装置采用氧气透平压缩机压送氧气，其余四套装置氧气压缩机均为活塞式，且有三套装置的氧气压缩机与氮气压缩机共用一台备用机。液氧储槽选择立式珠光砂绝热平底储槽。在空气压缩机的选择上有四种机型。

表 15－24　产品组成

工程名称	产品组成（液体产品折合成气态）/$m^3 \cdot h^{-1}$				
	氧气	氮气	液氧	液氮	液氩
HOUY1－1105	7500	7500	100	100	210
ANY－Y282	7500	7500	100		
BEIH－1229	7500	10000	200	200	220
QUJ－1253	8000	8000	400		180
XDA2－Y288	8000	8000	100		

15.3.4.1　设备布置

“HOUY1－1105”工程为 7500Nm³/h 氧气站，以此进行介绍。该工程主厂房长 78m，跨度18m。安装1台空气透平压缩机，1台氧气透平压缩机，3台活塞式氮气压缩机。两层建筑结构，二层平台标高5m。配电跨与控制跨分别布置在主厂房的两侧，配电跨长45m，跨度9m。控制跨长54m，跨度8m。控制跨外侧空气预冷、纯化系统的设备与厂房平行布置。液体储存与汽化系统的设备垂直于厂房且距离10m，形成一个相对独立的区域。在该区域内，液氩储槽布置在室外地坪上，液氧储槽、液氮储槽布置在平台上。在液氧储槽的平台下方布置了液氧泵与液氮泵，如图15－11所示。一层布置空气预冷系统的水泵、增压透平膨胀机及其油站、换热器、过滤器等设备，如图15－12所示。

主厂房二层平台与控制跨之间设有通廊，为便于操作中控室靠近氧气压缩机。中控室的两侧一侧为变送器室，另一侧为分析室。在控制跨的二层还设有化验室、办公室、楼梯间等，如图15－13所示。

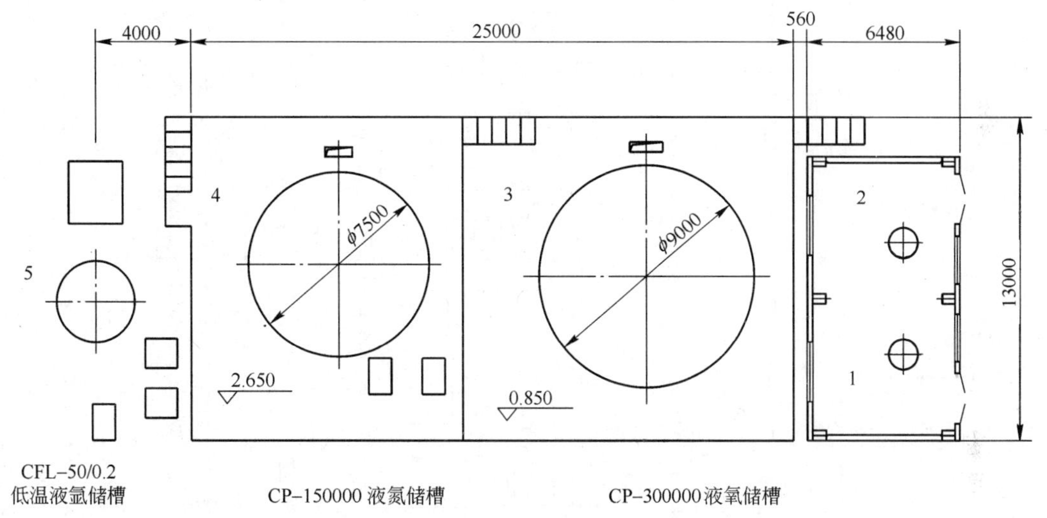

图15－11 KDON－7500/7500/210氧气站液体储存系统设备布置图（单位为mm）

1—液氧汽化器；2—液氮汽化器；3—液氧储槽；4—液氮储槽；5—液氩储槽

“HOUY1－1105”7500Nm³/h工程与“QUJ－1253”8000Nm³/h工程各种管子、管件、阀门的用量见第15.3.4.3～15.3.4.4节。装置循环水用量见表15－32。

“HOUY1－1105”工程在总图布置上建有氧气充瓶间，充瓶间长24.48m，宽18.48m。充瓶台为钢筋混凝土结构，安装2套20头灌充器。氧气来自GKQ400/15的汽化器，配有1台7.5kW液氧泵。球罐区、循环水泵房单独布置，整个工程留有二期建设的用地。

“QUJ－1253”工程为8000Nm³/h氧气站。该工程主厂房长66m，跨度18m。安装1台透平式空气压缩机，2台活塞式氮气压缩机，3台活塞式氧气压缩机。氧气压缩机与氮气压缩机共用一台备用机。空气压缩机系统为两层建筑结构，二层平台标高5.000m。主厂房内安装1台32/5t双梁桥式起重机，轨面标高13.500m。

配电跨与控制跨分别布置在主厂房的两侧，配电跨长48m，跨度9m。控制跨长度与主厂房相同，跨度8m。一层布置空气预冷系统的水泵、增压透平膨胀机及其油站、换热器等设备。F列线4号柱到11号柱为敞开式，无维护结构。副跨的外侧布置各空分设备，如图15－14所示。

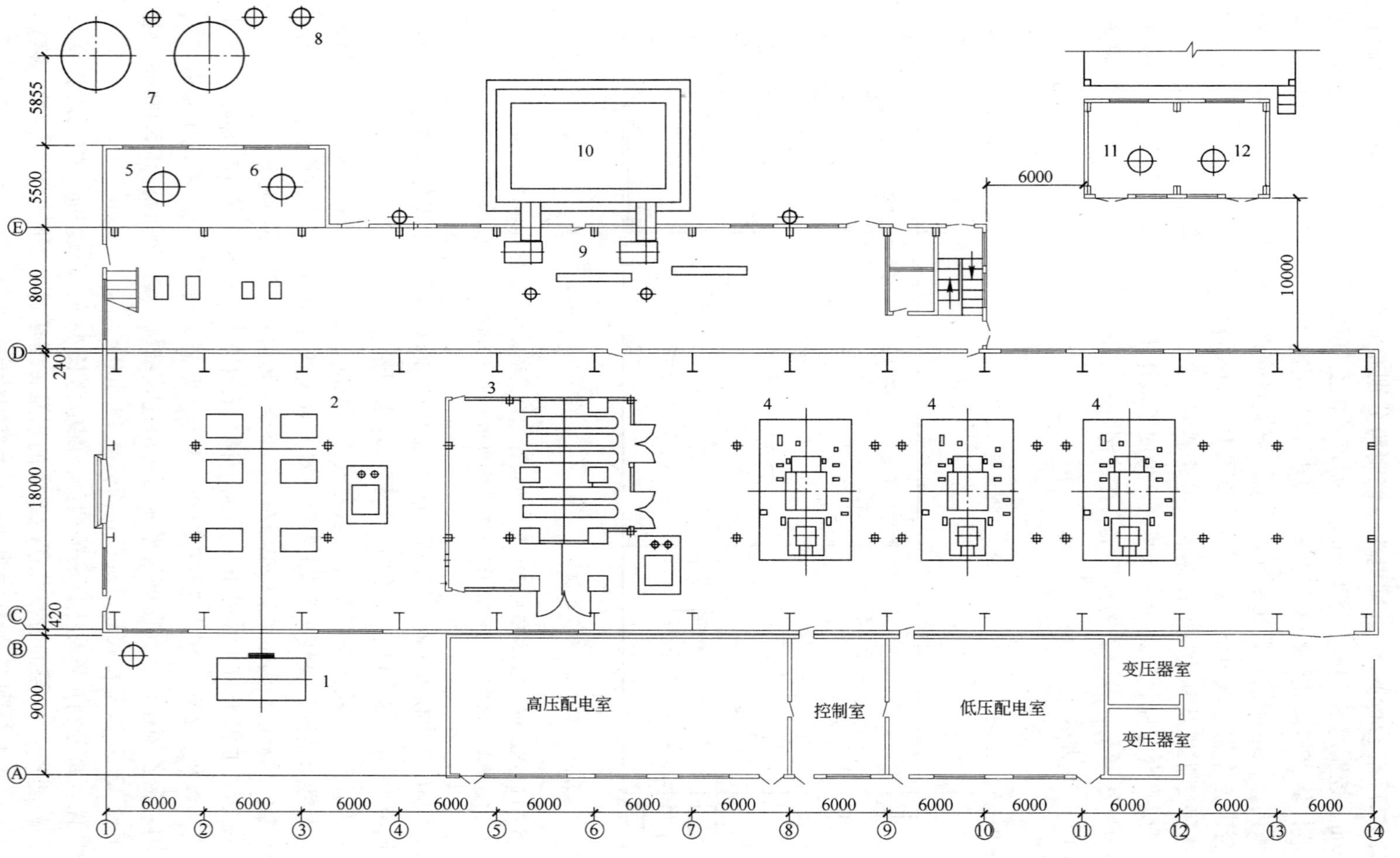

图 15－12　KDON－7500/7500/210 氧气站一层主要设备布置图（单位为 mm）

1—空气过滤器；2—空气压缩机；3—透平式氧气压缩机；4—活塞式氮气压缩机；5—空气冷却塔；6—水冷却塔；7—分子筛吸附器；8—电加热器；9—增压透平膨胀机；10—分馏塔；11—液氧汽化器；12—液氮汽化器

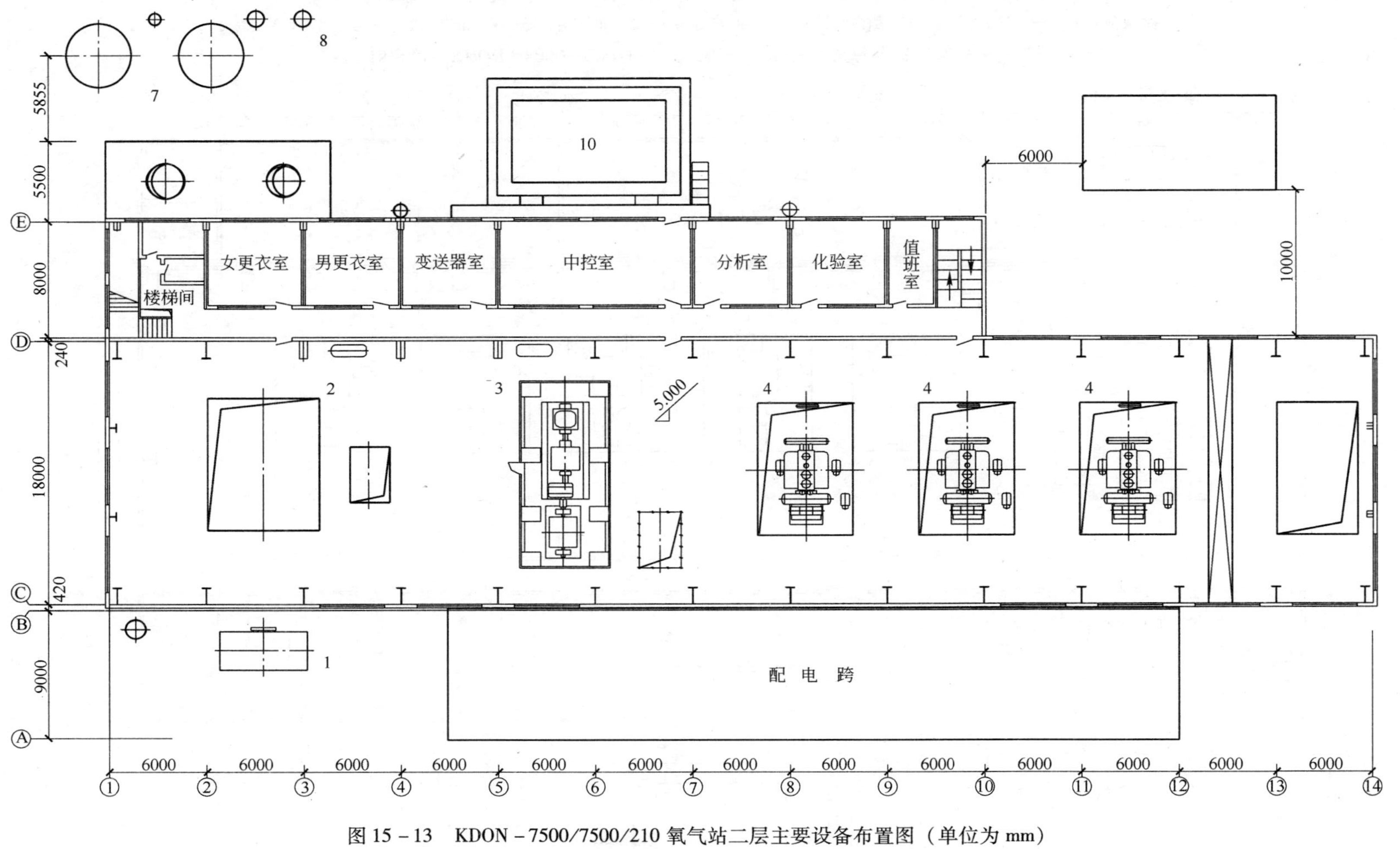

图 15-13 KDON-7500/7500/210 氧气站二层主要设备布置图（单位为 mm）

1~4，7，8，10—见图 15-12

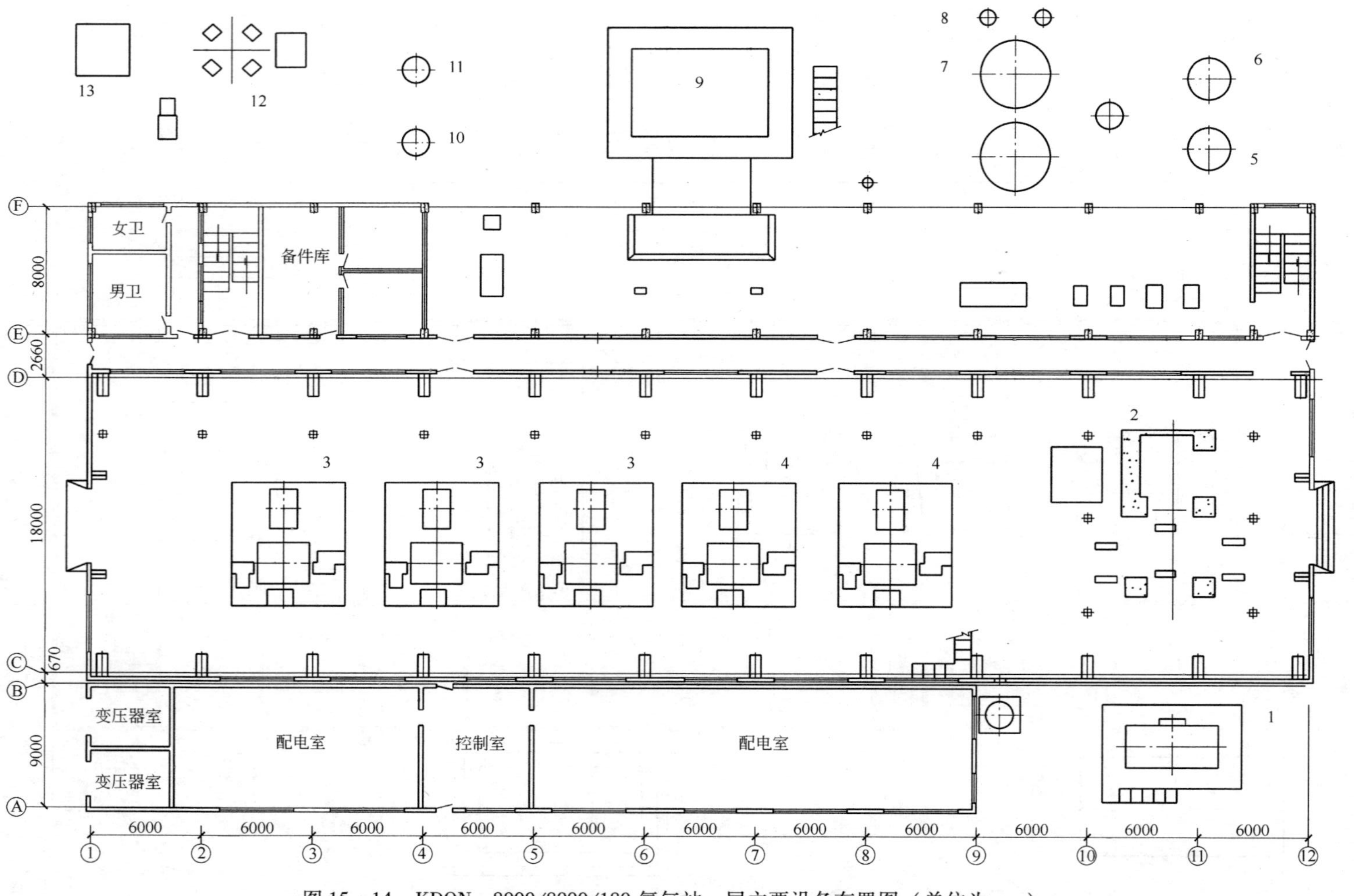

图 15－14 KDON－8000/8000/180 氧气站一层主要设备布置图（单位为 mm）

1—空气过滤器；2—空气压缩机；3—氧气压缩机；4—氮气压缩机；5—空气冷却塔；6—水冷却塔；7—分子筛吸附器；8—电加热器；9—分馏塔；10—氧气缓冲罐；11—氮气缓冲罐；12—液氩储槽；13—液氧储槽

主厂房二层平台与控制跨之间设有通廊，在控制跨的二层设有中央控制室、变送器室、分析室、化验室、值班室、楼梯间等，如图 15－15 所示。

15.3.4.2 主要设备技术参数

“HOUY1－1105” 7500Nm³/h 工程和 “QUJ－1253” 8000Nm³/h 工程主要设备技术参数分别见表 15－25、表 15－26。

表 15－25 “HOUY1－1105” 7500Nm³/h 工程主要设备技术参数

序号	设备名称	型　号	电机功率/kW	单位	数量	备　注
1	空气压缩机①	5TYD160	4000	台	1	T1KD04X
2	氧气压缩机	3TYS78＋2TYS56	1800	台	1	1T1YS16J
3	氮气压缩机	ZW－49/25	1900	台	3	Y517B
4	冷却水泵	125D－25×3	30	台	2	
5	冷冻水泵	D25－35×3	12	台	2	
6	电加热器	D1000×6573	456	台	2	
7	空气过滤器	（自洁式）		台	1	
8	空气冷却塔	D2000×22085		台	1	
9	水冷却塔	D1700×20480		台	1	
10	空分塔	FON－6500/6500		座	1	流程 CF294A
11	分子筛吸附器	D3500×9898（L）		台	2	
12	透平膨胀机	PLPK－242/7.6－0.4		台	2	PT1193
13	氧气球罐	650m³		座	2	
14	氮气球罐	400m³		座	2	
15	液氧储槽	300m³（CP300000）		座	1	CP030A
16	液氧汽化器	D1200×6000		台	1	QZD10
17	液氧泵	7500m³/h，3.0MPa	30	台	1	进口（ACD）
18	液氮储槽	150m³（CP150000）		座	1	
19	液氮汽化器	D1200×5000		台	1	QZD06
20	液氮泵	7500m³/h，3.0MPa	27	台	1	进口（ACD）
21	液氩储槽	50m³（CPL－50/0.2）		座	1	CF050G
22	液氩汽化器	空温式		台	1	
23	液氩泵	往复式，电磁无级调速	9	台	2	

①“ANY－Y282”工程空气压缩机型号为 H850－6.2/0.98，电机功率 4100kW，“BEIH－1229”工程空气压缩机型号为 H830－6.2/0.98，电机功率 4200kW。

15.3.4.3 制氧工艺主要材料用量

焊接钢管用量见表 15－27。无缝钢管用量见表 15－28。不锈钢管用量见表 15－29。

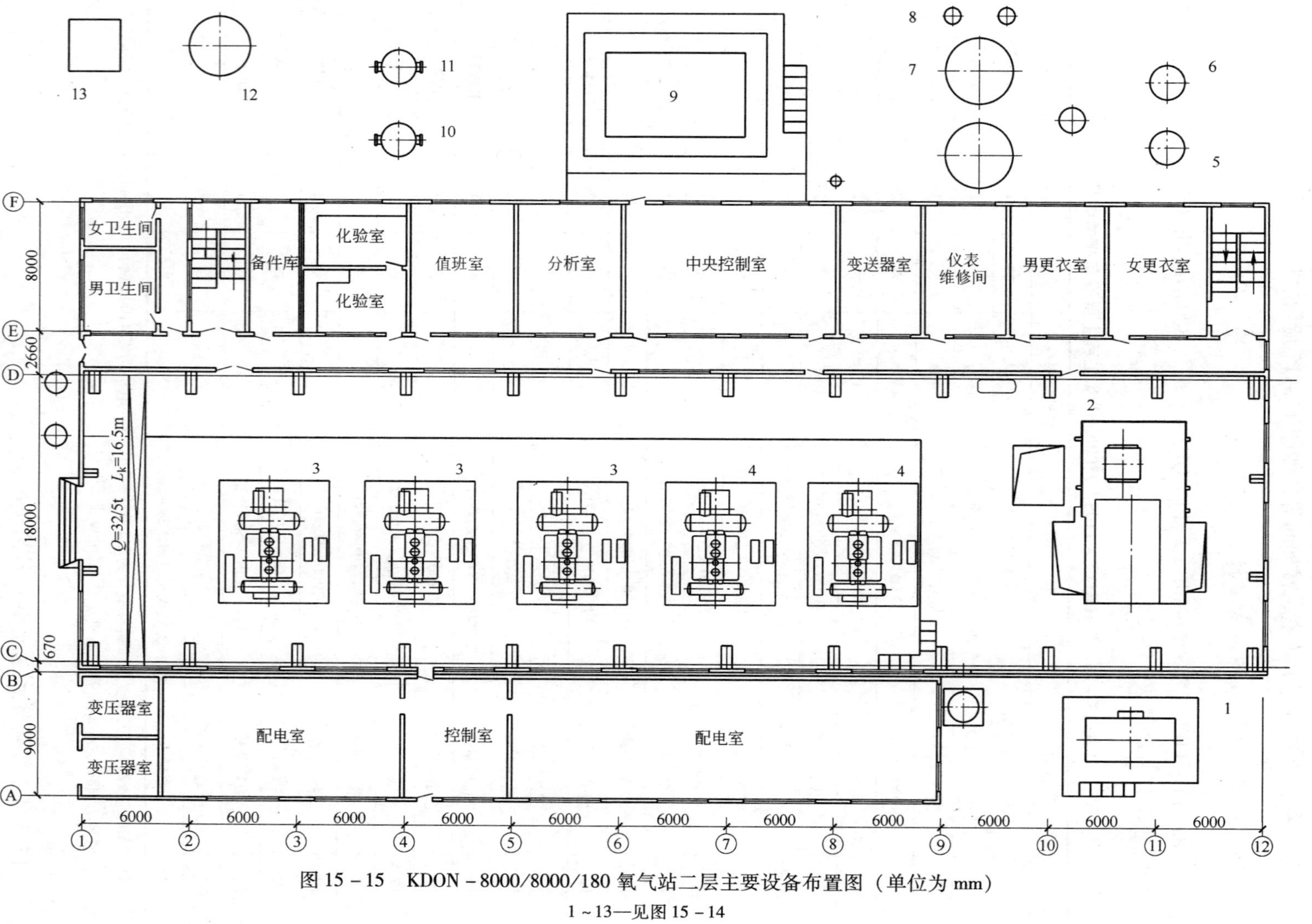

图15－15　KDON－8000/8000/180氧气站二层主要设备布置图（单位为mm）

1～13—见图15－14

表 15－26 "QUJ－1253" 8000Nm^3/h 工程主要设备技术参数

序号	设备名称	型　号	电机功率/kW	单位	数量	备　注
1	空气压缩机①	4TYD112	4300	台	1	T1KD05G. 00
2	氧气压缩机	ZW－86/25	800	台	3	YY4203. 0
3	氮气压缩机	ZW－86/25	800	台	2	DY4203. 0
4	冷却水泵	IS100－65－250A	30	台	2	
5	冷冻水泵	IS100－65－315B	45	台	2	
6	电加热器	D1016×4948	675	台	2	2018. 0
7	螺杆式冷水机组	30HXC130B	98	台	1	
8	空气过滤器	ZKG－1400		座	1	
9	空气冷却塔	D2024×21544		台	1	TKL08003. 0
10	水冷却塔	D2016×14925		台	1	TSL07001. 0
11	空分塔	FON－8000/8000		座	1	H2017JC. 0
12	分子筛吸附器	D3624×8385		台	2	XF08001
13	透平膨胀机	PLPK－110/7. 0－0. 3		套	2	TG4277. 0
14	氧气缓冲罐	D2016×6934		座	1	2636. 0
15	氮气缓冲罐	D2016×6934		座	1	2636. 0
16	氧气放散消声器	D812×3020		台	1	4067. 00400
17	氮气放散消声器	D1200×2176		台	1	4318. 400
18	液氧储槽	CFL－100/0. 2		座	1	
19	液氧汽化器	KO8000/3. 0		座	1	
20	液氧泵	BPO－8000－15000/30	22	台	1	
21	仪表空气压缩机	ZW－6/7	37	套	1	
22	氧气球罐	650m^3		座	1	
23	氮气球罐	400m^3		座	1	

① "XDA2－Y288" 工程空气压缩机型号为 DH63－40，电机功率 4300kW。

表 15－27 焊接钢管用量

工程代号	DN100 及以下		DN125～DN200		DN250 及以上		合　计	
	长度/m	质量/kg	长度/m	质量/kg	长度/m	质量/kg	长度/m	质量/kg
HOUY1－1105	12	17	7	120	593	39925	612	40062
ANY－Y282①	41	74			561	48712	602	48786
BEIH－1229	22	61			414	43659	436	43720
QUJ－1253②					630	67871	630	67871
XDA2－Y288					436	39312	436	39312

① 黄铜管 $D32\times4.5$，$L=25$m；

② 不锈钢真空管，DN40/100，长度 38m，质量 590kg，DN80/150，长度 11m，质量 332kg。

表 15－28　无缝钢管用量

工程代号	DN100 及以下		DN125～DN200		DN250 及以上		合　计	
	长度/m	质量/kg	长度/m	质量/kg	长度/m	质量/kg	长度/m	质量/kg
HOUY1－1105	641	4151	815	18708	166	7203	1622	30062
ANY－Y282	605	3668	589	15502	109	7608	1303	26778
BEIH－1229	792	3940	617	14369	239	15234	1648	33543
QUJ－1253	702	4046	608	13987	293	18924	1603	36957
XDA2－Y288	834	4188	542	12319	271	20162	1647	36669

表 15－29　不锈钢管用量

工程代号	DN100 及以下		DN125～DN200		DN250 及以上		合　计	
	长度/m	质量/kg	长度/m	质量/kg	长度/m	质量/kg	长度/m	质量/kg
HOUY1－1105	543	2762	251	6888	251	6888	847	12084
ANY－Y282①	88	512	239	7229	47	2504	374	10245
BEIH－1229	460	2591	238	6020	28	1286	726	9897
QUJ－1253②	75	570	100	2096	251	12728	426	15394
XDA2－Y288	71	533	264	8730	20	982	355	10245

① 黄铜管：$D32 \times 4.5$，$L = 25$m；

② 不锈钢真空管，DN40/100，长度 38m，质量 590kg，DN80/150，长度 11m，质量 332kg。

15.3.4.4　管件

管件包括 45°弯头、90°弯头、异径弯头、异径管、三通、法兰与法兰盖、各种螺栓、螺柱等，各种管件用量见表 15－30。

表 15－30　各种管件用量

工程代号	碳钢管件①		不锈钢管件①		法兰/法兰盖		螺　栓		其他
	数量/个	质量/kg	数量/个	质量/kg	数量/个	质量/kg	数量/个	质量/kg	
HOUY1－1105	478	6570	81	357	40/42	525/908	356	131	②
ANY－Y282	337	7141	66	1346	50/30	450/537	480	235	③
BEIH－1229	552	9340	99	513	107	1651	520	264	④
QUJ－1253	530	13320	113	3230	94	2038	520	264	⑤
XDA2－Y288	696	10055	39	403	33/29	572/880	376	135	⑥

① 管件包括 45°弯头、90°弯头、三通、异径管；

② 冷却水泵、冷冻水泵出口设橡胶接头，空气压缩机、氧气压缩机、氮气压缩机进水管道上设有水过滤器，氧气调压阀组设有氧气过滤器与氧气阻火器（其他装置均有）；

③ 包括不锈钢法兰 4 个，质量 88kg，不锈钢法兰盖 4 个，质量 126kg；

④ 包括不锈钢法兰与法兰盖共 6 个，质量 76kg；

⑤ 包括不锈钢法兰与法兰盖共 6 个，质量 257kg；

⑥ 包括不锈钢法兰与法兰盖共 4 个，质量 122kg。

15.3.4.5 阀门

阀门包括闸阀、蝶阀、截止阀、氧气专用截止阀、不锈钢截止阀、止回阀。各种阀门的用量见表15－31。

表15－31 各种阀门用量

工程代号	闸阀/蝶阀①		截止阀①		氧气专用截止阀②		不锈钢截止阀②		其他
	数量/个	质量/kg	数量/个	质量/kg	数量/个	质量/kg	数量/个	质量/kg	
HOUY1－1105	5/12	1976/355	7	72	7	1999	13	2173	
ANY－Y282	4/	510/			13	2910	16	3098	
BEIH－1229	/13	/604	31	230	10	2333	10	824	③
QUJ－1253	/1	/43			10	2333	10	2476	③
XDA2－Y288	29/8	2335/1265	44	342	10	3031	9	2183	

① 阀门的公称直径从DN15开始统计，公称压力为PN1.0～1.6MPa；

② 包括止回阀，公称压力为PN4.0MPa；

③ 空气压缩机、氧气压缩机、氮气压缩机进水总管上设过滤器，氧气压缩机、氮气压缩机各级冷却器进、出水管道上设窥视镜。

15.3.4.6 冷却水用量

冷却水用量见表15－32。

表15－32 冷却水用量

工程代号	单位	空压机	氧压机	氮压机	空气预冷	膨胀机	合计
HOUY1－1105	m^3/h	500	320	270	110	39	1239
BEIH－1229	m^3/h	450	270	180	205	11	1116
QUJ－1253	m^3/h	680	300	270	268	25	1543
XDA2－Y288	m^3/h	550	240	160	225	25	1200

15.3.5 实例5 10000～12000Nm³/h氧气站设计实例

工程名称：本实例包括三套10000Nm³/h氧气站与一套12000Nm³/h氧气站。

产品组成：四套空分装置中由于“PSHA2－Y237”工程为拆迁多年闲置旧设备，按照只恢复生产气体产品进行设计。三套空分装置生产液氧、液氮产品。一套空分装置生产液氧、液氮、液氩产品，见表15－33。

工程特点：四套空分装置中有一套采用氧气透平压缩机压送氧气，氮气压缩机选用离心式（引进设备）；一套装置为拆迁多年闲置旧设备，且空气压缩机为国外生产，电加热器为卧式；两套装置氧气压缩机与氮气压缩机均为活塞式，且有一套装置的氧气压缩机与氮气压缩机共用一台备用机。四套空分装置有三种空气压缩机机型。“HRUI4－Y272”工程由于场地的原因，氧气压缩机与主厂房分开布置。“WXIN1－1036”工程主厂房采用两层建筑结构。

表 15－33　产品组成

工程代号	产品组成（液体产品折合成气态）/$m^3 \cdot h^{-1}$				
	氧气	氮气	液氧	液氮	液氩
WXIN1－1036	10000	10000	300	100	380
XINGX2－Y302	10000	10000	500	500	
PSHA2－Y237①	10000	10000			
HRUI4－Y272	12000	12000	200	200	

① 拆迁多年闲置旧设备。

15.3.5.1　设备布置

“XINGX2－Y302”工程 KDON－10000/10000 氧气站主厂房长 84m，跨度 18m。安装 4 台氧气压缩机，3 台氮气压缩机和 1 台空气压缩机。空压机二层平台标高 5.000m。为安装检修设备，安装 1 台 32/5t 双梁桥式起重机，轨面标高 13.500m。

主厂房的一侧为配电跨与控制跨，跨度 9m，一端为变压器与配电室，另一端为增压透平膨胀机组与预冷系统的水泵室。预冷系统设置了 2 台冷水机组。副跨外侧为空分设备，分馏塔的左上方为液体储存与汽化设备，右侧为空气冷却塔、水冷塔及纯化系统的设备，这些设备与主厂房垂直布置，如图 15－16 所示。

副跨二层除设有中央控制室、变送器室、分析室之外，还设有值班室、更衣室、卫生间、楼梯间及通廊，如图 15－17 所示。本期常规化验项目在一期的化验室内进行检测，本期不再设化验室。

统计 WXIN1－1036 与 HRUI4－Y272 两套空分装置的小时循环水用量在 1550t 左右，见第 15.3.5.6 节。

15.3.5.2　主要设备技术参数

“WXIN1－1036” 10000Nm^3/h 工程主要设备技术参数见表 15－34。“XINGX2－Y302”工程主要设备技术参数见表 15－35。

表 15－34　“WXIN1－1036” 10000Nm^3/h 工程主要设备技术参数

序号	设备名称	型　号	电机功率/kW	单位	数量	备　注
1	空气压缩机①	DA1200－42	5400	台	1	6016B
2	氧气压缩机	3TYS78＋2TYS56	2300	台	1	T1YS12G
3	氮气压缩机	2ACⅡ－HP	1750HP	台	1	英格索兰
4	冷却水泵	IS100－65－250	37	台	2	
5	冷冻水泵	IS125－100－200A	37	台	2	
6	冷水机组	30HR－195	150	台	1	
7	电加热器	D1016×4948	346.5	台	3	2014
8	空气过滤器	ZKG－1500		台	1	
9	空气冷却塔	D2400×20820		台	1	1515

续表 15－34

序号	设备名称	型　号	电机功率/kW	单位	数量	备　注
10	水冷却塔	D2200×16600		台	1	1616
11	空分塔	FON－10000/10000		座	1	
12	分子筛吸附器	D3200×7300		台	2	4364W
13	透平膨胀机			台	2	
14	氧气球罐	650m^3		座	1	
15	氮气球罐	400m^3		座	1	

①"XINGX2－Y302"工程空气压缩机型号为4TYD112，电机功率5600kW，"PSHA2－Y237"工程空气压缩机引进美国设备，电机换算功率3700kW，"HRUI4－Y272"工程空气压缩机型号为4TYD112，电机功率6500kW。

表15－35　"XINGX2－Y302"工程主要设备技术参数

序号	设备名称	型　号	电机功率/kW	单位	数量	备　注
1	空气压缩机	4TYD112	5600	台	1	T1KD05D.00
2	氧气压缩机	ZW－60/30	630	台	4	YY3605.00
3	氮气压缩机	ZW60/11	500	台	3	DY3605.00
4	冷却水泵	KQW125/220－37/2	37	台	2	
5	冷冻水泵	KQW100/285－45/2	45	台	2	
6	电加热器	D1200×5048	810	台	2	DR08001
7	冷水机组	30HR－161	116	台	2	并联运行
8	空气过滤器	ZKG－1800		座	1	REV.09－11－16－1
9	空气冷却塔	D2400×20910		台	1	TKL100001.0
10	水冷却塔	D2500×14955		台	1	1620A.0
11	空分塔	FON－10000/10000		座	1	H2015JC.0
12	分子筛吸附器	D4020×8224		台	2	XF1003.0
13	透平膨胀机	PLPK－150/7.5－0.35		套	2	
14	氧气缓冲罐	D2000×6934		座	1	2636.0
15	氮气缓冲罐	D2000×6934		座	1	2636.0
16	氧气放散消声器	D800×3020		台	1	4067.00400
17	氮气放散消声器	D500×4069		台	1	XY01801.0
18	液氧储槽	CFL－100/0.2		座	1	
19	液氧汽化器	QZO－8150/30		座	1	D2100×6556
20	液氧泵	TBP4000－8000/30	18.5	台	1	
21	液氮储槽	CFL－100/0.2		座	1	
22	液氮汽化器	QZO－8150/30		座	1	D2100×6556
23	液氮泵	TBP4000－8000/30	18.5	台	1	
24	氧气球罐	650m^3		座	1	

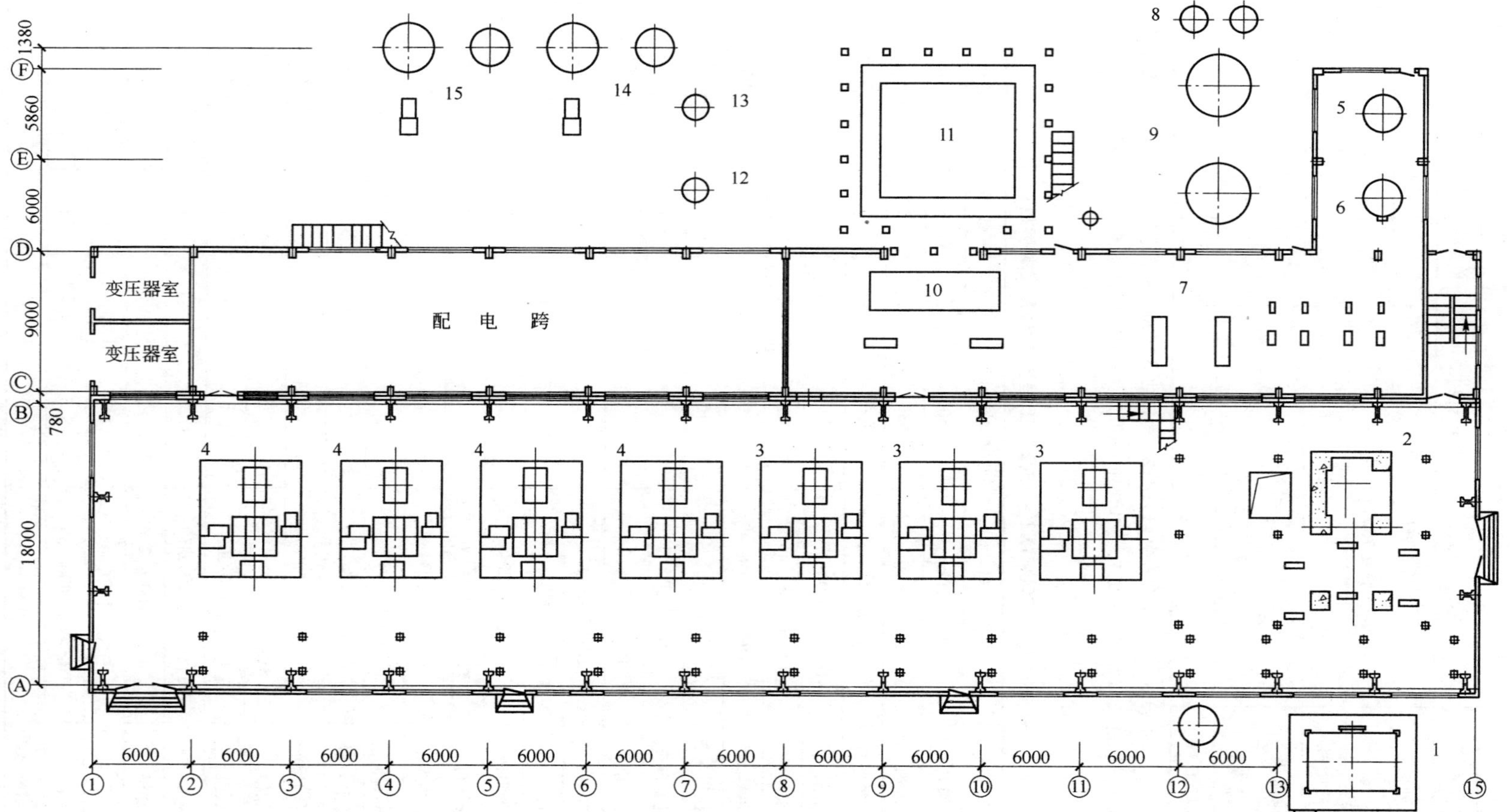

图15-16 KDON-10000/10000 氧气站一层主要设备布置图（单位为mm）

1—空气过滤器；2—空气压缩机；3—氮气压缩机；4—氧气压缩机；5—空气冷却塔；6—水冷却塔；7—冷水机组；8—电加热器；9—分子筛吸附器；10—增压透平膨胀机组；11—分馏塔；12—氮气缓冲罐；13—氧气缓冲罐；14—液氮储槽；15—液氧储槽

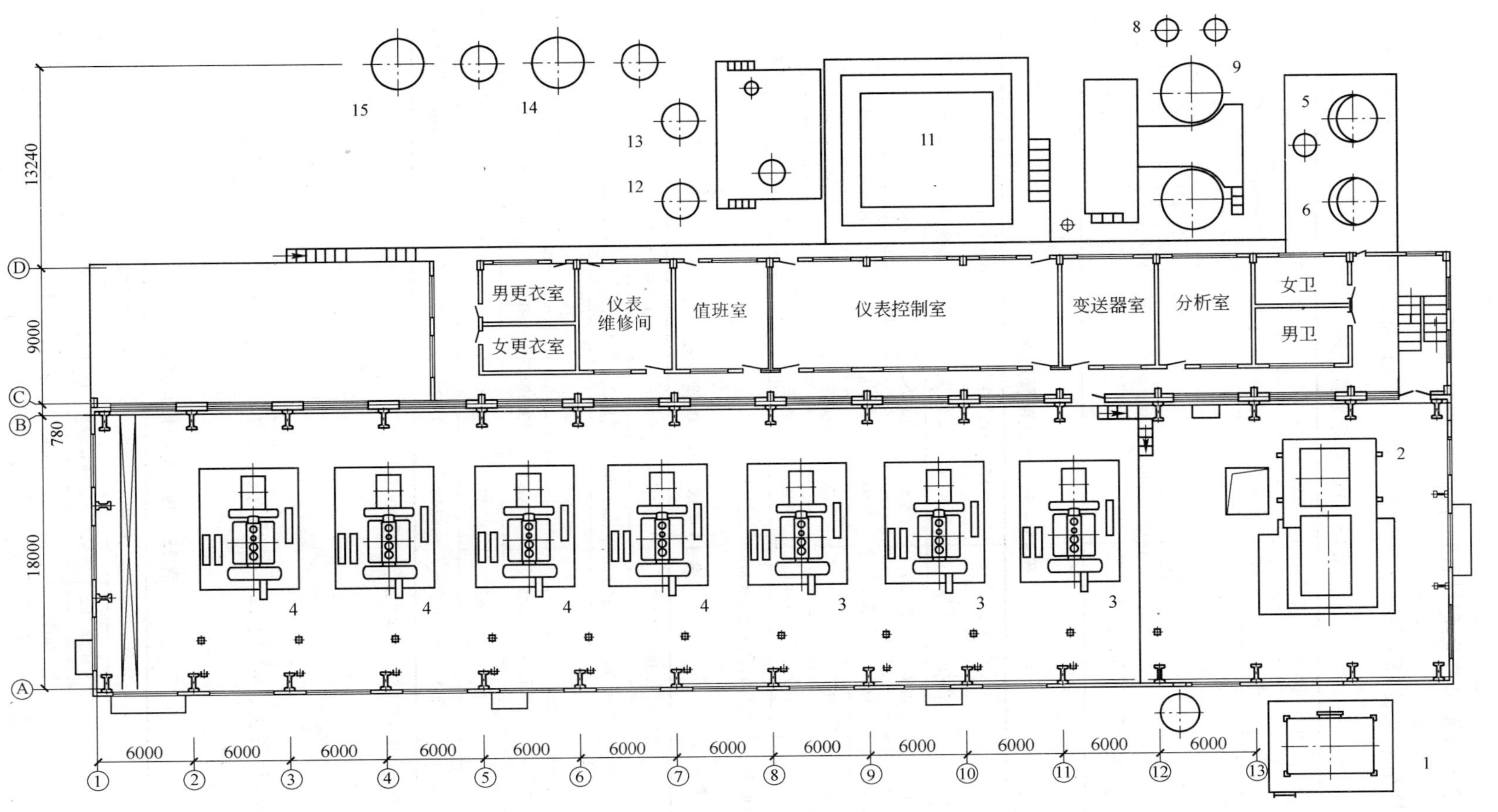

图 15－17 KDON－10000/10000 氧气站二层主要设备布置图（单位为 mm）

1～6，8，9，11～15—见图 15－16

15.3.5.3 制氧工艺主要材料用量

焊接钢管用量见表 15－36。无缝钢管用量见表 15－37。不锈钢管用量见表 15－38。

表 15－36 焊接钢管用量

工程代号	DN100 及以下		DN125～DN200		DN250 及以上		合 计	
	长度/m	质量/kg	长度/m	质量/kg	长度/m	质量/kg	长度/m	质量/kg
WXIN1－1036	40	97			554	44297	594	44394
XINGX2－Y302					896	117223	896	117223
PSHA2－Y237	利用部分拆迁旧焊接钢管及管件，工程用量未统计							
HRUI4－Y272					820	94635	820	94635

表 15－37 无缝钢管用量

工程代号	DN100 及以下		DN125～DN200		DN250 及以上		合 计	
	长度/m	质量/kg	长度/m	质量/kg	长度/m	质量/kg	长度/m	质量/kg
WXIN1－1036①	429	21887	509	14378	93	6858	1031	43123
XINGX2－Y302	967	5134	1097	25770	216	10418	2280	41322
PSHA2－Y237	10	115	212	6608			222	6723
HRUI4－Y272	703	3340	434	9878	137	7141	1274	20359

① 黄铜管 D30×6，长度 90m，质量 346kg。

表 15－38 不锈钢管用量

工程代号	DN100 及以下		DN125～DN200		DN250 及以上		合 计	
	长度/m	质量/kg	长度/m	质量/kg	长度/m	质量/kg	长度/m	质量/kg
WXIN1－1036	105	471	189	4907	25	1148	319	6526
XINGX2－Y302①	123	859	487	13652	80	3928	690	18439
PSHA2－Y237	6	62	237	7928			243	7990
HRUI4－Y272	204	1755	342	8352	10	701	556	9959

① 不锈钢真空管，DN40/100，长度 78m，质量 1043kg。

15.3.5.4 管件

管件包括 45°弯头、90°弯头、异径管、三通、法兰与法兰盖、各种螺栓等，各种管件用量见表 15－39。

表 15－39 各种管件用量

工程代号	碳钢管件①		不锈钢管件①		法兰/法兰盖		螺 栓		其他
	数量/个	质量/kg	数量/个	质量/kg	数量/个	质量/kg	数量/个	质量/kg	
WXIN1－1036	313	9025	34	336	25/12	399/396	328	132	②
XINGX2－Y302	680	15758	144	1231	121	2291	592	263	③

续表 15 - 39

工程代号	碳钢管件①		不锈钢管件①		法兰/法兰盖		螺栓		其他
	数量/个	质量/kg	数量/个	质量/kg	数量/个	质量/kg	数量/个	质量/kg	
PSHA2 - Y237	24	172	24	197	8	55	64	24	④
HRUI4 - Y272	652	18473	83	657	52/38	910/1452	382	160	⑤

① 管件包括45°弯头、90°弯头、三通、异径管；

② 包括不锈钢法兰4个，质量78kg，不锈钢法兰盖3个，质量76kg，各机组供水总管设CSY型水过滤器；

③ 包括不锈钢法兰与法兰盖共6个，质量137kg；

④ 未统计拆迁来的旧管件；

⑤ 氧气压缩机间与主车间分开布置。

15.3.5.5 阀门

阀门包括闸阀、蝶阀、截止阀、氧气专用截止阀、不锈钢截止阀，各种阀门的用量见表15 - 40。

表 15 - 40 各种阀门用量

工程代号	闸阀/蝶阀①		截止阀①		氧气专用截止阀②		不锈钢截止阀②		其他
	数量/个	质量/kg	数量/个	质量/kg	数量/个	质量/kg	数量/个	质量/kg	
WXIN1 - 1036	2/1	1460/131			12	2726	11	1778	
XINGX2 - Y302	/4	/1440	43	323	10	2217	13	2543	③
PSHA2 - Y237					5	1035	5	820	④
HRUI4 - Y272	/6	/270	15	132	9	2533	9	1780	③

① 阀门的公称直径从DN15开始统计，公称压力为PN1.0～1.6MPa；

② 包括止回阀，公称压力为PN4.0MPa；

③ 冷却水泵与冷冻水泵的出口设橡胶接头，氧气压缩机、氮气压缩机的各级冷却器进出水总管上设有窥视镜；

④ 未统计拆迁来能用的旧阀门。

15.3.5.6 冷却水用量

冷却水用量见表15 - 41。

表 15 - 41 冷却水用量

工程代号	单位	空压机	氧压机	氮压机	空气预冷	膨胀机	合计
WXIN1 - 1036	m^3/h	600	320	180	420	24	1544
HRUI4 - Y272	m^3/h	650	300	300	290	20	1560

15.3.6 实例6 10000Nm³/h内压缩流程氧气站设计实例

工程名称：PSHA3 - Y237。

生产规模：氧气（标态）10000m^3/h，氮气（标态）15000m^3/h，液氧（折合气态，标态）300m^3/h，液氩（折合气态，标态）200m^3/h。

工程特点：空分装置采用内压缩流程。空气压缩机、空气增压机、氮气压缩机均采用引进设备。不生产液氮。本期为三期制氧，一期、二期、三期站区管道全部联网。

15.3.6.1　设备布置

本工程采用内压缩工艺流程，空气压缩机、空气增压机、氮气压缩机均采用引进设备。生产液氧与液氩两种液体产品。该公司一期制氧（标态）为4500m³/h，二期制氧（标态）为10000m³/h，均采用外压缩工艺流程。本期为三期制氧，站区管道与前两期氧气站全部联网。

由于采用内压缩工艺流程，主厂房内安装空气压缩机、空气增压机、氮气压缩机设备，厂房长度为54m，跨度21m，两层建筑结构，二层平台标高5.000m，32/5t双梁吊钩桥式起重机的轨面标高13.500m。主要设备技术参数见第15.3.6.2节。

主厂房的一侧为配电跨，长36m，跨度9m。另一侧为控制跨，与主厂房长度一致，跨度8m，一、二层与主厂房之间设有通廊。一层布置空分设备及楼梯间等。控制跨的外侧，从左到右依次布置液氩储槽、液氧储槽、分馏塔、分子筛吸附器，在分子筛吸附器后面设有气水分离器设备，如图15－18所示。

控制跨二层为操作层，设有主控室、变送器室等生产辅助间，如图15－19所示。

氧气站内中压氧气与氩气管道采用不锈钢无缝管，液氧、液氩管道采用不锈钢真空管。各种管道、管件、阀门的用量见第15.3.6.3～15.3.6.4节。

15.3.6.2　主要设备技术参数

氧气站主要设备技术参数见表15－42。

表15－42　主要设备技术参数

序号	设备名称	型　号	电机功率/kW	单位	数量	备　注
1	空气压缩机	DA1200	5400	台	1	引进设备
	空气增压机		3800	台	1	引进设备
2	氮气压缩机	DA180－61	1300	台	2	引进设备
3	冷却水泵	KCP100×65－200	37	台	2	
4	冷冻水泵	KCP80×50－200	45	台	2	
5	电加热器	D1220×5050	810	台	2	2021
6	空气过滤器	SDK－2000		台	1	
7	空气冷却塔	D2200×20820		台	1	
8	水冷却塔	D2000×16330		台	1	
9	空分塔	FON－10000/15000		座	1	
10	分子筛吸附器	D3800×8520		台	2	
11	透平膨胀机			台	2	
12	氧气球罐	400m³		座	1	

续表 15-42

序号	设备名称	型　号	电机功率/kW	单位	数量	备　注
13	氮气球罐	200m³		座	1	
14	液氧储槽	100m³（CF-100/15）		台	1	8208B
15	液氧汽化器	QQO-2500/15		台	1	2456
16	液氩储槽	50m³（CF-50000/8）		台	1	8208A
17	液氩汽化器	QQAr-350/30		台	1	2457
18	液氩泵	BPAr-24/43		台	1	
19	液氩泵	450L/h，3.0MPa		台	1	

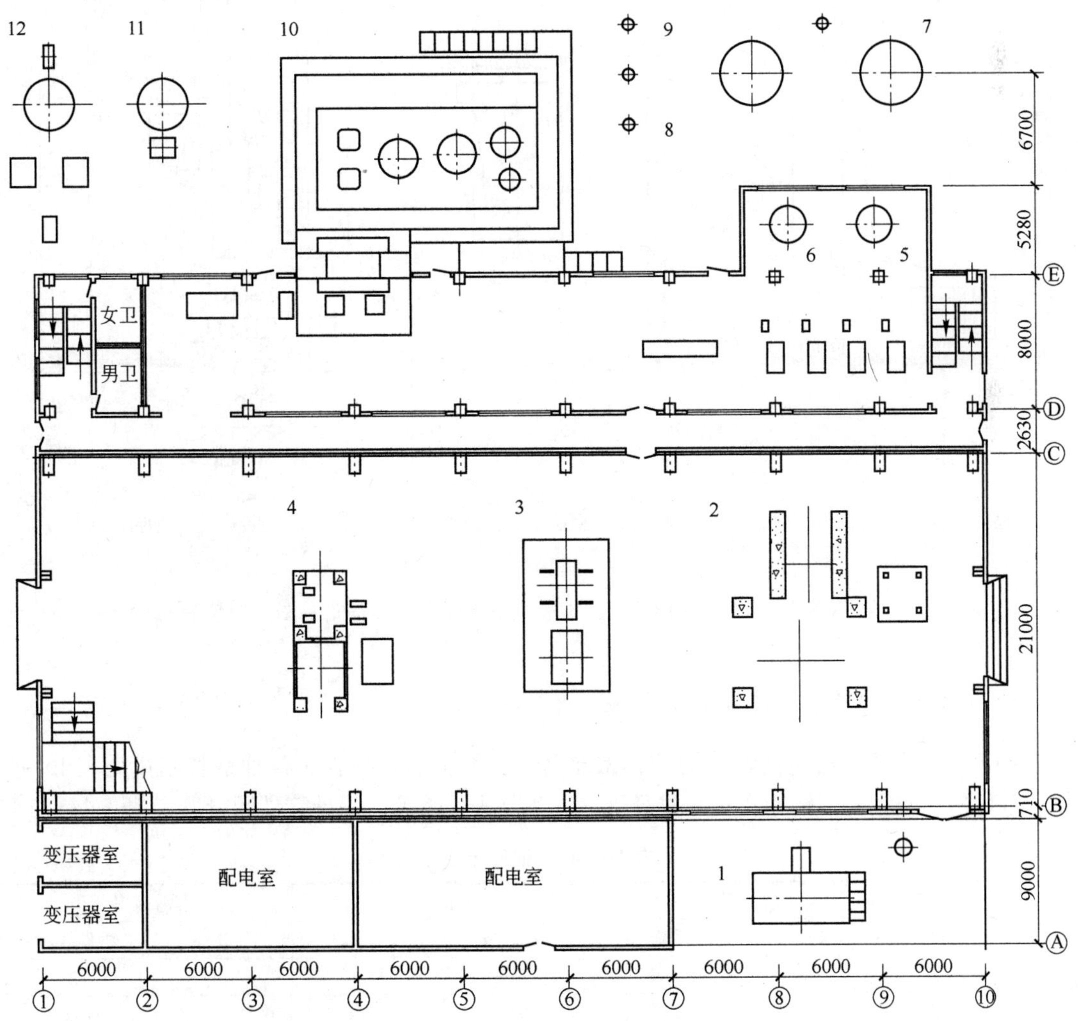

图 15-18　KDON-10000/10000 内压缩氧气站一层主要设备布置图（单位为 mm）

1—空气过滤器；2—空气压缩机；3—空气增压机；4—氮气压缩机；5—空气冷却塔；6—水冷却塔；7—分子筛吸附器；8—电加热器；9—气水分离器；10—分馏塔；11—液氧储槽；12—液氩储槽

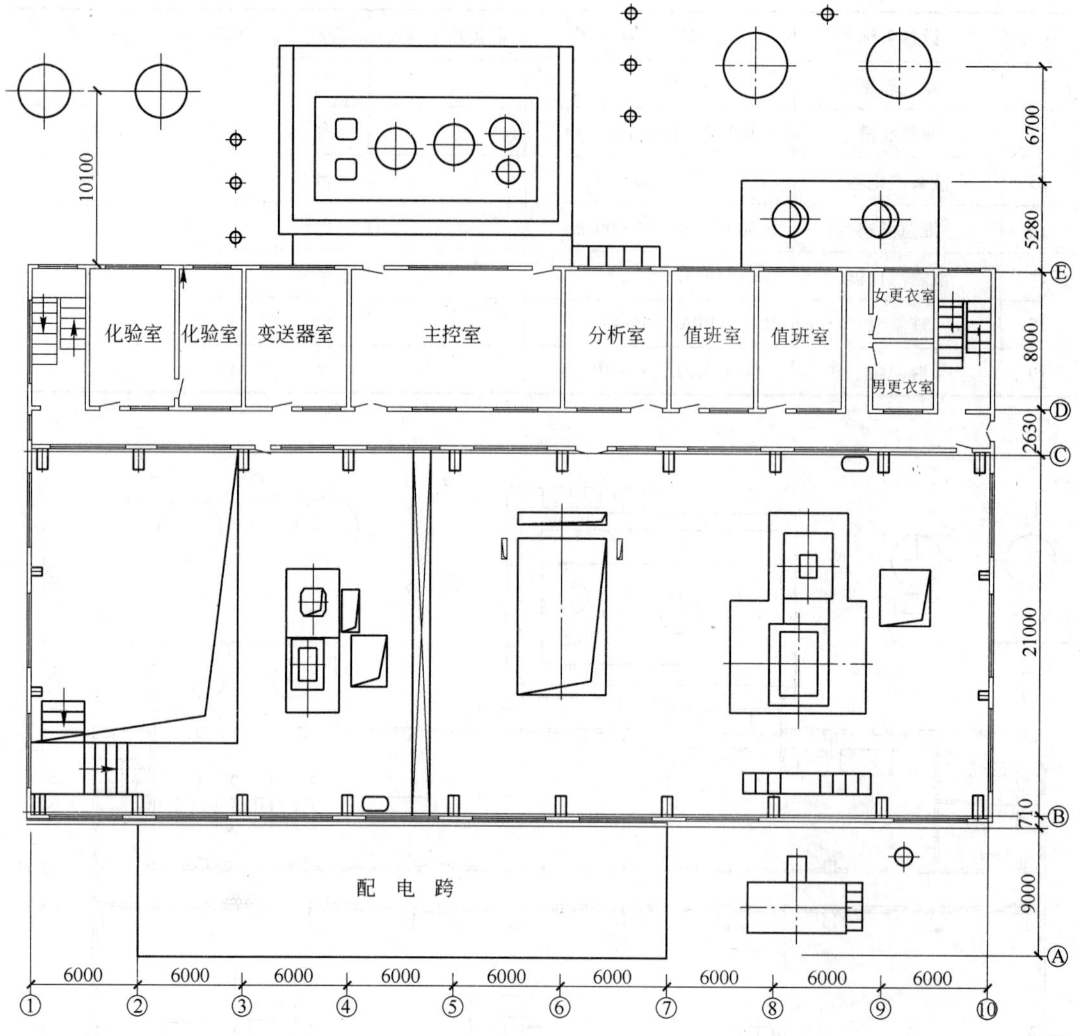

图 15－19 KDON－10000/10000 内压缩氧气站二层主要设备布置图（单位为 mm）

15.3.6.3 制氧工艺主要材料用量

制氧工艺主要材料包括焊接钢管、无缝钢管、不锈钢无缝管，各种钢管用量见表 15－43。管件包括碳钢与不锈钢弯头、异径管、法兰及法兰盖等，各种管件用量见表 15－44。

表 15－43 钢管用量

规 格	焊接钢管		无缝钢管		不锈钢管	
	长度/m	质量/kg	长度/m	质量/kg	长度/m	质量/kg
DN100 及以下	40	97	230	1736	75	372
DN125～DN200	0	0	318	7714	87	3143
DN250 及以上	433	47310	228	16200	38	1987
合 计	473	47407	776	25650	200	5502

注：铝管，D90×10，$L=10$m，D45×5，$L=3$m。

表 15－44 各种管件用量

名称	用量		名称	用量	
	数量/个	质量/kg		数量/个	质量/kg
焊接弯头	71	6667	法兰	33	775
不锈钢弯头	25	267	法兰盖	15	700
无缝弯头	238	3347	异径管①	56	1763
不锈钢异径管	10	53	铝弯头	3（DN100）	
不锈钢法兰	12	187	各种螺栓	348	134
氧气过滤器	2（DN200）		氧气阻火器	2（DN200）	

① 异径管包括锻制异径管。

15.3.6.4 阀门

阀门包括闸阀、蝶阀、截止阀、氧气专用截止阀、不锈钢截止阀，各种阀门用量见表 15－45。

表 15－45 各种阀门用量

规格	蝶阀①		截止阀		氧气专用截止阀②		不锈钢截止阀②	
	数量/个	质量/kg	数量/个	质量/kg	数量/个	质量/kg	数量/个	质量/kg
DN100 及以下					2	160	2	162
DN125～DN200					8	2085	8	2096
DN250 及以上	2	1460						
合计	2	1460			10	2245	10	2258

① 公称压力为 PN1.0～1.6MPa；

② 包括止回阀，公称压力为 PN4.0MPa。

15.3.7 实例 7 15000Nm³/h 氧气站设计实例

工程名称：本实例包括四套 15000Nm³/h 氧气站。

产品组成：四套空分装置产品组成见表 15－46。

工程特点：四套空分装置中的空气透平压缩机、氧气透平压缩机、氮气透平压缩机分别采用两种机型。“LONGS1－1187” 与 “XINGD2－1187” 工程为一、二期建设，两期工程的空气透平压缩机、氧气透平压缩机、氮气透平压缩机机型相同。

表 15－46 产品组成

工程代号	产品组成（液体产品折合成气态，标态）/$m^3 \cdot h^{-1}$				
	氧气	氮气	液氧	液氮	液氩
HOUY2－1105	15000	15000	300	100	550
XINJ－1094	15000	15000	500	500	550
LONGS1－1187	15000	15000	400	100	560
XINGD2－1187	15000	15000	400	100	560

15.3.7.1　设备布置

“HOUY2－1105”工程主厂房长54m，跨度24m。在主厂房的两端分别布置空气压缩机与氧气压缩机，均设有二层操作平台。厂房一层的中部布置1台透平式氮气压缩机。主厂房外侧的副跨，一层为高低压配电室、预冷系统的水泵及冷水机组等，二层为操作层。空气冷却塔、水冷却塔的下部安装在室内，特别注意的是待设备安装就位之后，再浇筑所处位置的房顶。

副跨的外侧布置空分设备，增压透平膨胀机组及其辅助设备布置在单独的房间之内。由于分子筛吸附器为卧式设备且进出气体管口的口径较大，布置此设备时要留出足够的位置。工艺设备布置如图15－20、图15－21所示。

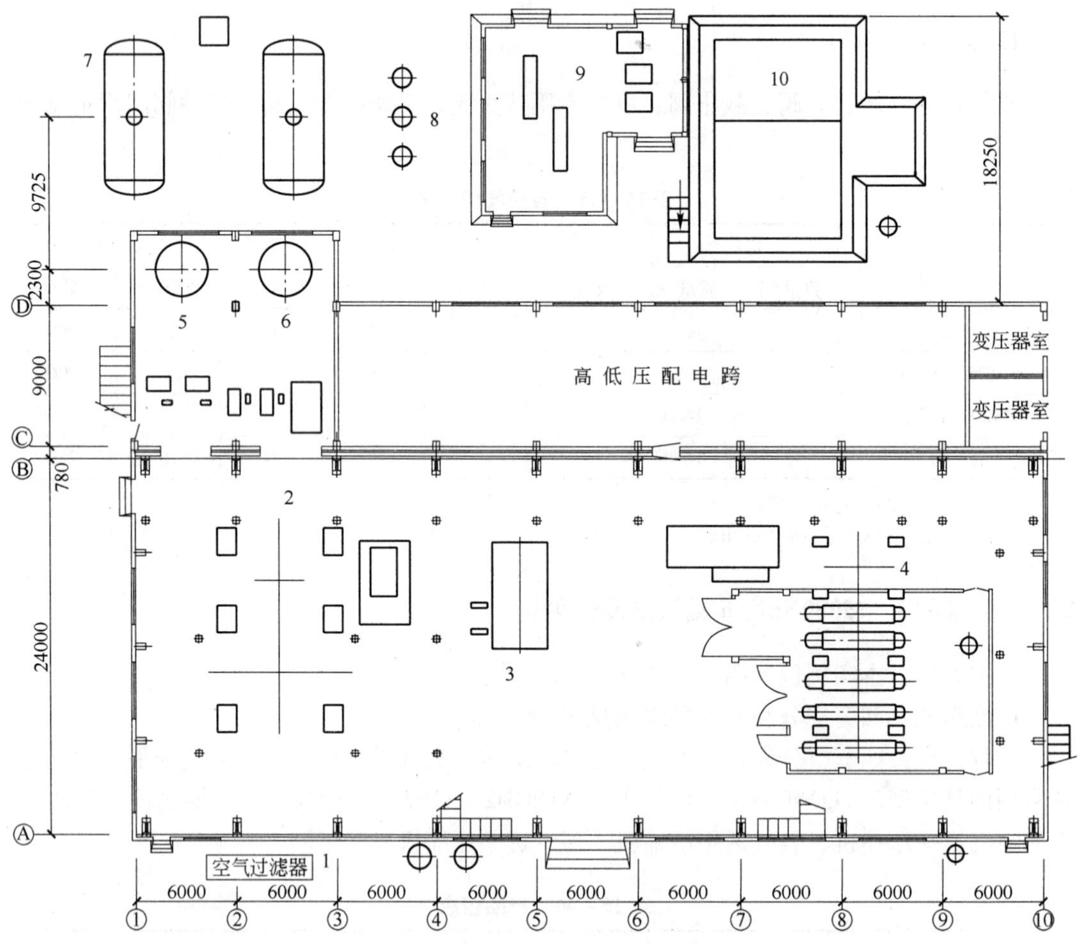

图15－20　KDON－15000/15000/550氧气站一层主要设备布置图（单位为mm）

1—空气过滤器；2—空气压缩机；3—透平式氮气压缩机；4—透平式氧气压缩机；5—空气冷却塔；6—水冷却塔；7—分子筛吸附器；8—电加热器；9—增压透平膨胀机系统；10—分馏塔

“HOUY2－1105”工程主要设备技术参数见第15.3.7.2节。工程用焊接钢管、无缝钢管、不锈钢无缝钢管的总量为155.8t，各种管材分别占总用量的48.48%、40.45%和

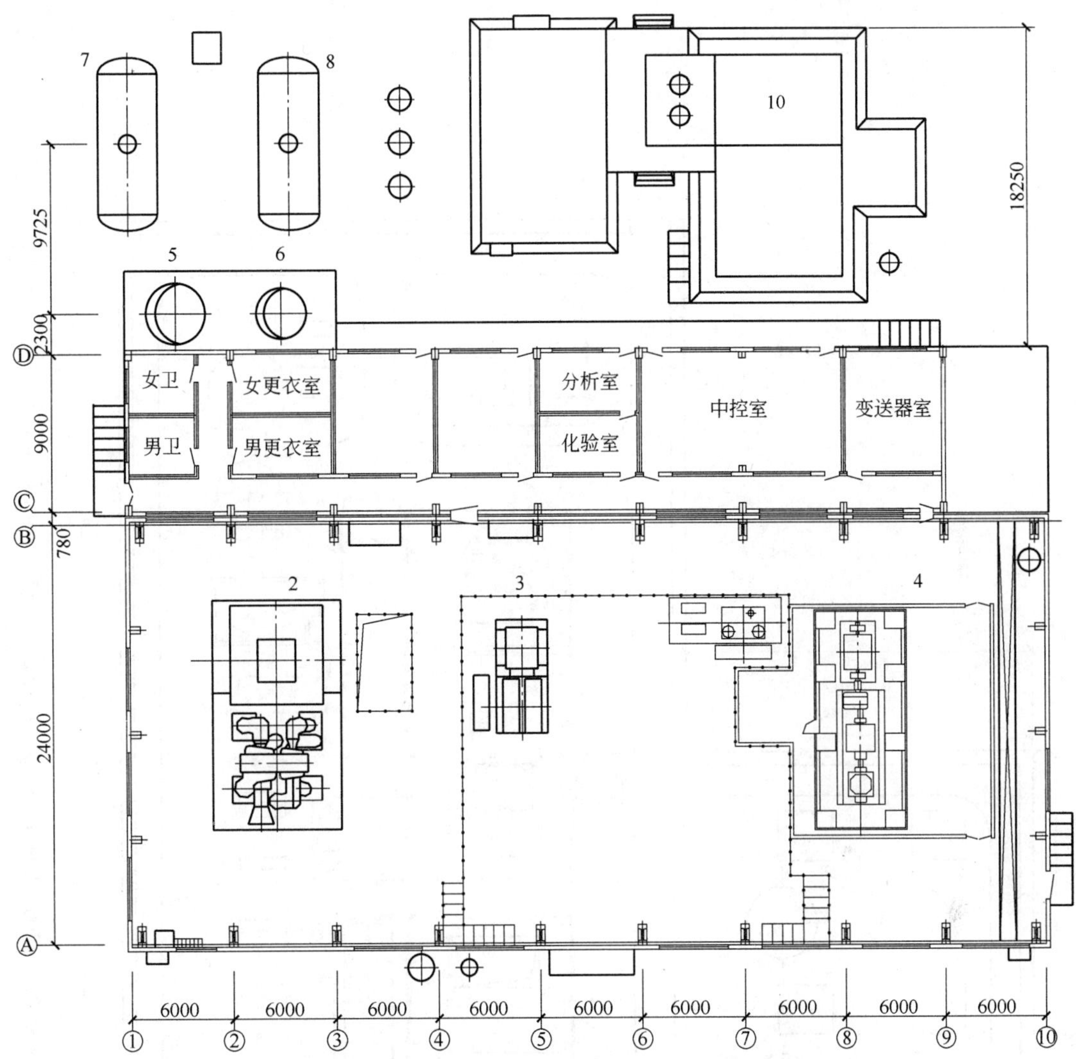

图 15-21 KDON-15000/15000/550 氧气站二层主要设备布置图（单位为 mm）
2~8，10—见图 15-20

11.07%。液体管道全部采用不锈钢真空管。各种管子、管件、阀门的用量见第 15.3.7.3~15.3.7.5 节。

"LONGS1-1187" 与 "XINGD2-1187" 工程为某公司一、二期制氧，两期制氧均为 15000Nm³/h 空分设备。站区设施总体规划分期建设，设有氧气充瓶间，二期液体储存与汽化系统只增加一座液氩储槽及其汽化设备，总占地面积 18950m²，厂区设有环形通道，球罐区与制氧装置之间设有主要通道，宽度 8m，其他道路 4~6m。两套制氧主厂房之间留有消防通道，如图 15-22 所示。

15.3.7.2 主要设备技术参数

"HOUY2-1105" 工程主要设备技术参数见表 15-47。"XINJ-1094" 工程主要设备技术参数见表 15-48。

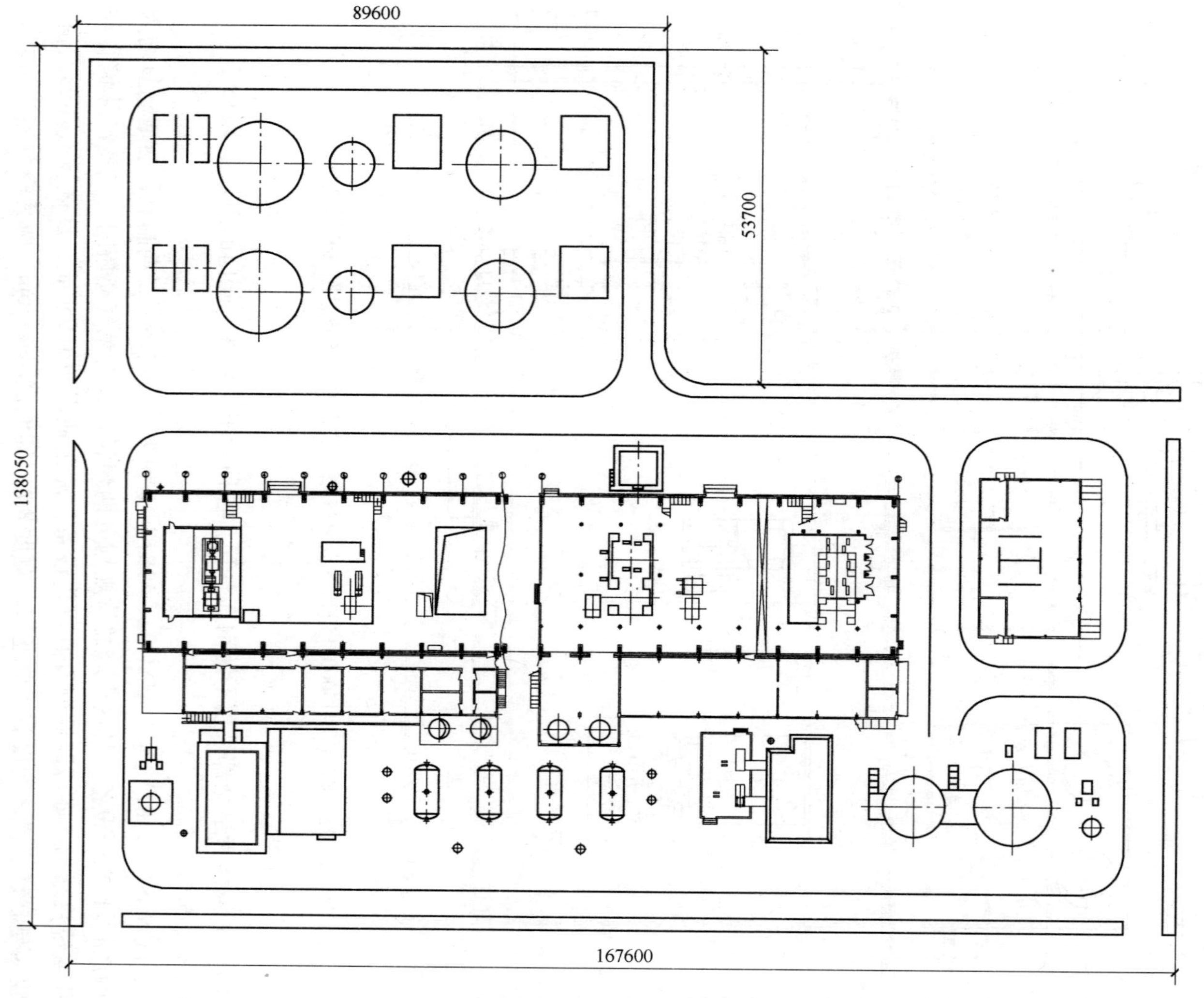

图 15－22 两套 KDON－15000/15000 氧气站站区设备布置图（单位为 mm）

表 15-47 “HOUY2-1105”工程主要设备技术参数

序号	设备名称	型　号	电机功率/kW	单位	数量	备　注
1	空气压缩机①	HD90-26	7800	台	1	2891
2	氧气压缩机	2MCL454+3MCL406	3100	台	1	
3	氮气压缩机	SVK16-3S	1900	台	1	
4	冷却水泵	200S-63A	55	台	2	
5	冷冻水泵	100D-16×6	30	台	2	
6	电加热器	D900×5200	576	台	3	
7	空气过滤器	MFS-3000（自洁式）		台	1	
8	空气冷却塔	D2600×25400		台	1	
9	水冷却塔	D2400×18600		台	1	
10	空分塔	FON-6500/6500		座	1	
11	分子筛吸附器	D3500×9898（L）		台	2	
12	透平膨胀机	PLPK-242/7.6-0.4		台	2	
13	氧气球罐	$650m^3$		座	1	
14	液氧储槽	$600m^3$		座	1	
15	液氧汽化器	VS0-15000-30		台	1	
16	液氧泵	AC-180，1.5×3×7	60HP	台	1	
17	液氮储槽	$300m^3$		座	1	
18	液氮汽化器	VSN-15000-25-B		台	1	
19	液氮泵	AC-180，1.5×3×7	60HP	台	1	
20	液氩储槽	$100m^3$，CFL-100/0.2		座	1	
21	液氩汽化器	QQNA-550/30		台	1	
22	液氩泵	单缸，活塞式	5.5	台	2	

①“LONGS1-1187”与“XINGD2-1187”工程，空气压缩机机型为4TYC97，电机功率8400kW。

表 15-48 “XINJ-1094”工程主要设备技术参数

序号	设备名称	型　号	电机功率/kW	单位	数量	备　注
1	空气压缩机	D90-18	8000	台	1	
2	氧气压缩机	3TYS78+2TYS56	3400	台	1	
3	氮气压缩机	4TYC54	2700	台	1	
4	冷却水泵	IS125-100-250A	55	台	2	
5	冷冻水泵	IS125-100-200	45	台	2	
6	电加热器	D1000×4948	675	台	3	2018
7	空气过滤器	SDK-2000		台	1	
8	空气冷却塔	D2800×23028		台	1	1517
9	水冷却塔	D2500×14985		台	1	1620A

续表 15 – 48

序号	设备名称	型　号	电机功率/kW	单位	数量	备　注
10	空分塔	FON – 7500/7500		座	1	
11	分子筛吸附器	D3600 × 8680（L）		台	2	4367. 100A
12	透平膨胀机	TG – 258/7. 92 – 0. 4		台	2	
13	氧气球罐	$650m^3$		座	1	
14	氮气球罐	$400m^3$		座	1	
15	氩气球罐	$50m^3$		座	1	
16	液氧储槽	$500m^3$，CP – 500/0. 1		台	1	PZC0501
17	液氧汽化器	QZO – 15000/30		台	1	QHS15001
18	液氮储槽	$200m^3$，CP – 200/0. 1				PZC0201
19	液氮汽化器	QZO – 15000/30		台	1	QHS15001
20	液氩储槽	$100m^3$，CFL – 100/02				
21	液氩汽化器	QQAr – 400/20		台	1	QHK0402

由于“LONGS1 – 1187”与“XINGD2 – 1187”这两期工程的空气透平压缩机、氧气透平压缩机、氮气透平压缩机机型相同，仅以“LONGS1 – 1187”工程为例介绍设备的技术参数，见表 15 – 49。

表 15 – 49　“LONGS1 – 1187”工程主要设备技术参数

序号	设备名称	型　号	电机功率/kW	单位	数量	备　注
1	空气压缩机	4TYC97	8400	台	1	
2	氧气压缩机	3TYS85 + 2TYS68	3600	台	1	
3	氮气压缩机	4TYC54	2700	台	1	
4	冷却水泵	125 × 100 – 200	55	台	2	
5	冷冻水泵	100 × 60 – 250	55	台	2	
6	电加热器	D1300 × 3950	675	台	3	EH07
7	空气过滤器	ZKG – 3000		台	1	200W
8	空气冷却塔	D2800 × 26080		台	1	AT06
9	水冷却塔	D2800 × 20000		台	1	WT11
10	空分塔	FONAr – 15500/1500/560		座	1	
11	分子筛吸附器	D3600 × 9020（L）		台	2	MS05
12	透平膨胀机组	膨胀机流量 $17000m^3/h$		套	2	
13	氧气球罐	$1000m^3$		座	1	
14	氮气球罐	$650m^3$		座	1	
15	氩气球罐	$200m^3$		座	1	
16	液氧储槽①	$500m^3$，CP – 500/0. 1		台	1	
17	液氧汽化器②	$15000m^3/h$，3. 0MPa		台	1	
18	液氧汽化器③	QQN – 240/16. 5，16. 5MPa		台	1	

续表 15－49

序号	设备名称	型　号	电机功率/kW	单位	数量	备　注
19	液氧泵（进口）	15000m³/h，3.0MPa		台	1	D3405950
20	液氧泵	BP200－450/165，16.5MPa	5.5	台	1	
21	液氮储槽④	200m³，CP－200/0.1				
22	液氮汽化器②	QZO－15000/30		台	1	
23	液氮泵（进口）	15000m³/h，2.5MPa		台	1	D3405955
24	液氩储槽⑤	100m³，CFL－100/02				
25	液氩汽化器	QQAr－400/3.0		台	1	
26	液氩泵	BP300－700/3.0，400m³/h				

① 常压平底珠光砂绝热储槽，外形尺寸 D10250×12340mm；
② 水浴式汽化器，外形尺寸：4600×2170×2820，质量 6360kg；
③ 空温式液氧汽化器；
④ 常压平底珠光砂绝热储槽，外形尺寸 D9000×10500mm；
⑤ 真空粉末绝热储槽，外形尺寸 D3000×12685mm。

15.3.7.3　制氧工艺主要材料用量

一、二期制氧焊接钢管用量见表 15－50，无缝钢管用量见表 15－51，不锈钢管用量见表 15－52，不锈钢真空管用量见表 15－53。

表 15－50　焊接钢管用量

工程代号	DN100 及以下		DN125～DN200		DN250 及以上		合　计	
	长度/m	质量/kg	长度/m	质量/kg	长度/m	质量/kg	长度/m	质量/kg
HOUY2－1105	59	139			630	75389	689	75528
XINJ－1094	43	121	61	1922	739	77802	843	79845
LONGS1－1187			106	2623	846	84245	952	86868
XINGD2－1187			106	2623	827	85748	933	88371

表 15－51　无缝钢管用量

工程代号	DN100 及以下		DN125～DN200		DN250 及以上		合　计	
	长度/m	质量/kg	长度/m	质量/kg	长度/m	质量/kg	长度/m	质量/kg
HOUY2－1105	721	5402	839	21277	551	36344	2111	63023
XINJ－1094	560	3744	761	20748	188	9673	1509	34165
LONGS1－1187①	663	4390	786	19409	304	26661	1619	50460
XINGD2－1187	465	3502	530	15862			995	19364

① 黄铜管，D30×6，长度 90m，质量 346kg。

表 15－52　不锈钢管用量

工程代号	DN100 及以下		DN125～DN200		DN250 及以上		合　计	
	长度/m	质量/kg	长度/m	质量/kg	长度/m	质量/kg	长度/m	质量/kg
HOUY2－1105	276	1754	227	6654	183	8839	686	17247
XINJ－1094	378	2330	210	5973	51	2342	639	10645
LONGS1－1187	288	1152	536	18715	27	1894	851	21761
XINGD2－1187	469	2693	241	7985	32	2486	742	13164

表 15－53　不锈钢真空管用量

工程代号	长度/m			单重①/kg	总重/kg		
	HOUY2②	LONGS1	XINGD2②		HOUY2②	LONGS1	XINGD2②
D108×4/D219×6	8	16	16	41.79	334	669	669
D89×4/D159×5	2	46	46	27.37	55	1259	1259
D57×3.5/D133×5	60	50	20	20.4	122	1020	408
D45×3/D108×4	113	386	185	13.37	1511	5161	2535
D32×3/D89×4	80	64	25	10.53	866	674	263
合　计	263	562	292		2888	8783	5134

① 内管与外管的质量；

②“HOUY2”与“XINGD2”不锈钢真空管由南通市海鹰机电集团公司提供。

15.3.7.4　管件

各种管件用量见表 15－54。

表 15－54　各种管件用量

工程代号	碳钢管件①		不锈钢管件①		法兰/法兰盖		螺栓		其他
	数量/个	质量/kg	数量/个	质量/kg	数量/个	质量/kg	数量/个	质量/kg	
HOUY2－1105	496	12033	116	571	41/41	628/1259	452	162	②
XINJ－1094	502	25563	639	10644	45/33	591/1170	556	189	③
LONGS1－1187	551	23123	267	3032	49/17	827/464	512	237	④
XINGD2－1187	463	17704	110	667	38/16	637/477	296	119	④

① 管件包括 45°弯头、90°弯头、三通、异径管及异径弯头；

② 各机组供水总管设水过滤器，各种型材长度 57m，质量 553kg；

③ 法兰/法兰盖中含不锈钢法兰 5 个，质量 47kg，法兰盖 5 个，质量 73kg，各机组供水总管设水过滤器，冷却水泵、冷冻水泵进出口设可挠曲橡胶接头，各种型材长度 67m，质量 644kg；

④ 法兰/法兰盖中含不锈钢法兰 10 个，质量 167kg，各机组供水总管设水过滤器，冷却水泵、冷冻水泵进出口设可挠曲橡胶接头，各种型材长度 61m，质量 697kg。

15.3.7.5　阀门

阀门包括闸阀、蝶阀、截止阀、氧气专用截止阀、不锈钢截止阀，各种阀门用量见表 15－55。

表 15-55 各种阀门用量

工程代号	闸阀/蝶阀[①]		截止阀		氧气专用截止阀[②]		不锈钢截止阀[②]	
	数量/个	质量/kg	数量/个	质量/kg	数量/个	质量/kg	数量/个	质量/kg
HOUY2-1105	2/3	1520/84	31	1459	16	5311	15	2008
XINJ-1094	5/1	1020/414	1	6	8	2222	25	3128
LONGS1-1187			2	240	11	3198	28	3938
XINGD2-1187					10	2829	23	2775

① 公称压力为 PN1.0~1.6MPa;

② 包括止回阀，公称压力为 PN4.0MPa。

15.3.7.6 冷却水用量

“HOUY2-1105”与“LONGS1-1187”装置冷却水用量见表 15-56。

表 15-56 装置冷却水用量

用水设备	单 位	空气压缩机	氧压机	氮压机	空气预冷	膨胀机	合 计
HOUY2-1105[①]	m^3/h	528	674	246	357	60	1865
LONGS1-1187	m^3/h	840	440	315	564	10	2169

① 液氧汽化器、液氮汽化器蒸汽用量均为 4900kg/h。

15.3.8 实例 8 25000Nm³/h 氧气站设计实例

工程名称：1295/2×25000Nm³/h 氧气站。

产品组成：单套设备产品组成见表 15-57。

工程特点：一期同时建两套空分装置，两套空分装置中的空气透平压缩机、氧气透平压缩机的机型相同。氮气透平压缩机分别采用三种机型，二期预留一套空分装置的位置。

表 15-57 单套设备产品组成

产品名称	氧气	氮气	液氧	液氮	液氩
产量（液体产品折合成气态，标态）/$m^3 \cdot h^{-1}$	25000	30000	400	200	880

15.3.8.1 设备布置

“1295”工程 1 号空分主厂房长 60m，跨度 24m。在主厂房的两端分别布置空气压缩机与氧气压缩机，均设有二层操作平台。厂房一层的中部布置 1 台 15000Nm³/h 中压透平式氮气压缩机与 1 台 15000Nm³/h 低压透平式氮气压缩机。主厂房外侧的副跨，一层为高低压配电室、预冷系统的水泵及冷水机组等，二层为操作层。空气冷却塔、水冷却塔的下部安装在室内。与 1 号空分相比，2 号空分主厂房长 66m，跨度仍确定为 24m。设 1 台空气透平压缩机与氧气透平压缩机，机型与1号空分相同，2台25000Nm³/h低压透平式氮气压缩机（其中预留1台）。

副跨的外侧布置空分设备，增压透平膨胀机组及其辅助设备布置在单独的房间之内。由于分子筛吸附器为卧式设备且进出气体管口的口径较大，布置此设备时要留出足够的位置。两套空分设备分别采用2台电加热器与1台蒸汽加热器。1号空分工艺设备布置如图15－23所示，2号空分工艺设备布置如图15－24所示。站区内有布置三套空分装置的位置，总占地面积为43329m²，其中两套一次建成。除此之外，还建有氧气充瓶间与氩气充瓶间，充瓶气源设备采用空温式汽化器。三套空分装置，站区布置图如图15－25所示。

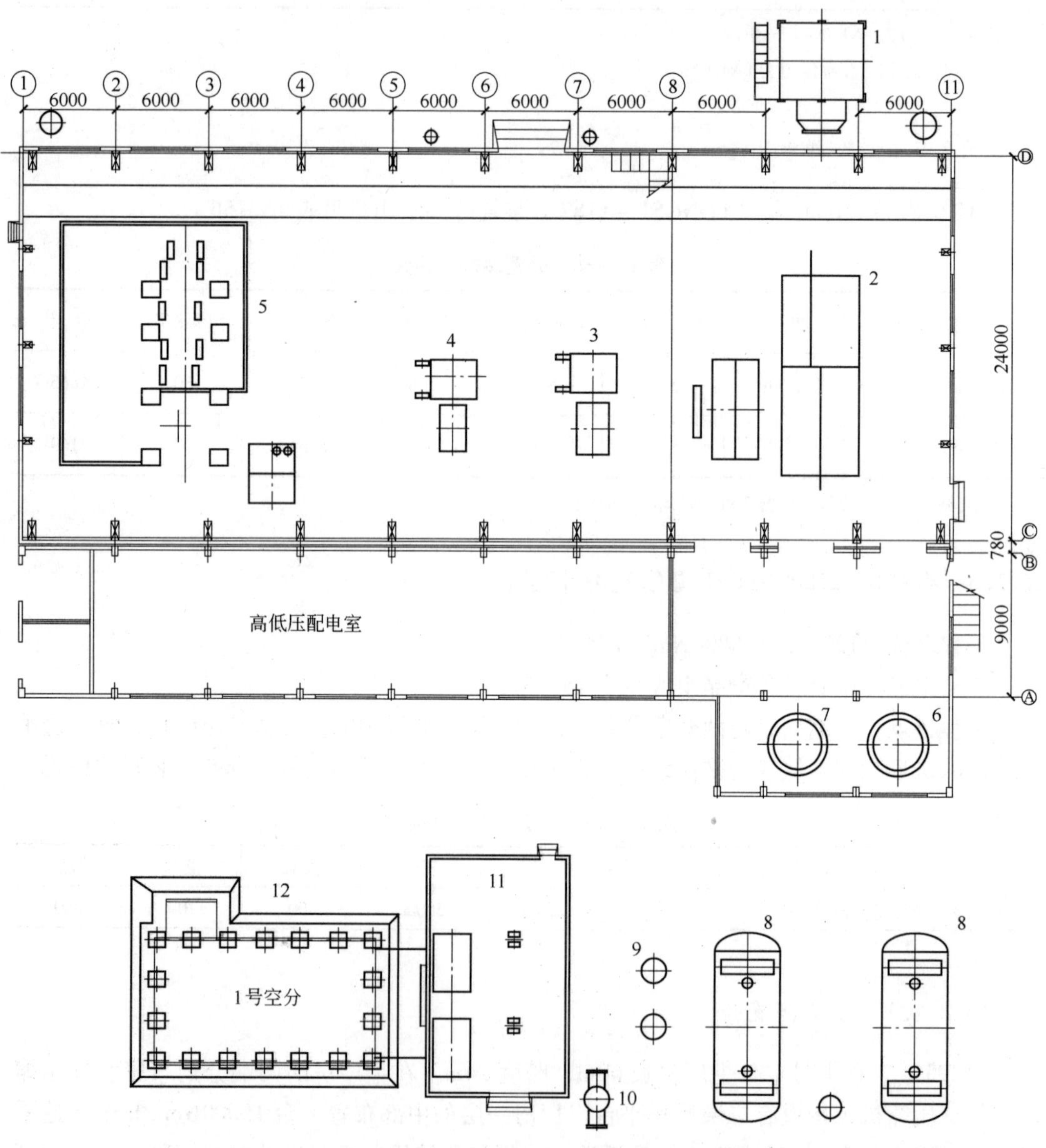

图15－23　1号FON－25000/30000/880氧气站主要设备布置图（单位为mm）

1—空气过滤器；2—透平式空气压缩机；3—透平式氮气压缩机(1)；4—透平式氮气压缩机(2)；5—透平式氧气压缩机；6—空气冷却塔；7—水冷却塔；8—分子筛吸附器；9—电加热器；10—蒸汽加热器；11—增压透平膨胀机间；12—分馏塔

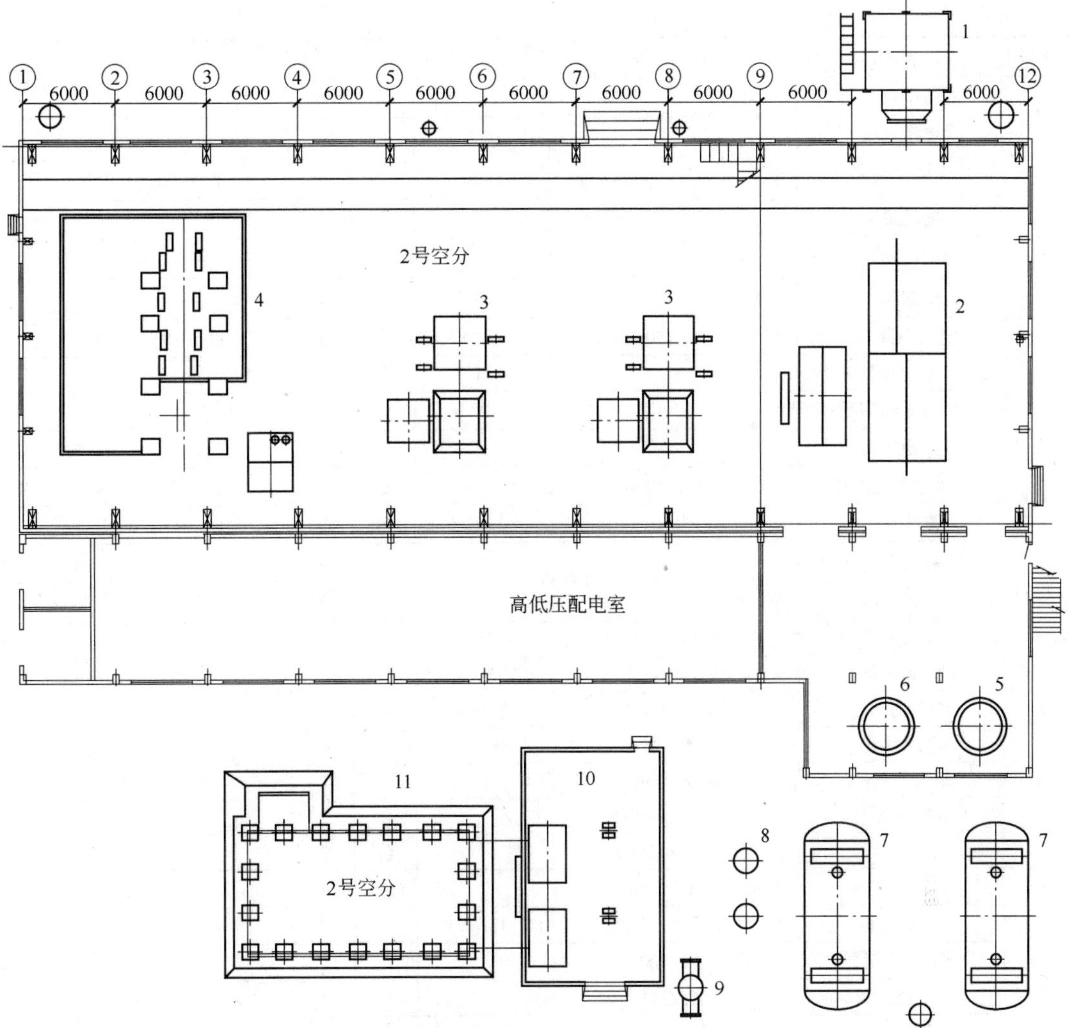

图 15－24 2 号 FON－25000/30000/880 氧气站主要设备布置图（单位为 mm）

1—空气过滤器；2—透平空气压缩机；3—透平式氮气压缩机；4—透平式氧气压缩机；5—空气冷却塔；6—水冷却塔；7—分子筛吸附器；8—电加热器；9—蒸汽加热器；10—增压透平膨胀机间；11—分馏塔

15.3.8.2 主要设备技术参数

两套空分主要设备技术参数见表 15－58。

表 15－58 两套空分主要设备技术参数

序号	设备名称	型 号	单机功率/kW	单位	数量	备 注
1	空气透平压缩机	EIZ90－4	12000	台	2	10kV
	盘车电机		15	台	2	
	油站油泵		22	台	4	
	油站电加热器		4	台	6	
	排烟风机		1.1	台	2	
2	氧气透平压缩机	3TYS96＋2TYS70	5600	台	2	T1YS76X，10kV
	油站油泵		15	台	4	

续表 15－58

序号	设备名称	型　　号	单机功率/kW	单位	数量	备　　注
2	油站电加热器		8	台	6	
	排烟风机		2.2	台	2	
3	氮气透平压缩机（1）	3TYC54/1×15000Nm^3/h	1800	台	1	T1NC20C，10kV
	辅助油泵		11	台	1	
	油站电加热器		2	台	3	
	排烟风机		0.37	台	1	
4	氮气透平压缩机（2）	3TYC54/1×15000Nm^3/h	2800	台	1	T1NC19W，10kV
	辅助油泵		11	台	1	
	油站电加热器		2	台	3	
	排烟风机		0.37	台	1	
5	氮气透平压缩机	3TYC90/2×25000Nm^3/h	3000	台	2	T1NC29E，10kV
	辅助油泵		15	台	2	
	油站电加热器		8	台	6	
	排烟风机		2.2	台	2	
6	冷却水泵	TS150－260A	75	台	4	
7	冷冻水泵	IS100－65－315A	55	台	4	
8	冷水机组	30HXC300B	248	台	2	
9	电加热器	D1000×4948	888	台	4	
10	蒸汽加热器	D1728×3988		台	2	蒸汽 2600kg/h
11	空气冷却塔	D3300×14000		台	2	
12	水冷却塔	D3200×12000		台	2	
13	分馏塔	FON－25000/30000/880		座	2	
	粗液氩泵		40HP	台	2	
14	分子筛吸附器	D4200×12100（L）		台	4	
15	透平膨胀机	PZYZ241		台	4	
	膨胀机油泵		2.2	台	8	
	膨胀机电加热器		3	台	8	
16	氧气球罐	1000m^3，2.5MPa		座	2	
17	氧气球罐	1000m^3，2.5MPa		座	1	预留位置
18	氮气球罐	1000m^3，2.5MPa		座	2	预留位置
19	氩气球罐	400m^3，2.5MPa		座	1	
20	液氧储槽	1000m^3		座	1	粉末珠光砂绝热
21	液氧泵（CAD 泵）	25000m^3/h，3.0MPa	100HP	台	1	离心式，机械密封、变频调速
22	液氧汽化器	水浴式，		台	1	蒸汽量：6100kg/h
23	液氮储槽	500m^3		座	1	粉末珠光砂绝热
24	液氮泵（CAD 泵）	28000m^3/h，2.5MPa	100HP	台	1	离心式，机械密封、变频调速
25	液氮汽化器	水浴式，		台	1	蒸汽量 6800kg/h
26	液氩储槽	100m^3，0.2MPa		台	2	真空绝热
27	液氩泵	400m^3/h，3.0MPa	5.5	台	3	单级、卧式柱塞泵
28	空温式液氩汽化器	1000m^3/h，3.0MPa		台	1	
29	液氩储槽	500m^3		台	1	预留位置

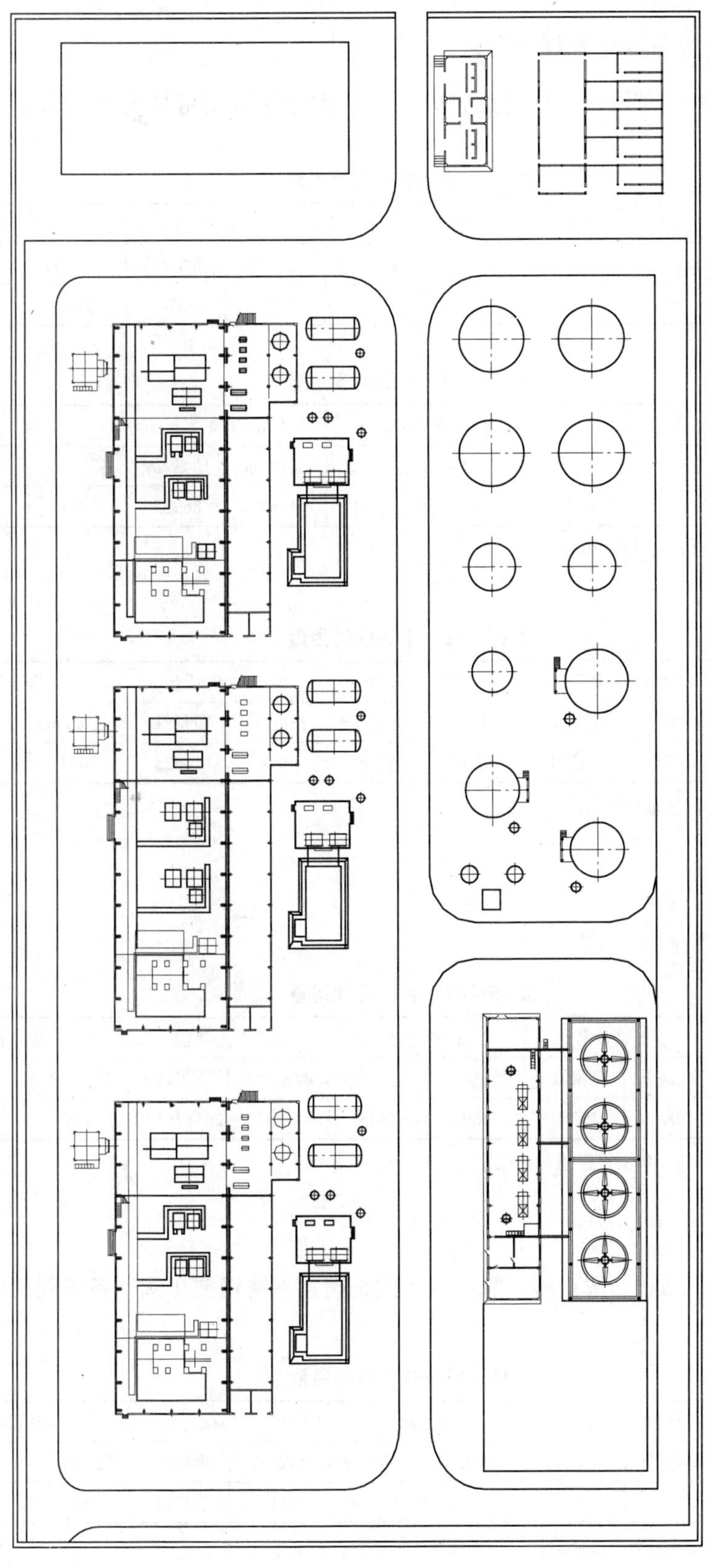

图 15－25 三套 FON－25000/30000/880 空分装置站区布置图（单位为 mm）

15.3.8.3 制氧工艺主要材料用量

制氧工艺主要材料焊接钢管用量见表 15－59，无缝钢管用量见表 15－60，不锈钢管用量见表 15－61。

表 15－59 焊接钢管用量

工程代号	DN100 及以下		DN125～DN200		DN250 及以上		合 计	
	长度/m	质量/kg	长度/m	质量/kg	长度/m	质量/kg	长度/m	质量/kg
1295/2×25000	56	154			925	123746	981	13900

表 15－60 无缝钢管用量

工程代号	DN100 及以下		DN125～DN200		DN250 及以上		合 计	
	长度/m	质量/kg	长度/m	质量/kg	长度/m	质量/kg	长度/m	质量/kg
1295/2×25000	546	4254	1317	32292	1168	86925	3031	123471

注：1. 黄铜管 D76×10，长度 390m；
2. 铜弯头 DN65，11 个。

表 15－61 不锈钢管用量

工程代号	DN100 及以下		DN125～DN200		DN250 及以上		合 计	
	长度/m	质量/kg	长度/m	质量/kg	长度/m	质量/kg	长度/m	质量/kg
1295/2×25000	1185	12109	229	5214	680	50625	2094	67948

注：不锈钢管包括不锈钢真空管的内管。

15.3.8.4 管件

各种管件用量见表 15－62。

表 15－62 各种管件用量

工程代号	碳钢管件①		不锈钢管件①		法兰/法兰盖		螺 栓	
	数量/个	质量/kg	数量/个	质量/kg	数量/个	质量/kg	数量/个	质量/kg
1295/2×25000	706	35260	189	6445	39/37	2658/6626	648	885

① 管件包括 45°弯头、90°弯头、三通、异径管。

15.3.8.5 阀门

阀门包括闸阀、蝶阀、截止阀、氧气专用截止阀、不锈钢截止阀，各种阀门用量见表 15－63。

表 15－63 各种阀门用量

工程代号	闸阀、蝶阀①		截止阀		氧气专用截止阀		不锈钢截止阀	
	数量/个	质量/kg	数量/个	质量/kg	数量/个	质量/kg	数量/个	质量/kg
1295/2×25000					25	10383	30	10556

① 闸阀/蝶阀全部由设备制造厂成套供货。

15.3.8.6 设备用水量

单套空分设备用水量见表15－64。

表15－64 单套空分设备用水量

设备名称	空透	氧透	氮透①	氮透②	氮透③	预冷系统	其他	合计
用水量/$m^3 \cdot h^{-1}$	1050	650	260	375	365	642	160	3502

① 低压氮气透平压缩机，流量（标态）15000m^3/h，压力1.0MPa；

② 中压氮气透平压缩机，流量（标态）15000m^3/h，压力2.5MPa；

③ 低压氮气透平压缩机，流量（标态）25000m^3/h，压力1.0MPa（2号空分）。

附　　录

附录 1　制图标准

1.1　图纸幅面规格

绘制图样时，不论图纸是否装订，均应留边幅，其格式如附图 1、附图 2 所示。图纸装订时，一般采用 4 号幅面竖装或 3 号幅面横装。图纸幅面见附表 1。

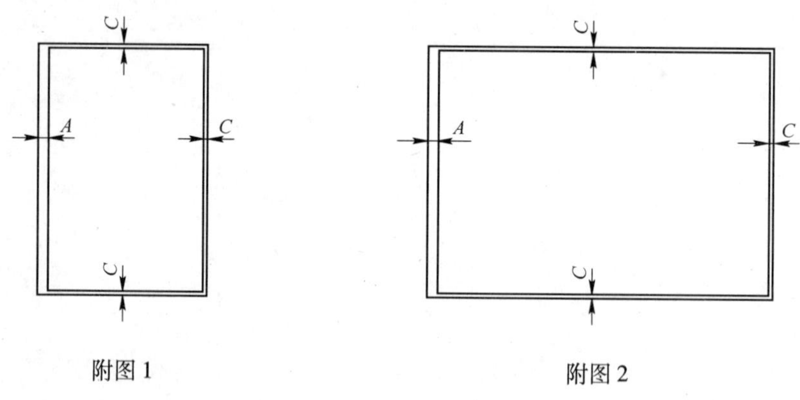

附图 1　　附图 2

附表 1　图纸幅面表

幅面代号	0	1	2	3	4	5
$B \times L$/mm	841 × 1189	594 × 841	420 × 594	297 × 420	210 × 297	148 × 210
C	10			5		
A	25					

1.2　图纸幅面加长

对 A0、A2、A4 沿长边加长，加长量为 A0 长边的 1/8 倍；对 A1、A3 沿长边加长，加长量为 A0 短边的 1/4 倍；对 A0、A1 可同时加长两边，如附图 3 所示。

1.3　常用几种比例的图纸幅面

常用几种比例的图纸幅面见附表 2。

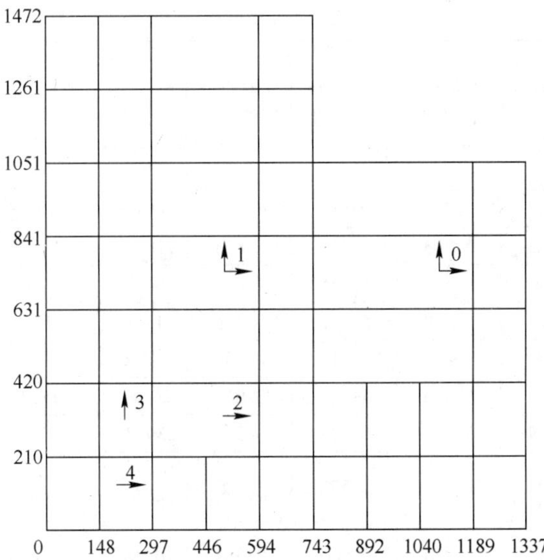

附图3 图纸幅面图（单位为 mm）

附表2 常用几种比例的图纸幅面

比例	图纸幅面（长边×短边）					
	0.125A1	0.25A1	0.375A1	0.5A1	0.625A1	0.75A1
1∶25	7425×5250	10500×7425	15775×7425	14850×10500	18575×10500	22300×10500
1∶50	14850×10500	21000×14850	31550×14850	29700×21000	37150×21000	44600×21000
1∶100	29700×21000	42000×29700	63100×29700	59400×42000	74300×42000	89200×42000

比例	图纸幅面（长边×短边）				
	1.0A1	1.25A1	1.5A1	1.75A1	2.0A1
1∶25	21025×14850	26275×14850	31525×14850	36800×14850	42075×14850
1∶50	42050×29700	52550×29700	63050×29700	73600×29700	84150×29700
1∶100	84100×59400	105100×59400	126100×59400	147200×59400	168300×59400

附录2 常用气体的物理化学常数

名称	分子式	分子量	气体常数 /kg·m·(kg·℃)$^{-1}$	标态下气体密度 /kg·m^{-3}	标态下1kg气体占的体积/m^3	相对于空气的比重（空气=1）	正常沸点（标准状态）			
							温度		液体密度 /kg·m^{-3}（温度/℃）	汽化热 /kJ·kg^{-1}
							K	℃		
空气		28.95	29.27	1.293	0.773	1.000	78.81	−194.35	861（−194）	196.55
氧	O_2	32	26.50	1.429	0.700	1.015	90.188	−182.792	1140（−182.8）	212.95
氮	N_2	28.106	30.26	1.2507	0.800	0.968	77.35	−195.81	808（−196）	198.98

续表

名称	分子式	分子量	气体常数 /kg·m·(kg·℃)$^{-1}$	标态下气体密度 /kg·m^{-3}	标态下1kg气体占的体积/m^3	相对于空气的比重(空气=1)	正常沸点(标准状态)			
							温度		液体密度 /kg·m^{-3} (温度/℃)	汽化热 /kJ·kg^{-1}
							K	℃		
氩	Ar	39.948	31.26	1.782	0.561	1.397	87.46	-185.7	137(-183)	157.24
氪	Kr	83.8	10.23	3.703	0.274	2.868	119.96	-151.8	216(-146)	112.91
氙	Xe	131.3	6.51	5.581	0.175	4.525	164.06	-109.1	306(-107)	104.55
氦	He	4.0026	0.18	0.1785	5.596	0.138	4.21	-268.95	126(-269)	20.19
氖	Ne	20.183	41.98	0.9002	1.111	0.696	27.26	-245.9	1204(-246)	85.69
氢	H_2	2.016	420.6	0.0899	11.12	0.069	20.41	-252.75	683(-34)	476.75
氨	NH_3	170.32	49.79	0.771	1.297	0.596	239.71	-33.35	1155(-50)	1371.70
二氧化碳	CO_2	44.01	19.27	1.977	0.507	1.529	194.96 升华	-78.2 升华	1155(-50)	572.93
一氧化碳	CO	28.01	30.29	1.250	0.800	0.967	81.69	-191.48	814(-195)	211.19
甲烷	CH_4	16.03	52.90	0.7168	1.395	0.555	111.58	-161.58	415(-164)	501.84
乙烷	C_2H_6	30.06	28.21	1.357	0.737	1.049	184.66	-88.5	546(-88)	485.11
乙炔	C_2H_2	26.02	32.59	1.1747	0.850	0.912	189.56	-83.6 升华	613(-80)	828.04

附录 3 干空气的组成

组成成分	分子式	空气中含量		沸点/K (压力为101.3kPa)	临界温度/K	临界压力/MPa
		体积百分比/%	质量百分比/%			
氧	O_2	20.93	23.1	90.17	154.78	4.914
氮	N_2	78.03	75.6	77.35	126.1	3.283
氩	Ar	0.932	1.286	87.29	150.7	4.704
氖	Ne	$(1.5\sim1.8)\times10^{-3}$	1.2×10^{-3}	27.09	44.4	2.567
氦	He	$(4.6\sim5.3)\times10^{-3}$	7×10^{-5}	3.2	3.35	0.115
氪	Kr	1.08×10^{-4}	3×10^{-4}	119.79	209.4	5.321
氙	Xe	8×10^{-6}	4×10^{-5}	165.02	289.75	5.684
氢	H_2	5×10^{-5}	3.6×10^{-6}	20.38	32.98	1.250
二氧化碳	CO_2	0.03	0.046	194.75	304.19	7.139

附录 4 全国主要城市设计用室外部分气象参数

地名	海拔高度/m	大气压力/hPa		室外平均风速/m·s^{-1}		最多风向及其平均风速/m·s^{-1}和频率/%					极端温度/℃	
						冬季			夏季			
		冬季	夏季	冬季	夏季	风向	风速	频率	风向	频率	最高	最低
北京	31.3	1025.7	999.9	2.7	2.2	NNW	4.5	14	SE	20	41.9	-18.3
天津	2.5	1029.6	1002.9	2.1	1.7	NNW	5.6	15	S	11	40.5	-17.8

续表

地名	海拔高度/m	大气压力/hPa		室外平均风速/m·s⁻¹		最多风向及其平均风速/m·s⁻¹和频率/%					极端温度/℃	
						冬季			夏季			
		冬季	夏季	冬季	夏季	风向	风速	频率	风向	频率	最高	最低
上海	5.5	1023.5	1005.7	3.3	3.1	N	3.0	12	S	14	39.6	-7.7
重庆[①]	259.1	993.6	973.1	0.8	2.1	N	2.0	8	SE	8	37.5	-7.0
石家庄	81.0	1020.2	993.9	1.4	1.5	N	1.8	12	SSE	16	42.9	-19.3
承德	385.9	982.7	961.8	1.0	1.0	NW	3.5	8	S	8	43.3	-24.9
乐亭	10.5	1029.0	1002.9	2.5	2.4	ENE	3.5	16	SW	11	38.7	-23.7
太原	778.3	934.7	918.5	1.8	2.1	NNW	2.9	16	NW	16	36.7	-25.1
大同	1067.2	901.5	888.0	2.4	2.3	NNW	3.1	27	N	15	37.2	-28.1
运城	365.0	983.9	959.6	2.1	3.0	NE	2.7	8	SE	18	41.4	-18.9
呼和浩特	1063.0	903.1	888.4	1.1	1.5	NW	3.8	8	E	8	38.5	-30.5
沈阳	44.7	1023.3	998.5	2.0	2.8	ENE	1.9	18	SSW	23	36.1	-32.9
锦州	65.9	1021.1	996.2	2.1	3.0	NE	2.5	17	S	25	41.8	-24.8
大连	91.5	1017.3	994.5	5.0	4.0	N	5.9	26	S	28	35.3	-18.8
长春	236.8	996.5	976.8	3.1	3.5	SW	3.9	23	SW	20	36.7	-33.7
敦化	524.9	958.4	946.4	2.5	1.5	W	3.4	19	SSW	12	36.4	-35.9
哈尔滨	142.3	1004.1	986.8	3.2	2.8	SSW	3.5	17	SW	22	39.2	-37.7
齐齐哈尔	147.1	1008.3	986.5	1.8	2.8	W	1.9	11	SE	16	40.8	-36.7
南京	7.1	1027.9	1002.5	2.2	2.6	NNE	2.8	12	SE	13	38.2	-14.2
徐州	41.2	1025.1	998.5	2.1	2.2	N	3.2	14	SSW	17	39.5	-13.8
杭州	41.7	1025.8	999.8	2.6	2.7	NNW	3.8	23	SSW	19	40.3	-8.6
温州	28.3	1025.4	1004.5	2.2	1.9	NW	3.0	27	ESE	21	39.6	-3.9
合肥	26.8	1023.6	999.1	2.6	3.2	NNE	3.5	12	S	23	40.3	-13.5
蚌埠	18.7	1025.9	1000.6	2.1	2.8	NE	2.9	13	S	13	40.3	-13.0
福州	84.0	1012.9	997.4	2.2	3.4	NW	3.6	10	SE	28	41.7	-1.7
厦门	139.4	1004.5	996.7	4.2	2.5	E	4.8	33	SE	16	38.5	1.5
南昌	46.9	1019.8	998.7	3.4	2.3	N	4.8	30	S	18	40.1	-9.7
景德镇	61.5	1018.6	998.5	1.9	1.7	NNE	2.9	23	SW	11	40.8	-9.6
济南	170.3	1018.5	997.3	2.7	2.8	ENE	3.5	18	SSW	19	41.0	-14.9
潍坊	22.2	1024.7	1002.1	3.6	3.5	NNW	5.5	14	SE	20	40.7	-17.9
郑州	110.4	1015.5	989.1	2.4	2.2	NE	4.3	16	NE	10	42.3	-17.9
信阳	114.5	1017.1	991.4	2.5	3.2	N	3.4	18	N	11	40.0	-16.6
商丘	50.1	1023.7	996.6	2.0	2.4	NNW	2.4	12	SSE	8	41.3	-15.4
武汉	23.1	1024.5	999.7	2.6	2.0	NNE	3.9	20	SE	9	39.6	-18.1
宜昌	133.1	1011.3	988.3	1.4	1.9	SE	2.3	17	SE	12	40.4	-9.8
长沙	68.0	1018.3	995.6	2.4	2.4	NNW	3.4	25	S	22	40.6	-10.3
株洲	74.6	1017.6	995.6	2.0	2.6	NNW	2.9	26	S	17	40.3	-11.5
广州	41.0	1020.7	1002.9	2.4	1.5	N	3.4	35	SE	14	38.1	0
汕头	2.9	1020.4	1007.4	2.8	2.7	ENE	4.1	23	WSW	17	38.6	0.3
韶关	61.0	1016.0	998.4	1.5	2.3	NW	2.8	13	S	32	40.4	-4.3
海口	13.9	1017.7	1003.4	2.6	2.6	NE	3.2	28	SSE	30	39.6	4.9

续表

地名	海拔高度/m	大气压力/hPa		室外平均风速/m·s⁻¹		最多风向及其平均风速/m·s⁻¹和频率/%					极端温度/℃	
						冬季			夏季			
		冬季	夏季	冬季	夏季	风向	风速	频率	风向	频率	最高	最低
南宁	121.6	1012.1	996.7	1.3	1.5	E	2.0	18	SSE	19	39.0	-1.9
桂林	164.4	1003.2	986.1	3.7	1.8	NNE	4.4	66	NNE	15	39.5	-3.6
成都	506.1	965.1	947.7	1.0	1.4	NNE	1.9	19	NNW	10	37.3	-5.9
宜宾	340.8	983.1	965.4	0.5	1.0	NE	1.3	6	NW	7	39.5	-1.7
绵阳	522.7	968.8	950.6	0.8	1.3	ENE	2.5	9	WNW	7	39.9	-7.3
贵阳	1223.8	896.6	888.2	2.3	2.1	NE	2.6	29	S	22	35.1	-7.3
遵义	843.9	923.2	910.9	1.0	1.3	E	2.0	12	S	11	37.4	-7.1
昆明	1892.4	813.5	807.3	2.0	1.8	SW	3.8	14	SW	13	30.4	-7.8
蒙自	1300.7	874.3	865.4	2.3	4.2	S	3.9	22	SSE	28	35.9	-3.9
丽江	2392.4	763.5	759.9	4.0	4.0	WSW	5.9	15	W	17	32.3	-10.3
拉萨	3648.9	652.8	652.0	1.9	2.2	E	2.5	24	E	14	29.9	-16.5
西安	397.5	981.0	957.1	0.9	1.6	ENE	1.7	6	NE	18	41.8	-16.0
汉中	509.5	965.0	947.0	0.9	1.7	ENE	2.8	12	ENE	12	38.3	-10.0
兰州	1517.2	852.8	841.5	0.3	1.3	ENE	2.2	5	E	12	39.8	-19.7
天水	1141.7	893.4	879.7	1.2	1.3	E	2.7	16	E	13	38.2	-17.4
西宁	2295.2	773.4	770.6	0.7	1.5	SE	1.9	8	SE	14	36.5	-24.9
格尔木	2807.6	723.0	723.0	2.2	2.0	SW	1.5	12	W	17	35.5	-26.9
银川	1111.4	897.3	881.4	1.4	2.4	NNE	2.5	12	S	12	38.7	-27.7
乌鲁木齐	935.0	933.3	932.1	1.4	3.1	S	2.2	15	S	13	42.1	-32.8
克拉玛依	449.5	983.8	955.7	1.1	2.8	NNE	1.5	8	NW	32	42.7	-34.3
台北②	9.0	1019.7	1005.3	3.7	2.8						36.9	4.8
香港②	32.0	1019.5	1005.6	6.5	4.3						34.4	5.6
澳门③												

① 为重庆沙坪坝气象参数；

② 摘自《动力管道设计手册》，温度为平均值，其他数据暂时空缺；

③ 数据暂时空缺。

附录 5 水的硬度单位换算

附表 1 水的硬度单位换算

硬 度	mmol/L	德国度/dH	法国度/fH	英国度/eH	美国度/%
mmol/L	1	5.6	10	7.0	100×10^{-4}
德国度/dH	0.178	1	1.78	1.25	17.8×10^{-4}
法国度/fH	0.1	0.56	1	0.70	10.0×10^{-4}
英国度/eH	0.143	0.8	1.43	1	14.3×10^{-4}
美国度/%	0.01×10^{-4}	0.056×10^{-4}	0.1×10^{-4}	0.07×10^{-4}	1×10^{-4}

注：1. 各种硬度单位：mmol/L——水硬度的基本单位。

mg/L($CaCO_3$)——以 $CaCO_3$ 的质量浓度表示水的硬度；1mg/L($CaCO_3$) = 1.00×10^{-2}mmol/L；

mg/L(CaO)——以 CaO 的质量浓度表示水的硬度；1mg/L(CaO) = 1.78×10^{-2}mmol/L；

mg/L(Ca)——以 Ca 的质量浓度表示水的硬度；1mg/L(Ca) = 2.49×10^{-2}mmol/L；

1mmol/L = 100mg/L($CaCO_3$) = 56.1mg/L(CaO) = 40.1mg/L(Ca)。

2. 水质硬度范围：根据水质不同，水可分为：特软水、软水、中等水、硬水、特硬水，水质硬度范围见附表 2。

附表2　水质硬度范围

木质硬度范围	mmol/L	德国度/dH	法国度/fH	英国度/eH	美国度/%
特软水	0~0.7	0~4	0~7.1	0~5	$(0\sim71)\times10^{-4}$
软水	0.7~1.4	4~8	7.1~14.2	5~10	$(71\sim142)\times10^{-4}$
中等水	1.4~2.8	8~16	14.2~28.5	10~20	$(142\sim285)\times10^{-4}$
硬水	2.8~5.3	16~30	28.5~53.4	20~37.5	$(285\sim534)\times10^{-4}$
特硬水	>5.3	>30	>53.4	>37.5	$>534\times10^{-4}$

附录6　氧气的理化性质、危险危害

<table>
<tr><td rowspan="4">标识</td><td>中文名</td><td>氧；氧气</td><td>英文名</td><td>Oxygen</td></tr>
<tr><td>分子式</td><td>O_2</td><td>相对分子质量</td><td>32.00</td></tr>
<tr><td>外观与性状</td><td colspan="3">无色无味的气体</td></tr>
<tr><td>主要用途</td><td colspan="3">用于切割、焊接金属，制造医药、染料、炸药等</td></tr>
<tr><td rowspan="3">危险性概述</td><td>侵入途径</td><td colspan="3">吸入</td></tr>
<tr><td>健康危害</td><td colspan="3">氧压的高低不同对肌体各种生理功能的影响也不同。
肺型：见于在氧气分压100~200kPa条件下，时间超过6~12h，开始出现胸骨后不适感、轻咳，进而胸闷、胸骨后烧灼感和呼吸困难，咳嗽加剧；严重时可发生肺水肿，甚至出现呼吸窘迫综合症。
脑型：见于氧气分压超过300kPa连续2~3h，先出现面部肌肉抽动、面色苍白、眩晕、心动过速、虚脱，继而全身强直性抽搐、昏迷、呼吸衰竭而死亡。
眼型：长期处于氧分压为60~100kPa的条件下可发生眼损害，严重者可失明</td></tr>
<tr><td>危险性类别</td><td colspan="3">第2.2类　不燃气体</td></tr>
<tr><td rowspan="2">急救措施</td><td>吸入</td><td colspan="3">迅速脱离现场至空气新鲜处。保持呼吸道通畅。如呼吸停止,立即进行人工呼吸。就医</td></tr>
<tr><td>皮肤接触</td><td colspan="3">皮肤接触液氧发生冻伤：
将患部浸泡于保持在38~42℃的温水中复温。不要涂擦、不要使用热水或辐射热。使用清洁、干燥的敷料包扎。就医</td></tr>
<tr><td rowspan="2">消防措施</td><td>危险特性</td><td colspan="3">是易燃物、可燃物燃烧爆炸的基本要素之一，能氧化大多数活性物质。与易燃物（如乙炔、甲烷等）形成有爆炸性的混合物</td></tr>
<tr><td>灭火方法</td><td colspan="3">用水保持容器冷却，以防受热爆炸，急剧助长火势。迅速切断气源，用水喷淋保护切断气源的人员，然后根据着火原因选择适当灭火剂灭火</td></tr>
<tr><td>泄漏应急处理</td><td>应急行动</td><td colspan="3">消除所有点火源。迅速撤离泄漏污染区人员至上风处，并进行隔离，严格限制出入。切断泄漏源，用水喷淋保护切断气源的人员，然后根据着火原因选择适当的灭火剂灭火。建议应急处理人员戴正压自给式呼吸器，穿一般作业工作服。勿使泄漏物与可燃物质（如木材、纸、油等）接触</td></tr>
<tr><td rowspan="7">接触控制和个体防护</td><td>最高允许浓度</td><td colspan="3">中国：MAC（mg/m^3）未制定标准；
前苏联：MAC（mg/m^3）未制定标准；
美国TVL－TWA：ACGIH未制定标准</td></tr>
<tr><td>工程控制</td><td colspan="3">密闭操作。提供良好的自然通风条件</td></tr>
<tr><td>呼吸系统防护</td><td colspan="3">一般不需特殊防护</td></tr>
<tr><td>眼睛防护</td><td colspan="3">一般不需特殊防护</td></tr>
<tr><td>身体防护</td><td colspan="3">穿一般作业服</td></tr>
<tr><td>手防护</td><td colspan="3">戴一般作业防护手套</td></tr>
<tr><td>其他防护</td><td colspan="3">避免高浓度吸入</td></tr>
</table>

续表

理化性质	相对密度（水=1）：1.14（-183℃）		熔点（℃）：-218.8	
	相对密度（空气=1）：1.43		沸点（℃）：-183.1	
	燃烧热（kJ/mol）：无意义		饱和蒸气压（kPa）：506.62（-164℃）	
	临界压力（MPa）：5.08		临界温度（℃）：-118.95	
	闪点（℃）：无意义		辛醇/水分配系数：0.65	
	爆炸下限［%(V/V)］：无意义		引燃温度（℃）：无意义	
	最小点火能（MJ）：无意义		爆炸上限［%(V/V)］：无意义	
	溶解性：溶于水、乙醇		最大爆炸压力（MPa）：无意义	
	稳定性	稳定	聚合危险、有害性	不聚合
急性毒性	LD50：无资料；LC50：无资料			
废弃处置方法	允许气体安全地扩散到大气中			

注：表中数据来源于《危险化学品安全技术全书》（第2版）。

附录7 氮气的理化性质、危险危害

标识	中文名	氮；氮气	英文名	Nitrogen
	分子式	N_2	相对分子质量	28.01
成分组成	主要成分	高纯氮（≥99.9999%）；工业级（一级，≥99.5%，二级，≥98.5%）	化学类别	非金属单质
	外观与性状	无色无臭气体		
	主要用途	用于合成氨、制硝酸，用作物质保护剂、冷冻剂等		
危险性概述	侵入途径	吸入		
	健康危害	常压下氮气无毒。当作业环境中氮气浓度增高，氧气相对减少时，引起缺氧窒息。当氮浓度大于84%时，可出现头晕、头痛、眼花、恶心、呕吐、呼吸加快、脉率增加、血压升高、胸部有压迫感，甚至失去知觉，出现阵发性痉挛，如不脱离环境，可致死亡。潜水员深潜时，可发生氮的麻醉作用；若从高压环境过快转入常压环境，体内会形成氮气气泡，压迫神经、血管造成微血管阻塞，发生“减压病”		
	燃爆危险	不燃，无特殊燃爆特性		
	危险性类别	第2.2类 不燃气体		
急救措施	吸入	迅速脱离现场至空气新鲜处。保持呼吸道通畅，如呼吸困难时给输氧。如呼吸停止时，立即进行人工呼吸和胸外心脏按压术。就医		
	皮肤接触	皮肤接触液氮发生冻伤： 将患部浸泡于保持在38~42℃的温水中复温。不要涂擦、不要使用热水或辐射热。使用清洁、干燥的敷料包扎。就医		
消防措施	危险特性	若遇高热容器内压增大，有开裂和爆炸的危险		
	灭火方法	本品不燃。用雾状水保持火场中容器冷却		
泄漏应急处理	应急行动	迅速撤离泄漏污染区人员至上风处，并进行隔离，严格限制出入。建议应急处理人员戴自给正压式呼吸器，穿一般工作服。尽可能切断泄漏源。泄出气允许排入大气中，泄漏场所保持通风。漏气容器要妥善处理，修复检验后再用		

续表

操作处置与储存	操作处置注意事项	密闭操作。提供良好的自然通风条件。操作人员必须经过专门培训，严格遵守操作规程。防止气体泄漏到工作场所空气中。搬动时轻装轻卸，防止钢瓶及附件破损。配备泄漏应急处理设备
	最高允许浓度	中国：MAC（mg/m^3）未制定标准； 前苏联：MAC（mg/m^3）未制定标准； 美国 TVL - TWA：ACGIH 未制定标准； 美国 TVL - STEL：未制定标准
	工程控制	密闭操作。提供良好的自然通风条件
	呼吸系统防护	一般不需要特殊防护。当作业场所空气中氧气浓度低于18%时，必须佩戴空气呼吸器、氧气呼吸器或长管面具
	眼睛防护	一般不需要特殊防护
	身体防护	穿一般作业工作服
	手防护	戴一般作业防护手套
	其他防护	避免高浓度吸入。进入限制性空间或其他高浓度区作业，须有人监护
理化性质	熔点（℃）：-209.9	沸点（℃）：-196
	相对密度（水=1）：0.81（-196℃）	饱和蒸气压（kPa）：1026.42（-173℃）
	相对密度（空气=1）：0.97	临界温度（℃）：-147.1
	燃烧热（kJ/mol）：无意义	辛醇/水分配系数：0.67
	临界压力（MPa）：3.40	引燃温度（℃）：无意义
	闪点（℃）：无意义	爆炸上限［%（V/V）］：无意义
	爆炸下限［%（V/V）］：无意义	
	溶解性	微溶于水、乙醇，溶于液氨
稳定性和反应活性	稳定性	稳定
	聚合危害	不聚合
	废弃处置方法	允许气体安全地扩散到大气中

注：表中数据来源于《危险化学品安全技术全书》（第2版）。

附录8　氩气的理化性质、危险危害

标识	中文名	氩；氩气	英文名	Argon
	分子式	Ar	相对分子质量	39.95
	外观与性状	无色无味的惰性气体		
	主要用途	用于灯泡充气和对不锈钢、镁、铝等的电弧焊接，即“氩弧焊”		
危险性概述	侵入途径	吸入		
	健康危害	常压下无毒。高浓度时，使氧分压降低而发生窒息。氩浓度达50%以上，引起严重症状；75%以上时，可在数分钟内死亡。当空气中氩浓度增高时，先出现呼吸加速，注意力不集中，共济失调；继之，疲倦无力、烦躁不安、恶心、呕吐、昏迷、抽搐、甚至死亡		
	危险性类别	第2.2类　不燃气体		

续表

急救措施	吸入	迅速脱离现场至空气新鲜处。保持呼吸道通畅。如呼吸困难，给输氧。呼吸、心跳停止，立即进行心肺复苏术。就医
	皮肤接触	如果发生冻伤：将患部浸泡于保持在38～42℃的温水中复温。不要涂擦。不要使用热水或辐射热。使用清洁、干燥的敷料包扎。就医
消防措施	危险特性	若遇高热，容器内压增大，有开裂和爆炸的危险
	灭火方法	本品不燃。根据着火原因选择适当灭火器灭火
泄漏应急处理	应急行动	大量泄漏，根据气体扩散的影响区域划定警戒区，无关人员从侧风、上风向撤离至安全区。应急处理人员戴正压自给式呼吸器，穿一般作业工作服。液化气体泄漏时穿防寒服。尽可能切断泄漏源。泄漏场所保持通风
接触控制和个体防护	最高允许浓度	中国：未制定标准 美国：ACGIH未制定标准
	工程控制	密闭操作。提供良好的自然通风条件
	呼吸系统防护	一般不需特殊防护。但当作业场所空气中氧气浓度低于18%时，必须佩戴空气呼吸器或长管面具
	眼睛防护	一般不需特殊防护
	身体防护	穿一般作业工作服
	手防护	戴一般作业防护手套
	其他防护	避免高浓度吸入

理化性质	相对密度（水=1）：1.40（-186℃）		熔点（℃）：-189.2	
	相对密度（空气=1）：1.66		沸点（℃）：-185.9	
	燃烧热（kJ/mol）：无意义		饱和蒸气压（kPa）：202.64（-179℃）	
	临界压力（MPa）：4.86		临界温度（℃）：-122.3	
	闪点（℃）：无意义		辛醇/水分配系数：0.74	
	爆炸下限［%(V/V)］：无意义		引燃温度（℃）：无意义	
	最小点火能（MJ）：无意义		爆炸上限［%(V/V)］：无意义	
	稳定性	稳定	聚合危险、有害性	不聚合
急性毒性		LD50：无资料；LC50：无资料		
废弃处置方法		废气直接排入大气		

注：表中数据来源于《危险化学品安全技术全书》（第2版）。

附录9　二氯乙烷的理化性质、危险危害

标识	中文名	二氯乙烷	英文名	Dichlororthane
	分子式	$C_2H_4Cl_2$	相对分子质量	98.96
成分组成	主要成分	纯品	化学类别	
	外观与性状	无色或浅黄色透明液体，有类似氯仿的气味		
	主要用途：	脱脂剂		

续表

危险性概述	侵入途径	吸入、食入、皮肤接触
	健康危害	本品毒作用的主要靶器官是中枢神经系统及肝、肾。麻醉作用突出。对皮肤、黏膜和呼吸道有刺激作用
	燃爆危险	易燃，其蒸气与空气混合，能形成爆炸性混合物
	危险性类别	第3.2类　中闪点液体
急救措施	吸入	迅速脱离现场至空气新鲜处。保持呼吸道通畅，如呼吸困难时给输氧。如呼吸停止时，立即进行人工呼吸和胸外心脏按压术。就医
	皮肤接触	脱去污染的衣着，用肥皂水和清水彻底冲洗皮肤，如有不适感，就医
	眼睛接触	提起眼睑，用流动清水或生理盐水冲洗，如有不适感，就医
消防措施	危险特性	易燃，其蒸气与空气混合，能形成爆炸性混合物，遇明火、高热能引起爆炸。受高热分解产生有毒的腐蚀性烟气。蒸气比空气重，沿地面扩散并易积存于低洼处，遇火源会着火回燃
	有害燃烧产物	一氧化碳、氯化氢、光气
	灭火方法	用泡沫、干粉、二氧化碳、砂土灭火
泄漏应急处理	应急行动	消除所有点火源。根据液体流动和蒸气扩散的影响区域划定警戒区。无关人员从侧风、上风向撤离至安全区。建议应急处理人员戴正压自给式呼吸器，穿防毒、防静电服，戴橡胶耐油手套。 小量泄漏：用砂土或其他不燃材料吸收。使用洁净的无火花工具收集吸收材料。 大量泄漏：构筑围堤或挖坑收容。用泡沫覆盖、减少蒸发
操作处置与储存	操作处置注意事项	密闭操作、局部排风。操作人员必须经过专门培训，严格遵守操作规程
	最高允许浓度	中国：MAC（mg/m^3）未制定标准； 前苏联：MAC（mg/m^3）未制定标准； 美国TVL－TWA：ACGIH未制定标准； 美国TVL－STEL：未制定标准
	工程控制	密闭操作。提供良好的自然通风条件
	呼吸系统防护	操作人员佩戴过滤式防毒面具
	眼睛防护	戴化学安全防护眼镜
	身体防护	穿防静电工作服
	手防护	戴橡胶耐油手套
	其他防护	远离火种、热源。使用防爆型的通风系统和风机
	储存注意事项	储存于阴凉、干净的库房。远离火种和热源。库房温度不宜超过37℃。保持容器密封。应与氧化剂、酸类、碱类分开存放。不宜久放，以免变质。采用防爆型照明、通风设施。储区应备有泄漏应急处理设备和合适的收容材料
理化性质	熔点（℃）：－122.6	爆炸下限（%）：5.6
	相对密度（水＝1）：1.21	沸点（℃）：31.7
	相对密度（空气＝1）：3.3	饱和蒸气压（kPa）：66.5（20℃）
	燃烧热（kJ/mol）：－1095.9	临界温度（℃）：220.8
	临界压力（MPa）：5.21	辛醇/水分配系数：2.13
	闪点（℃）：－19（CC）；－15（OC）	引燃温度（℃）：570
	爆炸上限（%）：16	
	溶解性	微溶于水

续表

稳定性和反应活性	稳定性	稳定
	聚合危害	聚合
	废弃处置方法	允许气体安全地扩散到大气中

注：表中数据来源于《危险化学品安全技术全书》（第2版）。

附录10 三氯乙烯的理化性质、危险危害

标识	中文名	三氯乙烯	英文名	Trichloroethylene
	分子式	C_2HCl_3	相对分子质量	131.18
成分组成	主要成分	纯品	化学类别	
	外观与性状	无色透明液体，有类似氯仿的气味		
	主要用途	脱脂剂		
危险性概述	侵入途径	吸入、食入、皮肤接触		
	健康危害	本品主要对中枢神经系统有麻醉作用。也可引起肝、肾、心脏、三叉神经损害。 急性中毒：短时内接触（吸入、经皮或口服）大量本品可引起急性中毒。吸入高浓度可迅速昏迷。 慢性中毒：出现头痛、头晕、乏力、睡眠障碍、胃肠功能紊乱、心肌损害、三叉神经麻痹和肝损害		
	燃爆危险	可燃，其蒸气与空气混合，能形成爆炸性混合物		
	危险性类别	第6.1类 毒害品		
急救措施	吸入	迅速脱离现场至空气新鲜处。保持呼吸道通畅，如呼吸困难时给输氧。如呼吸停止时，立即进行人工呼吸和胸外心脏按压术。就医		
	皮肤接触	立即脱去污染的衣着，用肥皂水和清水彻底冲洗皮肤，如有不适感，就医		
	眼睛接触	提起眼睑，用流动清水或生理盐水冲洗，如有不适感，就医		
消防措施	危险特性	遇明火、高热能引起爆炸。与强氧化剂接触可发生化学反应。受紫外光照射或在燃烧或加热时分解产生有毒的光气和腐蚀性的盐酸烟雾		
	有害燃烧产物	一氧化碳、氯化氢、光气		
	灭火方法	用雾状水、泡沫、干粉、二氧化碳、砂土灭火		
泄漏应急处理	应急行动	根据液体流动和蒸气扩散的影响区域划定警戒区。无关人员从侧风、上风向撤离至安全区。建议应急处理人员戴正压自给式呼吸器，穿防毒服，戴防化学品手套。尽可能切断泄漏源。防止泄漏物进入水体、下水道、地下室或限制性空间。 小量泄漏：用砂土或其他不燃材料吸收。 大量泄漏：构筑围堤或挖坑收容。用泡沫覆盖、减少蒸发。用砂土、惰性物质或蛭石吸收大量液体		
操作处置与储存	操作处置注意事项	密闭操作、加强通风。操作人员必须经过专门培训，严格遵守操作规程		
	最高允许浓度	中国：MAC（mg/m^3）未制定标准； 前苏联：MAC（mg/m^3）未制定标准； 美国 TVL－TWA：ACGIH 未制定标准； 美国 TVL－STEL：未制定标准		
	工程控制	生产构成密闭。加强通风，提供安全淋浴和洗眼设备		

续表

<table>
<tr><td rowspan="6">操作处置与储存</td><td>呼吸系统防护</td><td colspan="2">操作人员佩戴自吸过滤式防毒面具（半面罩），紧急事态抢救或撤离时，佩戴空气呼吸器</td></tr>
<tr><td>眼睛防护</td><td colspan="2">戴化学安全防护眼镜</td></tr>
<tr><td>身体防护</td><td colspan="2">穿防毒物渗透工作服</td></tr>
<tr><td>手防护</td><td colspan="2">戴防化学品手套</td></tr>
<tr><td>其他防护</td><td colspan="2">工作现场禁止吸烟、进食和饮水。工作完毕，淋浴更衣。单独存放被毒物污染的衣服，洗后备用。注意个人清洁卫生</td></tr>
<tr><td>储存注意事项</td><td colspan="2">储存于阴凉、干净的库房。远离火种和热源。库房温度不宜超过32℃，相对湿度不超过80%。包装要求密封，不可与空气接触。应与氧化剂、还原剂、碱类、金属粉末、食用化学品分开存放。不宜大量存放或久存。配备相应品种和数量的消防器材。储区应备有泄漏应急处理设备和合适的收容材料</td></tr>
<tr><td rowspan="8">理化性质</td><td colspan="2">熔点（℃）：-84.7～-73</td><td>爆炸下限（%）：12.5</td></tr>
<tr><td colspan="2">相对密度（水=1）：1.46（20℃）</td><td>沸点（℃）：87.1</td></tr>
<tr><td colspan="2">相对密度（空气=1）：4.54</td><td>饱和蒸气压（kPa）：7.87（20℃）</td></tr>
<tr><td colspan="2">燃烧热（kJ/mol）：-961.4</td><td>临界温度（℃）：299</td></tr>
<tr><td colspan="2">临界压力（MPa）：5.02</td><td>辛醇/水分配系数：2.42</td></tr>
<tr><td colspan="2">闪点（℃）：32</td><td>引燃温度（℃）：420</td></tr>
<tr><td colspan="2">爆炸上限（%）：90.0</td><td></td></tr>
<tr><td>溶解性</td><td colspan="2">不溶于水，溶于乙醇、乙醚，可混溶于多数有机溶剂</td></tr>
<tr><td rowspan="3">稳定性和反应活性</td><td>稳定性</td><td colspan="2">稳定</td></tr>
<tr><td>聚合危害</td><td colspan="2">聚合</td></tr>
<tr><td>废弃处置方法</td><td colspan="2">允许气体安全地扩散到大气中</td></tr>
</table>

注：表中数据来源于《危险化学品安全技术全书》（第2版）。

参考文献

[1] 李化治. 制氧技术（第2版）[M]. 北京：冶金工业出版社，2010.

[2]《钢铁企业燃气设计参考资料》编写组. 钢铁企业燃气设计参考资料（氧气部分）[M]. 北京：冶金工业出版社，1978.

[3] 潘立慧，魏松波，等. 干熄焦技术 [M]. 北京：冶金工业出版社，2005.

[4] 项钟庸，王筱留，等. 高炉设计——炼铁工艺设计理论与实践 [M]. 北京：冶金工业出版社，2007.

[5] 张金和. 管道工程安装手册 [M]. 北京：冶金工业出版社，2006.

[6] 张海峰. 危险化学品安全技术全书（第2版）[M]. 北京：化学工业出版社，2008.

[7] 中国市政工程西南设计院主编. 给水排水设计手册（第1册）[M]. 北京：中国建筑工业出版社，1986.

[8]《动力管道设计手册》编写组. 动力管道设计手册 [M]. 北京：机械工业出版社，2006.

[9] 项友谦. 燃气热力工程常用数据手册 [M]. 北京：中国建筑工业出版社，2000.

中钢集团工程设计研究院有限公司

石家庄设计院

ZHONGGANG JITUAN GONGCHENG SHEJI YANJIUYUAN YOUXIAN GONGSI SHIJIAZHUANG SHEJIYUAN

中钢集团工程设计研究院有限公司石家庄设计院（简称中钢石家庄设计院），是中国中钢集团公司（简称中钢集团）所属的以工程总承包、工程设计和工程咨询为主业充满朝气的现代科技企业。

中钢集团是国务院国资委管理的企业，主要从事冶金矿产资源开发与加工、冶金原料、产品贸易与物流、相关工程技术服务与设备制造，是一家为钢铁工业和钢铁生产企业提供综合配套、系统集成服务的集资源开发、贸易物流、工程科技为一体的大型企业集团。

中钢石家庄设计院创立于1971年，设有30多个专业设计室，拥有一支学识渊博、业务精湛的技术队伍，人员结构合理，专业配套齐全，技术实力雄厚，技术装备精良，具备冶金全行业、建筑工程、广电行业通信铁塔的“工程设计”和“工程咨询”以及“工程总承包”甲级资质，同时还具备市政公用行业、建材行业非金属矿的“工程设计”和“工程咨询”乙级资质，“工程勘察”的乙级资质。于2009年11月25日通过GB/T19001−2008—ISO9001：2008质量管理体系认证，于2010年12月31日通过GB/T24001−2004 idt ISO14001：2004环境管理体系认证及GB/T28001−2011职业健康安全管理体系认证，具备承担和组织管理大中型工程项目建设的能力。

四十余年来，中钢石家庄设计院为国内外200多个企业完成了千余项自采矿、选矿、烧结、炼铁、炼钢、轧钢、金属制品等冶金行业工程项目的工程设计、咨询及项目管理和工程总承包；形成了在采、选联合工程和钢铁联合企业的整体工程设计的独特优势，采用循环经济的理念及多项专有技术，使整个钢铁联合企业能耗低、环保好、产量高、成本低、自动化程度高，极大地支持了中国钢铁工业的健康快速发展。同时，中钢石家庄设计院还在“平等、互利、双赢”的合作基础上，先后同日本、德国、英国、印度、伊朗、越南、印尼等国家开展了不同类型的技术交流与合作。

中钢石家庄设计院始终贯彻“诚实、守信”的立院之本和“质量第一、服务第一”的工作方针，坚持精心设计、科学管理、不断创新的理念，为国内外客户提供优质、高效的工程总承包、工程设计和工程咨询服务，在用户的发展中获得发展，与合作伙伴携手共赢。

中钢集团工程设计研究院有限公司石家庄设计院

ZHONGGANG JITUAN GONGCHENG SHEJI YANJIUYUAN YOUXIAN GONGSI SHIJIAZHUANG SHEJIYUAN

中钢石家庄设计院设计的某钢铁公司厂区之一角

中钢石家庄设计院设计的某铁合金公司干式煤气柜系统

中钢石家庄设计院设计的某钢铁公司氧气站之一角

中钢石家庄设计院设计的某钢铁厂氧气站之一角

中钢石家庄设计院设计的某钢铁公司炼铁车间之一角

杭州杭氧透平机械有限公司

杭州杭氧透平机械有限公司是杭州制氧机集团有限公司（以下简称杭氧集团）旗下的核心公司。杭氧集团是一家以制造空气分离设备和工业气体为主的大型企业集团，是我国空分设备行业国家级重点新产品开发、制造基地，在特大型空分设备设计、制造和成套技术方面已经达到国际先进水平。杭氧以技贸结合、产学研结合的形式，通过“引进技术，消化吸收，自主创新”的企业创新模式，实现了快速、稳定、持续的发展。杭氧具有年设计、生产大中型空分设备50套以上的能力，已跻身于世界空分设备的主要制造商行列，成为亚洲重要的空分设备生产制造企业，其大中型空分设备已出口到包括欧洲发达国家的40多个国家和地区，成为国际空分“五强”。

杭州杭氧透平机械有限公司是一家集科研开发、设计制造、咨询服务为一体的国家一流企业，其主业为研发、制造各类离心式压缩机、高速离心式鼓风机及离心式能量回收装置等，其产品广泛应用于冶金、石油化工、煤化工、制药、化肥、污水处理、供气站等领域。

公司取得“质量、环境、职业健康安全管理体系”认证，通过“清洁生产”审核，被评为“浙江省高新技术企业”、“浙江省技术创新优秀企业”、“浙江省AAA级重合同守信用单位”、“浙江省安全生产标准化企业”。公司曾多次获得机械部、浙江省、杭州市科技进步奖，近年来多次获得杭氧集团科技成果一等奖，“中高压离心式氧压机的关键技术研究”项目2010年获得浙江省科技进步二等奖。

公司配备了先进的技术研发软硬件，具有实力雄厚的科技研发技术队伍，所有产品均具有完全自主知识产权。公司年制造压缩机上百台，近年来成功开发了三万等级至六万等级氧气透平压缩机、三轴中间抽气型齿轮式氮压机等新产品，所生产的空、氧、氮气压缩机广泛应用于大中型空分设备和气体、液体设备的配套。此外，还生产制药和污水处理用高速离心式鼓风机、动力型空气压缩机等。

开封空分集团有限公司

开封空分集团有限公司（简称开封空分）隶属于河南煤化集团，是河南省高新技术企业、河南省创新型企业，是我国空分装备制造业的骨干企业和中坚力量。开封空分持有特种设备中的A1、A2级压力容器及GC类压力管道设计、制造许可证；具有美国ASME授权证书和“U”钢印；通过了ISO9001质量体系认证和GB/T19022计量认证，为国家一级计量单位。开封空分为我国冶金、石化、化肥、煤化工、新能源、航天等行业提供大中型空分设备和气体液化设备，同时是我国高压绕管式换热器的主要设计和制造基地。

开封空分研发实力雄厚，技术中心拥有数百人的各类专业技术人才队伍；开封空分焊接、钣金、机械加工能力突出，拥有各类自动焊机、数控镗铣床、加工中心、等离子切割机、大型刨边机、卷板机及起重机械等大批国内外先进的大精尖加工设备。

开封空分率先在大中型空分上成功实现全精馏制氩工艺；开封空分提供的低温模拟装置（热沉）、15T/D液氧/液氮设备，为我国航天事业“神舟”宇宙飞船的成功发射做出了贡献。开封空分累计获得国家、部、省及市科技成果奖50余项，其中，化工型5.3万成套空分设备荣获2010年中国机械工业科学技术二等奖，2004年被国家发改委授予“在振兴装备制造业工作中做出重要贡献”的称号。

开封空分全力构建以大型空分设备和化工设备为主，以设备安装、冷链装备、环保工程及设备、气体四个板块为辅的全新格局，建设的现代化新工厂包括新建大型空分设备、煤化工容器、特种容器、铝板翅式换热器、填料铝管件、大型离心式空气压缩机、往复式活塞压缩机、透平膨胀机的加工及总装生产车间；新增多台大型数控加工中心，数控加工机床，焊接、探伤、检测试验等设备以及规整填料、铝管件生产线。项目全面建成后，将形成大型空分及化工设备制造专业化生产，实现8万以上等级特大型空分设备的国产化，实现大型换热设备、容器设备的国产化，产品达到国际先进水平！

开封黄河空分集团有限公司是河南省高新技术企业，中国通用机械工业协会气体分离设备分会副理事长单位，是我国气体分离设备行业中自主设计、制造成套空分设备的重点骨干企业，是以研发大中型空分设备、工业气体营销、开发新能源设备为主业，具有雄厚发展实力的股份制企业集团。

产品类型

- 大中型空分设备：特定规模区段形成优势。
- 高纯氮设备：国家专利技术打造节能降耗产品。
- 工业气体营销：寻求多种互利共赢的合作模式。
- 离心式空气压缩机：彰显黄河空分良好的性价比特色。
- 往复式氧气、氮气压缩机：500台压缩机长期稳定运行验证质量。
- 天然气净化与液化装置：最新专利技术打造清洁能源。

企业特色

- 技术优势：拥有23项国家发明和实用新型专利。
- 制氩优势：十大系列制氩空分设备产氩达标率100%，氩提取率达到行业一流水准。
- 质量优势：设计制造300多套空分设备，开车成功率100%。
- 节能优势：研发全新工艺流程空分设备的各项性能达到国内先进水平，装置能耗指标平均低于行业3～5个百分点。
- 区段优势：在空分设备6000～40000m^3/h的特定规模区段内，技术、质量、性能等方面形成优势。

离心式空气压缩机

活塞式氧气、氮气压缩机

华盛江泉28000m^3/h 空分设备

河南开元空分集团有限公司

四川达州钢铁集团KDON(Ar)—30000/30000/900型空分设备

河南开元空分集团有限公司位于河南省开封经济技术开发区工业园区，是中国气体分离设备行业协会理事单位，国家级高新技术企业。

公司拥有A2级压力容器设计、制造许可证，GC1、GC2级压力管道设计许可证，GC2级压力管道安装许可证，通过GB/T19001—2008质量保证体系认证，拥有进出口自营权。

通过对国内外先进技术的引进吸收和二次开发，公司在规整填料精馏塔、筛板精馏塔、分子筛预净化带增压透平膨胀机及DCS控制系统等当代空分核心技术方面取得了长足的进步和发展。精确优化的工艺流程、高效节能的单元设备使得氧、氩提取率进一步提高，产品单位能耗进一步降低，系统可靠性也更有保证。生产了以氧气外压缩流程、液氧自增压流程、单（双）泵内压缩流程为主的低温空分设备及氧氮外液化装置、高纯氧设备、变压吸附制氧、制氮设备等为辅的一系列产品。

随着大型冶金、煤化工、化肥装置的改扩建，加大了大型空分设备的需求。为了适应市场需求，公司加大研究开发力度，取得了长足进步。继2008年与四川达钢签订30000m^3/h空分设备的供货合同，大型空分设备的设计、制造能力日趋成熟。相继完成了40000m^3/h、50000m^3/h、60000m^3/h等级空分设备的技术储备工作。设计制造的武汉华星高纯度空气设备等获得多项国家发明和实用新型专利。

公司组建12年来，主导产品空分设备已在1500～60000m^3/h等级形成系列，已为冶金、石化、建材等行业和部门提供成套空分设备数百套，其中30000m^3/h等级九套。

重庆朝阳KDON(Ar)—30000/45000/900型空分设备